W0268464

Technikgestaltung zwischen
Wunsch und Wirklichkeit

Armin Grunwald (Hrsg.)

Technikgestaltung zwischen Wunsch und Wirklichkeit

Springer

Herausgeber
Armin Grunwald
Forschungszentrum Karlsruhe
Institut für Technikfolgenabschätzung
Systemanalyse (ITAS)
Postfach 36 40
76021 Karlsruhe
grunwald@itas.fzk.de

Bibliografische Information Der Deutschen Bibliothek
Die Deutsche Bibliothek verzeichnet diese Publikation in der Deutschen
Nationalbibliografie; detaillierte bibliografische Daten sind im Internet über
<http://dnb.ddb.de> abrufbar.

ISBN 978-3-540-00658-9   ISBN 978-3-642-55473-5 (eBook)
DOI 10.1007/978-3-642-55473-5

http://www.springer.de

© Springer-Verlag Berlin Heidelberg 2003
Ursprünglich erschienen bei Springer-Verlag Berlin Heidelberg New York 2003

Umschlaggestaltung: KünkelLopka Werbeagentur, Heidelberg
Redaktion: Heike Krebs, Darmstadt
Satz: Reproduktionsfertige Vorlagen des Autors
Gedruckt auf säurefreiem Papier   33/3142SR – 5 4 3 2 1 0

Geleitwort

Wissenschaft und Technik prägen die moderne Welt, und ihr Einfluss auf Mensch und Gesellschaft wächst weiter. Forschungseinrichtungen, die sich mit zukünftiger Technik beschäftigen wie die Technische Universität Darmstadt und das Forschungszentrum Karlsruhe, haben daher eine große Bedeutung für die Zukunft – und damit auch eine große Verantwortung.

Diese Verantwortung erstreckt sich einerseits darauf, dass wissenschaftlich-technisches Wissen bereitgestellt wird, um den zukünftigen Herausforderungen – etwa in Bezug auf eine nachhaltige Entwicklung oder in Bezug auf die Sicherung des Wohlstandes in einer alternden Gesellschaft und durch Ausbildung hoch qualifizierten Nachwuchses – erfolgreich begegnen zu können. Andererseits umfasst diese Verantwortung auch die interdisziplinäre Beschäftigung mit der Frage, welche mittelbaren Folgen Wissenschaft und Technik für die Gesellschaft haben. Ethik der Technik und Technikfolgenabschätzung sind Ausdruck dieser Verantwortung.

Mit der Alcatel SEL Stiftungsprofessur für interdisziplinäre Studien besteht an der TU Darmstadt ein hervorragend geeignetes Instrument, dieser Verantwortung gerecht zu werden. Der Träger dieser Stiftungsprofessur im Sommersemester 2002, Prof. Dr. Armin Grunwald vom Institut für Technikfolgenabschätzung und Systemanalyse des Forschungszentrums Karlsruhe, hat das Thema der gesellschaftlichen Technikgestaltung in den Mittelpunkt seiner Anwesenheit an der TU Darmstadt gestellt. Aus der Abschlussveranstaltung dieser Zeit ist das vorliegende Buch entstanden. Wir wünschen dem Buch und den darin enthaltenen Ideen eine weite Verbreitung und eine positive Aufnahme in der wissenschaftlichen und gesellschaftlichen Diskussion. Darüber hinaus hoffen wir, dass die während der Zeit dieser Stiftungsprofessur begonnene Kooperation im Bereich der Technikfolgenabschätzung und der interdisziplinären Technikforschung zwischen unseren Einrichtungen Bestand haben und weitere Früchte tragen wird.

Der Alcatel SEL Stiftung sei ganz herzlich gedankt für die Bereitstellung der Mittel für diese Stiftungsprofessur und für die damit verbundene Unterstützung des vorliegenden Buches.

Darmstadt/Karlsruhe, im März 2003

Prof. Dr.-Ing. Johann-Dietrich Wörner,
Präsident der Technischen Universität Darmstadt

Prof. Dr. Manfred Popp,
Vorsitzender des Vorstands des Forschungszentrums Karlsruhe GmbH

Vorwort des Herausgebers

Technikfolgenabschätzung und Technikgestaltung gehören zusammen. Technikfolgenabschätzung ist nur sinnvoll, wenn das erarbeitete Folgenwissen und ihre Bewertungen in Meinungsbildungs- und Entscheidungsprozesse, also in Elemente der Zukunftsgestaltung eingehen können. Angesichts der gegenwärtigen verwirrenden Situation einerseits vieler gestaltungsskeptischer Stimmen, vor allem aus Politik- und Sozialwissenschaften, aber auch aus der Wirtschaft, andererseits aber wachsender Erwartungen an die Technikgestaltung, vor allem im Hinblick auf Nachhaltigkeit, stellt es für Technikfolgenabschätzung eine Verpflichtung dar, sich mit den Möglichkeiten und Grenzen von Technikgestaltung zu befassen.

Als ich Ende des Jahres 2001 von der Berufung auf die SEL-Stiftungsprofessur für interdisziplinäre Studien an der Technischen Universität Darmstadt erfuhr, bedurfte es keiner langen Überlegung, genau diese Fragen in den Mittelpunkt meiner Zeit an der TUD zu stellen. Die Vorlesung „Möglichkeiten und Grenzen gesellschaftlicher Technikgestaltung" war direkt den theoretischen Grundlagen und den wissenschaftlichen Annäherungen an dieses Feld gewidmet. Im Forschungskolloquium wurden konkrete interdisziplinäre Projekte aus der TUD vor gestellt und lebhaft diskutiert, in denen Beiträge zur Gestaltung von Technik für die zukünftige Gesellschaft geleistet werden.

Als Abschlussveranstaltung meiner Zeit als SEL-Stiftungsprofessor an der TUD fand am 24./25. Oktober 2002 in Darmstadt die Tagung „Technikgestaltung zwischen Wunsch und Wirklichkeit. Interdisziplinäre Annäherungen" statt. Diese Tagung stellt den Kern der Kontroversen zur Möglichkeit von Technikgestaltung in die Mitte der Diskussion: handelt es sich um Wunschdenken, oder, und in welcher Weise, kann der Begriff der Technikgestaltung konstruktiv mit Inhalt gefüllt werden? In Form von zehn Vorträgen mit Diskussion und einer Podiumsdiskussion wurde diese Frage intensiv zwischen den etwa 70 Teilnehmern und den Referenten diskutiert. Auf diese Tagung geht das vorliegende Buch zurück.

Das Erscheinen des Buches bietet Anlass, mit Dankbarkeit an meine Darmstädter Zeit zurückzudenken. Dank sei zunächst der SEL-Stiftung für die Gastprofessur, in deren Rahmen das intensive Sommersemester 2002, die Abschlusstagung und damit die Realisierung dieses Buchprojektes fiel. Dank gebührt weiterhin der Technischen Universität Darmstadt für die effektive und angenehme administrative Unterstützung, vor allem durch Frau Sundermann und Frau Effer. Dem Zentrum für Interdisziplinäre Technikforschung (ZIT) möchte ich ganz herzlich danken für die organisatorische Unterstützung vor Ort. Vorlesung, Kolloquium und Abschlusstagung wären ohne die tatkräftige Mitarbeit von Herrn Dr. Gerhard Stärk, Geschäftsführer des ZIT, und seinen Mitarbeitern, besonders Frau Beate Koch, nicht denkbar gewesen. Die redaktionelle Betreuung des vorliegenden Buches lag bei Frau Heike Krebs in den allerbesten Händen.

Besonderen Dank möchte ich allen sagen, mit denen ich während meiner Darmstädter Zeit intensive wissenschaftliche Diskussionen führen konnte. Stellvertretend für die Teilnehmer der Vorlesung, des Forschungskolloquiums und der Abschlusstagung möchte ich Herrn Rainer Finckh, Herrn Dr. Jan C. Schmidt und Herrn Dr. Gerhard Stärk vom ZIT, Herrn Dr. Wolfgang Liebert und Herrn Prof. Wolfgang Bender von IANUS und Herrn Prof. Peter Euler nennen. Es war für mich eine intensive Zeit des Lehrens und Lernens, und ich wünsche mir und erwarte dies auch, dass die während der Zeit der Stiftungsprofessur begonnene Kooperation weitergeführt werden kann.

Karlsruhe, im März 2003

Armin Grunwald

Inhaltsverzeichnis

III. Fallbeispiele der Technikgestaltung

IV. Technikgestaltung für nachhaltige Entwicklung

Technikgestaltung – eine Einführung in die Thematik

Armin Grunwald

1 Zum Thema

Der Begriff der *Technikgestaltung* fand in den neunziger Jahren des vorigen Jahrhunderts Eingang in die wissenschaftliche Diskussion über das Verhältnis von Gesellschaft und Technik. Die gestalterisch-aktive Sicht auf Technik erscheint im Nachhinein fast anachronistisch in einer Zeit, in der die offen gestaltungsskeptischen Ideen von Niklas Luhmann große Zustimmung fanden. Ausgehend von dem niederländischen CTA (Constructive Technology Assessment, Schot 1992) und den ebenfalls niederländischen Ausgangsüberlegungen zu SCOT (Social Construction of Technology, Bijker et al. 1987) waren die Bücher „Shaping Technology – Building Society" (Bijker u. Law 1994) und „Managing Technology in Society" (Rip et al. 1995) bahnbrechende Publikationen in dieser Richtung. In Deutschland wurde parallel dazu die Technikgeneseforschung entwickelt (Dierkes 1997). In den letzten Jahren stehen die Felder Informationsgesellschaft, Lebenswissenschaften und Nachhaltigkeit im Mittelpunkt von Überlegungen zur Technikgestaltung.

Im Begriff der Technikgestaltung drückt sich die Erwartung aus, dass die Gesellschaft (wer auch immer das ist) Technik nach Maßgabe von Zielen und Werten aktiv und bewusst gestalten kann und nicht einer Eigendynamik der Technik oder einer „blinden Evolution" ausgeliefert ist. Es ist die Annahme, dass der Lauf der Technik sich nach menschlichen Zielsetzungen zu richten habe statt dass Mensch und Gesellschaft sich an eine eigendynamisch ablaufende Technik anzupassen hätten. Ausgangspunkt ist häufig ein gewaltiger Bedarf an Technikgestaltung in gesellschaftlicher Hinsicht. Die Nebenfolgenproblematik von Technik in Bezug auf Umwelt und Gesellschaft, die Risiken von Technik, die immer weitere Hinausschiebung der Grenzen des Technischen, z.B. auch im Hinblick auf die technischen Eingriffe in den Menschen und seine Entwicklung, schließlich die Nachhaltigkeitsdiskussion zeigen deutlich, dass seitens der Gesellschaft ein Bedarf an Technikgestaltung unzweifelhaft vorhanden ist.

Daraus folgt aber noch nicht, dass dieser Bedarf auch erfüllt werden kann. Die skeptischen Worte von Luhmann, bezogen auf die Möglichkeiten der Steuerung gesellschaftlicher Prozesse über Ethik, lassen sich auf die Möglichkeit der Technikgestaltung übertragen: „Jedenfalls reicht der politische Bedarf allein nicht aus und ebenso wenig der gute Wille derjenigen, die sich darum bemühen" (Luhmann 1990, S 42). Aus dem Bedarf folgt nicht die Möglichkeit zu seiner Befriedigung: aus dem Wunsch nicht die Wirklichkeit, um an den Titel dieses Buches zu erinnern. Es ist eine alte Streitfrage, ob und inwieweit die Technikentwicklung gesellschaftlich gestaltbar ist oder nicht vielmehr einer immanenten Eigendynamik folgt (technologischer Determinismus). Die technische Entwicklung könnte schließlich auch bloße Evolution ohne einen Gestalter und ohne Gestaltungsmöglichkeiten sein. Das vorliegende Buch ist der Frage gewidmet, wie die skeptischen Einschätzungen der Möglichkeit von und die Anforderungen an eine Technikgestaltung überein zu bringen sind oder wie zwischen ihnen zu entscheiden ist.

Um diese Frage zu präzisieren und einer Beantwortung näher zu bringen, bedarf es einer differenzierten Herangehensweise. Hierzu dient eine sprachpragmatische Betrachtung des Gestaltungsbegriffs. Gestaltung bedarf semantisch mindestens der folgenden, sich aus einer Theorie zweckrationalen Handelns (Grunwald 2000) ergebenden Elemente (die in diesem Buch an verschiedenen Stellen wieder aufgenommen werden):

1. *Subjekt*: Gestaltung als ein (aktives) Handeln bedarf handlungstheoretisch individueller oder kollektiver *Gestalter*, die Akteursdimension ist unverzichtbar;
2. *Objekt*: es muss einen *Gegenstandsbereich* des Gestaltens geben, einen Bereich, in dem etwas gestaltet werden kann;
3. *Intentionen*: Gestaltungsvorgänge sind handlungstheoretisch nicht ohne Gestaltungsabsichten vorstellbar: gestaltende Akteure verfolgen Ziele und Intentionen. Erst Intentionen erlauben, (durch einen Vergleich der Intentionen ex ante mit den realen Folgen ex post) Erfolg oder Misserfolg von Gestaltungen festzustellen;
4. *Mittel*: es müssen gestalterische Einflussmöglichkeiten, Maßnahmen und Instrumente vorhanden sein, die als Mittel zur Erreichung der Ziele eingesetzt werden können;
5. *Gelingenszuversicht*: Niemand würde etwas zu gestalten versuchen, wenn es nicht eine Aussicht darauf gäbe, die gesetzten Ziele wenigstens teilweise zu erreichen.

Mit dieser Differenzierung lassen sich verschiedene Fragen zur Möglichkeit von Technikgestaltung formulieren. Beispielsweise, wer die relevanten Akteure in der Technik sind, welche Ziele mit Technikgestaltung verfolgt werden (sollen), welche Mittel es zur Beeinflussung der Technikentwicklung gibt – und dann die Hauptfrage, welche selbstverständlich mit den genannten eng zusammen hängt: wie ist es mit der *Gelingenszuversicht* bestellt, z.B. im Hinblick auf Technikgestaltung für eine nachhaltige Entwicklung (Grunwald 2002b)?

Politik- und sozialwissenschaftliche Forschung haben gezeigt, dass sich hinsichtlich der Verfügbarkeit des notwendigen Wissens, hinsichtlich einer einvernehmlichen Bewertungsbasis und hinsichtlich der praktischen Umsetzung ganz erhebliche Probleme stellen (Dierkes et al. 1992; Grimmer et al. 1992). Danach scheint ein „Gestaltungsoptimismus" nicht angebracht – trotz des erwähnten Bedarfes an Technikgestaltung. Der entgegen gesetzte „Gestaltungspessimismus" hat seine Grenze darin, dass in der Praxis Gestaltungsprozesse stattfinden: in den technischen Labors, in der Gesetzgebung, in den Vorstandsetagen der Industrie oder auch beim Kauf technischer Geräte. Diese Spannung zwischen Gestaltungsoptimismus und -pessimismus, zwischen Wunsch und Wirklichkeit in der Technikgestaltung, ist Thema des vorliegenden Buches.

2   Das Beispiel der Informationsgesellschaft

Das Feld der Informationsgesellschaft ist einer der viel diskutierten Gegenstandsbereiche für die Technikgestaltung der Informations- und Kommunikationstechnologie. Um das Thema „Technikgestaltung zwischen Wunsch und Wirklichkeit" zu illustrieren, sei für diesen Bereich anhand einiger aktueller Entwicklungen und Fragestellungen zunächst verdeutlicht, wo und in welcher Weise ein Gestaltungsbedarf besteht.

Die Dynamik der Entwicklung hin zu einer Informationsgesellschaft zeigt sich zurzeit vor allem in der strukturellen Veränderung der Arbeit, der Globalisierung von Unternehmen und Märkten und dem Entstehen veränderter Lebenswelten. Das Zeitmanagement der Gesellschaft wird verändert, hierarchische Organisationsformen werden aufgelöst oder erodieren und bislang bestehende Grenzen werden aufgehoben. Kommunikations- und Mediensysteme verschmelzen, Kommunikation und Wettbewerb werden zunehmend global, Privatsphäre und Arbeitswelt nähern sich an, z.B. durch Telearbeit. Umrisse neuer Strukturen zeichnen sich zwar ab; ihre Konturen sind aber noch undeutlich (Banse et al. 2002).

In der öffentlichen und politischen Wortwahl wird dabei oft der Eindruck eines technologischen Determinismus erweckt. Der Slogan, die Gesellschaft „fit für die Informationsgesellschaft zu machen", meint eine vorbereitende Anpassung an die neuen Gegebenheiten, die als nicht oder kaum beeinfluss- oder gar gestaltbar angesehen werden. In der Tat scheint der Zug in Richtung auf die Informationsgesellschaft abgefahren zu sein. In Frage steht heute nicht, ob wir die Informationsgesellschaft wollen oder nicht. Zu glauben, dass auf dieser Ebene gesellschaftliche Entscheidungsfreiheit bestünde, wäre ein naiver Gestaltungsoptimismus. Hier besteht keine Wahlmöglichkeit und damit keine Gestaltungsfreiheit mehr. Die technische Entwicklung, angetrieben in diesem Feld vor allem durch ökonomische Kräfte, geht ihren Weg weiter zu immer höherer Speicherkapazität auf immer kleinerem Raum, zu immer höherer Datenübertragungsgeschwindigkeit und zu einer Öffnung bislang getrennter Bereiche füreinander durch neue Schnittstellen. Es scheint nur übrig zu bleiben, die selbst laufende Entwicklung der Informationsgesellschaft sorgfältig zu beobachten, um Prognosen zu erstellen, die der Gesellschaft Anpassungsmöglichkeiten zu eröffnen.

Diese skeptische Diagnose muss man nicht teilen. Trotzdem sind die genannten Einschränkungen einer Gestaltbarkeit der Informationsgesellschaft ernst zu nehmen. Sie lassen sich auf drei Kernprobleme fokussieren, die ganz generell Probleme für Ansätze der Technikgestaltung darstellen:

– *Globalisierung*: Es scheint keinen wirklich legitimierten Gestalter mehr zu geben. Welche Instanz könnte auf globaler Ebene legitime Technikentscheidungen treffen und auch durchsetzen? Beispiele sind die Regulierungsfragen im Internet und die Sicherstellung bislang national vereinbarter Urheberrechte.

- *Beschleunigung*: Die Beschleunigung der technischen Entwicklung bringt Effekte mit sich, die Gestaltungsmöglichkeiten beschränken. Vermeintliche Sachzwangargumente bekommen unter Zeitdruck eine höhere Relevanz (wie z.B. anhand der Diskussion um die Stammzellenforschung zu beobachten war). Für sorgfältiges Abwägen zwischen verschiedenen Optionen und zu einer (z.B. ethischen) Reflexion verbleibt immer weniger Zeit.
- *Pluralisierung*: In einer zunehmend pluralen und heterogenen (Welt)Gesellschaft wird es schwierig, noch so etwas wie „Gemeinwohl" bestimmen zu können. Die funktionale und moralische Ausdifferenzierung der Gesellschaften führt dazu, dass Konsense über Technik kaum zustande kommen können.

Auf der anderen Seite wird gefordert, die Informationsgesellschaft und die darin verwendete Technik nach gesellschaftlichen Zielen zu gestalten, z.B. im Hinblick auf eine „nachhaltige Informationsgesellschaft". Chancen, Herausforderungen und Risiken einer Informationsgesellschaft werden nach wie vor kontrovers diskutiert. Der offene Zugang zu Information und Wissen führt einerseits zu Hoffnungen, die ihren Ausdruck in der Vision einer informierten Zivil- und Wissensgesellschaft finden. Hier entsteht auch das Potenzial zu einer neuen Chancengleichheit z.B. für die berufliche Qualifikation über regionale oder Geschlechtergrenzen hinweg. Andererseits werden mit einer digitalisierten Ökonomie, Bildung und Gesellschaft auch Ängste verbunden, die den Schutz des Privatbereichs, die soziale Verarmung, den Datenschutz und eine neue soziale Spaltung (national und global) betreffen.

Gestaltungsbedarf gibt es also durchaus. Positive und negative Szenarien der zukünftigen Entwicklung sind denkbar. Ob die digitale Spaltung sich weiter vertieft oder überwunden werden kann, ob das Internet die Entwicklung zu einer Zivilgesellschaft unterstützt oder sich eher als neues Unterhaltungsmedium positioniert, ob die Möglichkeiten der Informations- und Kommunikationstechnologien eher im Sinne eines „empowerment" der Bürger genutzt werden oder durch einen Überwachungsstaat, ob die Arbeitswelt der Zukunft eher durch Selbstbestimmung oder durch Selbstausbeutung charakterisiert sein wird – all das sind Fragen, an denen Gestaltungsbemühungen ansetzen könnten. Auch hier gibt es also die Diskrepanz von Wunsch und Wirklichkeit.

Hier schließt sich direkt die Frage nach den *Gestaltern* an: welche Gruppen, gesellschaftlichen Teilsysteme oder Personen gestalten die Informationsgesellschaft? Welchen Einfluss haben global handelnde Unternehmen wie Microsoft, Wirtschaftsverbände, staatliche Stellen oder die Nutzer der elektronischen Technologien? Welche Möglichkeiten der Gestaltung bzw., zurückhaltender formuliert, welche Möglichkeiten der Einflussnahme stehen diesen Gruppen jeweils offen? Aussagen zur und Ansprüche an zur Technikgestaltung sind mit diesem häufig nicht so klar zu beantwortenden *Adressatenproblem* konfrontiert.

Was kann z.B. das politische System tun, um die erwähnten offenen Fragen der Informationsgesellschaft nicht sich selbst zu überlassen, sondern ihre Beantwortung im Sinne gesellschaftlich wünschenswerter Entwicklungen voranzutreiben?

Es ist die Frage, ob und inwieweit wir nicht nur *Beobachter* auf dem Weg zu der Informationsgesellschaft, sondern *Mitgestaltende* sind – und die Frage, wer dieses „wir" ist. Und sodann ist es eine berechtigte Frage, was es denn genau eigentlich zu gestalten gilt oder wo Gestaltungsmöglichkeiten angesichts der geschilderten eigendynamischen Anteile des Weges in die Informationsgesellschaft bestehen. Geht es um Gestaltung der Informations- und Kommunikationstechnologien in einem direkten Sinne, geht es um die Gestaltung neuer Märkte, geht es um die Gestaltung von Konsummustern und Nutzungsgewohnheiten, oder geht es um die Gestaltung der normativen Rahmenbedingungen der Informationsgesellschaft (Stichworte wären hier Urheberrecht, Datenschutz, Sicherheit, privacy), nach denen sich Technikentwicklung und -nutzung richten sollten? Diese Fragen eröffnen das komplexe Feld der möglichen Gegenstandsbereiche der Technikgestaltung.

3 Technikentwicklung, Technikgestaltung, Techniksteuerung

Die Fokussierung auf die Technik*gestaltung* im Titel dieses Buches entspricht einem Programm, das der Herausgeber seit einigen Jahren verfolgt (Grunwald u. Saupe 1999, Grunwald 2000). Technikgestaltung wird dabei anderen Zugängen zum Verhältnis von Technik und Gesellschaft gegenübergestellt, vor allem der *Technikentwicklung* und der *Techniksteuerung*. Im Folgenden seien die Begriffe der Technikentwicklung und der Techniksteuerung kurz eingeführt, um in Absetzung davon den Begriff der Technikgestaltung zu erläutern.

Technik wird zu einem großen Teil in der Wirtschaft *entwickelt*. Technikentwicklung in Form der Herstellung technischer Produkte, Systeme oder Anlagen oder der Entwicklung darauf aufbauender Dienstleistungen findet vor allem in der Industrie statt. Sie wird vor allem unter betriebswirtschaftlichen Aspekten unter Markt- und Konkurrenzbedingungen betrieben. Dies geschieht unter normativen und regulativen Rahmenbedingungen (Grunwald 2000). Unter Technikentwicklung wird daher konsequenterweise die Entwicklung von Technik in Industrie und Wirtschaft verstanden, ergänzt um einen kleineren und in den letzten Jahren weiter rückläufigen Anteil staatlicher Technikentwicklung in Feldern wie Militärtechnik oder Raumfahrt. Technikentwickler im engeren Sinne sind Ingenieure, in einem weiteren Sinne auch die relevanten Gruppen von Managern aus Planung, Produktion, Vertrieb und Marketing. In ökonomischen Kategorien von Nachfrage und Angebot stellt Technikentwicklung einen Teil der Angebotsseite dar.

Techniksteuerung hingegen bezieht sich nicht auf die Ebene technischer Produkte, Systeme oder Anlagen, sondern auf die *politische Steuerung der Technikentwicklung*. Die Frage ist, ob und auf welche Weise mit politischen Mitteln die Technikentwicklung in gewünschte Richtungen gelenkt werden kann oder unerwünschte Richtungen vermieden werden können. Es handelt sich hierbei vor allem um einen politik- und teils auch sozialwissenschaftlichen Diskurs, der sich in der letzten Zeit von dem früheren staatszentrierten Ansatz weit entfernt hat (Grimmer et al. 1992). Folgende Prämissen lagen diesem Ansatz zu Grunde:

– der Staat verfüge über hinreichendes und verlässliches Wissen über Technikfolgen und über die zukünftige Nachfrage nach Technik zur Lösung gesellschaftlicher Probleme,
– der Staat habe die anerkannte Kompetenz, angesichts der Vielfalt und Heterogenität gesellschaftlicher Wertvorstellungen zu definieren, welche Technikentwicklung dem gesellschaftlichen Wohl entspreche.
– der Staat habe die Umsetzungskompetenz, um die als richtig erkannten Weichenstellungen gegenüber den anderen gesellschaftlichen Akteuren durchzusetzen.

Dieses „steuerungsoptimistische" Bild ist Vergangenheit. Der Staat wird heute eher als Moderator gesellschaftlicher Entscheidungsprozesse denn als zentrale Steuerungsinstanz angesehen. Dieser Diagnose weitgehend folgend (bis auf den Punkt, dass der Staat nicht in der Moderatorenrolle aufgeht, vgl. Grunwald 2000, Kap. 3.3.1), erscheint auch das Bild der Technik*steuerung* obsolet geworden zu sein. Aufbauend auf der Metapher vom Steuermann wirkt die Rede von Steuerung erstens verwirrend, sobald es nicht mehr *eine* steuernde Instanz, sondern derer viele gibt. Viele Steuerleute zu haben, ist aber so gut oder so schlecht, wie keinen zu haben: in beiden Fällen ist Chaos die Folge. Und zweitens arbeitet der Steuerungsbegriff immer noch mit der Differenz von Steuernden und Gesteuerten, welche sich in modernen Vorstellungen einer dezentralen Zivilgesellschaft nicht mehr so ohne weiteres aufrechterhalten lässt.
Aus diesen Gründen wird der Begriff einer dezentralen und auf viele gesellschaftliche Bereiche verteilten *Gestaltung der Technik* bevorzugt. In der modernen arbeitsteiligen Gesellschaft fallen die Beiträge verschiedener Akteure und verschiedener gesellschaftlicher Gruppen (Ingenieure, Nutzer, Manager, Politiker etc.) zur Technik auch verschieden aus. Sie tragen an verschiedenen Stellen der komplexen Entscheidungsprozesse, die zu neuen technischen Produkten oder Systemen führen, zum Aussehen des endgültigen Produkts oder Systems bei:

– Das politische System beeinflusst Technikentwicklung an mindestens vier Stellen: (1) als Nachfrager und Nutzer von Technik in großem Umfang, (2) als direkter Auftraggeber für Technik (z.B. in Bezug auf große Infrastrukturen und im Militärbereich), (3) als Förderer von Wissenschaft und Technik (Alfred Nordmann in diesem Band) und (4) als Gestalter der Rahmenbedingungen für Technikentwicklung (z.B. Steuergesetzgebung, Haftungsrecht, Sicherstellung von Datenschutz und Urheberrechten, Festlegung von Umwelt- und Sicherheitsstandards; Michael Kloepfer in diesem Band);
– Die Wirtschaft (Ingenieure, Entwickler, Management) greift in die Technikentwicklung durch konkrete Forschungs- und Entwicklungsarbeit, durch die Produktion und Vermarktung technischer Produkte, Systeme und Dienstleistungen sowie durch strategische betriebliche Entscheidungen ein (Mikael Hård in diesem Band);

- Die Konsumenten, die Käufer und Nutzer von Technik entscheiden über die Akzeptanz von Technik und technikbasierten Dienstleistungen auf dem Markt. Außerdem können sie als Teilnehmer an Dialogen in der Marktforschung an der Entwicklung zukünftiger Technologie mitwirken oder sich im Rahmen partizipativer Technikfolgenabschätzung an der politischen Gestaltung von Technik beteiligen (Andreas Knie und Yutoka Yoshinaka et al. in diesem Band).
- Engagierte Bürger, Nichtregierungsorganisationen oder Vereinigungen wie die „Kritischen Aktionäre" können im Rahmen einer „Zivilgesellschaft" ebenfalls Einfluss nehmen.

Ob es um die Ausgestaltung der Nutzungsmöglichkeiten von UMTS oder um Sicherheitsgarantien im elektronischen Handel geht, ob die Frage der Verletzlichkeit der digitalen Infrastruktur durch cyber-Terrorismus oder die Möglichkeiten der Nutzung elektronischer Kommunikation im Gesundheitswesen auf der Tagesordnung stehen, ob anthropogene Stoffströme in Bezug auf ihren Rohstoffbedarf und ihre Emissionen nachhaltiger zu gestalten sind: jeweils sind verschiedene gesellschaftliche Akteure beteiligt und haben unterschiedlichen Einfluss auf Gestaltungsfragen. Adressatenkreis und Gegenstandsbereich der Technikgestaltung (vgl. hierzu obiges Beispiel der Informationsgesellschaft) hängen also zusammen: beide sind bestimmt durch die zu bearbeitende konkrete Fragestellung. Wer in Fragen der Gestaltung der technischen Welt tätig werden soll oder werden will, hängt damit zusammen, welche Fragen gestellt werden: ob es z.B. um eine Analyse der politischen oder rechtlichen Rahmenbedingungen für Technikentwicklung, um die Analyse von möglichen Produktfolgen, um die Erforschung der Marktkontexte oder um sekundäre oder tertiäre Nebenfolgen von Technik geht.

Zentrale Elemente einer vorläufigen, die Beiträge dieses Buches nicht vorweg nehmenden Charakterisierung des Begriffs der Technikgestaltung sind danach die folgenden:

- Technikgestaltung erfolgt durch ein dezentrales Zusammenwirken vieler Akteure und Gruppen im Sinne eines polyzentrischen Gesellschaftsverständnisses und umfasst damit sowohl Technikentwicklung als auch Techniksteuerung (insofern man diesen Begriff retten will);
- Technikgestaltung steht damit vor der Notwendigkeit von kommunikativen oder machtgesteuerten Aushandlungsprozessen zwischen den jeweils Beteiligten;
- der staatliche Beitrag zur Technikgestaltung besteht keineswegs darin, dass der Staat der bessere Ingenieur sei, sondern ist charakterisiert durch eine Moderatorenrolle in Bezug auf gesellschaftlich relevante Aushandlungsprozesse und durch die Bedeutung als legitimationserzeugende Instanz für Entscheidungen (Grunwald 2000),
- Technikgestaltung erfolgt in einem Zusammenwirken von Wissen und Werten, wissenschaftlich informiert und beraten durch Technikfolgenabschätzung und Technikethik,
- Technikgestaltung in einer durch Unsicherheit und Unvollständigkeit des Wissens und Vorläufigkeit von Bewertungen charakterisierten Situation ist auf ge-

sellschaftliche Lernprozesse angewiesen (reflektiert-experimenteller Zugang zur Zukunft).

Eine Theorie der Technikgestaltung in diesem Sinne steht aus und ist auch nur als Teil einer umfassenden Gesellschaftstheorie vorstellbar. Elemente einer solchen Theorie wie z.B. eine Theorie der Technikentwicklung (Dolata 2002), ein planungstheoretischer Ansatz (Grunwald 2000, Kap. 2.4) und eine Theorie der rechtlichen Gestaltung von Technik (Michael Kloepfer in diesem Band) liegen vor und warten auf weitere Entwicklung.

4 Was wird in der Technikgestaltung gestaltet?

Die Antwort auf die Frage, was in der Technikgestaltung gestaltet werden soll, ist nicht so einfach, wie es auf den ersten Blick erscheint. Die triviale Antwort „Technikgestaltung ist Gestaltung von Technik" hilft nicht viel weiter. Worum es geht, hängt wesentlich von Annahmen über die Dynamik und die politische oder gesellschaftliche Beeinflussbarkeit sowie über die Mechanismen der technischen Entwicklung ab. Deswegen sind die Prämissen jedes Schrittes der Beantwortung genau zu benennen und entsprechend Unterscheidungen einzuführen.

Eine erste wesentliche Prämisse besteht in der Annahme über einen gestaltbaren Gegenstandsbereich. Inwieweit ist Technikentwicklung überhaupt nach gesellschaftlichen Zielvorstellungen und Werten gestaltbar oder läuft sie nicht „von selbst" ab? In einem solchen „technologischen Determinismus" (Armin Grunwald in diesem Band) kann Gestaltung nur in *aktiver Anpassung* an die Technik bestehen. Nicht die Technik selbst wäre ein gestaltbarer Gegenstandsbereich, sondern nur die Art und Weise, wie die Gesellschaft darauf regiert, z.B. durch politische Strategien. Technikfolgenprognosen sind erforderlich, um Politik und Gesellschaft bei dieser Anpassung zu unterstützen. Z.B. könnte die Gesellschaft auf Prognosen über unangenehme soziale Technikfolgen durch politische oder wirtschaftliche Kompensationsstrategien reagieren, oder sie könnte bei problematischen Prognosen über technikbedingte Umweltschäden frühzeitig über nachsorgende Reparaturmaßnahmen nachdenken. In der politischen Rhetorik, bei Naturwissenschaftlern und auch in vielen Vorstandsverlautbarungen sind häufig Formulierungen zu finden, denen ein derartiges „adaptives" Verständnis von Gestaltung zu Grunde liegt. Die zentrale Metapher für diese Haltung ist die vom technischen Fortschritt als einem fahrenden Zug, den nichts aufhalten oder in seiner Richtung beeinflussen kann, dessen Fahrt man aber prognostizieren kann, um zur richtigen Zeit am richtigen Ort zu sein.

In den neunziger Jahren wurde die Technik selbst stärker als Gegenstand der Gestaltung entdeckt. In der Technikgeneseforschung (z.B. Dierkes 1997) wurde klar, dass Technikentwicklung ein offener Prozess ist, in dem viele Entscheidungen die letztendliche Ausprägung der technischen Produkte und Systeme beeinflussen. Die Entwicklung von Technik erscheint unter diesem Blickwinkel nicht als vorgegeben und eigendynamisch, sondern an vielen Stellen in Forschung und

Entwicklung beeinflussbar. Bemühungen um eine gezielte Gestaltung von Technik, z.B. im Hinblick auf Umwelt- und Sozialverträglichkeit, folgen diesem Ansatz. Es geht dann nicht um eine Gestaltung von Anpassungsmaßnahmen, sondern um die Gestaltung von Technik selbst: die präventive Behandlung von Technikfolgenproblemen an der Wurzel, ein alter Traum der Technikfolgenabschätzung. An die Diskussion um Technikgestaltung in diesem „konstruktiven" Sinne knüpft z.B. die aktuelle Debatte um eine Gestaltung von Technik unter Nachhaltigkeitsaspekten an (Grunwald 2002). In Bezug auf die Unterscheidung eines adaptiven und eines konstruktiven Verständnisses von Technikgestaltung muss also klar gesagt werden sein, worauf man sich bezieht:

- auf die (konstruktive) *Gestaltung von Technik* gemäß vorab festgelegter Ziele und Wertvorstellungen (wie z.B. Umwelt- oder Sozialverträglichkeit),
- auf die (adaptive) *Gestaltung gesellschaftlicher Anpassungsstrategien* oder
- auf eine *Kombination* beider Positionen, welche die Gestaltungsmöglichkeiten von Technik und die Notwendigkeiten von Anpassung von Fall zu Fall einschätzt.

Im konstruktiven Verständnis von Gestaltung gilt es, eine weitere Unterscheidung zu beachten. Wenn die Technik *direkt* gestaltet werden soll, geht es um die Festlegung der Eigenschaften technischer Produkte oder Systeme, um positive Zielvorgaben für Technikentwicklung. Gegenstandsbereich der Technikgestaltung wäre in diesem Fall, wie das Wort es nahe legt, in der Tat die Technik selbst.

Auf der anderen Seite kann Technikgestaltung darin bestehen, die Technikentwicklung *indirekt* zu beeinflussen: durch eine Gestaltung der Rahmenbedingungen, unter denen konkrete Technik entsteht. Hierbei geht es eher um *negative* Zielvorgaben: durch bestimmte Rahmenbedingungen, z.B. Umwelt- oder Sicherheitsstandards, sollen bestimmte gesellschaftlich unerwünschte Entwicklungen vermieden werden (Techniksteuerung im Sinne einer „Kontextsteuerung"). Gegenstandsbereich der Technikgestaltung wäre dann nicht die Technik, sondern wären Größen, die einen *mittelbaren* Einfluss auf Technik haben: gesetzliche Vorschriften, Normen, Standardsetzung etc. (wesentliche Behauptung in Grunwald 2000 war, dass sich nur hierauf eine *gesellschaftliche* Technikgestaltung erstrecken kann). Technik wird nicht direkt in den Blick genommen, sondern nur über den *Umweg* über die Gestaltung von für Technikentwicklung relevanten externen Faktoren.

Zur Technikgestaltung gehören also sowohl Elemente der Technikentwicklung in der Wirtschaft und durch Ingenieure als auch Fragen der politischen und rechtlichen Techniksteuerung hinzu.

5 Technikfolgenabschätzung für Technikgestaltung

Technikfolgenabschätzung (TA, vgl. Grunwald 2002) – mit den zwei Seiten der *Wissensbereitstellung* durch Forschung über Technik und Technikfolgen einerseits und der *gesellschaftlichen Kommunikation* über Bewertungsfragen und Prioritätensetzungen andererseits – wurde stets als Beitrag zur Technikgestaltung verstanden. In der Anfangszeit ging es darum, den U.S.-Kongress wissenschaftlich zu beraten, um besser informierte parlamentarische Entscheidungsprozesse über Technik zu erlauben. Technikfolgen, so war das Ziel, sollten möglichst im Vorhinein bekannt sein, um Entscheidungsgrundlagen zu optimieren. Dies erfolgte und erfolgt heute noch in zwei Ausprägungen. Technikfolgenabschätzung als *Frühwarnung* soll dazu beitragen, dass durch vorsorgendes politisches Handeln die Folgen, vor denen gewarnt wurde, entweder gar nicht erst eintreten oder in ihren Auswirkungen gemildert werden konnten. *Früherkennung* soll die Gesellschaft befähigen, die verborgenen Potentiale von Technik zu erkennen und (optimal) zu nutzen. Technikfolgenabschätzung zielt darauf, durch Bereitstellung von Wissen über Technikfolgen, durch die Unterstützung von gesellschaftlichen Bewertungen dieses Wissens und durch die Erarbeitung von Handlungsstrategien die gesellschaftlichen, zumeist politischen Möglichkeiten der Technikgestaltung zu verbessern. Hierzu sind in den letzten Jahrzehnten in der Technikfolgenabschätzung eine Reihe von Erfahrungen gemacht worden:

- Technik und Gesellschaft entwickeln sich nicht isoliert voneinander, sondern sind in vielfältiger Weise miteinander verbunden. Das Verhältnis von Technik und Gesellschaft ist nicht durch eine einseitige Beeinflussung, sondern durch eine „Ko-Evolution" gekennzeichnet;
- Es gibt keine strikte Trennung von Wissen und Werten, beide sind miteinander verbunden: die Wissensproduktion hängt von getroffenen Relevanzentscheidungen ab; gesellschaftliche Werte und Normen werden durch neue Technik herausgefordert und möglicherweise verändert; Technik kann gesellschaftlich akzeptiert werden, auch wenn sie zunächst mit Werten kollidiert, wenn nämlich durch Technik gerade diese Werte verändert werden;
- Technikfolgenabschätzung ist mit den Bedingungen des Wissens unter *Unvollständigkeit* und *Unsicherheit* konfrontiert. Wir können nicht garantieren, dass wir alle Technikfolgen ex ante erfassen. Und dieses möglicherweise unvollständige Technikfolgenwissen ist ein vorläufiges Wissen, welches im Laufe der Zeit auf der Basis neuer Erkenntnisse eventuell modifiziert werden muss.
- Der Weg in die Zukunft ist daher, trotz aller Technikfolgenüberlegungen ex ante, immer auch mit *experimentellen Elementen* verbunden.

Daraus folgt, dass Technikgestaltung nicht als ein Planen (mit einem Planungsverständnis der sechziger Jahre) auf ein festgelegtes Ziel hin und mit Erfolgsgarantie erfolgen kann. Es ist aber möglich, Technikgestaltung als einen ständigen *Lernprozess* zu verstehen, in dem über Gestaltungsziele und Realisierungsoptionen diskutiert wird, in den wissenschaftliches Wissen und ethische Orientierungen eingehen, und in dem sich das Bild der zukünftigen Technik allmählich, Schritt für Schritt, herausbildet. Technikgestaltung im Sinne eines dauernden Lernprozesses operiert wesentlich mit der Möglichkeit, aus praktischen Erfahrungen zu lernen und diese Erfahrungen dann für Modifikationen der Praxis zu nutzen, nicht die Evolution sich selbst zu überlassen, sondern in einem reflektierten und wissenschaftlich informierten Prozess mitzugestalten.

Technikfolgenabschätzung ist, bezogen auf dieses Verständnis von Technikgestaltung, ein Medium des Lernens, indem die Technikentwicklung und die Entwicklung der entsprechenden gesellschaftlichen Rahmenbedingungen kritisch begleitet werden. Weit jenseits von ihrer ursprünglichen Funktion als direkter Entscheidungsvorbereitung erwachsen der Technikfolgenabschätzung weitere Aufgaben: nämlich gesellschaftliche Lernvorgänge im Hinblick auf Technik, Technisierung und Technikfolgen auf wissenschaftlicher Basis zu unterstützen und dadurch ebenfalls zu eher informellen Meinungsbildungsprozessen im Vorfeld der Entscheidungen beizutragen. Dabei werden Stichworte wie lernende Regulierung (Michael Kloepfer in diesem Band), Monitoring der Auswirkungen von Gestaltungsmaßnehmen, Bestimmung von Indikatoren für Zustände oder Veränderungen, Verfahren kollektiven Lernens, die Unterscheidung von Lernprozessen von bloßen modischen Veränderungen und die Frage der Überführung von Resultaten dieser Lernprozesse in die Praxis wesentlich. Der Beitrag der Technikfolgenabschätzung zur Technikgestaltung geht damit über die Bereitstellung eines Folgenwissens und von Bewertungsorientierungen weit hinaus und umfasst eine Erweiterung des Optionenraumes in technikrelevanten gesellschaftlichen Entscheidungen durch Lernen.

6   Zum vorliegenden Buch

Das Ziel dieses Buches besteht darin, die Möglichkeiten und Grenzen von Technikgestaltung in einer interdisziplinären Perspektive zwischen Wunsch und Wirklichkeit zu beleuchten. Schon der Begriff der Technikgestaltung selbst ist in sich nicht klar definiert. Ingenieure verstehen etwas anderes darunter als Politiker, Manager etwas anderes als Sozialwissenschaftler. Durch das Zusammenbringen von verschiedenen Disziplinen, die jeweils verschiedene Aspekte der Technikgestaltung bearbeiten, sollen gegenseitige Lerneffekte ermöglicht und die Bedingungen für interdisziplinäre Kooperation verbessert werden. Darüber hinaus soll das Ergebnis ein besseres Verständnis dessen sein, was Technikgestaltung bedeuten kann, wie Technikgestaltung historisch einzuordnen ist, ob und wie gesellschaftliche Technikgestaltung erfolgen kann und auf welche Weise und unter welchen Bedingungen eine Technikgestaltung für mehr Nachhaltigkeit möglich ist. Die Beiträge sind in vier inhaltlich charakterisierten Bereichen angeordnet.

Teil 1   Technikgestaltung – Facetten eines Begriffs

Im Begriff der Technikgestaltung kann nach ganz verschiedenen Aspekten gefragt werden: nach den Gestaltungszielen, den Gestaltungsmitteln, den Nebenfolgen, der Gestaltbarkeit von Technik, nach den einer Gestaltung im Wege stehenden Hemmnissen, nach den konzeptionellen und methodischen Problemen aktiver

Gestaltung und nach den gestaltenden Akteuren und ihrer Legitimation. In diesem ersten Teil des Buches stehen begriffliche Klärungen und die Diskussion konzeptioneller Entwürfe an, welche für das Feld der Technikgestaltung unverzichtbar sind.

Gerhard Banse stellt das technische Entwurfshandeln und seine Akteure, Ingenieure und Technikwissenschaftler, in das Zentrum seiner Betrachtung. Mit dem Entwurf als Beginn jeglicher Technikgenese werden wichtige (Vor-) Entscheidungen gefällt (z.B. hinsichtlich Funktionserfüllung, Sicherheit und Kosten), die in nachfolgenden Phasen der Technikherstellung, -auswahl, -verbreitung und -verwendung relevant sind bzw. relevant werden können (etwa hinsichtlich Nutzungsmustern oder Akzeptanz). Dabei wird die Frage der Planbarkeit von Technik angesichts vielfältiger Formen des Nichtwissens zum „heimlichen" Hauptthema.

Armin Grunwald fragt nach den Geltungsgründen, die für die sich widersprechenden Positionen des technologischen Determinismus und der These von der Gestaltbarkeit von Technik vorgebracht werden können. Er verweist darauf, dass einerseits bestimmte Konzeptualisierungen der Zukunft zugrunde liegen und dass andererseits jeweils bestimmte Modelle der Technikentwicklung der argumentativen Stützung der einen oder der anderen These dienen. Über die Thesen der Gestaltbarkeit oder der Nicht-Gestaltbarkeit könne weder empirisch noch auf der Basis der verwendeten Modelle entschieden werden. Der Begriff der Gestaltbarkeit von Technik sei vielmehr als ein Reflexionsbegriff aufzufassen, in dem sich wissenschaftliche und gesellschaftliche Fragen zum Verhältnis von Technik und Gesellschaft treffen.

Mathias Gutmann befasst sich eingehend mit dem Begriff der Technikgestaltung. Er diskutiert die Gegenüberstellung von gemachter *Form* und gewachsener *Gestalt* – nach der Technikgestaltung ein Widerspruch in sich sei –, das evolutionstheoretische und das handlungstheoretische Modell von Technikgestaltung. Die Kritik an diesen Ansätzen führt ihn – unter Rückgriff auf Cassirer – zu der Ersetzung der Rede von der „Gestaltung" durch die Rede von der „Entwicklung" von Technik. Die Entwicklung von Technik ist dann nicht nur das, *was* der Mensch aus sich macht, sondern auch die Art und Weise, in der dies geschieht.

Teil 2   Technik und Gesellschaft

Der Kern der These des technologischen Determinismus besteht nicht darin, dass Technikgestaltung quasi automatisch, ohne das Zutun von Menschen und Institutionen erfolge. Sondern bezweifelt wird, dass es hinter den vielen einzelnen, jeweils höchst unterschiedlichen Gestaltungszielen der Technikentwickler und -nutzer so etwas wie eine *gesellschaftliche* Gestaltung unter Gemeinwohlaspekten gibt bzw. geben könne. Gibt es hinter den partikularen „Gestaltern" auch eine Instanz, die unter Gemeinwohlaspekten den Gesamtprozess der Technikentwicklung und Technisierung in irgendeiner Form beeinflussen kann? Der Begriff der Technikgestaltung wird demzufolge häufig für das „*social* shaping of technology" verwendet. Dabei geht es um die Möglichkeiten, aus einer gesellschaftlichen Perspektive die Technikentwicklung in bestimmte gewünschte Richtungen lenken zu können und zu definieren, was „gewünscht" heißen soll. Im Zuge der Abkehr von einer staatlichen Techniksteuerung werden neue Konzepte gesellschaftlicher Technikgestaltung diskutiert.

Peter Janich vertritt die These, dass das Verhältnis von Technik und Kultur in der heutigen, öffentlichen Meinung durch eine Reihe fest etablierter Klischees bestimmt ist, die es aufzubrechen gelte. Sein Ziel ist es, eine philosophische Reflexion über das Verhältnis von Technik und Kultur anzustellen. Der Weg zu diesem Ziel führt von der Kultur-Förmigkeit der Technik zur Technik-Förmigkeit der Kultur. Der Begriff der Kulturhöhe erlaubt es, kulturelle Entwicklung und die Verfügbarkeit bestimmter technischer Fähigkeiten miteinander in Verbindung zu bringen.

Michael Jischa unternimmt einen Blick auf die Menschheitsgeschichte unter dem Aspekt der Technikgestaltung. Er sieht sie als Geschichte eines sich durch Technik ständig beschleunigenden Einflusses auf immer größere Räume und fernere Zeiten mit einer entsprechenden Ausweitung von Handlungsräumen. Das Wechselspiel zwischen den drei entscheidenden Faktoren Ressourcen, Leitbildern und Institutionen wird unter Betonung der Rolle der Technik skizziert. Der Fokus liegt auf Energie, deren Bereitstellung ganz maßgeblich die technische Entwicklung beeinflusst hat.

Yutaka Yoshinaka, Christian Clausen und Annegrethe Hansen stellen das Konzept des Social Shaping of Technology (SST) vor. Technikentwicklung wird als sozialer Prozess verstanden, der mit politischen Implikationen, gesellschaftlichen Gruppen, ihren Strategien und Interessen verbunden ist. Dadurch wird eine neue Perspektive auf die politische Dimension von Entscheidungen über Technik eröffnet, die mit der Einbeziehung und der Ausschließung von gesellschaftlichen Akteuren zu tun hat. Dieses Konzept wird anhand von Fallbeispielen aus Dänemark erläutert, deren Konsequenzen für Technikfolgenabschätzung diskutiert werden.

Michael Kloepfer befasst sich mit den Möglichkeiten des Rechts in der Technikgestaltung. Die rechtlich ungesteuerte Anwendung bestimmter Techniken kann zur Gefährdung oder Verletzung von Individual- und Gemeinschaftsgütern führen. Essentielle Funktion des Rechts ist daher, eine gemeinwohlverträgliche und die Interessen Dritter nicht schädigende Technikentwicklung sicherzustellen. Recht wirkt dabei gleichermaßen technikbegrenzend als auch technikermöglichend. Eine zukunftsfähige Ausgestaltung des Verhältnisses von Technik und Recht bedürfe weiterentwickelter und neuer Formen des Rechts wie kooperatives, revisibles und technikbegleitendes Recht.

Teil 3   Fallbeispiele der Technikgestaltung

In Gegenwart und Geschichte der Technik lassen sich verschiedene Hinweise auf den Umgang mit und die Möglichkeit von Technikgestaltung finden. Konkrete Fallbeispiele eignen sich zur Analyse der Bedingungen der Möglichkeit von

Technikgestaltung und zur Untersuchung der Art und Weise, wie Technikgestaltung im Einzelnen funktioniert. Auf diese Weise wird die konzeptionelle Analyse in den vorangegangenen Teilen „geerdet".

Andreas Knie stellt Ergebnisse aus einem „soziologischen Labor" vor. Am Beispiel neuer und experimenteller Mobilitätsangebote der Deutschen Bahn wird gezeigt, wie aus den Ergebnissen der Technikgeneseforschung heraus Ideen zur Technikgestaltung entstehen und in Form von Feldexperimenten überprüft und weiterentwickelt werden können. Dieses soziologische Labor ist durch sehr engen Praxisbezug und eine inhärente Interdisziplinarität gekennzeichnet. Es geht weit über das klassische Selbstverständnis der Sozialwissenschaft als rein beobachtender Disziplin zugunsten einer „Mitgestaltung" hinaus.

Mikael Hård verwendet Ergebnisse aus der technikgeschichtlichen Analyse von Erfolg- und Misserfolgsgeschichten im Automobilbereich, um Hinweise für die gegenwärtige Technikgestaltung unter Nachhaltigkeitsaspekten zu gewinnen. Seine These ist, dass Technikgestaltung nur zum Teil mit der Entwicklung von neuen Artefakten und Systemen zu tun hat; es gehe in gleichem Ausmaß darum, neuen Deutungsmustern und Nutzungsstrukturen gerecht zu werden – mit der Folge, dass Technikgestaltung nicht nur von der Politik oder der Industrie ausgehen kann, sondern dass sie Inspiration und Ideen direkt von den Nutzern und Nutzerinnen einholen muss

Alfred Nordmann weitet mit der Themenstellung „shaping the world atom by atom" die Frage der Technikgestaltung ins Unermessliche aus. Denn dieses Motto der Nanoforschung behauptet nicht nur die Gestaltung einer technischen Apparatur, sondern es soll die ganze Welt Atom um Atom, ein Atom nach dem anderen, gestaltet werden. Der Autor geht dem Ehrgeiz auf Weltgestaltung zwischen Wunsch und Wirklichkeit, Welt und Technik, Vision und Machbarkeit nach und fragt, wo er den Menschen als erkennendes und verantwortlich handelndes Subjekt verortet.

Teil 4   Technikgestaltung für nachhaltige Entwicklung

Im Zentrum der Diskussion um Technikgestaltung steht zurzeit die Frage, ob und in wieweit es möglich ist, durch gezielte Technikentwicklung die gesellschaftliche Umsteuerung hin zu mehr Nachhaltigkeit wesentlich zu unterstützen. Das Verhältnis von Technik und Nachhaltigkeit ist ambivalent. Viele Nachhaltigkeitsprobleme sind auf Technik und ihre Nutzung zurückzuführen (z.B. Erschöpfung natürlicher Ressourcen, Überlastung der Umwelt durch Emissionen). Innovative Technik bietet aber auch die Chance, als Bestandteil von Nachhaltigkeitsstrategien wesentlich zu einer nachhaltigeren Wirtschaftsweise beizutragen. In der Frage nach einer Technikgestaltung für Nachhaltigkeit kulminieren die Anforderungen an Technikgestaltung genauso wie die sich stellenden methodischen Probleme.

Hauke Fürstenwerth plädiert dafür, dass wer Technikgestaltung reflektiert, sich von der beobachtbaren Praxis der Technikentwicklung leiten lassen sollte. Technische Hilfsmittel und neue Technik seien bei der Umsetzung des Leitbildes

Nachhaltigkeit unverzichtbar. Er vertritt die These, dass es der Initiative, des Wollen und des Können von risikobereiten Individuen bedarf, ihre technische Expertise, ihr unternehmerisches Können und ihre Visionen einzusetzen, um die technischen Grundlagen für eine nachhaltige Entwicklung zu schaffen.

Joseph Huber ergänzt die heute diskutierten Nachhaltigkeits-Strategien der konsumtiven Lebensstil-*Suffizienz* und der technischen Öko-*Effizienz* um den Ansatz der ökologischen *Konsistenz* des industriellen Metabolismus. Er sieht Effizienz und Konsistenz als komplementäre Aspekte einer industriellen Ökologie an, die sich nicht durch bloße Mengenreduktion an ihre Umwelt anpassen muss, sondern sich aufgrund qualitativer Eigenschaften der metabolischen Naturintegration entfalten kann.

Armin Grunwald resümiert (in einem Beitrag, der nicht Teil der zugrunde liegenden Tagung war, der aber inhaltlich auf die dort geführten Diskussionen eingeht) die konzeptionellen und methodischen *Anforderungen*, die an eine Technikgestaltung für nachhaltige Entwicklung zu richten wären. Hierzu zählt er die Notwendigkeit der Systemperspektive und der Lebenszyklusbetrachtung, die Adaptabilität an neues Wissen, die Reflexivität und die Vermeidung möglicherweise katastrophaler Technikrisiken.

Literatur

Banse G, Grunwald A, Rader M (2002) (Hrsg) Innovations for an e-society. Challenges for Technology Assessment. Edition Sigma, Berlin

Bijker W, Law J (1994) (Hrsg) Shaping Technology Building Society. MIT Press

Bijker WE, Hughes TP, Pinch TJ (1987) (Hrsg) The Social Construction of Technological Systems. New Directions in the Sociology and History of Technological Systems. Cambridge (Mass.)/London

Dierkes M (1997) (Hrsg) Technikgenese. Befunde aus einem Forschungsprogramm. Edition Sigma, Berlin

Dierkes M, Hoffmann U, Marz L (1992) Leitbild und Technik. Zur Entstehung und Steuerung technischer Innovationen. Campus Verlag, Berlin

Dolata U (2002) Unternehmen Technik. Akteure, Interaktionsmuster und strukturelle Kontexte der Technikentwicklung: Ein Theorierahmen. Edition Sigma, Berlin

Grimmer K, Häusler J, Kuhlmann S, Simonis G (1992) (Hrsg) Politische Techniksteuerung. Leske + Budrich, Opladen

Grunwald A (2000) Technik für die Gesellschaft von morgen. Möglichkeiten und Grenzen gesellschaftlicher Technikgestaltung. Campus, Frankfurt

Grunwald A (2002a) Technikfolgenabschätzung – eine Einführung. Edition Sigma, Berlin

Grunwald A (2002b) (Hrsg) Technikgestaltung für eine nachhaltige Entwicklung. Edition Sigma, Berlin

Grunwald A, Saupe S (1999) (Hrsg) Ethik in der Technikgestaltung. Praktische Relevanz und Legitimation. Springer, Berlin

Luhmann N (1990) Paradigm lost. Über die ethische Reflexion der Moral. Suhrkamp, Frankfurt/Main

Rip A, Misa T, Schot J (1995) (Hrsg) Managing Technology in Society. London
Schot W (1992) Constructive Technology Assessment and Technology Dynamics. The
    Case of Clean Technologies. In: Science, Technology and Human Values 17: S 36–56

I. Technikgestaltung – Facetten eines Begriffs

Die Unterscheidung von Gestaltbarkeit und Nicht-Gestaltbarkeit der Technik

Armin Grunwald

1 Einführung

Der Begriff der Technikgestaltung ist in den neunziger Jahren des letzten Jahrhunderts in den Mittelpunkt der wissenschaftlichen und gesellschaftlichen Diskussion über Technik und Technikfolgen geraten. Die Ansätze des niederländischen Sozialkonstruktivismus (Bijker et al. 1987; Bijker u. Law 1994), der Technikgeneseforschung (Dierkes et al. 1992) sowie kulturalistischer Verständnisse des Verhältnisses von Technik und Gesellschaft (Weingart 1989) haben dazu beigetragen, Technik nicht mehr vorrangig als eine der Gesellschaft externe Größe zu betrachten, an die man sich entweder anzupassen habe oder die man nur ablehnen könne. Stattdessen geht es, sobald von Technikgestaltung die Rede ist, darum, die spezifische Ausprägung von Technik in ihren technischen und nichttechnischen Aspekten als eine *beeinflussbare Größe* zu verstehen – als Größe, auf die seitens der Gesellschaft Einfluss genommen werden *kann und soll* (die letztere normative Einstellung ist in der Tat auch ein Teil der Rede von Technikgestaltung).[1]

Gestaltungsversuche von Technik stoßen jedoch an Grenzen. Die Globalisierung der Weltwirtschaft mit ihrer eigenen Dynamik, die zunehmende Differenzierung der Gesellschaft in „Inseln" mit je verschiedenen normativen Vorstellungen, welche eine gemeinsame *gesellschaftliche* Technikgestaltung erschweren,[2] sowie die bekannte Nebenfolgenproblematik der Technik stehen einer intentionalen Gestaltung im Wege. Der aus den sechziger und siebziger Jahren stammende Gedanke eines „technologischen Determinismus" (Erläuterung und Kritik bei Ropohl 1982), nach dem die technische Entwicklung einer nicht von außen beeinflussbaren Dynamik folgt, scheint durch diese Entwicklungen eher bestätigt als widerlegt zu werden. Antwortete der Gestaltungsoptimismus der neunziger Jahre (z.B. Bijker u. Law 1994) auf diesen technologischen Determinismus früherer Jahrzehnte, so stehen heute eine Problematisierung und Relativierung des gestaltungsoptimistischen Blicks auf Technik auf der Agenda. Es darf nicht der Blick verstellt werden für systembedingte Zwänge und eigendynamische Anteile der Technikent-

---

[1] Annahmen der gesellschaftlichen Beeinflussbarkeit von Technik müssen keineswegs eine *beliebige* Steuerbarkeit implizieren.

[2] Der kürzlich verkündete, angebliche Erfolg der Zeugung eines geklonten Babys durch Mitglieder einer Sekte in den United States zeigt deutlich die Grenzen politischer Steuerungsversuche. Staatliche Verbote führen oft nur zu einem Umgehungs- oder Vermeidungstourismus.

wicklung zugunsten des trügerischen Eindrucks einer beliebigen sozialen Gestaltbarkeit der Technik: „Angetreten, den Irrtum des technologischen Determinismus zurück zu weisen, hat der Sozialkonstruktivismus den gegenteiligen Irrtum eines soziologischen Voluntarismus geboren" (Ropohl 1999, S 296).

Besonders zu der Frage, welche Instanzen denn die Gestalter der Technik sein sollen oder sein können (vgl. die Einleitung zu diesem Band), herrscht nach wie vor Ratlosigkeit bzw. gibt es erhebliche Dissense. Die seit den achtziger Jahren gewachsene Skepsis in den Sozial- und Politikwissenschaften gegenüber den Möglichkeiten des nationalen Staates mit entsprechenden Auswirkungen auf die Einschätzungen der staatlichen Fähigkeiten zur Technikgestaltung (z.B. Grimmer et al. 1992) lenkt den Blick auf andere Akteure. So bestehen zum Beispiel in Bezug auf Technikgestaltung für nachhaltige Entwicklung unterschiedliche Einschätzungen darüber, ob nun die *Angebotsseite* (Entwicklung und Herstellung von Technik in der Wirtschaft) entsprechende Umorientierungen beim Kunden bewirken solle, oder ob die Nachfrageseite durch ein entsprechendes *Konsumverhalten* die Angebotsseite dazu bewegen müsse, nachhaltigere Produkte auf den Markt zu bringen (Stichwort Nachhaltiger Konsum).

Dieses eigentümliche Schwanken in der Beurteilung der Gestaltbarkeit von Technik zwischen Determinismus und Voluntarismus, zwischen Optimismus und Skepsis, ist Anlass, im vorliegenden Beitrag eine begriffliche Untersuchung der Prämissen beider Seiten vorzunehmen. Diese Prämissen sind zum einen geschichtsphilosophische Annahmen über die Zukunft, verbunden mit spezifischen Modellen der Technikentwicklung (Teil 2). Die Frage nach der Geltung eines technologischen Determinismus oder der These der Gestaltbarkeit von Technik (Teil 3) steht im Zentrum der Überlegungen. Empirische Entscheidungen über Gestaltbarkeit oder Nicht-Gestaltbarkeit erweisen sich als unmöglich. Vielmehr werden als Geltungsgründe Verweise auf die erwähnten Konzeptualisierungen der Zukunft und Modellannahmen über den Gang der wissenschaftlich-technischen Entwicklung identifiziert. Damit kommt diesen Thesen eine häufig übersehene hermeneutische Dimension zu – was wiederum Anlass gibt, die Begriffe der Gestaltbarkeit oder Nicht-Gestaltbarkeit von Technik als Reflexionsbegriffe zu verstehen, in denen die damit verbundenen logisch und empirisch nicht entscheidbaren Thesen interpretiert und in Bezug auf das Verhältnis von Technik und Gesellschaft reflektiert werden (Teil 4).

2 Konzeptualisierungen der Zukunft

In Technikphilosophie und Technikfolgenabschätzung (TA) wird Zukunft verschieden konzeptualisiert, mit jeweils verschiedenen Konsequenzen in der Beurteilung der Frage der Gestaltbarkeit von Technik. Im groben lassen sich im Zusammenhang mit der Gestaltbarkeitsfrage drei Konzeptualisierungen der Zukunft herauskristallisieren: die prognostische, die gestalterische und die evolutive.

2.1 Die prognostische Sicht auf Zukunft

Eine kulturgeschichtlich tief eingeprägte Sicht auf die Zukunft besteht vor allem in dem Wunsch, die Zukunft *vorab* kennen zu lernen, um nicht den Unsicherheiten und Unwägbarkeiten ausgeliefert zu sein und von ihnen überrascht zu werden, sondern Wissen über die Zukunft zu besitzen, damit man sich auf sie einstellen kann. Das Orakel von Delphi war in der Antike eine gesellschaftlich etablierte Institution, solches Zukunftswissen zu bekommen. In der Moderne fällt die Aufgabe der Generierung von Zukunftswissen hauptsächlich den Wissenschaften zu.

In dieser Perspektive wird Zukunft als – wenigstens im Prinzip und in den jeweils interessierenden Fragestellungen – *vorhersehbar* angesehen. Zukunftsforschung als Forschung über zukünftige Gegenwarten versucht, aus dem gegenwärtigen Wissen bestimmte Entwicklungen oder Parameter der Zukunft abzuleiten. Wissenschaftstheoretisch ist die bekannteste Argumentationsfigur der deduktiv-nomologische Schluss: aus einem Gesetzeswissen und dem Wissen über eine spezifische Ausgangssituation wird deduktiv auf zukünftige Entwicklungen geschlossen (Stegmüller 1983). Klassiker dieser Perspektive sind Vorhersagen in der Astronomie: aus den Gesetzen der Himmelsmechanik und der Kenntnis eines bestimmten Ausgangszustandes wie etwa der Planetenkonstellation zu einem Zeitpunkt kann mit großer Sicherheit und Genauigkeit die zukünftige Entwicklung berechnet werden. Vorhersagen geologischer Ereignisse wie Vulkanausbrüche oder Erdbeben oder die Wettervorhersage fallen ebenfalls in diese Kategorie – ergänzt allerdings um das Element von Modellierung und Simulation zur Generierung des Zukunftswissens, weil Gesetze und Anfangsbedingungen nicht genau genug bekannt sind.

In Bezug auf Technik heißt dies zu versuchen, Technikfolgen und zukünftige Techniklinien durch Prognosen zu erfassen, die auf verschiedenen Formen von Gesetzeswissen basieren und deren Ideal darin besteht, möglichst gut „zu treffen" (Grunwald u. Langenbach 1999). Unter dem Gegenstandsbereich „Technikfolgen" werden *zukünftige* Folgen verstanden, die es ex ante „abzuschätzen" gelte. Dabei steht im Hintergrund die Erfahrung von unerwarteten und teilweise gravierenden Technikfolgen, von denen es in vielen Fällen wünschenswert gewesen wäre, sie vorher gekannt zu haben. Demzufolge nehmen die – auf Prognosen angewiesenen – Begriffe der „Frühwarnung" in Bezug auf Technikrisiken oder der „Früherkennung" von Technikpotentialen wesentlichen Raum in den Diskussionen über Technikfolgenabschätzung ein (Grunwald 2002).

In Teilen der frühen Technikforschung und Technikfolgenabschätzung (TA) wurde angenommen, dass es – in Analogie zu natürlichen Systemen – gesellschaftliche Verlaufsgesetze gebe, die für Prognosezwecke verwendet werden können. In der Technikfolgenabschätzung bestanden anfangs hohe Erwartungen an die quantitative Prognostizierbarkeit von Technikfolgen. Das System Technik/Gesellschaft wurde analog zu natürlichen Systemen, nämlich als quasi-naturgesetzlich ablaufendes Geschehen betrachtet (explizit durch Bullinger 1991). Dafür könne, so die Prämisse, eine Art „Messtheorie" für Technikfolgen entwickelt werden, mit der eine quantitative Erfassung dieser Folgen und über eine

Aufdeckung von Verlaufsgesetzen dann auch exakte Prognosen analog zu naturwissenschaftlichen Vorhersagen möglich seien. Als zugrunde liegende Analogie dient z.B. die Wettervorhersage (Bullinger 1991, S 108). Trendfortschreibungen und Annahmen über Verlaufsgesetze sollen in diesem Ansatz die Verlängerung empirisch erfasster Zeitreihen relevanter Parameter in die Zukunft ermöglichen (kritisch dazu Grunwald u. Langenbach 1999). Oft werden hierbei Anleihen bei naturwissenschaftlichen Prognoseproblemen komplexer, d.h. nichtlinearer Art, gemacht. Die mathematischen und physikalischen Theoriebildungen im Bereich der „Chaostheorie" werden zu diesem Zweck auf die als in analoger Weise komplex gedeuteten Entwicklungen der Gesellschaft übertragen: „Die neuen mathematischen Werkzeuge erlauben zwar die Darstellung deterministisch chaotischer Systeme, ..., es fehlen aber noch zuverlässige Instrumente zur Erfassung probabilistisch-chaotischer Zusammenhänge, wie sie für komplexe soziale Phänomene typisch sind" (Renn 1996, S 37, vgl. auch Frederichs u. Hartmann 1991).

Vielfältige Probleme der Realisierung dieses Programms werden zwar anerkannt, aber der Komplexität gesellschaftlicher Zusammenhänge sowie der unzureichenden Datenbasis und der im Vergleich mit den Naturwissenschaften geringen Gesetzeskenntnis angelastet. In vielen Beiträgen zur Technikfolgenabschätzung finden sich Sätze, die die bekannten Schwierigkeiten von Prognosen (hierzu einschlägig Leutzbach 2000) beklagen und sie einerseits auf die Komplexität der zu prognostizierenden Gegenstandsbereiche zurückführen („Es gibt keine unbedingt sicheren Prognosen, weil eine Fülle von Variablen und Interdependenzen .... die Technikentwicklung bestimmen"; VDI 1991, S 15), und die andererseits unzureichendes, aber im Prinzip erreichbares Wissen für mangelnde Erfolge der Prognostik verantwortlich machen. Das fehlende Wissen soll in neuen Forschungsgebieten erarbeitet werden (Technikfolgenforschung, Technikgeneseforschung, Systemanalyse), um dort Verlaufsgesetze aufzudecken. Konsequenterweise leitet sich hieraus ein Bedarf nach mehr Forschung ab, um bessere Prognosen zu ermöglichen.

Wenn Technikentwicklung und Technikfolgen als vorhersehbar angesehen werden, so beruht dies auf einem – zumindest partiell – deterministischen Geschichtsverständnis. Nur in den Anteilen, in denen die Zukunft heute schon feststeht, kann überhaupt eine Chance bestehen, sie vorherzusehen. Im Modell des *technologischen Determinismus* (Erläuterung und Kritik bei Ropohl 1982, S 5ff.) wird angenommen, dass die technische Entwicklung nach Eigengesetzlichkeiten verläuft: „Dabei scheint es, als seien wir zur Technik verurteilt. Sie kommt immer nur durch menschliche Handlungen zustande und ist doch zu einer selbständigen Instanz geworden, deren Entwicklung anscheinend kaum gesteuert werden kann" (Rapp 1978, S 8). Hinter den (nur vermeintlich gestaltenden) Akteuren in der Technikgestaltung (Ingenieure, Manager, Erfinder, Wissenschaftler, Techniknutzer etc.) verberge sich eine „unsichtbare Hand", sei dies nun der ökonomische Druck auf Technik über den Marktmechanismus, die vermeintliche Herkunft der Technik aus der Anwendung einer ebenso vermeintlich nicht steuerbaren Naturwissenschaft oder ein anderer Mechanismus wie der nicht steuerbare „Spieltrieb" oder der Erfinderreichtum der Ingenieure. Die Erkenntnis der Mechanismen, nach denen diese „unsichtbare Hand" funktioniere, könne für Prognosezwecke einge-setzt werden.

Dieses deterministische Geschichtsverständnis muss sich dies nicht zwangsläu-fig auf *sämtliche* Aspekte gesellschaftlicher Entwicklung beziehen. Aus dem Prognose-Optimismus folgt nicht automatisch, dass nichts mehr zu gestalten sei, wie folgendem Satz entnommen werden könnte: „Die herkömmliche Vorstellung, an der sich auch eine ganze Generation von TA-Studien orientierte, unterstellt, dass technische Entwicklungen .... ihrer immanenten Eigenlogik folgen, die ... in der praktischen Anwendung weitgehend prädeterminierte, passive Anpassung bei den Betroffenen erzwingen" (Lutz 1991, S 71). Vielmehr kann auch ein „techno-logischer Determinismus" durchaus Gestaltungsspielräume offen lassen – nur nicht in Bezug auf Technik. Gestaltung kann sich dann immer noch auf die *Anpas-sung* an Technik erstrecken. Nicht die Technik selbst wäre gestaltbar, sondern nur die Art und Weise, wie die Gesellschaft darauf regiert. Technikfolgenprognosen sind erforderlich, um Politik und Gesellschaft bei dieser Anpassung zu unterstüt-zen. Z.B. könnte die Gesellschaft auf negative Prognosen über unangenehme Technikfolgen für den Arbeitsmarkt oder die natürliche Umwelt durch sozial- oder umweltpolitische Kompensationsstrategien reagieren. Aufgabe der Technikfol-genabschätzung wäre in erster Linie die Bereitstellung von Technik- und Technik-folgenprognosen.

2.2   Die gestalterische Sicht auf Zukunft

Der prognostischen Perspektive komplementär gegenüber steht die gestalterische Sicht auf Zukunft. Hier wird die Zukunft als ein der intentionalen Gestaltung unter Zielsetzungen gegenüber offener Raum angesehen. Zukunft ist danach ein leeres Blatt, das es zu beschreiben gelte – eine Gestaltungsaufgabe. So wie die prognos-tische Perspektive einen zumindest partiellen Determinismus unterstellt, hat auch die Gestaltungsperspektive geschichtsphilosophische Prämissen, die man – analog zu den präplanerischen Aprioris (vgl. Grunwald 2000a, Kap. 4.3) als *Gestaltungs-aprioris* bezeichnen könnte. Antworten auf die Frage nach den unverfügbaren Bedingungen der Möglichkeit des Gestaltens, auf die Frage also, was „immer schon" unterstellt wird, wenn gestaltet wird, stellen *absolute Gestaltungsaprioris* dar. Wer sie bestreiten würde, begäbe sich in einen pragmatischen Selbstwider-spruch, denn sobald er selbst gestaltet, muss er das Bestrittene in seinen eigenen Gestaltungen wiederum voraussetzen. Wenn das Entwerfen zukünftiger Handlun-gen als eine Grundvoraussetzung des Gestaltens selbst eine anthropologisch be-deutsame Handlungsart ist (Kamlah 1973, S 66ff.), sind die Bedingungen der Möglichkeit des Gestaltens ebenfalls von philosophisch-anthropologischem Inte-resse. Folgende Elemente des absoluten Gestaltungsapriori lassen sich unterschei-den:

– *Prozedurales Apriori*: Begriffliche Verständigungsbasis und Rederegeln, ohne die ein gestaltendes Beraten nicht möglich wäre. Diese Erfordernisse an Kommunikationskompetenz sind lebensweltlich eingeübt und auf dieser Ebene quasi-naturwüchsig entstanden.

- *Sprachliches Apriori*: Es muss evidenterweise die Vergegenwärtigung zukünftiger Handlungsgefüge möglich sein, ohne die ein Entwerfen zukünftiger Handlungen nicht vorstellbar wäre. Dies erfordert die Abstraktion von konkreten Handlungen zu situationsinvarianten Handlungsschemata (Lorenzen 1987).
- *Offenheit der Zukunft*: Wer gestaltet, erkennt damit bereits an, dass die Zukunft gestaltbar ist (Feick 1980, S 5, S 21). Gestalten auf der Basis einer deterministischen Grundhaltung führt zu einem performativen Selbstwiderspruch, weil ein solcher Gestalter genau das tut, was er als unmöglich unterstellt. Dieses Argument bezieht sich erkennbar nur auf Vertreter eines *uneingeschränkten* Determinismus. Es wäre kein performativer Selbstwiderspruch, für seine Lebenswelt, z.B. die Urlaubsplanung, die Gestaltbarkeit der Zukunft durchaus anzuerkennen, aber „im Großen", also für politische oder technische Entwicklungen, dennoch einen Determinismus zu vertreten.

Diese Elemente bilden ein unhintergehbares lebensweltliches Apriori (im Sinne von Mittelstraß 1974) jeglichen Gestaltens: „Der Rückgang auf die Welt der Erfahrung ist Rückgang auf die „Lebenswelt", d.h. die Welt, in der wir immer schon leben, und die den Boden für alle Erkenntnisleistung abgibt und für alle wissenschaftliche Bestimmung" (Husserl 1948, S 38).

Im Kontext der Unterscheidung zwischen Gestaltbarkeit und Nicht-Gestaltbarkeit ist das dritte Apriori das interessanteste, weil hiermit die Gestaltbarkeit *postuliert* wird. Hier deutet sich das Problem an, wie über die These der Gestaltbarkeit entschieden werden könnte, wenn sie doch in der prognostischen Perspektive a priori abgelehnt und in der gestalterischen Perspektive a priori als gültig unterstellt wird (dazu Teil 3). Das Apriori der Offenheit der Zukunft kann weiter ausdifferenziert werden:

- die Offenheit der Zukunft impliziert die Ablehnung des Determinismus und damit eine Skepsis gegenüber Prognosemöglichkeiten, jedenfalls in bestimmten Bereichen;
- die Offenheit der Zukunft ist nicht einfach eine Offenheit in dem Sinne, dass sie für uns offen ist, weil wir nichts darüber wissen (können), sondern eine Offenheit, die unseren *Entscheidungen* geschuldet ist;
- die Entscheidbarkeit über Zukünftiges als die Möglichkeit der Auswahl zwischen mehreren Optionen ist daher ein zentrales Element;
- diese Entscheidbarkeit und ihre Implikation, dass nämlich der weitere Verlauf der Zukunft von diesen noch zu treffenden Entscheidungen abhängt, ist die Ursache der Skepsis gegenüber Prognosen;
- die Notwendigkeit und Möglichkeit von Entscheidungen verweist auf die Bedeutung von Zielsetzungen, unter denen diese Entscheidungen getroffen werden;
- Planen als ein „Entwerfen" von möglichen Zielen und möglichen Handlungsgefügen ist die zentrale Operationalisierung des Gestaltens: das Eröffnen und

Ausgestalten von Optionen sowie die Auswahl einer bestimmten Option unter Kriterien, die vom gewählten Zielsystem abhängen (Grunwald 2000b).

Die Sicht der Zukunft als ein Feld mehr oder weniger offener Möglichkeitsräume eröffnet Freiräume für Technikgestaltung, *erzwingt* aber auch die intentionale Gestaltung. Vom jeweiligen Gegenwartspunkt, den aktuellen Handlungen und Entscheidungen aus gesehen, stellt die Zukunft in dieser Sichtweise pragmatisch eine Gestaltungsaufgabe dar. Dies führt auf Ansätze der Technikgestaltung, in denen es darum geht, Ziele für Technik zu setzen und diese zu realisieren. Konsequenterweise rücken dann die Ziele stärker in den Mittelpunkt der Diskussionen, genauso wie die Frage nach der Verantwortung für Technik (die sich in einem technologischen Determinismus gar nicht stellt). Daher ist auch erklärlich, dass parallel zum Aufkommen der Diskussion über Technikgestaltung auch die Beschäftigung mit der Ethik der Technik einen deutlichen Aufschwung nahm (Detzer 1995; Grunwald 1996; Grunwald u. Saupe 1999).

In den neunziger Jahren wurde die Technik – in Entgegensetzung zum technologischen Determinismus – als Gegenstand der Gestaltung entdeckt, vielleicht nirgends deutlicher formuliert als in dem Buchtitel „Shaping technology – building society" (Bijker u. Law 1994). Durch Technikgeneseforschung wurde Technikentwicklung als ein offener Prozess aufgefasst, in dem viele Entscheidungen über die letztendliche Ausprägung der technischen Produkte und Systeme mitbestimmen (Grunwald 2000a, Kap. 2). Die Entwicklung von Technik erscheint unter diesem Blickwinkel nicht als vorgegeben und eigendynamisch, sondern an vielen Stellen im Prozess von Forschung und Entwicklung beeinflussbar. Bemühungen um eine gezielte Gestaltung von Technik, z.B. im Hinblick auf Umwelt- und Sozialverträglichkeit, folgen diesem Ansatz. An die Diskussion um Technikgestaltung in diesem „konstruktiven" Sinne knüpft auch die Debatte um eine Gestaltung von Technik unter Nachhaltigkeitsaspekten an (Teil 4 in diesem Buch).

2.3 Die evolutive Sicht auf Zukunft

Die evolutive Sicht der Zukunft stammt aus evolutionstheoretischen Deutungen der Vergangenheit. Technikentwicklung kann danach, so der Grundgedanke, als Evolutionsprozess unter den Gesetzen von Variation und Selektion modelliert werden (z.B. Basalla 1988): „Eine evolutionäre Techniktheorie hat es … mit dem Nachweis zu tun, dass die Entwicklung der Artefakte nicht embryolgisch /teleologisch, sondern evolutionär ist" (Grundmann 1994, S 18). Durch das „nicht teleologisch" ist bereits im Kern eine gestaltungsskeptische Haltung inhärent. Bezogen auf Technik geht es in evolutionstheoretischen Ansätzen nicht um die Aufdeckung von Naturgesetzen oder Entwicklungslogiken, sondern um die „Stabilisierung von hoch unwahrscheinlichen Selektionen, die zu Strukturbildung führen" (ebendort).

Ein Mittel, um dieses Programm zu realisieren, besteht in der Einführung ordnender Strukturen analog zur biologischen Evolutionstheorie wie Arten, Familien oder Gattungen und ihre Einordnung in eine Entwicklungslinie (Basalla 1988) unter der Ausgangsbeobachtung: „Nicht nur das Phänomen der vielen unterschiedlichen Arten ist der natürlichen und der gestalteten Welt gemeinsam; das Phänomen der allmählichen graduellen Veränderung ist es ebenso" (Grundmann 1994, S 15). Im Vordergrund stehen die graduelle Veränderung vorhandener Techniken und die Rekombination des Bekannten. Statt auf Gestaltung unter teleologischen Zielsetzungen kommt es hier auf die Selektion durch Umweltfaktoren an. Betrachtet Basalla vor allem die Weiterentwicklung der Artefakte selbst und zeigt längerfristige „Evolutionen" an technischen Artefakten, vor allem Werkzeugen, auf, so werden gegenwärtig als evoluierende Einheiten – wie etwa im obigen Zitat von Grundmann – die sozialen Kontexte der Artefakte verstanden: „Nicht die technischen Artefakte evoluieren, sondern der erzeugende und verwendende Umgang mit ihnen und die dadurch konstruierten Systeme (Rammert 1994, S 10).

Die Diskussionen um evolutionstheoretische Deutungen der Kultur- und Technikentwicklung sind wesentlich geprägt von der Frage, inwieweit Theoriebildungen von der natürlichen Evolution auf Kulturentwicklung überhaupt übertragbar sind. Die Evolutionstheorie ist zunächst eine aus der Biologie stammende naturwissenschaftliche Theorie zur Rekonstruktion der Naturgeschichte. Ihre Interpretation ist bereits dort umstritten (Gutmann 1996). Darüber hinaus stellt ihre Übertragung auf gesellschaftliche, von Handlungszusammenhängen geprägte Praxen einen problematischen, jedenfalls nicht evidenterweise zulässigen Transfer des basalen Entwicklungsmodells dar (vgl. hierzu auch Mathias Gutmann in diesem Band).

Nelson und Winter (1977) schlugen eine Theorie wirtschaftlicher Entwicklung vor, in der explizit die Erzeugung technischer Innovationen als Ursache wirtschaftlicher Dynamik begriffen wurde (Dosi et al. 1988). Technische Innovationen sind danach das Resultat von Entscheidungen unter Unsicherheit (Nelson u. Winter 1977, S 47ff.), für die es weder eine berechenbare Erfolgsgarantie noch eine eindeutige Lösung gibt. Diese Justierung impliziert sofort die Unmöglichkeit der Prognostizierbarkeit der weiteren Entwicklung und die Offenheit der Zukunft. Damit bot sich die Analogie zur biologischen Evolutionstheorie an, was zur Entwicklung der evolutorischen Ökonomik (Biervert u. Held 1994) und von evolutionstheoretischen Ansätzen in der Technikgeschichte und Techniksoziologie führte (hierzu auch Mathias Gutmann in diesem Band).

Evolutionäre Technikentwicklung ist ergebnisoffen, nicht determiniert und nicht prognostizierbar (Basalla 1988; Grunwald 2000a, Kap. 2). Zukunft wird als ein offener Raum betrachtet, der nicht determiniert ist, sondern durch die Ereignisse in der Gegenwart vorgeprägt wird. Dieser offene Raum ist danach allerdings auch nicht einer intentionalen Gestaltung zugänglich. Trotz der Zurückweisung des Determinismus bleibt die Frage der gesellschaftlichen Gestaltbarkeit von Technik weitgehend negativ beschieden (z.B. Kowol u. Krohn 1995, S 93). Die Nicht-Determiniertheit und Offenheit der technischen Zukunft implizieren nicht bereits die Gestaltbarkeit. Evolutionstheoretische Ansätze erlauben auch keine Prognosen darüber, welche Entwicklungslinien den „Hauptstamm der Evolution" weitertreiben und welche in evolutionäre Sackgassen führen.

Der Gang der Evolution ist prinzipiell nur *ex post* zu beobachten und zu interpretieren. Zukunft wird als ein zwar nicht determinierter, aber auch nicht gestaltbarer Raum angesehen. Evolutionstheoretische Modelle der Technikentwicklung erlauben weder Prognosen noch geben sie Hinweise für Gestaltung. Diese in sich widersprüchlich scheinenden Aspekte gehen auf einen Kunstgriff zurück: in einer Beobachterperspektive gewonnene Deutungen der Vergangenheit werden auf die Zukunft übertragen. Diese Transformation ist jedoch keine triviale Operation. Es schließt sich keineswegs aus, Technikgestaltung (in der Teilnehmerperspektive) zu betreiben und diese Gestaltungsprozesse dann später als Evolution *zu beschreiben*. Für das Beispiel des allmählichen Überganges von einer früheren zu einer späteren Version eines technischen Produkts – eines des Paradebeispiele evolutionärer Techniktheorie, Grundmann 1994 – wurde an anderer Stelle gezeigt, dass die evolutionäre Betrachtung nur die Außenseite einer Betrachtung aus Teilnehmersicht darstellt, welche als flexible Planung und damit als intentionale Gestaltung beschrieben werden kann (Grunwald 2000a, S 83ff).

2.4 Vergleichende Gegenüberstellung

Ein radikaler Prognose-Optimismus (2.1) ist in Entscheidungssituationen nicht hilfreich. Wenn es tatsächlich gelänge, „die Zukunft vorherzusehen", d.h. zukünftige Sachverhalte *als zukünftige Realität* zu erkennen, erübrigen sich die Entscheidungen von selbst: die Zukunft wäre ja schon prä-konfiguriert, sonst könnte sie nicht erkannt werden: „Wer sich die Zukunft prophezeien lässt, hat es aufgegeben, sie aktiv gestalten zu wollen" (Urban 1973, S 168). Der Zusammenhang von Prognostik und Determinismus führt zu der absurden Situation, dass wenn optimale Prognosen möglich wären, sie gar nicht mehr gebraucht würden. Wenn dagegen nach (2.3) die Antizipation von Zukunft in *keiner* Weise möglich wäre, könnten sich Entscheidungen nicht an erwartbaren zukünftigen Sachverhalten orientieren bzw. diese nicht in das Entscheidungskalkül rational einbeziehen oder ethisch reflektieren. Dann bliebe nur ein zielloses Ausprobieren nach dem Prinzip von Versuch und Irrtum, bestenfalls auf einer gesinnungsethischen Basis. Die Gestaltbarkeit von Technik nach (2.2) erscheint häufig naiv angesichts bestehender eigendynamischer Tendenzen der Technik (vgl. zum Beispiel die Gestaltungsfragen hinsichtlich der Informations- und Kommunikationstechnologien, wie in der Einleitung zu diesem Band diskutiert). Aus dieser Situation können mehrere Konsequenzen für Gestaltungsansätze gezogen werden:

(1) Forderung nach einer größeren Differenzierung: Es ist zu oberflächlich, Technik als entweder gestaltbar, prognostizierbar oder evolutiv anzusehen. Stattdessen ist genauer zu konkretisieren, was denn jetzt als das Gestaltbare und was als das Eigendynamische angesehen wird, und warum diese Einschätzung so ausfällt. Auch wenn wir überzeugt sind, dass, als Beispiel, die weitere Digitalisierung der Gesellschaft unvermeidlich kommt und die Gesellschaft in der Frage ja/nein keine Entscheidungsmöglichkeit mehr hat, so gibt es dennoch eine Vielzahl von Maßnahmen hinsichtlich der konkreten Ausprägung dieser Gesellschaft, über

welche sehr wohl entschieden werden kann. Es ist daher zu klären, auf welcher Ebene von Gestaltung und Gestaltbarkeit gesprochen wird. Die Unterscheidung zwischen dem Gestaltbaren und dem Nicht-Gestaltbaren gehört zu den wesentlichen Weichenstellungen z.B. einer Technikfolgenabschätzung.

(2) Transparenz: Das leitende Zukunftsverständnis muss transparent offen gelegt werden. Versteckte Determinismen können das Erkennen vorhandener Handlungsspielräume be- oder verhindern, sie können zu Sachzwangargumentationen Anlass geben, die den Blick für Alternativen verbauen.[3] Umgekehrt können eilfertig optimistische Annahmen über eine Gestaltbarkeit den Blick für die vorhandenen Eigendynamiken und Zwänge trüben und motivationale Energien ins Leere und die Frustration laufen lassen. Evolutionstheoretische Konzepte können Zugänge zu Gestaltungsfragen zugunsten eines bloßen „trial and error"-Ansatzes verbauen, in dem Rationalitätspotentiale ungenutzt bleiben. Die transparente Klärung des jeweiligen Zukunftsverständnisses gehört zu den „essentials" in Diskussionen über zukünftige Technik.

(3) Klärung des Verhältnisses von Teilnehmer- und Beobachterperspektive: Gestaltung erfolgt grundsätzlich in einer Teilnehmerperspektive, während die Sichten auf Zukunft teils auch beobachtungssprachliche Prämissen enthalten. Dies aufzudecken und zu reflektieren stellt eine der Hauptherausforderungen interdisziplinärer Arbeit in diesem Feld dar. Der Unterschied zwischen Sätzen wie „Technikentwicklung lässt sich als Evolution beschreiben" und „Technikentwicklung *ist* Evolution" ist ein Unterschied ums Ganze. Der Schluss von dem zutreffenden Satz „Technik lässt sich also evolutionstheoretisch beschreiben" (Halfmann 1996, S 104) auf die Behauptung, dass Technikentwicklung Evolution *ist* („Auch die Evolution der Technik ist ein blinder Suchprozess, der sich allen Versuchen entzieht, durch Rationalisierung des Innovationsprozesses oder durch Optimierung der Prognosefähigkeiten unter Kontrolle gebracht zu werden", Halfmann 1996, S 105), ist ein Fehlschluss.

(4) Methodik: In Gestaltungsfragen muss die eingesetzte Methodik die aufgedeckten Probleme reflektieren und die Grenze zwischen dem Gestaltbaren und dem als nicht gestaltbar Angenommenen deutlich machen (letzteres kann z.B. für Prognosen herangezogen werden). Dies wird z.B. durch Szenarienbildungen versucht (Grunwald 2002, Kap. 9.4). Diese enthalten stets einen als unveränderlich angesehenen Rahmen (z.B. so genannte Megatrends), innerhalb dessen dann Handlungsoptionen als Gestaltungselemente entwickelt werden können.

Zusammenfassend ergeben sich bereits an dieser Stelle Hinweise darauf, dass die Gegenüberstellung gestaltbar/nicht gestaltbar eine der wesentlichen Unterscheidungen in den Diskussionen über zukünftige Technik und die Möglichkeiten ihrer Beeinflussung darstellt. Die sich andeutenden Differenzierungen werden im Folgenden durch die Frage nach den Gründen für die Annahme einer Gestaltbarkeit oder Nicht-Gestaltbarkeit von Technik vertieft.

---

[3] Nicht von ungefähr gehört es zu den Üblichkeiten in vielen Projekten der Technikfolgenabschätzung, Handlungsoptionen zu entwickeln und so vermeintliche Eigendynamiken zu durchbrechen (Grunwald 2002, S 197ff.).

3 Geltungsfragen der Determinismus- und der Gestaltbarkeitsthese

Aussagen zu Gestaltbarkeit und Nicht-Gestaltbarkeit von Technik beziehen sich also auf vorgängige Festlegungen in Bezug auf die Konzeptualisierung der Zukunft, die sie auf das Feld der technischen Entwicklung anwenden. In diesem Abschnitt wird die Frage nach den Gründen und Argumenten gestellt, die für die konträren Thesen ins Feld geführt werden, und es wird nach der Geltung dieser Argumente gefragt. Kann zwischen ihnen rational entschieden werden und wie müsste dies erfolgen?

3.1 Der Gehalt von Gestaltbarkeits- und Nichtgestaltbarkeitsthese

Zunächst ist zu klären, worauf sich Gestaltbarkeits- und Nichtgestaltbarkeitsthese genau beziehen. Was ist das Objekt der Gestaltbarkeit? Ist es die technische Entwicklung insgesamt oder sind es nur Teilaspekte? In einem geschichtsphilosophischen Determinismus müsste sich die Ablehnung der These von der Gestaltbarkeit auf *jegliches* menschliche Handeln und daher auch auf *jegliches* technische Handeln beziehen, von der Arbeit des Ingenieurs bis hin zu Parlamentsentscheidungen über Umweltstandards für die Chemische Industrie. Ein solcher unterschiedsloser Determinismus ist jedoch nicht gemeint. Die technikphilosophische und die techniksoziologische Literatur arbeiten vielmehr mit (verschiedenen) Unterscheidungen, die sich auf verschiedene Betrachtungsebenen beziehen. Technikgeneseforschung z.B. ist gerade an den Beeinflussungen der Technik durch die beteiligten Akteure in den verschiedenen Phasen der Technikentwicklung interessiert, wenn Fragen gestellt werden wie „Warum hatte der Dieselmotor Erfolg und der Wankelmotor nicht?" (Knie 1994). In einem unterschiedslosen Determinismus hätte diese Frage gar keinen Sinn, denn letztlich soll die Untersuchung dazu beitragen, in Fällen innovativer Technikentwicklung besser zu wissen, wovon der Erfolg abhängt. Die Leitbildforschung, als Beispiel, gibt sich vom Anspruch her gerade nicht damit zufrieden, Technikentwicklung beobachten, beschreiben und erklären zu wollen. Bis in den Untertitel des Buches hinein „Zur Entstehung und Steuerung technischer Innovationen" (Dierkes et al. 1992) findet sich ein Gestaltungsanspruch: „In dem Bemühen, sozusagen den archimedischen Punkt zu treffen, an dem der Hebel einer effizienten Technikgestaltung anzusetzen hätte, richtete sich die Aufmerksamkeit der Forschung in den vergangenen Jahren zunehmend sowohl auf jene Faktoren, die den Prozess der Technikentwicklung bestimmen, als auch auf die Bedingungen, die zu der konkreten Gestalt einer Technik führen, mit dem Ziel, hier Einflussmöglichkeiten auf die Technikgestaltung zu finden" (Dierkes et al. 1992, S 8/9).

Der Kern der Determinismusthese besteht gar nicht darin, dass die Technikentwicklung quasi automatisch, ohne das Zutun von Menschen und Institutionen erfolge.[4] Sondern die Frage ist vielmehr, ob es hinter den vielen einzelnen, jeweils höchst unterschiedlichen Gestaltungszielen der Technikentwickler und -nutzer (deren Gestaltungsmöglichkeiten „im Kleinen" kaum angezweifelt werden) so etwas wie eine *gesellschaftliche* Gestaltung unter Gemeinwohlaspekten gibt. Gibt es über die partikularen Ziele von Individuen oder Institutionen so etwas wie legitime allgemeingültige Ziele? Gibt es hinter den partikularen „Gestaltern" eine Instanz, die unter Gemeinwohlaspekten den Gesamtprozess der Technikentwicklung und Technisierung in irgendeiner Form beeinflussen kann? Wenn jeweils ganz verschiedene Gestaltungsziele zugrunde liegen und unterschiedliche Gestaltungsmöglichkeiten mit jeweils verschiedenen Konsequenzen für die weitere Technikentwicklung bestehen, wäre es voreilig, nur weil bestimmte Akteure in bestimmter Weise Einfluss auf Technik nehmen, bereits von einer *gesellschaftlichen* Gestaltbarkeit von Technik zu sprechen. Hierfür sind folgende Voraussetzungen zu machen, wenn es z.B. um den Staat als „Gestalter" geht:

- der Staat verfüge über hinreichendes und verlässliches Wissen über Technikfolgen und die zukünftige Nachfrage nach Technik zur Lösung gesellschaftlicher Probleme,
- der Staat habe die anerkannte Kompetenz, angesichts der Vielfalt und Heterogenität gesellschaftlicher Wertvorstellungen zu definieren, welche Technikentwicklung dem gesellschaftlichen Wohl entspreche.
- der Staat habe die Umsetzungskompetenz, um die als richtig erkannten Weichenstellungen gegenüber den anderen gesellschaftlichen Akteuren durchsetzen zu können.

Alle drei Voraussetzungen sind heute in Zweifel gezogen (Grimmer et al. 1992, Grunwald 2000a). Andere, dezentrale und partizipative Steuerungsmodelle werden diskutiert. Hier liegt der Kern der Auseinandersetzung um Gestaltbarkeit von Technik: kann die Technikentwicklung gesellschaftlich in gewünschte Richtungen gelenkt werden und wie wäre dies möglich? Die konträren Thesen lassen sich daher wie folgt formulieren:

These 1:   Technikentwicklung ist gestaltbar: zukünftige Technik ist gesellschaftlich intentional gestaltbar. Durch heutige Entscheidungen kann die Entwicklung in gewünschte Richtungen getrieben bzw. können unerwünschte Entwicklungen verhindert werden.

These 2:   Technikentwicklung ist nicht gestaltbar: zukünftige Technik ergibt sich aus einem Zusammenwirken vieler Einzelaktionen in einer im Ganzen nicht gesellschaftlich gestaltbaren Weise. Unerwünschte Entwicklungen stellen sich ein oder nicht ein; es kann dann nur darum gehen, mit ihnen reaktiv umzugehen.

---

[4] Auch die Analyse der Legitimationsproblematik in technikrelevanten Entscheidungen führt darauf, dass die Frage der Gestaltbarkeit nicht eine Frage Determinismus ja/nein ist, sondern sich auf die *gesellschaftliche* Gestaltung von Technik bezieht (Grunwald 2000a, Kap. 3).

Welche der beiden Thesen in welchem Sinne zutreffend ist bzw. wie zwischen ihnen entschieden werden kann, ist Inhalt des nächsten Absatzes.

3.2 Empirische Prüfbarkeit

Die Frage ist, ob es sich bei den Thesen der Gestaltbarkeit oder der Nichtgestaltbarkeit um empirisch prüfbare wissenschaftliche Hypothesen handelt. Die Antwort lautet: nein. Es wird immer möglich sein, eventuellen Einwänden gegen diese Thesen durch Heranziehung weiterer Deutungsebenen entgegenzutreten. Gesellschaftliche Technikgestaltung findet nicht unter Laborbedingungen statt, wo die relevanten Parameter sämtlich unter Kontrolle sind. Dies sei kurz erläutert.

Wenn die Gestaltbarkeitsthese in Frage steht, können Forschungsergebnisse, die sie zu bestätigen scheinen, immer durch Determinismus-Annahmen auf anderen Ebenen bezweifelt werden. So könnte der These, dass schließlich die Leitbildforschung (Dierkes et al. 1992) empirisch herausgefunden habe, dass Technik nach gesellschaftlichen Leitbildern gestaltet wird, folglich also gestaltbar sei, entgegengehalten werden, dass die Leitbilder selbst nicht gestaltbar seien, sondern ihrer eigenen Dynamik folgten. Technikgestaltung durch Leitbilder sei daher eine Illusion. Der Proponent der Gestaltbarkeitsthese kann dagegen immer die kontextuellen Umstände und Rahmenbedingungen als Gründe für einen Misserfolg von Gestaltungsversuchen anführen und dadurch die Gestaltbarkeitsthese gegen Kritik immunisieren.

Umgekehrt ist auch die Nichtgestaltbarkeitsthese nicht empirisch falsifizierbar. Ein Vertreter des technologischen Determinismus wird versuchen, faktisch erfolgte und empirisch beobachtete Gestaltungen als nichtintendiert auszuweisen und stattdessen als kausale Abläufe zu deuten. Auf diese Weise kann die Determinismusthese gegen Kritik, die auf Basis empirischer Arbeit formuliert wird, grundsätzlich immunisiert werden. Vertreter der Gestaltbarkeitsthese hingegen werden versuchen, ex post Gestalter zu identifizieren und Gestaltungsintentionen aufzudecken, so dass der beobachtete Verlauf sich als erfolgreiche Gestaltung rekonstruieren ließe.

Beide Thesen sind nicht empirisch beantwortbar und stellen keine wissenschaftlichen Hypothesen im Sinne des Falsifikationismus dar. Der methodologische Grund liegt darin, dass zur empirischen Entscheidung über diese Thesen wohl definierte und in den wesentlichen Parametern gleiche Ausgangssituationen herstellbar sein müssten. Es müsste z.B. möglich sein, gesellschaftliche Entwicklungen mit oder ohne bestimmte Gestaltungsversuche durchspielen, um sie dann vergleichend analysieren zu können – wie dies etwa das methodologische Ideal in einem Laborexperiment ist (Lange 1996). Die vollständige Kontrolle aller Parameter ist jedoch nicht möglich, wenn gesellschaftliche Bereiche der Untersuchungsgegenstand sind. Die empirische Entscheidung scheitert einerseits daran, dass die Gesellschaft kein Labor darstellt, in dem man alle erforderlichen Parameter kontrolliert einstellen kann (Schwemmer 1976), andererseits auch daran, dass man auch nicht zu statistischen Aussagen über eine Vielzahl zwar nicht identischer, aber doch ähnlicher Fälle kommen kann. Die Historizität und damit die Individualität gesellschaftlicher Konstellationen ist unhintergehbar (Schwemmer 1987). Die Abstraktion von singulären Situationen zu allgemeinen Aussagen wie den Thesen der Gestaltbarkeit oder Nichtgestaltbarkeit ist nur über *Deutungen* möglich, in denen das Allgemeine vom Individuellen getrennt wird. So gehen in jeden Vergleich von Situationen Deutungen ein, welche nicht unkontrovers sein dürften. Damit erweist sich die Frage nach der Entscheidung zwischen den Thesen der Gestaltbarkeit oder Nichtgestaltbarkeit von Technik als eine Art Indizienprozess mit einem hohen und nicht vermeidbaren Anteil an *Deutungsleistungen*.

3.3 Modellbezogene Prüfung

Die Begründungen der These der Gestaltbarkeit oder der Nichtgestaltbarkeit arbeiten mit impliziten oder expliziten Modellen der Technikentwicklung. Beispiele sind die oben genannte evolutionstheoretische Modellierung in ihren verschiedenen Ausprägungen, die Modellierung durch Akteursmodelle (Dolata 2002) sowie auch auf Beobachtungen aus der Praxis heraus entstandene Modelle (z.B. Hauke und Fürstenwerth in diesem Band). Wenn etwas als gestaltbar angesehen wird, heißt das, dass ein (implizites oder explizites) Modell des zu gestaltenden Gegenstandsbereiches vorliegt, das externe Gestaltungsoperationen erlaubt. Wird etwas als nicht gestaltbar angesehen, wird mit einem (impliziten oder expliziten) Modell des Gegenstandsbereiches argumentiert, dass externe Gestaltungsversuche als unmöglich oder aussichtslos erscheinen lässt. Modelle sind in beiden Fällen eine unentbehrliche Argumentationsgrundlage. Es kann daher gefragt werden, ob zwischen den Thesen der Gestaltbarkeit und der Nichtgestaltbarkeit von Technik durch Modelle entschieden werden kann – wer das bessere Modell verwendet, hat Recht. Die Antwort bedarf einer kurzen modelltheoretischen Reflexion, um zu erläutern, was es heißt, dass ein Modell „besser" ist.

Modellieren bezieht sich auf einen Gegenstand des Modellierens, der bereits vor der Modellierung „vorhanden" ist, d.h. definiert und abgegrenzt worden sein muss (ein System). Modelle sind nicht einfach als Modelle *von etwas*, sondern (zumindest auch) als Modelle *für etwas* (Gutmann 1996): Modelle sollen „zu etwas gut sein". So erfolgen Modellierungen unter bestimmten Erkenntniszwecken und -interessen wie z.B., Vorhersagen für bestimmte gesellschaftliche Praxen zu ermöglichen (hierzu gehören z.B. Klimamodelle zur Vorhersage langfristiger Klimaänderungen und volkswirtschaftliche Modelle zur Prognose kurzfristiger Wirtschaftsentwicklung). Andere Zwecksetzungen von Modellierungen können die Konstruktion technischer Systeme sein, das Modell ist hierbei ein (in der Regel vereinfachter) Entwurf ex ante. Auch reine innerwissenschaftliche Beschreibungs- und Erklärungszwecke können Gelingens- und Qualitätskriterien für Modellierungen abgeben, dies vor allem in den so genannten Grundlagenwissenschaften. Modelle haben also *Werkzeugcharakter* (Gutmann 1996) und können für verschiedenste Zwecke eingesetzt werden.

Die Modellierung eines Gegenstandsbereiches, wie er „an sich" ist, ist daher nicht möglich. Um zu entscheiden, ob ein Modell den modellierten Gegenstandsbereich „real" wiedergibt, müsste man schon vorher wissen, wie dieser Gegenstandsbereich „real" beschrieben werden muss. Es ist nur möglich, *Modelle mit anderen Modellen zu vergleichen* (z.B. in Bezug auf unterschiedliche Zweckerreichungsgrade), man kann nicht direkt ein Modell mit dem System „an sich" vergleichen.[5] Ein Gedankenexperiment: man nehme an, dass ein Modell zu außerordentlich guten prognostischen Ergebnissen führt. Der Schluss, dass dieses Modell wegen des prognostischen Erfolges den Gegenstandsbereich so wiedergebe, wie er „wirklich" ist, scheitert daran, dass es keine Handhabe gibt, den Fall auszuschließen, dass zwei unbekannte Effekte in diesem System sich unter der betreffenden prognostischen Zwecksetzung gerade kompensieren.

Die Modellierung der Technikentwicklung hat demzufolge keinen direkten und unmittelbaren Zugriff auf das Modellierte. Dieser Zugriff ist vielmehr durch eine Reihe intermediärer und jeweils interpretationsbedürftiger und mehrdeutiger Schritte vermittelt: durch die Wahl von Basisunterscheidungen wie System/ Umwelt, Struktur/Handlung, Gesellschaft/Individuum, durch die Wahl von darauf aufbauenden Terminologien und durch Relevanzunterscheidungen in der Abgrenzung des Modellierten vom Nicht-Modellierten sowie in der Berücksichtigung kausaler Verhältnisse. In jedem dieser Felder wären jeweils auch andere Positionen möglich: es ist wohl nirgends *als notwendig* zu erweisen, eine bestimmte Terminologie zu wählen, eine Relevanzabstufung vorzunehmen etc. Die Resultate ergeben sich also nicht mit Notwendigkeit „aus der Sache" selbst, sondern sind kontext- und zweckbezogen durch vor-empirische Festlegungen vorgeprägt. Modelle sind keine Abbilder, sondern selbst Konstruktionen: sie sind kontingent in dem Sinne, dass immer auch andere Modelle der Technikentwicklung möglich sind. Diese Kontingenz mündet nicht in eine Beliebigkeit des Modellierens, sondern wird dann wiederum aufgehoben durch die Bemessung der Leistungen der Modelle relativ zu ihren Versprechungen.

Modelle sind also weder falsifizierbar noch verifizierbar, sondern relativ zu ihren Leistungen auf Qualität zu beurteilen. Ein einfaches und eindimensionales „besser" oder „schlechter" scheidet wegen der vielfältigen enthaltenen Relevanzentscheidungen und Deutungen aus. Stattdessen bedürfte es komplexer Modellvergleiche, um die Vielzahl der Unterschiede und Gemeinsamkeiten gegeneinander zu halten. Eine Aggregation dieser vielfältigen Unterschiede und Gemeinsamkeiten zu einem einheitlichen Qualitätsmaßstab erscheint aussichtslos. Deswegen kann auch von der Qualität der zugrunde gelegten Modelle keine Entscheidung darüber erwartet werden, welche Aussagen über Gestaltbarkeit oder Nichtgestaltbarkeit einem höherwertigen Geltungsanspruch genügen. Genau wie bei der Frage einer empirischen Entscheidung (s.o.) verhindert der hohe Anteil

---

[5] Die Argumentation ist analog zur Zurückweisung des Korrespondenzprinzips der Wahrheit, nach dem ein Satz dann wahr sei, wenn er mit einem „realen Sachverhalt" korrespondiere. Die Herstellung einer solchen Korrelation ist jedoch aufgrund der Immanenz der Sprache nicht möglich (z.B. Habermas 1973; Janich 1996).

von unvermeidlichen Deutungsleistungen eine wissenschaftstheoretisch abgesicherte Entscheidung zwischen These 1 und These 2.

4 Gestaltbarkeit von Technik als Reflexionsbegriff

Dies sei zum Anlass genommen, den Begriff der „gesellschaftlichen Gestaltbarkeit von Technik" als einen *Reflexionsbegriff* zu verstehen. Es geht gar nicht darum zu entscheiden, ob Technik gesellschaftlich gestaltbar ist oder nicht. Die Funktion des Redens über „gesellschaftliche Gestaltbarkeit von Technik" besteht vielmehr in der Katalyse entsprechender Fragestellungen, Problemdefinitionen und Forschungsrichtungen. Wie die Technikdiskussion gezeigt hat, hat dieser Begriff vielfältig in dieser Weise fungiert. Planungsoptimismus, Selbstorganisationstheorie, Netzwerktheorie, Praktische Ethik, Partizipative Technikfolgenabschätzung: alle diese Ansätze geben verschiedene Antworten auf die Frage der Gestaltbarkeit. Verschieden sowohl in Bezug auf die angesprochene Ebene gesellschaftlichen Handelns, in Bezug auf die Art und Weise präferierter gesellschaftlicher Technikgestaltung, in Bezug auf die hauptsächlich betroffenen Akteure und verschieden in Bezug auf das Ausmaß der unterstellten Gestaltbarkeit. Im Begriff der Gestaltbarkeit der Technik fließen vielfältige Überlegungen zum Verhältnis von Technik und Gesellschaft, Einschätzungen zukünftiger Technik und Fragen einer zukünftigen Gesellschaft zusammen. Entscheidend ist gar nicht die pauschale Ja/Nein-Antwort; entscheidend sind die Differenzierungen nach Akteuren, Intentionen, Gegenstandsbereichen, Gestaltungsinstrumenten und nach den Erfolgsaussichten von Gestaltungsansätzen (vgl. hierzu auch die Einleitung zu diesem Band). Entscheidend ist nicht, die Frage nach der Gestaltbarkeit von Technik mit ja oder nein zu beantworten, sondern sie wissenschaftlich und gesellschaftlich zu „prozessieren", sie von verschiedenen Seiten zu beleuchten und unter verschiedenen Perspektiven zu interpretieren.

Dies betrifft auch das Verhältnis von Intentionen der Technikgestaltung zu den realen Folgen einschließlich der Nebenfolgen. Die Rede von Technikgestaltung impliziert nicht die *Identität* der verfolgten Intentionen mit den sich dann real einstellenden Resultaten, sondern kann nicht intendierte Nebenfolgen durchaus berücksichtigen. Eine gewisse Überschneidung zwischen den ex ante verfolgten Zielen und den realen Folgen ex post muss aber unterstellt werden. Ansonsten würde der Versuch von Technikgestaltung nur nicht intendierte Folgen produzieren und in keiner Weise zur Realisierung der Gestaltungsintentionen beitragen. Dann wäre Technikentwicklung wirklich bloße Evolution. In der Tat ist in vielen Fällen strittig, ob und inwieweit die Steuerungs- und Gestaltungsoptionen realisiert werden konnten oder ob die nicht intendierten Nebenfolgen nicht stärker ins Gewicht fallen. So hat z.B. die Altautoverordnung als nicht intendierte Folge zu einem erheblichen Strom von nach westlichen Maßstäben ausgedienter Altautos in einige Länder Osteuropas geführt. Auch die Zielerreichungsgrade unterscheiden sich erheblich: im Bereich des Techniknutzers, der mit einem Küchengerät mehr oder weniger zufrieden ist, im wirtschaftlichen Bereich, wo sich manche Investitionen in vermeintliche Zukunftstechnik auszahlen, andere nicht, schließlich auch und gerade im technikpolitischen Bereich. Es lässt sich aber schwerlich die These begründen, dass eine Zielerreichung durch technikrelevante Entscheidungen grundsätzlich nicht stattfinde oder grundsätzlich durch Nebenfolgen konterkariert werde. Also lässt sich die Rede von intentionaler gesellschaftlicher Technikgestaltung auch dann aufrechterhalten, wenn man das Auftreten (teils schwerwiegender) Nebenfolgen ebenso in Betracht zieht wie eine häufig nur teilweise Zielerreichung. Von intentionaler gesellschaftlicher Technikgestaltung zu reden, heißt keineswegs, einem Planungsoptimismus zu folgen. Den Begriff der Gestaltbarkeit von Technik als Reflexionsbegriff zu verstehen heißt auch, genau dieses Verhältnis von Intentionen ex ante und realen Folgen ex post einschließlich der Nebenfolgen zu betrachten und im jeweiligen Einzelfall die Grenze zwischen Gestaltbarkeit und Nichtgestaltbarkeit zu beurteilen.

Schließlich ist der Begriff der Gestaltbarkeit der Technik als Reflexionsbegriff nicht ausschließlich auf seinen Gegenstandsbereich „Technik" bezogen, sondern enthält wesentlich ein Element der *Selbstbeschreibung der Gesellschaft*. Gesellschaftliche Akteure, die mit diesem Begriff operieren, *deuten gesellschaftliche Prozesse* – eben als technologischen Determinismus, als Evolution oder als intentionale Gestaltung; sie agieren nicht rein technikbezogen (die konkrete Technikgestaltung läuft an anderen Orten der Gesellschaft), sondern *reflexiv* in Bezug auf Gesellschaft. Sie beschreiben das Verhältnis von Gesellschaft und Technik unter Beteiligung von Modellen der Technikentwicklung.

Diese Beschreibungen und Deutungen sind nun alles andere als folgenlos. Da modellierende Beschreibungen der Technikentwicklung nicht wertneutral sind, sondern Deutungselemente enthalten und auf Relevanzentscheidungen beruhen, sind sie *nicht nur* Beschreibungen aus einer „fernen" und „interesselosen" Beobachterperspektive. Gesellschaftliche Selbstbeschreibungen dieser Art haben vielmehr Folgen für die Art und Weise, wie Gesellschaft gesehen wird, und dies hat wiederum Folgen dafür, wie Gestaltungsmöglichkeiten in der Gesellschaft gesehen werden. Und hier könnte es zu einer „Self-fulfilling description" kommen (in Anlehnung an die self-fulfilling prophecy, Watzlawick 1989):

- wirkmächtige Selbstbeschreibungen unter Verwendung evolutionstheoretischer oder deterministischer Vorstellungen können gesellschaftliche und politische Konsequenzen haben: wenn sie auf große Resonanz stoßen, würden Gestaltungsintentionen auf starke Skepsis stoßen und könnten kaum noch verfolgt werden;
- umgekehrt können emphatische Betonungen von Gestaltbarkeit durch entsprechende Selbstbeschreibungen sich motivierend für faktische Gestaltungsversuche auswirken.

Der Beobachter, Beschreiber und Interpret des Verhältnisses von Technik und Gesellschaft ist somit nie nur ein außen stehender Beobachter, sondern immer auch teilnehmender Akteur. Beschreibungen und Modellierungen können auf diese Weise faktische Folgen für das Beschriebene und Modellierte haben. Model-

lieren in diesem Bereich kann sich nicht auf das Max Webersche Wertneutralitäts-
postulat zurückziehen, sondern hat auch eine politische und ethische Dimension.

Weiterhin kann noch reflexiv nach notwendigen Bedingungen der Möglichkeit
von Technikgestaltung gefragt werden (Grunwald 2000a). Gesellschaftliche Technikgestaltung ist nach den Ergebnissen der vorangegangenen Überlegungen nur
möglich, wenn in der Gesellschaft bzw. in den einschlägigen Teilnehmerkreisen
an Technikgestaltung ein prädeliberatives Einverständnis darüber vorhanden ist,
dass gesellschaftliche Technikgestaltung gewollt wird und möglich ist (Grunwald
200a). *Die Bedingungen der Möglichkeit gesellschaftlicher Technikgestaltung
müssen von der Gesellschaft selbst hergestellt werden.* Wenn Technikentwicklung
als evolutionärer, naturwüchsig ablaufender Vorgang angesehen wird, der fatalis-
tisch nur als Schicksal hingenommen werden kann, besteht keine Motivation zu
vielleicht mühsamen und kostenintensiven Gestaltungsversuchen in gesellschaftlicher Perspektive. Die Basisentscheidung zwischen Fatalismus und Gestal-
tungsintention wird durch *das faktische Handeln der Teilnehmer getroffen.* Sie
liegt der Praxis selbst zugrunde und kann weder theoretisch-normativ entschieden
noch verordnet werden. Die Haltung der Gesellschaft zu dieser Frage hängt vom
erreichten Stand gesellschaftlicher Entwicklung und von ihren Traditionen ab.
Diese Basis ist *nicht disponibel,* sondern höchstens langfristig beeinflussbar – z.B.
durch die Nutzung des Begriffs der Gestaltbarkeit von Technik als Reflexionsbegriff.

Zwischen optimistischen und skeptischen Haltungen zur Frage der Gestaltbarkeit von Technik findet die Gesellschaft ihren Weg im Umgang mit Fragen von
zukünftiger Technik. Eine klare Antwort, ob These oder Antithese zutreffen, dürfte weder möglich sein, noch wäre eine solche Antwort hilfreich. Sehr viel frucht-
barer ist es, diese Auseinandersetzung laufend zu führen, sie auf konkrete Fragen
und Technikbereiche zu beziehen, zu reflektieren, wo die Grenze zwischen gestaltbaren und nicht gestaltbaren Anteilen der Technikentwicklung im Einzelfall
liegt. Diese Form der Reflexion unterstützt den ständigen gesellschaftlichen Mei-
nungsbildungsprozess darüber, wie mit den komplexen ethischen, politischen,
wirtschaftlichen und kulturellen Fragen der Technik für die Gesellschaft von morgen umzugehen ist.

Literatur

Basalla, G (1988) The Evolution of Technology. Cambridge
Biervert B, Held M (Hrsg) (1992) Evolutorische Ökonomik. Neuerungen, Normen, Institu-
    tionen. Campus, Frankfurt
Bijker W, Law J (Hrsg) (1994) Shaping Technology Building Society. MIT Press
Bijker WE, Hughes TP, Pinch TJ (Hrsg) (1987) The Social Construction of Technological
    Systems. New Directions in the Sociology and History of Technological Systems.
    Cambridge (Mass.) London

Bullinger HJ (1991) Technikfolgenabschätzung – Wissenschaftlicher Anspruch und Wirklichkeit. In: Kornwachs K (Hrsg) (1991) Reichweite und Potential der Technikfolgenabschätzung. Stuttgart, S 103–114

Detzer K (1995) Wer verantwortet den industriellen Fortschritt? Springer, Heidelberg Berlin New York

Dierkes M (Hrsg) (1997) Technikgenese. Befunde aus einem Forschungsprogramm. Edition Sigma, Berlin

Dierkes M, Hoffmann U, Marz L (1992) Leitbild und Technik. Zur Entstehung und Steuerung technischer Innovationen. Berlin. Campus Verlag, Frankfurt/New York

Dolata U (2002) Unternehmen Technik. Akteure, Interaktionsmuster und strukturelle Kontexte der Technikentwicklung: Ein Theorierahmen. Edition Sigma, Berlin

Dosi G, Freeman C, Nelson R, Silverberg G, Soete L (Hrsg) (1988) Technical Change and Economic Theory. London

Feick J (1980) Planungstheorien und demokratische Entscheidungsnorm. Frankfurt

Frederichs G, Hartmann A (1992) Technikfolgen-Abschätzung und Prognose im Wandel. In: Petermann T (Hrsg) Technikfolgen-Abschätzung als Technikforschung und Politikberatung. Campus, Frankfurt, S 73–94

Grimmer K, Häusler J, Kuhlmann S, Simonis G (Hrsg) (1992) Politische Techniksteuerung. Leske + Budrich, Opladen.

Grundmann R (1994) Gibt es eine Evolution von Technik? Jahrbuch Technik und Gesellschaft 7, S 13–39

Grunwald A (1996) Ethik der Technik. Systematisierung und Kritik vorliegender Entwürfe. Ethik und Sozialwissenschaften 7, Heft 2/3: S 191–204; ebenfalls S 270–281

Grunwald A (2000a) Technik für die Gesellschaft von morgen. Möglichkeiten und Grenzen gesellschaftlicher Technikgestaltung. Campus, Frankfurt

Grunwald A (2000b) Handeln und Planen. Fink, München

Grunwald A (2002) Technikfolgenabschätzung – eine Einführung. Berlin

Grunwald A (2002a) Technikfolgenabschätzung – eine Einführung. Edition Sigma, Berlin

Grunwald A, Saupe S (Hrsg) (1999) Ethik in der Technikgestaltung. Praktische Relevanz und Legitimation. Springer, Berlin

Grunwald A, Langenbach C (1999) Die Prognose von Technikfolgen. Methodische Grundlagen und Verfahren. In: Grunwald A (Hrsg) Rationale Technikfolgenbeurteilung. Konzeption und methodische Grundlagen. Berlin, S 93–131

Gutmann M (1996) Die Evolutionstheorie und ihr Gegenstand. VWB, Berlin

Habermas J (1973) Wahrheitstheorien. In: Fahrenbach H (Hrsg) Wirklichkeit und Reflexion. Walther Schulz zum sechzigsten Geburtstag, Pfullingen, S 211–265

Halfmann J (1996) Die gesellschaftliche „Natur" von Technik. Leske + Budrich, Opladen

Janich P (1996) Was ist Wahrheit? Beck, München

Kamlah W (1973) Philosophische Anthropologie. Sprachkritische Grundlegung und Ethik. Mannheim

Knie A (1994) Gemachte Technik. Zur Bedeutung von „Fahnenträgern", „Promotoren" und „Definitionsmacht" in der Technikgenese. In: Rammert W, Bechmann G (Hrsg) Konstruktion und Evolution von Technik. Technik und Gesellschaft Jahrbuch 7, Campus, Frankfurt, S 41–66

Kowol U, Krohn W (1995) Innovationsnetzwerke. Ein Modell der Technikgenese. Jahrbuch Technik und Gesellschaft 8, S 77–106

Lange R (1996) Vom Können zum Erkennen – Die Rolle des Experimentierens in den Wissenschaften. In: Hartmann, Janich (1996a), S 157–196

Leutzbach W (2000) Das Problem mit der Zukunft: wie sicher sind Voraussagen? Alba, Düsseldorf

Lorenzen P (1987) Lehrbuch der konstruktiven Wissenschaftstheorie. Mannheim

Lutz B (1991) Was sind Defizite von TA-Forschung? Drei einleitende Überlegungen. In : Albach H. Schade D, Sinn H (Hrsg) Technikfolgenforschung und Technikfolgenabschätzung, Berlin-Heidelberg. S 65–79

Nelson R, Winter S (1977) In search of useful theory of innovation. Research Policy 6: S 36–76

Rammert W (1993) Technik aus soziologischer Perspektive. Westdeutscher Verlag, Opladen

Rammert W (1994) Konstruktion und Evolution von Technik. In: Rammert, W, Bechmann G (Hrsg) Konstruktion und Evolution von Technik. Technik und Gesellschaft Jahrbuch 7. Campus, Frankfurt, S 7–11

Rapp F (1978) Analytische Technikphilosophie. Freiburg

Renn O (1996) Kann man die technische Zukunft voraussagen? In: Pinkau K, Stahlberg C (Hrsg) Technologiepolitik in demokratischen Gesellschaften. Stuttgart

Ropohl G (1982) Kritik des technologischen Determinismus. In: Rapp F, Durbin PT (Hrsg) Technikphilosophie in der Diskussion. Braunschweig, S 3–18

Ropohl G (1999) Allgemeine Technologie. Eine Systemtheorie der Technik. Hanser, München. Ältere Fassung: Eine Systemtheorie der Technik. Suhrkamp, Frankfurt (1979)

Schwemmer O (1976) Theorie der rationalen Erklärung. München

Schwemmer O (1987) Handlung und Struktur. Frankfurt

Stegmüller W (1983) Probleme und Resultate der Analytischen Philosophie und Wissenschaftstheorie, Bd. 1, Berlin/Heidelberg/New York

Urban P (1973) Zur wissenschaftstheoretischen Problematik zeitraumüberwinden der Prognosen. Köln

VDI, Verein Deutscher Ingenieure (Hrsg) (1991) Richtlinie 3780 Technikbewertung, Begriffe und Grundlagen. Düsseldorf

Watzlawick P (1985) Selbsterfüllende Prophezeiungen. In: Ders. (Hrsg) Die erfundene Wirklichkeit. München/Zürich

Weingart P (Hrsg) (1989) Technik als sozialer Prozeß. Suhrkamp, Frankfurt

Technik-Gestaltung oder Selbst-Bildung des Menschen? Systematische Perspektiven einer medialen Anthropologie

Mathias Gutmann

1 Vorbemerkung

Fragen wir nach den Möglichkeiten und Bedingungen der „Gestaltung von Technik", wird die Antwort wesentlich von der Bedeutung der Worte „Technik" und „Gestaltung" abhängen. Die Rede von Technik tritt in mehreren einschlägigen Formulierungen auf. Zunächst kann darunter einfach ein Titelwort für „Arten und Weisen" des Tuns verstanden werden. Dies ist etwa bei der Zucht, Glasbläser oder Koloraturtechnik der Fall. In einem gewissen Gegensatz steht dazu die Auszeichnung der Form, in welcher der Mensch seine Beziehungen zur Umgebung und vermittelt über diese zu sich selbst strukturiert. Diese letztgenannte Bedeutung lässt sich in Form zweier generischer Thesen fortführen:

1. Technik folgt als *anthropologische* Konstante aus der spezifischen Form, in der der Mensch sich in seiner Umgebung als Lebewesen bewegt.
2. Technik bezieht sich auf die produktive und reproduktive Struktur von Gemeinwesen. Innerhalb derselben kann Technik als *Form* menschlichen Handelns begriffen werden, die jeweils besondere Aspekte des Verhältnisses Einzelner zum Gemeinwesen bezeichnet.

Während die erste Variante im Rahmen des Mängelwesenkonzeptes der von Gehlen formulierten Philosophischen Anthropologie vorgelegt wurde und in methodologischer Hinsicht schon hinreichend kritische Würdigung fand, werden wir uns im folgenden auf einige Aspekte der zweiten Variante beschränken (zu Gehlen Gutmann 2002a u. b).

Die Rede von „Gestaltung" scheint einer Klärung schon widerspenstiger. Es kann damit sowohl ein *Produkt* als auch ein *Vorgang* gemeint sein. Übersetzen wir „Gestalt" mit Produkt, so ist das Gestalten ein Produzieren. Diese Doppelung teilt das Wort mit anderen wie etwa „wahrnehmen/Wahrnehmung" oder „entwickeln/Entwicklung". Solche Ausdrücke weisen einen eigentümlichen, immanent metaphorischen Charakter auf. D.h. wir müssen, um sagen zu können, was es heiße, „etwas zu gestalten", auf andere Formen des Hervorbringens oder Produzierens uns beziehen. Ganz unabhängig vom Ausgang der Auseinandersetzung über die *semantische* Funktion der Metapher, sei für das folgende auf einen Aspekt uneigentlicher Rede verwiesen, dem „pragmatischem" nämlich.

Wir können zu diesem Zweck auf Überlegungen Königs zurückgreifen, der zwischen „bloßem" und „eigentlichem" Gebrauch metaphorischer Rede unterscheidet:

> Reine Metapher ist eine Metapher, die bloß Metapher, die also nicht zugleich mehr als eine Metapher ist. Daß sich der Hund regt, ist eine reine Metapher. Ihr steht als ein rein eigentlicher Ausdruck z.B. der Hund regt sich gegenüber. Hingegen das Herankommen des Kommenden, oder auch das Fortgegangensein (nämlich des Vergangenen als solchen) ist mehr als eine bloße Metapher; und das gilt überhaupt von den modifizierenden Reden. Die Selbstinterpretation ist mehr als ein metaphorischer Akt. Und dieses – d.h. das soeben Hingeschriebene – ist prinzipiell nicht so etwas wie eine subjektive Versicherung, sondern eine theoretische Bestimmung der Selbstinterpretation. (König 1969, 208f)

Ohne auf das Verständnis von Königs eigenen Überlegungen zur „Selbstauslegung" des Denkens hier einzugehen (eine weitere Analyse findet sich bei Weingarten 1999), sei die Logik dieser Unterscheidung exemplarisch näher beleuchtet. So nimmt König die genannte Differenz der „bloßen" oder „reinen" zur „eigentlichen" erneut auf, mit dem Hinweis auf den *prinzipiellen* Unterschied, der beiden Formen metaphorischer Rede zu eigen sei:

> Das Merkwürdige ist nun dies, daß sich unschwer Metaphern aufweisen lassen, die nicht nur verschiedene Metaphern sind, sondern die als Metaphern verschiedene Metaphern sind. Es sind Metaphern, rücksichtlich derer es keinem Zweifel unterliegt, daß sie beide in der Tat Metaphern sind, und die dennoch über die Verschiedenheit ihres Inhaltes hinaus einen Formunterschied in der Weise ihres Metapherseins vor Augen stellen (König 1994a, 158)

Diese Formulierung wird am Beispiel der vertrauten Wendung des „Denkens" erläutert. Fasst man den Vorgang des Denkens als ein „Hervorbringen" so lässt sich erläutern, was unter Denken – und zwar als Hervorbringen – zu verstehen sei. Das Hervorbringen dient als „Metapher" für das Denken. Aber diese Metapher ist „asymmetrisch[1]":

> Was das Hervorbringen ist, vergegenwärtigen wir uns an dem irgendwie sinnfälligen Handwerken, nicht am Denken. Infolgedessen läßt sich z.B. denken, daß das Handwerken für sich allein schon ein Hervorbringen wäre; hingegen ist es unmöglich, das Denken für sich allein, d.h. ohne Hinblick auf das Handwerken, als ein Hervorbringen aufzufassen. (König 1994a, 169)

Der Vergleich, der zunächst nur als „einseitiges Verhältnis" *begann*, bezieht das Denken auf das Handwerken. Insofern also das Denken ein Hervorbringen *ist* – wie das Handwerken –, zeigt sich das „sinnfällige" des Vergleiches. Aber eben, es ist ein – wenn auch *asymmetrisches* – Verhältnis. Dadurch wird der Vergleich zum „wechselseitigen", dass das Handwerken auf das Denken bezogen wird. Beide werden also „als" Handlungsformen" sinnfällig aufeinander bezogen, oder wie sich sagen ließe, im „Medium" des Handelns. Diese – auf den ersten Blick – an

---

[1] Was dieses Konzept aus Sicht einschlägiger Metapherntheorien schon verdächtig machte (etwa Searle 1993; Davidson 1994)

„interaktionstheoretische" Vorstellungen (s. Black 1996; weiter auch Henle 1996) erinnernde Überlegung zeigt exemplarisch, inwiefern metaphorische Konstruktionen kein rein *bedeutungstheoretisches* Problem sein müssen[2]. Sieht man nämlich erneut auf das von König angebotene Beispiel, der metaphorischen Beschreibung von Denken durch „Hervorbringen", so zeigen sich in der Rede über das Hervorbringen zwei Sprachebenen, die gleichsam gelegentlich in einander übergehen. Zum einen wird Denken als Hervorbringen im Sinne von „Produzieren" behandelt, und zum zweiten tritt das „Hervorbringen" im Sinne von „handwerklichem" Hervorbringen[3] auf; wenn nun auch ein einfaches Subsumtionsverhältnis etwa des Denkens unter das „Hervorbringen" bestritten wird:

> Ich würde in meiner Sprache hier kurz sagen, daß das Hervorbringen, welches ein Bauen oder Spinnen oder Bilden ist, nicht nur ein anderes Hervorbringen ist als dasjenige, als welches sich dieser Auffassung zufolge das Denken darstellt, sondern daß es als Hervorbringen ein anderes „Hervorbringen" ist. (König 1994a, 168)

so könnte doch ein solches sehr wohl für „Hervorbringen" und „Produzieren" auf der einen, für „Produzieren" und „Handwerken" auf der anderen vermutet werden. Entscheidend ist nun, dass die von König angezeigte metaphorische Rede letztlich nur funktioniert, wenn die Metapher selber „konkretisiert" wird. Während nämlich „Hervorbringen" keinen wie auch immer gearteten Modus bezeichnet – weder einen Mechanismus bestimmt, der Art, *wie*, noch *was* hervorgebracht werden soll –, ist dies im Falle des *handwerklichen* Produzierens grundlegend anders. Hier besteht die Möglichkeit, bestimmte handwerkliche Produktionsweisen als „Beispiele" der Erläuterung zu verwenden. So könnte z.B. darauf verwiesen werden, dass zahlreiche Herstellungsformen nur dann Erfolg zeitigen, wenn *bestimmte* Reihenfolgen der Einzelschritte (oder Einzelhandlungen) eingehalten werden. Des weiteren möchte die *Herstellung* und der *Gebrauch* von Werkzeugen und Maßen, die bestimmtes Produzieren überhaupt erst ermöglichen, in den Blick kommen; schließlich sei an die Zurichtung der – dann wiederum in verschiedenen Hinsichten zu unterschiedlichen Produktionsabsichten gebrauchten – Materialien erinnert. Damit wird das „Handwerken" zum konkreten Bestimmungsstück für das *als* Hervorbringen gedachte Denken. Das Denken wird als Vorgang begriffen, der jene am handwerklichen Handeln ausgezeichneten Aspekte aufweist. Der Bereich des handwerklichen Produzierens lässt sich als *Medium* in dem Sinne bezeichnen,

---

[2] In diesem Fall spricht ja auch König von einer gleichsam trivialen, nämlich bloßen Metapher.

[3] Was übrigens die Einbringung einer weiteren Metapher, jener des „Ergreifens" als Metapher für das *Begreifen* ermöglicht: Denn wenn wir z.B. das sinnfällige Ergreifen eines Dinges mit der Hand als einen eigentlichen unmetaphorischen Ausdruck fassen, das seelische Ergreifen hingegen als einen irgendwie metaphorischen Ausdruck, so scheint mir in Bezug auf das Verhältnis beider etwas dem über das Verhältnis der beiden Hervorbringen Entwickelten Analoges gesagt werden zu können (König 1994a,171).
Das Entscheidende an der Metapher des *Hervorbringens* für das Denken liegt in der Möglichkeit ihrer Weiterführung, d.h. hier in der Möglichkeit der „Entwicklung" der Metapher (dazu unten).

dass es sich um eine Form gemeinsamen (hier nur in Entgegensetzung zum „individuellen") Tuns handelt. Dieses Medium wird als *Mittel* verwendet um das Verb „denken" und mögliche im Substantiv „Denken" zusammengefasste Produkte zu erläutern. Die Metapher handwerklichen Hervorbringens ermöglicht die *Verständigung* über das „Denken". Wenn der Zugang zu den metaphorisch umschriebenen Handlungsformen – hier dem Denken – über Verständigungsdiskurse erfolgt, die auf Medien referieren, dann gelingt nicht nur die Verständigung über die in Frage stehende Rede sondern die Regelung der umschriebenen Rede im Medium einer (hier der handwerklichen) Praxis. Es wird nicht nur die Explikation (im bedeutungstheoretischen Sinn) der umschriebenen Sprachstücke geleistet („das Denken ist ein Hervorbringen"), sondern werden auch die *Handlungsabläufe*, auf welche die solcherart explizierte Metapher referiert, durch die zur Umschreibung verwandte *Handlungsform* („das Denken ist *wie* das *handwerkende* Hervorbringen") geregelt. Wir wollen diese am „Denken" vorgenommenen Überlegungen nun auf die Rede vom „Gestalten" beziehen. Zunächst scheint die Übertragung direkt zu gelingen, denn das Verb „gestalten" erweist sich wieder als mehrstellig. Jemand gestaltet etwas, zu bestimmten Zwecken unter Nutzung von Mitteln. Nun würden wir das Verb ersetzen durch ein „irgendwie sinnfälliges Hervorbringen" und könnten sogar das handwerkliche Herstellen nutzen. Es ergibt sich also als dieses „Etwas" das da gleich einem Gegenstand – z.B. einem Schuh o.ä. – zu gestalten wäre, die „Technik". Die reine Redeform legt es uns nahe, die Technik als irgendetwas zu betrachten, das in einer gewissen Hinsicht einem Gegenstand gleicht, an dem gehandelt wird. Lassen wir uns also für die weitere Untersuchung auf diese durch die Redeform unterstellte Betrachtung ein, so müsste sich je nach Ersetzung eine andere Auflösung der Metapher ergeben.

2   Das Metzger-Goethe-Modell

Gehen wir zunächst auf das Wort „Gestaltung" ein, so liegt der Bezug auf Tätigkeiten nahe, die „Gestalten" als Ergebnisse haben. Nun bereitet aber – sieht man von der wenig weit reichenden Feststellung ab, dass „Gestalten" eine Tätigkeit sei – die Rede von der Gestalt einige Schwierigkeiten. In dem Bemühen um eine Definition verweist Metzger zunächst auf zwei Bedeutungen des Wortes. Zum eine bezieht es sich auf „Gebilde" oder „Gefüge". Diese sind durch den „Ganzheitscharakter" bestimmt (Metzger 1986a, 125). Das Ganze muss zwar als aus Teilen – und zwar *seinen* Teilen – aufgebaut gedacht werden, diese wahren in ihm ihre Bestimmtheit; jedoch sind es eben Teile *eines Ganzen.*
Den Ganzheiten steht das Aggregat, die einfache Zusammensetzung von Etwas aus Teilen oder Komponenten gegenüber:

> Der Begriff der Gestalt sei erstens durch formale und zweitens durch dynamische Merkmale bestimmt. Und diese könnten unabhängig davon verwirklicht sein, ob das fragliche Ganze durch Zusammenfügung vorher getrennter Teile oder Elemente entstehe oder durch Ausgliederung aus einem noch umfassenderen Ganzen, oder

> durch Umgliederung aus einer Mannigfaltigkeit andersartiger Ganzer – oder ob es
> endlich von Anfang an fertig ins Dasein getreten sei. (Metzger (1986a, 125)

Das Verhältnis von Teil und Ganzem ist kein solches des Hervorgehens des Ganzen aus den Teilen. Vielmehr sind die Eigenschaften des Ganzen nicht durch „Addition" der Eigenschaften der Teile bestimmt; sie sind „übersummenhaft" und in einem unten noch näher zu betrachtenden Sinn „natürlich". Daraus lässt sich nach Metzger eine Definition der Gestalt operational bilden, indem durch „Herausblenden" von Teilbereichen die Eigenschaften des Ganzen verschwinden. Als „Gestalt-Eigenschaften" sollen im weiteren „physiognomische" Qualitäten (Stil, Habitus, Gefühlswert, Ausdruck), Eigenschaften der Struktur oder des Gefüges (geometrisch-architektonische des räumlichen Aufbaues) sowie die „ganz-bedingten Materialeigenschaften" (etwa Durchsichtigkeit, Rauhigkeit, Glanz) auftreten (Metzger 1986a, 125f). Die Gliederung des Ganzen aus seinen Teilen und in seine Teile kann so aufgefasst werden, dass diese Teile nur in Bezug auf das Ganze bestimmt sind. Entsprechend bedeutete also ein bestimmtes Element – etwa ein von rechts nach links gezogener Pfeil – in einem Fall ein Verkehrsignal, im andern ein Vektor und im dritten schließlich die Aufforderung umzublattern. Die die Gestalten in diesem ersten Wortsinn regierenden Gesetze (Zusammenhangs-, Gliederungs- und Prägnanzgesetze) seien die Bedingungen der Möglichkeit von Erfahrung überhaupt; sie gehen gewissermaßen aller Erfahrung voraus:

> Man kann also sagen: die Gestaltgesetze sind die allgemeinen apriorischen Grundlagen der Möglichkeit der Erfahrung von Einheit, Vielheit und Form im Sinne Kants. Die früher so viel bemühte Erfahrung ist deshalb nicht bedeutungslos: Nachdem erst einmal Erfahrungen gemacht sind, kann sie als zusätzliche Bedingung die ursprünglichen Gestaltgesetze verstärken oder mit ihnen in Konflikt geraten. (Metzger 1986a, 129)

Die zweite Bedeutung von Gestalt bezieht den Begriff auf Vorgänge oder Abläufe. Die dabei auftretenden Gestalten (die man auch Muster nennen könnte) sind das Ergebnis von *Kräften*, deren *Wirkungen* die Gestalten beständig hervorbringe:

> Wir nennen Gestalt die Form eines Gebildes, wenn diese nicht der Starrheit des Materials zu verdanken ist und nicht auf einer Festlegung jedes einzelnen Punktes für sich, sondern auf einem Gleichgewicht von Kräften (Spannungen usw.) beruht. Wir nennen ferner die Form eines Vorgangs oder Verlaufs eine Gestalt, wenn sie nicht durch undurchdringliche Leitungen festgelegt, bzw. auf einen Freiheitsgrad beschränkt ist, sondern aus dem freien Spiel von Feldkräften (bei mehr oder weniger zahlreichen Freiheitsgraden) hervorgeht. (Metzger 1986a, 130)

Als Beispiele sollen Seifenblasen oder auch physikalische Felder gelten. Der Gegenbegriff wäre hier der des Mosaiks, das aus Elementen zusammengefügt ist, die „nichts voneinander wissen" (Metzger 1986a, 131). Es wird allerdings schon mit Blick auf die von Metzger selber angeführten Beispiele (sowohl technischer wie figürlicher oder musikalischer Art) deutlich, dass die Feststellung der jeweils „richtigen" Figur oder Stilzuordnung nicht nur von der Vertrautheit mit den jeweils besonderen Symbolsystemen, sondern vor allem schon von der *Beschreibung* der jeweiligen Gegenstände abhängt. Wird eine Figur *als* geometrische beschrieben, so wird die Beurteilung der Korrektheit der Zuordnung anders ausfallen, als bei der Beschreibung dieser Figur *als* künstlerischer oder verkehrstechnischer. Das Absehen von der Beschreibungsabhängigkeit der Gegenstände erzeugt rein sprachlich eine Identität, die zu Homonymien führt. Wir wollen uns nun nicht mit dem methodologischen Status der hier in Anspruch genommenen Gesetze beschäftigen, sondern nur nach dem Status der Gebilde fragen, die als Gestalten angesprochen werden. Metzger gibt zu bedenken, dass die Kontroverse zwischen Nativismus und Empirismus durch seine Überlegungen zur Gestalt als überwunden zu gelten hätten. Demgemäß gäbe es sowohl Gestalten die durch die Ausbildung neuer „fester Leitungen", als auch solche, die durch das freie Spiel der Kräfte zustande kämen. Unabhängig von der empirischen Einholbarkeit dieser Spekulation erweisen sich Gestalten, die nach dem „Prinzip des gestalteten Verlaufes" zustande kämen, als universell und daher in vielen Bereichen auffindbar:

> Das Prinzip läßt übrigens ohne weiteres eine mehr oder weniger reiche Hierarchie von relativ geschloßenen Teilsystemen zu, so daß es auch auf Fragen der Persönlichkeitslehre mit ihren überdauernden Bedingungsstrukturen anwendbar ist. Es gilt einerseits auch für den Organismus mit seiner Fülle relativ geschlossener Organe und Organsysteme, und läßt sich andererseits auch auf Fragen des Zusammenlebens, also auf Sozialpsychologie, Soziologie und Ethik anwenden. Es ist überhaupt nicht auf bestimmt Seinsbereiche beschränkt, also auf keinen Fall für irgendeine der Seinsbereiche oder Seinsstufen kennzeichnend. Der Gegensatz zwischen freier dynamischer und starrer aufgezwungener Ordnung durchzieht sämtliche Bereiche des Seins. (Metzger 1986a: 131).

Diese Universalität beruht zunächst auf den durch das wahrnehmende Subjekt in Anspruch genommenen Gestaltgesetzen. Zugleich aber führt die Vernachlässigung der Beschreibungsabhängigkeit der Gestalten zu einer eigentümlichen „Gegebenheit" derselben; die Gestalt und ihre Bildung ist ein *ontisches* Prinzip. Die Universalität der Rede von Gestalt scheint nun vollends einfach nur noch durch die Verwendung der je gleichen Beschreibungssprachstücke nahe gelegt. Diese Deutung konterkariert Metzger mit dem Verweis auf den „ontischen Gehalt" der Gestalten. Die Unterscheidung von solcherart definierten Gestalten von bloßen Mosaiken oder Aggregaten hängt dann an einem Wissen von der korrekten Identifikation derselben. Damit dieses nicht der bloßen Versicherung einer – eben gegebenen – Ordnung der „Seinsbereiche" oder aber der schlichten Willkür des Gestaltenden sich verdanke, wird dieses Wissen an eine weitere Unterscheidung gebunden, nämlich jene von *Form* und *Gestalt*. An dieser Unterscheidung tritt das methodologische Problem bei der Suche nach Kriterien des „Gestaltens" als dem wirklichen Erzeugen von Gestalten hervor. „Selbständiges oder freies Gestalten" führt danach nämlich nicht auf die Formung von Gegenständen (Metzger 1986b: 432). Unter *Form* ist hier immer die „aufgeprägte oder aufgezwungene" Gestalt zu verstehen. Diese ist zu unterscheiden von der in Freiheit gebildeten Gestalt. Als Beispiel sei wieder die Seifenblase oder ein frei schwebender Tropfen für die Gestalt, der geschliffene Stein oder die dem Wasser die Kugelform mitteilende Blechschale für die Form genannt. Auch der zugeschnittene Baum in „Gärten des französischen Stils" (Metzger 1986b: 432) könne für die Form, der frei wachsende

und der „verwilderte" Baum für die Gestalt herangezogen werden. Doch auch für
das Humanum ist der Unterschied bedeutsam. Hier stehe die durch „verschieden-
artigste Stützgeräte" gezwungene Gestalt für die Form, der bei „Sport und ver-
nünftiger Ernährung" sich ergebende Leib für die Gestalt. Diese Differenz drückt
sich mit der allgemeineren Bezeichnung von der „gewachsenen" Gestalt entgegen
der „gemachten" Form auch in der Sozialorganisation des Menschen aus:

> Entscheidend ist die Art und Weise, auf welche die erwünschte Ordnung gewahrt
> wird. Das geschieht bei der „gemachten" Ordnung wesentlich durch äußere Verhin-
> derung des Abweichens von der Norm (wobei von der Angst in mehr oder weniger
> verschwenderischer Weise Gebrauch gemacht wird). In der „gewachsenen" Ord-
> nung verlässt man sich dabei wesentlich auf das Zusammenspiel natürlicher Nei-
> gungen der Menschen und macht von der Angst nur in äußersten Grenzfällen
> Gebrauch (Metzger 1986b, 434)

Diese Entgegensetzung von gewachsener und gemachter Ordnung mündet in
gewisser Hinsicht notwendig in eine – etwa von Spengler oder Gehlen her vertrau-
te – Technik- und Zivilisationskritik ein (Gutmann 1998). Denn die als gemachte
Ordnung verstandene Form des Gemeinwesens ist nicht zufällig jene durch Gesetze geregelte Gesellschaft, die der sozusagen unmittelbaren Gemeinschaft (der den
natürlichen Neigungen folgenden Menschen) gegenüber steht. Gestalten als Tätigkeit kann im recht verstandenen Sinne nur im Umgang mit dem nicht-
maschinenhaften, mit dem nicht an Zwecke gebundenen Tun stattfinden (Metzger
1986b, 426). Technik rückt damit in eine Juxtaposition zum „natürlichen" das
sowohl auf der Seite des Gegenstandes wie des ihn wahrnehmenden und verän-
dernden den Standard des „eigentlichen" oder „wesentlichen" abgibt. Gestaltung
von Technik ist daher in einem solchen Modell ein regelrechter Widerspruch in
sich.

3 Das Nelson-Winter-Modell

Eine ganz andere Wendung können wir der Rede von Technik-Gestaltung abge-
winnen, wenn wir durch „entwickeln" ersetzen. Dabei ist zunächst zu konzedieren, dass mit „entwickeln" wiederum sehr vieles und sehr unterschiedliches gemeint sein kann. Wir wollen im Weiteren unter der „Entwicklung von Technik"
die Veränderung von Techniken am Modell der *evolutionären* Veränderung verstehen. Evolution erscheint heute nachgerade als integratives Konzept für Vorgänge ganz unterschiedlicher Provenienz, so dass die „Evolution von Tetrapoden"
ebenso vertraut erscheint, wie die von Galaxien oder Märkten. Unterscheidet man
vorläufig zwischen biologischen und nicht-biologischen Verwendungen des Wortes, so ist den nicht-biologischen der Bezug auf biologische Evolutionstheorien[4]

---

[4] Der Plural ist methodologisch bedeutsam, denn die Rede von „der" Theorie „der" Evolution ist eine schlichte Verkürzung der sehr differenzierten biologischen Debatte um Theorien von Evolution (dazu Gutmann 1996).

gemeinsam. Methodologisch gesehen kann die Rede von Evolution in zwei Formen auftreten:

1. Metaphorisch. Wird bloß metaphorisch gesprochen, so stellen sich keine methodologischen Schwierigkeiten ein. Allerdings ist dann auch die Geltung evolutionstheoretischer Ansätze für nicht-biologische Belange nicht in Anspruch zu nehmen. Wird hingegen eigentlich metaphorisch argumentiert, so muss die Metapher zum Modell erweitert werden (Gutmann u. Herler 1999).
2. Identifizierend. Evolution soll wörtlich auch der Prozess genannt werden, der zur Veränderung von Technik führt[5]. In diesem Fall müssten tatsächliche Entsprechungen angegeben werden zwischen den Bestimmungsstücken biologischer Evolutionstheorie und der Theorie die die Evolution von Technik beschreibt (Gutmann u. Weingarten 1998).

Wir wollen uns im Weiteren mit einem Konzept „evolutionärer Ökonomie" beschäftigen, bei dem die Entwicklung von Technik in der handlungstheoretischen Standardform an die ökonomische Entwicklung von „Firmen" angeschlossen wird. Um eine solche Nutzung evolutionsbiologischer Theorien zu ermöglichen müssen zunächst bestimmte Redevereinbarungen vorgenommen werden, als deren explikativer Hintergrund „die Evolutionstheorie" fungiert (Referenzautor ist dabei

---

[5] Als ein Beispiel aus der Innovationstheorie sei hier Reichert (1994) angeführt. Er postuliert drei Stufen von Evolutionstheorie:

Auf der ersten Stufe befindet sich eine allgemeine Evolutionstheorie, die Prinzipien grundlegender Art und Hypothese über deren Zusammenwirken enthält. Die Minimalformulierung einer solchen Theorie würde etwa wie folgt aussehen. Die Prinzipien der Replikation und Variation führen bei metabolischen Systemen zu irreversiblen Prozessen, in denen sich Selektion zwangsläufig einstellt und zu einer Höherstrukturierung des Systems führt. (...) Gegenstand der Evolutionstheorien der zweiten Stufe ist ein konkreter Anwendungsfall. Die aus der allgemeinen Theorie übernommenen Prinzipien werden mit auf einen bestimmten Kontext bezogenen Informationen aufgefüllt. Der Anwendungsbereich wird spezifiziert, so daß nähere Angaben über die Art der Replikation, Variation und Selektion möglich sind. Evolutionstheorien dieses Typs finden sich vorzugsweise in den Sozialwissenschaften. (...) Auf der dritten Konkretisierungsstufe wären solche Theorien anzusiedeln, die über den Wissenstand der zweiten hinaus noch Gesetzmäßigkeiten enthaltene. So verfügt die biologische Evolutionstheorie mit der Genetik über einen gut entwickelten und geprüften Satz irreversibler statistischer Gesetze (Reichert 1994, 91).

Diese Stufen sollen so verstanden werden, dass Evolution – sozusagen an sich – ein allgemeines Phänomen sei, das dann hinsichtlich der Sachgehalte jeweils bereichsbezogen spezifiziert wird. Das methodologische Problem besteht einfach darin zu zeigen, dass „Evolution" nicht als schlichtes Homony auftritt; dass also die Worte „Selektion, Variation" etc. in allen Anwendungen wirklich *dieselben* Begriffe darstellen. Andernfalls müsste gezeigt werden, dass *tatsächlich* in allen Sachgebieten *evolutionstheoretische* Erklärungen gegeben werden können, die als *hinreichende* Erklärung der jeweiligen Sachverhalte gelten. Der Biologismus kann hier wohl nur durch Ausweitung des Geltungsbereiches von Evolutionstheorie überhaupt vermieden werden. Die methodologischen Konsequenzen sind allerdings absurd, wenn die Spezifikation auch nur auf andere *naturwissenschaftliche* Sachverhalte (etwa physikalische oder chemische) vorgenommen wird.

in der Regel Darwin). Die Struktur der (dann ökonomischen) Theorie müsste sich also an der Struktur der Darwinistischer Theorie messen lassen:

> Our use of the term „evolutionary theory" to describe our alternative to orthodoxy also requires some discussion. It is above all a signal that we have borrowed basic ideas from biology, thus exercising an option to which economists are entitled in perpetuity by virtue of the stimulus our predecessors Malthus provided to Darwin's thinking. (Nelson u. Winter 1982, 9)

Der historische Hinweis auf Malthus als einen wichtigen Anreger Darwins ist methodologisch deshalb von Interesse, als zu konzedieren ist, dass in die Grundlegung der Darwinschen Evolutionstheorie zumindest bestimmte Aspekte ökonomischer Theorien eingegangen sind. Dies deutet das Anfangsproblem biologischer Theoriebildung an, insofern in diese Anfänge regelmäßig (noch) nicht-biologisches Wissen eingeht. Umgekehrt ist für die Grundlegung nicht-biologischer Theorien zumindest zunächst kein biologisches Wissen nötig[6]. Die „Anleihe" betrifft vor allem zwei Aspekte von Evolutionstheorie, nämlich die *Gegenstände* und die *Mechanismen*:

(1)   In einem ersten Schritt sind zunächst die Gegenstände der evolutionären Veränderung anzugeben. Als solche gelten Firmen, deren Aktionen[7] als Entscheidungen beschrieben werden. Diese Entscheidungen seien zwar an der Profit-Maximierung orientiert, jedoch wird der Zweck nicht notwendig über „Verhalten" realisiert, das üblicherweise als profitmaximierend gilt:

> The firms in our evolutionary theory will be treated as motivated by profit and engaged in search for ways to improve their profits, but their actions will not be assumed to be profit maximizing over well-defined and exogenously given choice sets. Our theory emphasizes the tendency for the most profitable firms to drive the less profitable ones out of business; however we do not focus our analysis on hypothetical states of „industry equilibrium", in which all the unprofitable firms no longer are in the industry and the profitable ones are at their desired size. (Nelson u. Winter 1982: 4)

Dies bedeute zugleich eine Abkehr von „orthodoxen" Vermutungen der Optimierung als Rationalitätskriterium von Entscheidungen (Nelson u. Winter 1982, 8). An die Stelle solcher Optimierungskriterien treten vielmehr *Routinen* in einem ganz allgemeinen Sinn des Wortes:

> Our general term for all regular and predictable behavioural patterns of firms is „routine". We use this term to include characteristics of firms that range from well-specified technical routines for producing things, through procedures for hiring and firing, ordering new inventory, or stepping up production of items in high demand to policies regarding investment, research and development (Ru.D), or advertising,

---

[6] Es stellt sich also schon hier der Verdacht des doppelten Metapherntransfers ein (Gutmann u. Weingarten 1998).

[7] Wir wollen hier das Wort Handlung vermeiden, um keine unnötigen Implikationen nahe zu legen.

and business strategies about product diversification and overseas investment. (Nelson u. Winter 1982, 14)

Diese Routinen umfassen alle in Firmen auftretenden Aktionen also ausdrücklich auch die Produktionstechniken. Da hier ferner Verwaltung und Planung mit einbegriffen sind, kann das angestrebte evolutionäre Modell zugleich ein Modell für die Entwicklung eben dieser Techniken sein. Technikentwicklung würde also nicht zunächst am Kriterium der Mittelwahl-Rationalität orientiert sein, sondern müsste eben solche „irrationalen" Aspekte mitberücksichtigen, die in nicht-teleologischen Entwicklungstheorien, wie sie die Darwinsche zweifelsfrei darstellt, auftreten. Techniken spielen im Modell die Rolle von „Genen" (Nelson u. Winter 1982, 14).

(2)   Neben den *Gegenständen* der evolutionären Betrachtung müssen auch die *Mechanismen* benannt werden. Hier tritt zunächst der Markt als Umgebung auf, die den „Erfolg" von Firmen hinsichtlich ihres Verhaltens zu bestimmen erlaube:

> Market environments provide a definition of success for business firms, and that definition is very closely related to their ability to survive and grow. Patterns of differential survival and growth in a population of firms can produce change in economic aggregates characterizing that population, even if the corresponding characteristics of individual firms are constant. (Nelson u. Winter 1982, 9)

Differentielle Reproduktion kann als Differenzierungskriterium der „fitness" wie in Darwinistischen Modellen angesetzt werden. Neben den Selektionsmechanismus tritt ein Mechanismus der *Veränderung*, welcher mit der Rolle von *Mutationen* in der Evolutionstheorie gleichgesetzt wird, nämlich die Routinen der „Suche" nach neuen Techniken:

> Our concept of search obviously is the counterpart of that of mutation in biological evolutionary theory. And our treatment of search as partly determined by the routines of the firms parallels the treatment in biological theory of mutation as being determined in part by the genetic makeup of the organism. (Nelson u. Winter 1982, 18)

Entwicklung von Techniken würde nun so vonstatten gehen, dass jene Techniken, die bei der Suche von Firmen zu - in der Selection-landscape - erfolgreichem Agieren führen, diejenigen sind, die – qua differentieller Reproduktion – weitergegeben werden:

> They (die Gene, MG) are a persistent feature of the organism and determine its possible behavior (though actual behavior is determined also by the environment); they are heritable in the sense that tomorrow's organisms generated from today's (for example, by building a new plant) have many of the same characteristics, and they are selectable in the sense that organisms with certain routines may do better than others, and, if so, their relative importance in the population (industry) is augmented over time. (Nelson u. Winter 1982, 14)

Vergleicht man diese Theoriestücke mit den Elementen der Darwinschen Evolutionstheorie so fallen allerdings zwei wesentliche Abweichungen auf:

(1)   Evolution ist im vorgelegten Modell eigentlich nicht die Veränderung von Populationen sondern nur die Veränderung *einer* Population. In dieser Hinsicht gleicht die Modellierung spieltheoretischen Ansätzen (etwa Maynard Smith u. Szathmary 1996). Wenn wir die Routinen als die Strategien eines Evolutionsspieles verstehen, dann können wir die Veränderung der relativen Anteile einer Strategie innerhalb einer Population unter Bedingungen über die Zeit verfolgen (und „Vorhersagen" über mögliche Verläufe tätigen[8]). Damit ergeben sich folgende, für eine Evolutionstheorie – die eben nicht nur Selektionstheorie und in diesem Sinne nur Populationstheorie ist – relevanten Aspekte:

– a) Es muss von der Existenz von Strategien schon je ausgegangen werden. Verändert wird im Weiteren nur deren Anteil an den Strategien im Gesamt der Population. So kann zwar das Verschwinden von Strategien begründet werden, aber nicht deren Entstehung. Ein Hinweis darauf findet sich in der Einsicht Nelsons u. Winters, dass die Entstehung von Strategien (Techniken etc.) gerade *außerhalb* des ökonomischen Zusammenhanges stattfindet:

However, it is apparent that the intervention possibilities and search costs for firms in particular sectors change as a result of forces exogenous to the sector. Academic and governmental research certainly changed the search prospects for firms in the electronics and drug industries, as well as for aircraft and seed producers, In the simulation, the „topography" of new technologies was relatively even over time. (Nelson u. Winter 1982, 229)

Die Einführung einer neuen Strategie hängt also im Besonderen an der Verfügbarkeit außerhalb des evolutionären Gegenstandes. Die Einführung kann dann gefolgt werden von weiteren Veränderungen, die aber eben nur solche der schon vorhandenen Strategie sind.

– b) Mit dem Verfehlen dieses Erklärungszieles hängt zusammen, dass auch über den *tatsächlichen* Verlauf bisheriger Technikentwicklung nichts mehr gesagt werden kann. Um die tatsächliche Evolution etwa von Tierstämmen beschreiben zu können, bedarf es nämlich über die Populationsgenetik hinausgehend auch noch morphologischen und paläontologischen Wissens. Ein Substitut dafür ist von Nelson u. Winter – wegen der Orientierung an populationsgenetischen Modellen – aber gar nicht vorgesehen.

(2)   Zu den eher empirischen Einwänden gehört der Hinweis, dass kein mit einer Darwinistischen Evolutionstheorie kompatibler Reproduktionsmodus formuliert wird. Zu den wesentlichen Aspekten von Reproduktion gehört nicht nur die – vor allem durch Rekombination, weniger durch Mutation[9] – erzeugte Varianz, sondern deren *Heritabilität*. Genau diese aber ist auf der Ebene von Firmen nicht sinnvoll formulierbar. Dazu heißt es denn auch lapidar:

---

[8] Die Vorhersage muss hier verstanden werden als Prognose über mögliche Verläufe wiederum innerhalb einer Population. In der Tat gilt für jede Evolutionstheorie, dass sie als historische lediglich rekonstruktiven Charakter hat.

[9] Dies im Übrigen eingedenk der Tatsache, dass der Mutationsbegriff seit seiner Einführung auch innerhalb der Biowissenschaften keineswegs unumstritten ist.

> Whatever the merit of this distinction (zwischen „blind evolution" and „deliberate goal seeking", MG) in the context of biological evolution, it is unhelpful and distracting in the context of our theory of the business firm. It is neither difficult nor implausible to develop models of firm behavior that interweave „blind" and „deliberate" processes. Indeed, in human problem solving itself, both elements are involved and difficult to disentangle. Relatedly, our theory is unabashedly Lamarckian: it contemplates both the „inheritance" of acquired characteristics and the timely appearance of variation under the stimulus of adversity. (Nelson u. Winter 1982, 10)

Diese Einsicht zeigt aber, dass Evolutionstheorie, so wie sie zumindest von biologischer Seite sinnvoll als darwinistische[10] anzusprechen wäre, gar nicht die gesuchte (biologische) Modellgrundlage (für die ökonomische Theorie) abgibt[11].

Sehen wir von den eher biologischen Problemen ab, so liegt in dem Verfehlen des Erklärungsziels aber, dass das Modell nunmehr zur bloßen Metapher kollabiert. Das, was durch das Modell erreicht werden sollte, ist mit ihm nicht zu leisten. Umgekehrt aber und zugleich entstehen all die methodologischen Probleme, die sich mit der identifizierenden Verwendung der Metapher als eines Modelles *von* etwas (hier der ökonomischen Begründung der Entstehung neuer Techniken) verbinden (dazu Gutmann 1995).

4   Das Grunwald-Modell

Die beiden rekonstruierten Modelle vermieden nicht nur die Orientierung an der Zweckrationalität der Mittelverwendung; dies geschah unter Emphase der „natürlichen" Subjektautonomie im ersten, unter Löschung des Subjektbezuges im zweiten Fall. Vielmehr standen sie vor der Schwierigkeit, Entwicklung nicht als vollständig kontingent, und letztlich rekonstruktiv nicht beschreibbar abtun zu müssen. Wir wollen im letzten Schritt ein mögliches Modell zur Technikentwicklung diskutieren, das sich explizit an der Zweck–Mittel-Rationalität orientiert; unter Zweck–Mittel-Rationalität sei genauer die Mittelwahl-Rationalität handelnder Einzelner verstanden. Diese Einzelnen müssen zugleich als zwecksetzungsautonom aufgefasst werden (zu diesen und weiteren handlungstheoretischen Grundlagen s. Janich 2001). Beziehen wir „gestalten" auf das *Handeln* Einzelner, so wäre „gestalten" ein mehrstelliger Begriff, wobei die Standardform etwas wie folgt lautete:

„jemand gestaltet etwas bei Gebrauch bestimmter Mittel zu gesetzten Zwecken"

Nun ersetzen wir *gestalten* durch *verändern* und müssen ergänzend den Ausgangspunkt und den Zielpunkt der Veränderung durch die Zwecke angeben, die

---

[10] Nicht notwendig als *Darwinsche*; dazu Gutmann u. Weingarten (1999).

[11] Ironischerweise zeigen Nelson u. Winter damit sogar einen grundsätzlichen Mangel zumindest Darwinistischer Theorien. Dies findet sich nicht bei Darwin, der in der Tat eine Lamarckistische Vererbungstheorie ins Auge fasst (dazu Gutmann 1996; Gutmann u. Weingarten 1999).

für die Veränderungen am Gegenstand gesetzt werden. Gestaltung von Technik in der Form von Techniken kann direkt mit Hilfe des Zweck-Mittel-Schemas analysiert werden als Handeln Einzelner (s. zum entsprechenden Technikmodell Janich 1998). Dieses Handeln lässt es wegen der Orientierung an der Norm der Zweckrationalität, zu, Veränderung zu antizipieren, da mit der Explikation der Gestaltung in der gezeigten Form in Bezug auf ein ausgezeichnetes Verlaufswissen sowohl die Ergebnisse wie die Folgen des Handelns anzugeben wären. Technik würde so zum Gegenstand planenden Handelns, die Veränderung derselben zum Zweck:

> Planen besteht im sprachlich verfassten, vorbereitenden und zweckrationalen Auslegen von Zielsystemen bzw. dem Entwerfen von Handlungsgefügen. (Grunwald 2000, 67)

Das Instrument für die Bewältigung der Planungsaufgabe ist der Diskurs. Dieser steht unter Annahme gültigen – und damit in bestimmter Weise sicheren – Wissens, das es uns erlaubt, innerhalb des Diskurses Prognosen über die zu erwartenden Ergebnisse und Folgen des jeweils geplanten Verfahrens durchzuführen. Ein Planungsdiskurs besteht mindestens aus drei Teilen:

> 1. einem Diskurs über das Setzen der Zwecke und Ziele (...)
> 2. der Erarbeitung alternativer Optionen für Szenarien und Mittel, also möglicher Pläne, im Rahmen des zugelassenen Spektrums (...)
> 3. der Entscheidung zwischen alternativen Optionen (...). (Grunwald 2000, 126)

Geführt wird dieser Diskurs über die zu vollziehenden Handlungen mit dem Ziel der Entscheidungsherbeiführung über die nach Maßgabe bestimmten Wissens ausgezeichneten Optionen. In Anspruch genommen werden muss also nicht nur das explizite Verlaufswissen (dazu Lorenzen 1987). Dieses Verlaufswissen ist an Regelwissen gebunden, dass es uns erlaubt, Zweck-Mittel-Verhältnisse als „methodisches Kernstück" der Planung von Technik einzusetzen. Für solche technischen Regeln gilt allgemein:

> Als *technische Regel* sollen solche Sätze bezeichnet werden, die mit einem Allquantor in bestimmten Hinsichten (bzgl. der entsprechenden Versuche, der Situationen oder der Zeit) versehen werden können. (Grunwald 2000, 253)

Der Geltungsbereich der Regel wird über die „Relevanzaspekte" und die einschlägigen Situationsschemata bestimmt. Grunwald weist in diesem Zusammenhang darauf hin, dass zwischen Zwecken und Mitteln wohl eine pragmatische Relation bestehe (in dem Sinne, dass mit bestimmten Mitteln bestimmte Zwecke erreicht werden *können*); dass dieser Relation aber nicht schon analytisch besteht, bzw. analytisch aus der entsprechenden Beschreibung folgen darf. Ebenso können mehrere Zwecke mit demselben Mittel erreicht, als auch mehrere Mittel zu demselben Zweck gebraucht werden. Die Formulierung der technischen Regel scheint aber darauf angelegt, den Mittelbezug insofern zu eliminieren, als das Mittelwissen gleichsam unter die Relevanzaspekte der Geltungsbereiche subsumiert wird. Diese „Amedialisierung" der Zwecke wird erkauft durch die Bindung der technischen Regel an die Situationsdeutung. Es ergibt sich ein „Vollständigkeitsproblem":

> Denn es kann keine Garantie gegeben werden, jemals *alle relevanten* Situationsaspekte erfaßt zu haben. Die Hinreichendheit der technischen Regel zur Zweckerreichung ist also nicht absolut, sondern ebenfalls relativ zu verstehen, nämlich relativ zu der Bestimmung des Geltungsbereiches. Hier wird ersichtlich, daß die Einführung technischer Regeln die Möglichkeiten der Rationalität der Planung erweitert (...), aber ebenfalls *nicht auf eine ex ante Garantie des Planungserfolgs* führen kann. (Grunwald 2000, 254)

Es stellt sich damit die Frage, inwieweit bei der Referenz auf Zweck-Mittel-Wissen von den Mitteln wirklich abstrahiert werden darf. Das zugrunde liegende Problem besteht in der eigentümlichen Verbindung der Rede von Mitteln und von Zwecken. Es scheint sich hier nämlich bei genauerem Hinsehen um Relationsbegriffe dergestalt zu handeln, dass wir nicht sinnvoll über Zwecke sprechen können, ohne von Mitteln zu reden *et vice versa*. Die Unbestimmtheit der Zweck–Mittel-Relation könnte also letztlich von der Beschreibungsrelativität von Zwecken und Mitteln herrühren. Ist aber der Zusammenhang beider nur pragmatisch, so ist die Möglichkeit bedroht, technische Regeln dieser Art für die Rechtfertigung von Handlungsfolgen zu verwenden, die auf die Veränderung schon etablierter Zweck-Mittel-Verhältnisse zielen. Unabhängig aber von der Beantwortung dieser Frage ist der systematische Ort der Rede von Zwecken und Mitteln hier entscheidend. Denn offenkundig handelt es sich dabei schon um explizites und explizierbares Wissen, bei dem wir zwischen know-how und know-that – zumindest prinzipiell – unterscheiden können. Es handelt sich also schon um die *reflektierte* Form von „Wissen um". Dies drückt sich auch in der Bestimmung des methodischen Status des Planungsdiskurses aus:

> Eine philosophische Planungstheorie als Theorie der Planungsdiskurse ist dann in erster Linie eine Theorie des prädiskursiven Einverständnisses und präplanerischer Vereinbarungen für Planungsdiskurse: sie stellt die „Geschäftsordnung" für Planungsdiskurse bereit. In der Planungstheorie werden Regeln für Planungsdiskurse aufgedeckt, gerechtfertigt und normiert sowie den konkreten Planungsdiskursen methodisch vorgängige Unterscheidungen und Entscheidungen thematisiert und auf ihre Rationalität überprüft. Planungsdiskurse selbst werden in der Planungstheorie offenkundig nicht geführt, sondern sind das Medium der Planungspraxis. (Grunwald 2000, 128)

Hier sind mehrere Ebenen zu unterscheiden:

1. Die „philosophische Planungstheorie" ist – als oberste Abstraktionsebene – eine Theorie der Planungsdiskurse.
2. Die Aufgabe dieser Theorie besteht in einer kritischen Analyse *faktischer* Planungsdiskurse und einer Normierung qua „idealer" Planungsdiskurse. Die Letzteren können dann als Korrekturinstanzen der Ersteren in Anwendung gebracht werden.
3. Planungsdiskurse referieren ihrerseits auf präplanerische und -diskursive Einverständnisse, die in der Theorie thematisiert werden.
4. Diskurse sind die *Medien* der Praxis.

Aber Praxis ist hier nur als *Planungs*praxis gefasst. Der Bereich des Prädiskursiven und -planerischen erscheint also letztlich nur als jenes „immer schon", auf das die Instrumente der Plans (die Diskurse) sich beziehen. Verstehen wir unter Medium nur einfach *Mittel*, so stellt sich die Frage nach der Herkunft der *Zwecke*. Bedenken wir die Unbestimmtheit der Zweck-Mittel-Relation, so wäre es übereilt, hier wiederum Zweck-Mittel-Rationalität als Kriterium für das Auffinden der Zwecke in Anschlag zu bringen. Will man nicht vom Vorliegen von Zwecken sprechen und andererseits die Unterstellung immanenter Rationalisierung der „lebensweltlichen Verhältnisse" durch Substruktion von Zweck-Mittel-Rationalität vermeiden (also annehmen, dass diese schon durch Diskurse im Sinne der Zweck-Mittel-Rationalität geordnet seien, dass jene diesen unterlägen oder diese auf jene hin orientiert seien o.ä.), so könnte *umgekehrt* die Planungspraxis als – zumindest *ein* – Mittel der Artikulation der Praxis – nur eben nicht mehr *zunächst* der Planung – aufgefasst werden. Wir hätten es eher mit einem hermeneutischen Verhältnis von Lebenswelt und ihrer Reflexion (hier im Sinne der Planungstheorie) zu tun. Technik als *Gegenstand* der Planung, d.h. hier der Planung ihrer (zweck-)rationalen Veränderung müsste auf mindestens zwei Ebenen betrachtet werden. Neben der Reflexion menschlichen Tuns unter Zweck-Mittel-Beschreibung müsste eben dieses Tun selber näher untersucht werden. Eine solche Untersuchung müsste aber *Vollzug* – wie er lebensweltlich ausgemacht werden kann – und *Reflexion* dieses Vollzuges – wie er als Gegenstand der Theorie auftritt – nicht als getrennte Gegenstände auffassen, sondern vielmehr beide als Pole oder Momente eines Verhältnisses. Dies heißt bezogen auf Technik, dass diese im ersten Schritt nicht schon gegenständlich, wie es sich aus der Reflexion handelnder Vollzüge (die dann als explizites Mittelwissen auftreten) erst ergibt, in der handlungstheoretischen Standardform zu beschreiben wäre.

5   Grammatische Zwischenbetrachtung

Die drei Modelle haben sich an entscheidender Stelle als zu schwach oder als zu voraussetzungsreich erwiesen, wenn es darum ging, die anfänglich so einfach erscheinende Wendung von der „Gestaltung von Technik" zu erläutern. Weder scheint dieses Tun ganz und gar in ein freies unvermitteltes Bilden, noch in das planend-reflektierende Tun der Einzelnen aufzugehen. Doch auch die Auflösung des Subjektes in eine analogisierende Beziehung auf evolutionäre Vorgänge bot hier keine Alternative, so dass Technikgestaltung auch nicht einfach als quasi-natürlicher, jedenfalls dem Tun der Einzelnen entzogener wiewohl es durchaus regierender Vorgang angesehen werden konnte. Nun hatten wir schon eingangs die Form der Rede als die „gegenständlicher Handlung" festgehalten. Und in der Tat scheint diese Redeform die Auslösung der Metapher nahe zu legen. Doch beruht diese Ähnlichkeit der Redeform bei genauerer Betrachtung auf einer „oberflächengrammatischen" Täuschung. Als Beispiel sei an dieser Stelle auf die Aussage „ich habe Schmerzen" verwiesen. Hier legt ja die Rede in gerade derselben Weise nahe, dass es da jemanden gibt, der „Etwas hat" und zwar zunächst in derselben Weise wie er Haare oder Beine „hat". Das Prädikat zeigt ein logisches Verhältnis an, das hier sinnvoller Weise gar nicht zugesprochen werden kann; genauer: die Rede vom „Haben von Schmerzen" zeigt metaphorisch einen Zustand an, der ebenso wenig sinnvoll dem Einzelnen als Habe zu attribuieren ist wie das „Haben eines Gedankens". Ohne hier schon eine Lösung zu präsentieren[12], müssen wir uns nun der Rede von „Technik" widmen, für die wir oben – als Alternative zur „gegenständlichen „ Rede – die Bestimmung als „Form menschlichen Tuns" angegeben hatten.

6 Technik als Form menschlichen Tuns und der Erwerb von Erfahrung

Zunächst kann mit Cassirer der eigentümliche Doppelcharakter von Technik festgestellt werden. Innerhalb der Philosophie der „symbolischen Formen" nimmt die Technik – ganz wie die Sprache auch – eine besondere Rolle ein. Sie fügen sich nämlich beide nicht einfach in die – mehr oder minder kanonische – Reihe der übrigen symbolischen Formen ein[13]. Ganz ähnlich wie die Sprache auch bildet Technik vielmehr zugleich *Gegenstand* wie *Form* der *Gegenstandsbildung*. Unter Technik wird weder nur der einfache Bezug auf ein Produkt, eine „forma formata" verstanden, noch ist sie nur im Lichte anderer symbolischer Formen wie etwa der Wissenschaft als eine Art angewandter Physik zu sehen. Um sich der Grundbestimmung menschlichen Tuns als Technik nähern zu können ist es vielmehr notwendig, die Form dieses Tuns als mittel- und werkzeuggestützt zu beschreiben. Gegenstände gelten hier immer nur als etwas insofern sie *zu etwas* bestimmt sind (Cassirer 1985:64). Auch Mittel sind eben solche funktionell definierten Gegenstände. Der Mensch kann daher als „tool-making animal" (Cassirer 1985:51) angesehen werden, was – trotz des *scheinbar* biologisierenden „animals" – gerade die besondere *Form* der *technischen* Wirkungsweise hervorhebt, die jede biologistische Ausdeutung grundsätzliche verbietet. Vielmehr stellt diese Art des Mittelgebrauches das Definiens für den Menschen (als nicht-Tier) dar:

> Denn der Abstand zwischen jeglichem noch so ungefügtem und unvollkommenen Werkzeug, dessen sich der Mensch bedient, und den höchsten Erzeugnissen und Errungenschaften technischen Schaffens mag in rein inhaltlicher Hinsicht noch so gewaltig erscheinen: er ist dennoch, wenn man lediglich das *Prinzip* des Handelns ins Auge faßt, nicht größer, sondern geringer als die Kluft, die die erste Erfindung

---

[12] Die übrigens strukturgleich der Weingartenschen Auflösung des Wahrnehmungsproblems ist (dazu Weingarten 1999); s. u.

[13] Die hier von Cassirer vorgenommene Aufzählung unterstreicht das Problem der Abgrenzung der symbolischen Formen sowie die Schwierigkeiten der Bestimmung ihrer Zahl (dazu Krois 1988). Allerdings könnte eine Lösung dieser Probleme im Rahmen eines methodisch verstandenen konstruktiven Programmes durch die Verbindung systematischer Geschlossenheit mit empirischer Offenheit gelingen. Immerhin böte das Konzept der „generischen Begriffsbildung" einen passenden Ausweg (dazu Gutmann 2002a).

und den ersten Gebrauch des rohesten Werkzeugs vom bloß tierischen Verhalten
trennt. (Cassirer 1985,61)

Die Differenz zwischen dem Werkzeugverwenden des Menschen und dem
nicht-menschlichen Verhalten hängt nicht wesentlich an der wie auch immer zu
denkenden *biologischen* Ausstattung des Menschen. Vielmehr ist es zunächst
einfach der Bezug auf ein „Äußeres", auf Gegenstände die *zu etwas* verwendet
werden, die als gegenständliche Mittel zwischen den Menschen und den eigentlich
zu bearbeitenden Gegenstand treten sowie die dabei erzielten „Wirkungen"[14].
Unter Gegenständen sollen hier sowohl stoffliche wie nicht-stoffliche Gegenstände[15] verstanden werden, so dass der Gebrauch der Mittel, um die es hier zu tun ist,
eben ganz ausdrücklich auch die Sprache umfasst. Damit ist von vornherein nicht
die Verbindung von „eigentlichem" Gegenstand (dem zu bearbeitenden und dann
als *Produkt* aus der Bearbeitung hervorgehenden) und dem „uneigentlichen" (dem
Mittel, welches ja nur relativ zum Zweck der Bearbeitung ausgezeichnet wird)
relevant. Durch eine solche Trennung der beiden Pole des gegenständlichen Verhältnisses würde die Wirkung der Mittel lediglich auf einen *einseitigen* Bezug auf
vorgefundene und als Edukte des herstellenden Handelns anzusprechende Dinge
reduziert. Hier soll aber gerade das eigentümliche, Wirkungen hervorbringende,
und damit auch bestimmte Erfahrungen ermöglichende gegenseitige „Abarbeiten"
der beiden Gegenstände (das Edukt und das Mittel) betrachtet werden. Die „Wirkung", die im Gebrauch *bestimmter* Gegenstände *als* Mittel auftritt, ist in einem
doppelten Sinne „objektiv". Denn zum einen tritt sie in einer ganz genauen Hinsicht von dem die Wirkung abzweckenden Menschen unabhängig auf (aber dennoch reproduzierbar und im weitern auch kontrollierbar). Zum anderen ist sie eine
Wirkung, die sich gegenständlicher Tätigkeit, dem Hantieren mit Gegenständen
verdankt. Trotz der Bindung allererster Mittel an den Leib gilt hier:

> Das Werkzeug gehört nicht mehr, wie der Leib und seine Gliedmaßen, unmittelbar
> dem Menschen zu: es bedeutet ein von seinem unmittelbaren Dasein Abgelöstes –
> ein Etwas, das Bestand hat, einen Bestand, mit dem es selbst das Leben des Ein-
> zelmenschen weit überdauern kann. Aber dieses so bestimmte »Dingliche« und
> »Wirkliche« steht nun nicht nur für sich allein, sondern es ist wahrhaft wirklich nur
> in der *Wirkung*, die es auf anderes Sein ausübt. Diese selbst schließt sich ihm nicht
> bloß äußerlich an, sondern sie gehört zu seiner Wesensbestimmung. Die Anschau-
> ung eines bestimmten Werkzeuges – die Anschauung der Axt, des Hammers usw. –
> erschöpft sich niemals in der Anschauung eines Dinges mit besonderen Merkmalen,
> eines Stoffes, mit bestimmten Eigenschaften. Im Stoff wird hier vielmehr sein
> Gebrauch, in der »Materie« die Form der Wirksamkeit, die eigentümliche Funktion
> erschaut: und beides trennt sich voneinander nicht, sondern wird als eine unlösliche
> Einheit ergriffen und begriffen." (Cassirer 1985, 64)

---

[14] Dies verweist auf die Notwendigkeit der Rede von *gegenständlichen* Mitteln, denn zunächst sind es ja zwei Gegenstände die in funktioneller Weise miteinander verknüpft
sind; dazu systematisch Hegel (1986).

[15] Es handelt sich also nicht um „Dinge". Mithin scheint die Verwendung von „Gegenstand" als Bezeichnung von *stofflichen* Gegenständen besonderer Form unglücklich (s.
hier etwa Rohbeck 1993).

Erfahrungen werden also im Vollzug gegenständlicher Tätigkeiten gemacht und erworben. Wir können solche Tätigkeiten, bei deren Vollzug der Einzelne sich Mittel bedient (von denen hier zunächst nur die stofflichen im Blick sind) als „gegenständliches Tun" bezeichnen. Das dabei erworbene Wissen kann als Umgangswissen verstanden werden. D.h. es wird im Umgang mit den gebrauchten Mitteln erworben und immer wieder bereitgestellt. Diese „Wissen um" ergibt sich aus dem Gegeneinanderführen der Mittel und der zu bearbeitenden Materialien. Die an diesem *Verhältnis* gewonnen Erfahrungen sind *insofern* unabhängig von einer – wie auch immer näher zu bestimmenden – „externen" Realität, in der es vorgefundene und als Mittel schon bestimmte Dinge nach gesetzten Zwecken zu gebrauchen gälte. Vielmehr wird die Unterscheidung von Zweck und Mitteln überhaupt erst *im Zusammenhang* der gegenständlichen Tätigkeit entwickelt. Dieser Vorgang der immer weitergehenden Erarbeitung „objektiv kausaler" Verhältnisse verdeutlicht den über den jeweiligen Stand hinausgreifenden Charakter von Erfahrung:

> Aber diese Scheu (vor dem Werkzeug innerhalb kultischer Zusammenhänge als einem jener Gebiete der Genese der später rein funktionalen Relationen, MG) verliert sich, das mythische Dunkel, das das Werkzeug zunächst noch umgibt, lichtet sich allmählich in dem Maße, als der Mensch es nicht nur *gebraucht*, sondern als er es, in eben diesem Gebrauch selbst, fortdauernd *umbildet*. Mehr und mehr wird er sich jetzt als freier Herrscher im Reich der Werkzeuge bewußt: in der Macht des Werkzeugs gelangt er zugleich zu einer neuen Anschauung seiner selbst, als des Verwalters und Mehrers derselben. (Cassirer 1985, 66)

Dieser Erfahrungsvorgang, der weder an den Gegenständen als zu bearbeitenden Dingen, noch an den Mitteln, sondern vielmehr an dem *Verhältnis* beider sich vollzieht, stellt nicht nur einen direkten Bezug her zwischen dem Bearbeitenden und den Materialien der Bearbeitung, insofern er auf die zu erhaltenden Produkte und die zu deren Erzielung benötigten Mittel gerichtet bleibt. Die innerhalb des Gebrauches stattfindende Umbildung der Mittel verschiebt vielmehr die Herstellungsleistung auf die *Mittel*. Sie werden also zum Gegenstand des Tuns, und insofern kann nun von einem Übergang vom *Mittel* zum *Werkzeug* gesprochen werden. Jedoch ist diese Herstellung und Umbildung nicht mehr auf der Ebene des die Mittel nutzenden Einzelnen alleine beschreibbar. Schärfer formuliert, kann die *Reproduktion* der Mittel (als Werkzeuge nämlich) nicht wieder auf der Ebene der Mittel beschrieben werden Diese Reproduktion ist vielmehr eingebunden in und bezogen auf gemeinsames Tun und zwar in dem Sinn, dass die Werkzeuge nun ihrerseits zu Mitteln der Reproduktion dieses gemeinsamen Tuns werden. Wir wollen dies begrifflich dadurch abgrenzen, dass wir diese zum Zweck der Reproduktion gemeinsamen Tun auftretenden Mittel als *Medien* bezeichnen. Die Aspekte der Zirkulation und der Konsumption der Mittel sollen hier unberücksichtigt bleiben (dazu s. Gutmann 1999). Als vorläufige grammatische Kennzeichnung von Medien sei darauf hingewiesen, dass die Reproduktion gemeinsamer Tätigkeit *mit ihnen, durch sie* und *in ihnen* erfolgt:

1. Mit ihnen dadurch, dass der Einzelne handelnd Mittel als bestimmte Mittel zu Zwecken gebraucht.

2. Durch sie, insofern der Bezug auf Werkzeuge erst das Wissen erzeugt, das dann im weiteren als „know-how" und „know-that" unterschieden werden kann.
3. In ihnen, insofern der Gebrauch von Mitteln und Werkzeugen im Vollzug gemeinsamer Tätigkeit immer schon stattfindet, den Bezug des Einzelnen für die Zwecke und die Mittel seines Tuns bereitstellt.

Medien sind bezogen auf den einzelnen Handelnden *unhintergehbar*. Neben der Sprache kann vor allem die Technik in dem hier angezielten Sinn als Medium gelten.

7   Kultur als übergreifendes Allgemeines

Da das Verhältnis von Werkzeug und Mensch sich als konstitutiv erwiesen hat für das Verständnis dessen, was unter Technik als Form menschlichen Tuns aufzufassen ist, kann als Kriterium der Unterscheidung von Kultur und Natur nicht einfach auf die Menschenunabhängigkeit der letzteren hingewiesen werden, wie dies die Gehlensche Formel von der Kultur als umgebildeter Natur nahe legt. Natur und Kultur bilden die beiden Relate eines Verhältnisses, das wiederum auf eine Relation – nämlich zwischen Mensch und Werkzeug – bezogen ist[16]. Weder ein Vorbildverhältnis zwischen Natur und Technik ist mithin denkbar, noch die reine Plastizität der ersteren, die durch die technische Intervention aus dem Kulturellen heraus erst ihre Form gewönne – dies die konstruktive Verkürzung etwa bei Dingler (1969). Vielmehr scheint mit der Technik ein *grundsätzliches* Weltverhältnis etabliert zu sein, das es überhaupt erst ermöglicht, über Kultur wie Natur als aufeinander bezogene Gegenstände zu reden:

> Was die Instrumente der vollentwickelten Technik von den primitiven Werkzeugen trennt, ist eben dies, daß sie sich von dem Vorbild, das ihnen die Natur unmittelbar zu bieten vermag, freigemacht und gewissermaßen losgesagt haben. Erst auf Grund dieses »Lossagens« tritt das, was sie selbst zu sagen und zu leisten haben, tritt ihr selbständiger Sinn und ihre autonome Funktion vollständig zutage. (Cassirer 1985, 73)

Die „Emanzipation" vom „Vorbild" der Natur ist aber kein Vorgang, der seinen Anfang in der Natur nähme. Vielmehr erweist sich diese Art des Weltbezuges als autonom auch in dem Sinne, dass die Veränderung des Werkzeug-Mensch-Verhältnisses nur nach Maßgabe dieses Weltbezuges selber zu verstehen ist. Anders formuliert, sind es solche der *technischen* Handlungsweise *immanente* Kriterien, die deren Reproduktion (sowohl identische wie nicht-identische) ermöglichen und vorantreiben:

---

[16] Dass es sich dabei um intersubjektiv strukturierte symmetrische Anerkennungsverhältnisse handelt sei hier nur angedeutet (ausführlich dazu Gutmann 1999, Gutmann u. Weingarten 2001); die Subjekt–Objekt-Relation wird so jedenfalls als *asymmetrische* Version eines intersubjektiven Verhältnisses fassbar.

> Als das Grundprinzip, das die gesamte Entwicklung des modernen Maschinenbaus beherrscht, hat man den Umstand bezeichnet, daß die Maschine nicht mehr die Handarbeit oder gar die Natur nachzuahmen sucht, sondern daß sie bestrebt ist, die Aufgabe mit ihren eigenen, von den natürlichen oft völlig verschiedenen Mitteln zu lösen. Mit diesem Prinzip (dem Grundprinzip technischen Handelns, MG) und seiner immer schärferen Durchführung hat die Technik erst ihre eigentliche Mündigkeit erlangt. Jetzt richtet sie eine neue Ordnung auf, die nicht in Anlehnung an die Natur, sondern nicht selten in bewußtem Gegensatz zu ihr gefunden wird. Die Entdeckung des neuen Werkzeugs stellt eine Umbildung, eine Revolution der bisherigen Wirkungs*art*, des Modus der Arbeit selbst, dar. So wurde, wie man betont hat, mit der Nähmaschine zugleich eine neue Nähweise, mit dem Walzwerk eine neue Schmiedeweise erfunden – und auch das Flugproblem konnte erst endgültig gelöst werden, als das technische Denken sich von dem Vorbild des Vogelfluges freimachte und das Prinzip des bewegten Flügels verließ (...). (Cassirer 1985, 73f)

Doch ist diese Entgegensetzung von Technik und mit ihr von Kultur und Natur nur scheinbar; bedenkt man nämlich, dass Natur hier verstanden worden ist als eine Bestimmung, die schon den *konstitutiven Mittel- und Werkzeugbezug enthielt*[17], so muss konzediert werden, dass die *Entwicklung* nicht eine solche von Natur zur Kultur ist, sondern vielmehr von Kultur(Natur1) zu Kultur(Natur2). Der Index zeigt dabei an, dass die Rede von Natur über die jeweils verlassene Produktionsform bestimmt wurde (näheres dazu s. Gutmann 2002b). Die wirkliche Revolution in der Umformung der Herstellungs*art* besteht also genau genommen darin, dass als *Natur* auf dem Stand der neu entwickelten Kulturverhältnisse jene Elemente gelten können, die sich von der verlassenen Produktionsform her erhalten haben. Die Rede von der Reflexion (zwischen Natur und Kultur in und durch Technik) ist hier gerechtfertigt mit dem Verweis darauf, dass das, was als Natur *innerhalb* kultureller Zusammenhänge auftaucht, gerade jene „abgelegten Gestalten" sind, als deren wahre Entfaltung und Vollendung wir die jeweils erreichten Formen der Kultur verstehen. Insofern beleuchtet in der Tat in der Form eines regelrecht metaphorischen Rückbezuges die als „Technik" der Natur entgegen gesetzte Handlungsform eben das als Natur geltende[18]. Das Wort „Kultur" er-

---

[17] Dies gilt gerade mit Verweis auf den Vogelflügel; denn dieser ist im strengen Sinne überhaupt nur *als etwas* bestimmt indem er *zu etwas* bestimmt ist. Diese funktionelle Beschreibung und Strukturierung desselben kann aber zum einen wieder nur durch Bezug auf den Menschen und dessen Leistungen (als leibliche) wie zum anderen auf technische Artefakte gelingen.

[18] Dieses Verhältnis lässt sich mit König als eine Art rückwärtige Aufhebung des gesetzten Anfanges begreifen:

> Die Rückwirkung *degradiert* somit in gewisser Weise den Anfang und das Prinzip zu einem *auch* Folgenden und Prinzipiierten. Der Bereich des dem Sinnfälligen zugewandten nicht-metaphorischen Sprechens ist gleichsam die *Eins* zu dem Bereich des ihm *folgenden* metaphorischen Sprechens als der Reihe der übrigen Zahlen. Die unterirdische Rückwirkung degradiert diese Eins zu einer Zahlenreihe, als *deren* Eins nun umgekehrt der Bereich des metaphorischen Sprechens angesehen werden *könnte, wenn nicht* unverrückbar bliebe, daß der Bereich des Sinnfälligen der Zeit nach der Anfang ist. Es ist dies ein Verhältnis, das die Erinnerung an den Gedanken von Novalis wachruft: daß das Äußere ein in Geheimniszustand erhobenes Inneres ist. (...). (König 1994a, S 175).

scheint hier also zweimal; einmal als Bezeichnung eines auf Werkzeugverwendung bezogenen Verhältnisses (von Kultur und Natur) und einmal als „übergreifendes Allgemeines" insofern dieses Verhältnis selber als sich entwickelndes begriffen werden muss (dazu Gutmann u. Weingarten 2001).

8 Veränderung von Technik als Entwicklung vermittelter Selbst-Verhältnisse

Die bisherigen Überlegungen betrachteten die Mensch-Werkzeug-Relation nur von einer Seite, nämlich der Beziehung auf Gegenstände. Die andere Seite dieser Relation besteht aber gerade in der Bildung des sich in Vereinzelung als zwecksetzendes und realisierendes verstehenden Ichs. Ebenso wie die Natur der beständigen gegenständlichen Veränderung unterworfen ist[19], durch die Veränderung der technischen Handlungsform, sosehr gilt dies auch für das Subjekt:

> Seine eigene Physis ergreift und begreift er nur im Reflex des von ihm Gewirkten – die Art der mittelbaren Werkzeuge, die er sich gebildet hat, erschließt ihm die Kenntnis der Gesetze, die den Aufbau seine Körpers und die physiologische Leistung seiner einzelnen Gliedmaßen beherrschen. Aber auch damit ist die eigentliche und tiefste Bedeutung der „Organ-Projektion" noch nicht erschöpft. Sie tritt vielmehr erst hervor, wenn man erwägt, daß auch hier dem fortschreitenden Wissen um die eigene leibliche Organisation ein geistiger Vorgang parallel geht; daß der Mensch vermittelst dieses Wissens erst zu sich selbst, zu seinem Selbstbewußtsein gelangt. Jedes neue Werkzeug, das der Mensch findet, bedeutet demgemäß einen neuen Schritt, nicht nur zur Formung der Außenwelt, sondern zur Formierung seines Selbstbewußtseins. (Cassirer 1987, 257f)

Doch scheint gerade jene Selbstvergewisserung durch das Tun und in der Art des Tuns von einer, der „objektiven" parallelen „subjektiven" Abstraktion bedroht. Denn in eben dem Maß, in dem die Gegenstände, die dem Verhältnis von Mensch und Werkzeug entspringen, sich entwickeln, scheint auch der Bezug auf sich selber durch sie hindurch immer vermittelter, immer „abstrakter" zu werden. Diese Abstraktion ist allerdings nur insofern als eine Entfernung vom verlassenen Zustand aufzufassen, als sie eben jenen Entwicklungsschritt zur (jeweils) neuen Herstellungs*art* bezeichnet. Es ergibt sich durch diese Veränderung eine weitere Relation die jener von Natur(Kultur) zu Kultur(Natur)[20] entspricht. Bezeichnet

---

Ein Anfang ist zunächst und vor allem ein solcher *von und für etwas*. Nach dessen Realisierung relativiert er sich zu einem *möglichen* und gibt damit auch das Resultat selber als möglichen Anfang weiterer Reihen wieder frei.

[19] Dies zeigte sich in der fortwährenden Erzeugung von Naturbildern nach dem Stand der Entfaltung der Produktionsverhältnisse; *auf der Ebene der einzelnen Subjekte* nach dem Stand der jeweiligen „Technik".

[20] Die Klammern sind wie folgt aufzulösen: es wird eine Entwicklungsreihe vorgestellt, die von einem bestimmten Zustand her (dieser erscheint damit als Natur, obgleich er selber schon je Kultur war, daher diese in Klammer) zu einem neuen Zustand führt, der seiner-

man den verlassenen Zustand der (im Rückbezug) Natur(Kultur) als den Bereich der Wirklichkeit (im Sinne des bisher Verwirklichten) so ist das Realisierte, die Kultur(Natur) als *Möglichkeit* anzusprechen. Diese Möglichkeit ist aber keine abstrakte, gleichsam *bloße* Möglichkeit sondern *konkret*, insofern sie die in der jeweiligen Wirklichkeit (also der Natur(Kultur) als Ausgangspunkt der Umbildung) gesehene Möglichkeit darstellt. Die Form des technischen Handelns führt also im erreichten Zustand durch die Anzeige jeweils weiterer eben nicht oder noch nicht realisierter Möglichkeiten über sich hinaus:

> Dieses innere Wachstum erfolgt nicht einfach unter der ständigen Leitung, unter der Vorschrift und Vormundschaft des Wirklichen; sondern es verlangt, daß wir ständig vom »Wirklichen« in ein Reich des »Möglichen« zurückgehen und das Wirkliche selbst unter dem Bilde des Möglichen erblicken. Die Gewinnung dieses Blick- und Richtpunkts bedeutet, in rein theoretischer Hinsicht, vielleicht die größte und denkwürdigste Leistung der Technik. Mitten im Umkreis des Notwendigen stehend und in der Anschauung des Notwendigen verharrend, entdeckt sie einen Umkreis freier Möglichkeiten. Diesen haftet keinerlei Unbestimmtheit an, sondern sie treten dem Denken als etwas durchaus Objektives entgegen. Die Technik fragt nicht in erster Linie nach dem, was *ist*, sondern nach dem, was sein *kann*. Aber dieses »Können« selbst bezeichnet keine bloße Annahme oder Mutmaßung, sondern es drückt sich in ihm eine assertorische Behauptung und eine assertorische Gewißheit aus – eine Gewißheit, deren letzte Beglaubigung freilich nicht in bloßen *Urteilen*, sondern im Herausstellen und Produzieren bestimmter *Gebilde* zu suchen ist. (Cassirer 1985, 81)

Da aber auch Zwecke – die es unter Mitteleinsatz zu verwirklichen gilt – die sich dem Bezug auf ein Wirkliches (also schon Verwirklichtes) verdanken, zeigt sich nun, dass eben jene Zwecke – die als „Entschluss" des Subjektes gedeutet werden können und diesem als Ausweis seiner Zwecksetzungsautonomie zu gelten haben – erst in Bezug auf (verwirklichte) *Mittel* bestimmt werden. Zwecke werden im Tun *entdeckt*:

> In diesem Sinne hat jede wahrhaft originelle technische Leistung den Charakter des Ent-Deckens als eines Auf-Deckens: es wird damit ein an sich bestehender Sachverhalt aus der Region des Möglichen gewissermaßen herausgezogen und in die des Wirklichen verpflanzt. Der Techniker ist hierin ein Ebenbild jenes Wirkens, das Leibniz in seiner Metaphysik dem göttlichen »Demiurgen« zuspricht, der nicht die Wesenheiten oder Möglichkeiten der Gegenstände selbst erschafft, sondern unter den vorhandenen, an sich bestehenden Möglichkeiten nur eine, und die vollkommenste, auswählt. So belehrt uns die Technik fort und fort darüber, dass der Umkreis des »Objektiven«, des durch feste und allgemeine Gesetze Bestimmten, keineswegs mit dem Umkreis des Vorhandenen, des Sinnlich-Verwirklichten zusammenfällt (...). (Cassirer 1985, 81f)

Der Abstraktion als Ausgang vom je Verwirklichten zum noch nicht Verwirklichten ist somit zugleich auch immer Antizipation des „Sein-Könnens". Fasst man diesen Zusammenhang der Zweckverwirklichung und Entdeckung aber nur als Realisierung von Zwecken, ohne den Rückbezug auf das je Vorhergehende

---

seits als kultureller aufzufassen ist (und da er das Ergebnis der Entwicklung von der scheinbaren Natur her ist, war hier dieselbe in Klammern anzeigt).

selber als Bezug auf ein ebenfalls schon Vermitteltes aufzufassen, so wird der Schein erzeugt, diese zunehmende „Abstraktion" hebe vom *unmittelbar* erlebbaren Zusammenhang von Zwecken und Mitteln an und führte nun wenigstens auf der subjektiven Seite der Werkzeug-Mensch-Relation zu einer „selbständigen" und verselbständigten Gegenständlichkeit. Dieses von Simmel als „Tragödie der Kultur" angesprochene Entfremdungsgeschehen folgte so direkt aus dem angezeigten Verstehen von Technik; und in eben dieser Hinsicht bewahrheitete sich schließlich jene Tendenz, die Gehlen mit dem *Unnatürlichen* der Technik bezeichnete. Diese Deutung ergibt sich aber nur dann, wenn technisches Handeln und dessen Ergebnisse als *Entfremdung* verstanden werden. Lassen wir es zunächst als *Entäußerung* gelten, so kann die Rede von Natur als Natur(Kultur) als Anzeige eben jener „Entäußerung" des kulturellen Wesens Mensch aufgefasst werden. Zur *Entfremdung* würde sie nur, wenn *zugleich* vorausgesetzt werden könnte, dass es einen Zustand gegeben habe, der als wahrer Ursprungszustand nicht-entfremdet den Menschen sozusagen in der ihm angemessenen Form der direkten oder unvermittelten Erfahrung darzustellen erlaubte[21]. Lässt man diese Voraussetzung als Missverstehen technischen Handelns fallen, so kann die Kritik am „Unnatürlichen" der Technik nur hinsichtlich der Zwecke formuliert werden, denen technisches Handeln zu dienen habe. Und hier gilt dann allerdings:

> Sowenig die Technik, aus sich und ihrem eigenen Kreis heraus, unmittelbar ethische Werte erschaffen kann, sowenig besteht eine Entfremdung und ein Widerstreit zwischen diesen Werten und ihrer spezifischen Richtung und Grundgesinnung. Denn die Technik steht unter der Herrschaft des »Sachdienstgedankens«, unter dem Ideal einer Solidarität der Arbeit, in der zuletzt alle für einen und einer für alle wirkt. Sie schafft, noch vor der wahrhaft freien Willensgemeinschaft, eine Art von Schicksalsgemeinschaft zwischen all denen die an ihrem Werke tätig sind. (Cassirer 1985,89)

Die *Bewertung* von Technik – etwa im ethischen Verstande – bliebe dieser äußerlich, insofern jene nicht (gleichsam außermoralisch) zunächst als Form menschlichen Wirkens verstanden und anerkannt wird. Jedoch ist dieser Bezug von Technik auf Zwecke – und mithin auf Sachdienstbarkeit" – gerade kein ihr externer. Indem im technischen Handeln sich der Mensch als wirkliches und verwirklichtes Wesen weiß, muss der reflexive Rückbezug, den wir oben als „subjektive" *intentio obliqua* anzeigten, auf das was und wie es getan wird, als konstitutives Moment seiner Selbstbildung begriffen werden:

> Soll dieser Gedanke sich wahrhaft auswirken, so ist freilich erforderlich, daß er mehr und mehr seinen impliziten Sinn in einen expliziten verwandelt: daß das, was im technischen Sinn *geschieht*, in seiner Grundrichtung erkannt und verstanden, daß es ins geistige und sittliche *Bewußtsein* erhoben wird. Erst in dem Maße, als dies geschieht, wird Technik sich nicht nur als Bezwingerin der Naturgewalten, sondern als Bezwingerin der chaotischen Kräfte im Menschen selbst erweisen. (Cassirer 1985, 89)

---

[21] Methodologisch bedeutet dies eine (unzulässige) Umkehrung der Rekonstruktions- in die Konstitutionsreihenfolge.

Die Form technischen Handelns also ist es, die den Menschen zu dem macht, was er ist. Damit kann auch die Rede vom Mensch als Naturwesen nur aufgefasst werden als eine Rede über die Natur(Kultur) des Menschen, die jener in seiner Kultur(Natur) verwirklichte. Wirkliche Befreiung zielte also weder auf die Lösung von der Form technischen Handelns noch auf die von den, an seine konkreten Erscheinungen herangetragenen Zwecke. Erst indem der Mensch als das in seiner Arbeit sich reproduktiv verwirklichende Wesen begriffen ist, kann auch die Herrschaft über „Natur" zunächst und vor allem als die Verfügung über sich selbst angesehen werden. Dieses doppelte Verhältnis, zum einen das Verhältnis des Menschen zu sich selber (in Gemeinwesen nämlich) und zum anderen das Verhältnis des Menschen (in Gemeinwesen) zur Umgebung (der schon gestaltet vorgefundenen Natur(Kultur)) ist also gemeint, wenn von der Gestaltung der Produktions- und Reproduktionsverhältnisse menschlicher Gemeinwesen die Rede ist. Wenn wir also von der „Gestaltung von Technik" reden, so ist damit allererst ein „vermitteltes Selbstverhältnis" angezeigt. Ein vermitteltes Verhältnis ist es, weil es die tätige Beziehung des Menschen zu seinen Mitteln betrifft. Reflexiv ist es, weil der Mensch sich – qua Mittel – auf sich selber bezieht. Dieses Verhältnis und seine immanente Veränderung sind mit der Rede von der Gestaltung von Technik gemeint. Übersieht man diesen Rück-Bezug, so entsteht in der Tat der Eindruck eines gegenständlichen Verhältnisses – wie wir es zum Ausgang unserer Untersuchung genommen hatten[22].

9 Vollzug versus Reflexion und die Doppelläufigkeit menschlichen Tuns

Die Rücknahme der Differenz von Subjekt und Objekt in die Zweck-Mittel-Relation sowie die Erweiterung der einfachen Nutzung oder Verwendung von Mitteln zur Reproduktion derselben als Werkzeuge hat den konstitutiven Bezug auf gemeinsames Tun verdeutlicht. Dabei blieb aber dieses gemeinsame Tun selber wiederum nur abstrakter Hintergrund. Erweitern wir unsere Betrachtung, so können wir die Rede vom Erfahren als einem umgänglichen Wissen wieder aufnehmen. Dies ist genauer zu bestimmen als ein Wissen im werktätigen Lebensverkehr, dem das „wissen wie" und das „wissen dass" eben noch nicht auseinander fallen:

> Geht man dagegen, wie wir's, Nietzsches Hinweis folgend, taten, von dem leibhaftigen Leben aus, so ist das Erste, was bei der Verbundenheit in Betracht kommt, nicht die ideelle Beziehung von Subjekt und Objekt, sondern der reale Bezug, da die ursprüngliche Verbundenheit der Lebewesen miteinander und mit der Umwelt den ganzen Zusammenhang des Lebensverhaltens ausmacht, wie ich das darzulegen versuchte an der Gegenseitigkeit von Ausdruck und Verständnis u. s. f. im gemein-

---

[22] Wir können dieses Verhältnis auch als „Entwicklungsverhältnis" bezeichnen; eine solche Rekonstruktion s. Gutmann (1999).

schaftlichen werktätigen Lebensverkehr. Sonach geht dem Ich das Wir voran. (Misch 1994, S 259.)

Lässt man die biologisierenden Tendenzen bei Misch als *Metapher* für die Beschreibung des noch Ungeschiedenen gelten, so sind dem werktätigen Lebensverkehr weder Subjekte noch Objekte unterschieden noch vorhanden. Wie bei Cassirer können wir auch hier zurückgehen auf die „interindividuellen" Elemente der Partizipation, die in die (dann allerdings erkenntnistheoretisch, juristisch oder gesellschaftstheoretisch relevanten) Rollen von Subjekt oder Person noch nicht bestimmt sind.

9.1 Reflexion als Reflexion im Vollzug

Im Vollzug des werktätigen Verkehres scheint endlich eine Ebene des Unmittelbaren, des Nicht-Vermittelten oder Ursprünglichen erreicht zu sein. Die Rede von der Ungeschiedenheit sowohl nach der Seite subjektiver wie objektiver Bestimmungen legt dies in der Tat nahe. Dabei zielt Misch in der Weiterführung auf eine grundsätzliche Analogie, die das Wort „Leben" als Vollzug gleichsam fundamental werden lässt:

> Und dies Vorangehen des Wir besagt nicht etwa bloß, daß ein gemeinsames Subjekt, ein Verbandssubjekt vor das vereinzelte Ich-Subjekt träte, als ob wir nur den Pluralis an die Stelle des Singular der Pronomina Personalia setzten, sondern das wir bedeutet hier in der Schichtung des leibhaften Lebensverhaltens überhaupt nichts von Subjekt, Subjekt gegenüber von Objekt, es bedeutet die Aktionszentren des Verhaltens im Hinblick auf ihre gemeinschaftlichen Ausdrucks-, Benehmens- und Verständigungsformen hin, die selber wiederum unabtrennbar sind von der gemeinschaftlichen Umwelt, von der durch Ausdruck und Tun sich gestaltenden Struktur der Welt, in der die betreffende Tierart lebt. Denn zu jeder Gattung von Lebewesen gehört ja eine artverschiedene Umwelt, die `Merkwelt´, wie v. Uexküll dafür sagte, die dem Vitalsystem der betreffenden Tierart entspricht. (Misch 1994, 259)

Interpretiert man die Nutzung der Uexküllschen Organismustheorie[23] als metaphorische Beschreibung für die Bestimmung dessen, was als gemeinsames Tun dem „Leben" des Menschen entspricht, so ist es eben nicht die Unvermitteltheit der „Umwelt" als vielmehr das *Analogon* zur Merkwelt/Wirkwelt-Unterscheidung. Dann kann allerdings der werktätige Verkehr nicht unvermittelt sein, womit auch der „Ausdruck" nicht ohne diese Vermittlung zu denken ist. In der Tat weist nämlich die Verwendung des *Ausdrucks* in seinen zwei Formen auf die Nähe dieser Bestimmung zu der des Mittels hin, da sowohl „etwas ausgedrückt wird" als auch „ich etwas ausdrücke". Ausdruck *von* etwas und Ausdruck *für* etwas so könnte

---

[23] Dies wäre eine Rekonstruktion, wie sie der Verwendung biologischer Beschreibungen bei König entspräche; systematisch ist die Analogie allerdings kaum zu retten. Zu den mit der Uexküllschen Organismustheorie verbundenen methodologischen Problemen s. Gutmann (2001).

man diese Unterscheidung aufnehmen und damit zugleich die Rede von „subjektiv" und „objektiv" vermeiden sind nur dann *unmittelbar* aufeinander bezogen, wenn der Vollzug eines wie auch immer gearteten Tuns selber ein unvermittelter ist[24]. Auf der Ebene des Einzelnen mag dies so erscheinen. D.h. wenn von der Tätigkeit eines Einzelnen die Rede ist, so kann der Vollzug von Tätigkeiten als unmittelbar, die Mittel als vorgefunden und die Zwecke als gegeben angenommen werden, was aber gerade nicht gilt, wenn diese Tätigkeiten konstitutiv auf gemeinsames Tun bezogen sind (und dies deutet Misch gerade durch die Rede von den „Ausdrucks-, Benehmens- und Verständigungsformen" an, die ja durch das dem „Ich" vorgängige „Wir" erst bereitstehen). Im Vollzug als einem auf gemeinsames Tun bezogenen Tun von Einzelnen wäre von Reflexivität zu reden, und zwar in beiden Bedeutungen des Wortes. Zunächst bezöge sich der Einzelne in der Nutzung von stofflichen wie nicht-stofflichen Mitteln durch diese auf anderes. Das „Ich" bezöge sich im „Wir" auf das „Du"; und vermittelst des „Du" auf sich selber. Wird dieser „vermittelte *Selbstbezug*" im Medium des Denkens vollzogen, so kann auch die zweite Bedeutung von Reflexion – als mittelspezifizierte nämlich – hier angeführt werden. Reflexion ist hier also die Reflexion des eigenen Verhaltens als auf anderes Verhalten bezogenes und zugleich der Bezug der Mittel aufeinander und auf Zwecke. Damit aber ist das Erfahren, welches im Vollzug von Tätigkeiten an diesen und durch diese zustande kommt *vermitteltes* Erfahren wiewohl nicht notwendig ein Erfahren *der Vermittlung*. Reflexion ist dem Vollzug eben nicht fremd sondern als Reflexion *im* Vollzug ein Element desselben, das ihm eben qua Vermittlung zukommt. Folgen wir den Überlegungen Mischs insofern, als das „Ich" sich erst im „Wir" ergibt, so bestimmt sich der Vollzug und die Reflexion im Vollzug als Bezug des tätigen Einzelnen auf gemeinsames Tun. Dieses Tun war aber unseren Überlegungen folgend gerade nicht homogenes ungeschiedenes „Vorhandenes", sondern vielmehr jenes gemeinsame werktätige Tun innerhalb dessen sich die Differenz der Verwendung stofflicher und nicht-stofflicher Mittel und deren Reproduktion überhaupt ergab. Erfahren des Vollzuges sowie der Reflexion im Vollzug bezeichnet damit die Ebene der Konstitution des gegenständlichen Erfahrens überhaupt, ein im werktätigen Lebensverkehr sich erst differenzierendes Tun des Einzelnen. Erfahren lässt sich damit weiterführend auf der Ebene des Einzelnen als „Widerfahren" beschreiben. In diesem Sinne „widerfährt" dem Einzelnen, als mittelbezogenes Tun Vollziehenden und im Vollzug Reflektierenden, im und am gemeinsamen Tun etwas.

9.2   Reflexion als Reflexion des Vollzuges

Das Wissen, welches im werktätigen Lebensverkehr erschien, hatte sich uns nun genauer bestimmt als reflektierter Vollzug, d.h. ein *Tun* des Einzelnen im konstitutiven Bezug auf gemeinsames Tun unter Nutzung eben dessen, was an Mitteln –

---

[24] Unabhängig von der tatsächlichen Mittelvergessenheit, die sich hier zu dokumentieren scheint, ist die „Universalität des Ausdrucks" eben nur durch die Mittelbezogenheit überhaupt zu gewährleisten.

gleich welcher Art – verfügbar war. Vom Einzelnen aus gesehen konnte der Vollzug als eine Ausführung des eigenen Tuns dergestalt gelten, dass an ihm ein „wissen wie" und ein „wissen dass" unterscheidbar wurde. Erfahren bedeutete also *innerhalb* des Vollzuges ein „immer-wieder-realisieren-können" von Mittel-Verhältnissen. Reflexion war auf Vollzug bezogene Reflexion im Vollzug und ihr verdankt sich auch die Möglichkeit der Unterscheidung von *besserer* oder *schlechterer* Mittelwahl bei gesetztem Zweck. Dies ist eine Form der Reflexion die wir als Vollzugs-Reflexion bezeichnen können. In bestimmter Weise anders ist die Rede von Reflexion in dem Moment, da der Vollzug (als reflektierter Vollzug) selber zum Gegenstand der Reflexion wird; diese „höherstufige" Reflexion soll als *Reflexion des Vollzuges* gelten und in ihr wird der Unterschied von „wissen dass" und „wissen wie" zu einem geltenden Unterschied. Während nämlich auf der Ebene des werktätigen Wissens, innerhalb des Vollzuges, das was im einen Herstellungsschritt als Mittel und als Zweck auftreten konnte als das Gegebene und das Gesetzte fest bestimmt waren, ändert sich dieses „feste" gleichsam „dingliche" Verhältnis, wird der Vollzug zum Reflexions-Gegenstand. Hier wäre etwa an „Störungen" der üblichen Zweck-Mittel-Verhältnisse innerhalb des werktätigen Umganges und seinem Vollzug zu denken. Die Störung dessen, was „bisher immer", also „nachvollziehbar" möglich war, schließlich die Veränderung dieser Verhältnisse können Anlässe solcher Reflexion sein.

9.3 Teilnahme und Beobachtung in der Reflexion des Vollzuges

Erfahren stellt sich uns im Rahmen der bisherigen Unterscheidung als doppelt reflektiert dar. Der *Vollzug* einer Tätigkeit ist für den Einzelnen insofern unhintergehbar, als der Vollzug mitsamt der Reflexion im Vollzug durch die Reflexion *des* Vollzuges nicht ersetzbar ist. Damit ist nicht einfach die Beobachtung mit der Reflexion und die Teilnahme mit dem Vollzug zu identifizieren. Der Unterscheid ist vielmehr ein *funktionaler*. Dies wird deutlich, wenden wir uns wiederum dem Mittelaspekt des Erfahrens zu. Da Handeln wie Verhalten als vermittelt, als mittelbezogen sich erweisen, muss auch innerhalb von Handlungsbezügen, d.h. ohne Verweis auf begleitende Reflexion des Vollzuges die Kontrolle des Gelingens der jeweiligen Interaktion möglich sein. Hierbei ist die Unterscheidung von Beobachtung und Teilnahme relevant. Dies können wir wieder an dem von König diskutierten Beispiel des „Wahrnehmens" aufzeigen. Hierbei ist es nicht vorrangig, wie dieses Wahrnehmen selber zustande kommt (Weingarten (1999), als vielmehr, wie das Wahrgenommene *in der* und *durch die* Vermittlung zum Erfahren des Wahrgenommenen und zugleich damit des Wahrnehmenden führt. Es zeigt sich nämlich nicht der Bezug *intentione recta* auf das „Wahrnehmungsobjekt" als verstehenskonstitutiv hinsichtlich der Mittel der Wahrnehmung, sondern vielmehr der Bezug auf das Verhalten des Gegenübers:

> Daß der Andere verstanden hat, was wir zu ihm sagen, geht uns auf an seinem *Verhalten*, nämlich dann, wenn er sich *entsprechend verhält*. (...) Und der Gedanken, den ich hier einführen möchte, ist nun der, daß auch *wir selber* (mit „wir" meine ich

> die jeweils *zu einem Anderen* etwas sagenden) nur verstehen, was wir zum Partner
> sagen, insofern uns daran, daß er sich entsprechend verhält, aufgeht, daß e*r* versteht
> was wir zu ihm sagen. Darin liegt weiter der Gedanke, daß uns selber allererst auf-
> geht, *was* wir da zu jemandem sagen, und ineins damit, *daß* wir da *überhaupt* etwas
> zu jemandem *sagen*, und d.h. *sprechen, mitteilen*, in eben dem Augenblick, in dem
> uns an dem Verhalten des Anderen *aufgeht*, daß er versteht, was wir zu ihm sagen
> und daß er überhaupt, was wir da tun, *ursprünglich* auffaßt als ein Mitteilen oder
> als ein Auf-etwas-Aufmerksam-Machen. (König 1994b, 532f.)

Dieser wechselseitige Bezug des Verhaltens der Individuen im Verständi-
gungszusammenhang geschieht also im Vollzug, wobei die bekannte Figur I1–
V1–V2-I2 entsteht (hier mit V für Verhalten und I für Individuum). Diese Art der
Bezugnahme, die sich sprachlich z.B. durch den Wechsel von Frage und Antwort
darstellt, kann nun *in der Reflexion* als Rollenwechsel strukturiert werden. Kooperation, Kommunikation, Kognition etc. beschreiben damit eben jenes Wissen, das
als Vermitteltes in der Reflexion des werktätigen Umgangs das Erfahren des Einzelnen, nämlich als im Vollzug von Arbeit oder Handeln an Gemeinsamem parti-
zipierend, erwies.

Neben anderen Rollen in Bezug auf *als* Situationen beschriebene Umstände
sind damit auch Teilnahme wie Beobachtung möglich. Die Reflexion im Vollzug
zeigt sich dann in der Rede von dem „Entsprechen" des Verhaltens beider Teilnehmer am Verstehensvorgang. Wiederum können wir den Übergang von der
Vollzugserfahrung zur Reflexion der Vollzugserfahrung machen und entsprechend
wird sich die Rede über Teilnahme und Beobachtung verändern. So ließ sich das
Handeln als im Vollzug bezogen auf gemeinsames Tun beschreiben. Dieses gemeinsame Tun ist dabei insofern präsent, als es die „Bedingungen" und „Voraussetzungen" bestimmte. Bezeichnen wir dies im Vollzug zunächst als „Umstände",
so können je nach dem welche Mittelverhältnisse als Mittel des Mitteilens im
Vollzug Verwendung finden Umstände des Handelns unterschieden werden. Diese
Umstände werden sich auf der Ebene der Reflexion des Vollzuges als „Situation"
in explizierter Form wieder finden. Damit ist die Konstitutionsaufgabe nicht durch
den Verweis auf die „Situiertheit" des Erfahrens zu lösen sondern in dem Übergang von den Umständen des auf gemeinsames Tuns bezogenen *Tuns* zum *Handeln* von Akteuren innerhalb von expliziten Situationen. Hier wird dann das Mit-
teilen – wie es sich bei König als miteinander-teilen zeigte – funktional in
Teilnahme und Beobachtung als mögliche Rollen differenziert. Diese Differenzierung, die in der Reflexion *auf den Vollzug* stattfindet kann ihrerseits als Instrument
sowohl der Beseitigung von Störungen innerhalb des in Reflexion stehenden Vollzuges wie zu weiteren nicht auf den werktätigen Lebensverkehr bezogenen Formen des Tuns und diesen Rahmen verlassend auch Handelns dienen. Beobachter
und Teilnehmer werden so zu stilisierten Rollen in der Reflexion des gemeinsamen Tuns.

10 Die Entwicklung von Technik als doppelte Einheit von Reflexion und Vollzug

Verstehen wir „Technik" als Form menschlichen Tuns, so kann die Rede von der „Gestaltung" ersetzt werden durch die Rede von der „Entwicklung" von Technik. Wiederum haben wir es mit einer eigentlichen Metapher zu tun, deren Auflösung durch die Bestimmung des Verhältnisses von einzelnem Handelndem und gemeinsamem Tun möglich ist. Entwicklung von Technik beschreibt nämlich nun die Veränderung der Mittel und Werkzeuge und des Gebrauches derselben im Medium gemeinsamen Tuns. Wir können im Anschluss an unsere Unterscheidung von Vollzug und Reflexion zwei Perspektiven unterscheiden:

1. In der Perspektive des einzelnen Handelnden erscheinen die Zwecke als gesetzt und die Mittel als gegeben. Die „Gegebenheit" der Mittel kann sowohl auf den Einzelnen Zwecke setzenden wie auf die anderen Einzelnen, bezogen werden, die ihn in den Gebrauch der Mittel einführen. An genau dieser Stelle ist also der natürliche Ort von Erziehungsgeschichten. Der Gebrauch der Mittel ist als Vollzug des Tuns gedacht. Dieses Tun kann in der Reflexion auf das Tun *als* Handeln beschrieben werden. Als Handelnder reflektiert der Tuende auf das Tun, es kommt zu der oben so genannten Reflexion im Vollzug. Vollzug ist also nie einfach nur ein Tun sondern auch bestimmtes reflexives Verhältnis, das sich *innerhalb* des Tuns zwischen den Einzelnen zu diesem Tun und damit zu sich selber einstellt. Der Zeit nach geht der Vollzug der Reflexion im Vollzug voraus – nicht aber notwendig der Sache nach. Denn das Tun ist als Handeln in das gemeinsame Tun eingebunden, auf es bezogen. Für den Einzelnen ist der Vollzug *unhintergehbar* und in dieser „Vollzugsperspektive" gilt die Beobachtung Janichs vom Primat des Vollzuges (Janich 1998).
2. In der Perspektive des gemeinsamen Tuns erscheint das Handeln der Einzelnen als *Artikulation* dieses Tuns. Wir können indem wir auf den Vollzug der einzelnen Handlungen reflektieren all jene Unterscheidungen gewinnen, die wir in der Vollzugsperspektive konstitutiv deuten, also die Zwecke und Mittel, Materialien und Produkte etc. Diese Reflexion des Vollzuges liegt in der Zeit nach dem Vollzug, in der Sache jedoch vor demselben. Denn das, was dem Einzelnen als Handeln unhintergehbar erschien ist, in der Reflexion auf den Vollzug gerade das gemeinsame Tun, das der Einzelne im Vollzug und in der Reflexion im Vollzug nicht in den Blick bekommt. Auch die Reflexion ist ein Vollzug, aber eben ein solcher ganz andere Art als der Vollzug, den wir oben auf den Einzelnen bezogen.

Vollzug und Reflexion sind Verhältnisbestimmungen. Das erste Verhältnis beschreibt die Relation von einzelnem zu gemeinsamem Tun als Praxis, das zweite als Theorie. Indem wir gemeinsames Tun einmal in der Perspektive des individuellen Handelns als zweckorientiertes Mittelverwenden und einmal als durch dieses Handeln artikuliertes Tun beschreiben, kann die Veränderung von Technik verstanden werden als die Entwicklung eben jener Vermittlungsverhältnisse, die hier nur als gegenständliches Tun dargestellt sind. Die Entwicklung von Technik ist daher nicht nur das, *was* der Mensch aus sich macht, sondern auch die Art und Weise in der dies geschieht.

Literatur

Black M (1996) Die Metapher (1954). In: Haverkamp A (Hrsg) Theorie der Metapher. Darmstadt, S 55–79

Cassirer E (1985) Form und Technik. In: Symbol, Technik, Sprache. Hamburg, S 39–90

Cassirer E (1987) Philosophie der symbolischen Formen. Zweiter Teil. Das mythische Denken. Darmstadt

Davidson D (1994) Was Metaphern bedeuten (1978). In: Wahrheit und Interpretation. Frankfurt, S 343–371

Dingler H (1969) Die Ergreifung des Wirklichen. Frankfurt

Grunwald A (2000) Handeln und Planen. München

Gutmann M (1995) Modelle als Mittel wissenschaftlicher Begriffsbildung: Systematische Vorschläge zum Verständnis von Funktion und Struktur. In: Gutmann WF., Weingarten M (Hrsg) Die Konstruktion der Organismen II. Kohärenz, Struktur und Funktion. Aufs. Red. Senckenb. Naturf. Ges., 43. Frankfurt a. M., 15–38

Gutmann M (1996) Die Evolutionstheorie und ihr Gegenstand. Berlin

Gutmann M (1998) Der Begriff der Kultur. Präliminarien zu einer methodischen Phänomenologie in systematischer Absicht. In: Hartmann D, Janich P (Hrsg) Die Kulturalistische Wende. Frankfurt, S 269–332

Gutmann M (1999) Kultur und Vermittlung. Systematische Überlegungen zu den Vermittlungsformen von Werkzeug und Sprache. In: Janich P (Hrsg) Wechselwirkungen. Zum Verhältnis von Kulturalismus, Phänomenologie und Methode. Würzburg, S 143–168

Gutmann M (2001) Die „Sonderstellung" des Menschen. Zum Tier-Mensch-Vergleich. In: Weingarten M, Gutmann M, Engels EM (Hrsg) Jahrbuch für Geschichte und Theorie der Biologie, 8/2001, S 27–78

Gutmann M (2002a) Human Cultures' Natures. In: Grunwald A, Gutmann M, Neumann-Held EM (Hrsg) On Human Nature. Antropology: Biological and Philosophical Foundations. Berlin, S 195–240

Gutmann M (2002b) Der Mensch als technisches Wesen. Systematische Überlegungen zum Verständnis menschlicher Konstitution. In: Banse G, Kiepas A (Hrsg) Rationalität heute. Münster, S 171–190

Gutmann M, Hertler H (1999) Modell und Metapher. Exemplarische Rekonstruktionen zum Hydraulikmodell und seinem Mißverständnis. In: Weingarten M, Gutmann M, Engels EM (Hrsg) Jahrbuch für Geschichte und Theorie der Biologie, 6/1999, S 43–76

Gutmann M, Weingarten M (1998) Überlegungen zu Innovation und Entwicklung. TA-Datenb. Nachr. 1/7, 11–19

Gutmann M, Weingarten M (1999) Gibt es eine Darwinsche Theorie? Überlegungen zur Rekonstruktion von Theorie-Typen. In: Brömer R, Hoßfeld U, Rupke NA (Hrsg) Evolutionsbiologie von Darwin bis heute. Berlin, S 105–130

Gutmann M, Weingarten M (2001) Die Bedeutung von Metaphern für die biologische Theorienbildung. In: Deutsch, Zeitsch. f. Phil., 49/ 4, S 549–566

Hegel GWF (1986) Wissenschaft der Logik. Bd. II. Werke Bd. 6. Frankfurt

Henle P (1996) Die Metapher. (1958) In: Haverkamp,A (Hrsg) Theorie der Metapher, Darmstadt, S 80–105

Janich P (1998) Die Struktur technischer Innovationen. In: Hartmann D, Janich P (Hrsg) Die Kulturalistische Wende. Suhrkamp, Frankfurt, S 129–177

Janich P (2001) Logisch-pragmatische Propädeutik. Weilerswist

König J (1969) Sein und Denken. Halle

König J (1994a) Bemerkungen zur Metapher. In: Dahms G (Hrsg) König, Kleine Schriften. Freiburg, München, S 156–176

König J (1994b) Der logische Unterschied theoretischer und praktischer Sätze und seine philosophische Bedeutung. Freiburg

Krois JM (1988) Problematik, Eigenart und Aktualität der Cassirerschen Philosophie der symbolischen Formen. In: Braun H-J, Holzhey H, Orth EW (Hrsg) Über Ernst Cassirers Philosophie der symbolischen Formen. Frankfurt, S 15–44

Lorenzen P (1987) Lehrbuch der konstruktiven Wissenschaftstheorie. Mannheim

Maynard Smith J, Szathmary E (1996) Evolution. Berlin Heidelberg New York

Metzger W (1986a) Grundbegriffe der Gestaltpsychologie (1954). In: Metzger W, Gestaltpsychologie. Frankfurt, S 124–133

Metzger W (1986b) Erziehung zum schöpferischen Gestalten. 1959. In: Metzger W, Gestaltpsychologie. Frankfurt, S 430–447

Misch G (1994) Der Aufbau der Logik auf dem Boden der Philosophie des Lebens. Freiburg

Nelson RR, Winter SG (1982) An Evolutionary Theory of Economic Change. Cambridge, Mass., London

Reichert L (1994) Evolution und Innovation. Berlin

Rohbeck J (1993) Technologische Urteilskraft. Frankfurt

Searle JR (1993) Metaphor. In: Searle JR, Expression and Meaning. Cambridge, S 76–116

Weingarten M (1999) Wahrnehmen. Bibliothek dialektischer Grundbegriffe, Heft 3. Bielefeld

Technikgestaltung im Spannungsfeld von Plan und Lebenswelt

Gerhard Banse

Vorbemerkung

Technikgestaltung ist facettenreich. Sie umfassen den Gesamtbereich von Entwurf und Konstruktion über Innovation und Diffusion technischer Systemen bis hin zu ihrer Außerbetriebnahme und Entsorgung, also die Gesamtheit der Entstehungs- und Verwendungszusammenhänge. Diese Facetten sind nun nicht (nur) gegeben, werden nicht (nur) wahrgenommen oder beschrieben, sondern sind (auch) konstruiert, werden – etwa infolge von Präsuppositionen oder Relevanzeinschätzungen – durch den Akteur (auch) konstituiert und formuliert. Mit Technikgestaltung verbundene Probleme betreffen kognitive Grundlagen ebenso wie normative Zielvorstellungen, individuelle oder kollektive Subjekte ebenso wie Institutionen. Verschiedene wissenschaftliche Disziplinen wenden sich den damit verbundenen Fragestellungen (die von wissenschafts- bis zu gesellschaftstheoretischen reichen) entweder mehr empirisch-induktiv oder mehr theoretisch-deduktiv zu und geben differierende Antworten, wobei sie sich zusätzlich auf unterschiedliche Aggregationsstufen des Technischen beziehen (die von einzelnen technischen Sachsystemen bis zur Technik „als Ganzem" reichen).[1] Die jeweils interessierende Facette bestimmt als erkenntnisleitende Fragestellung den jeweiligen theoretisch-konzeptionellen Ausgangspunkt und die jeweilige methodische Vorgehensweise. All diese Überlegungen sind für sich unvollständig, denn sie fokussieren immer nur auf bestimmte Problemlagen und blenden (notwendig) andere aus, haben ihren „gelben" wie ihren „blinden" Fleck. Deshalb sind sie komplementär.

Im Folgenden stehen – als eine Facette – das Entwurfshandeln und seine Akteure, Ingenieure und Technikwissenschaftler, im Zentrum der Darlegungen, nicht nur, weil der Entwurf als Beginn jeglicher Technikgenese angesehen werden kann, sondern auch, weil mit dem Entwurf und seiner weiteren Konkretisierung wichtige (Vor-)Entscheidungen gefällt werden (z.B. hinsichtlich Funktionserfüllung, Sicherheit und Kosten), die in nachfolgenden Phasen der Technikherstellung, -auswahl, -verbreitung und -verwendung relevant sind bzw. relevant werden können (etwa hinsichtlich Nutzungsmustern oder Akzeptanz). Das ist der „gelbe" Fleck der nachfolgenden Überlegungen; der „blinde" Fleck besteht vor allem darin, dass

---

[1] Exemplarisch für diese konzeptionelle Vielfalt sei lediglich verwiesen auf Albrecht u. Schönbeck 1993; Banse u. Müller 2001; Bechmann u. Petermann 1994; Bechmann u. Rammert 1994; Grunwald 2000b; Kubicek u. Seeger 1993, Ropohl 2001.

in diesem mehr wissenschaftstheoretischen Herangehen soziale Bezüge und der Einfluss weiterer Akteure (etwa der Staat) nur sehr vermittelt sichtbar werden.[2]

1 Problemstellung

Der Nestor des automatisierten Fabrikbetriebes in Deutschland und Gründungsrektor der TU Cottbus, Günter Spur, schreibt in seinem Buch „Technologie und Management. Zum Selbstverständnis der Technikwissenschaft" folgendes: „Technik entsteht durch Denken, Planen und Bauen. Aber Denken ist nicht das Gedachte, Planen nicht das Geplante und Bauen nicht das Gebaute. Es ist zwischen technischen Handlungsprozessen und der gegenständlichen Welt zu unterscheiden." (Spur 1998, S 1) Das ist zwar richtig, aber m.E. nicht ganz präzise. Einerseits wird zwar auf Differenzen zwischen Handlungsprozessen und Handlungsergebnissen aufmerksam gemacht, andererseits bringt Spur hier jedoch drei Ebenen durcheinander: erstens Handlungen (Denken, Planen, Bauen) und deren jeweilige Ergebnisse (Gedachtes, Geplantes, Gebautes), zweitens weitgehend geistige Handlungen (Denken, Planen) und deren lebensweltliches Ergebnis (Gebautes) und drittens Denken, das sich auf Planen (Geplantes), und Denken, das sich auf Bauen (Gebautes) bezieht. Auf allen drei Ebenen gibt es interessante Anregungen und Fragestellungen, die für das Thema des vorliegenden Buches relevant sind. Hier seien nur zwei genannt:

- (a) Technik*gestaltung* setzt Planung und einen Plan voraus – ohne Planung und Plan gibt es keine Technik*gestaltung* als bewusst vollzogenen Prozess. Planung wird als Form rationalen, begründeten Handelns verstanden, d.h. als an Wissen gebunden.

- (b) Trotz Technikgestaltung als geplantem, wissensbasiertem Vorgehen gibt es vielfach eine Differenz zwischen dem „Geplanten" und dem „Gebauten", dem „Gedachten" und dem Ausgeführten, dem Erwarteten und dem Eingetretenen (z.B. in Form nichtantizipierter und nichtintendierter „Nebeneffekte"; Funktionsstörungen, Havarien; Kostenüberschreitungen, Terminverzögerungen u.ä.).

Da für diesen Beitrag vor allem (b) interessant ist, sei das damit verbundene Problem zunächst an einem Beispiel deutlich gemacht. In den abschließenden Empfehlungen des Ladenburger Diskurses „Handeln der Ingenieure in einer auf andere Werte orientierten Gesellschaft" schreibt der Statiker Heinz Duddeck: „Mit dem Entwurf einer Brücke versprechen Ingenieure, daß die so gebaute Brücke in ihrer Lebenszeit von 100 Jahren ihre Funktion erfüllen wird und schadlos übersteht, was sie – vom Verkehr bis zum Erdbeben – beanspruchen kann. Die Technikwissenschaften haben mit dieser *rationalen Methodik* sehr große Erfolge erzielt." (Duddeck 2001, S 286 – H.dV. G.B.) Entwurfshandeln wird hier als

---

[2] Dies ist dann das beherrschende Thema im Teil 2 des vorliegenden Buches „Technik und Gesellschaft" (Anm. d. Hg.).

rationales Handeln unterstellt. Diese rationale Methodik soll zwar nicht in Frage gestellt, muss aber in zweierlei Hinsicht relativiert werden.

1. In seinem Buch „Versagen von Bauwerken. Bd. 1: Brücken" zeichnet Joachim Scheer (2000) ein etwas anderes Bild, wenn er nicht nur Brückeneinstürze aus mehr als einhundert Jahren auflistet, sondern auch die Ursachen herausarbeitet, und die sind vielfältiger Art. Sie betreffen auch die Wissensbasis beim Entwurf von Brücken. Somit ist (auch) die Frage nach der „Qualität" des einem Entwurf zugrunde liegenden Wissens zu stellen.
2. Schon vor Jahren hat der Methodik-Forscher Johannes Müller darauf aufmerksam gemacht, dass für den technischen Entwurfsprozess kein „verkürztes" Rationalitätsverständnis unterstellt werden darf, denn es sei erforderlich, „einer Verabsolutierung des Rationalitätspostulats entgegenzutreten, in der nicht nur unterstellt wird, das alles, was beim Konstruieren abläuft, einmal definitiv beschreibbar sein wird, sondern auch, daß der Mensch am effektivsten arbeitet, wenn er methodenbewußt arbeitet, wenn er also all sein Wissen rational verwaltet einsetzt." (Müller F 1990, S 65) Eugene Ferguson charakterisierte das übrigens als „chaotisches(s) Wachstum eines Entwurfs" (Ferguson 1993, S 45). Damit ist die Frage nach der „Qualität" des Entwurfshandelns selbst zu stellen.

M.E. geht es nicht so sehr um „Nicht-Rationalität", sondern viel mehr um das, was Herbert Schnädelbach das „Andere der Vernunft" genannt hat (Schnädelbach 1991, S 78; vgl. auch Schnädelbach 1984).[3] Das „Andere der Vernunft" kommt dann in den Blick, wenn man ein verkürztes Rationalitätsverständnis überwindet, das sich in der Annahme findet, dass Wissenschaft kraft ihrer methodischen und theoretischen Möglichkeiten alle Probleme lösen und damit theoretische Gewissheit liefern sowie praktische Sicherheit bieten könne. Vorhersehbarkeit, Überwindbarkeit oder zumindest Kontrolle von Gefahren und Risiken werden als selbstverständlich angesehen. Es ist dies der Glaube an die Wissenschaft und ihre vermeintlichen Gesetzmäßigkeiten, der Mythos von der Berechenbarkeit, Kalkulierbarkeit und Kontrollierbarkeit allen Geschehens, wie er von Max Weber trefflich formuliert wurde: „Die zunehmende ... Rationalisierung bedeutet ... das Wissen davon ...: daß man, wenn man nur wollte, es jederzeit erfahren könnte, daß ... man ... alle Dinge – im Prinzip – durch Berechnen beherrschen könne." (Weber 1991, S 250)[4] Eine „Gegenposition" zeigt sich u.a. in folgendem Gedanken von

---

3 Im Vorwort der Herausgeber zum Buch „Rationalität heute. Vorstellungen, Wandlungen, Herausforderungen" heißt es, dass den aufgenommenen Beiträgen das Bemühen gemeinsam ist, „vor dem Hintergrund konzeptioneller Einseitigkeiten, Engführungen und Verabsolutierungen von Rationalitätskonzepten bzw. übertriebener Erwartungen und Ansprüchen an Rationalitätskonzepte zu einer differenzierteren Sichtweise beizutragen, wohl bemerkend, dass einerseits für diese Lebenswelt Rationalität wohl wichtig, aber nicht alles ist – und andererseits in dieser Welt zwar vieles, aber nicht alles Rationalität ist." (Banse u. Kiepas 2002, S 11).

4 Dazu schreibt Peter Wehling: „Das Vertrauen in die Leistungsfähigkeit und Autorität der Wissenschaft überdeckte die offene Frage, inwieweit wir die situativen Kontexte und Folgen unseres Handelns kennen *können* und wie weit wir sie kennen *müssen*, wenn wir

Friedrich Georg Jünger: „Exaktheit mehrt ... nur mein Wissen um Relationen, kann mir keine Sicherheit geben. ... Durch ihn (den Begriff des Exakten – G.B.) gewinnt der Mensch weder Sicherheit (securitas) noch eine Gewißheit (certitudo)." (Jünger 1980, S 82)

Der auf diese Weise sichtbar werdende Zusammenhang zwischen der Qualität des Wissens, das in einem Entwurf verwendet wird, und der Qualität des Entwurfshandelns einerseits (als Seite des „Gedachten") und der „Qualität" des lebensweltlichen Resultats (als Seite des „Gebauten") ist der „rote" Faden der nachfolgenden Überlegungen (vgl. dazu auch Banse 2000, 2002, 2003). Die oben genannte, empirisch aufweisbare Differenz zwischen dem „Geplanten" und dem „Gebauten" sei hier (sicherlich verkürzt) Differenz zwischen Plan und Lebenswelt genannt. Als *Plan* sollen gedankliche, zusammenhängende und sachlich und (häufig auch zeitlich) geordnete Folgen von Positionen verstanden werden, die entweder die notwendigen Handlungen zur Erreichung eines Ziels beschreiben – Handlungsplanung, Aktionsplan – oder die die Struktur dieses Ziel selbst zum Gegenstand haben – Zielplanung, Lageplan (vgl. Grunwald 2000a, S 70; Wörterbuch 1974, S 938).[5] Beide Arten von Plänen sind für die Technikgestaltung relevant: Zielplanung bzw. Lagepläne vor allem als Konstruktions- und Projektierungsunterlagen; Handlungsplanung und Aktionspläne als technologische Schemata.[6] Mit *Lebenswelt* sei einerseits die natürliche, soziale und kulturelle (einschließlich wissenschaftlicher und technischer) „Umgebung" mit all ihren Widerfahrnissen und Kontingenzen bezeichnet, in der technikbezogene Pläne realisiert werden, andererseits das „gegenständliche" Ergebnis dieser Realisierung, d.h. die technischen Sachsysteme selbst.

---

  rational handeln und entscheiden wollen, und präjudiziert sie im Sinne der Berechenbarkeit der Welt." (Wehling 2002, S 259).

[5] Ein Plan „ist sprachlich verfaßt (mit möglicherweise enthaltenen nichtsprachlichen Elementen) und besteht aus einem System bedingter präskriptiver Sätze (mit Imperativperformatoren versehen oder in deontischer Modalität), welche entweder eine Handlungsstruktur zur Erreichung eines Zwecks (Handlungsplanung) oder der Struktur des Zielsystems selbst (Zielplanung) umfassen. Dabei wird gefordert, daß das den Plan bildende System sprachlicher Sätze *zusammenhängend* ist, d.h. nicht in voneinander logisch oder pragmatisch unabhängige Subsysteme zerfällt." (Grunwald 2000a, S 70) Interessant für das hier verfolgte Anliegen ist der Verweis auf „nichtsprachliche Elemente", die von Grunwald allerdings nicht weiter thematisiert werden.

[6] „Eine spezielle Art technikwissenschaftlicher Sätze sind Konstruktionsaussagen, d.h. Sätze über die Art und Weise der Konstruktion von Technik. Ein zusammenhängendes System solcher Sätze sei als Konstruktionsplan bezeichnet. Ein empirisches Kennzeichen derartiger Konstruktionen ist, daß der verfolgte Zweck und die zu seiner Erreichung vorzunehmenden Handlungen über eine Vielzahl von Zwischenschritten vermittelt sind. ... Technikwissenschaftliche Aussagen zur Konstruktion von Technik sind notwendigerweise Planungsaussagen, d.h. Satzsysteme, in denen die Zweckrealisierung über eine Vielzahl von Schritte – teilweise in geordneter Reihenfolge – durch eine Vielzahl von teilweise voneinander unabhängigen Handlungen der Planausführenden erfolgt. Unter Planung soll ein spezielles Handeln verstanden werden, in dem zweckrational über zukünftige zweckrationale Handlungen verfügt wird." (Grunwald 1996, S 68).

Diese für Überlegungen zur wie für Ergebnisse der Technikgestaltung bedeutsame Differenz zwischen Plan und Lebenswelt berücksichtigend und bedenkend, sollen im Folgenden nun einige Ursachen dafür benannt und charakterisiert werden:

- der Charakter von Entwurfsprozessen (einschließlich Komplexitätsreduktion, Idealisierung und Modellierung);
- die Kennzeichnung von Entwurfsproblemen als „verzwickte Probleme";
- die Hypothetizität des für Entwurfsprozesse relevanten Wissens;
- die Bedeutung von Visualisierung und „tacit knowledge".

Ich folge hier in gewisser Weise folgenden Überlegungen des Techniksoziologen Hanns-Peter Ekardt – allerdings von einem anderen Ausgangspunkt her: „Praktische Rationalität des Ingenieurs zeigt sich ... darin, dass und inwiefern sie (sinnvollen) Gebrauch von Wissen und von technischen Möglichkeiten macht. ... Der Handelnde weiß, dass er etwas weiß und inwiefern dieses Wissen in Bezug auf Situation und Aufgabe unter *Anwendungsvorbehalten* steht." (Ekardt 2001, S 123 – H.d.V.; G.B.)

2 Der Charakter von Entwurfsprozessen

Entwurfsprozesse umfassen den gesamten Prozess des „Findens" technischer Lösungen von der Aufgabenstellung über ihre Präzisierung, die Konzeptfindung und die Gestaltfestlegung im Rahmen eines präzisierten Entwurfs bis hin zur Erarbeitung der endgültigen Fertigungs- und Montageunterlagen mit Gebrauchs- und Entsorgungsanweisungen für ein Produkt. Ausgehend von einer vorgegebenen Zwecksetzung bzw. Aufgabenstellung, die als (technische) Funktion oder (technisches) Verhalten möglichst präzise formuliert werden muss (z.B. in Form eines Pflichtenheftes), besteht die Aufgabe von Entwurfsprozessen *erstens* (systemtheoretisch) in der Synthese einer Menge von geeigneten Elementen zu einem System mit einer Struktur, das diese Funktion oder dieses Verhalten (bei Beachtung vielfältiger Randbedingungen) zu erfüllen bzw. zu realisieren gestattet (funktionserfüllende Struktur). Diese – als technisches Sachsystem „vergegenständlichte" – (funktionserfüllende) Struktur muss – mit anderen Worten – in der Lage sein, den beabsichtigten „Übergang" von einem Zustand Z_1 („Anfangszustand") in einen Zustand Z_2 („Endzustand") zu bewirken (Transformationsprozess – vgl. Hubka 1973, S 12f.). *Zweitens* gilt es, einen gangbaren Weg zur Herstellung dieses Sachsystems anzugeben – wiederum eine Synthese einer Menge von geeigneten Elementen zu einem System mit einer Struktur, das das gewünschte technische Sachsystem zu realisieren (erzeugen) gestattet.

Deutlich wird, dass sich technische Entwurfsprozesse sowohl auf Lagepläne (technische Sachsysteme) als auch auf Aktionspläne (technische Herstellungsverfahren) beziehen.[7] Im Folgenden wird dazwischen nicht weiter unterschieden.

Philosophisch betrachtet handelt es sich beim technischen Entwurfsprozess hauptsächlich um (reduktive) Schlussweisen von der Folge auf den Grund,[8] für die typisch ist, dass sie – im Gegensatz zu deduktiven Verfahren – nicht logisch „zwingend" sind. Damit ist gemeint, dass es keine eineindeutige, exakt herleitbare Zuordnungsmöglichkeit von Funktion und Struktur eines technischen Sachsystems und damit verbunden keinen „one best way", sondern unterschiedliche Lösungsmöglichkeiten eines technischen Problems, eine „Lösungsschar" gibt. Auch deshalb gilt: „Der Prozess des Entwerfens lebt von der Phantasie, von der Kreativität, vom ‚inneren Auge' des Ingenieurs. In ihn fließen individuelle und institutionelle Erfahrungen, Leitbilder, Routinen, Muster ein". (Ekardt 2001, S 123)

Für das hier behandelte Thema ergeben sich aus dem Vorgenannten folgende Einsichten zum Entwurfshandeln:

Erstens wird es als eine konkretisierende Vorgehensweise gefasst: Vom abstrakten Prinzip (z.B. als Idee einer funktionserfüllenden Struktur) ausgehend, wird (häufig über Zwischenstufen, z.B. als Wirkpaarung), gestaltend, dimensionierend, bemessend und optimierend zum funktionsfähigen technischen (Sach-)System bei Berücksichtigung vielfältiger „Randbedingungen" vorangeschritten.[9]

Zweitens wird davon ausgegangen, dass es sich dabei um ein bewusstes, zur Zielerreichung notwendiges „Überschreiten" des Vorhandenen (sowohl des „Arte-Faktischen" wie des „Wissensmäßigen") in Form eines (planmäßigen, intuitiven, methodenbasierten, heuristischen, ...) „Suchprozesses" handelt, für den es – wie bereits genannt – kein logisch begründbares (Schluß-)Verfahren gibt,[10] d.h., dass aus den vorgegebenen Prämissen (vor allem hinsichtlich des zu erreichenden

---

[7] Aktionspläne, die sich auf den Gebrauch bzw. die Nutzung technischer Sachsysteme sowie auf die „Entsorgung" technischer Sachsysteme beziehen, sind zwar gleich bedeutsam wie die Aktionspläne, die sich auf die Erzeugung technischer Sachsysteme beziehen, sie werden jedoch nicht weiter thematisiert, da die hier interessierende Problematik identisch ist.

[8] Eine Reduktion ist ein „Schluß hypothetischen Charakters, bei dem von den Nachsätzen eines Schlußschemas auf den Vordersatz geschlossen wird. Im Unterschied zur Deduktion ... wird bei der R. stets von Bekanntem auf Hypothetisches geschlossen", wobei diese Hypothesenbildung (vor allem über die sogenannte progressive Reduktion) heuristisch von Wert ist (Wörterbuch 1991).

[9] Ekardt hat für dieses Vorgehen ein Zwei-Ebenen-Modell entwickelt, die eigentliche Praxis-Ebene und die ebene formaler Operationen *im Dienste* der eigentlichen Praxis (vgl. Ekardt 2001, S 123f.). Daraus lassen sich interessante Einsichten zu den möglichen und notwendigen Wechselwirkungen zwischen diesen beiden Ebenen herleiten, die im „Grenzfall" verselbständigt, d.h. isoliert voneinander, ohne Bezug aufeinander analysiert und bewertet werden können.

[10] „Es kann sein, daß sich der Handelnde irrt, wenn er die (beabsichtigte – G.B.) Handlung als ... relevant für den von ihm anvisierten Zweck ansieht. Sein Irrtum läßt jedoch die vorgeschlagene Erklärung nicht ungültig werden. Was der Handelnde glaubt ist hier die einzig relevante Frage." (Wright 1991, S 94).

Ziels, des verfügbaren bzw. zu generierenden Wissens, des Bereichs möglicher Lösungen usw.) ein Ergebnis nicht eineindeutig herleitbar ist.

Drittens erfolgt dieser Prozess in der Regel unter Informationsmangel bzw. bei unvollständiger bzw. „unscharfer" Information, z.B.

- sind zu Beginn des (als Planungsvorgang verstandenen!) Entwurfsprozesses nicht alle relevanten Informationen verfügbar;
- muss auf sich verändernde (einschließlich neue!) Zielvorgaben oder „Rand" bedingungen vor allem wissenschaftlicher, technischer, politischer, ökonomischer oder juristischer Art reagiert werden – von Pahl „Dynamisierung der Begleitumstände" genannt. (vgl. Pahl 1997, S 40)

Viertens muss selbst die Vielzahl der zu Beginn des Entwurfsprozesses verfügbaren Informationen (fast stets) reduziert werden, um sie „operationalisierbar" zu machen: „Die Nennung von Bedingungen, die ... zu berücksichtigen und zu kontrollieren sind, muß in ihrem Umfang handhabbar bleiben." (Poser et al. 1997, S 92) Diese „Komplexitätsreduktion" enthält einerseits eine wissenschaftliche Komponente („Welche Reduktion ist vom gegenwärtigen wissenschaftlichen und technischen Entwicklungsstand her gerechtfertigt und legitim, d.h. führt – absehbar – zu keiner ‚Verzerrung' des technischen Erscheinungsbildes bzw. relevanter Zusammenhänge?"). Andererseits basiert sie auf einem individuellen „Zugriff", vor allem auf dem Auswahl-, Bewertungs- und Entscheidungsverhalten des Bearbeiters, d.h. auf dem bewussten oder spontanen, reflektierten oder unreflektierten „Ausfüllen" oder „Ausschreiten" vorhandener (auch normativer) Räume innerhalb des Entwurfshandelns.

Deutlich wird, dass bereits durch diese Modalitäten beim Entwurfshandeln mit einer „verkürzten", „eingeschränkten" Lebenswelt operiert wird. Dieser idealisierte, reduzierte, selektive, modellhafte Zugriff auf die Lebenswelt ist unumgänglich. Wenn jedoch der geschlossene, kontrollierbare, reproduzierbare, isolierte Raum der Wissenschaft verlassen und in den unabgeschlossenen, offenen Raum der Lebenswelt gewechselt wird, dann ist zumindest die Möglichkeit einer Differenz zwischen Geplanten und Realisiertem nicht ausgeschlossen. Dafür gilt jedoch, Wehling zustimmend: „Auch ein auf Vermutungen, Meinungen und Ahnungen oder auf, wenn man so will, ‚begründete Irrtümer' gestütztes Handeln kann durchaus rational sein." (Wehling 2002, S 257)

3 Entwurfshandeln und „verzwickte Probleme"

„Der Versuch einer Problemlösung setzt voraus, dass ein Problem zuvor einigermaßen gestellt, konstituiert ist. Die Auftraggeber haben oft nur diffuse Vorstellungen von dem, was sie wollen oder wollen könnten. Auch der Kontext des späteren Bauwerks stellt sich anfänglich nicht so strukturiert und geordnet wie im Rückblick dar. Deshalb ist es richtiger, von der Gleichzeitigkeit von Problemkonstitution und Problemlösung zu sprechen." (Ekardt 2001, S 123)

Das Entwurfshandeln – so wird daraus deutlich – ist mit einer weiteren erschwerenden Besonderheit konfrontiert: Entwurfs- und Planungsprobleme in Technikwissenschaften und Ingenieurhandeln sind häufig nicht vollständig, „exakt" oder „wohldefiniert", sondern oft nur unvollständig formulierte, „schlecht" definierte (vgl. Ropohl 1990, S 116), „ill structured" (Heyman u. Wengenroth 2001, S 116), „bösartige", „verzwickte" („wicked" – vgl. Buchanan 1992; Rittel u. Webber 1973, 1994) Probleme. Oder anders ausgedrückt: Es liegen häufig „verschwommene Ziele" und „unklare Bedingungen" (Pahl 1997, S 40) vor, womit sowohl „inexact investigations" (Hronszky 1997) als auch eine „Intransparenz von Bearbeitungsvorgängen" (Hubka u. Eder 1992, S 118f.) verbunden sind, die in „unscharfen Entscheidungen" (Müller 1990, S 53) sowie einer „Hypothetizität" (Banse 1996; Häfele 1993) des Ergebnisses des Problemlösungsprozesses ihren Niederschlag finden.

„Bösartig (‚wicked') zu sein" – womit die Terminologie von Horst Rittel aufgegriffen wird[11] – ist dabei keine Eigenschaft aus ethischer Sicht: „Wir benutzen den Ausdruck ‚bösartig' in der Bedeutung, die den Begriffen ‚boshaft' (im Gegensatz zu ‚gutwillig'), ‚vertrackt' (wie in einem Teufelskreis), ‚mutwillig' (wie ein Kobold) oder ‚aggressiv' (wie ein Löwe, im Gegensatz zur Sanftheit eines Lamms) entspricht." (Rittel u. Webber 1994, S 21; vgl. auch Buchanan 1992) Buchanan ergänzt diese Überlegung mit dem Hinweis auf die damit verbundene „indeterminacy" der Problemsituation bzw. des Problembearbeitungsprozesses, die „no definitive conditions or limits to design problems" bedeute (Buchanan 1992, p 16).

Charakteristika derartiger „bösartiger" Probleme sind vor allem (vgl. Rittel, Webber 1994, S 22ff.):

- Es gibt keine definitive Formulierung für ein bösartiges Problem;
- Lösungen für bösartige Probleme sind nicht richtig oder falsch, sondern gut oder schlecht;
- es gibt keine unmittelbare und endgültige Überprüfungsmöglichkeit für die Lösung eines bösartigen Problems;
- bösartige Probleme haben weder eine zählbare (oder erschöpfend beschreibbare) Menge potentieller Lösungen, noch gibt es eine gut umrissene Menge erlaubter Maßnahmen, die man in den Plan einbeziehen kann;
- jedes bösartige Problem ist wesentlich einzigartig;
- die Existenz einer Diskrepanz, wie sie ein bösartiges Problem repräsentiert, kann auf zahlreiche Arten erklärt werden; die Wahl der Erklärung bestimmt die Art der Problemlösung.

---

[11] Wie Richard Buchanan schreibt, wurde der Ansatz der „wicked problems" von Horst Rittel in den sechziger Jahren des zwanzigsten Jahrhunderts als Alternative zum „linear, step-by-step model of the design process being explored by many designers and design theorists" gewählt, denn dieses Modell teilte den Design-Prozess in zwei voneinander getrennte Phasen, die Problemdefinition als eine analytische und die Problemlösung als eine synthetische Sequenz (Buchanan 1992, p 13).

Dass jede Problemformulierung, -auswahl und -lösung ihren „Autor" hat, ist sicherlich wichtig, aber für das hier behandelte Thema nicht die entscheidende Quintessenz. Bedeutsamer scheint mir die Erkenntnis zu sein, dass damit die Testmöglichkeiten einerseits weiter an das „Gebaute" heranrücken müssten, andererseits aus naheliegenden Gründen Experimente sich nicht in ausreichender Zahl durchführen lassen und gezielte Beobachtungen nicht beliebig wiederholt werden können. Wir vertrauen so immer mehr hypothetischen Annahmen! Die „Gesellschaft als Labor", so wurde schon von Wolfgang Krohn und Johannes Weyer diagnostiziert (vgl. Krohn u. Weyer 1989).

Lediglich angemerkt sei, dass diese Besonderheiten der Problemsituation (bzw. der daraus resultierenden Problembeschreibung bzw. -formulierung) und des Umgangs mit ihr (z.B. im Problemlösungsprozess) auch einige methodische Besonderheiten bedingen (etwa die Heuristik).

4 Exkurs: Technikwissenschaftliches Wissen

Bevor auf Hypothetizität und Unvollständigkeit bzw. Visualisierung und tacit knowledge eingegangen werden kann, ist ein kleiner Exkurs zum technikwissenschaftlichen Wissen sinnvoll. Planungshandeln im Bereich der Technik basiert

- *erstens* auf „explizitem" wissenschaftlichem Wissen – vor allem naturwissenschaftliches und technikwissenschaftliches Wissen vorrangig in mathematisierter Art;
- *zweitens* auf Erfahrungswissen, gewonnen im Umgang mit (funktionierender wie nichtfunktionierender) Technik;[12]
- *drittens* auf sogenannten „außertechnischen" Wissenselementen, womit in erster Linie sozial-, rechts- und wirtschaftswissenschaftliche, zunehmend aber auch ethische Kenntnisse gemeint sind;
- *viertens* schließlich auf „implizitem" Wissen („tacit knowledge") in unterschiedlicher Weise.

Auf der Ebene des expliziten Wissens sind zusätzlich theoretisches oder gesetzesartiges Wissen („Wenn A, so – notwendig, mit einer bestimmten Wahrscheinlichkeit, unter gewissen Bedingungen, möglicherweise usw. – B.") sowie operationales, Projekt- oder Regelwissen („Wenn A hergestellt wird, dann tritt B ein.") zu unterscheiden.

---

[12] Denn es darf nicht übersehen werden, dass die Kenntnis reproduzierbarer Effekte häufig die Grundlage für technische Neuerungen darstellte und darstellt. „Die Technik (gemeint ist wohl die Technikwissenschaft, G.B.) geht ja nicht so vor, daß sie nur wissenschaftlich aufgeklärte Naturphänomene nutzt, sondern sie erfindet, probiert und arbeitet unbedenklich mit ihr nützlichen Wirkungen, auch wenn sie deren gesetzlichen Zusammenhang nicht kennt." (Rumpf 1973, S 96).

5 Hypothetizität und „Unvollständigkeit" des Wissens im Entwurfsprozess

Die mit technischer Sicherheit befassten Wissenschaften sind bemüht, auf der Grundlage von (theoretischen) Erkenntnissen und (praktischen) Erfahrungen mögliche Schadensursachen und -zusammenhänge zu erfassen, um so im Sinne instrumentellen, technisch-technologischen und organisatorischen Wissens Aussagen über Kausalabläufe oder signifikante Korrelationen zu erhalten.

Dieses weitgehend bestätigte, „sichere" Wissen z.B. über funktionale Abhängigkeiten und strukturelle Zusammenhänge oder über Ursache-Wirkungs- und Zweck-Mittel-Beziehungen unter je definierten Randbedingungen soll „Bereich der Faktizität" genannt werden. „Die Merkmale der Faktizität sind die ... fünf Kriterien aus Descartes' ‚Regeln zur Leitung des Geistes': Kausalität und Determinismus, Homogenität, Superponierbarkeit und Zerlegbarkeit, Reversibilität und Stabilität. Wenn ein Ingenieur irgendein technisches Gerät zu konstruieren hat, muß er seine Arbeit an diesen fünf Kriterien ausrichten. Bei eingeübten technischen Verfahren wird ... niemand in Zweifel ziehen, daß etwa die Konstruktion einer Brücke oder eines Radiosenders auf naturgesetzlicher Basis beruht, und keiner wird davon sprechen, es handele sich bei betrieblichen Absprachen lediglich um Hypothesen bezüglich der Funktionsfähigkeit der in Rede stehenden Einrichtung." (Häfele 1993, S 168)

Jenseits des Bereichs des faktischen, des „sicheren" oder „vollständigen" Wissens liegt jener Bereich, dem ich die Qualität „hypothetisch", „unsicher", „unvollkommen" zuerkennen möchte, der Bereich des Hypothetischen bzw. der Hypothetizität. Die Bedeutung dieses Wissens wird sofort einsichtig, wenn folgendes bedacht wird: Es gibt „nur eine Möglichkeit, bei vollständigem Wissen Zutreffendes zu erwarten, aber bei unvollkommenem Wissen unendlich viele Möglichkeiten, sich zu irren." (Tietzel 1985, S 9)

Was soll nun unter diesem „Bereich der Hypothetizität" verstanden werden? Zunächst ist daran zu erinnern, dass es beim technischen Herstellungshandeln um in die Zukunft reichende Hervorbringungen und Gestaltungen sowie deren mögliche Folgen. „Die Einsicht, daß, wieviel Wissen über Technikfolgen man auch immer akkumulieren mag, immer ein Rest nicht gewußter Technikfolgen übrigbleiben wird, beruht nicht zuletzt darauf, daß man Abschied nahm von der Vorstellung, das technische System sei ein sich seinerseits nach internen Dynamikregeln entwickelndes, gegenüber anderen Systemen abgeschottetes System." (Zimmerli 1992, S 14)

Worin sind nun die Ursachen dafür zu suchen? M.E. sind aus *ontologischen* („in den Dingen selbst liegenden"), *kognitiven* und *methodologischen* („mit der Generierung zusammenhängenden") sowie *normativen* („mit Werten und Bewertungsprozessen verbundenen") Gründen nicht alle möglichen Folgen und Wirkungen prognostizierbar (d.h. ex ante gedanklich erfassbar) und folglich auch nicht berücksichtigbar. „Quer" zu den ontologischen, kognitiven und methodologischen Problemen werden noch *methodische* Problemlagen bedeutsam, die in hohem Maße „handlungsleitend" das Problembewusstsein und -verständnis, die Ziel- und

Fragestellung, die „Angemessenheit" der methodischen Vorgehensweise und des (mathematischen) Ansatzes an die Problemstellung, die Datenauswahl und -reduktion sowie die Interpretation und Bewertung der Ergebnisse beeinflussen. All diese Gründe und Problemlagen sind hier allerdings nicht umfassend darlegbar (zu deren detaillierter Beschreibung vgl. Banse 1996). Sie führen zu einer „eingeschränkten Qualität" des technischen Wissens (hinsichtlich Zukünftigem!), womit entscheidend auch die Qualität des technischen Handelns und seines Ergebnisses (z.B. über Modellbildungen, theoretische Grundlagen, Leitbilder, Testmöglichkeiten, Lösungen im Grenzbereich des Wissens) beeinflusst wird. Daraus lässt sich unschwer ableiten, dass die umfassende und „sichere" Bestimmung der sachlichen Voraussetzungen und praktischen Folgen einer Entscheidung oder Handlung häufig (oder meistens?) nur eingeschränkt möglich ist: „Im Gegensatz zum Bereich der Faktizität gibt es im Bereich der Hypothetizität nicht die selbstverständliche Vorfindbarkeit, Angebbarkeit und Endgültigkeit, denn es sind ständig andere, hinterfragbare und neue Hypothesen aufzustellen. Der Bereich der Hypothetizität ist grundsätzlich offen und damit unendlich." (Häfele et al. 1990, S 401)

Das Wissen um dieses hypothetische bzw. „unsichere" Wissen bedingt dann entsprechende Reaktionen, z.B. bautechnische Sicherheitszuschläge, fertigungstechnische Toleranzen usw.

Wenn die Bedeutung von unvollständigem und hypothetischem Wissen für den Prozess der Technikgestaltung hervorgehoben wurde, dann ist zugleich auf den Einfluss von Nicht-Wissen zu verweisen, ein Tatbestand, der immer stärker analysiert wird (vgl. z.B. Beck u. May 2001; Böhle et al. 2001; Wehling 2002). Im Anschluss an Walther Ch. Zimmerli wird nach der Strukturierung von Nichtwissen und dem Umgang damit gefragt. Dieser unterscheidet vier Typen des Nichtwissens, die er folgendermaßen charakterisiert: „Zum einen wäre jenes Nichtwissen zu bedenken, das kategorial auf der Unmöglichkeit eines erststufigen Wissens beruht (die sich ihrerseits aus logischen oder empirischen Gründen herleiten mag). Wissen des Nichtwissens hieße in diesem Falle zu wissen, daß wir nicht wissen *können*. ... Hiervon ließe sich der Typ des zweitstufigen negativen Wissens unterscheiden, der darauf beruht, daß man bestimmte Folgen *noch nicht* kennt, und das heißt: zwar bereits über das Wissen verfügt, nach dem dieses Wissen generiert werden könnte, aber das Wissen noch nicht bereitgestellt hat. ... Nochmals anders verhält es sich mit jener Art des Nichtwissens, die darin besteht, daß das Wissen zwar bereits vorhanden ist, aber noch nicht auf den vorliegenden Fall oder Fälle vergleichbarer Art *angewendet* worden ist. ... Schließlich gilt es hiervon noch jenen Standard-Typ des Nichtwissens zu unterscheiden, der darin besteht, daß das zu berücksichtigende Folgenwissen zwar bereits besteht (und zwar sogar innerhalb der einschlägigen Disziplinengruppe), aber von den Individuen ... noch nicht gekannt wird." (Zimmerli 1991, S 1159)

Im Bereich des Nichtwissens lassen sich – davon ausgehend – folgende „Arten" voneinander abgrenzen (vgl. auch Banse 1996): Nichtwissen

- als „Nicht-wissen-können" oder „Nicht-genau-wissen-können";
- als „Noch-nicht-wissen" bzw. „Noch-nicht-genau-wissen";
- als „Nicht-genau-wissen".

Nicht-Wissen darf hier nicht in erster Linie als von einer Art verstanden werden, das *vor* jeglicher wissenschaftlicher Erkenntnis liegt (d.h., das durch weitere wissenschaftliche Erkenntnisse überwunden werden kann), sondern vor allem als von einer Art, das *zugleich mit* wissenschaftlicher Erkenntnis und ihrer technischen „Vergegenständlichung" produziert wird, d.h. als „Folge und Begleiterscheinung jedes Zuwachses an Wissen" (Wehling 2002, S 263). Der weitergehenden Analyse harren indessen *erstens* die Modalitäten, nach denen mit diesem „Nichtwissen" (und Unbestimmtheiten der Technik gehören zu diesem Nichtwissen) umgegangen, wie es „prozessiert" (und „kommuniziert") wird. Zweitens geht es um die – je konkrete! – Beantwortung der Frage, „wieviel" Wissen für rationales Handeln erforderlich ist – und wieviel Unwissenheit vertretbar ist" (Wehling 2002, S 258).

Was bedeutet das für die hier behandelte Thematik? Man beschreitet Wege, für die es kaum verallgemeinerungsfähige Erfahrungen, auf denen es aber gewiss Unvorhergesehenes und Unvorhersehbares gibt: „Regelmäßig entdeckt man unheilvolle Abhängigkeiten, die bis zum Eintritt einer Katastrophe unbekannt waren." (Lagadec 1981, S 517) Technisches Wissen und Technikgestaltung basieren eben weitgehend *auch* auf Erfahrungen, gewonnen im Versuch-Irrtum-Handeln, weil sich Technik hauptsächlich nur durch „Machen" entwickeln kann, durch praktische Lernprozesse im Umgang mit unvollständigem oder hypothetischem Wissen, die möglicherweise Gefahren schaffen, aber zugleich auch über Erfahrungen im Umgang mit eben diesen Gefahren neue Erkenntnisse generieren, wenn sich ein Handlungsschritt als – wenn auch oftmals „schmerzhafter" – Irrtum herausgestellt hat. Dabei ist – nicht unproblematisch – vorausgesetzt, dass der Wissens- und Erfahrungszuwachs aus Fehlschlägen größer ist als der aktuelle Schaden selbst, was durch die moderne Großtechnik jedoch zunehmend in Frage gestellt wird.

6   Visualisierung und Tacit Knowledge

In der eingangs zitierten Charakterisierung eines Plans durch Armin Grunwald ist ein Hinweis auf nichtsprachliche Elemente enthalten. Diese werden – wie bereits bemerkt – von ihm nicht weiter analysiert. Im technischen Entwurfshandeln und in den Technikwissenschaften spielen sie aber eine große Rolle, vor allem in Form von Zeichnungen und implizitem Wissen.

„Die modellhafte Anschauung als didaktisches Prinzip, welche mit der Visualisierung technischer Artefakte als Mittel der Beschreibung kausaler Zusammenhänge einherging, hatte ihre Wurzeln in den Bildungsbestrebungen der Renaissance." (Mauersberger 2000, S 170) Die technische Antizipation erfolgt überwiegend zunächst im Kopf, dann als Skizze auf dem Papier, später als fertiger Planentwurf oder ausgefeilte Konstruktionszeichnung. Moderne Informations- und Kommunikationstechnologien können das zwar unterstützen (CAD – computer aided design), aber nicht ersetzen. Denken des Ingenieurs ist überwiegend ein nichtverbales Denken, ein Denken in visuellen Kategorien, dessen Ergebnisse für das „Bauen" aber häufig in verbalisierte Ergebnisse „transformiert" oder „übersetzt" werden müssen (was mit einem Informationsverlust verbunden sein kann).

Den Grundgedanken des „tacit knowledge", des „stillschweigenden", „impliziten" Wissens (im Gegensatz zum expliziten Wissen) hat Michael Polanyi folgendermaßen formuliert: „We can more than we can tell." (Polanyi 1967, p 4). Vielleicht sollte man das im hier interessierenden Zusammenhang folgendermaßen umformulieren: „We know more than we can tell."

Hier soll keine „Theorie" des tacit knowledge entwickelt werden, die wohl auch eher in den Bereich des sogenannten Wissensmanagements gehört.[13] Es geht lediglich um einige Anmerkungen im Zusammenhang mit dem Entwurfshandeln. Die Bedeutung erhellt indes aus der „Eisberg-Metapher", wonach explizites Wissen nur 2/7 des interessierenden Ganzen ausmache (vgl. Schneider, S 1).

Unter tacit knowledge wird ein weitgehend personengebundenes, lokales Wissen verstanden, schwierig auszudrücken und kontext-spezifisch, damit schwer verallgemeiner- bzw. formalisierbar und vor allem kaum kommunizierbar, denn es kann nicht vollständig („verlustfrei") in lehr- und lernbares Regel- oder Gesetzeswissen überführt werden.[14] Im technikwissenschaftlichen Entwurfsprozess können ihm ganz unterschiedliche Funktionen zukommen, wenn es etwa als Noch-nicht-Verbalisiertes, als überblicksartige Visualisierung, als „inneres Auge" des Ingenieurs (Ferguson), als Routine, als Stereotyp oder als spontane Auswahl aus dem „Bildervorrat" auftritt.

Mit dem technischen Handeln und seiner theoretischen Analyse deutet sich auf dieser Grundlage zumindest ein weiteres Moment an, das „intuitives Erfassen" genannt sei. Intuition in nicht-mentalistischer Weise verstanden deutet m.E. darauf hin, sich wieder dessen mehr zu versichern, was die Griechen mit ihrem Begriff der τεχνη umfassten, nämlich eine Könnerschaft und Kunstfertigkeit, das „sich auf etwas verstehen". Die moderne Konstruktionswissenschaft spricht hier z.B. mittlerweile von der „heuristischen Kompetenz", worunter – in sicherlich noch nicht vollständig abgeklärter Weise – „die Fähigkeit verstanden werden soll, das Handeln den Bedingungen jeweils anzupassen. Erkennen von Wichtigkeit, Erfolgswahrscheinlichkeit und Dringlichkeit sowie Prozesskontrolle und Kontrolle des Anspruchsniveaus sind dabei wichtige Komponenten". (Pahl 1994, S 15) Auch technische Problemlösungsprozesse laufen nicht nur logisch sequentiell und

---

[13] Erschwerend käme der Tatbestand hinzu, dass es keine Einigkeit darüber gibt, was unter „tacit knowledge" verstanden wird: „Eine gerade entstandene skandinavische Dissertation fand in der Literatur 78 Begriffe zur Kennzeichnung stillschweigenden Wissens, die von Intuition über praktische Intelligenz, zu Organisationskultur reichen. Dabei werden zum einen unterschiedliche Begriffe für ähnliche Konzepte, zum anderen dieselben Begriffe für unterschiedlich gemeinte Konzepte verwendet; ein Missverständnisse anregender Befund." (Schneider 2002, S 8 – Bezug genommen wird auf Haldin-Herrgård 2001)

[14] Heymann und Wengenroth führen das zu der – m.E. nicht ganz unproblematischen – These, dass die Methodik des Konstruktionshandelns „im Zweifel den Handlungserfolg über den Deutungserfolg" stellen (Heymann u. Wengenroth 2001, S 120). Die Geschichte der Technik zeigt, dass zumindest immer der Versuch unternommen wurde und wird, technisches Geschehen zu „deuten".

methodenbewusst ab, Wissen wird nicht nur rational „verwaltet" aktualisiert, „abgerufen" und genutzt, gedankliche Abläufe sind nicht nur „transparent" und nachvollziehbar. Es ist eine außerordentlich starke Abhängigkeit vom Individuum, seinen Veranlagungen, seinen Kenntnissen, seiner Motivation u.ä. zu konstatieren, die neben Fachwissen und Kenntnis der Methodik dazugehören, um erfolgreich z.B. Entwurfsprobleme im Bereich der Technik lösen zu können (d.h., zumindest in diesem Bereich ist nicht alles für eine subjektunabhängige Nutzung verfügbar).

In diesem Zusammenhang sei daran erinnert, dass bereits im Jahre 1848 Friedrich Redtenbacher vom „Zusammensetzungssinn, Anordnungssinn und Formensinn" gesprochen hat, erforderlich, um den „Entwurf einer Maschine zu Stande" zu bringen (vgl. Redtenbacher 1848, S III). Das „gefühlsmäßige", „kunstgemäße" Moment im technischen Entwurfsprozess jener Zeit schildert Max Eyth in seinem Roman „Hinter Pflug und Schraubstock" am Beispiel eines englischen Brückenbauers mit folgenden Worten: „Oft genug war ich starr vor Erstaunen, wenn ich beobachtete, wie sehr Brücken bei ihm Gefühlssache sind, namentlich Gitterbrücken. Es ist nicht Erfahrung. Man hat keine Erfahrung von Dingen, die noch nie gemacht wurden. Es ist auch nicht Instinkt. Unsre Vorfahren wußten zu wenig von Häng- und Sprengwerken, um dieses Wissen zu vererben. Es ist ein Drittes, Unergründliches, Unerklärliches." (Eyth 1899, S 392)

7 Fazit

Technikgestaltung hat sich der Tatsache zu versichern, dass das zugrunde liegende bzw. gelegte Wissen prinzipiell unvollständig ist. „Planen" und „Bauen" erfolgen auf der Basis einer „bounded rationality", d.h. jeder Versuch, auf der Grundlage „vollständigen Wissens", „vollständiger Information" Entscheidungen treffen zu wollen, ist illusorisch. Die in der Technik auftretenden Aufgaben sind häufig nicht gut strukturiert, so dass sie sich einer formalisierten, algorithmisierten Lösung entziehen: Der Umfang des Problems ist vorab nicht umfassend definierbar, Ziele und Mittel stehen in unbekannter Beziehung zueinander, es ergeben sich bislang nicht antizipierte bzw. antizipierbare Handlungsalternativen (vgl. Heymann u. Wengenroth 2001, S 117, mit Bezug auf Simon 1981, S 148ff.).

Durch theoretische Einsichten, praktische Erfahrungen – einschließlich derer aus Stör- und Unfällen – und geeignete Experimente lassen sich vielfach – aber eben nicht immer!! – nichtgewollte Neben- und Gegenwirkungen als solche erkennen, störende Zufallseinflüsse aufdecken und das technische System sicherer gestalten, mithin das Spannungsfeld von Plan und Lebenswelt überbrücken. Das schließt ein, die Grenze unseres Wissens in steter Wechselwirkung von Theorie und Praxis, von Ziel und Resultat und unter sorgfältiger Prüfung der Ergebnisse schrittweise zu überschreiten, wohl wissend, dass damit immer auch „Nicht-Wissen" generiert wird.

Auf diese Weise „tasten" sich die Akteure der Technikgenese in die Zukunft, in (sozio-)technisches Neuland: in wissenschaftlicher Hinsicht, wenn die angestrebte Aufgabe vom Ansatz her noch nicht lösbar ist; in technischer Hinsicht, wenn das

Ziel mit dem verfügbaren technisch-technologischen Entwicklungsstand nicht umsetzbar ist; in ökonomischer Hinsicht, wenn der Mittelaufwand trotz wissenschaftlich-technischer Machbarkeit deren Verfügbarkeit übersteigt; in ökologischer, sozialer sowie politischer Hinsicht, wenn die sozio-technischen Auswirkungen auf Natur, Individuum und Gesellschaft noch nicht genügend geklärt sind.

Literatur

Albrecht H, Schönbeck Ch (Hrsg) (1993) Technik und Gesellschaft. Düsseldorf

Banse G (1996) Technisches Handeln unter Unsicherheit – unvollständiges Wissen und Risiko. In: Banse G, Friedrich K (Hrsg) Technik zwischen Erkenntnis und Gestaltung. Philosophische Sichten auf Technikwissenschaften und technisches Handeln. Berlin, S 105–140

Banse G (2000) Konstruieren im Spannungsfeld. Kunst, Wissenschaft oder beides? Historisches und Systematisches. In: Banse G, Friedrich K (Hrsg) Konstruieren zwischen Kunst und Wissenschaft. Idee – Entwurf – Gestaltung. Berlin, S 19–79

Banse G (2002) Sicherheit zwischen Faktizität und Hypothetizität. In: Kiepas A (Hrsg) Der Mensch angesichts der Rationalität. Katowice, S 32–44 (poln.)

Banse G (2003) Zur Wissenschaftstheorie der Technikwissenschaften. In: Kornwachs K (Hrsg) Technik – System – Verantwortung. Münster u.a. (in Vorbereitung)

Banse G, Kiepas A (2002) Vorwort. In: Banse G, Kiepas A (Hrsg) Rationalität heute. Vorstellungen, Wandlungen, Herausforderungen. Münster u.a., S 9–12

Banse G, Müller H-P (Hrsg) (2001) Erfindungen – Versuch der historischen, theoretischen und empirischen Annäherung an einen vielschichtigen Begriff. Münster u.a.

Bechmann G, Petermann Th (Hrsg) (1994) Interdisziplinäre Technikforschung. Genese, Folgen, Diskurs. Frankfurt a.M., New York

Bechmann G, Rammert W (Hrsg) (1994) Technik und Gesellschaft. Jahrbuch 7. Konstruktion und Evolution von Technik. Frankfurt a.M., New York

Beck U, May St (2001) Gewußtes Nicht-Wissen und seine rechtlichen und politischen Folgen. Das Beispiel der Humangenetik. In: Beck U, Bonß W (Hrsg) Die Modernisierung der Moderne. Frankfurt a.M., S 247–260

Böhle F, Bolte A, Drexel I, Weishaupt S (2001) Grenzen wissenschaftlich-technischer Rationalität und „anderes Wissen". In: Beck U, Bonß W (Hrsg) Die Modernisierung der Moderne. Frankfurt a.M., S 96–105

Buchanan R (1992) Wicked Problems in Design Thinking. In: Design Issues, No 2/1992, pp 5–21

Duddeck H (federführend) (2001) Empfehlungen zur Lehre von Technik mit stärkerem Bezug auf Werteprobleme. In: Duddeck H (Hrsg) Technik im Wertekonflikt. Ladenburger Diskurs „Handeln der Ingenieure in einer auf andere Werte orientierten Gesellschaft". Opladen, S 285–293

Ekardt H-P (2001) Ingenieurrationalität. Bauingenieure als „Techniker" oder Professionals. In: Bundesingenieurkammer (Hrsg) Ingenieurbaukunst in Deutschland. Jahrbuch 2001. Hamburg, S 122–125

Eyth M (1899) Hinter Pflug und Schraubstock. Stuttgart

Ferguson ES (1993) Das innere Auge. Von der Kunst des Ingenieurs. Basel u.a.

Grunwald A (1996) Das lebensweltliche Apriori in der Begründung technikwissenschaftlicher Sätze. In: Banse G, Friedrich K (Hrsg) Technik zwischen Erkenntnis und Gestaltung. Philosophische Sichten auf Technikwissenschaften und technisches Handeln. Berlin, S 51–75

Grunwald A (2000a) Handeln und Planen. München

Grunwald A (2000b) Technik für die Gesellschaft für morgen. Möglichkeiten und Grenzen gesellschaftlicher Technikgestaltung. Frankfurt a.M., New York

Häfele W (1993) Natur- und Sozialwissenschaften zwischen Faktizität und Hypothetizität. In: Huber J, Thurn G (Hrsg) Wissenschaftsmilieus. Wissenschaftskontroversen und sozialkulturelle Konflikte. Berlin, S 159–172

Haldin-Herrgård T (2001) Epitomes of Tacit Knowledge. Paper submitted to 22nd McMasters World Congress, Hamilton, Canada, 17–19 January

Heymann M, Wengenroth U (2001) Die Bedeutung von „tacit knowledge" bei der Gestaltung von Technik. In: Beck U, Bonß W (Hrsg) Die Modernisierung der Moderne. Frankfurt a.M., S 106–121

Hronszky I (1997) On some Epistemic Questions of 'Inexact' Investigations. In: Foray G (Ed.) Images and Reality. Proceedings of the 1996 Miscolc Conference. Miscolc, pp 39–47

Hubka V (1973) Theorie der Maschinensysteme. Grundlagen einer wissenschaftlichen Konstruktionslehre. Berlin, Heidelberg u.a.

Hubka V, Eder WE (1992) Einführung in die Konstruktionswissenschaft. Übersicht, Modell, Anleitungen. Berlin u.a.

Jünger FG (1980) Die Perfektion der Technik (1939). 6. Aufl. Frankfurt a.M.

Krohn W, Weyer J (1989) Gesellschaft als Labor. Die Erzeugung sozialer Risiken durch experimentelle Forschung. In: Soziale Welt, Heft 3/1989, S 349–373

Kubicek H, Seeger P (Hrsg) (1993) Perspektive Techniksteuerung. Interdisziplinäre Sichtweisen eines Schlüsselproblems entwickelter Industriegesellschaften. Berlin

Lagadec P (1981) Das große Risiko. Technische Katastrophen und gesellschaftliche Verantwortung. Nördlingen

Mauersberger K (2000) Die Entwicklung des maschinentechnischen Wissens im Spannungsfeld von Visualisierung und Abstraktion. In: Banse G., Friedrich K (Hrsg) Konstruieren zwischen Kunst und Wissenschaft. Idee – Entwurf – Gestaltung. Berlin, S 169–191

Müller J (1990) Arbeitsmethoden der Technikwissenschaften. Systematik, Heuristik, Kreativität. Berlin u.a.

Müller J, Franz L (1990) Zur dialektischen Wechselwirkung von methodenbewußtem Denken und Operationen im beruflichen Alltagswissen in Problemlösungsprozessen beim Konstruieren. In: Wissenschaftliche Zeitschrift der Technischen Universität Magdeburg, Heft 4/1990, S 63–66

Pahl G (1994) Psychologische und pädagogische Fragen beim methodischen Konstruieren. Ergebnisse des interdisziplinären Diskurses. In: Pahl G (Hrsg) Psychologische und pädagogische Fragen beim methodischen Konstruieren. Köln, S 1–40

Pahl G (1997) Wissen und Können in einem interdisziplinären Konstruktionsprozeß. In: Putlitz G Frhr. zu, Schade D (Hrsg) Wechselbeziehungen Mensch – Umwelt – Technik. Stuttgart, S. 35–65

Polanyi M (1967) The tacit Dimension. Garden City, New York

Poser H, Hubig Ch, Jelden E, Debatin B (1997) Algorithmus und Unsicherheit. In: Mackensen R (Hrsg) Konstruktionshandeln. Nicht-technische Determinanten des Konstruierens bei zunehmendem CAD-Einsatz. München, Wien, S 83–152

Redtenbacher F (1848) Resultate für den Maschinenbau. Mannheim

Rittel HWJ, Webber MM (1973) Dilemmas in a General Theory of Planning. In: Policy Sciences, no 2/1973, pp 155–169

Rittel HWJ, Webber MM (1994) Dilemmas in einer allgemeinen Theorie der Planung. In: Reuter WD, Rittel HW (Hrsg) Planen, Entwerfen, Design. Ausgewählte Schriften zu Theorie und Methodik. Stuttgart, S 13–35

Ropohl G (1990) Technisches Problemlösen und soziales Umfeld. In: Rapp F (Hrsg) Technik und Philosophie. Düsseldorf, S 111–167

Ropohl G (2001) (Hrsg) Erträge der Interdisziplinären Technikforschung. Eine Bilanz nach 20 Jahren. Berlin

Rumpf H (1973) Gedanken zur Wissenschaftstheorie der Technikwissenschaften. In: Lenk H, Moser S (Hrsg) Techne – Technik – Technologie. – Philosophische Perspektiven –. Pullach b. München, S 82–107

Scheer J (2000) Versagen von Bauwerken. Bd. 1 Brücken. Berlin

Schnädelbach H (1984) Einleitung. In: Schnädelbach H (Hrsg) Rationalität. Philosophische Beiträge. Frankfurt a.M., S 8–14

Schnädelbach H (1991) Vernunft. In: Martens E, Schnädelbach H (Hrsg): Philosophie. Ein Grundkurs. Bd. 1. Reinbek b. Hamburg, S. 77–115

Schneider U (2002) Rethinking and Retheorizing Tacit Knowledge. S 1–17. Im Internet www.iwp.uni-linz.ac.at/lxe/lehre_born/ wiwi01/Schneider.pdf (22.10.2002)

Simon H (1981) The Sciences of the Artificial. 2nd ed. Cambridge, Mass.

Spur G (1998) Technologie und Management. Zum Selbstverständnis der Technikwissenschaft. München, Wien

Tietzel M (1985) Wirtschaftstheorie und Unwissen. Überlegungen zur Wirtschaftstheorie jenseits von Risiko und Unsicherheit. Tübingen

Weber M (1991) Wissenschaft als Beruf. In: Weber M (1991) Schriften zur Wissenschaftslehre. Stuttgart, S 237–273

Wehling P (2002) Rationalität und Nichtwissen. (Um-)Brüche gesellschaftlicher Rationalisierung. In: Karafyllis NC, Schmidt JC (Hrsg) Zugänge zur Rationalität der Zukunft. Stuttgart, S 255–276

Wörterbuch (1974) Plan. In: Klaus G, Buhr M (Hrsg) Philosophisches Wörterbuch. 10. Aufl. Bd. 2. S 938–939

Wörterbuch (1991) Reduktion. In: Hörz H, Liebscher H, Löther R, Schmutzer E, Wollgast S (Hrsg) Philosophie und Naturwissenschaften. Wörterbuch zu den philosophischen Fragen der Naturwissenschaften. Bd. 2. Berlin, S 788

Wright GH von (1991) Erklären und Verstehen. 3. Aufl. Frankfurt a.M.

Zimmerli WCh (1991) Lob des ungenauen Denkens. Der lange Abschied von der Vernunft. In: Universitas, Heft 12, S 1147–1160

Zimmerli WCh (1992) Technikfolgenabschätzung – Wissenschaft oder Politik? In: Mitteilungen der TU Braunschweig, Heft I/1992, S 12–20

II. Technik und Gesellschaft

Technik und Kulturhöhe

Peter Janich

Vorwort

Das Verhältnis von Technik und Kultur ist in der heutigen, öffentlichen Meinung
durch eine Reihe fest etablierter Klischees bestimmt. Die deutsche Alltagssprache
hält eine Reihe von Suggestionen bereit, die man sozusagen als Indiz für das nehmen kann, was man immer schon gedacht hat, solange man nicht danach gefragt
wurde.

Ziel dieses Aufsatzes ist es, eine philosophische Reflexion über das Verhältnis
von Technik und Kultur anzustellen. Der Weg zu diesem Ziel wird von der Kultur-Förmigkeit der Technik zur Technik-Förmigkeit der Kultur führen. Doch dies
ist ein Vorgriff. Zunächst geht es um die Klischees, die von Alltags- und Bildungssprache bereitgehalten werden – vor allem im Deutschen.

1   „Kultur"

Kultur ist heute ein allgegenwärtiges Modewort, vor allem in der Form von
Bindestrichkulturen wie Streitkultur, Unternehmenskultur, Badekultur, Esskultur
usw. Es scheint nichts mehr zu geben, was nicht mit dem Wort „Kultur" eine
Bindestrichvereinbarung eingehen könnte und dadurch die Sache selbst interessan-
ter und wertvoller macht. Um diese Wort-Politik oder Wort-Psychologie soll es
hier jedoch nicht gehen.

Das Wort Kultur ist vielmehr auch zur Einteilung von Aufgabenbereichen üb-
lich. Es gibt ein Kulturressort, eine Kulturpolitik, in großen Zeitungen eine Kultur-
redaktion, einen Kulturstaatsminister und einen Kulturetat. Kultur ist eine öffentliche Aufgabe.

Dabei fällt auf: Technik kommt in ihr nicht vor. Erst wenn Technik alt ist und
ins Museum wandert oder unter Denkmalschutz gestellt wird, d. h., erst wenn
Technik schön wird, wird sie Teil der Kultur. Aber die Technik der Industriepro-
duktion, die Technik unter der Motorhaube des Autos, die Computertechnik usw.
sind keine Gegenstände, an die man durch das Wort Kultur erinnert wird.

Erinnerung wert ist freilich die Herkunft des Wortes „Kultur": Es leitet sich ab
vom lateinischen Verbum cultivare, und es bezeichnet die menschliche Tätigkeit,
in die Natur nach eigenen Zwecken einzugreifen. Der Ackerbauer und der Vieh-
züchter, aber auch der Steinbrecher und der Straßenbauer, der Holzfäller und der
Bergmann, d. h. jeder für den menschlichen Lebensunterhalt Tätige, der sich bei
der Natur bedient, ist ein „Cultivator". Im heutigen Deutsch ist diese ursprüngli-

che Bedeutung nur noch im Zusammenhang von Bakterien- und Obstbaumkulturen erhalten.

Schon diese kurze Erinnerung an die Abstammung des Wortes Kultur zeigt, dass mit Kultur ursprünglich bezeichnet war, was wir heute Technik nennen.

2 „Technik"

Das deutsche Wort ist über das französische aus dem griechischen Adjektiv technike und dem Substantiv Techne abgeleitet, und es heißt so viel wie Kunst, künstlich, in den lateinischen Entsprechungen ars und artefactum.

In der vor allem durch Aristoteles prominent gemachten Einteilung zwischen Natur und Kultur ist das Technische, das Künstliche, das vom Menschen naturwidrig und kunstvoll nach Zwecken Hervorgebrachte. Es sind die handwerklich herstellenden Handlungen, die Poiesis, die zu (lateinisch) Artefakten, zu technischen Produkten führt.

Schon bei Aristoteles[1] war die Gegenüberstellung von Natur und Technik eine solche von Aspekten. Ein und dasselbe Objekt, das der Mensch handwerklich bearbeitet hatte, konnte dadurch künstliche Eigenschaften gewinnen und zugleich einige natürliche behalten.

In moderner Alltagssprache kann man drei unterschiedliche Bedeutungen von Technik bzw. technisch unterscheiden: einmal spricht man von der Technik im Sinne der Beherrschung eines Handlungsschemas, etwa, wenn man von der Technik eines Pianisten, eines Malers, einer Tänzerin oder Sängerin, oder irgendeines handwerklich oder künstlerisch Schaffenden spricht. Zum Zweiten spricht man von Technik im Zusammenhang mit etablierten Verfahren, etwa einer Guss- oder einer Informationstechnik (nicht selten in einer wenig sprachbewussten Vermengung mit dem Wort Technologie). Und zum Dritten bezeichnet man mit Technik den ganzen Bereich der Produkte handwerklicher und ingenieurmäßiger Konstruktion.

Lehrbücher der Ingenieurwissenschaften im weitesten Sinne bemühen sich ebenfalls, einen Technikbegriff zu entwickeln und eine möglichst umfassende Definition zu geben. Dort heißt es üblicherweise, Technik diene dem Transport, der Transformation und der Speicherung von Stoff, Energie und Information. Diese Bestimmung ist für den sprachkritischen Philosophen insofern provozierend, als

---

[1] Aristoteles befasst sich in mehrfachem Zusammenhang mit Technik, etwa in seiner Physikvorlesung, in der Metaphysik (Buch Lamda, 3.1070a) (Technik als das vom Menschen handelnd Hervorgebrachte im Unterschied zu dem von Natur aus Gewordenen) und in der Nikomachischen Ethik. Dort wird Technik explizit als das bezeichnet, was durch poietische Hervorbringung im Gegensatz zur Praxis steht. Vgl Janich P (1996) Technik. In: Mittelstraß J (Hrsg) Enzyklopädie Philosophie und Wissenschaftstheorie, Bd. 4. Stuttgart, S 214–217; Janich P (1998) Die Struktur technischer Innovationen. In: Hartmann D, Janich P (Hrsg.) Die Kulturalistische Wende. Zur Orientierung des philosophischen Selbstverständnisses. Frankfurt a.M., S 129–177. Außerdem: Artikel „Technik" In: Ritter J, Gründer K (Hrsg) Historisches Wörterbuch der Philosophie, Bd. 10, S 940–952.

die drei (vermeintlichen) Gegenstandsbereiche Stoff, Energie und Information drei Wörter höchst unterschiedlicher Rollen in den Technik- und Naturwissenschaften betreffen. Energie ist ein in der Physik explizit durch Messverfahren definierter Parameter. Stoff ist dagegen ein in den Einleitungen von Chemiebüchern allgegenwärtiges Wort, das allerdings innerhalb der Fachwissenschaften niemals eine Definition erfährt[2]. Und Information ist ein bestenfalls sekundär definierter Grundbegriff eines Wissenschaftsbereichs, der sich einerseits mathematische Kommunikationstheorie nennt und andererseits als höchst erfolgreiche Ingenieurdisziplin eine lange Schleppe unverarbeiteter sprachphilosophischer Anhängsel nach sich zieht[3]. Die ingenieurwissenschaftlichen Bestimmungen von „Technik" sind also zumindest inhomogen, wohl aber insgesamt unüberlegt.

Philosophisch betrachtet geht es um Technik in den drei erstgenannten Verwendungsweisen letztlich immer um die Beherrschung von Mitteln nach Zwecken, seien diese Mittel nun Handlungsschemata (wie beim Pianisten), Verfahren (wie bei der Gusstechnik) oder Produkte und Folgen von Handlungen (wie bei Ingenieur-Konstruktionen).

War oben darauf hingewiesen worden, dass die ursprüngliche Wortbedeutung von „Kultur" genau dem entspricht, was man heute unter Technik versteht, so zeigt sich hier umgekehrt, dass „Technik" genau den Bereich bezeichnet, der einen Kernbereich der Kultur ausmacht. Mit anderen Worten, ein erster, genauerer Blick auf die Wortverwendungen steht im direkten Gegensatz zu den Üblichkeiten der deutschen Alltags- und Bildungssprache.

3 Deutsche Bildungssprache

Im Unterschied zu den romanischen und angelsächsischen Sprachen gibt es im Deutschen einen prägnanten Unterschied von „Kultur" und „Zivilisation". Bei „Kultur" denkt der gebildete Deutsche an Bach, Goethe und Dürer, bei („technischer") Zivilisation an Auto, Zentralheizung und Wasserspülung.

Dabei ist bereits vergessen, dass „Zivilisation" (als Form etablierter Technik) abgeleitet ist vom Lateinischen civis, Bürger. Der Bürger ist der Bewohner einer Burg oder einer von Stadtmauern umfriedeten Stadt; heute lebt niemand mehr in Burgen oder innerhalb von Stadtmauern, sondern in der City. (Ich übergehe hier den politischen Aspekt des Übergangs vom bourgeois (als dem Burg- oder Stadt-

---

[2] Vgl. Psarros N (1999) Die Chemie und ihre Methoden. Eine philosophische Betrachtung. Weinheim ; Hanekamp D (1996) Protochemie. Vom Stoff zur Valenz, Würzburg

[3] Janich P (1998) Informationsbegriff und methodisch-kulturalistische Philosophie In: Ethik und Sozialwissenschaften. Streitforum für Erwägungskultur 9, Heft 2, S 169–182; Janich P (1999) Die Naturalisierung der Information. In: Sitzungsberichte der Wissenschaftlichen Gesellschaft an der Johann Wolfgang Goethe-Universität, Bd. XXXVII, 2. Frankfurt a.M., S 36

bewohner) zum „citoyen", dem aufgeklärten (Staats-)Bürger der Französischen Revolution.[4]

Auch dieser kurze Blick auf die Ursprungsbedeutung des Wortes Zivilisation verweist darauf, dass es dabei gerade nicht um handwerkliche oder ingenieurmäßig Produkte geht, sondern um ein geregeltes Zusammenleben der Menschen in einer städtischen Gemeinschaft, also um Sitte, Moral, Recht und Staat.

Schon ein flüchtiger Blick zeigt also, dass die Technik, deren Etabliertheit sich als Zivilisation äußert, dem Sprachgebrauch nach der Kultur entzogen, aus der Kultur ausgebürgert wurde – wie gesagt, im Deutschen. Der Kultur-Charakter von Technik und Zivilisation ist im üblichen deutschen Sprachgebrauch übersehen, ignoriert oder zumindest unterbewertet.

An diese drei Befunde zu den Stichworten Kultur, Technik und der deutschen Rede von Zivilisation sei nun eine philosophische Kritik angeschlossen. Diese Kritik soll konstruktiv sein und in zwei Schritten vorgehen. Im ersten wird Technik als Kulturleistung ausgewiesen, im zweiten ein Technikmodell für Kultur vorgeschlagen. Damit soll das einleitende Versprechen eingelöst werden, von der Kulturförmigkeit der Technik zur Technikförmigkeit der Kultur zu gelangen.

4 Technik als Kulturleistung

Technik in ihrer ursprünglichen, von Aristoteles bestimmten Bedeutung ist der Gegenbegriff zu Natur. Natur ist das, was den Grund aller Veränderung in sich selbst trägt, damit auch neben qualitativer Veränderung und örtlicher Bewegung den Grund für Werden und Vergehen, den Grund für die eigene Existenz. Technisch ist dagegen, was der Mensch naturwidrig hervorbringt. Technik ist das Zweckrationale, das für den Philosophen (seit Aristoteles) deshalb von besonderer epistemologischer Wichtigkeit ist, weil der Mensch die Natur nur nach dem Vorbild des eigenen Handelnkönnens, des technischen Eingriffs, der Naturwissenschaften also verstehen kann.

Demgegenüber nehmen Naturalisten an, dass Technik nur die angewandten, nach menschlichen Zwecken genutzten Naturgesetze sind, die vom Menschen ganz unabhängig da und im günstigen Falle durch den Menschen in den Naturwissenschaften erkannt sind.[5]

Gegen diesen Streit zwischen einer kulturalistischen und einer naturalistischen Religion lässt sich einwenden, dass unstrittig ist: Technik (in den drei oben erläuterten Bedeutungen des Wortes) einschließlich der in naturwissenschaftlicher Forschung genutzten technischen Mittel ist nicht wieder von Natur aus, sondern durch

---

[4] Vgl. Riedel M (1971) Artikel „Bürger, bourgeois, citoyen". In: Ritter J (Hrsg) Historisches Wörterbuch der Philosophie, Bd. 1. Darmstadt

[5] Zum Verhältnis von Technik und Naturwissenschaft vgl. Janich P (1997) Kleine Philosophie der Naturwissenschaften. München; Janich P (1992) Grenzen der Naturwissenschaft. München

menschliches Handeln in der Welt. Menschen sind Handwerker, Ingenieure, Techniker und Laborforscher.

Der erwähnte Streit der Religionen spitzt sich zu beim Handlungsbegriff.[6] Ist „Handeln" etwas spezifisch Menschliches und Kultürliches, oder ist es nur natürlich im selben Sinne, wie die Bewegungen und Regungen, die Hervorbringungen und Erscheinungsformen der Tiere und Pflanzen natürlich sind?

Die heute bei weitem dominanteste Auffassung sagt, dass Tiere in ihren Leistungen den Menschen sehr ähnlich sind und sich zumindest als Exemplare betrachten lassen, in denen wir Vorstufen der naturgesetzlichen Evolution zum Menschen erblicken dürfen bzw. sollen. Die technischen Hervorbringungen des Menschen seien nur etwas weiter entwickelt als die tierischen Produkte wie Nester, Bienenwaben und Spinnennetze. Es ist heute geradezu ein Modetrend, von der Kultur der Tiere im Unterschied zur Natur des Menschen zu reden[7], den Tieren hohe und höchste Weihen zuzusprechen etwa in der doch so menschlichen Leistung des Täuschens und Lügens, der zweckrationalen Übervorteilung des Rivalen und in der Fürsorglichkeit der den Nachwuchs lehrenden Elterngeneration. Nach dieser Modemeinung spricht nichts dagegen, dass Tiere handeln, Erkenntnisse haben und ihre eigene Kultur hervorbringen. Sollte sich diese dem Menschen noch als Schwundstufe präsentieren, könnte es ja immer noch an mangelnder Wertschätzung des Tieres durch den Menschen oder an mangelnder Erkenntnisfähigkeit des Menschen gegenüber dem Tier liegen.

Demgegenüber lässt sich, weniger in die Höhen überzogener biologischer Theorien entschwunden, mit den Umständen des täglichen Lebens argumentieren: Menschen müssen lernen, in die jeweilige Kultur hineinzuwachsen. Unbestritten unterscheidet den Menschen vom Tier seine ungewöhnlich lange Lerngeschichte, seine späte Pubertät, sein Zwang, nicht wie das neugeborene Junge von Tieren eben in der Natur zu sein, sondern sich in der Kultur orientieren und bewähren zu müssen. Dazu zählt, dass eine elementare Unterscheidung erworben werden muss, nämlich die zwischen Handlungen, die den Menschen von der Gemeinschaft als Verdienst oder Verschulden zugerechnet wird, und den anderen Regungen und Bewegungen, den anderen Vorgängen am und im eigenen Körper, den anderen Widerfahrnissen und Umständen.

Gerne übersehen Naturalisten, die eine Tier und Mensch gemeinsame Natur betonen, dass auch sie der sittlichen und rechtlichen Verpflichtung unterworfen sind, die von der Gemeinschaft kommen. Keine naturwissenschaftliche Erklärung für die Konstitution und Leistung des eigenen Organismus kann davon befreien. Der Mensch ist für die Folgen seines Handelns moralisch und rechtlich verantwortlich. Der Mensch muss deshalb im Unterschied zum Tier mühsam ein Handlungsvermögen erwerben (und differenziert sich in der Gemeinschaft durch den Grad, wie weit ihm dieses gelingt): Er muss als selbstbestimmt lebendes Individuum Zwecksetzungsautonomie, Mittelwahlrationalität und Folgenverantwortlichkeit entwi-

---

[6] Eine methodische Handlungstheorie mit einer Anwendung in der Sprachphilosophie ist entwickelt. In: Janich P (2001) Logisch-pragmatische Propädeutik, Weilerswist

[7] Vgl. Etwa: Frans de Waal (2002) Der Affe und der Sushi-Meister. Das kulturelle Leben der Tiere. München, Wien

ckeln. Keine der drei Bestimmungen trifft auf Vermögen von Tieren zu. Das Handlungsvermögen orientiert sich an kultürlichen Normen und differiert historisch und geographisch, sozial und politisch nach den jeweiligen Umständen. Dennoch kann in einer philosophischen Handlungstheorie hinzugefügt werden, dass zum Handlungsbegriff, bestimmt durch Zurechnung von Verdienst und Schuld, zählt: Handlungen können unterlassen werden; zu Handlungen kann man sinnvoll auffordern; Handlungen können ge- und misslingen, sei es bezogen auf die Absichten des Handelnden, sei es bezogen auf etablierte Regeln; Handlungen können Erfolg und Misserfolg haben, indem sie ihren Zweck erreichen oder verfehlen.

Diese Bestimmungen des Handelns, die damit das Handeln von einem naturwissenschaftlich kausal erklärbaren Verhalten (im Sinne von behaviour, nicht im Sinne von conduct) zu unterscheiden erlaubt, ist einschlägig auch für eine ganz spezifisch menschliche Form des Handelns, nämlich dem Sprechen. Auch sprachliches Verhandeln ist Handeln.

Was bedeutet diese spezifisch menschliche Leistung, handeln zu können, für den Begriff der Technik?

5   Drei Handlungstypen für Technikbegriffe

Handlungen lassen sich nach verschiedenen Aspekten unterscheiden und einteilen. Hier sei zunächst die Gegenüberstellung von kinetischen, poietischen und praktischen Handlungen betrachtet.

Kinetische, also Bewegungshandlungen, sind von natürlichen Bewegungen von Mensch und Tier zu unterscheiden. In natürlicher Hinsicht sind die Tiere in ihren Bewegungen den Menschen weit überlegen. Aber der Mensch lernt Gehen, Schwimmen, Radfahren, Autofahren, Tanzen; er entwickelt Sportarten wie den Eiskunstlauf, das Turmspringen, Golf- und Tennisspielen, und er lernt Musizieren auf dem Klavier oder der Geige, der Flöte oder mit der Posaune. Er entwickelt eine Gestensprache, lernt Schreiben und vollzieht das ganze Leben in Bewegungen, bei denen das Natürliche nur vorkommt im Reflex, etwa um beim Ausrutschen auf der berühmten Bananenschale den Sturz zu vermeiden, beim elektrischen Schlag, oder um beim Anfassen eines heißen Gegenstandes die Hand zurückzuziehen, vor einem Objekt die Augenlider zu schließen, und eine Fülle weiterer, natürlich-angeborener Bewegungsmuster. Neugeborene Menschenkinder können sogar tauchen und unter Wasser schwimmen, verlieren diese Naturfähigkeit und müssen sie später als die Kunst des Schwimmens und Tauchens, des Atmens und Atemanhaltens neu erlernen.

Der Mensch hat zur Beschreibung solcher Fähigkeiten nur seine menschliche Sprache. Deshalb liegt es nahe, dass er seine Beobachtungen auch z. B. an heranwachsenden Raubvögeln oder Räubern unter Säugetieren anthropomorph als Lehren und Lernen von Fähigkeiten beschreibt. Ebenso tendiert der Mensch dazu, beim Tier nach Gelingen und Misslingen, nach Erfolg und Misserfolg zu beschreiben, was er an ihm beobachtet. Dennoch kann es gar keine Frage sein, dass

es nicht den geringsten Anhaltspunkt für die drei Bestimmungen des Handlungs-
vermögens beim Tier gibt, nämlich die Zwecksetzungsautonomie, die Mittelwahl-
rationalität und die Folgenverantwortlichkeit. Dies gilt bereits ohne Frage für die
kinetischen Handlungen des Menschen.

6 Poiesis

Das herstellende Handeln steht unter einer fatalen historischen Belastung. Den
großen griechischen Philosophen war die eigene, körperliche Tätigkeit im Verhältnis zum Philosophieren und Politisieren derart unwürdig erschienen, dass sie –
trotz häufigen Rückgriffs auf das Handwerk zu Erläuterungszwecken etwa in der
Ethik – für die Abwertung des Banausos (wörtlich: Handwerker) verantwortlich
sind. Die Mundwerker haben im europäischen Geistesleben das Diktat über die
Handwerker übernommen. Und völlig verwirrt präsentiert sich das Lateinische,
wenn es aus dem Griechischen Poiesis lateinisch den Poeten macht, der gerade
nichts handwerklich herstellt, sondern Verse schmiedet und damit allenfalls ein
metaphorischer Handwerker ist.

Die Abgrenzung der Poiesis gegenüber der Kinesis als Aspekt des Handelns ist
nicht trivial. Zum einen gibt es ohne Kinesis keine Poiesis. Zum andern ist nicht
jede Kinesis auch schon poietisch, weil man etwa beim Pfeifen eines Liedes, das
sicher ein Handeln ist, nicht von einem Produkt sprechen kann. Ja selbst bei bleibenden Folgen (wie dem Ordnen von Büchern in einem Regal) hat man es nicht
mit einem Produkt zu tun, an das zu denken ist, wenn die poietischen Handlungen
eines Schreiners oder Maurers betrachtet werden.

Eine nähere Bestimmung leistet, von Poiesis nur dort zu sprechen, wo Produkte
geschaffen werden, die zur eigenen oder fremden Verwendung dienen und dabei
einer gewissen Neuinterpretation ihres Mittelcharakters für (neue) Zwecke offen
stehen.

Die Poiesis ist der Prototyp einer Handlung, für den die Zweck-Mittel-Rationalität die zentrale Rolle spielt. Wer etwas herstellt, setzt sich zuerst den entsprechenden Zweck, fasst einen entsprechenden Plan und ergreift dann die entsprechenden Mittel. Dabei ist das Wort „Mittel" in der deutschen Alltagssprache
mehrdeutig: einerseits ist selbstverständlich die zum Ziel führende Handlung das
Mittel, andererseits bezeichnet man gerne die erforderlichen Werkzeuge oder das
erforderliche Material als Mittel zur Realisierung eines Zwecks. Manche Autoren
sprechen hier von Gütern.

In Handwerk und technischer Herstellung ist der strikte Bezug zwischen Mittel
und Zweck unstrittig: ex post steht immer fest, ob ein Mittel geeignet war für die
Realisierung eines Zwecks. Dennoch ist diese Verbindung nicht im selben Sinne
eineindeutig, wie dies für den Zusammenhang von Ursache und Wirkung in Kau-
salerklärungen angenommen wird. Vielmehr kann ein und derselbe Zweck durch
verschiedene Mittel, also auf verschiedenen Wegen erreichbar sein, und umgekehrt kann ein und dasselbe Mittel für verschiedene Zwecke tauglich sein. Damit

kommen dort, wo technisches Handeln eine tragende Rolle spielt (wie z. B. in den experimentellen Naturwissenschaften) spezifische Probleme in den Blick.

(1) Für eine Technikgestaltung und eine vorausschauende Technikfolgenbeurteilung[8] gibt es prinzipielle Grenzen. Der Erfinder und Erzeuger technischer Produkte kann auch bei bester Planung nicht vorhersehen, welche Umdeutungen die nach bestimmten Zwecken bereitgestellten technischen Mittel später durch andere Verwender finden. Jedes Produkt erzeugt gewissermaßen eine neue historische Situation, in der andere Agenten mit den dinglichen Überbleibseln früherer Technik völlig neu verfahren können. (Es ist nicht zufällig von Psychologen für die Bestimmung von „Intelligenz" aufgegriffen worden, die Phantasie und Flexibilität eines Probanden für unkonventionelle Umdeutungen von Mitteln für neue Zwecke heranzuziehen.)

(2) Das reduktive Vorgehen der Naturwissenschaften von „höheren", komplexeren Beschreibungsebenen auf niedrigere, „elementarere", findet ihre Grenzen in der Nicht-Eineindeutigkeit der Verknüpfung von Mittel und Zweck. Wenn etwa in der naturhistorischen Forschung der Evolutionsbiologie eine Hierarchie von Komplexitätsebenen in Organismusmodellen angenommen wird, um die Entstehung des Menschen aus Einzellern nachzuzeichnen, dann handelt es sich um Verhältnisse von Modellbildungen[9]. Höhere Systemeigenschaften „emergieren"[10] aus niedrigeren im Sinne einer gelungenen Modellbildung für die Emergenzprozesse oder Emergenzverhältnisse zwischen zwei verschiedenen Modellierungen desselben Gegenstandes. Modelle sind aber zweckmäßige Mittel. Ein und dasselbe zu Modellierende kann mit verschiedenen Modellen erfasst werden, wie umgekehrt auch ein und dasselbe Modell für verschiedene Modellierungen brauchbar sein kann. Das heißt, es greift zu kurz, das reduktive Vorgehen der Naturwissenschaften dort, wo es sich nicht einfach um einen logisch-definitorischen Zusammenhang der verschiedenen Systemebenen handelt, auf einen durchgängigen Kausalnexus zu reduzieren. Vielmehr hängen die verschiedenen, auseinander (angeblich)

---

[8] Zum Begriff der Technikfolgenbeurteilung im Unterschied zur Technikfolgenabschätzung (TA) vgl. Gethmann CF, Janich P, Sax H (1993) SAPHIR. Technikfolgenbeurteilung der bemannten Raumfahrt. Systemanalytische, wissenschaftstheoretische und ethische Beiträge: ihre Möglichkeiten und Grenzen. Köln; Grunwald A (1998) (Hrsg) Rationale Technikfolgenbeurteilung. Konzeption und methodische Grundlagen. Heidelberg; Grunwald A, Sax H (1994) (Hrsg) Technikbeurteilung in der Raumfahrt. Anforderungen, Methoden, Wirkungen, Berlin. Die Verbindung von Technikfolgenbeurteilung mit einer philosophischen Theorie des Handelns findet sich in: Grunwald A (2000) Handeln und Planen, München.

[9] Eine Ausarbeitung dieser Überlegungen findet sich in: Gutmann M (1996) Die Evolutionstheorie und ihr Gegenstand. Beitrag der methodischen Philosophie zu einer konstruktiven Theorie der Evolution, Berlin; Weingarten M (1992) Organismuslehre und Evolutionstheorie. Hamburg; Janich P, Weingarten M (1999) Wissenschaftstheorie der Biologie. München.

[10] Zu einer Kritik naturalistisch verstandener Emergenztheorien vgl. Janich P (2002) Kultur des Wissens – natürlich begrenzt? In: Hogrebe W (2002) (Hrsg.) Grenzen und Grenzüberschreitungen, XIX. Deutscher Kongress für Philosophie. Bonn.

emergierenden Systemebenen von den jeweils gewählten Mittel-Zweck-Zusammenhängen und den dabei getroffenen Auswahlen der Naturwissenschaftler ab.

(3) Ein Spezialfall dieses Zusammenhangs ist das sogenannte Körper-Geist-Problem.[11] Erläutert am einfachen Beispiel: Die Eigenschaft einer einfachen Rechenmaschine, richtige Rechenergebnisse zu produzieren, kann weder logisch-definitorisch aus der physikalischen Beschreibung des Rechners abgeleitet werden, noch folgt es kausal aus diesen. Rechenmaschinen dienen bekanntlich nicht dazu, beliebige Ergebnisse zu liefern, sondern dienen dem Zweck, richtige Resultate zu produzieren. Die (zu einer mathematischen Aussage auf der Metastufe stehende) Behauptung, ein Rechenresultat sei richtig (oder wahr), kann schon deshalb nicht aus der physikalischen Beschreibung der Rechenmaschine logisch-definitorisch folgen, weil in diesen das Wort „richtig" (oder „wahr") nicht vorkommt. Kausal kann die Richtigkeit der Resultate nicht aus der physikalischen Beschreibung des Rechners folgen, weil im Falle eines Defekts der Rechenmaschine, also im Falle falscher Rechenergebnisse, niemand auf die Widerlegung der physikalischen Gesetze schließen würde, nach denen die Rechenmaschine gebaut ist und funktioniert. Wenn aber falsche Rechenergebnisse keine Falsifikation physikalischer Sätze leisten, kann im Umkehrschluss nicht von einer zutreffenden physikalischen Beschreibung des Rechners auf die Gültigkeit der Rechenergebnisse geschlossen werden. Defekte Rechner verfehlen nur einen menschlichen Zweck, d. h. sie sind keine geeigneten Mittel, die menschliche Leistung des Rechnens maschinell zu substituieren.

Zur dritten Form des Handelns, der Praxis, kann hier nur kurz ein Aspekt angedeutet werden. In seiner Nikomachischen Ethik hat Aristoteles Poiesis (inklusive Kinesis) und Praxis unterschieden. Mit den oben angedeuteten handlungstheoretischen Mitteln lässt sich diese Unterscheidung so aufnehmen: Bei Poiesis werden Zwecke festgehalten und nach zweckmäßigen Mitteln gesucht. In der Praxis dagegen geht es um die Zwecke selbst, um ihre Setzung, Modifikation, Rechtfertigung oder Ähnliches.

Man sieht, dass die Klassifikation von Handlungen nach kinetisch, poietisch und praktisch nur verschiedene Aspekte der Beschreibung gegebenenfalls ein und desselben Handlungszusammenhangs betrifft. Auch wo durch Körperbewegungen ein handwerkliches Herstellen nach Zwecken betrieben wird, unterliegen diese in der Regel einem Rechtfertigungsgebot.

Nicht selten begegnet man in der Debatte um das Verhältnis von Geistes- oder Kulturwissenschaften zu Natur- und Technikwissenschaften der Auffassung, es sei ein Zeichen niederer Gesinnung, immer nach dem Zweck zu fragen, statt ein (moralisch wertvolles) zweckfreies Handeln in den Blick zu nehmen. Solche Auffassungen leben von einer schlichten Verwechslung. Zweckmäßig hat nichts mit nützlich oder schädlich zu tun. Ob Natur- und Technikwissenschaften in ihren Leistungen nützlich oder schädlich sind, hängt von einer entsprechenden Bewertung ihrer Forschungszwecke und von Nebenfolgen ihrer Realisierung ab. Aber

---

[11] Janich P (1993) Das Leib-Seele-Problem als Methodenproblem der Naturwissenschaften. In: Elepfandt A, Wolters G (Hrsg) Denkmaschinen? Interdisziplinäre Perspektiven zum Thema Geist und Gehirn. Konstanz, S 39–54

dass diese Forschung selbst zweckrational und damit ihre Maßnahmen zweckmäßig sind, hat damit nichts zu tun.

Darüber hinaus darf wohl gefragt werden, wieso auch Praxen, in denen es um
eine (moralische, rechtliche oder politische) Rechtfertigung von Zwecken geht,
nicht selbst zweckrational sein dürfen. Hier können diese Fragen nicht weiter verfolgt werden. Vielmehr soll mit den drei Bedeutungen von „Technik" in den
Handlungstypen Kinesis, Poiesis und Praxis ein Begriff der Kulturhöhe bestimmt
werden.

7 Kulturhöhe[12]

Für jegliches Handeln spielen Reihenfolgen von Teilhandlungen eine entscheidende Rolle. Tatsächlich besteht das menschliche Alltagsleben, die Tätigkeiten
des Berufes (vom Handwerker über den Naturwissenschaftler bis zum Politiker)
nicht aus isolierten Einzelhandlungen, sondern aus Handlungsketten. Häufig
(wenn auch nicht immer) hängt dabei der Erfolg, also das Erreichen des Zwecks,
von der Einhaltung zweckmäßiger Reihenfolgen der Teilhandlungen ab. Dies gilt
trivialerweise schon bei kinetischen Handlungen: Wer einen weiten Sprung machen möchte, wird zuerst anlaufen und dann springen und nicht umgekehrt.

Ein naturalistischer Fehlschluss wäre es, die Richtung von Geschehnissen (einschließlich der Handlungen) naturgesetzlich durch den zweiten Hauptsatz der
Wärmelehre auszeichnen oder gar definieren zu wollen. Denn die hier unbestritte-
ne, wiederholt und ohne Ausnahme zu machende Beobachtung bestimmter Abläufe (z. B. des Vermischens von heißem und kaltem Wasser in einem Behälter zu
warmem, nie jedoch die Entmischung von warmem Wasser zu einer Portion heißen und einer Portion kalten Wassers) bedarf immer einer eindeutigen Kennzeichnung der beschriebenen Zustände nach früher und später, die der beschreibende
und handelnde Mensch bereits mitbringen muss. Handlungen selbst sind zeitlich,
genauer modalzeitlich strukturiert: Man handelt immer, um etwas (in der Zukunft
liegendes) zu erreichen, zu vermeiden oder aufrecht zu erhalten. Und dazu zieht
man das Handlungsvermögen heran, das in der Vergangenheit erworben wurde.
So kommt die Reihenfolge von Ereignissen durch das Handeln als eindeutige in
die Welt.

Dramatisch wichtig wird dies im Bereich der Poiesis. Darauf hat zuerst Hugo
Dingler[13] mit seinem Operationalismus (etwa im Bereich der Geometriebegrün-

---

[12] Der Begriff der Kulturhöhe ist erstmals verwendet in: Janich P (1998) Die Struktur technischer Innovationen. In: Hartmann D, Janich P (Hrsg) Die Kulturalistische Wende. Zur
Orientierung des philosophischen Selbstverständnisses. Frankfurt a.M., S 129–177. Daran schließt sich eine Debatte an, die jüngst fortgeführt ist in: Gutmann M, Hartmann D,
Weingarten M, Zitterbarth W (2002) (Hrsg) Kultur, Handlung, Wissenschaft. Für Peter
Janich. Weilerswist. Dort etwa Schneider HJ, Technikgeschichte als Paradigma für Kul-
turverstehen? S 302–321.

dung) hingewiesen. Eines seiner Beispiele: Wer eine bemalte Holzstatue herstellen möchte, muss zuerst schnitzen und dann malen. Und beim Hausbau müssen zuerst das Fundament gelegt, dann die Wände gebaut und dann das Dach aufgesetzt werden; das Decken des Daches geschieht immer von der Traufe zum First, relativ zu dem generell unterstellbaren Zweck, dass das Dach dem Schutz vor Niederschlägen dient.

So ist die Poiesis das Paradebeispiel für die Reihenfolge von Teilhandlungen in Handlungsketten, die nur bei Strafe des Misserfolgs verletzt werden darf. Philosophisch wird daran ein „Prinzip der methodischen Ordnung" geknüpft, das verbietet, in beschreibender oder vorschreibender Rede andere als die zum Erfolg führenden Reihenfolgen zu nennen.

Faktisch ist dies ohne Einschränkung anerkannt: Niemand würde eine Gebrauchsanweisung, eine Bauanleitung oder ein Kochrezept akzeptieren, das durch Vorschreiben falscher Schrittfolgen regelmäßig zu Misserfolg führte. Und auch Berichte, Geschichten, Erzählungen werden nicht akzeptiert, wenn durch Vertauschung der Schritte etwas anderes erreicht wird als das behauptete Resultat.

Mit diesem Grundprinzip des methodischen Philosophierens lässt sich nun der technische Fortschritt als Erreichen einer Kulturhöhe charakterisieren. Dazu zwei einfache Beispiele:[14]

Das Rad ist ein poietisches Produkt. Wird definitorisch verlangt, dass Räder frei drehbar auf Achsen oder fest auf frei drehbaren Achsen sitzen, kann es in der Natur (wegen der Stoffwechselkohärenz der Organismen) keine Räder geben.

Die Entwicklungsgeschichte vom Wagenrad über die Seilrolle zum Flaschenzug, zum Zahnradgetriebe und zum Schneckengetriebe ist eine methodisch-konstruktive Kette von jeweils neuen Verwendungsbestimmungen des technisch bereits Erreichten.

Ebenfalls unumkehrbar, wenn auch abhängig von kontingenten empirischen Entdeckungen, ist das Beispiel des Drahtes. Nachdem die Herstellung metallischer Drähte zu mechanischen Verwendungen beherrscht wurde, konnte entdeckt werden, dass über sie auch elektrische Ladung abfließt (schon in der griechischen Antike war bekannt, dass die Reibung von Bernstein, griechisch elektron, an einem Tierfell eine Anziehung von Fasern und Haaren gegen die Fallrichtung bewirkt). Draht wird also vom Mittel zur mechanischen Befestigung zum Stromleiter für neue Zwecke und Techniken umgedeutet.

Die beiden Beispiele von Rad und Draht, das konstruktive und das empirische, weisen dieselbe Form technischer Handlungsrationalität aus, die auf der jeweils erreichten Höhe neue Zwecksetzungen durch Umdeutungen verfügbarer Mittel in Anspruch nimmt. Die Schritte sind jeweils unumkehrbar. Aussagen über die ältere Verwendung im Mittel-Zweck-Schema sind nicht (im Popperschen Sinne) durch die jüngere Technik falsifiziert. Es findet auch kein Paradigmenwechsel im Sinne

---

[13] Dingler H (1911) Die Grundlagen der Angewandten Geometrie. Eine Untersuchung über den Zusammenhang zwischen Theorie und Erfahrung in den exakten Wissenschaften. Leipzig 1911. Dingler H (1955) Die Ergreifung des Wirklichen. München

[14] Die beiden Beispiele sind detaillierter ausgeführt in dem in Anmerkung 12 genannten Titel „Die Struktur technischer Innovationen".

Th. S. Kuhns statt. Vielmehr lässt sich von einer Koexistenz verschiedener Verwendungen desselben Mittels sprechen – wie dies ja vom eigentlichen Vater des Begriffs der Inkommensurabilität verschiedener Paradigmen, Ludwig Fleck, für den Bereich der Medizin als fruchtbare Situation behauptet war. Räder werden weiterhin für Wägen, Flaschenzüge, Getriebe usw. verwendet, und ebenso Drähte für Zäune, mechanische Zwecke, aber auch als elektrische Leiter usw. Dennoch lässt sich durch die methodische Ordnung zwischen den einzelnen Entwicklungsebenen eindeutig und unumkehrbar ein technischer Fortschritt (innerhalb des jeweiligen Entwicklungsstranges) auszeichnen. Wiederum sei hinzugefügt, dass diese an archaischen Beispielen vorgetragenen Einsichten auch für Entwicklungsschritte etwa in modernster Automobil- oder der Computertechnik gelten.

8 Fazit: Die Technikförmigkeit der Kultur

Die vorangehenden Beispiele sollten einen in der Diskussion regelmäßig vernachlässigten Aspekt der Kultur hervorheben. Dies steht nicht in Konkurrenz zu anderen Aspekten der Kulturgeschichte, etwa der Geistes- oder der Kunstgeschichte. Allerdings bleibt für diese anderen zu prüfen, ob ihnen ebenfalls die Technikförmigkeit der Entwicklung zugesprochen werden kann.

Hier sollte vor allem auf die methodische Ordnung kinetischer, poietischer und praktischer Handlungen hingewiesen werden. Im Sinne einer Analogie lässt sich eine Betrachtung des ontogenetischen Erwerbs von Handlungsvermögen in der individuellen Biographie auf phylogenetische übertragen. (Allerdings soll hier kein Analogon zum biogenetischen Grundgesetz im Sinne Ernst Haeckels behauptet werden, wonach die Ontogenese die Phylogenese wiederhole.) Es gibt eine Art von kulturhistorischem Grundgesetz, wonach jedes Individuum die Kulturhöhe seiner Gemeinschaft durch eine individuelle Lerngeschichte „erwerben muss", um sie zu besitzen.

Was W. Goethe mit seiner Aufforderung „Was du ererbt von deinen Vätern hast, erwirb es, um es zu besitzen!" gemeint haben mag, zeigt sich hier als Aufgabe für das Individuum, eine technische Partizipationskompetenz im Leben unserer Zivilisation zu erwerben. Es geht also nicht nur um den Erwerb sittlicher und rechtlicher sozialer Kompetenzen, sondern auch um den Erwerb von Handlungsvermögen, die sich adäquat als technische beschreiben lassen. Und hier sollte wieder nicht der enge Sprachgebrauch von „Technik" zugrunde gelegt werden, sondern ein weitestmöglicher; auch eine kommunikative Sprachkompetenz zählt zu ihr.

Eine Beseitigung des Reflexionsdefizits, wie es sich im Deutschen von der Alltags- und Bildungssprache bis zu naturalistischen und formalistischen Wissenschaftsverständnissen zeigt, ja schließlich in naturalistischen Welt- und Menschenbildern seinen Niederschlag findet, kann über den Weg der Kulturförmigkeit von Technik zur Technikförmigkeit von Kultur Aufklärung leisten. Diese ist einschlägig nicht nur für Technik-, sondern auch für Kulturwissenschaften und Kulturphilosophie.[15]

Literatur

Dingler H (1911) Die Grundlagen der Angewandten Geometrie. Eine Untersuchung über den Zusammenhang zwischen Theorie und Erfahrung in den exakten Wissenschaften. Leipzig

Dingler H (1955) Die Ergreifung des Wirklichen, München

Gethmann CF, Janich P, Sax H (1993) SAPHIR. Technikfolgenbeurteilung der bemannten Raumfahrt. Systemanalytische, wissenschaftstheoretische und ethische Beiträge: ihre Möglichkeiten und Grenzen, Köln

Grunwald A (1999) (Hrsg) Rationale Technikfolgenbeurteilung. Konzeption und methodische Grundlagen. Heidelberg

Grunwald A (2000) Handeln und Planen. München

Grunwald A, Sax H (1994) (Hrsg) Technikbeurteilung in der Raumfahrt. Anforderungen, Methoden, Wirkungen. Berlin

Gutmann M (1996) Die Evolutionstheorie und ihr Gegenstand. Beitrag der methodischen Philosophie zu einer konstruktiven Theorie der Evolution, Berlin

Gutmann M, Hartmann D, Weingarten M, Zitterbarth W (2002) (Hrsg) Kultur, Handlung, Wissenschaft. Für Peter Janich. Weilerswist

Hanekamp D (1996) Protochemie. Vom Stoff zur Valenz. Würzburg

Janich P (1992) Grenzen der Naturwissenschaft. München

Janich P (1993) Das Leib-Seele-Problem als Methodenproblem der Naturwissenschaften. In: Elepfandt A, Wolters G (Hrsg) Denkmaschinen? Interdisziplinäre Perspektiven zum Thema Geist und Gehirn. Konstanz, S 39–54

Janich P (1996) Technik. In: Mittelstraß J (Hrsg) Enzyklopädie Philosophie und Wissenschaftstheorie, Bd. 4. Stuttgart, S 214–217

Janich P (1997) Kleine Philosophie der Naturwissenschaften. München

Janich P (1998a) Die Struktur technischer Innovationen. In: Hartmann D, Janich P (Hrsg) Die Kulturalistische Wende. Zur Orientierung des philosophischen Selbstverständnisses. Frankfurt a.M., S 129–177

Janich P (1998b) Informationsbegriff und methodisch-kulturalistische Philosophie. In: Ethik und Sozialwissenschaften. Streitforum für Erwägungskultur 9, Heft 2, S 169–182

Janich P (1999) Die Naturalisierung der Information. In: Sitzungsberichte der Wissenschaftlichen Gesellschaft an der Johann Wolfgang Goethe-Universität, Bd. XXXVII, 2. Frankfurt a. M., S 36

Janich P (2001) Logisch-pragmatische Propädeutik, Weilerswist

Janich P (2002) Kultur des Wissens – natürlich begrenzt? In: Hogrebe W (Hrsg) Grenzen und Grenzüberschreitungen, XIX. Deutscher Kongress für Philosophie, Bonn (im Erscheinen)

---

[15] Dieser Ansatz ist näher ausgeführt in: Janich P (2003) Beobachterperspektive im Kulturvergleich. Versuch einer methodischen Grundlegung, erscheint. In: Srubar I (Hrsg) Konstitution und Vergleichbarkeit von Kulturen, Tagungsband.

Janich P (2003) Beobachterperspektive im Kulturvergleich. Versuch einer methodischen Grundlegung. Erscheint in: Srubar I (Hrsg) Konstitution und Vergleichbarkeit von Kulturen

Janich P, Weingarten M (1999) Wissenschaftstheorie der Biologie, München

Psarros N (1999) Die Chemie und ihre Methoden. Eine philosophische Betrachtung, Weinheim usw.

Riedel M (1971) Artikel „Bürger", „bourgeois", „citoyen". In: Ritter J (Hrsg) Historisches Wörterbuch der Philosophie, Bd. 1. Darmstadt

Weingarten M (1992) Organismuslehre und Evolutionstheorie, Hamburg

Technikgestaltung gestern und heute.
Dargestellt am Zusammenhang von Energieversorgung und Zivilisation

Michael F. Jischa

1 Einführung

In reifen Gesellschaften ist das Leben in hohem Maße von Technik durchdrungen. Dennoch findet eine gesellschaftliche und politische Diskussion, nach welchen Kriterien Technik gestaltet werden sollte, kaum statt. Es scheint so zu sein, dass Technik einfach geschieht. Die technische Entwicklung ist offenkundig ein sich selbst verstärkender dynamischer Prozess, für den niemand verantwortlich zeichnet.[1] Forscher und Entwickler, Unternehmen und Geldgeber so wie wir alle, die Kunden und Nutzer von Technik, sitzen in einem Boot.

Dieser Beitrag ist aus einer Einführung und einer Zusammenfassung meiner Vorlesung „Zivilisationsdynamik" entstanden, gehalten im Wintersemester 2001/2002 im Rahmen des Studium generale der TU Clausthal. Dabei lag mein Hauptaugenmerk auf den Wechselwirkungen von Technik einerseits und politischen Strukturen sowie Veränderungen in der Gesellschaft andererseits. Insbesondere wollte ich vornehmlich Fragen von der Art stellen, aber auch versuchen, diese zu beantworten: Warum, wohin und wodurch entwickelt sich die Menschheit? Welches sind die Kräfte der Veränderung, welche die der Beharrung? Wie lassen sich unterschiedliche Entwicklungsgeschwindigkeiten erklären? Wie können Systeme und Strukturen lernen? Wie kann Entwicklung (gleich Fortschritt?) beschrieben werden? Warum gibt es arme und reiche Gesellschaften?

Fünf Thesen bilden den Ausgangspunkt dieses Beitrags:

1. Die Geschichte der Menschheit ist ein evolutionärer Prozess, nennen wir ihn Zivilisationsdynamik.
2. Nur der Mensch kann seine eigene Evolution beschleunigen, durch von ihm selbst geschaffene Innovationen: durch die Sprache seit 500.000 Jahren, die Schrift seit 5000 Jahren, den Buchdruck seit 500 Jahren und die (insbesondere digitalen) Informationstechnologien seit etwa 50 Jahren.
3. Die Menschheitsgeschichte ist die Geschichte eines sich durch Technik ständig beschleunigenden Einflusses auf immer größere Räume und immer fernere Zeiten.

---

[1] Vgl. hierzu den Beitrag von Armin Grunwald in diesem Band (Anm. d. Hg.).

4. Sind die Kräfte der Veränderung größer als die Kräfte der Beharrung, so tritt ein Strukturbruch ein. Wir sprechen von einer Verzweigung, einer „Revolution". Die neolithische Revolution setzte vor etwa 10.000 Jahren ein. Die von Europa ausgegangene wissenschaftliche und industrielle Revolution ist nur wenige hundert Jahre alt. Die digitale Revolution hat soeben begonnen.
5. Jede strukturelle Veränderung beruht auf einer Ausweitung von Handlungsräumen.

Die letzte These soll mit Bild 1 verdeutlicht werden. Handlungsräume entstehen, sie werden erweitert oder verengt. Dabei sind drei in Faktoren dominierend:

– Ressourcen, natürliche wie künstliche, eröffnen Möglichkeitsräume. Ob daraus Handlungsräume werden, hängt von den beiden anderen Faktoren ab.
– Leitbilder prägen Gesellschaften in hohem Maße: Von den Göttern zu dem einen Gott, und später zur Wissenschaft als der neuen Religion, so lässt sich der Wandel der abendländischen Leitbilder beschreiben.
– Institutionen: Damit sind formelle wie auch informellen Strukturen gemeint, Rahmenbedingungen und Rechtssetzung sowie Infrastruktur.

Abb. 1. Handlungräume

Zwischen diesen drei Faktoren gibt es zahlreiche Wechselwirkungen mit positiven und negativen Rückkopplungen. Warum (oder warum nicht) Gesellschaften erfolgreich und innovativ sind, hängt von deren Wechselspiel ab. Damit lässt sich der überaus unterschiedliche Verlauf einer Geschichte der Regionen erklären.

Es handelt sich hierbei um die klassische Frage, ob technischer und ökonomischer Wandel den kulturellen und politischen Wandel verursachen, oder umgekehrt. Karl Marx vertrat einen ökonomischen Determinismus. Er war die Auffassung, das technologische Niveau einer Gesellschaft präge ihr ökonomisches System, das wiederum ihre kulturellen und politischen Merkmale determiniert. Auf der anderen Seite vertrat Max Weber einen kulturellen Determinismus. Nach ihm hat die protestantische Ethik die Entstehung des Kapitalismus erst ermöglicht, somit maßgeblich zur industriellen und demokratischen Revolution beigetragen. Für beide Auffassungen lassen sich Belege aus der Geschichte finden. Im Folgenden werde ich in einem Schnelldurchgang durch die Menschheitsgeschichte das Wechselspiel zwischen den drei Faktoren Ressourcen, Leitbilder und Institutionen skizzieren. Dabei wird insbesondere die Rolle der Technik thematisiert werden.

Als Ressource wird beispielhaft die Energie betrachtet, deren Bereitstellung ganz maßgeblich die technische Entwicklung beeinflusst hat. Aus dem Geschichtsunterricht sind wir es gewohnt, die Epochen der Menschheitsgeschichte an Materialien festzumachen wie Steinzeit, Bronzezeit oder Eisenzeit. Ich halte die Energie für die interessantere Ressource, um das Wechselspiel zwischen technischer und gesellschaftlicher Entwicklung zu beschreiben. Generell ist die Bedeutung physischer Ressourcen, ob mineralische Rohstoffe oder Energierohstoffe, in der Regel überschätzt worden. Die Bedeutung der Leitbilder, der Werte und Normen einer Gesellschaft, die zumeist einen direkten Einfluss auf Institutionen wie etwa Rahmenbedingungen und Rechtssetzung haben, ist dagegen häufig unterschätzt worden.

2 Die Anfänge der Zivilisation

Die älteste Gesellschaftsform bezeichnen wir als die Welt der Jäger und Sammler. Die Gesellschaft war in Stände und Clans organisiert, sie war egalitär und demokratisch. Es gab keine zentrale Macht, Anführer bei kriegerischen Auseinandersetzungen wurden auf Zeit bestimmt. Erste technische Geräte waren Werkzeuge aus Stein, Holz oder Knochen wie etwa Faustkeile, Wurfspieße und Äxte.

Die Menschen der Urzeit haben in allen in Naturvorgängen das Wirken von Göttern und Dämonen gesehen. Diese freien und unberechenbaren übernatürlichen Mächte wurden durch Opfer, Gebete, Beschwörungen und kultische Handlungen freundlich gestimmt. Die Welt war geheimnisvoll und voller Zauber, wir sprechen von einer magischen Weltbetrachtung. Das Leitbild der damaligen Zeit waren Götter, die durch Naturkräfte wie Blitz, Donner, Dürre oder Überschwemmungen wahrgenommen wurden. Als Energieressource standen das Feuer und die menschliche Arbeitskraft zur Verfügung.

Vor etwa 10.000 Jahren setzte eine erste durch Technik induzierte strukturelle Veränderung der Gesellschaft ein, die zu einer starken Ausweitung von Handlungsräumen führte, die neolithische Revolution. Sie kennzeichnet den Übergang von der Welt der Jäger und Sammler zu den Ackerbauern und Viehzüchtern. Pflanzen wurden angebaut und Tiere domestiziert, die Menschen begannen sesshaft zu werden. Die Agrargesellschaft entstand. Aus der Erschließung des Schwemmlandes an Euphrat und Tigris entwickelte sich die erste, die sumerische Zivilisation. Das Sumpfdickicht war fruchtbares Schwemmland und fruchtbringendes Wasser zugleich. Die Unterwerfung der Natur durch Be- und Entwässerungsanlagen sowie durch Dammbau war die erste große technische und soziale Leistung der Menschheit. Die systematische Zusammenarbeit vieler Menschen war hierzu erforderlich. Ein derartiges organisatorisches Problem konnte nicht von relativ kleinen und überschaubaren Stämmen gelöst werden. Es entwickelte sich eine erste regionale Zivilisation neuer Art.

Anlage und Wartung von Bewässerungssystemen waren Grundbedingung für das Leben der Gemeinschaft. Anführer wurden erforderlich, mündliche Anweisungen wurden ineffizient und mussten durch neue Medien wie Schrift und Zahlen ersetzt werden. Die Sumerer entwickelten vor etwa 5500 Jahren die erste Schrift, eine Bilderschrift aus Piktogrammen und Lautzeichen. Zahlen und Maße entstanden als Erfordernis der Praxis. Denn die Sumerer waren die erste Gemeinschaft, die einen Mehrertrag erwirtschaftete. Und dieser musste erfasst werden.

Damit standen die Sumerer vor einem neuen Problem, das bis heute die gesellschaftliche und politische Diskussion beherrscht: wie soll dieser Mehrertrag verteilt werden? Die Antwort der Sumerer war folgenschwer. Sie entschieden sich für eine ungleichmäßige Verteilung und schufen damit eine privilegierte Minderheit und eine dies akzeptierende Mehrheit. Damit war die ökonomische Basis der Klassendifferenzierung gelegt.

Entscheidende Veränderungen lagen im Wandel des Charakters und der Funktion der Götter. Während diese früher Naturkräfte verkörperten, so verschob die große gemeinschaftliche menschliche Aktion der Unterwerfung der Natur und die Erschließung des Schwemmlandes die Kräfte zwischen Mensch und Natur zugunsten ersterer. Die Menschen begannen, die eigene Kraft und insbesondere die der Herrscher zu verehren, neben den nichtmenschlichen Kräften. Die weltliche Macht der Herrschenden wurde zunehmend durch religiöse Funktionen gestützt. Sie wurden so zum Mittler zwischen den Göttern und der Gemeinschaft. In der ägyptischen Zivilisation, der zweiten Zivilisation in der Menschheitsgeschichte, wurde dies auf die Spitze getrieben: der Pharao wurde zu einem Menschengott.

In der Agrargesellschaft kam eine neue Energiequelle hinzu. Neben dem Feuer und der menschlichen Arbeitskraft wurde zunehmend tierische Arbeitskraft eingesetzt. Domestizierte Tiere wie etwa Rinder konnten Wagen oder Pflüge ziehen.

Auch das gesellschaftliche Leitbild wandelte sich. Während in den vorzivilisatorischen Gesellschaften Gottheiten in den Naturkräften erfahren wurden, so wurden nunmehr Natur und Menschenmacht gleichzeitig vergöttert. Der Gegenstand der Verehrung hatte gewechselt, aber weiterhin wurde die Macht vergöttert und angebetet.

3   Die physikalische Weltbetrachtung

Ab etwa 600 v. Chr. findet der für die menschliche Entwicklung so bedeutsame Übergang von der magischen zu physikalischen Weltbetrachtung statt. Die Natur wird entzaubert, ihr wird das Geheimnisvolle genommen. Die umgebende Welt wird von Naturgesetzen beherrscht gesehen, welche den Ablauf der Erscheinungen eindeutig beschreiben und die Vorhersage kommender Ereignisse gestatten. So erkannten die Griechen, dass die Nilfluten durch saisonale Regenfälle im Inneren Afrikas verursacht werden.

Eine zentrale Rolle bei der Erklärung von Naturvorgängen spielte die Mechanik. Das Wort bedeutet im Griechischen so viel wie Werkzeug oder Werkzeugkunde. Die Entwicklung der Mechanik wurde maßgeblich von der Einstellung des Altertums zur Technik geprägt. Die körperliche Arbeit galt als niedrig und unfein. Der freie Mann widmete sich den Staatsgeschäften, der Kunst und der Philosophie. So lesen wir in einem der Dialoge Platons: „Aber du verachtest ihn (den Techniker) und seine Kunst und würdest ihn fast zum Spott Maschinenbauer nennen, und seinem Sohn würdest du deine Tochter nicht geben, noch die seinige für deinen Sohn freien wollen." Bei Aristoteles lesen wir: „Ist denn nicht der Mechaniker einen Betrüger, der Wasser durch Pumpwerke zwingt, sich entgegen dem natürlichen Verhalten bergaufwärts zu bewegen?"

Die antike Technik beschränkte sich zumeist auf mechanische Spielereien. So gab es einen Automaten, der nach dem Einwurf eines Geldstücks Weihwasser spendete, oder eine Einrichtung zum automatischen Nachfüllen von Öl für Lampen. Ein Meister seines Faches war damals Heron von Alexandria, von dem der häufig zitierte pneumatische Tempeltüröffner stammt. Dessen Wirkungsweise sei kurz skizziert. Wird über einem unterirdisch angebrachten Wasserbehälter ein Opferfeuer entzündet, so nimmt der Druck der Luft wegen der Erwärmung und der damit verbundenen Ausdehnung über der Wasseroberfläche zu. Dadurch wird das Wasser über eine Rohrleitung in einen daneben liegenden beweglichen Behälter gedrückt, der schwerer wird als ein entsprechendes Gegengewicht. Wasserbehälter und Gegengewicht treiben über Seile oder Kettenzüge die Tempeltüren an. Die Türen werden so lange geöffnet gehalten, wie das Feuer für die Aufrechterhaltung des hohen Druckes sorgt. Wird das Feuer gelöscht, so nimmt der Druck wegen der Abkühlung ab, und der Wasserstand in den festen Behältern steigt wieder an. Da durch wird der bewegliche Wasserbehälter leichter, und das Gegengewicht kann die Türen wieder schließen. Dies wird auf die Gläubigen der damaligen Zeit einen nachhaltigen Eindruck gemacht haben. Hier wurde Technik ausgenutzt, um durch Herrschaftswissen Macht über die Gesellschaft auszuüben.

Die Römer haben nicht an einer Weiterentwicklung des griechischen Weltbildes gearbeitet. Es entstanden jedoch grandiose Ingenieursleistungen insbesondere auf dem Gebiet der Bautechnik. Hier sind die Wasserversorgungsanlagen zu nennen, wofür das uns erhaltene Aquädukt von Nimes ein schönes Beispiel ist. Es gab offene Wasserleitungen und unterirdische Druckleitungen, die um 100 n. Chr. in Rom eine Gesamtlänge von ungefähr 400 km erreicht hatten.

Die Götterwelt der Römer war durch wenig Tiefsinn und durch Toleranz bis hin zur Beliebigkeit charakterisiert. Die pragmatische Integration von Göttern aus besetzten Regionen führte dazu, dass es Gottheiten und Halbgötter für alles und für jeden gab. Der Polytheismus der Römer war quasi ausgereizt. Mit dem Judentum gab es um die Zeitwende zwar schon eine gut 1000 Jahre alte monotheistische Religion. Diese war jedoch in hohem Maße exklusiv, Missionierung fand nicht statt. Mit dem Aufstieg des Christentums entwickelte sich eine zweite monotheis-

tische Religion, die einen ausgesprochen inklusiven Charakter aufwies. Sie wurde
zur Staatsreligion im römischen Reich und damit zur beherrschenden Religion der
westlichen, der späteren industrialisierten Welt.

In dem 1000 Jahre währenden Mittelalter wurde keine eigenständige Naturfor-
schung betrieben. Römische Technik wie der Bau von Straßen, Brücken, Wasserleitungen und Wasserpumpen wurde nicht weiterentwickelt. Die kulturelle Prä-
gung erfolgte durch die Kirche, das geistige Leben war auf die Klöster beschränkt.
Fragen nach der Struktur der sichtbaren Welt lagen einer auf das Jenseits gerichteten Metaphysik des Christentums völlig fern.

4 Aufklärung und Wissenschaft

Vor gut 500 Jahren begann jenes große europäische Projekt, das mit den Begriffen
Aufklärung und Säkularisierung beschrieben wird. Es beruhte auf vier Bewegungen: der Renaissance, dem Humanismus, der Reformation und dem Heliozentris-
mus. „Das Wunder Europa", wie es mitunter genannt wird, führte zur Verwand-
lung und zur Beherrschung der Welt durch Wissenschaft und Technik.

Im 15. Jahrhundert tauchten neue Akteure auf: Künstleringenieure, Experimen-
tatoren und Naturphilosophen. Die neue Wissenschaft entstand durch heftige Auseinandersetzung mit dem tradierten Wissen. Leonardo da Vinci hat die Einheit von
Theorie und Praxis klar erkannt und dies sehr plastisch formuliert: „Wer sich ohne
Wissenschaft in die Praxis verliebt, gleicht einem Steuermann, der ein Schiff ohne
Ruder oder Kompass steuert und der niemals weiß, wohin er getrieben wird. Meine Absicht ist es, erst die Erfahrung anzuführen und sodann mit Vernunft zu beweisen, warum diese Erfahrung auf solche Weise wirken muss.... Die Weisheit ist
eine Tochter der Erfahrung: die Theorie ist der Hauptmann, die Praxis sind die
Soldaten.... Die Mechanik ist das Paradies der mathematischen Wissenschaften,
weil man mit ihr zur schönsten Frucht der mathematischen Erkenntnis gelangt."

Die Bedeutung des Experiments war der antiken und der mittelalterlichen Kultur gänzlich unbekannt. Aristoteles hatte die handwerklichen Arbeiter aus der
Klasse der Bürger ausgeschlossen. Die Verachtung für die Sklaven erstreckte sich
auch auf deren Tätigkeiten. Das griechische Wort banausia bedeutet ursprünglich
handwerkliche Arbeit. Aristoteles hatte geglaubt, ohne Rückgriff auf die Beobachtung durch reines Denken beweisen zu können, dass ein großer Stein schneller als
ein kleiner zur Erde fallen müsse. Umso schlimmer für die Realität lautete die
typische Antwort in der Antike auf Widersprüche zwischen dem Resultat des Denkens und der Beobachtung.

Die christliche Religion war das zentrale Leitbild des Mittelalters. Sie ging aus
den nun folgenden Auseinandersetzungen, die den Übergang vom Mittelalter zur
Moderne charakterisierten, geschwächt, diskreditiert und teilweise gelähmt hervor.
Dieser Übergang hatte gesellschaftliche und politische Gründe, wobei auch hier
die Technik eine zentrale Rolle spielte. Durch die Entstehung einer mächtigen
Klasse der Kaufleute wurde die feudale Struktur des Mittelalters aufgelockert.
Wachsendes Selbstbewusstsein und Macht der sich neu formierenden Bürgerge-

sellschaft lässt sich nirgendwo plastischer erleben als in der Architektur jener Zeit in den oberitalienischen Städten wie etwa Florenz. Politisch verlor der Adel an Autorität, weil effizientere Angriffswaffen ihre Burgen bedrohten. An die Stelle von Pfeilen und Bogen, von Lanzen und Schwertern traten Kanonen und Schiesspulver, also technische Innovationen.

Die vier großen Bewegungen, die „das Wunder Europa" einleiteten, seien kurz skizziert. Die italienische Renaissance des 14. und 15. Jahrhunderts markierte die Wiedergeburt der Vertiefung in die weltliche Kultur der Antike sowohl in Kunst als auch in Wissenschaft. Dies führte zu einem Bruch mit der klerikalen Tradition des Mittelalters. Die zunehmende Beschäftigung mit dem Menschen und dem Diesseits statt der mittelalterlichen Versenkung in Gott und Vorbereitung auf das Jenseits nennen wir Humanismus. Die dritte große Bewegung, die Reformation, basierte auf offenkundigen Missständen in der Kirche wie Ablasshandel und Lebenswandel der Päpste. Ohne Technik hätte die Reformation diese enorme Durchschlagskraft wohl nicht erreicht, denn Luthers Flugschriften waren durch den kurz zuvor erfundenen Buchdruck mit beweglichen Lettern, der „ersten Gutenberg-Revolution", die ersten Massendrucksachen in der Geschichte. Hinzu kam die Wiederentdeckung des heliozentrischen, des ptolemäischen Weltbildes durch Kopernikus, Galilei und Kepler.

Diese vier europäischen Bewegungen bildeten die Grundlage für die wissenschaftliche Revolution des 17. und die sich anschließende industrielle Revolution des 18. Jahrhunderts. Die zunehmende Durchdringung von Wissenschaft und Technik, basierend auf der Einheit von Theorie und Praxis, dem Experiment, führte zu niemals zuvor da gewesenen Veränderungen in der Gesellschaft.

Die klassischen Naturwissenschaften begannen mit Galilei. Die ersten bedeutenden Leistungen im Sinne unserer heutigen Mechanik, jener grundlegenden Disziplin zur Erklärung der Welt, sind von Galilei im Jahr 1638 in seinen berühmten „Discorsi" niedergelegt worden. Es seien hier die Gesetze des freien Falles und des schiefen Wurfes sowie seine theoretischen Untersuchungen über die Tragfähigkeit eines Balkens erwähnt, die den Beginn der Festigkeitslehre darstellten. Bei letzterem handelt es sich um die wohl älteste Formulierung eines nichtlinearen Zusammenhangs, dass nämlich die Festigkeit eines belasteten Balkens von seiner Breite linear aber von seiner Höhe quadratisch abhängt.

Das Streben galt zunehmend dem Verständnis und der Erforschung der Gesetze, nach denen die Naturvorgänge ablaufen. Gelingt dies, so wird die Natur wie ein offenes Buch in allen Bereichen vollständig erfasst und berechenbar sein. Sie wird damit vorausberechenbar, das ist die zentrale Vorstellung des mechanistischen Weltbildes.

Newton ist der geniale Vollender der Grundlegung der klassischen Mechanik. Seine größte Leistung war, zu erkennen, dass für die irdische Körper und die Himmelskörper dasselbe allgemeine Gravitationsgesetz gilt. Mit seinem dynamischen Grundgesetz: „ Die zeitliche Änderung des Impulses ist gleich der Summe aller von außen angreifenden Kräfte „ schuf er die zentrale Beziehung der klassischen Mechanik.

Das mechanistische Weltbild der klassischen Physik ist von großer Überzeugungskraft und Einheitlichkeit. Es hat gewaltige Erfolge bewirkt. Nunmehr konnten die drei Keplerschen Gesetze über die Bewegungen der Planeten um die Sonne bewiesen werden. Alsdann wurden die Planeten Neptun und Pluto aufgrund von Vorausberechnungen und nachfolgender gezielter Suche entdeckt. Weitere Triumphe kamen hinzu. Die thermodynamischen Zustandsgrößen Druck und Temperatur wurden auf mechanische Größen, den Impuls und die kinetische Energie der Moleküle, zurückgeführt.

Das Universum schien im 18. Jahrhundert wie ein Uhrwerk zu funktionieren. Aber wer ist der Uhrmacher? Laplace soll auf Napoleons Frage, warum in seinem berühmten Werk „Himmelsmechanik" Gott nicht erwähnt sei, geantwortet haben:" Sire, diese Hypothese habe ich nicht nötig gehabt." Es ist die Zeit, in der man die Wissenschaft zu vergötzen begann. Sie wurde für viele zur neuen Religion. Das Leitbild Wissenschaften begann, das Leitbild Religion zu ersetzen.

Am Vorabend der industriellen Revolution war die Energieversorgung vergleichbar mit jener des Altertums. Zur Nutzung des Feuers, der menschlichen und tierischen Arbeitskraft traten ab etwa dem 10. Jahrhundert eine verstärkte Nutzung der Wind- und Wasserkraft hinzu. Wassermühlen wie auch Windmühlen waren schon lange bekannt; sie wurden bislang, wie der Name sagt, jedoch nur für den Betrieb von Mühlen verwendet. Wasserräder wurden nunmehr universell einsetzbar, ihre Leistung konnte zumindest über kurze Entfernungen mittels Transmissionswellen, -rädern, -gestängen und -riemen übertragen werden. Sie trieben Walkereien, Hammerwerke, Pochwerke zum Zerkleinern von Erz, Sägewerke, Stampfwerke für Papierbrei, Quetschwerke für Oliven und Senfkörner sowie Blasebälge an.

Im 15. Jahrhundert begann eine weitere durch Technik induzierte Innovationswelle mit dem Aufschwung des Erzbergbaus. Dieser wurde zwar schon zu früheren Zeiten betrieben, so etwa im Altertum im vorderen Orient und ab dem 10. Jahrhundert im Harz. Vor allem Deutschland wurde das Zentrum berg- und hüttenmännischer Technik; deutsche Bergleute wirkten vielfach als Lehrmeister im Ausland. Mit immer tiefer werdenden Schächten wurde das Beherrschen des Grubenwassers zu einem zentralen Problem. Auch hier wurde mit großem Erfolg die Wasserkraft eingesetzt: für Pumpen zum Entwässern der Bergwerke, für Winden zum Betrieb der Förderkörbe und für Maschinen zur Bewetterung der Stollen. Es ist bemerkenswert, dass man mit Feldgestängen die Energie der Wasserräder über beträchtliche Entfernung vom Tal in die Höhe leiten konnte. Dies war sozusagen ein Vorgriff auf die elektrischen Überlandleitungen unserer heutigen Zeit, freilich mit bescheidenerem Wirkungsgrad.

Der bevorzugte Baustoff und Energieträger war nach wie vor das Holz. Der ständig steigende Bedarf an Bauholz, Brennholz und Holzkohle zur Verhüttung der Erze führte zu gewaltigen Abholzungen. Da in den Mittelmeerregionen die Waldgebiete durch Abholzungen in der antiken Zeit drastisch dezimiert worden waren, verlagerte sich der Schwerpunkt der Güterproduktion zwangsläufig in das waldreichere Mittel- und Nordeuropa. Als Konsequenz nahmen auch dort durch

Holzeinschlag und Rodung, denn die wachsende Bevölkerung erzwang eine Vermehrung von Anbauflächen, die Waldflächen dramatisch ab.

England hatte seine Waldregionen im 17. Jahrhundert weitgehend abgeholzt. Für den Bau der englischen Schiffsflotte musste schon vor dieser Zeit auf Importholz, vorwiegend aus Nordeuropa, zurückgegriffen werden. Dadurch entstand insbesondere in England ein gewaltiger Innovationsdruck, die entscheidende Triebfeder für die industrielle Revolution.

Kernelemente der von England im 18. Jahrhundert ausgegangenen industriellen Revolution waren die Mechanisierung der Arbeit, die Dampfmaschine als neue Energiewandlungsmaschine sowie die Erkenntnis, aus verschwelter Steinkohle Steinkohlenkoks herzustellen, womit die Verhüttung von Erzen sehr viel effizienter erfolgen konnte als zuvor mit Holzkohle. Kohle und Stahl standen am Anfang der industriellen Revolution; Bergbau und Metallurgie waren die technischen Disziplinen, die es zu fördern galt.

Gewaltige Verdrängungen fanden in außerordentlich kurzen Zeiträumen statt: Kohle ersetzte Holz als Energieträger, Eisen verdrängte Holz als Baustoff, die Dampfmaschine ersetzte das Wasserrad. Obwohl auch jetzt noch Energietransport nur über geringe Distanzen möglich war, kam es zu einer in der bisherigen Geschichte der Menschheit beispiellosen Zunahme der Produktion von Gütern.

Im 19. Jahrhunderts wurde das Transportwesen einschneidend umgestaltet: die Eisenbahn ersetzte die Pferdekutsche, das stählerne Dampfschiff verdrängte das hölzerne Segelschiff. Europa erlebte durch die gewaltige Zunahme der Produktivitätskräfte sowie hygienische wie medizinische Fortschritte eine dramatische Bevölkerungsexplosion. In der zweiten Hälfte des 19. Jahrhunderts wurde das Erdöl neben der Kohle zum zweiten bedeutenden primären Energieträger; Mitte des 20. Jahrhunderts kam das Erdgas hinzu. Ende des 19. Jahrhunderts gelang die direkte Kopplung von Dampfmaschine und Stromerzeugung durch Werner von Siemens. Der elektrische Strom als Sekundärenergieträger erlaubte den Energietransport über große Distanzen und eine dezentrale Energieentnahme.

Die Verknappung von Ressourcen war und ist ein typischer Auslöser für Innovationen. Neben der Erzverhüttung durch Steinkohlenkoks an Stelle von Holzkohle nenne ich zwei entscheidende technische Entwicklungen des 20. Jahrhunderts: die Entwicklung der Kernreaktoren zur Stromerzeugung sowie die Entwicklung von Glasfaserkabeln in der Informationstechnologie. Ohne letztere Substitutionsmaßnahme hätten die Informationstechnologien nicht diesen Aufschwung nehmen können, denn Sand als Ausgangsstoff für Glasfasern kommt ungleich häufiger vor als Metalle wie Kupfer oder Aluminium. Die Kupfervorräte der Welt würden nicht ausreichen, Netze heutigen Zuschnitts zu realisieren.

Der zentrale Treiber der Industriegesellschaft war die Technik. In der späten Agrargesellschaft durch Handel akkumuliertes Kapital wurde zunehmend in Produktionsunternehmen, den Kapitalgesellschaften neuen Typs, investiert. Geprägt durch Mechanisierung und Fabrikarbeit entstand die Massengesellschaft. Das 19. Jahrhundert war von einer unglaublichen Fortschrittsgläubigkeit gekennzeichnet: Wissenschaft und Technik verhießen geradezu paradiesische Zustände für die Gesellschaft.

Das Leitbild Wissenschaft wurde verkürzt zu Rationalismus und Determinismus. Mit der französischen Revolution entstand als politisches Leitbild der Nationalismus, begleitet durch einen zunehmenden Patriotismus bis hin zum Chauvinismus. Eine im 19. Jahrhundert kaum für möglich gehaltene Pervertierung erlebte das 20. Jahrhundert: totalitäre kommunistische und faschistische Systeme übten eine totale Macht über die Gesellschaft durch Technik aus. Man stelle sich einmal vor, derartige Systeme hätten über die heutigen technischen Überwachungsmöglichkeiten verfügt!

5 Die Situation heute

Wie stellt sich die Situation heute dar? Der Übergang von der Agrar- zur Industriegesellschaft war gekennzeichnet durch eine starke Abnahme der Beschäftigten in der Landwirtschaft und eine entsprechend große Zunahme in der industriellen Fertigung. Etwa seit den siebziger Jahren ist bei uns und in vergleichbaren Ländern die Anzahl der in der Industrie Beschäftigten deutlich gesunken, während deren Anteil im Informationsbereich stark zugenommen hat. Wir befinden uns offenbar im Übergang von der Industriegesellschaft hin zu einer Gesellschaft neuen Typs. Welcher Begriff sich hierfür einbürgern wird, scheint derzeit noch offen zu sein. Die Bezeichnungen Informations-, Dienstleistungs-, nachindustrielle oder postmoderne Gesellschaft werden vorgeschlagen.

Entscheidend ist, dass Informations- und Kommunikationstechnologien globaler Natur sind. Sie erfordern Systeme großer Art, Standardisierung und internationale Kooperation. Dies ist im Prinzip nicht neu, denn auch Stromnetze und Eisenbahnnetze machen eine Standardisierung erforderlich. Sich durch die Wahl einer anderen Spurweite beim Eisenbahnnetz vor einer Invasion schützen zu wollen, wie Russland es getan hatte, wäre im Zeitalter der Informationsnetze vollends eine ruinöse Strategie. Die durch Technik erzwungene internationale Kooperation und Standardisierung führt zwangsläufig zu einer Erosion nationaler Macht und zu einer erhöhten Mobilität der Gesellschaft." Der flexible Mensch" wird gebraucht, wie Richard Sennett es formuliert hat. Globalisierung scheint derzeit das zentrale Leitbild in der Wirtschaft zu sein, Liberalisierung und Deregulierung werden als Erfolgsrezepte propagiert. Die uralte Frage, wie viel Markt bzw. wie viel Staat wir uns leisten wollen oder können, ist aktueller denn je. Hervorzuheben ist, dass auch hier wiederum die Technik mit den Stichworten Digitalisierung, Computer und Netze der entscheidende Treiber ist.

Was für ein Leitbild hat unsere Gesellschaft für die Entwicklung und Gestaltung von Technik? Haben wir dafür überhaupt ein Leitbild? Vor gut 200 Jahren sagte Napoleon zu Goethe: Politik ist unser Schicksal. Wirtschaft ist unser Schicksal, so Rathenau vor knapp 100 Jahren. Heute sollten wir sagen: Technik ist unser Schicksal. Nach welchem Leitbild wir Technik gestalten und entwickeln wollen, sollte mit hoher Priorität im politischen und gesellschaftlichen Raum diskutiert werden.

Eines ist heute deutlicher denn je. Technischer Fortschritt beeinflusst mit beschleunigter Dynamik nicht nur unsere Arbeitswelt, sondern zunehmend auch unsere Lebenswelt. Somit betrifft er alle Mitglieder unserer Gesellschaft, auch diejenigen, die sich mit den rasant entwickelnden Informationstechnologien nicht auseinander setzen wollen oder können.

In der Vergangenheit ist der technische Fortschritt offenbar ein sich selbst steuernder dynamischer Prozess gewesen, den niemand verantwortet hat. Ob dies in Zukunft so bleiben muss, oder ob wir uns hierzu Alternativen vorstellen können, soll und muss nach meiner Auffassung thematisiert werden. Natürlich ist Technik schon immer bewertet worden, nämlich von jenen, die Technik produziert und vermarktet haben. Als bisherige Bewertungskriterien reichten technische Kriterien wie Funktionalität und Sicherheit sowie jene betriebswirtschaftlicher Art aus.

Das Leitbild Nachhaltigkeit, das in Politik und Gesellschaft etabliert zu sein scheint, verlangt mehr: Technik muss zusätzlich umwelt-, human- und sozialverträglich seien. Kurz, Technik muss zukunftsverträglich sein.[2] Hierzu benötigen wir eine Disziplin, die mit Technikbewertung oder Technikfolgenabschätzung bezeichnet wird. Deren Etablierung in Lehre und Forschung sowie Institutionalisierung durch geeignete Einrichtungen, in denen Experten der Natur- und Ingenieurwissenschaften mit jenen der Geistes- und Gesellschaftswissenschaften zusammenarbeiten, tut not. Andernfalls wäre unsere Gesellschaft offenkundig bereit zu akzeptieren, dass wie in der Vergangenheit „Technik einfach geschieht."

---

[2] Vgl. hierzu die Beiträge in: A. Grunwald (2002, Hg.): Technikgestaltung für eine nachhaltige Entwicklung. Edition Sigma, Berlin (Anm. d. Hg.).

The Social Shaping of Technology: A New Space for Politics?

Yutaka Yoshinaka, Christian Clausen, Annegrethe Hansen

1   General introduction

The social shaping of technology (SST) perspective has developed as a response to techno-economically rational and linear conceptions of technology development and its consequences. It has brought together analysts from different backgrounds with a common interest in the role of social and political action for socio-technical change. Thus, SST is a broad term, covering a large domain of studies and analyses concerned with the mutual influence of technology and society on technology development. In this chapter we emphasise the political dimensions of social shaping, through a focus on the socio-technical processes entailed in technology development and change. Our perspective is based on the understanding that technological development is a social process. As such, it unfolds through processes with political implications, involving actors, occasions and strategies that help bring about technological change. Our intention is to pursue a broader view on the political dimensions of technological decision-making, and a broader treatment of socio-technical space, maintaining a focus on the inclusion and exclusion of actors, salient issues, and how they are dealt with and resolved.

Our analysis is based on lessons from a distinct selection of Danish technology assessment (TA) initiatives which provide the basis for illustrating this point. How influence comes about, not in a deterministic sense, but that things could be otherwise, in contrast to traditional technical, economic or social rationales. Furthermore, that such influences produce effects, which are non-neutral and distributed, as the processes of shaping themselves have been. Despite the claimed use of the social shaping concept in the assessments, the SST perspective in the respective Danish assessments do differ in a number of respects – institutional background, theoretical background, participatory ambitions etc. – the consequences of which will also be discussed.

The chapter develops the notion of SST through socio-technical spaces. Here a heterogeneous set of elements, comprising of techniques, social actors, attribution of meanings, and problem definitions, etc. together set the stage for technology development. Within the framework of socio-technical spaces, the TA activities are analysed to illustrate how social shaping can be identified in a range of instances: from actual influences on specific technology developments, to influences on larger societal discourses and policy conceptions.

Shifts in the boundaries of the socio-technical spaces, through the inclusion and exclusion of actors, are demonstrated to have opened up new dimensions of technology. It is claimed that these activities may all be characterised in terms of 'social shaping", that is, they all extended the scope of technology analysis, actors and consequences, compared to more traditional industrial and industrial policy analyses. We suggest that the SST perspective will contribute to the further consideration and development of TA strategies and technology policy.

Our interest in exploring the SST perspective in relation to technology development and TA has mainly two motivations. On the one hand, there has been an interest on our part in the analysis of specific technologies and technology developments, both first hand, as well as learning from insights of colleagues, into the mutually shaped character of the social and the technical in processes of socio-technical change. On the other hand, there has been an interest in exploring the concurrent role of social shaping in the creation of socio-technical spaces, in which certain actors experience inclusion and exclusion. TA activities are one example, in their diversity, of such a space.

The final discussion will deal with the different ways in which the social shaping worked, and how spaces changed through the creation and repression of particular spaces. Our claim is that from an SST standpoint, TA has broadened the influence of a range of social actors on technological development, at various levels of technological change. TA has contributed to the shaping of technology through social processes and with political implications, via the allocation of resources for analysis, debate and participation, and thus the creation of new spaces. Constructive use of the dimension of influence for reflexive strategies in technology development and in TA, open up to how critique may be raised and how complexities of the socio-technical processes of change may be dealt with. Rather than a reductionist and thus narrow range of interventions, TA strategies may broaden the spectrum of actor positioning and of localising and sizing up the socio-technical political arena.

2 Socio-technical spaces and political processes

2.1 The technical, the social, and their mutual shaping

Approaches such as Actor Network Theory (ANT) and Social Construction of Technology (SCOT) are characterised by their *lack* of any absolute distinction between technology and its social context (Callon 1986; Pinch and Bijker 1987). SST as a tool for analysis has developed since its inception, and has increasingly come to include the viewpoint that the technical and the social dimensions are intertwined and must be regarded as one common unit of analysis (Williams and Sørensen 2002). Technology and society are seen as co-constructions, mutually shaping one another. They are to be studied, for this reason, without any sort of *a priori* distinction, as to whether a problem may be legitimated as being distinctly technical, or social, in scope. The SST approach to technological change is then, not to be concerned with technical, social or economic forces as sole attributes determining the course of technological development or outcome of change. Rather, the technical as well as the social contribute to *socio-technical* transformations, and constitute stages, situations and actions in the process.

SST's treatment of the technical and the social therefore deals with these dimensions as *negotiated* orders – in how problems are raised, as well as in how they come to be resolved. In this light, technology manifests socio-technically accomplished characteristics, as outcomes of negotiations among involved actors (e.g. at the exclusion of some, in relations to others). Furthermore, negotiations come to entail problem definition and resolution, as to what is deemed technical vs. social. What kind of problems may be raised regarding the technology, at which times, by whom and for whom, are matters that form the basis of negotiations that unfold, part and parcel of the process of technological development. Through these processes, the boundary between the technical and the social come to be drawn, in the complex dynamics among social actors and their relation to the technology. The boundary and its shifts influence the scope of action that may be exercised by individual actors upon the technology, where particular facets of the technology are opened up to problematisation and are worked on to accommodate particular needs (Latour 1992). Actor-visions, strategies and resources play into these dynamics, and particular actors' status may change as a consequence of such interactions. The social dimensions of the technology too are shaped, to support and to sustain particular needs, e.g. through the establishment of new actors and institutions. This mutual shaping takes on the form of socio-technical co-constructions, through what may be characterised as a series of socio-technical trade-offs.

The SST approach may seek to identify spaces and situations in which socio-technical change can be analysed, addressed and politicised. But instead of taking the driving forces or the concerns for granted, the approach opens up for a wider basis of action as to what may be deemed salient, as well as to what the scope of relevant actors, their positions, and their interaction may entail. In this regard, the SST approach is sensitive to political processes through which actor positions are identified, negotiated, and redefined, in conjunction with the way technology becomes manifest. From this perspective, the socio-technical issues and problem-solving strategies through which technology development may be addressed, and influenced, take on more varied and tangible dimensions. Focus remains on the part of the range of (possible) relevant actors and their condition of involvement. We will elaborate on this point with the aid of Danish TA cases as illustration.

2.2   Revisiting TA to illustrate social shaping concerns

SST's line of inquiry is of particular pertinence from the standpoint of TA. For example, the early *reactive* approach to TA was unable to confront technology in terms of its societal context, in its attempt to rectify deficiencies in technology by way of hindsight. It failed to take hold of many of the early options (and conflicts) that may have existed, but were not explored, in the development of a particular technology. What followed from such TA was a narrow range of solutions (to technical problems worked upon by experts) identified after-the-fact through primarily technical means.

The more *proactive*, comprehensive approach to TA emerged in Denmark in the late 1970's and early 1980's together with a *dialogue*-oriented approach. This entailed, in turn, some possibility of addressing *potential* negative impacts of technology. A broadened spectrum of initiatives for promoting constructive technological development was thus laid open to exploration, in accordance with societal needs (Remmen 1991, 1995). Although these newer initiatives in Danish TA have, to some extent, reflected concerns which parallel SST (Hansen and Clausen 2000), they still share with reactive TA the basic idea that technology impacts (that is, determines) society in particular ways. This idea must again be seen in contrast to the view that technology and society are mutually shaped. SST's pertinence in this respect lies in that whatever 'impact' technology is seen to bear on society, the social is implicated in how these deficiencies manifest themselves (on some social actors) and are sustained (by other actors). There are, in other words, problematisations and choices in the process of technological development that were once open to discussion and influence, yet have failed to be addressed, reflected on, or pursued. Such deficiencies come to manifest themselves as 'impacts'. The choices are, from a social shaping standpoint, significantly variable in the degree to which they may be open to influence and intervention, and significantly harder to open up to scrutiny and intervention once they are closed.

So the framing of TA activities on the notion of 'impacts' is problematic, as impacts themselves are complex entities that are constituted among actors. Technology's 'working' attributes are a product of how these attributes manifest themselves in an interplay with individual actors' interpretations and strategies, constraining and enabling the actors' particular scope of action. Success and failure, are thus treated in a symmetrical way (Bijker 1995). In this respect, specific TA strategies may be analysed and valued or problematised for their role in a social shaping process.

2.3 Technology and socio-technical spaces of shaping

Activities facilitating technological transition through promotional programmes or implementation of new or alternative technology serve as occasions, which highlight existing practices in relation to visions and strategies of change. The problem issues that may be involved are more often manifold, than merely a question of whether or not to facilitate a transition through regulation and promotion. By problematising technological development and the implication of social dimensions in its various stages and contexts – from inception to design, planning, implementation and uses – SST allows for identification of ways of organising the shifting socio-technical agenda and interactions of relevant actors. The ordering among the actors and their positions with respect to technology development helps underscore, that there is some degree of openness that may be attributed to the technological issues at hand, indeed that issues are relative and flexible to interpretation (Bijker 1995).

In the social shaping perspective, technological development is in this way guided by a notion of actors-as-bearers of (and as such, a notion of such actors' room for manoeuvre in) the institution and sustenance of technical change. Particular problem issues and their actor configurations represent at particular points in time, particular spaces of influence on the course and nature of the technological development. However, actors succeed or fail in the recruitment and mobilisations of others through strategies entailing elements of collaboration, participation and influence. In this process, certain actors, particular issues, as well as socio-technical choices are either included or excluded from the realm of the technological problem being worked with. Technology development can thus be analysed as socio-technical processes in particular spaces constituted through processes being of a political nature in their working and outcome. The reciprocity of influences between promotion of technological development and implementation and social mechanisms to modulate its integration into the social fabric (including facilitative and regulative measures) are to be understood not as 'centrally controlled' but as unfolding and distributed – with some degree of coordination by the actors involved (at times in tension between actors with contradictory agendas). Such interests as to social shaping relate not only to the conception and development stages of technology, but also to the implementation and routinisation technology into local contexts of practice.

Through the notion of socio-technical spaces, the location, characteristics, and boundaries of such openings will be dealt with. Here, the original idea of 'social spaces' in SST (Clausen and Koch 1999, 2002), has been further developed as *socio-technical spaces,* thus denoting the heterogeneous nature of the elements which constitute and influence such a space. Generally speaking, the spaces are reflected in the diversity and differentiation of the involved actors' visions and strategies entailing the development at hand, as these actors and their actions begin to unfold and relate to one another. The degree to which there are such spaces, in which actors' scope of action and particular strategies may be pursued, is not necessarily something that *all* actors are aware of, and can equally share. The spaces are, themselves, also constituted and have an unfolding character in the actions of actors, while some actors enter the scene of development at a later stage than others. Viewed from an analytical standpoint, the openness reflects that indeed, technology is open, in various degrees, at various stages, and at different levels, influenced through social actors and by socio-technical means.[1] This scope of influence for the individual actor is albeit dependent on the actor's positioning (resources, alliances, problem issues) in relation to other actors. As technologies inevitably play a part in the mediation of social relations, although short of determining them, they occasion the meeting as well as contrasting of perspectives and

---

[1] Please compare the paper of Armin Grunwald included in this volume with respect to the issue of the malleability of technology.

interests. The processes of change are thus interesting from the view of how technology and actor positions are addressed, and how technology development and problem issues are raised and played out in the process. Social shaping provides a theoretical and methodological anchoring to such inquiry. The SST is therefore well suited for analytically organising socio-technical spaces, for exploring and expanding the potential social and political choices.

3 Cases: Spaces for social shaping in Danish TA

3.1 Introduction and methodology

The motivation for using TA experiences as cases for illustrating the SST perspective in technology analysis, has been the explicit acknowledgement of conflicts and negotiations of technology development, which was a part of the structuring of the Danish TA activities. In contrast to the traditional US OTA approach, 'unintended consequences' were neither regarded as interest-free nor, in some cases, even unintended, in the Danish approaches (Teknologirådet 1980, Teknologistyrelsen 1984).

In the following, examples of Danish TA activities from over the past 20 years will be referred. Danish TA activities have been read, in their own right, as well as in perspective, to demonstrate the social shaping dimension in TA, and in turn, also the role of TA in the shaping of new technologies. It has been the aim to contribute to a growing body of research on 'social shaping of technology' by identifying the variety of understandings in different TAs. However, for the sake of the technology assessors, it should be noted that the 'social shaping' *term* has been used explicitly, only in a few of the TAs themselves.

Despite a strong element of social shaping of technology in the Danish TAs, the assessments were carried out from different theoretical, institutional and political perspectives. These are presented in the following account of Danish TAs, emphasising the roles of diverse actors, their strategies and the outcomes in terms of TAs' contribution to co-shaping of technology and society. The notion of 'socio-technical space' for the social shaping of technology is used as a guide and as a tool for analysis, to characterise TA projects and the broader perspectives they are part of.

Sources for the historical account are a number of TA background reports, the TA reports themselves, as well as analyses of the TAs in question. Reference to outcomes is made from the original TAs, evaluation reports of the assessments, and to some extent, also from the authors' own experiences. Aims as well as secondary or unintended effects are analysed as basis for a discussion of the character of the 'social shaping'. Our interest has been here the role of the actual TAs; if there have been discrepancies in the aims of the funding and the executing institution, these have (mostly) been omitted in our analysis.

3.2   Comprehensive TAs in IT and in biotechnology

Some comprehensive TA projects within IT and biotechnology serve to illustrate the shaping of technology through a space dealing with technology policy and regulation. For government undertakings in both the IT and the biotechnology domains, there had been an awareness and recognition in the studies as to potential actor interests. From their very outset, the TA activities represented a diversity of viewpoints concerning the technological developments in IT and in biotechnology, and the assessments aimed at uncovering these viewpoints, as to let them be included in policy and regulation. The TAs themselves, thus played an active part.

The TA projects on IT were undertaken as part of the Danish government's industry-related stake on IT development in the beginning of the 1980s. It reflected the efforts by the government to facilitate IT development through national policy initiatives aimed at promotion as well as the removal of potential barriers, whilst attending to unintended consequences related to the technological development by suggesting regulative measures. Similar, although more modest initiatives could be found in new biotechnology programmes also.

In a range of comprehensive IT projects, the technological visions of an array of actors were uncovered regarding innovative IT-based services, and potential consequences for employment, industrial structure, and public investments were analysed. It was demonstrated how liberalisation in some cases lead to the offering of new services, while the lack of regulation and standards in other cases limited innovation.

The assessments were focussed on the financial service sector, the retail sector and the news and information services, where the policy aims were directed at the concurrent development of new services and sector structures. The representation of relevant actors, and their particular interests with respect to developments in the IT domain, varied between projects. In some, interest groups were directly included in the analyses via interviews and participation, while in others, consumers and users were 'constructed', in anticipation and as a basis for market estimation and technology development. Here a broad range of consumer and user preferences were envisioned, encompassing private consumers' trust, as well as degrees as to their ability and willingness to communicate about private economic matters via the computer.

The strong anchoring of the IT-based TA projects in the existing and potential actor positions point to the opening up of the scope of issues that may be relevant and useful to address even in the early stages of IT development. These issues are not pre-given in the technology, isolated from users and situations of use. They manifest in the technology's confrontation with users in the course of its development, where actor visions and preferences indeed come into play in differentiating how particular aspects of the technology are elaborated. Technology is thus shaped with respect to users, and how particular configurations of users come to be elaborated, in anticipation of the technology's potential and its concrete integration into practice. Neither technical nor social dimensions are thus given beforehand, nor are they absolute and unaltering. They together transform how technology is constituted in social settings and shape socio-technical change. In turn, the implications are that who are included in the space constituted by TA, and who are left out, bear upon the course of shaping that the technological development takes on.

The TA projects on IT consequently contributed to economically dominated industrial policy: on the one hand, by demonstrating the mutual shaping of technology and interests, and on the other hand, by revealing the roles of structural conditions, potential users and technophilia critique in technology development.

The actor orientation had a similarly notable placing in the biotechnology assessments. These were characterised by the identification of interest groups and their respective resources, as basis for exploring potentials for a socially and environmentally acceptable production structure. The biotech TAs covered the majority of industrial sectors in which new biotechnology was expected to find application, including the pharmaceutical, food industry, energy, chemical and agricultural sectors.

Biotechnology-related visions, concerns and actions of a wide-ranging scope of actors were surveyed and reported, regarding salient biotechnology as well as regulatory and policy developments within the domain. The actors represented R&D institutions, companies, environmental and consumer organisations, trade unions, industrial associations, agricultural and pharmaceutical organisations, as well as patient organisations etc.

The assessments basically assumed, a priori, that industrial and technological structures would be decisive for the rate and direction of biotechnology development, were these left unquestioned. However, at the same time, they construed TA as a facilitator for raising relevant questions on behalf of interest groups with limited resources, making a difference on the rate and direction of development in biotechnology. In other words, the biotech TAs aimed at giving voice to groups that were affected by intended as well as unintended consequences. They contributed to the shaping of technology by pointing out the negative environmental consequences and the lack of research on any alternative courses of developments within biotechnology. They provided inputs to public and political debates within this technological domain. Here environmental organisations such as the NGOs, critical academia (both researchers and students), as well as new regulatory institutions played central roles for bringing this focus to the fore and for influencing subsequent environmental regulation.

The comprehensive TAs also came to form some of the basis for other types of more constructive activities among affected groups. Via the identification of potential technological 'development paths' and via the construction of 'users' or the (potentially) 'affected', the TA activities formed a basis for both regulatory negotiations and supportive/counter-activities.

So despite very limited ambitions for direct participation of alternative actors and interests, or for the co-shaping of technology in these comprehensive TA projects, silent actors (and issues) were given a voice. They became participants nonetheless, in discussions concerning telecommunication and biotechnology developments. Inherent and unintended consequences expressed by alternative actors were extensively reflected in the broad technology development debate.

Technology development within these domains were thus shaped, by the insights that were drawn by a diverse range of actors involved in and affected, through social learning and experiences in the initial TA strategies and lessons which the processes had come to bear.

3.3 TA on working life IT

A large number of working life TA-projects are found within IT, and are the TA activities with the strongest, and most explicit social shaping agenda. The assessments emerged from critical research and student activities within engineering and sociology, and from critical consultant and GTS activities on socio-technical aspects of new production technologies. Most of the assessments were carried out in cooperation with trade unions. These assessments were mainly initiated by researchers and consultants with a perspective of having an active hand in improving working environment, through a combination of technology and organisational changes. The choice of strategy for participatory TA was consequently highly coloured by sediments of former policy and change concepts, which had been tried out in a range of collaboration projects between company management, employees and shop stewards.

It was essential for many of the working life IT projects to explicitly include user demands and ideas as well as workers' knowledge in technology development. Another central feature in many of the projects was to address the trade unions' possibilities for influencing IT development. Potential consequences for employment, qualifications, working environment, work organisation, redundancy and the like were analysed as outcomes of technological and organisational change. In relation to these issues the space constituted by TA on working life IT concerned itself with the active problematising of the occasions and timing of change, to explore choice as to technological options and design.

Examples of analytical projects were the FMS (flexible manufacturing systems) and CIM (computer integrated manufacturing) projects. According to the Danish Ministry of Industry's Technology Administration, analyses included:

- working conditions (work health, wage systems, work organisation etc.)
- qualifications and training requirements (demands for new qualifications and qualifications made superfluous)
- possibilities for influence on technical and organisational choices
- competitiveness and developing systems for small enterprises
- employment possibilities for different occupational groups

The idea that FMS and CIM would have specific potential consequences, as named above, was abandoned for approaches emphasising instead the socio-technical character of technological change. Outcome was here dependent on the chosen solutions and the processes of change, drawing into the premises of the analysis the actors involved and the spaces which constituted particular strategies for raising problem issues and approach to their solution.

The approach to technology was one of exploring (through participation) strategies for influencing implementation. Opening up for the involvement of workers as future 'users' of the technology, was to contribute to the organising, coordinating, and decision-making surrounding *potential* choices with respect to their existing experiences with work processes, and immediate knowledge and competencies which the work involved. While the assessments were in tuned to some pre-given organisational and work conditions as having bearing on changes entailed in the implementation of new technologies, they remained, at the same time, open to exploring possibility for change from the standpoint of workers, where these conditions were actively exploited. In this sense, the technology was open to influence both in terms of pre-existing organisational and work practices (and needs), as well as in terms of the potential for socio-technical transformation in new organisational and work practices.

The UTOPIA project was an example of a more constructive approach, aimed at developing collaborative methods in technology design. Here a number of professionals comprising of graphic workers (printers), computer experts and sociologists, succeeded in developing a software system together, for graphic text and image processing. This system successfully integrated the working life and training demands of workers and trade unions. Other TA projects were carried out, aimed at reducing Tayloristic and hard labour conditions that had been a consequence of previous technological development in the large abattoirs (Jørgensen 1988) and in the fishing industry (Remmen 1991).

These working life projects contributed to distinct normative elements in the social shaping approach in their efforts to recruit workers and trade unions as 'actors': in the FMS/CIM projects by pushing for an analysis of the scope of action and the potentials for participation and training; in the abattoir and fishing industry projects by supporting alternative solutions locally; and finally, in the UTOPIA project by letting researchers and workers participate directly in design of technological solutions. This recruitment was at least partially successful, in that technology policy became a more explicit strategy of the trade unions and that participation in technology development was demonstrated as a possibility.

More optimistic observers have pointed to the positive and active role of workers in technology and institutional development; however, analytically, the outcome of the social shaping processes of technology and working life was highly debated, since the workers' and trade unions' influence on technology development remained limited.

In later years, the inclusion of actors within the space of participatory practices in TA, and the discourse surrounding the rationale for such inclusion, has shifted. Trade unions no longer participate – in some, they are explicitly not being invited. Whereas the ambition in the earlier TAs was to enhance workers' influence on the working environment, employers' arguments for current employee involvement are based on an efficiency and market point of view.

3.4 Social experiments in ICT

Another substantial TA activity in IT from the 1980's took the form of 'future experiments' in peripheral and rural areas. These IT-projects had normative social shaping ambitions by participative experiments and the inclusion of potential users. In addition, they demonstrated constructive influences of participants on both technology and market developments.

The planning and implementation of these technological experiments, which were funded by the government, constituted an important part of the Danish TA dialogue and participatory experiences with the use of ICT and the development of a new telecommunication infrastructure (Cronberg 1992). They were carried out primarily by the Institute of Local Government Studies in conjunction with university researchers, out of a concern about regional and labour market concentration and marginalisation resulting from ICT development. There was an element of constructive policy formulation implied in the TA activity, where the Institute of Local Government Studies stood for the formulation of policy suggestions aimed toward the exploitation of the new technologies in the peripheral areas. The experiments included the establishment of tele-communication centres which provided interested local inhabitants with telecommunication devices and related artefacts, as well as professional guidance and courses in word processing and small enterprise book-keeping.

The activities represented a space in which ICT underwent direct social shaping with respect to user-situations, by way of appropriation. The experiments provided learning among potential users about the technology and about how to organise user learning. Reciprocally, R&D as well as suppliers of the devices learned about non-professional users and use, who had a different set of expectations than may have been anticipated in professional and established use-settings. Through these experiments, both suppliers and users contributed to new services and markets in their inception.

A concrete illustration of the contribution of such experiments to the development of new technological applications can be found in Cronberg (1992). Here a group of farmers developed the idea of establishing a video-link from the stables and fields, to their local veterinarian and the agricultural extension service (plant advisor). This was meant to fill the gap between telephone calls and on-site veterinary visits and designed and expected to be of use in disease or pest diagnosis and prevention. The idea led to the identification of a range of new market opportunities and to further experimental work in company R&D departments.

The positive conclusions about 'influence' have been criticized for applying only in very specific situations, i.e. that these experiments failed to affect the overall trajectory of ICT development. The criticisms deal, in part, with the experiments having being far removed from the main 'centres' of technological design and development; having the character of simply extending use of a concurrent development, yet failing to seriously question the technology-push rationale of major actors in the field, and the broadband network aspirations of the ICT industry and government. The technological development, despite the ICT experiments, was driven very much by the IT industry, in line with the government's technology and R&D policies. From a social shaping perspective, however, one may question the critique. To what degree overall initiatives in technology development or policies come to determine individual and situated uses, is just as problematic an assumption as would be the idea that the outcome of local social experiments necessarily need to be assessed in terms of their impact on the industry strategies. The notion of spaces would attempt to come to terms with such shortcomings, emphasizing the bridging that the notion can contribute to, between such spaces of development (the situated setting of social learning, and the sites of technical innovation by the major actors).

Despite traces of participation in IT technology development, and despite the fact that participation has become part of the rhetoric in IT management, a marked difference can be noted in the participation agenda between that of the mid-1980's and the late 1990s in Denmark. This, in turn, has implications for what is meant by social shaping. Whereas the experiments in the 1980's were driven by visions of IT as 'enabler' of growth (whether in peripheral geographical regions or among the socially marginalised), the participatory visions of the late 1990's deal with rationalisation, intended to make person-to-person services superfluous. The participation which characterises ICT developments in the 1990s (Danielsen 2001; Fuglsang et al. 2001), is thus still relevant as being constructive and participatory in perspective, and as such relevant for social shaping. But it is much more pragmatic and perhaps less reflexive, with a delimited focus, on a much narrower group of participants.[2]

3.5   A Danish approach to consensus conferences

As a TA activity on a national level, Danish consensus conferences represent a highly institutionalised, yet fairly open space for problematising technology. This form of TA is aimed at prompting and stimulating public debate, occasioning public interest and awareness in technology from a variety of perspectives. It also has the aim of ultimately influencing public policy, primarily through the formulation of a summary document prepared by a lay panel, providing input to politicians with policy suggestions with respect to the technology in question.

The consensus conference constitutes a space for social shaping involving the hosting institution (e.g. the Technology Board) and its practices (for selection of participants and organising the debate), the organisational principles, the lay panel, the experts, media coverage and the responding politicians. As a TA activity, it thus points to the involvement of a range of actors who take concrete action in bringing a set of issues to debate and elaboration. The issues may be rather

---

[2] Research into ICT-based management concepts suggests that the participatory aspects are even less prevalent in the US versions of these concepts than in the (northern) European adoption of these concepts (Clausen et al., 2001).

diffuse in the planning stages, but in the course of the conference take concrete form.

The space that is constituted by the consensus conference is one in which the lay panel is initially enrolled by the host, and subsequently actively contribute to the agenda-setting and mobilisation of other actors, such as the expert panellists. In the process, other actors such as the media and the general public are recruited by way of particular problem issues of interest raised in the course of the conference and the elaboration, clarification, and finally some form of consensus regarding what has been addressed.

To date, consensus conferences have been held in Denmark on a range of topics, including biotechnology in industry and agriculture (1987), mapping the human genome (1989), infertility treatment (1993), gene therapy (1993), and GMOs (1999), but to name a few.[3] The initial selection of a particular topic of consensus conference is undertaken by a host institution, (e.g. the Technology Board), in response to suggestions from parliament, groups of concerned citizens or from the TA community.

Danish consensus conferences illustrate that technological development is amenable to influence, through a space in which particular actors and their interactions draw the contours of social discourse and specific problematisations concerning the technology. The lay panel, to a great extent, contributes to the initial opening up of viewpoints and to the setting of focus as to what aspects of the technology may be put to question. They mediate and form, in some sense, the relations between experts and policy makers that the Board of Technology, as a traditional facilitator, cannot. The lay panel has to a great degree influence on the issues it wants to address, through its role in the composition of the expert panel.

Consensus conferences have created a space in which the public may be of influence in the process of technology development. Both with respect to the actual holding of the conference and its central element of lay panel participation, as well as in the public debate which is prompted through the media, the public is constructed as an actor with a part to play in potentially influencing political agenda. Many questions would otherwise not be formulated and reflected upon so extensively in public; and actors with different positions would not be confronted with one another without the consensus conference setting.

But the consensus conferences also play an important role in the widening of disciplinary and interest-based debates, while it serves to sustain and broaden a common socio-technical discourse. For example, both biotechnology optimists and biotechnology sceptics are confronted with questions of utility, negative consequences and with ethical aspects. Consensus conferences have demonstrated a

---

[3] The background for the many biotechnology-related consensus conferences (and other biotech activities) was the allocation of TA funds from the biotechnology programme to the Danish Technology Board in 1987. Some of these resources co-financed a number of the biotech consensus conferences. In addition, the Board of Technology redistributed a substantial part of the resources to NGOs research and debate activity, and to debate-creating activities within organisations for public enlightenment.

public interest in systematically putting up complex technological topics for debate. It has cultivated a public tradition and expectation with respect to the public's (lay panellists') competence in formulating technology policy in a manner that is of public interest. Also in political and government bureaucracy discussions, much broader views on technology development and the roles of different actors are considered, as a result of the inclusion of a lay perspective on expert knowledge by way of consensus conferences.

4 Social shaping perspectives in TA

As demonstrated, Danish TA activities were formulated on the background of a strong technology policy agenda on the one hand, and on technology critique on the other. The critique built on a variety of existing research and organisational activities: critical research environments within natural science, social science, and the humanities, as well as NGO and trade union activities. Although TA activities were often based on ongoing activities and reflected current research and policy agendas, they were defined separately. They were characterised by being transdisciplinary but each used different theoretical approaches and strategies for dealing with social and technical dimensions. From our reading of the Danish TA activities, we have identified and presented four different socio-technical spaces of TA activities, characterised by their different agendas, actors, institutional settings and theoretical approaches. In this section we will discuss the spaces and their strategic potential in the co-shaping of technology. The theoretical departure of the TA strategies is an important key to understanding the framing and ordering of the technical and social dimensions, the perceived roles of players and institutions, and the localisation of relevant TA spaces.

The comprehensive TAs had a strong evolutionary economics component and, in the case of new biotechnology, also a strong component dealing with risk and environmental consequence analysis, based on the natural sciences. The more or less prevalent Marxist component, however, came to the fore somewhat differently in IT and in biotech assessments, respectively. Whereas in IT assessments, the structural analysis described a rather 'fixed' technology development in which the state was regarded as playing a central role as regulator, in biotech assessments, with their enrolment of a larger number of interest groups, a more distinct role was assigned to these interests in technology development and regulation. On the one hand, industrial technologies were thus given a very central role in explaining societal development; at the same time, however, it was claimed that the privileged role of technology developers could be altered a little, by giving employers and citizens a voice or a platform for participation.

The Danish Ministry of Industry was the initiator of both comprehensive IT and biotech assessments. The IT assessments were co-funded for a longer period by different ministries, which contributed to the IT assessments' more explicit policy addressees. In addition to ministry support of the assessments, telecommunication companies also contributed to the funding of the assessments - and later also to financing research and education. This closer relationship to especially the ICT industry potentially narrowed down policy recommendations. The biotech assessments with their more explicit inclusion of a larger variety of actors contributed to broader societal debate but (consequently) were also weaker on specific policy suggestions. Contributing to this was the presence of a larger variety of actors in the public debate on biotechnology. Environmental, consumer, third world and other organisations were very active in initiating public debate and influencing policy. Finally, differences in the character of the two technologies may contribute to the ways questions are asked and by whom.

Many of *the working life projects*, with their origin in a combination of backgrounds in engineering and/or computer science, industrial consulting and trade unions, had a more direct participative as well as explicit social shaping agenda for TA activities. The assessments had the positive ambition of influencing technology development and organisational structures through worker participation. In some cases this perspective was extended, to include a combination of diverse perspectives from traditionally separate spheres of design/use or production /consumption.

In addition, the majority of the working life projects had their background in industrial sociology. Thus, the assessments on the one hand emphasised the role of the pre-given conditions for change, and on the other hand, acknowledged the possibilities for employees to analyse and exploit these conditions as stepping-stones for change. With the trade unions' co-funding of training and participation, the assessments became a supplement to more traditional trade union policies of regulation and technology – as well as compensation agreements.

Although participatory TAs are referred to as having influenced participatory practices in technology development, the participants invited, and the reasons why they were invited, have shifted. In the referred current participatory projects, trade unions play a more marginal role – in some they are explicitly not wanted. Whereas the ambition in the earlier TAs was to enhance workers' influence on the working environment, employers' arguments for current involvement of employees are based on an efficiency and market point of view.

The *ICT experiments* were influenced by being formulated by the Institute of Local Government Studies-Denmark. Reference here was to the concerns about consequences of ICT for rural and peripheral communities. Contributing to these concerns was the calculated cost of connecting the peripheral communities to the net, calculations which were made in some of the comprehensive TAs (Falch et al 1994). The experiment-based TAs had the normative ambition of showing the importance of connecting the peripheral and rural areas, not only by projecting the negative consequences for these communities, were they not connected, but also by showing potential gains for the communities in the active training and involvement of citizens. It turned out that these groups also became important in constructing new markets and new applications of ICT.

Like the working life projects, the assessments were successful in constructing the active inclusion of actors in the shaping process. It was a point in itself to demonstrate the possibility of constructing this participation and thus extend 'social shaping' with otherwise excluded actors.[4] Compared to the working life projects, the ICT *experiments* had a larger element of 'educating users'. But as mentioned, the projects also showed elements of direct social shaping, where participants suggested new applications and new markets for ICT.

The Danish Technology Board's *consensus conferences* were much more closely related to the political system than the other TA activities discussed, first, with their parliamentary, and later governmental, status. The results of the conferences were commissioned to be communicated to the Parliament and other political decision makers. In this way, decision makers were presented with the consensus as well as with nuanced views on certain technological developments.

The Danish consensus conferences have become an important source of information about issues dealing with technology. This is especially true for the case of politicians, but also for many interested individuals amongst the general public and professionals alike. The lay panels raised a number of common concerns regarding new technologies, concerns which had increasingly been excluded from technology development and policy. An important role of the consensus conferences was thus to contribute and expand agendas for political, public, science and company debate.

Without having any pretence as to being representative in its constitution, the lay panel fulfils its duties with neither predefined nor vested interests. Consensus conferences have contributed to the construction of 'the lay', an alternative group of actors, mediating through their presence and active involvement the relations between politicians, professional groups, and the public at large via the media. Otherwise silent actors are, in this way, given a platform for influencing technology policy, regulation and public as well as professional debate.

5 Concluding remarks

The social shaping of technology approach is basically aimed at analysing social shaping processes from a viewpoint, where the technical and the social dimensions, success and failure, are treated in a symmetrical way. In this respect, specific TA strategies have been analysed and valued or problematised for their role in a social shaping process. But the SST analysis may also serve as a reflexive basis for social learning processes and strategic considerations in the application and staging of TA. This could be concerned with the choice of TA strategy as well as the identification of relevant actors, their respective technological visions, and

---

[4] However, the motivation for the assessments, i.e. of supporting and integrating the marginalised in the peripheral areas, is now somehow reversed. A number of newer university research argue, perhaps with stronger actors as their focus, for IT as a means of connecting academics and highly qualified people in the peripheries with the centres, and seeing these actors as the ones who would contribute to the survival of local their communities.

the framing of relations between actors themselves. SST perspectives may help maintain a focus in the specific application of a TA strategy and guide the translation of relevant interests into strategic concerns in order to widen the scope of social influence and social choice. SST can in this way be seen as a perspective, suited to open new insights in ways and spaces where technology may be treated and influenced by broader players and interests than is normally the case.

A socio-technical space for shaping implies a context, where socio-technical ensembles can be analysed, addressed and politicised. As we have illustrated, 'space' is mainly an occasioning as well as a result of socio-technical processes, where social players interact with each other and with technological artefacts and programmes for change. Some actors and agendas are included in such a space, leaving others excluded. But, as we have illustrated, a socio-technical space can be seen as a target for strategic concerns in TA and other concerns about socio-technological change. A space for shaping of technology can be framed by a TA concept along with its general approach, methods and actor network building capacity and the institutional context of its application. A TA project can also play a role as co-constituting a socio-technical space for shaping of technology. Here, the shaping is an immediate outcome of its broader framing of technical and social dimensions and its interaction with the driving technological players, their visions and promotional programmes. In a broader sense, the notion of 'socio-technical space' can capture the interaction between transformative and conserving powers, leaving open a potential space for political action including a range of different players, agendas, interests and perspectives.

An important mechanism to open a new space or widening an existing space for shaping technology is illustrated in the meeting between diverse perspectives on technology in Danish TA activities as demonstrated above. The TA activities and the methods developed to a large degree responded to, and gave voice to, various new 'actors', NGOs, trade unions, local communities, consumers etc., in public debate as well as in technological and societal development. The assessments contributed to the construction of users or participants in the social shaping, either by making users and participants aware of certain developments and thus leading to action, or by making, for example, politicians and companies aware of the silent users or non-users. TA activities also created a space for problematisation as well as acceptance of technology and it contributed to new recipes for its use and to the translation of user experiences into new methods of design of socio-technological systems. Some projects established themselves as participants, not only in relation to the policymakers, but also as developers of competent laypersons in policy debates, as mediators between design and use, and in relation to a broader socio-technical space for technology development with many different players as well.

We have pointed at some lessons from Danish TA, calling to attention potentials for turning concerns about technological development into new strategies for dealing with more reflexive outcomes of change. This should however not be interpreted as new technology optimism, believing in the finding of new and unproblematic ways to control technological change. We have also pointed at the limited outcome of Danish TA in terms of direct influence on technological change. But our main concern has been that the ordering of the technical and the social, the thoughts and strategies behind such ordering, may be as important as are the established order and power relations, especially in specific construction processes.

TA activities, as explicitly designated activities, have almost disappeared in Denmark, with the exception of the Technology Board and health care TAs. Even so, TA elements and experiences are to be found in a number of new approaches, in academics as well as in company and policy strategies. Examples of the use of technology analyses, consequence and risk assessments, and assessment methods can be found in action oriented working life research, in socio-technical systems design, and in environmental management as well as top-down oriented change programmes related to quality and environmental management, etc.

Some of the analyses and assessments, formerly labelled 'TA' are now found within the broad framework of social shaping of technology (or 'science and technology studies', 'science, technology and society' and the like) in some university curricula and research. The SST approach allows analysis of the role of technological agendas, societal agendas, participation, and structural and political conditions as dynamic elements in the construction of socio-technological developments. Hence, TA is seen as one element in the social shaping of technology – as policy instrument, as recipe, as space creator or problematiser – interacting with all the other elements in the social shaping of technology. So, even though the TA activities (as single approaches) have demonstrated limitations for a broader understanding of the socio-technological context, we claim that TA played (and still plays) an important role, for the wider dynamics in the social shaping of technology. And that TA, instead of being regarded as single events, should be treated, valued and analysed as an important contributor to the social shaping of technology and to technology analysis altogether. In this way, a social shaping approach can contribute to TA becoming an enabling strategy, both in policy as well as management contexts of socio-technical design.

References

Andersen IE, Jæger B (1999) Scenario workshops and consensus conferences: Towards more democratic decision-making. Science and Public Policy, Vol 26, No 5: 331–340

Andreasen J (1987) Adressaten ubekendt. En analyse af behov for datakommunikation i Danmark frem til 1995. Institut for Samfundsfag, DTH og Roskilde Universitetscenter

Ascher W (1979) Problems of Forecasting and Technology Assessment. Technological Forecasting and Social Change Vol 13: 149–156

Berloznik R, Langenhove L van (1998) Integration of technology assessment in R&D management practices. Technological Forecasting and Social Change Vol 58, No 1–2: 35–46

Bijker WE (1995) Of Bicycles, Bakelites and Bulbs. Toward a theory of sociotechnical change. MIT Press, Cambridge, MA

Bijker WE, Law J (eds) (1992) Shaping Technology/Building Society. Studies in Sociotechnical Change. MIT Press, Cambridge, MA

Callon M (1986) Some elements in a sociology of translation. Domestication of the scallops and fishermen of St Brieuc Bay. In: Law J (ed) Power, Action and Belief. A new sociology of knowledge? Sociological Review Monograph, No 32, pp 196–233. Routledge & Kegan Paul, London

Clausen C, Langaa Jensen P (1993) Action-oriented approaches to technology assessment and working life in Scandinavia. Technology Analysis and Strategic Management, Vol 5, No 2: 83–97

Clausen C, Williams R (1997) The Social Shaping of Computer-Aided Production Management and Computer Integrated Manufacture. European Commission, Social Sciences, COST A4, Vol 2. The Social Shaping of Computer-Aided Production Management and Computer Integrated Manufacture

Clausen C, Koch C (1999) The role of spaces and occasions in the transformation of information technologies. Technology Analysis and Strategic Management Vol 11, No 3: 463–82

Clausen C, Olsen P (2000) Strategic Management and the Politics of Production in the Development of Work. A Case Study in a Danish Electronic Manufacturing Plant. Technology Analysis & Strategic Management, Vol 12, No 1: 59–74

Clausen C, Hansen A (2002) The role of TA in the social shaping of technology. In: Banse, Grunwald, Rader (eds) Technology Assesment in the IT Society, Campus Verlag, Berlin

Clausen C, Koch C (2002) Spaces and occasions in the social shaping of information technologies: The transformation of IT systems for manufacturing in a Danish context. In: Sørensen K, Williams R (eds) Shaping Technology, Guiding Policy, pp 223–248. Edward Elgar Publishing, Cheltenham

Clausen C, Lorentzen B, Baungaard Rasmussen L (eds) (1992) Deltagelse i teknologisk udvikling. Fremad

Cronberg T, Friis D (eds) (1990) Metoder i teknologivurdering. Teknik-Samfund Initiativet, SSF, Publikation 8

Cronberg T, Sørensen KH (1995) Similar concerns, different styles. A note on European approaches to the social shaping of technology. In: Similar concerns, different styles? Technology studies in Western Europe. European Commission, Social Sciences, COST A4, Vol 4

Cronberg T (1992) Technology Assessment in the Danish Socio-Political Context, TVI, DTU, Lyngby

Cronberg T, Duelund P, Jensen OM, Qvortrup L (eds) (1991) Danish Experiments – Social Constructions of Technology. The Committee on Technology and Society, The Danish Social Science Research Council

Danielsen O (2001) Teknologivurdering i Danmark – karakteristiske træk. Konferencen Teknologi og Globalisering, Teknologirådet 31. Oktober 2001. Publication forthcoming

Edge D (1988) The Social Shaping of Technology, Edinburgh PICT Working Paper No 1, RCSS. University of Edinburgh, Edinburgh

Einsiedel EF, Jelsøe E, Breck T (2001) Publics at the technology table. The consensus conference in Denmark, Canada and Australia. Public Understanding of Science Vol 10, No 1: 83–98

Falch M, Henten A, Skouby KE (1994) Telekommunikation og beskæftigelse. Nye krav til kvalifikation og organisation. DATE, Institut for Samfundsfag, DTU

Fuglsang L, Jæger B, Sterlie M (2001) Ældre i informationssamfundet. (The elderly in the information society). Arbejdspapir Nr 1, Juni 2001 (Working paper No 1, June 2001). Roskilde University, Denmark

Guston DH., Bimber B (no publication year given) Technology Assessment for the New Century. Working Paper No 7. Edward J. Bloustein School of Planning and Public Policy, Rutgers University, 33 Livingstone Ave, New Brunswick, NJ 08901

Hagedoorn-Rasmussen P (2000) Ledelseskoncepter fra ide til social dynamik – politiske processer på tværs af organisatoriske grænser. Ph.D. thesis, preprint, RUC April 2000

Hansen A, Clausen C (2000) From participative TA to TA as 'participant" in the social shaping of technology. TA-Datenbank-Nachrichten, Nr 3, 9. Jg., Institut für Technikfolgenabschätzung und Systemanalyse, Forschungszentrum Karlsruhe

Hansen A, Clausen C (forthcoming) Social shaping in technology assessment/Technology assessment in social shaping. Policy lessons from Danish TA. Technology in Society

Hansen A, Hansen N, Lindgaard Pedersen J (1991) Forskning og udvikling af bioteknologi, Teknologinævnet og ITS, DTH

Hennen L (1999) Uncertainty and modernity. Participatory technology assessment: a response to technical modernity? Science and Public Policy, Vol 26, No. 5: 303–312

Hetman F (1973) Society and the Assessment of Technology. OECD, Paris

Industri- og Handelsstyrelsen (The Danish Ministry of Industry's Industry and Trade Administration) (1988) Teknologivurdering. Bibliografi, Danish Ministry of Industry

Joss S (1999) Introduction. Public participation in science and technology policy – and decision-making – ephemeral phenomenon or lasting change? Science and Public Policy, Vol 26, No 5: 290–293

Jæger B, Manniche J, Rieper O (1990) Computere, lokalsamfund og virksomheder. Evaluering af Egvad Teknologiforsøg og Erhvervsprojektet i Ringkøbing Amt. AKF Forlaget, København

Jørgensen MS (1988) Udvikling af en model for teknologivurdering på baggrund af en analyse af den danske levnedsmiddelsektor. Forskningsrapport Nr 24, Inst. f. Samfundsfag, DTH

Jørgensen U, Sørensen OH (2002) Arenas of development. A space populated by actor-worlds, artefacts, and surprises. In: Sørensen K, Williams R (eds) Shaping Technology, Guiding Policy, pp 197-222. Edward Elgar Publishing, Cheltenham

Kass G (2000) Public debate on science and technology. Issues for legislators. Science and Public Policy Vol 27, No 5: 321–326

Kvistgård M et al (1983) Gensplejsning, bioteknologi og samfundsudvikling. Beskrivelse, teori og metode. Udfordring for Danmark i 1980erne. IS, DTH, Lyngby

Latour B (1992) Where are the missing masses? The sociology of a few mundane artifacts. In: Bijker WE, Law J (eds) Shaping technology/Building society: Studies in sociotechnical change, pp 225–58. MIT Press, Cambridge MA

Menkes J (1979) Epistemological issues of technology assessment. Technological Forecasting and Social Change Vol 15, No 1: 11–23

Munch B (1995) Danish approaches in social studies of technology. In: Cronberg T, Sørensen KH (eds) Similar Concerns, Different Styles? Technology Studies in Western Europe. Proceedings of the COST A4 workshop, pp 41–89. European Commission

Olsson L (1999) Teknisk Baksyn. Om svårigheter att förutse framtiden. Teknikpolitiska analyser, NUTEK, Sverige

Pinch TJ, Bijker WE (1987) The social construction of facts and artifacts. Or how the sociology of science and the sociology of technology might benefit each other. In: Bijker

WE, Hughes TP, Pinch T (eds) The Social Construction of Technological Systems. New directions in the sociology and history of technology: 17–50. MIT Press Cambridge, MA

Remmen A (1991) Clean Technologies in the Fish Processing Industry, A Constructive Technology Assessment. Workshop, University of Twente, The Netherlands

Remmen A (1991) Constructive technology assessment. In: Cronberg T, Duelund P, Jensen OM, Qvortrup L (eds) Danish Experiments – Social Constructions of Technology, pp 185–200. New Social Science Monographs. Copenhagen

Rip A, Misa TJ, Schot J (eds) (1995) Managing Technology in Society. The approach of Constructive Technology Assessment. Pinter, London

Russel S, Williams R (2002). Concepts Spaces and Tools for Action? Exploring the policy potential of the social shaping perspective. In: Williams R, Sørensen K (eds) Shaping Technology, Guiding Policy, pp 133-152. Edward Elgar Publishing, Cheltenham

Schot J (1997) The Past and Future of Constructive Technology Assessment. Technological Forecasting and Social Change Vol 54, No. 2-3: 251–268

Schwab F (2000) Konsens-Konferenzen über Genfood. Ist das PubliForum der Schweiz ein Sonderfall? Schweizerischer Wissenschaftsrat, Arbeitsdokument TA-DT26/2000

Skouby KE, Falch M, Henten A (1995) Social and economic impact of telecommunications, Centre for Tele-Information, DTU, Lyngby. CTI-report series, 95/2

Smits REHM, Leijten AJM, Geurts JLA (1987) The possibilities and limitations of technology assessment. In search of a useful approach. In: Technology Assessment. An Opportunity for Europe. The Hague: Ministry of Education and Science in cooperation with the Commission of the European Communities (DGXII/FAST)

Sørensen KH (ed) (1998) The Spectre of Participation. Technology and work in a welfare state. Scandinavian University Press, Oslo

Teknologinævnet (Danish Technology Board) (1992) Teknologivurdering i Danmark – en orientering

Teknologirådet (The Danish Ministry of Industry's Technology Council) (1980) Teknologivurdering i Danmark - en betænkning af et udvalg under Teknologirådet

Teknologistyrelsen (Danish Ministry of Industry's Technology Administration), (1984). Organisering af teknologivurdering i Danmark – erfaringer og perspektiver

Toft J (ed) (1988-1989). Gendebat 1–7, NOAH

Van den Ende J, Mulder K, Knot M, Moors E, Vergracht P (1998) Traditional and Modern Technology Assessment: Toward a Toolkit. Technological Forecasting and Social Change Vol 58, No 1–2: 5–21

Van Eindhoven JCM (1997) Technology Assessment. Product or Process? Technological Forecasting and Social Change Vol 54, No 2-3: 269–286

Van Lente H (1993) Promising technology – The Dynamics of Expectations in Technological Developments, chapter 1. Ph.D.-thesis. Faculteit Wijsbegeerte en Maatschappijwetenschappen, Universiteit Twente, Enschede

Webler T, Rakel H, Renn O, Johnson B (1995) Eliciting and Classifying Concerns. A Methodological Critique. Risk Analysis Vol 15, No 3: 421-436

Williams R, Edge D (1996) The social shaping of technology. Research Policy Vol 25, No 6: 865–899

Technikgestaltung durch Recht

Michael Kloepfer

1 Einleitung[*]

Wir leben in einer Zeit der Akzeleration, in der auch die Geschwindigkeit insbesondere der Technisierung unseres Umfeldes immer weiter zunimmt. Ohne Unterlass werden Technologien weiterentwickelt oder gänzlich neu geschaffen. Diesen dynamischen technischen Entwicklungsprozessen scheint das Recht, das im Grundsatz auf die Sicherung des *status quo* angelegt ist, grundsätzlich konträr entgegenzustehen.

Das Technikrecht, also die Gesamtheit der auf technische Gegebenheiten bezogenen Rechtsnormen (Kloepfer 2002b, S 18), scheint mitunter schon damit überfordert zu sein, die Ungefährlichkeit und die Gemeinwohlverträglichkeit der gegenwärtig vorhandenen Technik normativ zu gewährleisten. Zukünftige Technikentwicklungen, die nur schwer oder jedenfalls unsicher vorhersehbar sind, scheinen sich rechtlichem Zugriff weitgehend zu entziehen. Deshalb drängt sich das Bild eines Wettlaufs zwischen Technik und Recht auf, in dem das Recht notorisch zu spät kommt (vgl. etwa Berg 1985, S 401 ff.). Die Juristen scheinen einmal mehr die Nachhut gesellschaftlichen Fortschritts zu sein. Im Ergebnis, so scheint es, sind es die „unbeliebten Juristen" (Wengler 1959, S 1705), die eine Entwicklung hin zur schönen neuen (Technik-) Welt übermäßig behindern. Für manchen Techniker oder Vermarkter technischer Produkte scheint die Abwesenheit von Recht deshalb ein Ideal zu sein.

Dies ändert sich sehr schnell, wenn es zu Unfällen durch technisches Versagen oder zu sonstigen technischen Fehlentwicklungen (z.B. zu Umweltschäden) kommt. Die rechtlich ungesteuerte Anwendung bestimmter Techniken kann zur Gefährdung oder Verletzung von Individual- und Gemeinschaftsgütern führen. Deutlich wird dies gegenwärtig insbesondere am weitgehend rechtsfreien Wildwuchs des Internet. Bei allen Chancen des Netzes kann dieses wichtige Belange des Persönlichkeitsschutzes und des Datenschutzes, des Schutzes der Jugend und des Urheberrechts in hohem Maße gefährden. Das führt zur Einsicht in die essentielle Funktion des Rechts, eine gemeinwohlverträgliche und die Interessen Dritter nicht schädigende Technikentwicklung sicherzustellen.

---

[*] Meinem Mitarbeiter, Herrn *Carsten Alsleben*, danke ich sehr für seine Mitarbeit.

2   Technikbegrenzungsrecht

Das Recht hat sich zum Fortschritt der Technik häufig recht ambivalent verhalten. Aus historischer Sicht hat es zunächst insbesondere durch die Einführung der Gewerbefreiheit die gesellschaftlichen Kräfte für Technikentwicklungen freigesetzt (Kloepfer 2002b, S 17). Die liberalstaatliche Idee wurde bezüglich der Technik jedoch zunehmend zurückgedrängt, als offenbar wurde, dass die fortschreitende Technikentwicklung zu ungewollten oder nicht mehr hinnehmbaren Ergebnissen führte. Die verwaltungsrechtliche Techniksteuerung wurde zu einem Instrument der Technikkontrolle und -begrenzung. Angesichts verheerender Eisenbahnunfälle oder Dampfkesselexplosionen diente sie vornehmlich zur Gewährleistung der Arbeitssicherheit und zur Abwehr von Gefahren für die öffentliche Sicherheit und Ordnung.

2.1   Technikrecht als Recht der Gefahrenabwehr

In Deutschland fand diese Entwicklung – in Anlehnung an das französische Modell – einen ersten normativen Höhepunkt im Erlass der preußischen Gewerbeordnung[1] von 1845, die u.a. das Recht der überwachungs- und genehmigungsbedürftigen Anlagen enthielt. Die ursprüngliche, auf der Gewerbefreiheit beruhende Genehmigungsfreiheit der Aufnahme von Gewerben wurde so für besondere Gewerbe immer weiter eingeschränkt. Dabei wurde und wird im Technikrecht im Nachhinein nicht nur mit Verboten gegen Störungen und ihre Verursacher vorgegangen. Entscheidend wird das der Technikrealisierung (z.B. der Anlagenerrichtung) vorausgehende Einschreiten des Rechts zur Abwehr von Gefahren. Das Instrumentarium der technikbezogenen Gefahrenabwehr reicht von eher informellen Anzeigepflichten über nur formelle bzw. auch materielle Erlaubnisvorbehalte bis hin zu Untersagungsermächtigungen (vgl. dazu Kloepfer, 2003, S 112 ff.).

Die Aufgabe, Gefahren, die von der Entwicklung oder Anwendung von Technik ausgehen, abzuwehren, zieht sich bis heute wie ein roter Faden durch das Technikrecht. Die Regelungen der alten preußischen Gewerbeordnung lebten in neuem Gewand – etwa als Vorschriften der Gewerbeordnung des Deutschen Reiches oder der Bundesrepublik Deutschland – bis weit in die Mitte des vergangenen Jahrhunderts fort und wurden erst 1974 durch die anlagenbezogenen Vorschriften des Bundes-Immissionsschutzgesetzes[2] ersetzt. Die anhaltende Diversifizierung des Umwelt- und Technikrechts führte zur Ausbildung weiterer Sonderregelungen. Genannt seien etwa die anlagenbezogenen Regelungen des Atomgesetzes[3]

---

[1]   Preuß. GS. S 41.

[2]   Gesetz zum Schutz vor schädlichen Umwelteinwirkungen durch Luftverunreinigungen, Geräusche, Erschütterungen und ähnliche Vorgänge – Bundes-Immisionsschutzgesetz (BImSchG) vom 15. März 1974, neu gefasst durch Bekanntmachung 14.05.1990, BGBl. I S 880, zuletzt geändert durch Art. 1 Gesetz vom 11.09.2002, BGBl. I S 3622.

[3]   Atomgesetz vom 23.12.1959, BGBl. I S 814, i.d.F.d. Bekanntmachung vom 15.07.1985, BGBl. I S 1565, zuletzt geändert durch Art. 70 Gesetz v. 21.08.2002, BGBl. I S 3322.

von 1959, der Gesetze zur Regelung der Gentechnik[4] (1990) und über Magnetschwebebahnplanung (1994)[5] sowie weitere Sonderregelungen für gefährliche Anlagen wie die Sicherheit von Aufzügen[6], aber etwa auch das Verkehrszulassungsrecht (StVZO, LuftVZO etc.). Hinzu treten etwa das Gerätesicherheitsgesetz[7] von 1968, das Produktsicherheitsgesetz[8] (1997) oder etwa auch das Telekommunikationsgesetz[9] (1996) sowie viele Regelungen des Umweltrechts, soweit sie der Gefahrenabwehr dienen.

Die rasante Entwicklung der Technik lässt es jedoch zunehmend fraglich erscheinen, ob das althergebrachte Gefahrenabwehrrecht, das ja in seinen Grundzügen aus der Mitte des vorvorigen Jahrhunderts stammt, den heutigen Anforderungen noch gerecht wird. Eine Gefahr ist gemäß der gängigen Definition der Rechtswissenschaft eine Lage, in der bei ungehindertem Ablauf des objektiv zu erwartenden Geschehens ein Zustand oder ein Verhalten mit hinreichender Wahrscheinlichkeit zu einem Schaden für die Schutzgüter der öffentlichen Sicherheit oder Ordnung führen würde (vgl. Martens 1986, S 220, m.w.N.). Dies lässt sich für die meisten Techniken recht präzise handhaben. Mit dem Erfahrungsschatz mehrerer Generationen lässt sich, sofern altes Wissen nicht in Vergessenheit geraten ist, das Auftreten z.B. von Dampfkesselexplosionen relativ genau prognostizieren.

2.2   Technikrecht als Recht der Risikovorsorge

Wie sieht es aber mit neuen Technologien aus? Diese sind bei ihrer Einführung vielfach noch kaum erforscht. Zu den direkten und indirekten Folgen etwa der Gentechnik fehlen noch immer hinreichende Erfahrungswerte. Dies galt weitgehend auch bei Einführung der zivilen Kernkraftnutzung in Deutschland. Die Gefahrenprognose des Polizeirechts wird regelmäßig aufgrund empirischer Erkenntnisse getroffen. Wie aber soll man Prognosen über unbekannte oder noch kaum erforschte Technologien stellen? Ein Abwarten bis zum Erreichen der Gefahrenschwelle im polizeirechtlichen Sinne ist aufgrund der möglicherweise zu erwartenden Schäden nicht möglich. Der Staat steht vor dem Dilemma, dass er etwas

---

[4]   vom 20. Juni 1990, BGBl. I S 1080, i.d.F.d. Bekanntmachung v. 16.12.1993, BGBl. I S 2066, zuletzt geändert durch Art. 1 Gesetz vom 16.08.2002, BGBl. I S 3220.

[5]   BGBl. I S 3486.

[6]   Verordnung über Aufzugsanlagen – Aufzugsverordnung, in der Fassung vom 19.06.1998, BGBl. I S 1410; 2001 S 2785 Art. 332.

[7]   Gerätesicherheitsgesetz (GSG) v. 24.06.1968 (BGBl. I S 717) i.d.F.d. Bekanntmachung vom 23.10.1992 (BGBl. I S 1793).

[8]   Gesetz zur Regelung der Sicherheitsanforderungen an Produkte und zum Schutz der CE-Kennzeichnung (Produktsicherheitsgesetz) vom 22. April 1997, BGBl. I S 934; 2001 S 2785 Art. 89.

[9]   Telekommunikationsgesetz (TKG) vom 25.7.1996, BGBl. I, S 1120, zuletzt geändert durch § 19 des Gesetzes über Funkanlagen und Telekommunikationseinrichtungen vom 31.01.2001, BGBl. I S 170.

nicht weiß, was er eigentlich wissen müßte, um eine Entscheidung über Tätigwerden oder Untätigbleiben, über Art und Umfang der notwendigen Maßnahmen treffen zu können. Gleichwohl ist ein Handeln im Ungewissen erforderlich, um Vorsorge gegen Risiken zu treffen.

Der Begriff des Risikos (zum Ganzen Murswiek 1990, S 210 ff.) erfasst solche Situationen, in denen ein Schadenseintritt zwar für möglich erachtet wird, aber dennoch im Ungewissen liegt, jedenfalls noch nicht wahrscheinlich ist, so dass die Gefahrenschwelle nicht erreicht wird. Um bei bestimmten Technologien einen ausreichenden Abstand zur Gefahrenschwelle zu sichern, d.h. um den Eintritt von Gefahren von vornherein zu vermeiden, werden Maßnahmen der Risikovorsorge ergriffen. Die Risikovorsorge setzt bei einer wesentlich geringeren Wahrscheinlichkeit eines Schadenseintritts an als die Gefahrenabwehr. Weil dabei die rechtsstaatliche Zurückdrängung staatlicher Eingriffsmöglichkeiten auf die Gefahrenabwehr aufgegeben wird und die staatlichen Eingriffsmöglichkeiten auf diese Weise stark ausgeweitet werden, müssen für eine Risikovorsorge entsprechende Gründe vorliegen. Solche Gründe, die eine Risikovorsorge als gerechtfertigt erscheinen lassen, sind das besonders hohe Gefährdungspotential bestimmter Technologien, wie Atom- und Gentechnik, und der hohe Stellenwert einzelner Rechtsgüter, wie Leben und Gesundheit.

2.3   Verfassungsrechtliche Betrachtung

Dies ist im Übrigen keine rein pragmatische Erwägung, sondern diese Erkenntnis entspringt nach dem heutigen Verständnis auch der Wertung des Grundgesetzes. Dieses fordert im Hinblick auf die Rechte Dritter eine entsprechende Technikkontrolle, gibt aber andererseits im Hinblick auf die Rechte der Technikentwickler auch Grenzen der Technikkontrolle und -begrenzung vor.

Der Staat ist durch seine Bindung an die Grundrechte (Art. 1 Abs. 3 GG) verpflichtet, den Bürger vor negativen Auswirkungen der Technikentwicklung zu schützen. Vor allem die Rechte auf Leben und körperliche Unversehrtheit (Art. 2 Abs. 2 GG) sowie das grundrechtlich garantierte Eigentum (Art. 14 Abs. 1 GG) gilt es zu schützen. Gefährdet werden diese verfassungsrechtlich geschützten Güter des Bürgers aber bei der Technikentwicklung regelmäßig nicht unmittelbar durch den Staat, sondern durch die (ganz überwiegend) privaten Entwickler oder Betreiber technischer Anlagen und Geräte. Die Grundrechte binden jedoch im Regelfall nicht Private untereinander, sondern sind auf die Abwehr von Eingriffen des Staates gerichtet. Im Dreiecksverhältnis Bürger-Staat-Unternehmer würden die Grundrechte deshalb ins Leere laufen. Dem begegneten die Rechtswissenschaft (Murswiek 1985, passim; Klein 1994, S 489 ff.; Isensee, 2000 § 111, Rn. 86) und das Bundesverfassungsgericht (BVerfGE 39, 1, 41; 49, 89, 141 f.) mit der Ableitung von Schutzpflichten des Staates vor Eingriffen Dritter in die Grundrechtssphäre des Bürgers. Danach besteht eine Schutzpflicht immer dann, wenn ein Grundrecht, das zugleich eine objektive Wertaussage enthält, nur mit Hilfe des Staates gewährleistet werden kann. Verpflichtet zur Abwehr wird somit der Staat, der dieser Schutzpflicht nun seinerseits durch Eingriffe in die Rechtssphäre des störenden privaten Dritten nachkommt (dazu Murswiek1985, S 91). In welcher Weise der Staat seiner Schutzpflicht genügen muss, ist regelmäßig eine Frage der politischen Einschätzung insbesondere des Gesetzgebers. In Bereichen dynamischer Technikentwicklung ist eine Risikoprognose – wie erwähnt – oftmals mit erheblichen Unsicherheiten verbunden. Wenn aber ungewiss ist, ob und in welchem Umfang sich Risiken verwirklichen und in welchem Maße staatliche Gegenmittel wirksam sein könnten, muss dem Gesetzgeber ein besonders weiter Einschätzungs- und Gestaltungsspielraum zugestanden werden (Klein 1989, S 1637). Nachprüfbar, etwa im Rahmen einer Verfassungsbeschwerde ist daher auch nur, ober der Staat überhaupt Maßnahmen zur Erfüllung seiner Schutzpflichten getroffen hat und ob diese nicht gänzlich ungeeignet oder völlig unzulänglich sind (BVerfGE 77, 170, 215). Eine andere Wertung kann sich allerdings dann ergeben, wenn durch staatliches Unterlassen das Recht auf Leben und körperliche Unversehrtheit verletzt oder erheblich gefährdet wird (di Fabio 1994, S 49 f.). Je mehr also Rechtsgüter von überragender Bedeutung auf dem Spiel stehen, desto eher ist der Staat jedenfalls verpflichtet, schon das Risiko von Grundrechtsverletzungen abzuwehren, auch wenn unklar ist, ob sich das Risiko überhaupt verwirklichen wird (BVerfGE 56, 54, 81).

Andererseits darf dies aber grundsätzlich nicht dazu führen, dass die risikobelastete technische Entwicklung vollständig verhindert oder übermäßig behindert wird. Der Staat muss prinzipiell auch die Entfaltung der Technik gewährleisten, denn sie liegt nicht nur in seinem Interesse, sondern sie vollzieht sich vor allem in einem Bereich, der durch Grundrechte geschützt ist. Die privatautonome Entwicklung von Technologien im Sinne einer Generierung neuen technologischen Wissens ist durch die Wissenschaftsfreiheit (Art. 5 Abs. 3 GG) geschützt, während die Anwendung und Vermarktung technischer Entwicklungen in den Schutzbereich der Berufs- und Eigentumsfreiheit (Art. 12 Abs. 1 GG, Art. 14 Abs. 1 GG) sowie der allgemeinen Handlungsfreiheit (Art. 2 Abs. 1 GG) fallen. Hieraus folgt gleichsam die reflexive Freiheit der privaten Technikentwickler und -vermarkter, der Gesellschaft bestimmte – hinnehmbare – Risiken aufzubürden, die sich aus neuen Technologien ergeben (Kloepfer 1998, S 131).

Vor diesem Hintergrund gilt es, einen gerechten Ausgleich zwischen den Sicherheitsinteressen der Bürger gegenüber technischen Risiken einerseits und den wirtschaftlichen Interessen der technikentwickelnden Unternehmer andererseits herbeizuführen. Eine tragende Rolle spielen dabei das Verhältnismäßigkeitsprinzip und der Vorbehalt des Gesetzes für die Belastung grundrechtlicher Schutzgüter mit Risikotragungspflichten. Dabei ist auch grundsätzlich zu berücksichtigen, dass es eine absolute Sicherheit nicht geben kann. Schon im täglichen Leben, etwa bei der Teilnahme am Straßenverkehr oder bei der Verwendung von Chemikalien, ist jeder Risiken ausgesetzt, die augenscheinlich gesellschaftlich akzeptiert sind.

Technikrecht kann eine besonders intensive Form der staatlichen Technikintervention darstellen. Aber auch in anderer Form vermag der Staat intensiv auf die Technikgestaltung Einfluss nehmen, z.B. durch Subventionen, aber etwa auch durch die Öffnung des nationalen bzw. gemeinschaftlichen Binnenmarktes für ausländische Produkte. Besonders intensiv ist der staatliche Einfluss, wenn er als

Nachfrager von Technikprodukten auftritt. Diese Einflüsse werden besonders evident, wenn der Staat über ein Quasi-Nachfragemonopol verfügt (wie z.B. bei Kriegswaffen).

3 Technikermöglichungsrecht

Recht hat keinen Selbstzweck. In einem höheren Sinne dient es der Gerechtigkeit, in einer praktischen Betrachtung dient es der Umsetzung politischer Richtungsentscheidungen. In einem demokratischen Gemeinwesen, wie dem deutschen, ist somit das Recht auch immer Spiegelbild gesellschaftlicher Grundhaltungen. Insoweit wurzelt die erörterte Sicht des Technikrechts als Recht nur der Begrenzung oder Kontrolle von Technik maßgeblich in einer fortschrittsfeindlichen oder doch fortschrittsskeptischen und letztlich zukunftspessimistischen Grundüberzeugung der Gesellschaft, wie sie etwa in vergangenen Jahrzehnten erkennbar war.

Dies ist aber nur eine Seite. Wer die Autoleidenschaft der Deutschen und die Computerbegeisterung vor allem der jüngeren Generation beobachtet, weiß, dass es sehr wohl auch eine Technikbegeisterung in Deutschland gab und gibt. Der ungebremste Fortschrittsoptimismus des 19. Jahrhunderts und des beginnenden zwanzigsten Jahrhunderts ist in der Gegenwart lediglich einer realistischeren Analyse der Chancen und Risiken moderner Technik gewichen. Aus dieser fortschrittsoffenen, zukunftsoptimistischen Einstellung folgt die Sicht des Technikrechts als Ermöglichung von Technik. Technikrecht ist deshalb nicht nur Technikbegrenzungsrecht, sondern zugleich auch Technikermöglichungsrecht.

Der landläufig angenommene grundsätzliche Konflikt zwischen Recht auf der einen und der freien Technikentfaltung auf der anderen Seite wird nur dem Technikbegrenzungsrecht gerecht, nicht aber dem Technikermöglichungsrecht (siehe auch Franzius 2001, S 487 ff.). Dabei geht die rechtliche Technikermöglichung über die reine Förderung (vgl. etwa § 1 Nr. 1 AtG a.F. und § 1 Nr. 2 GenTG) von Techniken weit hinaus. In vielen Bereichen ist das Recht geradezu eine Voraussetzung für die Entfaltung der Technik, insbesondere durch Gewährleistung von Sozialakzeptanz und hinreichender normativer Infrastruktur. Leider wird die Technikermöglichungsfunktion des Rechts in der politischen Diskussion, etwa in der mit Vehemenz geführten Debatte um den Standort Deutschland, gern übersehen oder in ihrer Bedeutung nicht erkannt.

Im Rechtsstaat betätigen sich die Anwender (also etwa Anlagenbetreiber) und Entwickler von Technik in einem durch Grundrechte geschützten Bereich. Die verfassungsrechtliche Gewährleistung der Berufsfreiheit, des Eigentums und der allgemeinen Handlungsfreiheit kann aber im Bereich der Technikentwicklung und Vermarktung nur dann wirklich zum Tragen kommen, wenn die rechtlichen und organisatorischen Voraussetzungen der grundrechtsbetätigenden Technikentfaltung gesichert sind. Hier kommt maßgeblich das Technikrecht zum Zuge.

3.1 Marktermöglichung durch Standardisierung

Die stark technisierte Welt der Gegenwart wird durch die Vernetzbarkeit technischer Module verschiedener Hersteller gekennzeichnet. Eine Grundvoraussetzung für die erfolgreiche Marktteilnahme von Unternehmen ist daher oftmals die Sicherung der technischen Kompatibilität mit Konkurrenzprodukten, die nur über Standardisierungen gewährleistet werden kann. Ein augenfälliges Beispiel ist etwa die Vision vom vernetzten Haushalt, in dem die Haushaltsgeräte zum Nutzen der Bewohner untereinander und mit der Außenwelt kommunizieren können. Trotz aller Fortschritte besteht aber nach wie vor ein Hindernis für die Marktreife dieser Systeme in dem Umstand, dass die Hersteller sich bislang nicht auf einen einheitlichen Standard der Datenübertragung verständigen konnten.

Dies ist eine klassische Aufgabe der sog. technischen Normung. In Deutschland wie in der EU ist die Standardisierung in großem Umfang privaten Standardisierungsorganisationen (wie DIN, VDE, CEN, CENELEC) überlassen, obwohl es auch halbstaatliche (z.B. durch Technische Ausschüsse) und staatliche Normungstätigkeit (mittels Verwaltungsvorschriften) gibt. Der Zusammenhang zwischen rechtlicher (also staatlicher) Techniksteuerung und privater Normung offenbart sich erst auf den zweiten Blick, denn private technische Regelwerke sind für sich genommen nicht rechtsverbindlich. Ihnen kommt aber zum einen bei der Auslegung unbestimmter gesetzlicher Rechtsbegriffe (z.B. „Regeln der Technik") zumindest eine widerlegbare Indizwirkung (BVerwGE 79, 254, 264) zu. Zum anderen können im Wege der formalen Verweisung von staatlichem Recht auf technische Regelwerke private Normen in staatliche Rechtsnormen „inkorporiert" werden und so im Range der Verweisungsgrundlage an der Rechtsgeltung teilnehmen. Eine relative Verbindlichkeit von Normen kann auch durch Vertrag oder Mitgliedschaftspflichten erreicht werden. Das Verfahren der Erstellung privatverbandlicher technischer Regelwerke ist in Deutschland bisher nicht durch staatliches Recht geregelt.[10] Dennoch bewegen sich private Normungsorganisationen in vielen Bereichen nicht in einem rechtsfreien Raum. Die privatverbandliche Normerstellung verläuft im Spannungsfeld zwischen privater Satzungsautonomie und staatlicher Gewährleistungsverantwortung, zwischen Selbstregulierung und staatlicher Steuerung. Rechtsförmlich wird dies etwa sichtbar an dem Vertrag zwischen dem DIN und der Bundesrepublik Deutschland über die Normung.[11]

Des Weiteren sollte nicht übersehen werden, dass auch staatliche, also rechtlich regulierte, Zulassungsstandards und Zulassungsverfahren für technische Produkte und Anlagen den Effekt einer technischen Standardisierung haben können. So erfolgt etwa die Bauartzulassung für Wahlgeräte zur elektronischen Stimmabgabe

---

[10] Regelungen gibt es aber im privaten Binnenrecht der Normungsverbände, z.B. des DIN: DIN-Norm 820, „Normungsarbeit", die für alle Organe und insbesondere die Normenausschüsse verbindlich gilt, vgl. § 9 der Satzung des DIN. Rechtspolitische Vorschläge einer teilweisen Regelung enthalten §§ 31 f. UGB-KomE.

[11] Vertrag zwischen der Bundesrepublik Deutschland und dem DIN Deutsches Institut für Normung e.V. vom 5.6. 1975, (Beilage zum Bundesanzeiger Nr. 114 vom 27.6.1975).

bei der Bundestagswahl (vgl. § 2 Abs. 1 u. 2 BWahlGeräteV[12]) durch das Bundesministerium des Innern, nach Prüfung durch die Physikalisch-Technische Bundesanstalt in Berlin. Obwohl bislang erst ein Gerät[13] zur Stimmabgabe für Bundestagswahlen zugelassen ist, liegt auf der Hand, dass dadurch ein Standard gesetzt wurde, an dessen Anforderungen sich auch Geräte weiterer Hersteller, die möglicherweise irgendwann auf den Markt drängen werden, messen lassen müssen.

3.2 Marktschaffung oder Markterweiterung durch Recht

Im Regelfall ist davon auszugehen, dass neue Technologien nur dann bis zur Marktreife entwickelt werden, wenn nach Einschätzung des Herstellers hinreichende Absatzchancen für seine Produkte bestehen. Nun gibt es aber nicht für alles, was technisch machbar ist, auch einen Markt. Teilweise behindert dabei das Recht die Entstehung eines Marktes (z.B. durch Verbote der Herstellung bzw. des Gebrauchs bestimmter Produkte). Hier reicht die Aufhebung des Verbots, um Marktchancen durch Recht zu eröffnen. So musste für die oben bereits erwähnte Verwendung von elektronischen Geräten zur Stimmabgabe bei Bundestagswahlen erst § 35 Bundeswahlgesetz[14] geändert werden. Es bedurfte lediglich der Streichung von drei Wörtern im Gesetz[15] und schon tat sich ein neuer Markt für tausende Geräte auf. Stärker noch als bei Aufhebung von Produktverboten kann das Recht durch Gebrauchspflichten Dritter einen Markt schaffen oder diesen doch entscheidend erweitern. Beispielhaft sei nur auf das Erneuerbare-Energien-Gesetz[16] und seinen Vorgänger, das Stromeinspeisungsgesetz, verwiesen. Durch die Verpflichtung der Netzbetreiber zur Abnahme und Vergütung des aus regenerativen Energiequellen erzeugten Stromes, konnten insbesondere der Wind-, aber auch der Solarstromerzeugung erhebliche Impulse verliehen werden.

---

[12] Bundeswahlgeräteverordnung (BWahlGV) vom 3. September 1975 (BGBl. I, S 2459), zuletzt geändert durch Verordnung vom 20. April 1999 (BGBl. I S 1 749).

[13] „ESD –1" des niederländischen Herstellers Nedap, vgl. dazu Bundesministerium des Innern, Bekanntmachung vom 17. April 2002 über die Genehmigung der Verwendung von Wahlgeräten bei der Wahl zum 15. Deutschen Bundestag am 22. September 2002 (BAnz. Nr. 80 vom 27. April 2002, S 9349).

[14] Bundeswahlgesetz (BWG) in der Fassung der Bekanntmachung vom 23. Juli 1993 (BGBl. I S 1288, 1594), zuletzt geändert durch Gesetz vom 3. Dezember 2001 (BGBl. I S 3306).

[15] Durch die Streichung der Worte „mit selbständigen Zählwerken" waren nun nicht mehr nur elektronische Geräte zu Stimmenzählung, sondern auch Geräte zur Stimmenabgabe einsetzbar.

[16] Gesetz für den Vorrang Erneuerbarer Energien (Erneuerbare-Energien-Gesetz - EEG), BGBl. I 2000, 305, zuletzt geändert durch Art. 7 Gesetz v. 23. Juli 2002, BGBl. I, 2778.

3.3 Technikermöglichung durch ordnungsrechtliche Marktgestaltung

Die Entscheidung darüber, ob neue Techniken entwickelt, zur Anwendungsreife geführt und letztlich vermarktet werden, hängt auch vom gesellschaftlichen Umfeld ab, in dem diese Entscheidung getroffen werden muss. Ein maßgeblicher Faktor ist dabei das Recht, das die Aufgabe hat, den ordnungsrechtlichen Rahmen eines Marktes zu gewährleisten (vgl. etwa di Fabio 1997, S 124). Recht und Rechtsvollzug sind eine elementare Leistung des Staates, die der Bereitstellung der für ein Gemeinwesen unerlässlichen normativen Infrastruktur dient. Zur Erreichung dieses Zieles sind Regelungen in verschiedenen Bereichen notwendig. Ohne Anspruch auf Vollständigkeit müssen jedenfalls Marktzugangsregeln, rechtliche Streitschlichtungsmechanismen sowie Patent- und Urheberschutzregeln in diesem Zusammenhang gesehen werden. Beispielhaft sei nur an die deutsche Frequenzordnung erinnert. Die effiziente und störungsfreie Nutzung der aus physikalischen Gründen begrenzten Frequenzen erfordert auf nationaler Ebene ein ausgeklügeltes System der Zuweisung einzelner Frequenzbereiche an die verschiedenen Funkdienste und die Zuteilung einzelner Frequenzen etwa an Rundfunkanbieter. Man denke sich nur den einfachen Fall, dass mehrere Rundfunkanbieter ein und dieselbe besonders einprägsame Frequenz bedienen wollen. Mit den in § 44 Abs. 1 Telekommunikationsgesetz[17] vorgesehenen rechtlichen Instrumenten[18] lässt sich diese Aufgabe bewältigen. Zum einen lässt sich so die im Interesse der Allgemeinheit liegende reibungslose nicht leitungsgebundene Kommunikation gewährleisten und zum anderen können die Interessenkonflikte gelöst werden, die bei der Zuteilung einzelner Frequenzen auftreten können. Das Recht dient hier also schon funktional der normativen Technikermöglichung und ist nicht staatliches Technikhemmnis.

3.4 Rechtssicherheit

Das Recht verwirklicht mit der Gewährleistung von Rechtssicherheit eine weitere wichtige Grundvoraussetzung der Technikentfaltung. Nur die Verlässlichkeit und Konstanz staatlicher Zulassungsentscheidungen von Technik vermag dem Unternehmer häufig die notwendige Investitionssicherheit zu vermitteln.

Ein wichtiger Teilaspekt ist in diesem Kontext die sog. Präklusionswirkung staatlicher Anlagengenehmigungen. Damit werden privatrechtliche Abwehransprüche Drittbetroffener mit Ablauf der Einwendungsfrist für die Zukunft ausgeschlossen, in dem ihnen dauerhaft die rechtliche Relevanz abgesprochen wird (vgl. exemplarisch § 10 Abs. 3 S 3 BImSchG). Wird eine Genehmigung bestandskräf-

---

[17] Telekommunikationsgesetz (TKG), BGBl. I 1996, 1120, zuletzt geändert durch Art. 17 Gesetz v. 21.06.2002, BGBl. I, 2010.

[18] Vgl. § 44 Abs. 1 TKG: Frequenzbereichszuweisungsplan, Frequenznutzungsplan, Frequenzzuteilung und Frequenznutzungsüberwachung; dazu *Kloepfer*, Informationsrecht, 2002, § 11, Rn. 187 ff.

tig, genießt die genehmigte Anlage insoweit Bestandsschutz und lässt sich auch bei einem Meinungswandel der Behörde nicht oder nur erschwert beseitigen. Eingeschränkt wird der unternehmerische Vertrauensschutz im Umwelt- und Technikrecht allerdings insbesondere durch Rechtsänderungen oder neue wissenschaftliche Erkenntnisse.[19] Wenn sich etwa aufgrund verbesserter Nachweismethoden die Schädlichkeit einer Technologie erweist, kann sich der Unternehmer somit nicht auf den Vertrauensschutz berufen[20], sondern muss seine technischen Verfahren entsprechend modifizieren. Der Kontinuitäts- und Vertrauensschutz des Betreibers ist deshalb im Umwelt- und Technikrecht schwächer ausgebildet.

Rechtssicherheit als Voraussetzung für Technikentfaltung kann auch durch die verlässliche gesetzliche Beschränkung der Verantwortlichkeit von Technikanwendern herbeigeführt werden. Das Recht elektronischer Informations- und Kommunikationsdienste hält beispielsweise mit der Haftungsfreistellung des Access-Providers (§ 5 Abs. 3 S 1 TDG / MDStV) und der weitgehenden Haftungsprivilegierung des Service-Providers (§ 5 Abs. 2 TDG / MDStV) für auf den jeweiligen Servern befindliche Inhalte derartige Regelungen bereit (vgl. dazu Kloepfer 2002a, S 597 ff.). Die Risiken, die sich für den Technikanwender aus der allgemeinen zivil- und strafrechtlichen Haftung ergeben könnten, werden so von vornherein aus seiner Verantwortungssphäre externalisiert (Roßnagel 1999, S 4). Die daraus resultierende Rechtssicherheit vermittelt dem Unternehmer Investitionssicherheit und trägt zur Technikentfaltung bei.

3.5 Technikakzeptanz

Größere Technologieprojekte lassen sich heute häufig kaum noch realisieren, ohne auf Widerstände verschiedener Interessengruppen zu stoßen. Genauso verbreitet wie menschlich verständlich ist insbesondere die „Nicht-vor-meiner-Haustür-Bewegung", die allerdings nicht eben gemeinwohlverträglich wirkt. Es gibt zahllose Bürgerinitiativen, Umweltgruppen und Einzelpersonen, die sich mit allen (legalen) Mitteln gegen die Ansiedlung technischer Anlagen im eigenen Wohnumfeld wehren; vereinzelt wird aber auch zu illegalen Mitteln gegriffen. Für Unternehmer sind alle diese Bestrebungen nicht selten Investitionshindernisse ersten Ranges, denn oftmals verzögern oder verhindern sie selbst oder die daraus resultierenden Gerichtsverfahren die Realisierung der geplanten Vorhaben.

Solche Aktivitäten von Bürgerinitiativen etc. sind Zeichen für eine fehlende Akzeptanz hinsichtlich der jeweiligen Technikentfaltung. Dies gilt vor allem dann, wenn besonders umstrittene oder tatsächlich oder vermeintlich besonders gefährliche Technologien zum Einsatz kommen sollen, wie z.B. die Kerntechnik, die Gentechnik, die Magnetschnellbahntechnik oder auch Techniken der Sonderab-

---

[19] Vgl. *Kloepfer (1990)*, Zur Rechtsumbildung durch Umweltschutz, S 25 ff.; vertrauensschutzmindernd sind insbesondere auch die Nebenbestimmungen bei Zulassungsentscheidungen.

[20] Dies widerspricht auch nicht dem Rückwirkungsverbot, da es sich um eine sog. unechte Rückwirkung handelt.

fallbeseitigung. Aber selbst so zukunftsorientierte Technologien wie die Energie-erzeugung mittels Windkraftanlagen sind in zunehmendem Maße der öffentlichen Kritik ausgesetzt. Ohne die rechtliche Gestaltung und u.U. weitere Hilfsmaßnah-men des Staates wäre eine Verwirklichung umstrittener Vorhaben häufig kaum noch möglich (umfassend Kloepfer 1993, S 760 ff.). Durch Fachgesetze wird die politisch und faktisch notwendige Feststellung der Gemeinwohlverträglichkeit und Akzeptabilität solcher Techniken getroffen. Das Gesetz enthält in der Regel eine Feststellung über die grundsätzliche Realisierbarkeit einer neuen Technik. Dabei werden im Gesetzgebungsverfahren bisweilen tragfähige Kompromisse über Technikausübungsmodalitäten geschlossen. Eine durch Rechtsnormen manifestier-te politische Richtungsentscheidung muss nicht zwangsläufig, aber kann doch in bestimmten Fällen ein gewisses Grundvertrauen in neue Technologien schaffen, das deren praktische Umsetzung dann erleichtert. Der Rechtsordnung kommt somit auch die Aufgabe der Akzeptanzsicherung zu.

Bei der konkreten Realisierung von einzelnen Projekten spielen bei der Akzep-tanzsicherung die inzwischen weit verbreiteten Regelungen zur Öffentlichkeitsbe-teiligung eine wesentliche Rolle. So ist etwa das Planfeststellungsverfahren[21] mit seinen ausgeprägten Elementen der Bürgerbeteiligung ein Musterbeispiel für ein staatliches Verfahren, das auch der Erhöhung von sozialer Akzeptanz dient. Zwar wirken Beteiligungsvorschriften aufgrund ihrer zeitintensiven Realisierung für den Unternehmer auch belastend, aber sie deshalb ausschließlich als Entwicklungs-hemmnis zu begreifen, wäre verfehlt. Sie sind im Gegenteil als Leistung des Staa-tes zur Technikermöglichung anzusehen und tragen mit dazu bei, dass der einzelne Vorhabensträger seine Grundrechte angesichts örtlicher Widerstände überhaupt ausüben kann (vgl. Kloepfer 1998, S 127 ff.).

Allerdings kann nicht verhehlt werden, dass Akzeptanzschaffung durch Recht immer dann versagt, wenn sie auf militante Gruppierungen trifft, die fundamenta-listische, nicht mehr durch rationale Argumente beeinflussbare Vorbehalte gegen neue Technologien eint. Hier, wie aber umgekehrt auch bei Unternehmen, die sich über Umweltvorschriften hinwegsetzen, kann nur eine vollzugsstarke Umsetzung des geltenden Rechts weiterhelfen.

4 Recht zwischen Technikkontrolle und Technikermöglichung

Die Bevölkerung der Bundesrepublik Deutschland hat grundsätzlich eine ambiva-lente Einstellung zu „der" Technik. Sie berücksichtigt dabei sowohl positive als auch negative Aspekte der technologischen Entwicklung. So werden beispielswei-se Technologiefelder wie Nutzung der Sonnenenergie und Medizintechnik grund-sätzlich als staatlich förderungswürdig beurteilt, während andere Technologien wie Kernenergie und Gentechnik heute von vielen Menschen überwiegend negativ

---

[21] Vgl. insb. § 73 VwVfG und entsprechende Sondervorschriften z.B. in §§ 17 FStrG, 20 AEG, 5 MBPlG; aber auch §§ 3 f. BauGB, 10 ff. BImSchG, 18 GenTG.

gesehen werden (vgl. TAB, 1997). Insgesamt ist also ein realistisches Verhältnis der Bevölkerung wie auch des vom Volke legitimierten Gesetzgebers zur Technik zu konstatieren, das sich auch im Technikrecht widerspiegelt. Es ist Instrument der Technikkontrolle und der Technikermöglichung zugleich. Deutlich wird dies etwa am Beispiel der Anlagenzulassungen. Dieselbe rechtliche Regelung kontrolliert und sichert zum einen die Gemeinwohlverträglichkeit der Technik und erhöht zum anderen die Akzeptanz für die Technikanwendung.

Die Ambivalenz zwischen Begrenzungs- und Ermöglichungsfunktion des Technikrechts muss jedoch nicht in jeder einzelnen Norm des Technikrechts zum Ausdruck kommen. Sie wohnt vielmehr dem Technikrecht insgesamt als grundlegende Eigenschaft inne. Das Technikrecht erfüllt also selbst dann beide Funktionen, wenn der Regelungsschwerpunkt einzelner Rechtsnormen mehr dem einen oder anderen Bereich zugeneigt ist, also entweder mehr im Bereich der Kontrolle oder aber mehr im Bereich der Ermöglichung von Technik angesiedelt ist.

Nachteilig wirkt sich dies jedoch nicht selten auf die öffentliche Wahrnehmung der Funktion des Rechts aus. Die „harte" Technikkontrolle wird noch immer allzu gern herangezogen, um die simplifizierende Umschreibung des Rechts als ausschließliches Hemmnis der Technikentwicklung zu stützen, während die „weiche" Technikermöglichung durch Recht oftmals vernachlässigt oder übersehen wird.

Die Erkenntnis, dass Technikrecht mehr kann und auch mehr können soll als reine Technikkontrolle, hat aus juristischer Sicht auch Auswirkungen auf die Legitimierung dieser Rechtsnormen. Begreift man Technikrecht nicht mehr ausschließlich als Eingriffsrecht, sondern faßt es auch als Leistung des Staates zur Technikermöglichung auf, so ist es nur folgerichtig, dem Gesetzgeber in gewissem Umfang den erweiterten Gestaltungsspielraum zuzugestehen, über den er – im Vergleich zu Eingriffen – im Leistungsbereich verfügt.

5   Rechtsermöglichung und Rechtsgestaltung durch Technik

Das Verhältnis zwischen Recht und Technik ist nicht einseitig. Nicht nur das Recht ermöglicht und gestaltet Technik. Natürlich wirkt die technische Entwicklung auch in entgegengesetzter Richtung auf das Recht ein. Rechtlich kann nur gefordert werden, was technisch mit zumutbarem Aufwand realisierbar ist. Damit begrenzt die wissenschaftlich-technische Entwicklung die rechtlichen Gestaltungsmöglichkeiten des Gesetzgebers. Andererseits kann Technik aber auch Recht ermöglichen. Die gesetzliche Zulassung digitaler Signaturen im elektronischen Rechtsverkehr,[22] die für die weitere Entwicklung der Informationsgesellschaft völlig neue Perspektiven eröffnet hat, ist ohne die tatsächliche Realisierbarkeit der

---

[22] Ursprünglich eingeführt durch das Gesetz zur digitalen Signatur 1997, abgelöst durch das Gesetz über Rahmenbedingungen für elektronische Signaturen vom 16.05.2001, BGBl. I, S 876 und konkretisiert durch die Signaturverordnung vom 22.10.1997, BGBl. I S 2498, neugefasst durch Verordnung vom 16.11.2001, BGBl. I, S 3074.

entsprechenden technischen Verfahren nicht sinnvoll. Die fortschreitende technische Entwicklung ermöglichte somit erst die Überwindung des jahrhundertealten Prinzips der Bindung rechtswirksamer Unterschriften an Papier. Im Ergebnis ermöglichte (bzw. -forderte) so eine neue Technik auch neue innovative rechtliche Regeln.

Dabei soll natürlich nicht übersehen werden, dass wiederum umgekehrt die Signaturgesetzgebung die tatsächliche Durchsetzung digitaler Signaturen im Rechtsverkehr befördert bzw. erst ermöglicht hat, denn ohne die gesetzliche Absicherung ihrer rechtlichen Bindungswirkung würden digitale Signaturen praktisch nur in geringem Umfang Verwendung finden. Diese Technikermöglichung durch Recht ändert aber nichts am dargestellten Befund einer Rechtsermöglichung durch Technik, sondern unterstreicht nur die enge wechselseitige Verflechtung von Technik und Recht.

Da das Recht angesichts der Gewährleistungsverantwortung des Staates seine Steuerungsfunktion gegenüber dem technischen Wandel nicht verlieren darf, unterliegt es dem ständigen Druck, Anpassungen an die dynamische Technikentwicklung vorzunehmen bzw. umgekehrt, die Technikentwicklung an die eigenen Zielvorstellungen anzupassen. Wenn die Technik sich aber ständig wandelt und das Recht gezwungen ist, dem durch Anpassungen gerecht zu werden, dann gestaltet natürlich die Technik auch das Recht; es werden „technische Tatsachen" geschaffen, auf die das Recht angemessen reagieren muss.

Diese Reaktion erfolgt auf unterschiedliche Weise. Sofern der Gesetzgeber unbestimmte Rechtsbegriffe wie den Begriff „Stand der Technik" verwendet und hierdurch einen dynamischen Grundrechtsschutz erzielt (BVerfGE 49, 89, 136 f. zu § 7 Abs. 2 Nr. 3 AtomG.), erfolgt die Gestaltung des Rechts durch Technik nur verdeckt, d.h. ohne Veränderung des Gesetzestextes. Dennoch findet ein verbessertes technisches Niveau durch die angewandte rechtliche Verweisungstechnik Eingang in gesetzliche Regelungen. Es wird so eine immanente Modernisierung des Rechts durch Verweis auf den neuesten „Stand der Technik" ermöglicht. Dies tritt aber erst bei der praktischen Auslegung der Normen im Zuge ihrer Anwendung zutage. In anderen Bereichen ist der Gesetzgeber gezwungen, auf neue technische Entwicklungen durch die Novellierung oder gänzliche Neuschaffung von Rechtsnormen nachträglich zu reagieren. Damit wird das Recht selbst in offener Form zum Gegenstand der Veränderung durch Technik: Dies ist erkennbare Rechtsgestaltung durch Technik. Aus Praktikabilitätsgründen und angesichts der schon erörterten grundrechtlichen Fragestellungen ist dies aber unbefriedigend, zumal solche Rechtsänderungen technische Entwicklungen auf diese Weise nur nachträglich zur Kenntnis nehmen. Der Gesetzgeber kann so regelmäßig nicht mehr selbst den Rahmen der Technikentwicklung bestimmen, also agieren, sondern nur noch nachträglich reagieren. Damit kann der Staat seiner Gewährleistungsverantwortung regelmäßig nur noch unvollkommen gerecht werden.

6   Zukunftsfähige Ausgestaltung von Technik und Recht

Das Verhältnis zwischen Technik und Recht sollte künftig zukunftsfähiger ausgestaltet werden. Dazu gehört einmal, dass die Technik nicht nur die geltende Rechtsordnung einhält, sondern rechtliche Erwägungen bereits in die Technikentwicklung einbezieht. Frühzeitig sollte neben der technischen und ökonomischen Machbarkeit auch die rechtliche Machbarkeit bei einer Produkt- oder Verfahrensentwicklung berücksichtigt werden. Anzustreben ist eine Orientierung nicht nur an geltendem, sondern – soweit möglich – auch an künftigem Recht. Die Erkennung künftiger Rechtssetzungstendenzen ist bisher defizitär, aber keineswegs völlig unmöglich, wobei gewisse Prognoseunsicherheiten hingenommen werden müssen.

Zum anderen muss das Recht stärker den spezifischen Möglichkeiten der Technik angepasst werden. Aufgrund ständiger Wandlungsprozesse entzieht sich die Technik in beträchtlichem Maße einer effektiven rechtlichen Regelung. Die herkömmliche Gesetzgebung vermag mit den technischen Entwicklungen teilweise nicht Schritt zu halten. Konnten früher Rechtsnormen viele Jahrzehnte Bestand haben, so sind sie heute – wie etwa das Telekommunikationsrecht zeigt – nach wenigen Jahren schon wieder hoffnungslos veraltet. Folglich muss das Recht „schneller" werden, wenn es der Technik nicht weiterhin hinterherhinken will. Dazu ist es notwendig, schon im Vorfeld der Technikentwicklung steuernd tätig zu werden, was unter anderem eine Verbesserung der Prognoseleistungen des Gesetzgebers voraussetzt. Dabei ist vor allem der Gedanke des kooperativen Rechts (s.u. a), des revisiblen Rechts (s.u. b), aber auch des technikbegleitenden Rechts (s.u. c) zu betonen.

6.1   Kooperatives Recht

Eine effektive Techniksteuerung durch Recht kann nur durch eine enge Zusammenarbeit der Technikentwickler und Technikanwender mit dem Gesetz- und Verordnungsgeber erreicht werden. Hiermit ist das Kooperationsprinzip[23], also die Aufgabenteilung zwischen Staat und Privaten zur Erreichung bestimmter Ziele, als grundlegendes Strukturelement (Marburger 1979, S 117 f.) des Technikrechts angesprochen. Auf den ersten Blick mag das durchaus befremdlich erscheinen, wirken doch so in einem grundrechtsrelevanten Bereich letztlich die eigentlich zu kontrollierenden Privaten mit ihrem staatlichen Kontrolleur zusammen. Das kann legitim werden, weil auf diese Weise der Staat den Sachverstand der Betriebe nutzen kann und im Übrigen auch Vollzugsprobleme vermindert werden. Allerdings muss jede Kollusion, d.h. jedes arglistige Zusammenwirken, zwischen Staat und Umweltbelastern vermieden werden.

Die rechtliche Bewältigung der technischen Entwicklung kann nicht allein von Juristen geleistet werden. Vielmehr bedarf es gerade insoweit dringend einer verstärkten Zusammenarbeit zwischen Technikern und Juristen. Dabei besteht ein

---

[23] Das Kooperationsprinzip ist insbesondere im Umweltrecht intensiv diskutiert worden; siehe dazu Kloepfer (1998a), § 4, Rn. 45 ff.

Grundproblem schon darin, dass Juristen und Ingenieure einander häufig kaum verstehen. Technische Vorgänge sind heute vielfach durch einen Grad an Komplexität gekennzeichnet, der einem Juristen oftmals unverständlich erscheint. Nicht viel anders verhält es sich aber auch mit Rechtsnormen, deren Inhalt sich zu großen Teilen eben auch nur dem juristisch geschulten Betrachter erschließt, während die Normadressaten, hier also die Entwickler, Vermarkter und Anwender von Technologien, häufig erst juristische Hilfe in Anspruch nehmen müssen, um sich über die – sie treffenden – rechtlichen Gebote und Verbote Klarheit zu verschaffen. Dieses Problem wird sich wohl nie ganz beheben lassen, aber dennoch sollte alles versucht werden, um eine gemeinsame Sprache zwischen Rechtswissenschaften und Ingenieurwissenschaften zu finden – das wäre optimal – oder aber mindestens ein hinreichendes gemeinsames Verstehen zu ermöglichen. Dies kann nur durch interdisziplinäre Zusammenarbeit der Experten gelingen, wozu diese Tagung einen erfreulichen Beitrag leistet.

Kooperation zwischen Staat und Privaten kann auch darin bestehen, die Technik selbst für die Lösung der durch sie aufgeworfenen Probleme zu instrumentalisieren. Der in diesem Zusammenhang gebrauchten Formel: „*The answer to the machine is in the machine*" (Hoeren 1995, S 175 ff.; Dreier 1999) kommt sicher keine allgemeine Geltung zu, doch mag ihre Anwendung in Teilbereichen durchaus zu vertretbaren Ergebnissen führen. So kommt es etwa aufgrund der technischen Möglichkeiten in den weltweiten Informationsnetzen zu Sicherheitsproblemen. Gerade in Bezug auf Emails ist vielen Nutzern nicht bewußt, dass sie ein Informationsmittel benutzen, das bei entsprechendem technischen Sachverstand genauso offen einsehbar ist wie eine Postkarte. Der sicherheitstechnische Vorteil der Postkarte besteht sogar noch darin, dass sie zumeist von vornherein nicht zur Übermittlung sensibler Daten verwendet wird und dass sie einem zuverlässigen Postdienstleistungsunternehmen anvertraut werden kann. Was aber mit einer Email in den technischen Weiten des Internets geschieht, was abgefangen, eingesehen oder sogar manipuliert wird, entzieht sich weitestgehend der Kontrolle des Nutzers. Hier ist es sinnvoll, die Technik (und zwar Kryptotechnik) zur Lösung der durch die Technik aufgeworfenen Probleme zu nutzen. Diese Erkenntnis hat sich auch die Bundesregierung zu eigen gemacht. Mit ihren „Eckpunkten einer Kryptopolitik"[24] hat sie klargestellt, dass in Deutschland auch zukünftig kryptographische Verfahren ohne staatliche Reglementierung und Einschränkung verwendet, entwickelt und vermarktet werden dürfen. Mehr noch, die Bundesregierung verpflichtete sich dazu, die weitere Verbreitung der kryptographischen Verfahren aktiv zu unterstützen.

Ein besonders markanter Ausdruck des Kooperationsprinzips sind die Ansätze der staatlich inspirierten Selbstregulierung vor allem der Wirtschaft (umfassend dazu Kloepfer u. Elsner 1996, S 964 ff.), die immer dann zur Substitution staatlichen Rechts geeignet sind, wenn interessenhomogene Gruppen, deren Interesse mit dem öffentlichen Interesse übereinstimmt, ihr Tätigkeitsfeld selbst regulieren (Kloepfer 2002a, § 4, Rn. 8, m.w.N.). Rechtspolitische Vorlagen hierzu finden

---

[24] Einsehbar unter www.sicherheit-im-internet.de.

sich etwa im Professorenentwurf zum Umweltgesetzbuch (UGB-ProfE)[25] und im Kommissionsentwurf für ein Umweltgesetzbuch (UGB-KomE)[26]. Als Beispiel seien nur zur Frage der Rechtswirksamkeit privater technischer Regelwerke die amtliche Einführung und die widerlegbare Vermutungswirkung genannt (§ 161 UGB-ProfE, § 33 UGB-KomE), die immer dann wirksam werden sollen, wenn bestimmte materielle und prozedurale Voraussetzungen bei der Entstehung privater technischer Normen erfüllt sind. Diese behutsame „Normierung der Normung" würde helfen, Gemeinwohlbelange stärker in den Normentstehungsprozess integrieren zu können.

An diesem Beispiel wird auch deutlich, dass sich der Staat bei aller Selbstregulierung niemals vollständig aus seiner Gewährleistungsverantwortung zurückziehen darf. Deshalb sind auf Dauer nur Modelle rechtlich regulierter – oder doch umgrenzter – Selbstregulierung denkbar[27]. Der rechtliche Rahmen, innerhalb dessen die Normadressaten eigenverantwortlich handeln können, muss klar umrissen sein, um auch langfristig die Orientierung an Interessen des Gemeinwohls sicherstellen zu können.

Im Zusammenhang mit der rechtlichen Vorfeldsteuerung technischer Entwicklungen kommt schließlich der inzwischen als Forschungsrichtung etablierten fachbereichsübergreifenden Technikfolgenabschätzung (vgl. ausführlich Roßnagel 1993) Bedeutung zu. Schon 1990 wurde ein Büro für Technikfolgenabschätzung beim Deutschen Bundestag eingerichtet. Der Technikfolgenabschätzung liegt u.a. die Idee zugrunde, dass die Risiken, aber auch die Chancen einer technologischen Entwicklung für die vom Staat zu gewährleistenden Verfassungsgüter noch vor dem Zeitpunkt ihrer Realisierung sichtbar gemacht werden können. Dann kann es dem Gesetzgeber gelingen, mit Hilfe der Technikfolgenabschätzung eine präventive Techniksteuerung zu realisieren, die eine verfassungsverträgliche technische Entwicklung gewährleistet.

Der Technikfolgenabschätzung an die Seite gestellt werden könnte eine insbesondere auch technikbezogene „Rechtsfolgenabschätzung" (Dreier 1999). Vergleichbares wird für umweltrelevante Gesetze in der Form einer aus Art. 20a GG ableitbaren förmlichen Umweltverträglichkeitsprüfung für Rechtsnormen diskutiert (vgl. Ipsen 1999, Art. 21, Rn. 76; Erbguth u.Wiegand 1994, S 1333, m.w.N.). Bei einer Rechtsfolgenabschätzung können die potentiellen Auswirkungen von Rechtsnormen auf die technische Entwicklung einerseits und auf die Gewährleistung wichtiger rechtlicher Zielvorgaben andererseits untersucht werden, um noch aus der *ex-ante*-Sicht negative Auswirkungen technologierelevanter Gesetze erkennen und vermeiden zu können.

---

[25] UGB-ProfE (1990), Allgemeiner Teil.
[26] BMU (Hrsg.) (1998), Umweltgesetzbuch (UGB-KomE).
[27] Vgl. z.B. §§ 17 ff. TKG.

6.2   Revisibles Recht

Angesichts der schnellen Veränderung von Technik, aber auch im Hinblick auf die typische Ungewissheitssituation der gesetzlichen Regelung technischer Vorgänge, bedarf es Mechanismen der zügigen Rechtsanpassung. Deshalb muss künftig verstärkt nach verbesserten Formen der schnellen, aber gleichwohl berechenbaren Revisibilität des Rechts und nach Mechanismen zu seiner fortschreitenden Verbesserung gesucht werden.

Hier kommen z.B. sog. Experimentier- (Kloepfer 1982, S 91 ff.) bzw. *„Trial-and-Error"*-Gesetze (Murswiek 1990, S 211 m.w.N.) in Betracht. Der Gesetzgeber setzt hier typischerweise Recht mit nur relativ geringer Regelungsdichte und wartet ab, ob und in welchem Umfang eine weitergehende rechtliche Regulierung notwendig ist, weil etwa zwischenzeitlich aufgetretene Schäden künftig vermieden werden sollen. Sind dann etwa Schadensursachen und -folgen hinreichend geklärt, können gegebenenfalls weitere dauerhafte normative Maßnahmen der Techniksteuerung ergriffen werden. Anwendbar ist diese Methode „gesetzesgebundenen Lernens an Schadensfällen" aber nur in den Fällen, in denen das hypothetische Risiko von Schäden als relativ gering eingestuft werden kann. Außerdem kann es sich als nachteilig erweisen, dass auf diese Weise die für Unternehmer so wichtige Rechtssicherheit unter Umständen einer der Investitionsbereitschaft abträglichen Ungewißheit über das Verhalten des Gesetzgebers weicht.

Dies gilt eingeschränkt auch für befristete Rechtsnormen (*sunset legislation*), die ebenfalls in diesem Zusammenhang diskutiert werden. Hierbei ist von vornherein absehbar, bis wann eine bestimmte Regelung in Kraft bleiben wird, so dass die Investitionssicherheit innerhalb dieses Zeitrahmens gewährleistet ist. Der Gesetzgeber hat natürlich noch vor dem Auslaufen einer Rechtsnorm, die sich bewährt hat, die Option einer Verlängerung des Geltungszeitraumes. Andererseits kann er aber auch, ohne an seine frühere Richtungsentscheidung gebunden zu sein, neue Wege gehen.

Die rechtliche Steuerung technischer Entwicklung wird im übrigen zukünftig immer weniger mit dem Erlass einzelner Rechtsnormen als abgeschlossen gelten können, sondern muss stattdessen als fortwährender Prozess aufgefasst werden. Durchaus vielversprechend ist dabei der bereits in einigen Bereichen realisierte Versuch, in den Regelungsprozeß „organisierte Lernphasen" (Roßnagel 1999, S 11) einzubauen. So wurde beispielsweise das Informations- und Kommunikationsdienstegesetz[28] vom Deutschen Bundestag unter der Prämisse verabschiedet, dass in einem Rhythmus von zwei Jahren durch die Bundesregierung eine Evaluierung des Gesetzes stattzufinden habe.[29] Dem ist die Bundesregierung auch ent-

---

[28] Informations- und Kommunikationsdienstegesetz (IuKDG) vom 22.07.1997, BGBl. I S 1870.

[29] Vgl. BT-Drs. 13/7935, S 1 – Entschließungsantrag der Fraktion der CDU/CSU und F.D.P. zu dem Gesetzentwurf der Bundesregierung – Drucksachen 13/7385, 13/7934 – Entwurf eines Gesetzes zur Regelung der Rahmenbedingungen für Informations- und Kommunikationsdienste:

sprechend nachgekommen.[30] Ein weiteres Beispiel ist etwa das Produktpirateriegesetz[31], das ebenfalls regelmäßig zu evaluieren ist.[32]

6.3 Technikbegleitendes Recht

Anzustreben ist grundsätzlich eine permanente und nachhaltige Technikbegleitung durch Recht. Dies meint zunächst, dass die rechtliche Einwirkung auf Technik sich häufig nicht auf einen Punkt (z.B. der Technikzulassung) beschränken lässt (oder lassen sollte). Jedenfalls bei Vorliegen gesteigerter Risiken sollten alle Phasen der Technikrealisierung (insbesondere Entwicklung, Produktion, Instandhaltung, Entsorgung) rechtlich erfasst werden, allerdings nur, soweit dies erforderlich ist.

Insbesondere der Bereich der Technikentwicklung und -gestaltung bedarf verstärkter juristischer Aufmerksamkeit. Hier sollten rechtliche Frühwarnsysteme entwickelt und in die Verfahren der Technikentwicklung und -entfaltung eingebaut werden. Dabei sind die Verbindungen zwischen der Entstehung von Technik, von technischen Betriebsanleitungen, von technischen Normen und von technischen Regelungen des Staates zu beachten und stärker miteinander zu verzahnen. Technikentwicklungen, Beschreibungen von dabei erprobten Teilen und Betriebsabläufen führen zu Betriebsanleitungen, hieraus können sich technische Normen (etwa als Verallgemeinerung von Betriebsanleitungen für verschiedene Produkte) und daraus schließlich staatliche Normen ergeben. Technisch-naturwissenschaftliche Gesetzmäßigkeiten und staatliche Gesetze sind durchaus nicht zwei getrennte, sondern eher untereinander verbundene Phänomene. Staatliches Recht muss technische Gesetzmäßigkeiten beachten, aber auch Interessenausgleich der Technik mit anderen Belangen der Gesellschaft herbeiführen. Insoweit ist Recht gerade auch ein Instrument zur Integration der Technik in die Gesellschaft. Auch insoweit wirkt es eher technikermöglichend als technikbegrenzend.

„Der Bundestag wolle beschließen: (...) II. Der Deutsche Bundestag fordert die Bundesregierung auf, die Entwicklung bei den neuen Informations- und Kommunikationsdiensten zu beobachten und darzulegen, ob und ggf. in welchen Bereichen Anpassungs- bzw. Ergänzungsbedarf bei den rechtlichen Rahmenbedingungen für die neuen Dienste besteht und hierüber dem Deutschen Bundestag bei Bedarf, spätestens aber nach Ablauf von zwei Jahren nach Inkrafttreten des IuKDG einen Bericht vorzulegen."

[30] Vgl. den „Bericht über die Erfahrungen und Entwicklungen bei den neuen Informations- und Kommunikationsdiensten im Zusammenhang mit der Umsetzung des IuKDG", BT-Drs. 14/1191.

[31] Gesetz zur Stärkung des Schutzes des geistigen Eigentums und zur Bekämpfung der Produktpiraterie vom 01.07.1990 (Produktpirateriegesetz), BGBl. I S 422.

[32] Vgl. „Zweiter Produktpiratriebericht" der Bundesregierung, BT-Drs. 14/2111.

Literatur

Berg W (1985) Vom Wettlauf zwischen Recht und Technik – Am Beispiel neuer Regelungsversuche im Bereich der Informationstechnologie, JZ, S 401 ff

BMU (Hrsg.) (1998) Umweltgesetzbuch (UGB-KomE)

Di Fabio U (1997) Rechtliche Rahmenbedingungen neuer Informations- und Kommunikationstechnologien. In: Schulte (Hrsg) Technische Innovation und Recht – Antrieb oder Hemmnis?

Di Fabio U (1994) Risikoentscheidungen im Rechtsstaat

Dreier T (1999) Technik und Recht – Herausforderungen zur Gestaltung der Informationsgesellschaft. Festvortrag vom 30.11.1999 an der Universität Fridericiana zu Karlsruhe. Abrufbar im Internet unter http://www.ira.uka.de/ ~recht/deu/iir/dreier/dreier2.html

Erbguth W , Wiegand B (1994) Umweltschutz im Landesverfassungsrecht, DVBl., S 1325 ff

Franzius C (2001) Technikermöglichungsrecht. Die Verwaltung, S 487 ff

Hoeren T (1995) The answer to the machine is in the machine – Technical devices for copyright management in the digital era. In: Law, Computers and Artificial Intelligence 4, S 175 ff

Ipsen H (1999) In: Sachs (Hrsg) Grundgesetz, Art. 21, Rn. 76

Isensee J (2000) In: Isensee, Kirchhof (Hrsg) Handbuch des Staatsrechts der Bundesrepublik Deutschland – Band V, Allgemeine Grundrechtslehren, § 111, Rn. 86

Klein E (1994) Die grundrechtliche Schutzpflicht. DVBl., S 489 ff

Klein E (1989) Grundrechtliche Schutzpflicht des Staates. NJW, S 1637 ff

Kloepfer M (2003) Instrumente des Technikrechts. In: Schulte (Hrsg) Handbuch des Technikrechts, i.E.

Kloepfer M (2002a) Informationsrecht

Kloepfer M (2002b) Technik und Recht im wechselseitigen Werden

Kloepfer M (1998) Recht als Technikkontrolle und Technikermöglichung. GAIA, S.131 ff

Kloepfer M (1998a) Umweltrecht

Kloepfer M (1993) Technikverbot durch gesetzgeberisches Unterlassen? In: Wege und Verfahren des Verfassungslebens, Festschrift für Peter Lerche, S 760 ff.

Kloepfer M (1990) Zur Rechtsumbildung durch Umweltschutz

Kloepfer M (1982) Gesetzgebung im Rechtsstaat. VVDStRL 40, S 91 ff

Kloepfer M, Elsner T (1996) Selbstregulierung im Umwelt- und Technikrecht. DVBl., S 964 ff

Marburger P (1979) Die Regeln der Technik im Recht

Martens W (1986) In: Drews, Wacke, Vogel, Martens (Hrsg) Gefahrenabwehr, Allgemeines Polizeirecht (Ordnungsrecht) des Bundes und der Länder

Murswiek D (1990) Die Bewältigung der wissenschaftlichen und technischen Entwicklungen durch das Verwaltungsrecht. VVDStRL 48, S 210 ff

Murswiek D (1985) Die staatliche Verantwortung für die Risiken der Technik

Roßnagel A (1999) Das Neue regeln, bevor es Wirklichkeit geworden ist. Rechtliche Regelungen als Voraussetzung technischer Innovation. In Sauer, Lang (Hrsg) Paradoxien der Innovation, Perspektiven sozialwissenschaftlicher Innovationsforschung, Beitrag abrufbar im Internet unter http://www.emr-sb.de/EMR/publemr.htm

Roßnagel A (1993) Rechtswissenschaftliche Technikfolgenforschung – Umrisse einer Forschungsdisziplin

TAB (1997) Zusammenfassung des TAB-Arbeitsberichtes Nr. 54 „Technikakzeptanz und Kontroversen über Technik – Ambivalenz und Widersprüche: Die Einstellung der deutschen Bevölkerung zur Technik" abrufbar unter www.tab.fzk.de/de/projekt/zusammenfassung/Textab54.htm.
UGB-ProfE (1990) Allgemeiner Teil
Wengler W (1959) Über die Unbeliebtheit der Juristen. NJW, S 1705

III. Fallbeispiele der Technikgestaltung

Erfolgreiche und erfolglose Alternativen im Automobilbereich – eine historische Bilanz

Mikael Hård

1 Der Tanz um das goldene Kalb

Wer sich die Mühe macht, einmal im Jahr zu einer der führenden Automobilausstellungen der Welt zu fahren, sei es nach Frankfurt, nach Genf oder nach Paris, wird unmittelbar feststellen können, dass das Automobil immer noch ein zentrales Objekt unserer Gesellschaft ist – mehr als ein Jahrhundert nachdem die ersten Automobile anfingen, sich auf unseren Straßen breit zu machen. Begleitet von allerlei multimedialen Demonstrationen und umgeben von mehr oder weniger verhüllten Frauen werden an diesen Messen die letzten Neuigkeiten und Trends der anscheinend immer blühenden Automobilindustrie enthüllt. In diesem Tanz um das goldene Kalb unserer Zeit nehmen nicht nur Motorjournalisten oder Vertreter der Industrie teil, sondern auch ganz normale Bürger (sogar die eine oder andere Bürgerin), Politiker der meisten Parteien und allerlei Vertreter der Medien. Innerhalb des Messegeländes werden für ein paar Tage alle Probleme, die sonst im öffentlichen Diskurs mit dem Automobil und dem Straßenverkehr verbunden sind – Umweltbelastung, tödliche Unfälle, Raumbedarf und Ressourcenverschwendung – völlig ausgeklammert. Werden solche Themen überhaupt angesprochen, denn nur in Zusammenhang mit der Vorstellung neuer technischer Lösungen. Die Vertreter der Branche nehmen solche Probleme nur auf, wenn sie einen fertig gebastelten, so genannten „technological fix", eine perfekte Lösung, vorzeigen können. So wurde vor fünfundzwanzig Jahren von der schwedischen Firma Volvo der Drei-Wege-Katalysator als die ultimative Antwort auf die Problematik der Luftverschmutzung vorgestellt; heute werden auf ähnliche Art und Weise revolutionäre neue Sicherheitsmodelle und Motorkonzepte vorgestellt, die angeblich die genannten Probleme endgültig lösen sollen.

In diesen Zusammenhängen wird natürlich nicht erwähnt, dass die meisten dieser Lösungsvorschläge – egal ob sie dazu beitragen, Teilaspekte der Probleme der automobilen Gesellschaft tatsächlich zu lösen oder nicht – im Endeffekt nur dazu führen, diese Gesellschaft weiter zu verfestigen. Seit dem Siegeszug des mit Verbrennungsmotor versehenen Automobils vor fast 100 Jahren findet die allgemeine Entwicklung innerhalb verhältnismäßig enger, vorgegebener Rahmen statt, die alternative Antriebssysteme oder radikal andere Bewegungsmuster ausschließen. Mit immer mehr und zuverlässigeren Airbags können wir bei Tempo 200 weiter fahren, und mit einem Hybridauto können wir Umweltbewusstsein mit dem Autofahren ruhig verbinden. Weiterhin zeigt eine historische Analyse, dass die „Fortschritte", die im Bereich des Brennstoffverbrauches erzielt worden sind, zum großen Teil von anderen Tendenzen in der Entwicklung wieder zunichte gemacht wurden. Man denke hier an die Tatsache, dass – selbst wenn die Verbrennungsmotoren nach der so genannten Ölkrise am Anfang der 70er Jahre des 20. Jahrhunderts deutlich effektiver geworden sind – gleichzeitig Gewicht und Leistung des Durchschnittsautomobils deutlich gestiegen sind, so dass es fraglich ist, ob es überhaupt Sinn macht, von Fortschritt zu reden.

Diese Beobachtungen führen zur Hauptfrage des Beitrages, nämlich warum es so schwierig erscheint, in diesem Gebiet der Technik, so wie übrigens auch in einer Reihe von anderen Branchen der Wirtschaft und Sektoren der Gesellschaft, die Entwicklung umweltgerechter zu gestalten. Dass das Automobil einen entscheidenden Beitrag zur Problematik der Luftqualität leistet, wurde schon in den 30er Jahren des 20. Jahrhunderts in Städten wie Los Angeles erkannt, und die Ressourcenverschwendung, die die Verbreitung des automobilen Verkehrs mit sich bringt, ist spätestens seit 1973 ein Politikum. Nichtsdestotrotz kann man kaum behaupten, dass der öffentliche Diskurs zu grundsätzlich neuen Lösungen in diesem Bereich geführt hat. Freilich werden Automobile heute anders konstruiert und gebaut als vor dreißig oder siebzig Jahren, und nicht zuletzt, was die Sicherheitstechnik betrifft, hat sich – seitdem Ralph Nader in den 60er Jahren sein Buch „Unsafe at Any Speed" (1965) veröffentlichte, und die Verantwortung für die stets zunehmenden Verkehrsopferzahlen nicht mehr ausschließlich auf die Ebene des Einzelindividuums verschoben werden konnte – vieles getan. Jedoch muss festgestellt werden, dass die Grundstrukturen des Personenkraftwagens sowie die grundlegenden Nutzungsformen stabil geblieben sind. Ein Automobil von heute unterscheidet sich im Prinzip nicht von einem Ford Modell T und wird auch nicht großartig anders benutzt. Das moderne Gefährt mag höhere Leistung haben, höhere Drehzahlen und höhere Geschwindigkeit erreichen können sowie mehr Ventile und manchmal auch mehr Zylinder haben, doch die Grundkonstruktion hat sich kaum verändert. Eingesetzt wird das Auto heute wie damals in erster Linie für den Transport von ein bis zwei Personen vom Wohnort zur Arbeit, für Ausflüge, für das Erledigen von Besuchen oder für Einkäufe. Mit einer Ausnahme – ich denke hier an den Dieselmotor – ist es nicht gelungen, grundsätzliche Alternativen zum Benzinmotor marktreif zu machen. Ob man den Dieselmotor als eine ernsthafte Alternative nennen soll ist zwar fraglich; fest steht allerdings, dass sämtliche anderen Alternativen, die sich unter Umständen umweltfreundlicher gestaltet hätten, wie der Dampf- oder Elektromotor, sich im Straßenverkehr bis jetzt nicht durchgesetzt haben. Die Automobilindustrie hat ihre Entwicklung nie ernsthaft fortgeführt, und potenzielle Käufer sind nicht bereit gewesen, ihr Fahrverhalten entsprechend zu verändern.

Selbstverständlich lässt sich diskutieren, ob der Wankelmotor umweltfreundlicher wäre als der Benzinmotor. Es geht mir in diesem Beitrag nicht darum, eine Art historische Technikfolgenabschätzung durchzuführen, sondern die Frage zu erörtern, warum die Geschichte des Automobils seit einem Jahrhundert – neben Henry Fords Modell T wird auf deutscher Seite gerne Emil Jellineks und Wilhelm Maybachs erster Mercedes als paradigmatisch genannt (Sass 1962) – keine grundsätzlichen prinzipiellen Neuerungen kennt. Wenn es uns darum geht, die Technik der Zukunft umweltfreundlicher zu gestalten bzw. ein stärker ressourcenschonendes Nutzungsverhalten zu unterstützen, scheint mir gerade die Geschichte des Autos und seiner Nutzung von besonderem Interesse und besonderer Relevanz. Selbst wenn es allgemein bekannt ist, dass die Geschichte sich nie wiederholt, bin ich jedoch der Meinung, dass wir nicht nur einiges, sondern sehr viel von der Geschichte lernen können. Nicht zuletzt lassen sich in der Technikgeschichte so wie in anderen Teilgebieten der Geschichtsschreibung aus der Geschichte der Verlierer viele Erfahrungen ziehen. Im Folgenden werden deswegen nicht nur Erfolgsgeschichten erzählt, sondern wird auch auf mehrere wenig erfolglose Versuche hingewiesen, radikale Alternativen auf den Markt zu bringen.

2   Die Schwierigkeiten der Alternativen

Mit anderen Worten ist meine Ausgangsfrage, warum es so schwierig (gewesen) ist, radikale Alternativen im Bereich des Motorenbaus und der Automobilnutzung durchzubringen. Schaut man sich die wissenschaftliche Literatur und den öffentlichen Diskurs zu dieser Thematik an, lässt sich eine Reihe von unterschiedlichen Antworten finden. Die traditionelle Politikwissenschaft würde in vielen Fällen auf die so genannten *vested interests* hinweisen. Gerne wird hier, sowie in einfacheren Zeitungsanalysen, behauptet, dass sich keine Veränderungen im Automobilbereich durchführen lassen, so lange die stabile, unheilige Allianz zwischen Automobilbranche, die ein Interesse an stetigem Zuwachs hätte, der Ölindustrie, die alle Alternativen zu Petroleumprodukten unterbinden würde und dem Staat, der völlig abhängig von der Benzinsteuer geworden sei, besteht (Jürgens et al. 1989). Jede Gruppierung – sei es die Stromversorgungsunternehmen oder die Umweltbewegung –, die den Versuch unternehmen würde, einen Keil in dieses Triumvirat zu schlagen, hätte keine Aussicht auf Erfolg. Selbst wenn sich das Fach der Technikgeschichte in den letzten Jahren teilweise verändert hat, kann man immer noch Arbeiten finden, die die prinzipielle Überlegenheit des Benzinmotors betreffend Effizienz, Geschwindigkeit und Leistungs/Gewicht-Verhältnis bestätigen (Mom 1997). Der Logik eines technischen Reduktionismus folgend, werden hier Dampfautos und Elektroautos wegen der Sperrigkeit des Brennstoffes (Kohle) bzw. hohen Gewichts (Batterien) von Anfang an als historische Sackgassen bezeichnet. Im Vergleich hierzu stehen in der so genannten Technikgenese-Forschung, gewissermaßen einer deutschen Parallele zum internationalen Sozialkonstruktivismus, soziale Prozesse im Vordergrund (Dierkes 1997). Mit Begriffen wie „Schließung" und „Stabilisierung" haben Forscher und Forscherinnen erfolgreich gezeigt, wie das Automobil schon früh in seiner Kindheit seine wenigstens vorübergehend endgültige Form gefunden hat und wie diese Form trotz veränderter Rahmenbedingungen beibehalten worden ist. Am Anfang des 20. Jahrhunderts bildete sich im Bereich des Automobils ein Konsens heraus und Entwicklungskorridore machten sich auf, innerhalb deren ziemlich engen Grenzen die Entwicklung weiter geführt worden ist. Ähnlich argumentiert auch die institutionelle Ökonomie, die zwar eher von „lock-in" statt Schließung redet, aber damit auch einen Prozess meint, der eine Einengung der gesamten Produktpalette des Marktes bedeutet (Cowan u. Hultén 2000). Diese Wirtschaftswissenschaftler interessiert in erster Linie ein ökonomischer Ausleseprozess, der mit dem Markterfolg einer Lösung endet. Nachdem eine Konstruktion sich als herrschender Stand der Technik etabliert hat, stellt sie für potenzielle Markteinsteiger so hohe Eintrittshürden dar, dass sich alternative Lösungen nur mit Hilfe sehr großer Investitionen und langfristiger Zielsetzungen durchsetzen können.

Was schließlich die Automobilindustrie auf die Ausgangsfrage antwortet, ist wahrscheinlich allgemein bekannt. Nur der Verbrennungsmotor könne der Kundschaft die von ihr verlangten Leistungen liefern; keine von den so genannten „Alternativen" könne den Benzin- oder Dieselmotor ersetzen. Dank den für seine Entwicklung investierten Millionen von Ingenieurstunden habe der Verbrennungsmotor sich immer näher an den Punkt der Perfektion bewegt, und es wird einige Zeit dauern, bis andere, zwar erwünschte, aber noch nicht reife Motorkonzepte einen ähnlichen Stand erreicht haben. Die zuvor genannten Automobilausstellungen und Messen sind Orte, wo die Vertreter der Industrie immer wieder beschwören, dass sie an alternativen Lösungen ernsthaft arbeiten, und dass demnächst ein Durchbruch zu erwarten sei. Gerne werden an diesen Veranstaltungen halbfertige Prototypen dem interessierten Publikum vorgeführt; so erfuhr 1990 die Präsentation des Elektroautos „Impact" von General Motors den Zuspruch der gesammelten Autowelt, der erzählt wurde, die Maschine könne in ein paar Jahren der Kundschaft zugänglich gemacht werden. Bestechend ist, so zeigt eine historische Analyse, dass diese Art von Aussagen immer wieder auf ähnliche Art und Weise auftreten; die Lösung ist quasi immer in etwa drei bis fünf Jahren zu erwarten. Leider lässt sich feststellen, dass diese Prophezeiung fast nie verwirklicht wird; nach fünf Jahren heißt es immer noch, dass der Durchbruch in etwa drei bis fünf Jahren zu erwarten ist. Impacts Nachfolger „EV-1" hat sich in nennenswertem Umfang immer noch nicht etabliert – aber vielleicht in fünf Jahren?

Was den Begriff der Schließung betrifft, gibt es in der genannten Literatur eine deutliche Tendenz, die Beharrungskräfte der Technikentwicklung in den Vordergrund der Analyse zu stellen. Wenn man bedenkt, wie stark verankert die Auffassung, die Technik sei immer mit Veränderung, Entwicklung und Verbesserung verbunden, in unserem Kulturkreis ist, ist das Hervorheben des Sozialkonstruktivismus und der institutionellen Ökonomie von Prozessen der Stabilisierung und „lock-in" sehr wichtig gewesen. Was in dieser Literatur auf der Strecke geblieben ist, sind Analysen von Öffnungsprozessen. Trevor Pinch und Ronald Kline (1996) wiesen in einem spannenden Artikel darauf hin, dass das Ford Modell T, das sozusagen der Inbegriff einer geschlossenen Technik in der Technikgeschichte ist („Sie dürfen jede Farbe auswählen, so lange sie schwarz ist", so angeblich Henry Ford *himself*), von Nutzern und Nutzerinnen in den Vereinigten Staaten für ganz neue Zwecke, wie z.B. das Sägen oder Kleiderwaschen eingesetzt wurde. Mehrere Studien dieser Art über alternative Techniken und Nutzungsformen wären zu begrüßen. Eine Voraussetzung für ein solches Unterfangen wäre, dass nicht nur technische und politische Prozesse, die zu alternativen Entwicklungen geführt haben, diskutiert werden, sondern dass, so wie im genannten Artikel von Pinch und Kline, auch soziale, kulturelle und gegebenenfalls juristische Faktoren mit in die Analyse einbezogen werden. Für eine aktive Politik der Technikgestaltung, worum es ja in diesem Band geht, lässt sich die Empfehlung ableiten, dass eine enge Fokussierung auf die Hardware, also das in engerem Sinne rein Technische nicht ausreichend ist. Sollen sich radikal neue technische Lösungen in einem Kulturkreis durchsetzen, muss schon im Gestaltungsprozess auf so genannte weiche Faktoren Rücksicht genommen werden, sprich Nutzungsverhalten und Alltagsroutinen, Vorstellungen und kognitive Gebilde, Normen und Werte sowie juristische Rahmenbedingungen. Aus guten Gründen kann behauptet werden, dass viele Versuche, alternative Techniken zu entwickeln und auf den Markt zu bringen, durch mangelnde Nutzerbeteiligung und ein unzureichendes Verständnis der grundlegenden Bedürfnisse der Nutzer und Nutzerinnen sowie ihrer Bereitschaft, ihre Verhaltensmuster unter Umständen zu verändern, scheitern.

Mit Hinweis auf ein paar Beispiele aus der Geschichte des Automobils im 20. Jahrhundert wird im Folgenden gezeigt, warum einige Techniken erfolgreich gewesen sind, jedoch die meisten radikalen Neuerungen sich nicht durchgesetzt haben (vgl. Hård u. Jamison 1997; Hård u. Knie 2001). Um die Ausgangsfrage zweckmäßig beantworten zu können und das historische Material zu organisieren, benutze ich den Begriff des „kulturellen Rahmens" des Automobils. Dieser Begriff lässt sich am einfachsten verstehen, wenn er für eine breite Analyse des bestehenden Systems Automobil/Straße eingesetzt wird. Unterscheiden lassen sich hier drei Aspekte: (1) Regelwerke und Gesetzte, (2) Bedeutung und Diskurs sowie (3) Routinen und Alltagspraxis. Zu den juristischen Aspekten des Rahmens gehören nicht nur Führerscheine und Verkehrsregeln, sondern auch – und dies ist aus einer kulturellen Perspektive heraus besonders wichtig – die nicht ausgesprochenen Verhaltensregeln, die sich im Laufe der Jahrzehnte entwickelt haben. Jedem Fahrer, der die Geschwindigkeitsgrenzen strikt einzuhalten versucht – oder noch schwerwiegender, wenn er langsamer fährt –, wird die Bedeutung dieser sozialen Regeln klar sein. Was die diskursive und symbolische Ebene betrifft, haben wir es mit einem Feld zu tun, das in der Literatur inzwischen relativ gut dokumentiert ist, erst kürzlich vom italienischen Autor Brilli in seinem Buch „Das rasende Leben" (1999). Nicht nur Historiker, sondern auch Kulturwissenschaftler haben mit aller Deutlichkeit gezeigt, wie der Siegeszug des Automobils – vor allem des benzinbetriebenen Wagens – mit in unserer Kultur positiv geladenen Begriffen wie Größe, Schnelligkeit und Stärke sowie Freiheit und Männlichkeit in Verbindung gebracht werden. Seit einem guten Jahrhundert wird in der Werbung sowie in der öffentlichen Diskussion diese Symbolik reproduziert. Der Ausdruck „Freie Fahrt für freie Bürger" mag hauptsächlich in Deutschland benutzt werden, aber die hohe Wertschätzung, die diesen Begriffen zukommt, ist auf keinen Fall auf dieses Land beschränkt. Letztlich – und auf dieser Ebene wird sich meine folgende Diskussion hauptsächlich bewegen – ist die Verbreitung des mit Verbrennungsmotor versehenen Automobils mit bestimmten Routinen einhergegangen, die inzwischen eine Eigendynamik bekommen haben. Obwohl der Pkw in den ersten Nachkriegsjahren immer noch ein Luxusgegenstand war, entfalteten sich danach Routinen, die uns mehr oder weniger abhängig vom Auto gemacht haben. Man kann sich heute nur schwer vorstellen, wie eine grundsätzlich andere Alltagspraxis, was unsere Mobilität betrifft, aussehen könnte. Bekanntlich erlaubt uns ein Automobil nicht nur Freiheiten im räumlichen Sinne, sondern seine Existenz ermöglicht auch, dass man Alltagsroutinen aufbaut, die nur mit Hilfe eines solchen Gefährts zu bewältigen sind. Das Haus im Grünen, der Sonntagsausflug und die Ferienreise nach Italien sind alles Beispiele dafür, wie das Auto sozusagen zur zweiten Natur geworden ist, soll heißen, es ist in unserem Alltagsleben so tief verwurzelt, das es nicht mehr wegzudenken und noch schwieriger abzuschaffen ist.

3   Die Misserfolge des Dampfautos

Mein erstes Beispiel entnehme ich der Geschichte des dampfbetriebenen Automobils. Bekanntlich ist dies das älteste Automobil der Welt; schon Mitte des 18. Jahrhunderts versuchte der Franzose N.J. Cugnot, einen solchen Wagen für militärische Zwecke zu konstruieren, lief allerdings damit wortwörtlich gegen die Wand. Nach diesem ersten Automobilunfall in der Geschichte ließen andere Versuche auf sich warten. Erst Mitte des 19. Jahrhundert wurden in Großbritannien Dampfomnibusse entwickelt und auch im Straßenverkehr eingesetzt. Ähnlich wie Cugnots Wagen waren diese furchterregenden Gefährte nicht nur laut und extrem schwer, sondern wurden auch in Unfälle, sogar mit tödlichem Ausgang, verwickelt. Damit starb vorübergehend auch die Vision eines nicht-schienengebundenen, dampfbetriebenen Transportmittels. Wiederbelebt wurde sie erst um die Jahrhundertwende 1900, als die amerikanischen Brüder Stanley einen Wagen auf den Markt brachten, der hervorragend an den kulturellen Rahmen der Zeit angepasst war. So konnte ihr „Steamer" auf der Rennbahn 200 km/h erreichen und erfüllte so die allgegenwärtigen Träume von Fahrt und Spannung. Was Qualität und Preis betrifft, war der Dampfer mit dem damals wichtigsten Kundenkreis, den so genannten „Herrenfahrern", sehr kompatibel. Jedweder dieser Wagen war ein Unikum, der für den individuellen Kunden mit handwerklicher Genauigkeit hergestellt wurde. Die Handhabung verlangte zwar Fachkenntnisse und Geduld, was für diese Kundengruppe aber nicht unbedingt ein Problem darstellte; man stellte einfach einen technisch versierten Chauffeur, nicht selten einen umgeschulten Kutscher, ein.

Nach dem Auftreten des Modells T und der damit verbundenen Verbreitung des Automobils in breiteren Schichten der Bevölkerung, konnten die Stanley-Brüder und andere Hersteller von Dampfwagen, die wenig Interesse daran zeigten, sich auf die Logik und Anforderungen der Massenfertigung einzulassen, nur feststellen, dass ihr Kundenkreis langsam marginalisiert wurde (Jamison 1970). Das ständige Nachfüllen von Wasser und die Tatsache, dass er nicht sofort gestartet werden konnte (beträchtliche Mengen Wasser mussten erst zum Kochen gebracht werden), wurde für potenzielle Käufer ein erhebliches Problem – vor allem für diejenigen, die sich keinen Chauffeur leisten konnten. Dazu kam auf der symbolischen Ebene, dass der Dampfwagen sehr direkt mit der schmutzigen, auf Kohle basierenden Industriegesellschaft des gerade zurückliegenden 19. Jahrhunderts assoziiert wurde. Vielleicht noch schwerwiegender war die Tatsache, dass diese Maschine, mit der stationären Dampfmaschine ja eng verwandt, auf der diskursiven Ebene mit Explosionsgefahren in Verbindung gebracht wurde. In die Luft geflogene Dampfkessel waren in diesen Jahren ein bekanntes Problem, und jeder Kunde musste sich die Frage stellen, ob er auf einer solchen Maschine sitzen möchte. Kurz und gut: Der Dampfwagen symbolisierte die Geschichte eher als die Zukunft und er wurde von Leuten genutzt, deren relative Bedeutung langsam abnahm. Im Grunde genommen wurde der Dampfwagen als ein Kind einer vergangenen Epoche betrachtet.

Die Langlebigkeit ähnlicher diskursiver Zuweisungen lassen sich mit einem kurzen Blick auf die Versuche in den 60er Jahre des 20. Jahrhunderts, einen modernen Dampfwagen zu lancieren, dokumentieren. Als William Lear, ein berühmter Großunternehmer, eine Fabrik für die Herstellung von Dampfautomobilen plante, hatte er nicht nur mit dem aktiven Widerstand der traditionellen Autoindustrie zu kämpfen, sondern auch mit tief verwurzelten Vorstellungen über oder sogar Vorurteilen gegenüber der Dampfmaschine: Altmodisch, schmutzig und träge. Trotz deutlicher Vorteile was Luftemissionen betrifft und expliziter Unterstützung von Behörden in Kalifornien sowie in Washington, D.C., gelang es Lear und anderen kleineren Erfindern und Unternehmern zu dieser Zeit nicht, ihre Ideen durchzusetzen. Das Kapital, das man aus der immer intensiveren Debatte über die Luftverschmutzung in amerikanischen Großstätten hätte schlagen können, war in dem Kampf gegenüber etablierten Firmen wie Ford, General Motors und Chrysler nicht ausreichend. Mit Hilfe einer von Ford finanzierten Studie, unternommen am Jet Propulsion Laboratory am California Institute of Technology, versuchten „The Big Three" die Öffentlichkeit von den unvermeidlichen Nachteilen des Dampfautos zu überzeugen. Das gewichtigste Argument gegen den Dampfmotor war sein immer noch höherer Brennstoffverbrauch, der große Vorteil seine niedrigeren Emissionswerte. Für solche umweltbezogenen Argumente waren potenzielle Kunden allerdings noch nicht offen, und als die so genannte Ölkrise die industrialisierte Welt in Panik stürzte, wurde selbst in den USA der Brennstoffverbrauch der alles andere überschattende Faktor.

4   Die Probleme des Wankelautos

Das Haus Ford hat eine lange Geschichte von aktivem Widerstand gegenüber alternativen Antriebssystemen. Als die deutsche Firma NSU in den Jahren um 1960 versuchte, einen Automobilmotor mit Rotationskolben auf den Markt zu bringen, und sich dabei mit Kooperationsvorschlägen direkt an Detroit wandte, erfuhr man Fords Einstellung sehr explizit. Mit dem Wort „Mickey Maus-Entwicklung" bestätigte die amerikanische Firma nicht nur ihre eigene Auffassung, sondern auch die Meinung der gesamten etablierten Autoindustrie zu alternativen Antriebssystemen; vom Hause Volkswagen wurde zur gleichen Zeit die NSU-Maschine auf ähnliche Art und Weise als ein „totgeborenes Kind" bezeichnet (Knie 1994). Und in der Tat: Seit Anfang der 70er Jahre scheint der Rotationskolbenmotor in Europa für tot erklärt zu sein; nur bei der japanischen Firma Mazda wurde die Entwicklung weiter geführt, und zwar bis in unsere Tage.

Wenn man die Euphorie betrachtet, die durch die Markteinführung des NSU Ro 80 im Jahre 1967 ausgelöst wurde, muss diese Toterklärung als ziemlich unerwartet bezeichnet werden. Damals wurde dieses Auto mit seinem fortschrittlichen Design und 110 PS starker Maschine in der Öffentlichkeit und in der Presse mit Worten wie „Komfort, Fahrsicherheit, Handlichkeit und gute Leistung" gelobt. Seine Zukunftsträchtigkeit wurde nicht nur von dem bahnbrechenden Wankelmotor, sondern auch von der aerodynamisch geformten Karosserie unterstrichen. Das Gefährt war der Höhepunkt einer Entwicklung, deren Anfang in die 30er Jahre zurückzuverfolgen ist. Zu dieser Zeit hatte der Verlagskaufmann Felix Wankel seine ersten Ideen für ein radikal neues Motorkonzept patentiert und für seine weitere Entwicklung auch eine kleine Werkstatt in Lahr aufgemacht. Den jungen Wankel, einen eigensinnigen Tüftler ohne starke Bindungen an herkömmliche Konstruktionstraditionen, hatte die Vorstellung gefangen, einen Motor zu entwerfen, in dem der Kolben rotiert statt sich vertikal zu bewegen – wie im herkömmlichen Hubkolbenmotor. Diese Idee ist diejenige, die wir immer noch mit dem Namen „Wankel" verbinden. Nicht zuletzt für Motorräder und Automobile hatte der Kreiskolbenmotor einige offensichtliche Vorteile wie Kompaktheit und ruhige Gangart. Probleme gab es lediglich in erster Linie bei der Dichtung; später wurde auch ein im Verhältnis zum Benzinmotor etwas höherer Spritverbrauch notiert.

Nachdem Wankel sich während des Krieges anderen Aufgaben gewidmet hatte, konnte er in den 50er Jahren mit Erfolg eine Partnerschaft mit der Firma NSU in Neckarsulm abschließen, einem zu der Zeit führenden Hersteller von Motorrädern. Wie so viele andere Marktakteure bemerkte die Firma NSU, dass die Zukunft des mobilen Individualverkehrs wohl zunehmend im Bereich des Pkws liegen würde, und man stellte ernsthafte Überlegungen an, wie man in diesen Bereich einsteigen könnte. Hierbei stellten die Ideen von Wankel eine attraktive Option dar, unter anderem weil die Ingenieure in Neckarsulm sich mit ausgefeilten Neuigkeiten auf der technischen Ebene gerne profilieren wollten. Wie sich zeigte, hatte dieser Ehrgeiz seinen Preis; es wurde umgehend klar, dass es nicht damit getan war, einen Hubkolben durch einen Kreiskolben auszuwechseln. Im Prinzip musste der gesamte Motor und viele seiner Komponenten neu konzipiert und zum Teil auch in neu zu entwickelnden Verfahren konstruiert werden. Die Probleme, die man sich dadurch einhandelte, waren einfach zu groß, um von einer einzigen, mittelgroßen Firma gelöst zu werden. Als der Ro 80 seinen lang erwarteten Markteinstieg machte – schon 1959 hatte NSU die Öffentlichkeit von ihren Plänen informiert –, zeigten sich diese Mängel auch durch einen erhöhten Verschleiß von verschiedenen Motorteilen sowie durch einen kaum akzeptablen Ölverbrauch.

Trotz seiner zukunftsweisenden Merkmale wurde der Ro 80 kein Verkaufsschlager. Es wäre jedoch falsch, den ausbleibenden Markterfolg des ersten Wankelautos nur mit Hinweis auf technische Mängel zu erklären; auch Aspekte auf den Ebenen der Fahrpraxis und der organisatorischen Gefüge müssten berücksichtigt werden. So zeigte sich z.B. relativ schnell, dass das Fahren eines Autos mit

Kreiskolbenmotor neue Fahrstile verlangte und nicht während einer kurzen Probefahrt gelernt werden konnte; schlimmer war wohl allerdings für die Firma NSU die Tatsache, dass ihr Händlernetz auf die neue Kaufgruppe, für die der NSU Ro 80 gedacht war, nicht vorbereitet war. Werbung und Marketing hatten sich auf eine gehobene Käuferschicht gerichtet, die sich in den meist nur leicht umgebauten, einfachen Motorradläden der NSU-Vertreter nicht unbedingt zu Hause fühlten. Dazu kamen rein ökonomische Faktoren, wie ein Konjunktureinbruch in Deutschland, genau in den Jahren 1967/68. Nichtsdestotrotz schien es nicht unmöglich, die genannten Probleme in den Griff zu bekommen und das Haus Volkswagen entschied sich doch kurzerhand, die Firma NSU zu übernehmen.

Damit fing allerdings das Ende sozusagen an. Die häufig wiederholte Erklärung, die Ölkrise im Jahre 1973 bedeutete das endgültige Aus für den „Spritfresser Wankel", ist kaum ausreichend. Wie Andreas Knie in seinem Buch „Wankel-Mut in der Automobilindustrie" (1994) zeigt, fiel der NSU-Wankelmotor eher internen Machtkämpfen innerhalb des VW-Konzerns zum Opfer. In Wolfsburg und bei Audi in Ingolstadt waren die mit dem herkömmlichen Hubkolbenmotor groß gewordenen Ingenieure gegenüber dem unkonventionellen Wankelmotor immer schi reserviert gewesen, und in die neue Produktpalette, die VW Anfang der 70er anbot, passte der Ro 80 angeblich nicht hinein. Dass Umweltaspekte in diesen Entscheidungen keine Rolle spielten, versteht sich vielleicht von selber, auch wenn es im Nachhinein erstaunlich erscheint, dass die relativ niedrigen NO_X- und CO-Werte des Kreiskolbenmotors in die Strategien der Vermarktung und Lobby-Arbeit keinen Eingang fanden.

5   Die Aussichten des Smart

Ob die Führungskräfte der Firma Micro Compact Car (MCC) die Misserfolgsgeschichte des europäischen Wankelmotors studiert haben, ist mir unbekannt; für den Historiker sieht es auf jeden Fall so aus, als ob die Hersteller der inzwischen bekannten Automarke „Smart" ganz bewusst versucht haben, die Fehler zu vermeiden, die NSU dreißig Jahre vorher machte. Zwar heben Vertreter dieser Tochterfirma des DaimlerChrysler-Konzerns gerne hervor, dass der Smart mit technischen Errungenschaften vollgestopft sei, aber man hat auch verstanden, dass Hinweise auf technische Neuigkeiten nicht alleine ausreichen, um neue Kundengruppen zu gewinnen. Verkauft wird in diesem Fall nicht nur ein Automobil, sondern ein neuer Lebensstil, was natürlich in erster Linie durch ein bahnbrechendes Design, aber auch durch neue Ideen von individueller Mobilität unterstrichen wird. Die Symbolik, die der Smart transportiert, und die Leistungen, die er erbringt, sollen ein Klientel ansprechen, das andere Wünsche und Vorstellungen als Otto Normalfahrer hat.

Zu den antizipierten Kundengruppen der MCC gehören bestimmt nicht diejenigen, die vor 100 Jahren „Herrenfahrer" genannt wurden, auch nicht Familien oder Handwerker. Vorgesehen sind nicht der durchschnittliche Mercedes-Käufer, sondern eher trendbewusste, vorzugsweise junge Leute, die höchstens, so der Urheber des Smart-Konzeptes, Friedrich Hayeck, einen Kasten Bier transportieren müssen, und die sich hauptsächlich in einem urbanen Umfeld bewegen (Truffer u. Dürrenberger 1997). Das von Hayeck ursprünglich angesprochene Umweltbewusstsein tendenzieller Käufer ist für einige Kaufentscheidungen bestimmt immer noch von Gewicht; eine größere Rolle scheinen inzwischen jedoch eher praktische Argumente (es ist einfacher, einen Parkplatz zu finden), Werbezwecke (so mache ich Leute auf meine physiotherapeutische Praxis aufmerksam) oder Statusüberlegungen (ein Smart ist auf jeden Fall geiler als ein Polo) zu spielen. Die Strategie, ein teilweise revolutionäres Automobilkonzept mit Hilfe von Lebensstilargumenten zu verkaufen, scheint sich durchzusetzen, was vielleicht in unserer von Firmenimages, Logos und der Praxis der *branding* durchdrungenen Konsumgesellschaft nicht erstaunen mag. Nichtsdestotrotz muss gefragt werden, inwieweit der Smart wirklich so revolutionär ist, wie Hayeck Mitte der 80er Jahre sich sein „Swatch-Auto" vorstellte. In der Tat sieht es so aus, als ob der Preis des Erfolges eine stetige Anpassung an den herrschenden Stand der traditionellen Automobiltechnik gewesen ist. Im Gegensatz zu den ersten Entwürfen des Swatch-Autos ist, wie wir alle wissen, der Smart kein Elektroauto. Zwar wiegt der Smart „nur" etwa 800 kg und ist deutlich kürzer als andere Automobile, aber er ist immer noch mit einem herkömmlichen Hubkolbenmotor versehen. Dieser hat nur drei Zylinder und ist anderswo montiert als wir es vom Standardauto kennen, aber er ist immerhin ein Benziner oder Diesel; das Gesamtgewicht des Autos ist im Laufe des Entwicklungsprozesses stetig gewachsen, und die Entwicklungsstrategie „reduce to the max" hat man zum Teil rückgängig machen müssen. Was die kognitive und alltagspraktische Ebene betrifft, hat der Smart bestimmt revolutionäre Züge; im technischen Bereich bleibt er jedoch in vieler Hinsicht verhältnismäßig traditionell. Dieser Konservatismus ist möglicherweise mit der starken Verbindung zu Stuttgart zu erklären; viele technische Lösungen sind auch in der Tat von dem Hause Daimler-Benz übernommen worden. Historisch belegt ist wenigstens, dass die Anpassung an herkömmliche technische Lösungen deutlicher wurde, nachdem Hayeck und das ursprüngliche schweizerische Konsortium die Kontrolle über das Projekt verloren.

Selbst wenn der Smart also, was das Antriebssystem betrifft, keine Kehrtwende in der Geschichte des Automobils darstellt, könnte seine weitere Verbreitung jedoch wichtige Implikationen für unser zukünftiges Verkehrssystem haben. Wenn – und hier wäre Begleitforschung wünschenswert – es sich herausstellen würde, dass Besitzer oder Mieter von Smart-Autos andere Verkehrsmuster und Verhaltensweisen entwickeln, oder dass sich neue Vorstellungen über Automobil und Verkehr auftun, könnte der Erfolg des Smart sich auf längere Sicht als bahnbrechend erweisen. Aus Interviews mit Fahrern von kleineren Elektroautos wissen wir auf jeden Fall, dass das Umsteigen auf Elektroantrieb mit neuen Verhaltensweisen auf der Straße und neuen Alltagsroutinen einhergehen. Durch die damit gewonnenen Erfahrungen entwickeln Besitzer von Elektroautos teilweise andere Vorstellungen über das System Automobil/Straße, und gegenüber traditionellen Automobilen und herkömmlichen Verkehrsmustern treten andere, deutlich kritischere Ansichten hervor. Aus neuen Fahrpraxen entstehen neue Vorstellungen.

6   Elektroautos und neue Verhaltensmuster

Wie erwähnt, lassen sich diese Veränderungen in der Zeitgeschichte des Elektroautos aus mehreren Ländern gut belegen (Knie et al. 1999). In Österreich bestätigen Kunden und Kundinnen, dass das Anschaffen eines Elektroautos zu einer anderen „Einstellung zum Straßenverkehr" geführt hat; auch das Fahrverhalten hätte sich verändert. „Mein Fahrstil wurde weniger aggressiv und ruhiger", meinte ein Informant Mitte der 90er Jahre. Ähnliches ist von der Schweiz zu verbuchen. Das Umsteigen auf Elektro sei hier in den meisten Fällen mit der Entwicklung eines vorsichtigeren Fahrverhaltens verbunden, und es hätte zu einem „größeren Bewusstsein bezüglich der Probleme des automobilen Verkehrs" geführt. Französische Studien zeigen, dass Besitzer von Elektroautos es zu schätzen wissen, in einem Wagen herumzufahren, der ihnen Status erbringt und sie gewissermaßen von der sozialen Umgebung abhebt. Aus der Sicht einer gesellschaftlichen Technikgestaltungsstrategie – wenn wir, was angesichts der neuesten Begrifflichkeiten der sozialwissenschaftlichen Technikforschung angebracht erscheint, damit die „Koevolution" von Technik und Gesellschaft meinen – scheint es mit anderen Worten nicht ausgeschlossen zu sein, dass die Verbreitung von alternativen Automobilen mit der Verbreitung von alternativen Verhaltensmustern und Vorstellungen Hand in Hand gehen.

Norwegische Fahrer und Fahrerinnen von Elektroautos verhalten sich nicht grundsätzlich anders als ihre Kollegen und Kolleginnen auf dem Kontinent (Gjøen u. Hård 2002). Auch hier ist von einer anderen Einstellung zum Straßenverkehr und von neuem Verkehrsverhalten und neuen Fahrstilen die Rede. Nicht zuletzt weibliche Kundinnen sind vom Elektroauto angetan und bringen gerne diese kleinen Wagen mit etwas Spielerischem, sogar Mädchenhaftem in Verbindung: Eine interviewte Frau hat ihr niedliches Elektroauto sogar „Barbie" genannt. Anders als vielleicht erwartet, werden die klein gebauten Elektroautos, die zwar inzwischen mit Airbags versehen sind, aber ja trotzdem im Verhältnis zur Mercedes S-Klasse oder Volvo V70 doch etwas empfindlicher aussehen, von ihren Besitzern und Besitzerinnen im Allgemeinen als ausreichend sicher bewertet. Die Argumente, die von mehreren Informanten gebracht werden, erscheinen doch einleuchtend: Mit einem Elektroauto muss man passiv und rücksichtsvoll fahren, so dass das Risiko, das man sich in potenzielle Unfallsituationen verwickelt, deutlich geringer sei; dadurch, dass man in einem kleineren Auto unterwegs ist, hat man einen besseren Überblick über die Verkehrslage und kann gefährliche Situationen einfacher vermeiden. (Irgendwie erinnert dieser Gedankengang an die Argumente, die Fahrradfahrer, die ohne Helm durch die Gegend sausen, zu Tage führen.) Eine Fahrerin hat sich so ausgedrückt: „Das Ding fährt ja nicht besonders schnell, also gehe ich damit auch keine Risiken ein, kein Überholen oder so was."

Zweifelsohne ist die hier zu Tage tretende Einstellung zur automobilen Sicherheit auf den ersten Blick ziemlich überraschend. Seit Jahrzehnten besteht ja sonst Konsens darüber – auch innerhalb der Branche selbst –, dass die Automobilindustrie dafür verantwortlich ist, soweit wie möglich, den Kunden ein „narrensicheres Auto" zur Verfügung zu stellen (Stieniczka 2002). Mit Hilfe von technischen

Maßnahmen wird versucht, eine höhere Sicherheit zu erreichen; Sicherheitsgurte, ABS-Bremsen, Knautschzonen, Skelettkonstruktionen und Airbags sind zum allgemeinen Standard geworden. Durch Technisierung der Technik soll die Zahl der Todesopfer verringert werden. Von den interviewten Nutzern und Nutzerinnen von Elektroautos bekommen wir allerdings ein gänzlich anderes Bild von Sicherheit: Diese wird sozusagen von der Technik zurück in die Fahrer und Fahrerinnen verlagert. Durch das Fahren selbst sind erst neue Verhaltensmuster und danach neue Vorstellungen entwickelt worden – Vorstellungen, die weder in die allgemeine Debatte noch in die Praxis der Autokonstruktion Eingang gefunden haben.

7   Technikgestaltung aus kultureller Sicht

Die letzte Beobachtung kann als Anlass genommen werden, eine zentrale Botschaft dieses Beitrages zu formulieren: Technikgestaltung hat nur zum Teil mit der Entwicklung von neuen Artefakten und Systemen zu tun; es geht in gleichem Ausmaß darum, neue Deutungsmustern und Nutzungsstrukturen gerecht zu werden. Dies bedeutet auch, dass Technikgestaltung nicht nur von der Politik oder der Industrie ausgehen kann, sondern dass sie Inspiration und Ideen direkt von den Nutzern und Nutzerinnen und ihrer Welt einholen muss, was unter anderem heißt, dass Entwicklern von Technik Rücksicht auf neue Handlungsmuster und diskursive Strukturen nehmen müssen. In der Alltagspraxis bilden sich neue Routinen heraus und in alltäglichen Gesprächen entstehen neue Normen und Werte, die in jeden Technikgestaltungsprozess einen direkten Einstieg finden müssten. Felix Wankel und die Firma NSU hätten deutlich bessere Möglichkeiten gehabt, den Ro 80 erfolgreich zu vermarkten, wenn man stärker auf die Wünsche und Erwartungen der Kundschaft eingegangen wäre. Die ziemlich arrogante Attitüde in Neckarsulm (Warum soll man sich an die Eigenheiten der Kunden anpassen müssen, wenn man das beste und modernste Auto der Welt anbietet?) war nicht besonders angebracht. Vielleicht hätte man etwas von der Frühgeschichte des für Lastkraftwagen angedachten Dieselmotors lernen können, z.B. von den verheerenden Auswirkungen in den 20er und anfänglichen 30er Jahren des berühmten Slogans des Hauses Daimler-Benz, „Wir verstehen mehr vom Automobilbau als der Kunde" (Hoppe 1991).

Für das Projekt einer umweltverträglichen Technikgestaltung macht die Zeitgeschichte des Smart und des Elektroautos schon Hoffnung; neue, ressourcenschonende Routinen und Techniken haben in der Tat die Möglichkeit Fuß zu fassen. Allerdings machen die in diesem Beitrag kurz angerissenen Beispiele auch deutlich, dass die allgemeine Verbreitung einer alternativen Technik davon abhängig erscheint, ob eine kritische Masse von vorbildlichen Nutzern und Nutzerinnen sich herausbilden kann. Die Akzeptanz von nicht-konventionellen automobilen Antriebssystemen ist wahrscheinlich nur zu erwarten, wenn auf die Erfahrungen „führender" Nutzer und Nutzerinnen oder Trendsetter aufmerksam gemacht wird.

Literatur

Brilli A (1999) Das rasende Leben. Die Anfänge des Reisens mit dem Automobil, Berlin

Cowan R, Hultén S (Hrsg) (2000) Electic Vehicles. Socio-economic Prospects and Technological Challenges, Aldershot, Hants

Dierkes M (Hrsg) (1997) Technikgenese. Befunde aus einem Forschungsprogramm, Berlin

Gjøen H, Hård M (2002) Cultural Politics in Action. Developing User Scripts in Relation to the Electric Vehicle. In: Science, Technology, & Human Values 27: 262–281

Hård M, Jamison A (1997) Alternative Cars. The Contrasting Stories of Steam and Diesel Automotive Engines. In: Technology in Society 19: 145–160

Hård M, Knie A (2001) The Cultural Dimension of Technology Management. Lessons from the History of the Automobile. In: Technology Analysis & Strategic Management 13: 91–103

Hoppe HC (1991) Ein Stern für die Welt. Vom „einfachen Leben" in Ostpreußen zum Vorstand bei Daimler-Benz, München

Jamison A (1970) The Steam-Powered Automobile. An Answer to Air Pollution, Bloomington, Ind.

Jürgens U, Malsch T, Dohse K (1989) Moderne Zeiten in der Automobilfabrik. Strategien der Produktionsmodernisierung im Länder- und Konzernvergleich, Berlin

Knie A (1994) Wankel-Mut in der Autoindustrie. Anfang und Ende einer Antriebsalternative, Berlin

Knie A, Berthold O, Harms S, Truffer B (1999) Die Neuerfindung urbaner Automobilität. Elektroautos und ihr Gebrauch in den U.S.A. und Europa. Berlin

Mom G (1997) Geschiedenis van de auto van morgen. Cultuur en techniek van de elektrische auto. Deventer

Nader R (1965) Unsafe at Any Speed. The Designed-in Dangers of the American Automobile. New York

Kline RR, Pinch TJ (1996) Users as Agents of Technological Change. The Social Construction of the Automobile in Rural United States. In: Technology and Culture 37: 763–795

Sass F (1962) Geschichte des deutschen Verbrennungsmotorenbaues von 1860 bis 1918. Berlin

Stieniczka N (2002) Geborgen in Prometheus' Armen. Die soziale Konstruktion automobiler Sicherheitstechnik in der Bundesrepublik Deutschland, Diss. TU Darmstadt

Truffer B, Dürrenberger G (1997) Outsider Initiatives in the Reconstruction of the Car. The Case of Lightweight Vehicle Milieus in Switzerland. In: Science, Technology, & Human Values 22: 207–234

Produkte aus dem soziologischen Labor: Entwicklung, Betrieb und Wirkungsanalyse neuer Verkehrsdienstleistungen

Andreas Knie

1 Vorbemerkung: Die Laboranordnung

Sozialwissenschaftliche Forschung hat in der Regel keinen direkten oder unmittelbaren Anwendungsbezug. Die Aufgabe von Disziplinen wie Soziologie oder Politikwissenschaften ist es, durch empirisch-analytische Methoden den Weltenlauf zu erklären. Hieraus lassen sich in der Regel zwar durchaus auch Handlungsempfehlungen ableiten, fehlgeleitete Entwicklungen abzustellen, doch werden die Rezepte weitergegeben und nicht selbst von den Wissenschaftlern probiert. Bereits Max Weber legte bekanntlich größten Wert auf die verstehenden und aufklärenden Funktionen der Erkenntnis. Die Trennung vom Objekt gilt nach wie vor als eine der Grundkonstanten der soziologischen Forschung, da gerade durch die Distanz zum Gegenstand die angemessene Urteilskraft über dessen Wesen entwickelt werden kann. Wollte man hier direkt intervenieren, würden Verzerrungen auftreten, deren Ursache/Wirkungsfolgen nicht mehr eindeutig zuzurechnen wären. Der Gesamtzusammenhang, das wirkliche Objekt der Soziologie, verlöre sich aus dem Blick. Die interventionistische Kraft der Soziologie kann damit nur in ihrer aufklärenden Funktion gesucht werden, in der Attraktivität ihrer Argumentation, die dann von Handelnden zur Maxime ihres Tuns erhoben wird. Die klassische soziologische Forschung hat keinen Zugriff mehr auf den Verwendungszusammenhang ihrer Ergebnisse (Weber 1919).

Nun sollte man am Beginn des 21.Jahrhunderts kritisch fragen dürfen, ob dieses erkenntnistheoretische Erbe auch heute noch in seinem alles umfassenden Anspruch gilt. Kann eine strikt erklärende Wissenschaftsdisziplin in diesen Tagen noch bestehen und alleine aus der empirischen oder logischen Analyse eine angemessene Erklärungskraft schöpfen? Die Rekonstruktion von Sinnzusammenhängen, so könnte man nach Max Weber die Kernaufgabe der Soziologie definieren, lässt sich sicherlich nur dann betreiben, wenn man hinter die Kulissen schaut und die Dinge gegen den Strich bürstet. Mit dem distanzierten Blick des Forschers ist diesen Dingen aber kaum noch beizukommen. Zumal wenn dieser – und das war genau Webers Produktionsmodell – am Katheder stehend völlig alleine für sich hin liest, denkt und schreibt.

Der folgende Beitrag beruht auf einem anderen Verständnis soziologischer Forschung. Die Attraktivität wissenschaftlicher Erkenntnis hängt – und dies ist sicherlich unstrittig – mit der Kenntnis über den Gegenstand zusammen. Je intimer, desto besser. Sicherlich immer verbunden mit der notwendigen Kraft zur Abstraktion. Dieser intime Zugang muss aber auch die dynamische Entwicklung des Gegenstandes abbilden können. Die soziologisch zu beobachtenden Zusammenhänge sind ja nicht statischer Natur, sondern höchst aktiv, sie verändern sich in ihrem objektiven Verhalten und sicherlich auch in der subjektiven Reflektion darüber. Aber der soziologische Zugriff bleibt ein statischer, noch dazu meist beseelt von der Annahme des völlig unabhängigen Beobachters. Die Frage: „was passiert, wenn ... ?" bleibt ausgespart. Eine kontrollierte Wirkung zu erzielen, ist kaum möglich, weil ein direkter Eingriff in der empirischen Praxis der Soziologie nicht vorkommt. Während Ingenieure und Techniker fröhlich an neuen Maschinen experimentieren, deren Wirkungsweise testen und die gewonnenen Ergebnisse direkt wieder für die Konstruktionsarbeit verwenden, bleibt dem Sozialwissenschaftler dieser Rekurs verwehrt. In der kontrollierten Verwendung der eigenen empirischen Forschung müsste man aber kein unwissenschaftliches Tun vermuten, solange der Erkenntnisweg nachvollziehbar dargelegt werden kann. Sicherlich ist die Maschinenwelt eine außerhalb des Sozialen stehende und die Ingenieure können ihre Eingriffe sehr genau differenzieren und die Wirkungszusammenhänge damit genau messen. In der Welt der Sozialwissenschaftler ist der Praktiker immer schon Teil des Ganzen und kann seine Vorgaben nicht in der gleichen Präzision strukturieren. Durch die fehlende Nähe zum Gegenstand entgehen der sozialwissenschaftlichen Forschung aber die Einblicke in der Tatsachenbildung, weil die Forschung nicht zielgerichtet teilnimmt. Beziehungsweise können die Tatsachen immer erst ex post und nur dann beobachtet werden, wenn ein Fremder die hierfür notwendigen Schritte unternommen hat.

Das im Folgenden beschriebene Problem und die dargelegten Schritte zur Problemlösung sind dagegen in allen ihren Etappen Teil soziologischer Forschungspraxis. Die soziologische Laboranordnung besteht nicht nur aus der üblichen Problembeschreibung, sondern auch in der Kreation von Umsetzern, die nach Handlungsmodellen vorgehen, deren Plan auch ein Ergebnis der soziologischen Analysen ist. Das Erkenntnisobjekt wird selbst (mit-) gebaut und auch betrieben. Allerdings wird mit dieser Konstellation die Forschung auch in ungewöhnlicher Weise eingebunden. Die Ergebnisse sind gemeinsam von allen Beteiligten des Labors zu verantworten. Für den Einbezug in die praktische Gestaltung muss die Forschung auch den Preis zahlen: Verbindliche Teilhabe mit der Gefahr der Falsifikation.

Damit ändert sich natürlich das Verständnis von interdisziplinärer Forschung grundlegend. Soziologische Forschung im Labormaßstab betrieben heißt, eine permanente Metamorphose zwischen verschiedenen Disziplinen durchzumachen. Soziologische Forschung wandelt sich zur Betriebswissenschaft, wird Teil ingenieurwissenschaftlicher Lösungen, nimmt Elemente der Informatik auf und kommt wieder zurück zur soziologischen Interpretation, die in den Kanon der eigenen Disziplin rückkoppelbar ist. Der Erkenntnisprozess entwickelt sich vergleichbar einem Blick durchs Kaleidoskop: je nach Blickrichtung und Aufgabenzuschnitt wechseln die Disziplinkontexte. Damit ist einer direkt intervenierenden Soziologie das Wort geredet, die als solche nicht immer sofort zu identifizieren ist, sondern sich dem Zweck des Unternehmens entsprechend, immer in Wandlung befindet.

Analyse und Erkenntnisprozesse müssen freilich immer wieder als soziologische Elemente subtrahierbar bleiben.

2 Das Problem

Moderne Menschen zeigen eine hohe Affinität zu individuellen Transportmitteln. Es fahren mehr und mehr Privatfahrzeuge, Busse und Bahnen haben dagegen das Nachsehen. Ein Unternehmen, das Verkehrsangebote auf Schienen anbietet, hat es in der modernen Welt daher schwer. Bereits die 13 – 15-Jährigen glauben genau zu wissen, dass sie mit 18 Jahren viel oder sogar sehr viel Auto fahren werden; aber auch schon heutzutage ist die Realität eindeutig: mehr als 82% der Bevölkerung im Alter zwischen 18 – 35 Jahren verfügt über den Zugang zu einem Pkw. Das Geschlecht macht hier so gut wie keinen Unterschied mehr. Mehr als 60% der Bevölkerung hat in den letzten zwei Jahren nicht ein einziges Mal einen Fernzug benutzt und gedenken, dies auch in Zukunft nicht zu tun.

Die Verkehrsmittelwahl ist aus Sicht der Bahnunternehmen sehr ernüchternd: Zählt man die Zahl der beförderten Personen, hatte die Deutsche Bahn AG im Fernverkehr im Jahre 2000 einen Marktanteil von 3%. Im Jahre 1936 betrug dieser noch mehr als 50%. Dementsprechend – sozusagen spiegelbildlich – steigt die Zahl der zugelassenen Automobile stetig an. Mehr als 2,2 Mio. Neufahrzeuge kommen jedes Jahr dazu. Mehr als 46 Mio. Fahrzeuge sind es bereits insgesamt in Deutschland am Ende des Jahres 2002. Der Marktanteil, wiederum gemessen an den beförderten Personen, des motorisierten Individualverkehrs betrug im Jahr 2000 dementsprechend über 84% (vgl. Chlond u.a. 2002; Statistisches Bundesamt 2002; Flade u.a. 2002; Tully 2002).

Allen Beteiligten – auch den Autofahrern – ist aber klar, dass mit einem linearen Aufwuchs der Automobilflotte erhebliche Probleme verbunden sind. Selbst wenn sich die Schadstoffentwicklung, selbst in absoluten Werten gemessen, seit einigen Jahren ganz langsam vom Fahrzeugaufkommen entkoppelt hat und nach unten bewegt, der Flächenverbrauch des Straßensystems bleibt hoch und stößt bereits jetzt an Grenzen. Neben schlichtem Platzmangel schiebt sich nämlich mehr und mehr der Erhalt dieses Systems auf die Tagesordnung der Politik. Denn die Finanzmittel werden nicht reichen, den bisherigen Standard der Verkehrsinfrastruktur zu halten. Mit Technik alleine lässt sich das Problem also nicht regeln.

Seit einigen Jahren wird daher gefordert, dass eine bessere Integration der Verkehrsträger die Lösung sein könnte. Dann wäre es möglich, die Kapazitätsreserven besser auszunutzen; d.h. wenn Flugzeuge, Eisenbahn und Auto stärker vernetzt und als ein einziges Verkehrssystem wahrgenommen würden, könnten mehr Verkehrsströme von der Straße beispielsweise auf die Schiene verlagert werden. Mittlerweile sind solche Denkansätze auch Teil amtlicher Politikprogramme des zuständigen Bundesministeriums (Hinricher u. Schüller 2002).

Allerdings kranken solche kapazitätsorientierten Ansätze immer noch an einem zentralen Problem: Bei der Suche nach brauchbaren Angeboten muss der Besitz oder die Verfügbarkeit eines Automobils als Maß aller Dinge, empirisch durch die oben genannten Zahlen belegt und anerkannt werden. Wer also Alternativen etablieren will, sollte diese gewünschte Form der „Automobilität" mitdenken. Wenn der Wechsel der Verkehrsträger als Nutzungsroutine möglich sein soll, ist eine durchgängige und ungebrochene Automobilität anzubieten. Ein bequemes Punkt-zu-Punkt-Reisen mit mehreren Verkehrsmitteln ohne Nachzudenken zu absolvieren, ist allerdings nur schwerlich zu bewerkstelligen. Der Planungs- und Koordinationsaufwand bleibt in der Regel hoch, die Nutzung ist kaum routinisierbar. Die nicht monetär auszuweisenden Transaktionskosten bleiben der Killer aller integrierten oder intermodalen Verkehrsangebote.

Das Argument, dass die Reisezeiten im öffentlichen Personennah- und Fernverkehr doch in Wirklichkeit immer geringer sind als angenommen, oder die Kosten bei exakter Berechnung sogar günstiger liegen, ist aus Sicht der Nutzer nicht der zentrale Entscheidungsgrund. Diese stecken höchstens einen Referenzrahmen ab, innerhalb dessen aber noch sehr viel Spielraum herrscht. Alleine die Rekonstruktion dieser Argumente stellt einen Aufwand dar, den man lieber vermeidet (Canzler u. Franke 2001).

Dementsprechend kann mit alleinigen Verweisen auf einzelne Aspekte – beispielsweise die Kosten – die komplexe Entscheidungssituation nur unzureichend angegangen werden. Das Problem wird noch gravierender, weil der Grad der Selbstvergewisserung in diesem Prozess nur sehr gering ausgeprägt ist und sich daher die Rekonstruktion der Entscheidungsgründe gegenüber den herkömmlichen, empirischen Forschungsmethoden entziehen. Klar hat man Situationen vor Augen, dass die ganze Familie zusammen sitzt, Kataloge um Kataloge wälzt oder ganze Wochenenden in Autohäusern auf der Suche nach der zukünftigen Karosse verbringt. Es wird aber irgendwann die Entscheidung getroffen und die steht dann für einige Jahre fest. Sie bleibt sozusagen eingefroren. Nur wenn sich die Umstände dramatisch ändern, wenn der Arbeitsplatz verloren geht, die Ehe geschieden wird oder ein Kind auf die Welt kommt, beginnt man die ursprüngliche Entscheidung langsam wieder aufzutauen und das damalige Ergebnis mit den tatsächlich gültigen Bedingungen abzugleichen und ggf. neu zu treffen. Ähnlich verläuft der Prozess, der dem Kauf einer BahnCard oder der Jahresnetzkarte eines Nahverkehrsbetreibers vorausgeht. Langsam kristallisiert sich aus einer unübersichtlichen Gemengelage die Entscheidung heraus. Diese wird dann getroffen und dann nicht weiter zur Disposition gestellt. Die Wahl der Verkehrsmittel muss in Routinen abgespeichert, unbewusst abgerufen werden, um Platz für die täglich immer wieder neu zu treffenden Alltagsentscheidungen zu machen.

Nimmt man diese Erkenntnis bei der Suche nach Alternativen zum Automobil ernst, sind die Spielräume sehr eng. Die Angebote müssen praktisch wie Automobile funktionieren und zwar weniger hinsichtlich ihrer technischen Eigenschaften, sondern vor allen Dingen in punkto Nutzungsformen. Nicht die Zahl der Zylinder, die Farbe oder Form der Karosserie ist hier interessant, sondern die Erfindung des Nutzens ohne nachzudenken. Der wundersame Erfolg des Automobils ruht nicht allein auf dem technischen Gerät, das eine riesige Projektionsfläche für Selbstinszenierungen bietet, sondern auf dessen völlig routinisierbaren Gebrauch. Sicher, man muss das Autofahren erst einmal erlernen. Beherrscht man aber die notwendigen Handgriffe, können selbst Greise hochkomplizierte Maschinen sicher ans

Ziel steuern. Das Auto ist vor allen Dingen zusammen mit einem hochgradig codierten, aber völlig standardisierten, öffentlichen Funktionsraum zur Mobilitätsmaschine geworden (Möser 2002).

Aus Sicht von schienengebundenen Verkehrsunternehmen ergibt sich das Problem, dass mit jedem verkauften Automobil die Umstände für die Nutzung der Schienenwege komplizierter, vor allen Dingen aber hinderlicher werden. Diejenigen Haushalte, die sich für den eigentumsrechtlichen Erwerb eines Automobils entscheiden, sind praktisch aus den oben beschriebenen Gründen heraus als Dauernutzer für die Schiene verloren. Gelegentliche Fahrten finden dazu – und dies ist ein gewaltiger Unterschied zu den 40er und 50er Jahren – immer vor der Referenz eines gut eingeführten Automobilsystems statt.

3   Die Anbieterstruktur

Obwohl die Erkenntnislage bekannt ist, fehlt es bislang an Angeboten, die eine durchgängige „Automobilität" darstellen könnten, damit diese Erkenntnis einmal vom Wind und Wetter der Empirie getestet wird. Zum soziologischen Labor gehört daher ein Demonstrator. Während die Automobilindustrie nicht wirklich an integrierten Produktexperimenten interessiert ist, da die Geschäfte mit dem Gerät Automobil noch gut laufen, kommen naturgemäß Schienenanbieter in Frage. Es gibt praktisch nur ein einziges Unternehmen mit bundesweiter Ausstrahlung: Die Deutsche Bahn AG, die im schienengebundenen Nah- und Fernverkehr einen Marktanteil von mehr als 90% hat, ist praktisch der einzige Kandidat. Doch hier zeigte man zunächst wenig Interesse. Seit der Einleitung der Bahnreform im Jahre 1994 begannen sich zunächst einzelne Unternehmen wie die DB Reise & Touristik, DB Regio oder DB Stationen & Service zu konstituieren. Relativ schnell wurde allerdings klar, dass unternehmerische Eigeninteressen ein einheitliches „Bahn-Angebot" verhinderten. Mit der Übernahme des Vorstandsvorsitzes durch den Industriemanager Hartmut Mehdorn im Jahre 2000 wurden die einzelnen Unternehmensteile wieder zurück geführt und in den Konzern (re)-integriert. Seit 2001 gliedern sich die operativen Einheiten in Unternehmensbereiche, die unabhängig von den ursprünglicher AG funktionieren.

Zwischenzeitlich waren aber auch Voraussetzungen zur Bündelung und Aktivierung der sozialwissenschaftlichen Erkenntnisse notwendig. Aus der Projektgruppe Mobilität des Wissenschaftszentrum Berlin für Sozialforschung (WZB), aus der heraus die theoretischen Vorarbeiten stammen, wurde das Unternehmen choice als GmbH gegründet. Den äußeren Anlass bot die Förderinitiative des Bundesforschungsministeriums „Mobilität in Ballungsräumen", die neue Kooperationen zur Lösung der Verkehrsprobleme auslobte. Die Aufgabe des Unternehmens choice war es nun, auf der Basis der sozialwissenschaftlichen Erkenntnisse eine Angebotsstruktur zur Etablierung intermodaler Dienstleistungen zu entwickeln und sich gleichzeitig um die operative Umsetzung zu kümmern, damit Erfahrungen und Analyseergebnisse jederzeit in das Produktdesign eingepflegt werden können (Canzler u. Knie 1998). Nach mehreren Wechseln der taktischen Ausrichtung sowie der Mehrheitsverteilung bei der choice konnte mit der von der Deutsche Bahn AG gegründeten Tochter DB Rent eine strategische Allianz geknüpft werden. Hiermit gelang es der sozialwissenschaftlichen Forschung, einen vergleichsweise mächtigen Partner zu finden. Die wesentlichen Assets der choice wurden von dem Bahn-Unternehmen mit dem Ziel übernommen, die zwischenzeitlich gewonnenen Erkenntnisse in die unternehmerische Praxis zu integrieren. Umgekehrt verpflichtete sich die DB Rent, den von der choice entwickelten Projektplan abzuarbeiten und Forschungspersonal mit leitenden operativen Aufgaben zu betrauen.

4   Der Lösungsansatz

Nach dem oben Geschilderten müssen Schienenverkehrsunternehmen wie die Deutsche Bahn AG zur Steigerung ihrer Kundenzahl – neben ihren Kernaufgaben – an die Umstände, die zum Kauf eines Fahrzeuges führen, näher heranrücken. Dies gelingt sicherlich dort besser, wo der Druck zum Kauf eines Fahrzeuges schwächer ist. Und dies sind eindeutig die Ballungsräume. Im Durchschnitt haben rund 75% aller deutschen Haushalte mindestens einen Pkw. Da dieser Wert in den Großstädten auf unter 50% absinkt, bedeutet dies im Umkehrschluss, dass die Ausstattung der Haushalte in ländlichen Gebieten – insbesondere bezogen auf die verkehrsaktiven Personen – praktisch vollständig ist. Gemessen an den real existierenden Angeboten des öffentlichen Personennah- und Fernverkehrs und eingedenk der staatlichen Eigenheim-Förderlandschaft kann dieser Wert auch nicht wirklich überraschen.

Der sehr unterschiedliche Ausstattungsgrad mit Privatfahrzeugen spiegelt sich auch in Umfrageergebnissen wieder: In Ballungsräumen geben die Befragten signifikant häufiger mehrere Verkehrsmittel an, die sich täglich oder mehrmals in der Woche in gleichzeitiger Nutzung befinden. Bewohner urban verdichteter Räume sind daher im Umgang mit dem intermodalen Verkehr geübter und entwickeln auch ein größeres Interesse an solchen Angeboten. Angesichts der in diesen Gebieten in der Regel existierenden Infrastruktur an privaten und öffentlichen Verkehrsangeboten und der deutlich kompakter angelegten Aktionsradien ist auch dies ebenfalls nicht sonderlich verwunderlich.

Um diese Annahmen empirisch zu erhärten, sind im Laufe des Projektverlaufes immer wieder Befragungen organisiert worden. Die jüngste Untersuchung ist eine im November 2002 im Auftrag der DB AG unternommene repräsentative Befragung in München und Berlin, die dazu diente, die mittlerweile in der Markterprobung befindlichen Produkte abzutesten. Dazu wurden aber auch allgemeine Verkehrsverhaltensmuster erhoben.

Gefragt nach den täglich genutzten Verkehrsmitteln antworteten die 1000 Personen im Alter zwischen 16 und 69 Jahre (in Klammer 18 bis 69 Jahre) wie folgt (Research International 2003):

Tabelle 1.

Verkehrsmittel	täglich	so gut wie nie
Automobil (Fahrer und Mit-fahrer	53% (61)	19% (11)
ÖPNV	41% (29)	11% (16)
Bahn im Nahverkehr	10% (10)	38% (43)
Fahrrad	31% (15)	19% (29)
Bahn im Fernverkehr	(1)	44% (43)
Flugzeug (Inland):	-	63% (66)

Aus Sicht der Bahn ein durchwachsenes Ergebnis: Aber immerhin mehr als die Hälfte der Befragten in München und Berlin geben indirekt an, mindestens einmal im Jahr mit der Fernbahn unterwegs zu sein, sie sind also mit Bahnangeboten noch adressierbar. Bei der täglichen Verkehrmittelwahl zeigen die Ergebnisse aber deutlich die auch in den anderen Großstädten bekannten Tatsachen: bezieht man Jugendliche in die Umfrage mit ein, haben Fahrrad- und ÖPNV- Anteile noch gute Werte. Befragt man dagegen nur Menschen ab 18, die also dann im Besitz einer Fahrerlaubnis theoretisch über die völlige Wahlfreiheit verfügen, sinkt der Anteil des öffentlichen Verkehrs deutlich; im Durchschnitt aller Großstädte kommen die lokal verkehrenden Busse und Bahnen auf einen Anteil von 25%. Massiv abnehmend ist auch der Anteil der täglichen Fahrradnutzer, wenn man Jugendliche nicht befragt.

Es zeigen sich aber noch andere Ergebnisse: die kumulierten Werte lassen darauf schließen, dass in erheblicher Menge Mehrfachnennungen stattfinden: Großstadtmenschen kombinieren täglich mehrere Verkehrsmittel, d.h. sie haben die oben als Alternative gewünschte Praxis für sich bereits entdeckt und zur routinisierten Nutzung entwickelt. Allerdings nimmt auch dieses „intermodale Potential" deutlich ab, wenn der Anteil des Automobils steigt. Die Ergebnisse lassen auch hier wieder deutlich erkennen: je geringer der Anteil des Automobils ist, desto höher steigt der Kombinationsgrad, insbesondere der Anteil des Fahrrades als Ergänzungsverkehrsmittels nimmt zu.

Zusammengefasst bedeutet dies für die Entwicklung von Alternativen eine Bestätigung der oben bereits formulierten Annahmen: Die Nah- und Fernbahn wird – wenn überhaupt noch – in nennenswertem Umfang nur noch von Bewohnern in den Ballungsräumen in die Nutzungsroutinen integriert. Gemeinsam mit dem Anteil des öffentlichen Verkehrs sinkt auch der der Schiene, wenn Automobile in der Nutzung dominant werden; Automobile sind also durch ein weitgehend autarkes Nutzungsverhalten zu charakterisieren. Will man aber – wie oben ausgeführt – integrierte Angebote entwickeln und mit Chancen auf Resonanz versehen, sind Großstadtbewohner in den Focus zu nehmen und Schienenergänzungsangebote zu etablieren, die den Bewegungswünschen der Großstadtbewohner entsprechen.

Und ganz offensichtlich sind hier individuell zu nutzende Verkehrsmittel wie Automobile und Fahrräder hoch im Kurs. Mehr als 75% der oben Befragten nannten Flexibilität als das am meisten hervorstechende Merkmal von attraktiven Verkehrsangeboten, verbunden mit dem Wunsch nach spontaner Nutzung.

Wiederum im Umkehrschluss bedeutet dies, wenn also ein Schienenanbieter des Nah- und Fernverkehrs seine Produktpalette in der Weise ausbaut, dass diese sich zur Befriedigung spontaner und flexibler Wünsche nach dem individuellen Transport eignen, dann können Kunden gewonnen werden. Wenn diese Angebote dann auch noch so gestaltet sind, dass eine spontane und flexible Nutzung nicht durch Eigentum erreicht wird, sondern durch jederzeit mögliche Zugänge, dann können auch Schienenanbieter Neukunden generieren. Letzteres ist alleine der Tatsache geschuldet, dass in der Regel die subjektiv hohe Verfügbarkeit eines Verkehrsmittels – die Voraussetzung für deren flexible und spontane Nutzung – durch den dauernden Besitz, sprich Eigentum gewährleistet wird. Eigentum hat aber den Nachteil einer subtilen Bindung, insbesondere dann, wenn die Eigentumsrechte teuer erworben wurden. Beispielsweise zwingt alleine das Eigentum an einem Automobil dem Nutzer einen so hohen Fixkostenblock auf, dass man praktisch von einer eingebauten Nutzungsdynamik sprechen kann.

Hat man sich einmal für den Kauf eines Automobils entschlossen, fährt man das Fahrzeug auch. Und damit überformt das Mittel die Zwecksetzung; d.h. die ursprünglichen Motive, ein Fahrzeug für spontane Nutzungen zu erwerben, verkehrt sich ins Gegenteil: das Fahrzeug, einmal vorhandenen, zwingt auch bei Gelegenheiten zum Gebrauch, wo dies bislang nicht der Fall war.[1] Auch dieser Umstand ist keineswegs neu, sondern entspricht einer techniksoziologischen Grundweisheit (Dierkes 1996).

Für das eingangs geschilderte Problem heißt dies, dass die Schienenanbieter diesen Kundengenerierungseffekt dann erreichen, wenn sie die Nachfrage nach individuellen Transportmöglichkeiten in ähnlicher Qualität darstellen können wie die tatsächlich „gekauften" Zugänge. Dann – und nur dann – ergeben sich die Chancen für Komplementäreffekte wie sie oben beschrieben wurden: Die Verkehrsmittel werden dem Zweck entsprechend genutzt und kein Schienenkilometer wird kannibalisiert, weil der potentielle Nutzer doch lieber das teure eigene Auto bzw. Fahrrad nutzt. Sicherlich ist das „Kannibalisierungspotential" beim Automobil gegenüber der Schiene erheblich höher als das des Fahrrades. Aber das hinter dem Eigentum schlummernde Ausschließlichkeitsprinzip dürfte das Gleiche sein.

5   Die Produkte und die Resonanz

Entsprechend der geschilderten Aufgabe ergeben sich damit Regeln für die ergänzende Produktgestaltung: Die Angebote müssen von Schienenanbietern so angeboten werden, dass sie die „eigentlichen Produkte" komplementär ergänzen und in

---

[1] Vgl. zu diesem Phänomen aus technikphilosophischer Sicht Mathias Gutmann in diesem Band (Anm. des Hg.)

ähnlicher Weise wie Eigentum funktionieren. Diese Angebote sind in Ballungsräumen anzubieten. Im Folgenden werden zwei solcher Produkte vorgestellt, mit
denen auf unterschiedlicher Weise versucht wird, diesen Kriterien gerecht zu werden. Beide Produkte werden von DB Rent nach den Vorgaben und in kontrollie-
render Begleitung der sozialwissenschaftlichen Forschung angeboten.

5.1 Call-A-Bike

Wer träumt nicht davon: man geht durch die Stadt, sieht ein Fahrrad, greift zum
Handy, leiht sich in Sekundenschnelle den Untersatz aus, schwingt sich auf den
Sattel und fährt los. Am Ziel angekommen, wird das Fahrrad einfach wieder an
der nächst besten Ecke abgestellt und fertig: aus den Augen, aus dem Sinn. Fahrräder müssen nicht mehr lästig über vielstufige Treppen in übervolle U- oder S-
Bahnen getragen werden; sie stehen einfach herum und können schnell und be-
quem gemietet und wieder abgestellt werden: Seit Oktober 2001 sowie Juli 2002
wird ein solches Produkt von der DB Rent in München bzw. Berlin angeboten.
Knapp 3000 Fahrräder stehen praktisch an jeder Ecke dieser beiden Städte. Ende
des Jahres 2002 sind mehr als 20.000 Kunden registriert worden. Je nach Wetter,
sind zwischen 100 und 1000 Fahrten täglich mit den Bikes unternommen worden,
die in der Regel kaum länger als 20 Minuten sind. Ausgenommen natürlich längere Fahrten am Wochenende.

Die Nutzung ist denkbar einfach. Zunächst muss man sich als Kunde registrieren lassen. Dies geht per Telefon oder auch im Internet. Hat man eine Kreditkarte,
kann sofort losgefahren werden; bei normalem Lastschriftverfahren dauert es ein
paar Tage. Ist man auf diese Weise im Besitz einer Kundennummer und sieht ein
Bike an einer Ecke stehen, wählt man die auf dem Schloss angegebene Nummer
an und erhält einen Öffnungscode. Dieser wird ins Schlossdisplay eingetippt und
der Riegel springt auf. Mit diesem Code kann man das Fahrrad immer wieder
entriegeln, auch wenn man es zwischendurch beim Bäcker oder Schuhladen abstellt. Erst wenn das Bike endgültig wieder abgegeben wird, ruft man erneut die
Nummer an und erhält dann den Schließungscode, den man wieder auf dem
Schlossdisplay eintippt. Schließlich spricht man noch kurz den neuen Standort des
Bikes aufs Band und fertig. Einziger Nachteil: man braucht ein Handy und man
muss sich Nummern merken können. Ein Angebot wie Call-A-Bike gibt es weltweit kein zweites Mal. Damit stellt das Produkt ein einzigartiges Laboratorium für
den modernen Stadtverkehr dar, dessen Umgang freilich noch geübt werden muss.

Allerdings zeigen die ersten Monate bereits, dass offenkundig die oben beschriebene komplementäre Funktion für einen Schienenanbieter auch bei einem
Stadtfahrradangebot möglich ist. Von den aktuellen Kunden besitzen bereits jetzt
knapp 43% eine BahnCard. Darüber hinaus sind mehr als 35% im Besitz eines
ÖPNV Abonnement. Ganz am Rande sei notiert, dass auch mehr als 35% der User
eine Miles & More Karte der Lufthansa haben.

Wie aber sieht nun das Verkehrsverhalten der Call-A-Bike Kunden tatsächlich
aus? Im Auftrag der DB AG befragte wiederum Research International 500 Nutzer

in Berlin und München nach ihrer Verkehrsmittelwahl (Research International 2003):

Tabelle 2.

Verkehrsmittel	täglich	so gut wie nie
Automobil (Fahrer und Mitfahrer)	34%	22%
ÖPNV	51%	5%
Bahn im Nahverkehr	8%	25%
Fahrrad	38%	1%
Bahn im Fernverkehr	1%	20%
Flugzeug (Inland):	1%	36%

Aus Sicht der Bahn zeigt sich gegenüber der repräsentativen Erhebung ein deutlich verbessertes Bild. Hierzu ist noch in Rechnung zu stellen, dass zur Zeit Call-A-Bike Nutzer mindestens 18 Jahre alt sein müssen, um sich registrieren lassen zu dürfen. Im Ergebnis nutzen damit Call-A-Bike-User weniger das Auto und häufiger den ÖPNV. Die Zahl der Menschen, die nicht die Fernbahn nutzen, sinkt bei den Call-A-Bike Kunden von 43% deutlich auf 20% ab. Sicherlich: diese Erhebung ist eine Momentaufnahme, die ein Jahr Call-A-Bike Erfahrungen in München und fünf Monate in Berlin auswertet. Aber der Trend im oben erwarteten Sinne ist unverkennbar. Aber auch die Attraktivität des Flugzeuges steigt bei Call-A-Bike Kunden deutlich. Ähnlich wie bei der Fernbahn, nimmt auch die Nicht-Nutzung des Flugzeuges um die Hälfte ab, und es gibt sogar Call-A-Bike Kunden, die täglich ins Flugzeug steigen.

Die oben beschriebenen Eigenschaften für attraktive Produkte werden auch durch die weiteren Ergebnisse der Umfrage gestützt. Flexibilität und spontane Nutzung stehen ganz oben auf der Werteskala; bequemer und vor allen Dingen schneller Zugang sind als Eigenschaften hoch im Kurs: jeweils über 90% der Befragten gaben dies als entscheidende Features an. Dass Call-A-Bike als ergänzendes Verkehrsmittel wahrgenommen wird, zeigt sich darin, dass die Bikes überwiegend für Freizeitaktivitäten Verwendung finden; relativ stark werden aber auch Verwendungen genannt, die sich spontanen Zwecken widmen und die unabhängig von anderen Verkehrsmitteln sind. Dies gaben jeweils mehr als 50% der Befragten an.

5.2   DB Carsharing

Nach der Einführung von Call-A-Bike hat die DB Rent am Ende des Jahres 2001 parallel damit begonnen, einen Autobaustein als weiteres Ergänzungsangebot zu platzieren. Nach längerer Suche wurde zusammen mit der choice GmbH entschieden, ein bundesweites Carsharing Angebot aufzuziehen, da sich hier in idealer Weise ein attraktives „Teilauto" Angebot darstellen lässt. Das gemeinschaftliche Autoteilen wird in Deutschland seit Anfang der 90er Jahre von ganz unterschiedlichen Trägern betrieben. Von gemeinnützigen Vereinen bis zur Aktiengesellschaft reichen die Firmenkonstruktionen. Der große Durchbruch blieb bislang aber aus. Bis Ende 2001 waren lediglich 55.000 Menschen in ganz Deutschland registriert. Die Gründe liegen in einer sehr uneinheitlichen Außendarstellung der Anbieter, die weder eine gemeinsame Dachmarke noch einen einheitlichen Technikstandard durchsetzen konnten. DB Rent bietet dagegen eine neue technische Plattform an und mit DB Carsharing auch erstmals bundesweit einen einheitlichen Markenauftritt, mit bundesweit einheitlichen Tarifen. Das Angebot wird als Franchisesystem lokal tätigen Carsharing Unternehmen als Ergänzung zu ihren bisherigen Tarifen angeboten. DB Rent hat zu diesem Zweck in Halle eine Servicezentrale aufgebaut, hier sitzt nicht nur das Call-Center, sondern hier laufen auch alle notwendigen Abrechnungsläufe zusammen. Kunden können sich einfach lokal oder aber auch über das Internet registrieren lassen, entrichten eine kleine Gebühr und erhalten dann einen „elektronischen Schlüssel". Diese Chipkarte ermöglicht den einfachen Zugang zum Fahrzeug. Voraussetzung ist lediglich, dass man im Besitz einer gültigen Fahrerlaubnis ist und eine BahnCard/NetzCard oder über ein ÖPNV Abo verfügt. An mehr als 45 Städten kann man auf diese Weise über 1000 Fahrzeuge an 512 Stationen mieten, einfach anrufen oder übers Internet das Fahrzeug reservieren, die Chipkarte an die Windschutzscheibe halten, der Bordcomputer erkennt die Reservierung und öffnet die Zentralverriegelung. Einsteigen und Losfahren. Gebucht werden kann rund um die Uhr, und dieses in ganz kleinen Portionen bis zu einer Stunde. Gezahlt werden der Zeitpreis sowie der den gefahrenen Kilometern entsprechende Spritpreis. Die Rechung erhält man am Ende des Monats: ein völlig automatisiertes, dezentral organisiertes Autoverleihsystem. Bis Ende 2002 konnten auf diese Weise bereits mehr 30.000 Kunden von der DB Rent in Halle in den verschiedenen Tarifsystemen verwaltet werden.

DB Carsharing wird mit dem Ziel entwickelt, mehr Verkehr auf die Schiene zu verlagern; also dem oben beschriebenen Bedürfnis nach individueller motorisierter Fortbewegung zu entsprechen, ohne dass damit der Kauf eines Autos zwangsläufig verbunden ist.

Um einen Überblick darüber zu erhalten, ob diese Annahmen zutreffend sind und sich damit eine Veränderung im individuellen modal split darstellen lässt, hat Research International auch 566 DB Carsharing Nutzer in den Städten Berlin, Frankfurt und Halle nach ihrer aktuellen Verkehrsmittelwahl befragt (Research International 2003):

Tabelle 3.

Verkehrsmittel	täglich	so gut wie nie
Automobil (Fahrer und Mitfahrer)	13%	30%
ÖPNV	57%	3%
Bahn im Nahverkehr	15%	11%
Fahrrad	51%	13%
Bahn im Fernverkehr	2%	6%
Flugzeug (Inland):	1%	74%

Das Ergebnis, wenn auch bei der erst kurzen Angebotszeit mit aller Vorsicht zu genießen, ist dennoch erstaunlich. Aus Sicht des Schienenanbieters ist die Rechnung voll aufgegangen; ähnlich zufrieden sein dürften die ÖPNV-Anbieter. Beide Angebotssegmente profitieren von einem bundesweit einheitlich angebotenen Carsharing sehr stark. Der Anteil der Fahrten mit einem eigenen Automobil geht gegenüber den repräsentativ erhobenen Werten dramatisch zurück. Auch hier ist anzumerken, dass die Befragten alle über 18 Jahre alt waren, da ja der Besitz eines Führerscheins Voraussetzung für die Nutzung ist. Sogar der Anteil der Fernbahn-Nutzung steigt deutlich an und die Zahl der Menschen, die definitiv keine Schiene benutzen, fällt von knapp 50% bei der Repräsentationsbefragung auf 6% ab. Die Zahl der Nennungen lässt ebenfalls erkennen, dass DB Carsharing-Kunden gleichfalls in der intermodalen Verkehrspraxis geübt sind, nutzen sie täglich doch mehrere Verkehrsmittel. Es ist erkennbar, dass bei der Existenz eines Carsharing-Angebotes die Verkehrsmittelwahl offenkundig so in Nutzungsroutinen stabilisiert werden kann, dass der öffentliche Fern- und Nahverkehr erheblich hiervon profitieren kann.

Als Nutzungszwecke dominieren Freizeitfahrten. Mehr als 70% der Nennungen gaben dies an. Dienstfahrten oder andere berufliche Fahrtzwecke spielen aber auch beim Carsharing mehr und mehr eine Rolle. Etwa die Hälfte der Fahrten wird hierfür unternommen.

5.3   Die Adressaten

Bei diesen ermutigenden Ergebnissen stellt sich dann natürlich die Frage, was sind das für Menschen, die solche Angebote nutzen und vor allen Dingen – wie viele gibt es davon? Dass es sich um Großstadtbewohner handelt, war bereits abgeleitet worden. Die Erhebungen lassen die folgenden Merkmale erkennen (Research International 2003):

Tabelle 4.

Demographische Angaben der DB Carsharing Kunden (n = 566), im Folgenden nur Ergebnisse der DB Carsharing Tarifgruppen):

Geschlecht	77% männlich		
Alter	46% 30-39	23% 18-19	21% 40-49
Wohnform	39% alleine	30% mit Familie	21% in Partnerschaft ohne Kinder
Ausbildung	53% (Fach-) Hochschulabschluss		
Einkommen	33% mehr als 3000 Euro Haushalts-Nettoeinkommen		

Tabelle 5.

Demographische Angaben der Call-A-Bike Kunden in Berlin und München (n = 503)

Geschlecht	76% männlich		
Alter	44% 16-29	43% 30-39	8% 40-49
Wohnform	39% alleine	22% mit Familie	26% in Partnerschaft ohne Kinder
Ausbildung	56% (Fach-) Hochschulabschluss		
Einkommen	23% mehr als 3000 Euro Haushalts-Nettoeinkommen		

Bereits der erste Blick lässt erkennen, dass es sich um eine relativ homogene Gruppe handelt, die bereit ist solche Angebote wie DB Carsharing und Call-A-Bike aktiv zu nutzen. Es sind bei beiden Angeboten überwiegend Männer, die mehrheitlich alleine oder in Partnerschaften ohne Kinder leben, überdurchschnittlich gut ausgebildet und dementsprechend auch überdurchschnittlich verdienend. Soziologisch werden diese Großstadtbewohner auch schon mal als Urbanitäten bezeichnet; also die Gruppe, die den vermeintlichen Kern der erlebnisoffenen und konsumfreundlichen, hoch flexiblen Städter ausmacht. Der Unterschied zwischen DB Carsharing und Call-A-Bike Nutzer liegt im wesentlichen im Alter; Call-A-Bike Kunden sind jünger und daraus leiten sich alle anderen abweichenden Merkmalsausprägungen ab, vom Prinzip her sind aber alle Kunden dem gleichen „Stamm" zuzuordnen.

Diese Angaben sollten jedenfalls aus Sicht der Deutschen Bahn AG so ermutigend sein, weil man doch getrost von mehreren hunderttausend Menschen ausgehen kann, die damit zur potenziellen Zielgruppe solcher Angebote gehören. Aus vergleichbaren anderen Befragungen kann man diese Gruppe noch weiter qualifizieren. Aus Forschungsergebnissen der choice zeigt sich, dass insbesondere das links-liberale Spektrum mit Sensibilität für ökologische Fragen eine hohe Affinität zu diesen Dienstleistungen zeigt (Knie u.a. 2002).

6   Ausbaustufen

Die bisher etablierten Angebote DB Carsharing als Autobaustein und Call-A-Bike als Fahrradbaustein sind optimismusstiftende Beispiele dafür, dass Schienenanbieter mit Ergänzungsangeboten ihr Kerngeschäft positiv vermarkten können. Dies kann jedenfalls in Großstädten oder Ballungsräumen gelingen. Aber es sind eben auch nur erste Schritte auf dem Weg einer wirklich integrierten Gesamtdienstleistung. Mit mehr als 50.000 Kunden für beide Produkte ist die Zahl absolut gesehen noch zu gering. Hier sind noch erhebliche Ausbaustufen notwendig, um die Verfügbarkeit dieser Alternativen für eine ungleich höhere Zahl von potenziellen Nutzern angemessen zu platzieren. Call-A-Bike kann als Prototyp bereits deutlich die flächendeckende Präsenz in einer Stadt wirkungsvoll aufzeigen. Allerdings muss ein solches Angebot in allen großen Ballungsräumen ausgebaut werden, damit keine akzeptanzsenkenden Insellösungen zustande kommen. Im Mai 2003 wird als nächste Stadt Frankfurt hinzukommen. Gespräche laufen aber bereits auch in Hamburg und Köln.

DB Carsharing wird im Frühjahr zwar praktisch in allen Ballungsräumen präsent sein, das Angebot selbst muss aber noch deutlich sichtbarer werden. Hier sind analoge Bedienformen wie bei Call-A-Bike zu testen; also Autos, die einfach an einer Ecke stehen, spontan gebucht, gefahren und an irgend einer anderen beliebigen Stelle in der Stadt wieder abgestellt werden können und zwar ohne dass man sich vorher auf eine bestimmte Zeit festlegt. Wenn diese „easy access" Funktion erfüllt ist, kann sicherlich eine nachhaltige Popularisierung erwartet werden (Rifkin 2000).

Schließlich müssen beide Angebote noch direkt mit der BahnCard verknüpft und auch mit den üblichen Dienstleistungen der Schiene zusammengefasst werden. Alle Produkte eines Anbieters sind auf eine Rechnung zu setzen, erst wenn das „one-face-to-the-customer" gilt, ist der integrierte Verkehrsdienstleister Wirklichkeit geworden. Diese Angebote werden nicht die Welt retten, aber solche Unternehmen haben nach den bisherigen Erfahrungen doch mehr als nur eine plausible Chance, einen Anteil vom Verkehrsmarkt zu bedienen, der deutlich über dem der bisherigen monomodalen (Schienen-) Anbieter liegt. Denn mit dieser pluralen, aber dennoch integrierten Produktstruktur kann ganz offensichtlich die Mittel-Zweck-Überformung partiell aufgehoben, d.h. die Mittel können wieder ihren eigentlichen Zwecken zugeordnet werden. Man fährt Fernbahn, wenn es zweckmäßig ist, weil man am Zielbahnhof auf ergänzende Alternativen zurückgreifen kann und daher auch keinen Grund hat, ein Automobil zu kaufen, dass dann alleine aus sich heraus eine kannibalisierende Nutzungsdynamik entfacht.

7   Die Zeitlichkeit des soziologischen Labors

Die Möglichkeiten, mit Hilfe soziologisch gewonnener Erkenntnisse neue, erfolgreiche Produkte zu generieren sind gegeben. Wenn man noch dazu bedenkt, dass die Karriere dieser Produkte aus der Sozialwissenschaft heraus initiiert wurde, dass deren Eigenschaften immer wieder unter Rückgriff der Forschung verändert werden können und deren Wirkung auf das tatsächliche Verhalten studiert werden kann, dann demonstriert dies die Möglichkeiten eines soziologischen Labors. In welcher Weise eine solche Laborforschung zum allgemeinen Handwerkszeug der Soziologie werden kann, muss einstweilen dahin gestellt bleiben. Beim jetzigen Stand der Forschung kann man allerdings die Übertragung in andere Felder und Branchen unterstützen.

Es gibt aber Grenzen eines soziologischen Laborkontextes. Eine strategische Positionierung der gebündelten sozialwissenschaftlichen Erkenntnisse in unternehmerische Produktionsmodelle scheint auf Dauer nicht möglich. Sozialwissenschaftliche Forschungsergebnisse können anregen, sie können korrigieren, sozialwissenschaftliche Methoden können Märkte identifizieren, Wirkungen messen und analysieren; sie können – wenn sie in den unmittelbaren Kontexte des Baues und des Betriebes von Dienstleistungen oder anderer Produkte integriert werden, wertvolle Beiträge zu einer „besseren Welt" liefern, die über ihre sonst üblichen Verbreitungsformen weit hinaus gehen. Allerdings ist die hierfür notwendige organisatorische und inhaltliche Integrationsarbeit auf längere Sicht kaum zu schaffen, zumal es keine Vorgaben oder Muster zur Orientierung gibt. Es mangelt an institutionellen Arrangements, die solche Laborsituationen auf Dauer stellen könnten. Die internen Wirkungsmächte, die aus den operativen Tätigkeiten heraus auftreten, stellen sich im Alltag als krasse Gegensätze zum forscherischen Tun dar. Sind die Objekte der gemeinsamen Tätigkeit noch kommunikativ vermittelbar, konstituieren sich die Produktionsformen in zu unterschiedlichen Rhythmen. Wissenschaftliches Arbeiten verlangt nach extremen Freiräumen, die zeitlich und räumlich völlig autonom gestaltet sein wollen, während unternehmerisches Tun in viel kürzeren Intervallen organisiert wird. Die aus der gemeinsamen Gemengelage der Tätigkeiten abgeleiteten Erfolgskriterien sind ebenfalls höchst unterschiedlich wirksam. Sozialwissenschaftliches Forschen muss sich letztlich an seinen Veröffentlichungen messen lassen. Die Karrieremuster in der Soziologie sind rein akademisch ausgerichtet. Es gibt keinen einzigen Lehrstuhl C4 an einer deutschen Universität, dessen Inhaber eine mehrjährige Industrielaufbahn durchschritten hätte. Umgekehrt sind Menschen in Unternehmen auf eindeutige Parameter fixiert, die sich vor allen Dingen in den betriebswirtschaftlichen Ergebnissen manifestieren. Auch wird sich eine akademisch ausgerichtete Sozialwissenschaft – eine andere gibt es in organisierter Form nicht – kaum dauerhaft in so eindeutig definierte Verbindlichkeitsstrukturen einbinden lassen. Die grundgesetzlich verbriefte Freiheit der Forschung, die gleichzeitig den Rückzugsraum schützt, aber andererseits für Unverbindlichkeit steht, wird mittelfristig sicherlich kaum aufgegeben werden können.

Letztlich ist dies natürlich auch immer ein Spiel der Macht. Ein Unternehmen wird sich auf Dauer nicht leisten können, eine Forschungseinheit mit externer Einbindung in die strategische Produktentwicklung einzubinden. Der Demonstrator muss die gemeinsamen Ergebnisse nach Abschluss der Experimentierphase alleine verwerten können. Die zukünftige Forschung von DB Rent wird eine domestizierte sein, die sich also voll in den innerbetrieblichen Ablauf zu integrieren hat und dann der Regie der Unternehmensführung untersteht.

Die für ein gemeinsames Projekt notwendige Verbindlichkeit ist somit eine auf Zeit. Das hier vorgestellte soziologische Labor wird Ende 2003 seine Tore schließen. Dann wird man die Karriere der oben beschriebenen Produkte, die mit den Erkenntnissen der Forschung noch weiter verfeinert werden müssen, verfolgt haben und darüber Aufschluss erhalten können, ob und wie das Verhalten der Menschen im Verkehr zu verändern ist bzw. ob auch Schienenanbieter mit entsprechenden Produktangeboten überleben können. Bei einem solchen Ergebnis hätten sich dann beide Seiten im wahrsten Sinne des Wortes gegenseitig bereichert.

Literatur

Canzler W, Knie A (1998) Möglichkeitsräume. Grundrisse einer modernen Mobilitäts- und Verkehrspolitik. Wien

Canzler W, Franke S (2000) Autofahren zwischen Alltagsnutzen und Routinebruch. Bericht 1 der choice – Forschung. WZB dp FS II 00 – 102. Berlin

Chlond B, Lipps O, Zumkeller D (2002) Der Anpassungsprozess von Ost an West – schnell, aber nicht homogen. In: InternationalesVerkehrswesen (54) 11/ 2002, S 523–258

Dierkes M. (Hg.) (1996) Technikgenese. Befunde aus einem Forschungsprogramm. Berlin

Flade A, Hacke U, Lohmann G (2002) Wie werden die Erwachsenen von morgen unterwegs sein? Internationales Verkehrswesen (54) 11 / 2002, S 542–556

Hinricher M, Schüller U (2002) Integrierte Verkehrspolitik. In: Internationales Verkehrswesen (54) 12/ 2002, S 589–584

Knie A, Koch B, Lübke R (2002) Das Carsharing Konzept der Deutschen Bahn AG. In: Internationales Verkehrswesen (54) 3/ 2002, S 97–101

Möser K (2002) Geschichte des Automobils. Frankfurt

Projektgruppe Mobilität (2001) Kurswechsel im öffentlichen Verkehr. Berlin

Research International (2003) Ergebnisse der Befragung von Usern / Non- Usern zu den Angeboten Call-A-Bike und DB Carsharing. Eine Untersuchung im Auftrag der Deutschen Bahn AG, unveröffentlichtes Manuskript

Rifkin A (2000) Access. Das Verschwinden des Eigentums. Frankfurt

Statistisches Bundesamt (2002) Datenreport 2002. Bonn

Tully C (2002) Mensch – Maschine – Megabyte. Opladen

Weber M (1919) Wissenschaft als Beruf. Tübingen

Shaping the World Atom by Atom: Eine nanowissenschaftliche WeltBildanalyse

Alfred Nordmann

Im Vordergrund dieses Bandes steht die Frage von Technikgestaltung, ob und wie sie tatsächlich möglich ist und nicht etwa auf die Technikutopien von visionären Wissenschaftlern, science fiction Autoren oder Sozialreformern beschränkt bleibt. Mit meiner Themenstellung „shaping the world atom by atom" weitet sich die Frage der Technikgestaltung ins Unermessliche aus. Dieses Motto der Nanoforschung behauptet nämlich nicht nur die Gestaltung einer technischen Apparatur, die der Menschheit so oder so nützlich oder schädlich werden kann. Stattdessen soll nach diesem Motto gleich die ganze Welt Atom um Atom, ein Atom nach dem anderen, gestaltet werden. In der Frage der nanotechnologischen Weltgestaltung geht es somit verschärft darum, ob und wie sie tatsächlich möglich ist oder sein sollte und nicht etwa auf visionäre Technikutopien beschränkt bleibt. Dies wird dadurch noch weiter kompliziert, als in einem relativ frühen Stadium der technischen Entwicklung unentscheidbar ist, was als machbar und insofern gestaltbar zu gelten hat, ob also beispielsweise der vorgeschlagene Fahrstuhl in den Weltraum nüchtern in den Bereich des durchaus Möglichen fällt oder als visionäre Spinnerei abgeschrieben werden sollte. Im Gegensatz beispielsweise zum offenkundig utopischen Nutznebel, der unsere Gedanken liest und unsere Wünsche materialisiert (Storrs u. Halls 2000), ist es natürlich sehr viel einfacher, sich ein aus neuartigen Fasern besonders zugfest gewundenes Kabel vorzustellen, das irgendwo am Äquator verankert und dann an einem Satelliten festgebunden wird, um Raumfahrern zu ermöglichen, per Fahrstuhl schnell, sicher und vor allem sparsam zum Satelliten hinaufzugelangen. Aber bedeutet diese relativ einfachere Vorstellbarkeit auch schon, dass wir uns im Bereich des Machbaren befinden?

In den folgenden Bemerkungen möchte ich dem Ehrgeiz auf Weltgestaltung zwischen Wunsch und Wirklichkeit, Welt und Technik, Vision und Machbarkeit hinterherhorchen und vor allem fragen, wo er den Menschen als erkennendes und verantwortlich handelndes Subjekt verortet. Mein Reiseführer ist ein einziges Dokument, das gewissermaßen die Geburtsstunde der nationalen Nanotechnologie-Initiative der USA markiert und damit den Beginn der staatlichen Förderung in einem Umfang, wie sie sonst höchstens der Rüstung, der Raumfahrt oder dem Krieg gegen den Krebs zukommt. Laut seines Siegels kommt das Dokument direkt vom Schreibtisch des seinerzeitigen US-Präsidenten Clinton, der dem von ihm gegründeten Nationalen Wissenschafts- und Technikrat vorsaß. Diesem Rat wurde von einer Arbeitsgruppe zugearbeitet, die sich speziell der Nanowissenschaft und -technologie widmete. Als der Wissenschafts- und Technikrat im September 1999 seinen Bericht veröffentlicht, fällt jedoch die „Nanowissenschaft" weitgehend weg und übrig bleibt „Nanotechnology: Shaping the World Atom by Atom".[1]

Der Bericht ist für die Öffentlichkeit gedacht; daher legitimiert diese Broschüre nicht nur das große „Investitionspaket, das vielfältige nationale Zielsetzungen erfüllen" soll (aus dem Deckblatt vor der ersten Seite zitiert), sondern legt auch fest, was wir uns überhaupt unter Nanoforschung vorzustellen haben. Und schon das Titelblatt regt die Vorstellungskraft auf vielfältige, scheinbar widersprüchliche Weise an.

Wer meint, Nanotechnik habe mit ganz kleinen Dingen zu tun, wird sofort eines Besseren belehrt. Wir schauen in den Weltraum mit Erde, Mond, Komet und Sternenmeer hinein. Die zu gestaltende Welt ist also keinesfalls nur unsere apparative Lebenswelt, sondern die Welt schlechthin, die Natur als Ganzes. Die vor uns liegende Oberfläche ist kein Boden, auf dem der Betrachter steht, sondern schiebt sich wie der frei schwebende Monolith aus Stanley Kubricks Film *2001 - Eine Odyssee im Weltraum* in das Geschehen hinein, markiert somit, dass sich der Leser in eine zwar nüchtern durchdachte, dennoch fiktive Zukunftswelt begibt. Anders als Kubricks stahlglatter Monolith legt die Oberfläche dieses Materials nahe, das Verhältnis des weiten Weltraums zur Feinstruktur des einzelnen Objekts zu reflektieren. Wir finden uns hier ganz klassisch mit dem Mikro- und dem Makrokosmos konfrontiert. Damit stellen sich aber auch eine Frage und ein Problem. In der klassischen Kosmologie stand der Mensch als Vermittler zwischen Makro- und Mikrokosmos. Der Mensch aber kommt auf diesem Bild zunächst einmal gar nicht vor.

Unfreiwillig antizipiert dieses Titelblatt also nicht die Utopie einer besseren Welt des „globalen Überflusses" und der Erfüllbarkeit aller Wünsche, sondern ganz im Gegenteil die von Bill Joy beschworene Zukunft, die den Menschen nicht mehr braucht, weil die von Menschen geschaffenen technischen Prozesse – beispielsweise Nanoroboter – menschliche Verantwortung und somit auch die menschliche Existenz überflüssig machen (Joy 2000). Das kosmologische Problem, wie wir uns vermittelnd zwischen dem großen Äußeren und dem kleinen Inneren behaupten sollen, verbindet sich hier also ganz unmittelbar mit den speziellen Ängsten bezüglich der Nanoforschung, wie wir uns nämlich mit technischen Prozessen anfreunden sollen, die zwar menschlich initiiert werden, sich der Aufsicht und Handhabung womöglich aber entziehen und unterhalb unserer Wahrnehmungsschwelle in uns und um uns herum tätig sind.

Kaum haben wir sie benannt, begegnen wir diesen Problemen und Ängsten schon. Implizit entwickelt auch die Nanoforschung kosmologische Vorschläge, die dem Menschen einen bestimmten Ort zuweisen. Diese Zuweisungen sind zunächst begrifflicher Art und wir sollten sie als eine begriffliche Technik verstehen, über die wir uns in ein zumindest scheinbar verantwortliches Verhältnis zu Nanoprozessen versetzen. Die Durchsetzung von Nanotechnologien wird weitgehend

---

[1] Der NSTC-Bericht „Nanotechnology: Shaping the World Atom by Atom" findet sich im Internet unter <http://itri.loyola/edu/nanno/IWGN.Public.Brochure/. Die Formulierung des Titels ist freilich durch frühere Veröffentlichungen vorgeprägt, siehe Ed Regis 1995 oder Baeyer 1992.

davon abhängen, ob diese bloß begriffliche Technik allein schon zu beruhigen vermag und, wenn nicht, ob ihr die entsprechenden sozialen und apparativen Techniken folgen werden.

Dies sei an einem bekannten Beispiel erläutert. Unsere Ängste gegenüber genetisch modifizierten Organismen haben sehr viel damit zu tun, dass sich diese Organismen womöglich unterhalb unserer Wahrnehmungsschwelle überallhin fortpflanzen und wir sie unerkannt in unseren Körper aufnehmen, wo sie sich dann wiederum uns unbewusst weiter ausbreiten. Dieser Angst wird zunächst mit begrifflichen Techniken begegnet. Zu diesen gehört einerseits die auch für die Nanoforschung gültige und keineswegs von der Hand zu weisende Vorstellung, dass die Kenntnis der Natur uns erlaubt, sie technisch zu überbieten und zur Lösung gesellschaftlicher Probleme wie Krankheit und Hungersnot zu verbessern. Ob wir eine Brille benützen, um unsere Sicht zu korrigieren, oder bestimmte Pflanzen genetisch resistenter machen, läuft hiernach aufs Gleiche hinaus. Diese Vorstellung vermag viele nicht mehr zu beruhigen oder zu überzeugen. Auch der Hinweis auf die wissenschaftliche Erkenntnis, dass unser Erbgut unmöglich durch das verändert wird, was wir essend oder atmend aufnehmen, hat an Glaubwürdigkeit verloren. Wo solche begrifflichen Techniken nicht mehr ausreichen, etabliert sich stattdessen oder zusätzlich beispielsweise die politische oder soziale Technik der Auszeichnung von Produkten. Wer der Wissenschaft nicht glauben will, muss nun bürokratischen Aufsichtsverfahren vertrauen. Was uns dabei ganz und gar fehlt, ist aber eine apparative Technik der Beobachtung und Kontrolle, etwa ein automatisiertes Wahrnehmungssystem, das uns die Gegenwart gentechnisch manipulierter Organismen signalisiert, oder gar eine Art Filter, der bestimmte Organismen entsprechend aussondert. Selbst wenn es solche Techniken gäbe, gälte immer noch, dass ich allein mit meinen fünf Sinnen und einer kritischen Intelligenz den in und um mich herum stattfindenden, menschlich induzierten technischen Vorgang nicht bemerken, bewerten, ausschalten oder veröffentlichen könnte. Dass diese Defektionstechniken aber fehlen und vielleicht grundsätzlich unmöglich sind, wird auch bei vielen nanotechnologischen Anwendungen, etwa im Bereich der diagnostischen Medizin zum Tragen kommen.

Für die noch in den Anfängen steckende Nanotechnologie ist nun selbst die begriffliche Verortung des Menschen in der neu zu gestaltenden Welt ein offenes Problem oder permanente Herausforderung. Klar ist nur, dass die Abwesenheit des Menschen nicht sein darf, nicht sein kann, insbesondere da es sich ja bei unserer Broschüre nicht wie bei Joy um eine Warnung vor der Nanotechnologie handeln soll, sondern um Werbung dafür. Sehen wir also, wie sich der Mensch in diese programmatische Schrift und auch in dieses Titelbild einführt.

Die in der Broschüre enthaltene Erläuterung des Titelbilds bietet gleich mehrere Anhaltspunkte. Da heißt es: „This combination of a scanning tunnelling microscope image of a silicon crystal's atomic surfacescape with cosmic imagery evokes the vastness of nanoscience's potential" (aus dem Deckblatt vor der ersten Seite zitiert).

Vor uns haben wir also die atomare Oberflächenlandschaft eines Siliziumkristalls. Silizium ist bekanntlich die Grundlage unserer gegenwärtigen Computertechnologie, es symbolisiert somit die bisher angeblich höchste Stufe menschlicher Technik, die sich im Mikrometerbereich von tausendstel Millimetern ansiedelt. Diese Darstellung der Oberflächenstruktur des Kristalls wurde aber erst durch eben die Innovation des Mikroskopierens ermöglicht, die den Nanometerbereich nach allgemeinem Dafürhalten technisch erschloss, somit die Nanoforschung begründete und uns also schon über den Mikrometerbereich hinaus in die Größenordnung von millionstel Millimetern führt. Diese Darstellung des Siliziumskristalls führt den Menschen als Techniker ein, der durch seine Artefakte repräsentiert wird und sich schon auf einer Reise in die technologische Zukunft, im Übergang von Mikrotechnik zur Nanotechnik befindet. Hierbei ist das erste Artefakt das dargestellte Silizium und das zweite Artefakt die bildliche Erschließung seiner Oberflächenlandschaft, in der wir uns nun imaginativ verlaufen können. Dieser Übergang wird im Text der Broschüre auch ausdrücklich benannt: „Es wird erwartet, dass die gesellschaftliche Gesamtbedeutung der Nanotechnik wesentlich größer sein wird als die des auf Siliziumgrundlage integrierten Schaltkreises, weil sie in viel mehr Gebieten Anwendung finden wird als nur in der Elektronik".[2]

Dieser imaginative Übergang von der alten zur neuen Technik legt nun nahe, dass die Darstellung der in den Weltraum hineinführenden Oberflächenlandschaft unserer Einbildungskraft ein unendliches Spielfeld bieten soll und dass der menschenleere Raum nur noch den imaginativen Eintritt des Menschen fordert. In der Bilderläuterung hieß es, dass die Verbindung der Oberflächenlandschaft mit kosmischer Bildhaftigkeit das unermessliche Potenzial der Nanowissenschaft hervorrufen soll und auf der Rückseite der Broschüre wird noch einmal verdeutlicht, dass die kosmische Kulisse unsere Veränderungen und Erfindungen erwartet: Die von den Nanowissenschaften neu gewonnene Kontrolle über die Grundbestandteile alles Physischen, heißt es dort, „werde wahrscheinlich verändern, wie fast alles entworfen und hergestellt wird – von Impfstoffen über Computer und Autoreifen bis hin zu noch nicht imaginierten Gegenständen".

Ob durch technische Artefakte, ob durch seine neu erworbenen Darstellungstechnik, ob durch die eingeladene Einbildungskraft vertreten, in jedem dieser Fälle wäre der Mensch nur mittels seiner Objektivierungsleistung gegenwärtig, als Techniker also, dem die vom Großen zum Kleinen weit aufgespannte Natur als veränderbarer, auffüllbarer Spielraum dient. Er schaut in diesen Raum hinaus, projiziert Objekte und Ideen hinein, und so ist es vielleicht ganz und gar nicht zufällig, dass Wissenschaftler sich als allererstes in den Nanobereich einschreiben, sobald sie eine gewisse Kontrolle über die Anordnung von Atomen erlangt haben. Die kleine Broschüre enthält gleich zwei Beispiele davon – und seither gibt es viele weitere –, wie mit Atomen der Name einer Firma oder Instituts oder das Wort „Atom" buchstabiert wird, etwa so wie mancher seinen Namen in eine Baumrinde ritzt, um sich seine Gegenwart zu beweisen (NTSC-Bericht, Seite 4 u.6).

---

[2] Die Autoren der Broschüre zitieren sich hier, auf Seite 8 des Berichts, selbst, nämlich die Interagency Working Group on Nanoscience, Engineering and Technology.

Bei alledem begibt sich der Mensch aber nicht selbst in den Zwischenraum von Sternenhimmel und atomarer Oberflächenlandschaft. Er ist nicht etwa das Maß aller Dinge, über das sich Großes und Kleines proportioniert. Das menschliches Maß ist nurmehr eine Station im kontinuierlichen Durchgang vom Großen zum Kleinen und umgekehrt. Wir sehen das in der Broschüre bei der Verbildlichung „der unglaublichen Kleinheit von Nano" (NTSC-Bericht, S 3), aber auch in einer rein numerischen Darstellung der Hierarchie der Größenverhältnisse, in der der Mensch die Nummer Eins ist (Crandall 2000, S 3). Besonders deutlich wird dies in dem auch in der Nanoforschung immer wieder herbeizitierten Buch *Zehn^{Hoch}* von Philip und Phylis Morrison. Hier fährt der Blick auf das menschliche Normalmaß des einfachen Meters, 10^0, zu, nur um erbarmungslos weiterzufahren, in den Menschen einzudringen und bei 10^{-9} Metern, also im Nanobereich auf eine Gruppe von Atomen zu stoßen, die die Bausteine unserer „genetischen Botschaft" sind. Weiter heißt es da: „Hier wird in der Mitte ein Kohlenstoffatom sichtbar, das sich mit vier Wasserstoffatomen verbunden hat [...]. Ähnliche Verbindungen zwischen Kohlenstoff und Wasserstoff gibt es auch im Gas zwischen den Sternen" (Morrison u. Morrison 1984).

Mit dieser fast beiläufigen Bemerkung eröffnet sich eine weitere Methode, dem jeglicher Sonder- oder Zentralstellung beraubten, unvermittelten und ortlosen Menschen doch noch einen, wenn auch räumlich distribuierten Standpunkt zuzuweisen. Die Strategie von *Zehn^{Hoch}* besteht ja gerade darin, zwar nicht beim Menschen stehen zu bleiben, aber eine Korrespondenz des ganz Kleinen und ganz Großen aufzuzeigen. Ob wir weit hinaus- oder tief hineinschauen, den Weltall oder die molekulare Architektur der DNS betrachten, wir entdecken immer wieder die gleichen Strukturen. Und darum heißt es auch – ich zitiere die National Science Foundation – dass die Nanowissenschaft „vermutlich unser Verständnis des Universums verbessern wird, von lebenden Systemen bis hin zur Astronomie" (NSF 2001; Roco et al. 1999, S 10f). Die Verbindung von atomarer Oberflächenlandschaft mit kosmischem Ausblick suggeriert also auch eine strukturelle Einheit oder Durchgängigkeit, der zufolge makroskopische Phänomene nicht etwa auf Elementarteilchen reduziert werden, sondern wo Phänomene aller Größenordnungen auf Strukturen reduziert werden, die auch in allen Größenordnungen vorkommen, uns somit schon aus der lebensweltlichen Erfahrung bekannt sind. Diese Strukturen werden gern als autokatalytische, komplexe Systeme bezeichnet und insofern sich Nanotechnologien die Selbstorganisation der Natur zunutze machen, wird sich die Nanowissenschaft vielleicht gerade dadurch auszeichnen, dass sie die Dynamik komplexer Systeme universalisierend erforscht (Nordmann 2002). In der Formulierung des Komplexitätstheoretikers Stuart Kauffman bewirkt die Erkenntnis, dass die Selbstorganisation eines Moleküls der gleichen Dynamik folgt wie beispielsweise die Produktentwicklung in der freien Marktwirtschaft, dass wir uns im Universum also wieder zuhause fühlen dürfen (Kauffman 1995). Wir haben zwar keinen besonderen Ort, aber alles kommt uns irgendwie bekannt vor und es gibt keinen kategorialen Unterschied zwischen dem, was wir machen, und dem, was die Natur macht.

Die Broschüre beginnt: „Falls Sie einen Menschen in seine einfachsten Be-
standteile zerlegen wollten, würden Sie kleine Behälter von Sauerstoff, Wasserstoff und Stickstoff erhalten. Es gäbe ein paar lächerliche Häufchen Kohlenstoff,
Kalzium und Salz. Sie würden auf ein paar Prisen Schwefel, Phosphor, Eisen und
Magnesium schielen und auf winzige Spuren von etwa 20 weiteren chemischen
Elementen. Gesamtwert im Handel: nicht viel. Mit ihrer eigenen Version dessen,
was Wissenschaftler Nanotechnik nennen, verwandelt die Natur diese billigen, im
Überfluss vorhandenen und leblosen Zutaten in sich selbst hervorbringende, selbst
fortpflanzende, selbst reparierende, selbstbewusste Kreaturen, die gehen, schlän-
geln, schwimmen, schnüffeln, sehen, denken und sogar träumen. Gesamtwert:
unermesslich". Die Natur wird hier als Ingenieur betrachtet, der ein paar Zutaten
in einen Zustand versetzt, in dem sie sich nanotechnisch selbst organisieren und
somit ein höheres Komplexitätsniveau erreichen. Das Thema wird ein paar Seiten
später noch einmal aufgenommen: „Selbst ein frühes Beispiel der Nanotechnik
wie die chemische Katalyse ist wirklich ganz jung im Vergleich zur Nanotechnik
der Natur selbst, die vor vielen Milliarden Jahren entstanden ist, als Moleküle
begannen, sich in komplexen Strukturen zu organisieren, die Leben ermöglichten"
(NCST-Bericht, S 3).

Technikgestaltung und Weltgestaltung fallen somit ineinander, denn unsere
Technik führt nur fort, wie die Technikerin Natur ein technisches Objekt namens
Mensch oder Welt gestaltet hat. In dem Motto „shaping the world atom by atom"
gibt es also keine vorgefundene, bereits gestaltete Welt, die wissenschaftlich beobachtet und dargestellt, erkannt und verstanden werden muss, sondern es gibt nur
die ein Atom nach dem anderen technisch gestaltete Welt, wobei es gar keinen
Unterschied macht, ob es die Natur ist, die hier technisch tätig wird, oder ob wir
diese als gestaltbares Artefakt gedachte Welt nach unseren Vorstellungen aufrüs-
ten, überbieten und verbessern.[3]

Die Natur wird somit dem homo faber angeglichen, der sich nun im Universum
wieder zuhause fühlen darf, weil die Welt ihm Spielzeug und Rüstkammer ist, so
dass er sich in der unendlichen Weite ihres imaginierten Potenzials objektivieren
darf. Und ein Mensch ist es insbesondere, der diesen grenzenlos verspielten homo
faber repräsentiert. Er heißt Eric Drexler und kommt in unserer Broschüre nur
namenlos vor. „Seit vielen Jahren", heißt es da, „haben sich Futuristen, die in
science fiction vertieft sind und in Jahrzehnte vorgreifenden Zeiträumen denken,
eine fantastische Zukunft ausgedacht, die mit Nanotechnologien aufgebaut ist. In
jüngerer Zeit haben sich vorsichtigere, etablierte Wissenschaftler, die die Instrumente einer nanotechnischen Zukunft entwickeln, ihre eigenen Prognosen entwickelt, die auf ihrem eigenen Erkenntnis- und Erfahrungszuwachs basieren"
(NCST-Bericht, S 2). Die Broschüre verschweigt uns jedoch, wie die vorsichtigeren, etablierten Wissenschaftler die Rede von der Gestaltung der Welt ein Atom

---

[3] Insofern verschwindet auch der Unterschied zwischen der „Überbietung der Natur" und
dem „Lernen von der Natur". Solange die Natur auch nur ein Ingenieur ist, nehmen wir
uns ihr gegenüber schließlich nichts heraus, wenn wir sie nach ihren eigenen Grundsät-
zen gründlich überholen, bzw. neu erschaffen wollen, („remaking" oder „shaping the
world"). Vergleiche hierzu Schmidt 2002.

nach dem anderen einschätzen. In der Regel halten sie dies nicht für eine adäquate Charakterisierung des Machbaren. Zwar sei es möglich, sich spezifische Eigenschaften molekularer Architekturen technisch zunutze zu machen, aber die Manipulation einzelner Atome, die Zusammensetzung jedweden Gegenstands aus atomaren Zutaten, all dies wird weiterhin nur fantastischen Futuristen wie dem weniger vorsichtigen, wissenschaftlich weniger etablierten Eric Drexler zugeschrieben.

Und so bin ich bei meiner ausführlichen Bildbetrachtung bei einem letzten aufschlussreichen Widerspruch angelangt. Es geht den Autoren dieser Broschüre keineswegs darum, Drexlers überzogene Versprechungen salonfähig zu machen, stattdessen soll es um eine kluge Investitionspolitik des amerikanischen Staatshaushalts gehen. Begründet jedoch werden diese durchaus vorsichtigen Empfehlungen[4] in einer von Drexler geborgten, naturüberheblichen Sprache. Als ob es nicht reichte, für apparative und materiale Neuentwicklungen zu werben, wird hier der Wunsch auf eine Neuschöpfung der Welt geweckt. Über den Grund dieser Diskrepanz ließe sich weiter spekulieren, die These dieses Beitrages war, dass der Mensch sich mit Hilfe dieser Wunschvorstellung in ein freundliches Verhältnis zu den zukünftigen Techniken der nur scheinbar ganz kleinen, seiner Wahrnehmung und Kontrolle entzogenen Dinge versetzen möge.[5]

Bevor es derartige Techniken überhaupt gibt, entwickelt diese Broschüre also eine begriffliche Technik oder ideologischen Funktionszusammenhang, innerhalb dessen die versprochenen Neuerungen zunächst finanziert und später womöglich akzeptiert werden können. Beunruhigend ist hieran zweierlei. Derartige Techniken der Akzeptanzbildung greifen erstens den später fälligen Rechtfertigungen voraus und übernehmen schon einmal deren Funktion, nicht jedoch in der Form überzeugender Argumente, sondern durch einen euphorischen Ausblick in die unausweichlich schöne neue Welt, an die wir uns schon einmal gewöhnen sollen.[6] Zwei-

---

[4] Der NCST-Bericht läuft auf Seite 8 schließlich relativ konventionell auf bessere Computer, diagnostische und therapeutische Anwendungen (zum Beispiel bei der dosierten Verabreichung von Medikamenten), umweltfreundlichere Produktionsmethoden, leichtere und härtere Materialien hinaus.

[5] Im Gegensatz zu Drexler wird Richard Feynman als intellektueller Vorreiter der Nanoforschung anerkannt. Auch in seinem vielzitierten Vortrag „Plenty of Room at the Bottom" aus dem Jahr 1959 heißt es bereits: „The principles of physics, as far as I can see, do not speak against the possibility of maneuvering things atom by atom. It is not an attempt to violate any laws; it is something, in principle, that can be done; but in practice, it has not been done because we are too big". Die oft gegen Drexler gerichteten, praktischen und theoretischen „Unmöglichkeitsbeweise" (wie Richard Smalleys „sticky fingers" Argument) stellen somit die grundsätzliche Frage nach der Verortung von Nanoforschung zwischen physikalischer Ingenieurswissenschaft und chemischen Syntheseverfahren. Die Diskrepanz zwischen dem weitreichenden Titel „Shaping the World Atom by Atom" und dem vergleichsweise vorsichtigeren Inhalt der Broschüre hätte somit den weiteren Grund, dass diese grundsätzliche Frage zunächst unentschieden bleiben soll.

[6] Es ist beispielsweise bezeichnend, dass den Autoren der Broschüre die Fantasie ausgeht, wenn sie sich mit der Nanotechnologie möglicherweise verbundene Probleme vorstellen

tens ist zwar nicht anzunehmen, dass Wissenschaftler und Ingenieure naiv-enthusiastisch an die in dieser Broschüre gefeierte technische Überbietung der Natur glauben. Dennoch wird diese Vision die Ausrichtung der Forschung definieren.

Meine vorsichtige Annäherung an das in Entwicklung begriffene Weltbild der Nanoforschung ist daher noch keine Ideologiekritik, bereitet allenfalls die Kritik an einem rhetorischen und heuristischen Leitbild vor, von dem wir noch nicht wissen können, ob es ideologisch wirksam wird. Molekularbiologen und Genetiker glauben in der Regel nicht an den genetischen Determinismus, und doch orientiert dieser Determinismus die Förderung, somit auch die Inhalte und die öffentliche Wahrnehmung genetischer Forschung. Es bleibt abzuwarten und zu befürchten, dass die technische Überbietung der Natur auch auf dem Banner der Nanoforschung stehen wird.[7]

Literatur

Baeyer HC von (1992) Taming the Atom. Random House, New York

Crandall BC (2000) Molecular Engineering. In: Crandall BC (Hrsg) Nanotechnology: Molecular Speculations on Global Abundance. MIT Press, Cambridge

Joy B (2000) Why the Future Doesn't Need Us, Wired

Kauffman S (1995) At Home in the Universe. The Search of the Laws of Self-Organization and Complexity. Oxford University Press, New York

Morrison P, Morrison P (1984) ZehnHoch. Zweitausendeins, Frankfurt am Main

New York Times (1991) Atom by Atom. Scientists Build "Invisible" Machines of the Future. New York Times, 26. November 1991

Nordmann A (2002) Nanoscale Research: Application Dominated, Finalized, or „Techno" -Science? Vortrag bei der Europäischen Akademie, 14.9.2002, im Entwurf zu finden unter <www.cla.sc.edu/specs/AN1.html>.

NSF (2001) National Science Foundation. Nanoscale Science and Engineering- Program Solicitation for FY 2002. Washington. Darin die Programmbeschreibung: Societal and Ethical Implications of Scientific and Technological Advances on the Nanoscale.

NSTC (1999) National Science and Technology Council. Nanotechnology. Shaping the World Atom by Atom, abrufbar unter: <http://itri.loyola.edu/nano/IWGN.Public.Brochure>

---

sollen. Wenn wir dank diverser Nanotechnologien länger leben werden, heißt es da, verschärft sich das Weltbevölkerungsproblem. Und wenn unsere Computer wesentlich besser werden, sind auch Sicherheitsschlüssel leichter zu entschlüsseln, siehe S 8 des NSCT-Berichts.

[7] Eine Alternative für die Nanoforschung hierzu wäre, sich das Lernen von der Natur auf das Banner zu schreiben (wie es beispielsweise in der Bionik geschieht). Ein Vergleich zwischen Genetik, Nanotechnik, Bionik könnte erforschen, ob dies nur ein semantisches Manöver wäre oder die technische Entwicklung konkret beeinflusst. (Ich danke Mathias Gutmann für den Vorschlag einer solchen vergleichenden Studie, siehe hierzu aber auch Anmerkung 3).

Regis E (1995) Nano – the Emerging Science of Nanotechnology. Remaking the World – Molecule by Molecul. Little, Brown, Boston

Roco MC, Williams RS, Alivisatos P (Hrsg) (1999) Nanotechnology Research Directions. IWGN Workshop Report – Vision for Nanotechnology R&D in the Next Decade. Kluwer, Dordrecht

Schmidt JC (2002) Wissenschaftsphilosophische Perspektiven der Bionik. Thema Forschung – Technische Universität Darmstadt, Heft 2; S 14-19

Storrs Halls J (2000) Utility Fog. The Stuff That Dreams Are Made Of. In: B.C. Crandall (Hrsg) Nanotechnology. Molecular Speculations on Global Abundance, S 161-184. MIT Press, Cambridge

IV. Technikgestaltung
   für nachhaltige Entwicklung

Wollen und Können sind unverzichtbare Bestandteile der Technikgestaltung

Hauke Fürstenwerth

1 Prolog

Die öffentliche Rede über Technik erstickt in Abstraktion. Geredet und geschrieben wird von *„der* Technik", *„dem* Menschen", *„der* Wissenschaft", *„der* Natur", *„der* Kultur", *„der* Gesellschaft", *„der* Wirtschaft" oder *„der* Politik". Auf einer solch elitär abstrakten Ebene kann sich ein jeder problemlos seine Manege gestalten und darin seine intellektuellen Kunststücke vorführen. Gleich ob Rationalitätsfanatiker, Kulturalismusmissionar, Diskursfetischist, Institutionenanhänger, Sinnrationalisierer oder einfach auch nur Moralapostel oder Weltverbesserer, jeder kritische Denker kann mit dem Anspruch auf zeitlos gültige Gesetzmäßigkeit ihm wichtig erscheinende Probleme der Technik und deren Gestaltung in der ihm jeweils genehmen Rationalität so ausformulieren, dass ein in sich schlüssiges, bedeutungsschwangeres Gedankengebäude entsteht. Technik und deren Gestaltung werden in der selbst gestalteten Manege von den interpretierenden Artisten zumeist als direktes Ergebnis wissenschaftlicher Tätigkeiten und damit in der unmittelbaren Verantwortung von Wissenschaftlern liegend dargestellt und zudem bewusst oder unbewusst bevorzugt in den normativen Kategorien „Sollen" und „Dürfen" vorgetragen. Aus der Chaos-Forschung ist bekannt, dass alles mit allem verknüpft ist, also wird in dieser Manege intellektueller Eitelkeiten auch alles mit allem in Relation gesetzt. Das zeugt von kompetentem Problembewusstsein – erzeugt aber leider nur Ratlosigkeit. In immer wiederkehrenden Vorführungen wie Konferenzen, Vorträgen und Publikationen zu „Technik" werden *„Virtuelle Realitäten"* erstellt. Diese haben mit einer lebensweltlichen Erfahrung der Realität von Technik und deren Gestaltung nur entfernt zu tun. Der Kaiser „Technik" wird in immer neue virtuelle Gewänder gekleidet. Aus der Perspektive der praktischen Lebenswelt jedoch bleibt er nackt.

In der öffentlichen Rede über Technik wird „Technik" gerne als Vehikel missbraucht, um beliebige Themen zu problematisieren. Das gesamte Spektrum von aktueller Politik, Moral und Ethik über Menschenbild, Entscheidungsstrukturen in Staat und Gesellschaft bis hin zur Verteilungsgerechtigkeit zwischen sozialen Klassen, Nationen und Generationen wird unter dem Stichwort „Technik" abgehandelt. Opportunistischer Zeitgeist, ideologisches und missionarisches Sendungsbewusstsein sind in vielerlei Gestalt ebenso wie Betroffenheit signalisierender Weltschmerz ständige Gäste in dieser Manege. Gastauftritte von Interessensvertretern aus Parteien, Wirtschaftsverbänden und Gewerkschaften bieten wenig Abwechslung. In der Abstraktions-Manege werden Partikularinteressen auf hohem intellektuellem Niveau mit ideologischen Nebelschwaden aus Moral und Ethik veredelt.

Die „Virtuellen Realitäten" im intellektuellen Zirkuszelt sind beängstigend anonym, es handeln dort keine realen Personen. Anonyme Kräfte sind für Außenstehende offenbar aber auch in der realen Gestaltung von Technik am Werk. Ein Umstand, der den Virtuellen Realitäten der kritischen Intellektuellen formale Glaubwürdigkeit verleiht. In der Anonymität der realen Gestaltungsprozesse von Technik sind für Außenstehende oft keine verantwortlichen Individuen mehr zu erkennen. So nimmt es nicht wunder, dass zuweilen der Eindruck entsteht, einzelne Menschen hätten keinen Einfluss mehr auf die wissenschaftlich-technische Entwicklung.[1] Wissenschaft erfindet die Zukunft, die Gesellschaft kann darauf nur hilflos reagieren. Das Individuum wird nicht länger als Subjekt sondern fast schon als Objekt dieser Entwicklung betrachtet. Die durch die Wissenschaft aufgedeckte enorme Komplexität natürlicher Systeme und die durch industrielle Umsetzung von wissenschaftlichen Erkenntnissen geschaffene Komplexität technischer Systeme entziehen sich der individuellen Erfahrungsmöglichkeit. Viele Menschen sind sich heute der daraus entstehenden Abhängigkeiten bewusst. Abhängigkeiten mit begrenzten Möglichkeiten der individuellen Beeinflussung erfordern *Vertrauen* in die entsprechenden Entscheidungssysteme. Abhängigkeiten werden nur auf der Basis von Vertrauen akzeptiert.

Es fehlt an Transparenz. Niemand möchte in einer Welt leben, die sich seinem Verstehen entzieht, die er nicht begreifen und damit auch nicht wirksam kontrollieren kann. Wenn wir die Entwicklung von Technik begreifbar machen wollen, müssen wir sie nachvollziehbar gestalten. Wir müssen eine Transparenz schaffen, in der Sachverhalte klar, Absichten durchsichtig und Zielvorstellungen nachvollziehbar werden. Die Realität der Technikdiskussion wird diesem Anspruch nicht gerecht. Gestritten wird auf einer abstrakten Ebene, auf der ein diffuser Technikbegriff immer wieder als Vehikel für mehr oder minder offene ideologische Auseinandersetzungen eingesetzt wird.

Deshalb plädiere ich mit Nachdruck dafür: wer Technikgestaltung reflektiert, sollte sich von der beobachtbaren Praxis der Technikentwicklung leiten lassen, und nicht ideologische Wunschvorstellungen, philosophische Modelle oder soziologische Konzepte und Begründungen für Naturwissenschaft und Technik zum Ausgangspunkt seiner Kritik machen.

2 Technikgestaltung

Was also ist Technik und wie wird sie von wem gestaltet? Vorab der klärende Hinweis, dass naturwissenschaftliche Erkenntnisse nicht gleichzusetzen sind mit Technik. Aus den Ergebnissen der Wissenschaft ergibt sich in keiner Weise eine determinierende Handlungsanleitung zur praktischen Umsetzung dieser Ergebnis-

---

[1] Zu dieser These des „technologischen Determinismus" vgl. Armin Grunwald in diesem Band (Anm. d. Hg.).

se. Diese Umsetzung ist ein sozialer und politischer Prozess, der durch das Wollen und Können von handelnden Menschen geprägt wird, nicht aber durch Phänomene und Gesetzmäßigkeiten, mit denen sich die Wissenschaft beschäftigt. Aus einer Beobachtung der Natur lassen sich keine moralischen Kriterien ableiten, die für die Entwicklung von Technik unverzichtbar sind.

Wissenschaftsdisziplinen sind weder handelnde Subjekte noch handelnde Institutionen im Rahmen der praktischen Umsetzung ihrer Ergebnisse. Sie sind lediglich ein Satz von Verfahrens- und Handlungsregeln, auf die Wissenschaftler sich geeinigt haben, die sich mit den Objekten der jeweiligen Disziplin beschäftigen. In allen Naturwissenschaften besteht der Wissenszuwachs nicht nur in der monotonen Anhäufung von Messwerten. Es werden Beschreibungen und Interpretationen von Phänomenen, Objekten und Verfahren angehäuft, die als neue Mosaiksteine zu einem sich dadurch erweiternden Bild hinzugefügt werden. Dieses Bild liefert im Sinne eines Vexierbildes jedem Betrachter unter seinem speziellen Betrachtungsaspekt neue Darstellungen, welche er unter Angabe seiner Betrachtungsspezifikationen anderen zugänglich machen kann. Die darin entdeckten wirtschaftlichen Optionen und Potentiale praktischer Anwendungen werden durch Unternehmer und Konsumenten, nicht aber durch Wissenschaftler erschlossen. Was in keiner Weise ausschließt, dass Wissenschaftler als Unternehmer tätig werden.

Technik ist auch kein handelndes Subjekt. Technik entwickelt sich nicht von allein, Technik wird von handelnden Menschen immer *aktiv* gestaltet. Gestaltung von Technik ist kein Prozess, der sich nach eigenen Gesetzmäßigkeiten zwangsläufig vollzieht. Technik ist nach meinem Verständnis kein abstraktes Gedankengut, sondern ein von Menschen gestaltetes Hilfsmittel zur Lösung von Problemen oder zur Erreichung gewünschter Ziele. Technik ist damit ein von uns Menschen gestaltetes Kulturgut. Gestaltung und Anwendung dieses Kulturgutes sind kein elitärer Selbstzweck, der ausschließlich nach wissenschafts-, wirtschafts- oder gar technikinhärenten Mechanismen erfolgt. Diese Gestaltung wird auf der Grundlage freier Entscheidungen zielgerichtet unter klar definierten Prämissen und Bewertungsmaßstäben durchgeführt. Die Gestaltung dieser Hilfsmittel unterliegt dabei den Wertepräferenzen und soziokulturellen Strukturen, unter denen die Entwickler und Anwender ihre zu lösenden Probleme und ihre wünschenswerte Ziele definieren.

Die Anwendung und Verwertung von Technik erfolgt immer in einem soziokulturellen Kontext, welcher die Verwendung von Technik prägt und regelt. In der VDI-Richtlinie 3780 zur Technikbewertung wird zur Systemeinbettung von Technik ausgeführt: „Technische Geräte und Verfahren stehen in mannigfachen Zusammenhängen mit anderen technischen Gegebenheiten, mit der menschlichen Umwelt, mit einzelnen Menschen, sozialen Gruppen und der Gesellschaft insgesamt." Diese strukturelle Ausgestaltung von Technik möchte ich in Abgrenzung zu technischen Artefakten („Technik") als „Technologie" bezeichnen und mich damit auf den Umstand beziehen, dass „Technologie" aus zwei Wortstämmen hervorgeht, tecné und logos. „Technologie" ist eine sozio-ökonomische Konstruktion, ein soziales System. „Technik" ist lediglich die „Hardware" in diesem System. Damit diese Hardware benutzt werden kann muss eine soziokulturelle „Software" entwickelt werden, eine gesellschaftspolitische Einbettung der Technik erfolgen. Solange wir Technologien nur anhand ihrer jeweiligen Hardware, der Technik, definieren, bleiben wir zu bloßem Reagieren verurteilt. Wenn wir Technologien jedoch als soziale Systeme begreifen, können wir uns die Fähigkeit verschaffen, Technologien zu gestalten und zu beherrschen.

Anwendung und Entwicklung von Technik und Technologien sind elementarer Bestandteil menschlicher Kultur. Sie sind integriert in die Fortentwicklung der sozioökonomischen Systeme, in denen Menschen leben. Die Entwicklung dieser Systeme ist ergebnisoffen, nicht deterministisch planbar und unterliegt ebenfalls keinen zeitlos gültigen Naturgesetzen. Technologien werden gestaltet durch Menschen. Menschen sind komplexe, in sich widersprüchliche Existenzen. Sie sind nicht wie von den Philosophen der Aufklärung postuliert, interesselos, nur der Vernunft und ihrem Gewissen verpflichtet. Sie sind nicht die von den Wirtschaftswissenschaftlern postulierten Wesen, die ständig danach trachten, den wirtschaftlichen Nutzen ihres Handelns vermittels rationaler Entscheidungen auf Basis allumfassenden Wissens zu maximieren. Es sind Wesen, die jeden Tag ihr ökonomisches Eigeninteresse ebenso wie ihre Vernunft irgendeinem anderen Motiv unterwerfen, sei es ihren Gefühlen, ihrer Spielleidenschaft, ihrer Faulheit, ihrem Machtinstinkt, ihren Idealen, ihrem Geschlechtstrieb oder gar ihrer Zerstörungswut. Diese Menschen gestalten und bestimmen den politischen Prozess der Technikentwicklung. Kraft ihrer Vorstellungen können sie die Regeln, nach denen dieser Prozess verlaufen soll, jederzeit ändern. Gestaltet werden Veränderungen durch Personen und Institutionen, die neue Ideen umsetzen wollen und über das hierzu notwendige Können verfügen.

Die Ausgestaltung von Technik ist somit auch ein sozio-ökonomischer Prozess. Die Teilnehmer an sozialen Prozessen, wie dem der Entwicklung von Technik, gründen ihre Entscheidungen vor allem auf ihre Erwartungen und Hoffnungen und Absichten. Nicht nur Wissen um Naturgesetze, sondern vor allem Vorurteile und Wunschvorstellungen liegen den Handlungen zugrunde ebenso wie religiöse und moralische Wertvorstellungen. Unterschiedliche Erwartungen bringen eine unterschiedliche Zukunft hervor, sie beziehen sich nicht – wie von einigen Philosophen und Ideologen angenommen – auf etwas unabhängig oder à priori Gegebenes. In der realen Lebenswelt werden Entscheidungen aufgrund von Erwartungen, Glauben, Wünschen und Meinungen getroffen. Entscheidungen sind immer zwischen Glauben und Wünschen eingespannt. Wissen, Begründen und Können in sozialen Prozessen, wie lebensweltlichen Entscheidungen, sind relative Größen. So ist es das vorgegebene Ziel des Einsatzes von technischen Hilfsmitteln, als wünschbar definierte Zustände zu erschaffen und alles Handeln auf die Veränderung bestehender Realitäten zu den gewünschten auszurichten. Technik soll neue, gewünschte Realitäten schaffen. Hierbei wird nahezu immer von Prämissen ausgegangen, die im Verlaufe des Handelns als falsch erkannt werden. Deshalb ist es wichtig, die Notwendigkeit der fortlaufenden Überprüfung der Planungsprämissen zu betonen, um bei Abweichungen rechtzeitig mit geeigneten Maßnahmen gegenzusteuern.

Im Unterschied zu den natürlichen Systemen, mit denen sich Wissenschaftler beschäftigen, wirken an sozialen Prozessen denkende Individuen mit, die Kraft ihrer Vorstellungen die Regeln dieser Systeme jederzeit ändern können. Damit unterliegt die Gestaltung von Technik auch keinen falsifizierbaren Theorien, sondern wird wie jeder andere soziale Prozess stets zwischen interagierenden Individuen und Institutionen kontextspezifisch entschieden. Die experimentelle Interaktion vieler Beteiligter, durch die sich sozio-ökonomische Gebilde ent-wickeln, ist nicht deterministisch planbar und unterliegt schon gar nicht zeitlos gültigen Naturgesetzen, liegen doch dem menschlichen Verhalten keine unverrückbar allgemeingültigen Gesetze zugrunde.

Technische Hilfsmittel sind nach meinem Verständnis also aktiv gestaltete Werkzeuge, welche in ihrer Ausgestaltung als fester Bestandteil menschlicher Kultur den Wertepräferenzen und soziokulturellen Strukturen unterliegen, unter denen wir die Probleme definieren, zu deren Lösung wir sie einsetzen wollen. Was diese Hilfsmittel, Technik also, bewirken, hängt immer davon ab, wer sie wie zu welchen Zwecken einsetzt. Technische Hilfsmittel, Technik, sind im moralischen Sinne niemals wertneutral. Neutrale Technik gibt es nicht. Die Bewertung von Technik ist immer eine Funktion der angelegten Bewertungsmaßstäbe. „Wertlose" Technik gibt es nur im ökonomischen Sinne.

Alle real existierenden Gesellschaften sind nach wie vor geprägt durch soziale Ungleichheit und Klassenstrukturen. Es hat nichts mit Sozialneid oder kommunistischem Klassenkampf zu tun, wenn man sich bewusst macht, dass es Klassenunterschiede sind, die diejenigen trennt, die in ungesicherten, schlecht bezahlten Arbeitsverhältnissen leben, die viel fernsehen und wenig Bücher lesen, von denen, die von der wirtschaftlichen Entwicklung profitieren, gut verdienen und an den Bildungs- und Informationsangeboten teilhaben. Bildung und Besitz sind nach wie vor die Grundlage für Klassenzugehörigkeit in unserer in soziale Schichten ausdifferenzierten Gesellschaft. Durch Kaufkraft bestimmter Konsum und Lifestyle bestimmen die Zugehörigkeit zu einer sozialen Schicht. Kaufkraft und Lifestyle bestimmen auch, welche technischen Hilfsmittel und welche Produkte von den Verbrauchern zur Ausgestaltung ihres gewünschten Lebensstils eingesetzt und in der Wirtschaft entwickelt werden. Technik wird nicht für *die Gesellschaft* ent–wickelt, sondern maßgeschneidert auf die Belange gemäß Kaufkraft und Lebensweise selektierter Kundenklassen. Das Modell der Sinus-Milieus® der Sinus Sociovision, Heidelberg, illustriert diesen Ansatz. Die Sinus-Milieus® gruppieren Menschen, die sich in ihrer Lebensauffassung und Lebensweise ähneln. Grundlegende Wertorientierungen gehen dabei ebenso in die Analyse ein wie Alltagseinstellungen – zur Arbeit, zur Familie, zur Freizeit, zu Geld und Konsum. Die Grenzen zwischen den Milieus sind fließend.Das Milieu-Konzept wird durch folgende Grafik veranschaulicht.

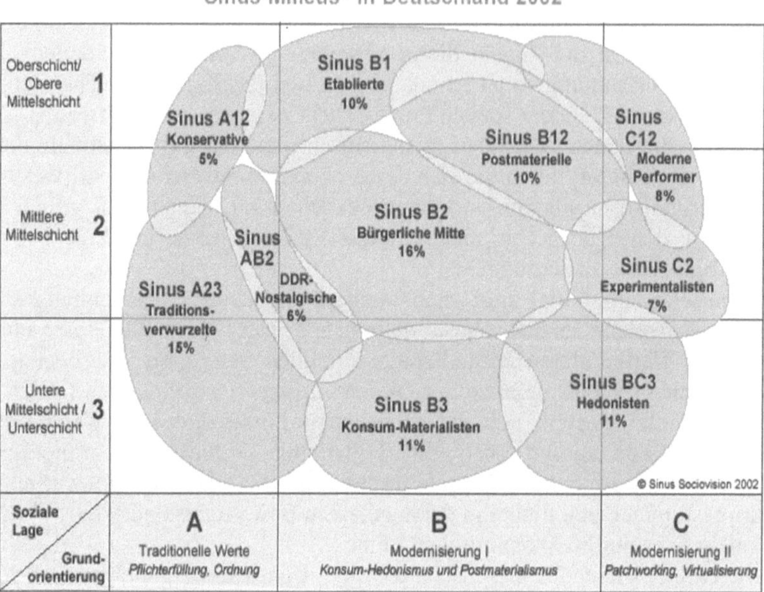

Abb. 1. http://www.sinus-milieus.de/ eine Kurzbeschreibung ist als pdf Datei erhältlich unter http://www.sinus-milieus.de/content/grafik/kurzbeschreibung%20012002.pdf

Je höher ein Milieu in dieser Grafik angesiedelt ist, desto gehobener sind Bildung, Einkommen und Berufsgruppe; je weiter rechts es positioniert ist, desto moderner ist die Grundorientierung.

Alle pluralistischen Gesellschaften sind geprägt durch die schematisch dargestellte Vielfalt von Werten und Lebensstilen. Auch wenn wir heute im oft zitierten „globalen Dorf" leben, so sind wir doch weiter denn je davon entfernt, über für alle verbindliche Wertvorstellungen oder gar über eine Weltethik zu verfügen, auf Basis derer eine generell akzeptierte Festlegung zu lösender Probleme oder gar generell akzeptierter Problemlösungen möglich wäre.

Technik als zentraler Bestandteil unserer Kultur ist eingebettet in unser Gesellschafts- und Wirtschaftssystem. Auch diese sind keine wertfreien, sich selbst rechtfertigenden Gebilde. Was diese Systeme zustande bringen, hängt ebenfalls davon ab, wer sie zu welchen Zwecken nutzt. Setzen wir keine adäquaten Steuerungskriterien und -mechanismen ein, so reduziert sich Wirtschaft auf eine reine Kapitalvermehrungsmaschine, welche sich dank eines gefügigen Konsums mittels allseits verfügbarer Technik der Produktionen und Dienstleistungen ausschließlich zur Maximierung von Kapital und Eigennutzen bedient. Damit hierbei neben der Erfüllung individueller Wünsche kein Schaden für das Allgemeinwohl entsteht, – was immer wir im Einzelnen hierunter auch verstehen mögen – müssen wir für alle verbindliche Vorgaben, Gesetze und Leitlinien festlegen. Wie diese aussehen sollen, was und wie viel reguliert werden soll, darüber kann und muss in einer demokratisch verfassten Gesellschaft gestritten und in verfassungsgemäßen Entscheidungsverfahren entschieden werden.

Auch in dieser unverzichtbaren politischen Auseinandersetzung sollte uns bewusst sein, dass es keine absoluten Bezugsgrößen oder gar Naturgesetze gibt, aus denen wir normative Regeln ableiten können, auch nicht für die Entwicklung und den Einsatz von Technik. Moral und Religion kommen in der Natur nicht vor. Moral entsteht aus dem Zugehörigkeitsgefühl zu einer Gemeinschaft – sei es die Familie, ein Freundeskreis, ein Stamm, eine Nation oder die gesamte Menschheit. Moralempfinden ist ein in der Gemeinschaft erworbenes Empfinden. Es muss den Menschen durch die Gemeinschaft, in der sie leben, vermittelt werden, durch Eltern, Schule, Traditionen und Gesetze. Normative Werte sind nicht Ergebnis von Forschung und Rationalität. Normative Werte sind keine festen vorgegebenen Größen, sondern in der Gesellschaft ausgehandelte kulturelle Tatbestände. Was als normativer Wert gilt, hängt von selektiven Wahrnehmungen und Sensibilitäten ab und kann durch Aufklärung und Erfahrung verschoben werden.

George Soros differenziert zwischen normativen *Grundprinzipien* und *Zweckmäßigkeit*, welche das moralische Handeln von Menschen bestimmen. Daraus folgt zugleich, dass differenziert werden muss zwischen dem Aufstellen und dem Befolgen von Regeln. Mit dieser Differenzierung beschreibt er nach meiner Einschätzung sehr treffend die Pole, zwischen denen sich Handlungen von Menschen in der realen Lebenswelt orientieren. Grundprinzipien sind das Resultat eines kollektiven Entscheidungsprozesses, sie definieren alle sozialen Werte, Zweckmäßigkeit bestimmt die Entscheidungen von Individuen. Grundprinzipien helfen uns, die Frage zu beantworten „Was ist richtig?“, Zweckmäßigkeit hilft uns zu entscheiden „Was ist effektiv?“. Aus Sicht des Individuums muss man nicht moralisch handeln, um effektiv und erfolgreich zu sein. Kollektive Grundprinzipien stabilisieren Gemeinschaften, weil sie die Individuen anleiten, moralisch zu handeln und weil sie etwas Unverzichtbares schaffen: Vertrauen zu einander.

Die kollektiven Entscheidungsprozesse in Staat und Gesellschaft führen zu einer kontinuierlichen Überprüfung und Anpassung von Grundprinzipien, die in einer Gemeinschaft (Gesellschaft) gelten und gewollt werden. Diese normativen Werte resultieren in einem Rückkopplungsprozess aus dem Abgleich von individuellen Interessen (Zweckmäßigkeit) und kollektiven Interessen (Grundprinzipien). Anders formuliert, um den mathematisch notwendigen externen Bezug bei naturwissenschaftlich „rationalen" Verfahren zu wahren: die Gemeinschaft ist der Bezugspunkt für die Entscheidungen des Individuums, der Einzelne ist der Bezugspunkt für die Entscheidung der Gemeinschaft. Dieser dynamische, sich selbst regulierende Prozess muss nicht „irrational" sein, sondern kann (muss aber nicht!) unter Beachtung der mathematischen Logik verlaufen.

Weil absolute Bezugsgrößen und sich daraus ableitende Bewertungsmaßstäbe fehlen, ist Vollkommenheit in der Entwicklung von Technik unerreichbar. Plakativer ausgedrückt: Jede Technik ist so schlecht, dass sie noch verbessert werden kann. Weil keine Technik vollkommen sein kann, verfügen wir also über unendlich viele Möglichkeiten sie zu verbessern.

3 Nachhaltigkeit

Es gibt heute niemanden mehr, der argumentativ die Notwendigkeit der Nachhaltigkeit ernsthaft in Frage stellt. Nachhaltigkeit hat sich als übergreifende formale Leitlinie für politisches Handeln in allen Politikbereichen durchgesetzt. Was im Einzelfall konkret als nachhaltig anzusehen ist, wie und mit welchen Mitteln Nachhaltigkeit erreicht und abgesichert werden kann, darüber besteht aber nur in den seltensten Fällen Einigkeit. Einigkeit über Nachhaltigkeit beschränkt sich auf allgemeine und übergeordnete Zielsetzungen, und dass auch nur, solange diese unverbindlich bleiben und Partikularinteressen nicht berührt werden. Nicht nur die Konferenzen von Rio, Kyoto und Johannesburg haben gezeigt, wie vielschichtig und schwierig die praktische Umsetzung dieses offiziell doch von allen akzeptierten Prinzips ist. Praktische Politik wird immer noch bestimmt durch Interessenskonflikte der heutigen Generationen, Eigeninteresse beschränkt den Zeithorizont, für den Verantwortung akzeptiert wird.

Kernaussage des Brundtland Reports „Unsere gemeinsame Zukunft" hingegen war es, dass es in der Verantwortung unserer Generation steht, wie und unter welchen Voraussetzungen unsere Kinder und die nach ihnen kommenden Generationen ihr Leben werden gestalten können. Wenn wir diese Verantwortung akzeptieren, so müssen wir unser Leben und Handeln so ausrichten, dass bei all unseren Entscheidungen auch die Interessen der zukünftigen Generationen gewährt werden. Wir müssen in die Beurteilung dessen, was wir tun und unterlassen, die Zukunft mit einbeziehen. In diesem Sinne möchte ich „Nachhaltige Entwicklung" bewusst interpretieren als „Verantwortung für die Zukunft".

Die Gegenwart ist das Fundament, auf dem die Zukunft errichtet wird. Alles was unsere Generation tut und unterlässt, beeinflusst die Qualität des Daseins zukünftiger Generationen. Unsere Verantwortung für die Zukunft gebietet es, unsere heutige Lebens- und Wirtschaftsweise auch auf die Belange nachfolgender Generationen auszurichten um ihnen zumindest die materiellen Voraussetzungen für ein lebenswertes Dasein zu erhalten. Ebenso steht es in unserer aller Verantwortung, ein tragfähiges Fundament für die wissenschaftliche und intellektuelle Entwicklung zu errichten. Dieses darf sich nicht beschränken auf unverzichtbare neue wissenschaftliche Erkenntnisse, bessere Technologien und bessere Produkte. Unsere Hauptverantwortung für kommende Generationen sehe ich darin, eine moralische und kulturelle Plattform zu entwickeln, welche es ermöglicht, ein qualitativ hochwertiges Leben zu führen. Wie dieses Leben aussehen wird, vermag heute keiner zu beschreiben, selbst von einer einfachen Extrapolation der Gegenwart in die Zukunft wissen wir nur eines sicher: diese Extrapolation ist falsch. Doch eines ist genauso sicher, die Zukunft beginnt jeden Tag von neuem, also muss ein jeder von uns seine Verantwortung für die Zukunft jeden Tag aufs Neue wahrnehmen. Unsere Verantwortung für kommende Generationen nehmen wir konkret nur dann wahr, wenn wir unsere Gegenwart verantwortbar gestalten und deren Probleme lösen und diese nicht als Erblast an unsere Kinder weitergeben: horrende Staatsverschuldung, Finanzierung unserer Sozialsysteme auf Kosten zukünftiger Generationen, Massenarbeitslosigkeit, desolates Gesundheitssystem, marodes Bildungssystem, überbordende Bürokratie als Konsequenz exzessiver staatlicher Regulierungen, verschwenderischer Umgang mit fossilen Rohstoffen und andere mehr.

In welcher Beziehung stehen vor diesem Hintergrund Nachhaltigkeit und Technik zueinander? Nachhaltigkeit als Prinzip der Verantwortung für die Zukunft ist eine Leitvision für menschliches Handeln auf individueller wie auch auf institutioneller Ebene. Diese Leitvision ist unabhängig von den zu ihrer Realisierung notwendigen oder gewünschten technischen Hilfsmitteln. Damit das Prinzip Nachhaltigkeit mit Leben erfüllt wird, muss es operationalisiert, in umsetzbare Einzelaktionen überführt werden. Für viele Teilbereiche sind integrierte Einzelstrategien zu formulieren und umzusetzen. Erst wenn es an die Umsetzung geht, muss entschieden werden, ob und welche technischen Hilfsmittel eingesetzt werden oder als wünschenswerte Problemlösungen zu erarbeiten sind. Jede Einzelstrategie und jede Einzelmaßnahme wird in einem langwierigen politischen Prozess ausgehandelt. Jeder weiß, wie erbittert zum Beispiel im Teilbereich Ökologie nicht nur um jede Einzelmaßnahme gestritten wurde und wird, sondern dass bereits auf der Strategieebene heftiger Streit ausbricht. Ist Suffizienz geeigneter als Effizienz? Brauchen wir beide, oder können wir auf beide verzichten weil nur die ökologische Konsistenz zum Ziele führt?[2]

Gleich ob nachsorgender Umweltschutz mit seinen „end-of-the-pipe"-Technologien, dem produktionsintegrierten Umweltschutz mit seinen energieeffizienten und abfallarmen Technologien, den produkt- und gebrauchsintegrierten Ansätzen mit dem Ziel der Wiederverwertung und Verhaltensbeeinflussung, sie alle sind Resultat langer und heftiger Auseinandersetzung. Gleiches gilt für Steuer- und Sozialpolitik – Stichwort Ökosteuer – ebenso wie für Verkehrspolitik – Stichwort generelle Geschwindigkeitsbeschränkung –, Entwicklungshilfe – Stichwort Nord-Süd Konflikt – und andere mehr. Ich halte es für ausgeschlossen, dass es jemals eine allumfassende Interpretation von Nachhaltigkeit geben wird, die global oder auch nur in Deutschland von allen mitgetragen wird. Nachhaltige Entwicklung wird ein politischer Prozess aus vielen Einzelkompromissen bleiben. Er wird beeinflusst werden von neuen Erkenntnissen, von sich ändernden Wünschen, von wechselnden Wertvorstellungen, politischen Mehrheiten und Partikularinteressen, kurz, es wird ein Prozess sein, in dem wir als fehlbare Menschen leider auch weiterhin Fehlentscheidungen treffen werden.

Zwischen den zur Umsetzung einer Nachhaltigen Entwicklung notwendigen Teilstrategien in unterschiedlichen Handlungsfeldern wie Umweltschutz, Wirtschaftswachstum und soziale Gerechtigkeit bestehen bekanntermaßen zum Teil erhebliche Zielkonflikte. Auch hierfür müssen Kompromisse ausgehandelt werden. Patentlösungen gibt es nicht. In den unverzichtbaren politischen Auseinandersetzungen geht es zunächst einmal nicht um technische Hilfsmittel, welche zur Umsetzung der als Kompromiss gefundenen Zielsetzungen dienen können oder als bevorzugt einzusetzen angesehen werden. Auf der Strategie Ebene geht es um die Definition von komplexen Leitvisionen.

---

[2] Vgl. hierzu auch Joseph Huber und Michael Jischa in diesem Band (Anm, d. Hg.).

4 Wollen und Können

Leitvisionen für menschliches Handeln auf individueller wie auch auf institutioneller Ebene sind Ergebnis eines fortwährenden Diskurses. In pluralistischen Gesellschaften mit demokratisch verfassten Entscheidungsprozessen, in denen auch abweichende Einschätzungen und Visionen ihre Daseinsberechtigung haben, wird es ausgeschlossen bleiben, eine für alle, eine für *die Gesellschaft* verbindliche Leitvision vorzugeben. Hiervon ist die Leitvision „Nachhaltige Entwicklung" nicht ausgenommen. Selbst der mit einem Machtmonopol ausgestattete Staat kann sich in einem nicht-totalitären System nur darauf beschränken, in Form von Verordnungen und Gesetzen Mindestanforderungen zu definieren, welche bei einer Ausgestaltung von Lebensweisen und den hierzu eingesetzten Hilfsmitteln einzuhalten sind. Entwicklung und Anwendung von technischen Hilfsmitteln, also von Technik, sind damit nur im Rahmen des legalisierten Rahmens möglich.

Neben diesen rechtlichen Vorgaben verfügen Staat und Gesellschaft über ein vielfältiges Spektrum von Anreizsystemen, mit denen risikobereiten Individuen Anreize geboten werden, neue Technik zu entwickeln. So bietet der Staat Unternehmen und Privatpersonen über das Patentrecht den Anreiz, sich ein auf die Laufzeit der Patente beschränktes Monopol und damit Schutz vor Wettbewerb zu sichern. Auch mit finanziellen Anreizen – direkten und indirekten Subventionen, Forschungsförderung, Bürgschaften, Steuerrecht und vielen anderen mehr – wird die Eigeninitiative unterstützt. Die Gesellschaft bietet über vielfältige Formen der sozialen Anerkennung unternehmerischer Leistung ebenfalls Anreize, wirtschaftliche Risiken bei der Entwicklung neuer Technik einzugehen. Viele Unternehmensgründer der „New Economy" haben weltweit einen Kultstatus erreicht, der denen von Popstars und Spitzensportlern in keiner Weise mehr nachsteht.

In marktwirtschaftlich orientierten Staaten wird die praktische Ausgestaltung von Technik in einer dem anordnenden Einfluss von politischer und religiöser Obrigkeit weitgehend entzogenen autonomen Wirtschaftssphäre betrieben. Der Staat gewährt seinen Bürgern die Freiheit, eigenverantwortlich Handel und Gewerbe treiben zu können. Auch Technikentwickler und Konsumenten sind in demokratisch verfassten Gesellschaften nicht tributpflichtiges Staatseigentum, sondern freie, entscheidungsberechtigte Staatsbürger. Die den freien Bürgern in unserer Gesellschaft zugestandenen Handlungsfreiheiten sind nicht das Ergebnis technischen Fortschritts, sondern Ergebnis eines politischen Prozesses. Dieser Prozess hat sich schrittweise mit vielen Einzelzugeständnissen über Jahrhunderte hingezogen hat und setzt sich bis in die Gegenwart fort. Verselbständigung und Loslösung von staatlicher und religiöser Obrigkeit erstreckte sich parallel auch auf andere Bereiche wie Wissenschaft, Finanzen, Kultur, Kunst und andere Sphären gesellschaftlicher Aktivitäten, deren Summe heute pluralistische Gesellschaften ausmachen. Die Freiheit des Einzelnen jenseits autoritärer Kontrolle und Vorgaben eigenverantwortlich auch neue Technik entwickeln und einsetzen zu dürfen, hierfür auch neue Organisationsformen und Institutionen erfinden und benutzen zu dürfen, ist ein wesentliches Kennzeichen marktwirtschaftlich organisierter Staats-

und Gesellschaftsformen. Garantiert wird die Freiheit des Einzelnen, auf eigenes Risiko experimentieren zu dürfen, auch in Wissenschaft und Wirtschaft.

Grenzen und Verfahrensregeln dieses Freiraumes werden in einem politischen Prozess in der Gesellschaft ausgehandelt, wo notwendig staatlich sanktioniert (Gesetzgebung). Sie können aufgrund neuer Befunde oder Initiative gesellschaftlicher Gruppierungen oder interessierter Akteure verändert und ergänzt werden. Weder der politische Gestaltungsprozess noch seine Ergebnisse unterliegen allzeit gültigen Naturgesetzen und nicht immer auch nur den Regeln formaler Logik. Insbesondere in moralischen Wertungsfragen versagt die formale Logik. Rechtsfrieden und Rechtssicherheit können auch erreicht werden, in dem die Gesetzgebung ganz bewusst der logischen Widersprüchlichkeit der menschlichen Existenz Rechnung trägt.

In allen Wirtschaftsbereichen, ob Kreislaufwirtschaft, Energiewirtschaft, Gesundheitssystem, Agrarindustrie, Stahlindustrie, Textilindustrie, Schiffsbau oder Medien- und Kommunikationsindustrie, in all diesen Bereichen sind vom Staat Rahmen und Mindestanforderungen als verbindliche Grenzen definiert worden, an die sich Technikentwickler und Technikanwender halten müssen. Diese Rahmen bestimmen maßgeblich die Ausgestaltung der Technik. Damit wird die Richtung technischer Entwicklung auch politisch definiert. Staat und Gesellschaft bestimmen die Richtung, Unternehmer und Verbraucher auf der Basis des technisch Machbaren die Geschwindigkeit des technischen Wandels.

Die Freiheit, eigenverantwortlich neue Technik entwickeln und vermarkten zu dürfen, beinhaltet auch den Verzicht auf den Zwang, Technikentwicklung in den Dienst übergeordneter Ziele stellen zu müssen. Das gilt auch für die Leitvision der Nachhaltigen Entwicklung. Der Technikentwickler entscheidet, warum und für wen er seine Produkte entwickelt. Empirisch gesichert ist, dass Eigennutz, das Streben nach eigenem Vorteil, ein durchgängiges Motiv ist. Empirisch ebenso belegbar ist, dass klare Visionen der Technikentwickler über Nutzen und Vorteile der eigenen Produkte eine große Triebkraft sind, an deren Realisierung oftmals mit verbissener Besessenheit gearbeitet wird. Es gibt jedoch kein funktionierendes Modell einer Gesellschaft, in der technischer Wandel nach Kriterien gesamtgesellschaftlichen Nutzens und Bedarfs geschieht oder gar politisch festgelegt wird. Diese Aussage ergibt sich aus meiner Beobachtung der Realität. Was nichts daran ändert, dass manch einer ideologischen Wunschvorstellungen nachtrauert, gemäß derer es so zu sein hat, dass Technik nach Kriterien gesamtgesellschaftlicher Zielsetzungen zu gestalten sei.

Ein solcher Ansatz liegt auch dem FUTUR-Prozess des BMBF zu Grunde. Ausgehend von der ideologischen Prämisse *„Forschung ist Triebkraft der Technikgestaltung und die Gesellschaft reagiert darauf. Im Zentrum steht die Technologie"* soll *„der Bedarf der Gesellschaft"* ins Zentrum der Entwicklung gestellt werden. In einem *„deutschen Forschungsdialog"* mit allen, die an der Entwicklung der Gesellschaft beteiligt sind, soll die Frage beantwortet werden *„Was brauchen wir in dieser Gesellschaft künftig an Forschungsergebnissen?"* Zur praktischen Ausgestaltung wurden nach nicht kommunizierten Kriterien Teilnehmer bestimmt, die in Diskussionsforen von 10–20 Mitgliedern nach verwirrenden Vorgaben gruppendynamisch unerfahrener Moderatoren unstrukturiert ihre Wunschvorstellungen von Technik äußern. Entscheidungen über Themen, welche zu offiziellen Leitvisionen gekürt werden sollen, werden nicht-öffentlich von Gremien des BMBF getroffen. Als erstes Ergebnis liegen nun einige als „Leitvision" titulierte und mit Science-fiction Vorspann versehene Themenbereiche vor, die zukünftig vom BMBF bevorzugt in Förderprogrammen berücksichtigt werden sollen, damit Deutschland den Anschluss an andere Nationen nicht verpasst und die deutsche Wirtschaft neue Arbeitsplätze schafft.

Welche demokratische Legitimation haben die wahllos zusammengestellten Diskussionsrunden und Expertengremien, um dem Anspruch gerecht zu werden, *den Bedarf der Gesellschaft* an Technik zu ermitteln? In anonymen Expertenzirkeln ohne demokratische Legitimation wird entschieden, was für alle gut ist. Kann ein solch ideologisch motiviertes Vorgehen eine echte Alternative sein, zu einem Prozess, in dem jedem Einzelnen die Freiheit gewährt wird, sein Wissen und sein Können für seine Ziele und Zwecke im Rahmen allgemein akzeptierter Normen einsetzen zu dürfen? Glücklicherweise hat der FUTUR-Prozess sich mit seiner dilettantischen Durchführung selbst ad absurdum geführt und wird nach meiner Einschätzung als Überbleibsel überkommener Ideologie eine Randerscheinung ohne politische Konsequenz bleiben.

Bisher haben staatliche Institutionen immer versagt, wenn sie aktiv versucht haben, neue Technik zu entwickeln: Atomenergie, Transrapid. Deshalb wage ich die Prognose, dass auch die für eine Nachhaltige Entwicklung geeignete Technik nicht Ergebnis staatlicher Technikentwicklung sein wird. Diese Technik wird hervorgehen aus der Initiative kreativer Unternehmer, die ihr Können einsetzen, um die von ihnen mitgetragene Vision einer lebenswerten Zukunft für unsere Kinder durch die Bereitstellung neuer Produkte und Systeme zu ermöglichen und die es schaffen, Akzeptanz bei zahlungsfähigen und – willigen Anwendern für ihre Technik zu finden. Die wünschenswerteste Technik wird Wunschtraum bleiben, wenn es nicht risikobereite und leistungsfähige Individuen gibt, die sich der Aufgabe verschreiben, diese zu realisieren. Stell Dir vor, alle wissen, welche Technik für eine nachhaltige Entwicklung gebraucht wird, und keiner will oder kann sie erarbeiten!

Technische Produkte werden in der Interaktion von Anbieter und Anwender entwickelt. Partizipation ist integraler Bestandteil von Technikentwicklung. Jedes heute breit verfügbare technische Produkt ist ursprünglich für einen kleinen Kundenkreis entwickelt, aufgrund von Anwendungserfahrungen verfeinert und verbessert worden und bei erkennbarer Akzeptanz beim Anwender auf immer größere Nachfrage gestoßen, welche wiederum kostengünstige Massenproduktion ermöglicht. Das gilt auch für die Entwicklung technischer Produkte, die dem Leitbild der nachhaltigen Entwicklung genügen. Zu den garantierten Freiheiten der Anwender gehört auch die Freiheit, auf den Erwerb und die Anwendung eines technischen Produktes zu verzichten. Jeden Tag wird von dieser Freiheit ausgiebig Gebrauch gemacht. Damit ist die Umsetzung des Leitbildes Nachhaltigkeit nur möglich, wenn es gelingt, breite Bevölkerungskreise hiervon so zu überzeugen, dass sie das Kriterium Nachhaltigkeit in ihre Kaufentscheidungen aktiv einbeziehen.

Die Naturwissenschaften haben ein nahezu unerschöpfliches Potential technischer Optionen erschlossen. Es bedarf der Initiative, des Wollen und des Können, von risikobereiten Individuen, welche ihre technische Expertise, ihr unternehmerisches Können und ihre Visionen einsetzen um die technischen Grundlagen zu schaffen für das, was von der Mehrheit der Bevölkerung als Nachhaltige Entwicklung eingeschätzt wird. In einem dynamischen Abgleich mit den Wünschen und Bedürfnissen ihrer Kunden werden diese Individuen ihre Visionen realisieren. Sie werden die von Staat und Gesellschaft zugestandenen Freiräume schöpferisch zur Ausgestaltung der Nachhaltigen Entwicklung nutzen. Sie werden dabei auch an Grenzen dessen stoßen, was juristisch oder moralisch geregelt ist und damit heftigen politischen Streit induzieren.

Technische Hilfsmittel, neue Technik, werden bei der Umsetzung des Leitbildes Nachhaltigkeit unverzichtbar sein. Der Einsatz von Technik allein, in welcher Form auch immer, wird Nachhaltigkeit jedoch nicht ermöglichen. Nachhaltigkeit wird das Ergebnis sein von vielen alltäglichen Entscheidungen, die wir alle als Nutzer von Technik jeden Tag bei der Ausgestaltung unserer Lebensweise treffen. Die Kriterien und Wertvorstellungen, die wir bei diesen Entscheidungen anwenden, sind der entscheidende Schlüssel zur Nachhaltigkeit, nicht Technik.

Hierzu hat UN-Generalsekretär Kofi Annan auf der Konferenz in Johannesburg formuliert: „Und wenn es bei diesem Gipfel ein Wort gibt, dass jeder auf den Lippen tragen sollte, wenn es ein Konzept gibt, das all das verkörpert, was wir hier in Johannesburg zu erreichen hoffen, dann ist es Verantwortung. Gegenseitige Verantwortung - aber vor allem auch die für die Armen, die Schwachen und die Unterdrückten, als Mitglieder einer einzigen menschlichen Familie. Nachhaltige Entwicklung muss nicht auf den technologischen Durchbruch von morgen warten. Die heute zur Verfügung stehende Politik, Wissenschaft und Technologie reicht aus. Es heißt, für alles gibt es eine Zeit. Lasst es nun eine Zeit sein, in der wir eine lange überfällige Investition in das Überleben und die Sicherheit künftiger Generationen tätigen.“

Das Konzept der ökologischen Konsistenz als Beitrag zu einer nachhaltigen Technikgestaltung

Joseph Huber

Einleitung

Im Folgenden werden die heute diskutierten Nachhaltigkeits-Strategien der konsumtiven Lebensstil-*Suffizienz* und der technischen Öko-*Effizienz* ergänzt um den Ansatz der ökologischen *Konsistenz* des industriellen Metabolismus. Während der Suffizienz-Ansatz realer Politik kaum zugänglich ist und zur Problemlösung faktisch auch nur wenig beizutragen vermag, stellen Effizienz und Konsistenz komplementäre Aspekte einer industriellen Ökologie dar, die sich nicht durch bloße Mengenreduktion an ihre Umwelt anpassen muss, sondern sich entfalten kann aufgrund ihrer qualitativen Eigenschaft der metabolischen Naturintegration.

1 Suffizienz: Der ungenügende Genügsamkeitsdiskurs

Im Rio-Prozess vor und nach 1992 hatten sich zunächst zwei Richtungen herausgebildet, die als Strategien der Suffizienz (Genügsamkeit) und Effizienz den Diskurs dominierten. Beide beanspruchen, das Leitbild einer nachhaltigen Entwicklung in die Praxis umzusetzen.

Der Suffizienz-Ansatz wird vor allem im Milieu der ursprünglichen grünen Bewegung verfochten, institutionell von Nicht-Regierungsorganisationen wie Umwelt- und Naturschutzverbänden, Dritte-Welt-Initiativen u.ä., darüber hinaus auch im Umfeld der Kirchen. Die Grundlage des Suffizienz-Ansatzes bildet die Wachstums- und Konsumkritik der ursprünglichen Ökologiebewegung. Würde die gesamte Erdbevölkerung den selben Umweltverbrauch beanspruchen wie heute die reichen Industrienationen, bräuchte es mehrere Erden. Deshalb müsse eine erheblich bescheidenere Lebensweise Einzug halten. Weniger sei mehr. Wir hätten uns von materialistischen, utilitären Wertbindungen zu lösen zugunsten gewisser geistiger Orientierungen (Scherhorn 1997a+b). Das Verbleibende, schadlos Konsumierbare müsse kontingentiert und weltkommunitär gerecht zugeteilt werden (Milieudefensie 1992, Wuppertal Institut 1996). Produktion, Konsum und Verkehr sollen regionalisiert und entschleunigt werden. Vorhandene industrielle Kapazitäten und Infrastrukturen sollen abgebaut werden. Neue Technologien sind nicht willkommen, umso mehr dagegen vorindustrielle Elemente agrarisch-handwerklicher Eigenarbeit. Am Ende erweist sich eine Suffizienz-Programmatik als die Zumutung, mit sehr viel weniger zu erheblich höheren Kosten auszukommen.

Belegt wird die vermeintliche Notwendigkeit des Suffizienz-Standpunktes mit diversen Modellberechnungen, darunter die allgemein bekannten „Grenzen des Wachstums" nach der Computersimulation von Forrester/Meadows 1972 (erneut Meadows u. Randers 1992). Ein anderer Ansatz zielt auf die Ermittlung der ökologischen „Rucksäcke", das heißt, der gesamten Stoffumsätze, die mit der Gewinnung, Verarbeitung und Verwendung von Gütern verbunden sind (Schmidt-Bleek 1994; Bringezu 1997). Ein verwandter Versuch, Umweltverbrauch zu messen, sind „Footprints", ein Maß, das Stoffumsätze in Flächenverbrauch ausdrückt, sinngemäß analog der Bemessung von Energie in Steinkohleeinheiten (Rees u.Wackernagel 1994, 1997). Der anthropogene Footprint diente in den letzten Jahren als ein Grundindikator des Living Planet Report des WWF). Damit verbunden sind Versuche, den zur Verfügung stehenden „Umweltraum" abzuschätzen, das heißt, das Volumen an Ressourcen und Senken, das ohne Gefährdung der Lebensgrundlagen genutzt werden kann (Milieudefensie 1992, Wuppertal-Institut 1996).

Solche Mess- und Schätzversuche sind unweigerlich mit einer Vielzahl von normativen und sächlichen Annahmen verbunden. Manches daran erscheint bestimmten Diskussionsteilnehmern grundsätzlich falsch, anderes bleibt in jedem Fall umstritten (Linz 1998). Als Worst-case-Szenarien können derartige Ansätze zur Orientierung im Feld der Möglichkeiten beitragen. Jedoch als Faktizität beanspruchende Prognose und Proskription bleiben sie von zweifelhafter Validität mit eventuell sogar desorientierenden Folgen. So erscheinen die Meadows-Simulationen mit fünf überaggregierten Generalvariablen und recht simpel gestrickten Koeffizienten als ziemlich klumpig und den Realitäten noch nicht sehr angemessen. Der Footprint wiederum enthält eine Reihe unhaltbarer Annahmen, etwa die pauschale Umrechnung des gesamten Energieverbrauchs in CO_2-Freisetzung, und die Umrechnung der CO_2-Freisetzung in die fiktive Waldfläche, die benötigt würde, das CO_2 zu absorbieren, während die Absorption durch Meeresflora unberücksichtigt bleibt.

Unabhängig davon gibt es zwei Gesichtspunkte, die den Suffizienz-Ansatz realpolitisch nichtig machen, und zwar erstens das Bevölkerungswachstum und zweitens den Minderheitenstatus des Suffizienz-Gedankens. Was den Wachstumszyklus der Weltbevölkerung angeht, so gibt es allenfalls ortspezifisch noch gewisse geringe Freiheitsgrade, das weitere Bevölkerungswachstum zu beeinflussen, aber für das dauerhafte Gesamtergebnis in der großen Zahl von 8, 10, oder mehr Milliarden Menschen sind diese möglichen Modifikationen nurmehr von nachrangiger Bedeutung. Wenn wir von solchen Populationszahlen auszugehen haben, dann würde Konsumverzicht selbst im unrealistischen Erfolgsfall kaum etwas helfen. Wäre es hypothetisch möglich, den Gürtel um die Hälfte enger zu schnallen, Wohnraum, Heiz- und Prozesswärme, Verkehrsaufkommen etc. um die Hälfte zu reduzieren, so würde dies ceteris paribus die Frist bis zum ökologischen Weltuntergang lediglich verdoppeln. Menschen verursachen Stoffumsätze, viele Menschen große Umsätze, zumal unter industrialisierten Bedingungen. Von dieser Öko-Impakt-Tatsache kann nicht abgesehen werden, von ihr haben wir auszugehen. Anders gesagt, selbst wenn der Suffizienz-Ansatz realisierbar wäre, würde er zur ökologischen Problemlösung *nachhaltig* praktisch nichts beitragen.

Zudem besitzt der Suffizienz-Standpunkt ein viel zu geringes kulturelles und politisches Resonanzpotenzial. Unter den anhaltenden Bedingungen eines weltweiten Konsumstrebens auf der Grundlage einer materialistisch-utilitären Wertebasis bleibt es müßig, Suffizienz zu predigen. Zwar hegen viele unter den Gebildeten in allen Nationen gewisse Sympathien mit der Idee einer Wende vom veräußerlichten Materialismus zu „höheren" Werten (was nicht zugleich auch Zustimmung zum ressourcenkommunistischen Bewirtschaftungs- und Verteilungsprogramm bedeutet). Aber zum einen bleibt dies allzu häufig Ausdruck einer moralischen Vermeintlichkeit, zum anderen, und bedeutender, besitzt die große Mehrheit der Menschen in allen Ländern weitaus weniger komplizierte, eindeutig promaterielle Präferenzen.

Um ein nahe liegendes Missverständnis auszuräumen, sei hervorgehoben, dass es hier nur darum geht, die Suffizienzstrategie zu bewerten im Hinblick auf ihr umweltpolitisches Potenzial, effektiv zum Umwelt- und Naturschutz beizutragen. Der weltanschauliche Eigenwert einer suffizienten Lebensweise bleibt davon unberührt. Ein maßvoller Lebenswandel besitzt zweifellos ideelle Wahrheit. Die Kritik an Luxus und materialistischer Maßlosigkeit durchzieht die Geschichte aller Hochkulturen, ebenso wie positive Gebote des sich Zufriedengebens, von den griechischen Kynikern (Diogenes) und der späteren antiken Stoa bis zum mittelalterlichen Thomismus und den reformatorischen Lebensentwürfen. Es scheint tatsächlich Thomas von Aquin gewesen zu sein, der den Begriff der „freiwilligen Armut" prägte. Nach solchen Geboten ein gutes Leben zu führen, bleibt jedem unbenommen, und es wird für jene, die es wirklich tun, eventuell mehr zu einem erfüllten Leben beitragen als die endlose Jagd nach positionalen Gütern. Promaterielle Wertorientierungen und utilitaristische Einstellungen sind in der Tat kritisierbar. Sie werden im langfristigen Gang der Geschichte mit Sicherheit auch wieder aufgehoben. Aber darauf kann man *heute* keine Politik begründen, zumal ein Suffizienz-Programm ohne Änderung der industrietraditionalen Produktionsgrundlagen in der ökologischen Sache auch fehlerhaft und irreführend wäre.

Dass freilich alles auf dieser Welt seine materialen raumzeitlichen Grenzen findet, ist wiederum eine schlichte Wahrheit. So wird denn auch ein Weltsystem aus industrialisierten hochtechnologischen Gesellschaften nach Ausschöpfung der im Folgenden diskutierten Strategien der Effizienzsteigerung und Konsistenzverbesserung ihre Grenzen erreichen und sich im Rahmen eines optimalen Erhaltungszustandes einrichten – dies aber auf der Höhe ihres Potenzials, nicht in gleichsam ressourcenkommunistischer Deformation weit unterhalb ihrer Möglichkeiten.

2 Forcierte Öko-Effizienz: die konservative Revolution

Überlegungen wie die vorangegangenen haben etliche Suffizienz-Vertreter dazu gebracht, sich denn doch auch für gewisse Aspekte des eigentlich ungeliebten technischen Fortschritts zu interessieren, genauer, für forcierte Effizienz-Steigerungen im Rahmen bestehender Technologie- und Produktpfade durch lebenszyklisch nachgeordnete Entfaltungsinnovationen und Statusmodifikationen (Inkrementalismus ohne Strukturwandel). Dies traf zusammen mit der Mitte der 80er Jahre einsetzenden „grünen Welle" in den großen Industriekorporationen, wo man nach Wegen zu suchen begann, sich der ökologischen Herausforderung zu stellen, ohne Märkte zu verlieren und Kapitalbestände zu gefährden. Dabei heraus kam die Propagierung der Effizienzstrategie, heroisch überhöht als „Effizienzrevolution" – eine merkwürdige Rhetorik für einen Ansatz, dem offensichtlich strukturkonservative, industrietraditionale Interessen zugrunde liegen.

Der Effizienz-Ansatz begründet sich mit dem Sachverhalt, dass bei der Rationalisierung von Stoffumsätzen der Konflikt von Ökonomie und Ökologie ein Stück weit aufgehoben scheint. Eine Steigerung der Ressourcenproduktivität, der Stoffumlauf- und Energieeffizienz, scheint in ökonomischer *und* ökologischer Hinsicht von Vorteil. Aufs Rationalisieren, auf die Senkung spezifischer Input-Output-Koeffizienten, versteht man sich in der Industrie schon immer. Würde man die Logik der Effizienzsteigerung oder Kostenminimierung noch konsequenter als bisher auch auf ökologische Aspekte anwenden, dann, so die Hoffnung, wäre eventuell der erforderliche Material- und Energie-Input für bestimmte Endleistungen in möglichst kurzer Zeit um einen Faktor vier bis zehn zu verringern (Fussler 1994; Schmidt-Bleek 1994; Schmidheiny 1992a+b; von Weizsäcker u. Lovins 1995).

Die Effizienz-Strategie ist ein Stück weit tragfähig, jedoch erheblich weniger als unterstellt. Drei Aspekte sind hier zu nennen:

- *Erstens* bewegen sich Effizienzsteigerungen stets im Rahmen von technik- oder produktlebenszyklischen Lernkurven, darin überwiegend in der gegen Ende des Take-Off einsetzenden Reifungsphase. Somit wird der Grenznutzen möglicher Effizienzsteigerungen eher früher als später erreicht.
- *Zweitens* werden Effizienzsteigerungen durch zusätzliches Wachstum ökologisch zunichte gemacht (Rebound-Effekt oder Bumerang-Effekt).[1]
- *Drittens* ist der Effizienz-Ansatz als solcher ökologisch undifferenziert bzw. metabolisch unspezifiziert. Umweltschäden und Umweltnutzen liegen nicht auf einem Kontinuum, sondern sind zwei verschiedene Eigenschaften. Wenn zum Beispiel durch Effizienzsteigerungen weniger Umweltgifte freigesetzt werden, so bedeutet dies noch keinen positiven Umweltnutzen, lediglich einen geringeren Schaden. Wenn klimawirksame Gase oder Radioaktivität als solche das ökologische Problem darstellen, dann ist Effizienzsteigerung auf diesem Gebiet Fortschritt am falschen Objekt.

2.1 Abnehmender Grenznutzen

Unter Rückgriff auf das Lebenszyklus-Modell im Rahmen einer innovations- und diffusionstheoretischen Betrachtung kann man sagen, Effizienzsteigerung ist ein

---

[1] Vgl. hierzu auch den Beitrag von Michael Jischa in diesem Band (Anm. d. Hg.).

immanenter Vorgang im lebenszyklischen Verlauf. Ein organismischer, technologischer oder sonstiger Lebenszyklus wird auch als Lernkurve bezeichnet, was nichts anderes heißt, als dass Systeme in ihrer fortlaufenden Entfaltung lernen, ihre Zwecke mit immer weniger spezifischem Aufwand zu erfüllen, sodass der Input-Output-Quotient abnimmt, also die Effizienz zunimmt. In den Phasen der Emergenz und frühen Entwicklung ist die Produktivität niedrig (eine sinnvolle Aussage gewiss nur in der Retrospektive oder im Vergleich mit anderen Systemen). Im weiteren Verlauf der strukturellen Entfaltung und des diffusionalen Take-Off nimmt die Produktivität zu durch sukzessive Entfaltungsinnovationen im pfadabhängig gewordenen Gang der Entwicklung. In der danach noch folgenden Reifungs- und dann Erhaltungsphase werden die Innovationen infolge der allmählichen Potenzialausschöpfung strukturell immer geringfügiger. Es handelt sich dann faktisch nurmehr um Statusmodifikationen, deren Zusatznutzen marginal geworden ist. Etwas umgangssprachlicher gesagt, bei alt-etablierten Technologie- oder Produktpfaden in ihrem Reife- und Erhaltungsstadium noch viel an Effizienzsteigerung zu arbeiten, kann in der Regel nicht mehr viel bringen, selbst bei unverhältnismäßigem Aufwand nicht.

Im Hinblick auf den Effizienz-Ansatz bedeutet das Lebenszyklus-Modell folgendes. Auch umweltspezifische Aufwandsminimierungen unterliegen dem lebenszyklischen Gesetz eines abnehmenden Grenznutzens. Es gibt davon nur wenige Ausnahmen bei recht komplexen Fällen wie dem Energiedesign von Bauten, wo durch geeignete Maßnahmen der Wärmedämmung, durch andere Baumaterialien und Bauprinzipien überdurchschnittliche Einsparungen realisiert werden können. In der Regel aber kann es bei Technologien oder Produkten im Entfaltungsstadium der Reife nicht mehr viel bringen, sich intensiv mit ihrer Optimierung zu beschäftigen. Wenn eine Entwicklung so weit fortgeschritten ist, dass sie ihren Take-Off längst hinter sich gelassen hat (wie heute zum Beispiel bei Otto- und Dieselmotoren und ähnlichen Antriebsaggregaten, oder bei thermischen Kraftwerken) dann ist der Grenznutzen nahe oder schon erreicht. Weitere Anstrengungen der Effizienzsteigerung sind dann nicht mehr „zukunftsorientiert", sondern konservativ i.S. der Strukturerhaltung bzw. der Nichtbeförderung von Strukturwandel. Dies gehört offensichtlich zu den Gründen dafür, dass nicht wenige Angehörige der Autoindustrie eine Zeit lang mit dem Drei-Liter-Motor geliebäugelt haben oder Kraftwerksbetreiber weiterhin auf immer effizientere Feuerungsanlagen setzen. Sie hoffen, damit ihre Bestände an Human-, Anlagen- und Finanzkapital vor der drohenden Entwertung durch systeminnovativen Strukturwandel zu retten, und verdrängen, dass wahrscheinlich doch die kohlenstoffhaltigen Brennstoffe als solche das ökologische Problem darstellen, gleich wie effizient der Kohlenstoff verbrannt wird.

2. 2 Rebound-Effekte

Es handelt sich hierbei um jenen lebenszyklischen Zusammenhang, der in der Biologie ebenso wie der Ökonomie geradezu eine Selbstverständlichkeit ist: Der systemimmanente Zweck der spezifischen Aufwandsminimierung liegt während der Wachstumsphase eines Systems in der Stabilisierung und Ausweitung des Systemwachstums, bzw. während der Erhaltungsphase eines Systems in der Stabilisierung des erreichten Volumenumsatzes. Effizienzsteigerungen dienen in natürlichen ebenso wie in menschlichen Haushalten nicht dem *absoluten* Einsparen zwecks Schrumpfen, sondern einem *spezifischen* Sparen zwecks Re-Investieren.

Das heißt, Rationalisierungserfolge setzen sich um in Rebound-Effekte. Ein typisches Beispiel dafür liefert der Autoverkehr. Der spezifische Treibstoffverbrauch der Automobile hat sich erheblich verringert, d.h. ihre Energie-Effizienz wurde erheblich gesteigert, was im Verkehrssystem umgesetzt wurde in noch mehr und noch größere Autos, die noch mehr Kilometer fahren und ihren Nutzern so einen noch weiteren räumlichen Aktionsradius bei erhöhtem Fahrkomfort erschließen. Auf diese Weise hat sich die Effizienzsteigerung umgesetzt in mehr absolutes Größenwachstum, sei dies, mit Schumpeter gesprochen, bloß quantitatives Wachstum des Typus „mehr vom Gleichen" oder strukturwandelinduziertes Wachstum des Typus „etwas Neues Zusätzliches". Lebende Systeme minimieren ihren *spezifischen* Aufwand zwecks „Anspruchs"-Ausweitung. Die „Ansprüche" begrenzen sich *absolut* lediglich nach Maßgabe der Nischengrenze des betreffenden Systemlebenszyklus.

2.3 Mangelhafte metabolische Spezifität, Fortschritt am falschen Objekt

Der Effizienz-Ansatz unterscheidet bisher nicht nach ökologischer Sensitivität, nach schädlichen und unschädlichen Stoffströmen und Stoffumwandlungen. So wird zum Beispiel pauschal „Dematerialisierung" angestrebt, nicht gezielt Dekarbonisierung der Energiebasis. Eine solche undifferenzierte „Dematerialisierungs"-Perspektive ist wenig anderes als eine Tonnenideologie mit umgekehrten Vorzeichen (weniger statt mehr Tonnen). Aber es geht heute nicht mehr darum, Benzinmotoren oder Kohlekraftwerke noch effizienter zu machen als sie es in fortgeschrittener Weise schon sind, sondern sie zu ersetzen zugunsten alternativer Antriebsaggregate und sauberer Verfahren der Stromerzeugung. Die Verminderung und Ausschleusung kohlenstoffhaltiger Energieträger stellt in der Tat eine große Gegenwartsaufgabe dar. Aber zum Beispiel an Steinen, Erden, Metallen, Glas u.ä. muss nicht in solcher Weise gespart werden, da derartige Materialien bei einer sauberen Energiebasis weitgehend im Kreislauf geführt werden können und ihre begrenzte Neugewinnung nicht unbedingt ein fundamentales Umweltproblem darstellt. Wasser ist in vielen Regionen der Erde ein ökologisch sensitives, kostbares Gut. Aber warum sollte man in wasserreichen Regionen mit Wasser geizen? Aus ökonomischen Gründen vielleicht, aus ökologischen Gründen nicht.

Nicht nur ist forcierte Effizienzsteigerung in bestimmten Fällen unnötig, sie ist möglicherweise auch kontraproduktiv im Hinblick auf Aspekte der Umwelt- und Produkt*qualität*. Wenn zum Beispiel Wasser als Lösungs- und Transportmedium allzu effizient im Kreislauf geführt wird, steigt die Schadstoffkonzentration und es ergeben sich Toxizitäts- und Produktqualitätsprobleme. Ähnlich bei Papierfasern oder Kunststoffketten, denen bei zu häufigem Recycling zu viele Chemikalien zugesetzt werden müssen. Man kann Downcycling-Probleme nicht per Upcycling-Dekret aus der Welt schaffen. Darüber hinaus kann grundsätzlich der Punkt eintreten, wo Effizienzsteigerung nurmehr vereinseitigtes Mengenwachstum mit erheblichen Qualitätsverlusten bedeutet. Die überintensivierte Landwirtschaft und Lebensmittelindustrie zeigen, wie Effizienzmaximierung auf Dauer zu „Masse statt Klasse" führt. *So* hat man die „Effizienzrevolution" sicherlich nicht gemeint; aber dies ist, was mit Sicherheit geschieht, wenn Effizienzsteigerung – ökonomisch gesprochen, Gewinnsteigerung durch spezifische Kostenminimierung – sich umweltqualitativ undifferenziert verselbständigt.

Ein erfolgreiches Unternehmen ebenso wie eine erfolgreiche Technologiegesellschaft werden mit ihren Ressourcen sicherlich sorgsam umgehen, aber sie haben es in der Regel nicht nötig, krampfhaft zu „sparen". Vielmehr investieren sie umfangreich in richtige Projekte, wie sie nachstehend als solche der ökologischen Konsistenz beschrieben werden, realisieren daraus entsprechend große Umsätze und Erlöse, wobei sie ihren Aufwand optimieren, d.h. effizient gestalten, relativ zum Umfang der zu realisierenden Vorhaben. In diesem Sinne kann man zugespitzt formulieren: Grüne Sparkommissare werden die ökologische Frage nicht lösen, wohl aber umweltbewusste Investoren.

3 Ökologische Konsistenz: eine metabolisch naturintegrierte industrielle Ökologie

Schon seit den 80er Jahren, ausdrücklicher werdend im Verlauf der 90er Jahre, hat es über bloße Effizienzsteigerung hinausgehende technologie- und produktbezogene Ansätze gegeben, zum Beispiel

- Clean Technology (Jackson 1993; Kemp u. Soete 1992; Kemp 1993)
- Constructive Technology Assessment (Rip u. Misa u. Schot 1995)
- Ökologische Modernisierung (Mol 1995; Spaargaren 1997; Huber 1982, 1995, 2001)
- Stoffstrom-Management (Enquete-Kommission 1994; Friege et al. 1998)
- Gestaltung des industriellen Metabolismus (Ayres 1993; Ayres u. Simonis 1994; Ayres u. Ayres 1996)
- Ökonomie der Reproduktion (Hofmeister 1998)
- Bionik (Nachtigall 1998; Rechenberg 1973; von Gleich 1998)
- Design for Environment (Paton 1994), umweltgerechte Konstruktion (Kreibich et al. 1991)
- Industrielle Ökologie (Socolow u. Andrews u.a. 1994; Graedel 1994. Ein „Journal of Industrial Ecology" erscheint seit 1997 bei MIT Press).

Diese weitergehenden Ansätze sind in die Nachhaltigkeitsdebatte zunächst nur zögerlich eingegangen. Sie sind allesamt auf technologische Umweltinnovationen gerichtet und beinhalten bereits wesentliche Elemente der hier nun unter der Bezeichnung *Konsistenz* dargelegten weiterführenden Nachhaltigkeits-Strategie.

Konsistenz ist keine „Variante" von Suffizienz und Effizienz, und auch kein „dritter Weg" dazwischen. Konsistenz ist ein *anderer, grundlegend weiterführender* Ansatz.

Innovationstheoretisch gesprochen, liegt die Stoßrichtung des Konsistenz-Ansatzes nicht darin, an der Verbesserung der Wirkungsgrade alter Technologien und Produktlinien zu arbeiten, als vielmehr, Strukturwandel (Pfadwechsel) zugunsten grundlegender Technik- und Produkt-Innovationen zu befördern, die darauf abzielen, die ökologische Qualität der industriegesellschaftlichen Stoffumsätze so zu verändern, dass sie sich in den Naturstoffwechsel wieder besser einfügen. Es geht in erster Linie nicht um weniger, als vielmehr um *andere Arten* der Ressourcen- und Senkennutzung, die auch in großen Volumina aufrechterhalten werden können. Das Erfordernis großer Volumina ergibt sich aus den großen Bevölkerungszahlen und eher höheren als geringeren Konsumanspruchsniveaus. Die Bezeichnung ökologische *Konsistenz* wurde aus zwei Gründen gewählt, zum einen in Anlehung an die Konsistenzforderung des Nachhaltigkeitsleitbildes („to achieve trade, capital and technology flows that are more equitable and *consistent* with environmental imperatives", wie es im Brundtland-Report heißt), zum anderen, um mit der Wortwahl den Diskurskontext mit Suffizienz und Effizienz zu verdeutlichen (Huber 1994, 1995). Konsistenz stellt die Frage nach der qualitativen Beschaffenheit des industriellen Metabolismus. Dem Konsistenz-Ansatz geht es nicht um weniger vom Gleichen, sondern um grundlegenden Strukturwandel im Rahmen einer ökologischen Modernisierung (Huber 2001, S 314–327).

Braungart u. McDonough (1999) ebenso wie Frei (1999) haben einen gleichen Ansatz vorgebracht unter dem Namen der Öko-Effektivität. Auch diese Wortwahl verdeutlicht, in Abgrenzung von bloßen Mengenaspekten der Effizienz, den qualitativen Aspekt der Zweckerfüllung, wobei es freilich nicht der eigentliche Zweck von Technologien ist, ökologische Kriterien zu erfüllen. Technologien sollen ihre operativen Zwecke erfüllen *und* dabei ökologischen Kriterien genügen. Der Zweck eines Fahrzeuges ist kein ökologischer, sondern liegt in der Mobilitätsdienstleistung, Personen oder Sachen zuverlässig, sicher und möglichst schnell von A nach B zu bringen. Ein Fahrzeug, das dieses leistet, ist effektiv. Was aber soll öko-effektiv sein? Von daher erscheint es doch passender, von der ökologischen bzw. metabolischen *Konsistenz* von Technologien oder Produkten und damit verbundener Stoffumsätze zu sprechen.

Man wird nach praktischen Beispielen fragen. Dies ist verständlich, aber auch problematisch. Die Geschichte der Futurologie zeigt, dass Yesterday's Tomorrows als konkretistische Szenarien meist schief liegen. Dagegen erweisen sich grundlegendere Trend- und Strukturerwartungen oftmals als zutreffend. Man tut seiner Sache wahrscheinlich keinen guten Dienst, wenn man sich zu sehr auf bestimmte Ausprägungen von „Zukunftstechnologien" festlegt. Andererseits fallen auch technologische System- oder Pfadwechsel nicht voraussetzungslos vom Himmel. Man muss bei der Suche nach geeigneten Umweltinnovationen nicht nach etwas völlig Ungesehenem Ausschau halten, sondern nach etwas, das bereits vorhanden ist und einen praxisbezogenen Forschungs- und Entwicklungsweg schon erfolgreich zurückgelegt hat. Das Hauptproblem im Innovationsprozess liegt ja weniger in der Erfindung und Frühentwicklung neuer Technologien, als mehr in der späteren Entwicklung zu Serienreife und der allgemeinen Verbreitung.

Umweltpolitisch bedeutend sind vor allem Innovationen in Industriezweigen, die heute große Umweltprobleme verursachen. Die umweltsensitivsten industriellen Komplexe sind der Energiekomplex (von der Energiegewinnung über Antriebsaggregate für Fahrzeuge bis zu Heizungsanlagen) und die Landwirtschaft sowie die chemische Industrie und weitere Grundstoffproduktionen.

Zu den offensichtlichen Kandidaten, die eine metabolisch besser naturintegrierte Ressourcen- und Senkennutzung zu gewährleisten vermögen, gehören heute im Energiebereich die Einführung von Wasserstoff anstelle der fossilen kohlenstoffhaltigen Brennstoffe, und, teils in Verbindung damit, die Verbreitung einer ausgefächerten Brennstoffzellen-Technologie (große vs. kleine, hoch- vs. niedertemperatur, stationär vs. mobil) anstelle herkömmlicher Hochöfen, Brennkammern, Explosionsmotoren usw. Selbst großvolumige anthropogene Wasserstoff-Umsätze auf Giga- und Tera-Niveau werden nur einen äußerst geringen Bruchteil des geo- und biogenen Wasserstoffkreislaufes darstellen. Über ökologisch nachteilige Wirkungen von Wasserstoff ist heute nichts bekannt.

Auch wenn ein erheblicher Teil des Klimawandels auf veränderte Sonnenaktivität zurückzuführen sein sollte, so bleibt der anthropogene Beitrag doch erheblich und macht die schnellstmögliche Umstellung der gesamten Energiebasis zum vordringlichen Umweltinnovations-Projekt (Wernick et al. 1996; Nakićenović 1996). Ohne umweltverträgliche Energiebasis sind letztlich alle Vorstellungen einer umfassenden Stoffkreislaufführung hinfällig. Aber mit metabolismuskonsistenter Energie ist für viele Milliarden Menschen vieles darstellbar.

Dazu gehören weiterhin auch brennstoff-freie Energietechnologien, insb. Solarenergie, u.a. in Verbindung mit der Entwicklung eines Solar-Wasserstoff-Komplexes, daneben noch gewisse größere Nischen für Wind-, Wasser- und evtl. auch Geothermalenergie. Nachwachsende Bio-Brennstoffe dagegen erscheinen nicht als ein besonders intelligenter Pfad, wertvolle Biomasse zu gebrauchen (weil es heißt, die Photosyntheseleistung der Natur zu zerstören statt sie in chemischer Materialweiterverarbeitung zu nutzen), außer vielleicht in gewissen agrarischen Nischenanwendungen. Auch wird immer wieder „saubere Kohle" ins Spiel gebracht, und damit eine weitere Epoche der Fossilien-Nutzung. „Sauber" würde Kohlenstoff als Brennstoff jedoch nur, wenn auch eine CO_2-Fixierung damit verbunden wäre. Aus heutiger Sicht bleibt dies auch in Zukunft äußerst aufwendig, sodass die wirtschaftliche Gangbarkeit wie auch die technologische Sinnhaftigkeit dieses Weges bis auf Weiteres zweifelhaft erscheint – zumal, wenn auch der Naturschutz zu seinem Recht kommen soll (Landschafts- und Ökozönosenzerstörung durch Bergbau, Tagebau, Unterwasserabbau, Forstraubbau). Buchstäblich alles im Universum repräsentiert Energie, besitzt Energie, und ist daher auch eine potenzielle Quelle von technisch nutzbarer Energie. Muss eine hochstehende Technologiegesellschaft der Zukunft weiterhin die Erde umwühlen und Landschaften großflächig denaturieren, um Energie zu gewinnen? Eher wird dies ein Zeichen von Rückständigkeit sein.

Im Agro-Bio-Chemo-Bereich dürften biotechnische Produktionsverfahren sowie transgene Pflanzen anstelle von herkömmlichen Zuchtsaaten und Agrarchemikalien eine Rolle spielen. Enzyme sind die biokatalytischen Stoffwechselwerkzeuge der Natur. Die moderne Produktion kann sich Enzyme, Viren, Bakterien, Pilze, Algen und andere Mikroorganismen zur Arbeit an organischem und anorganischem Material zunutze machen, ähnlich wie die traditionale Produktion Esel und Ochsen für sich arbeiten ließ. Herkömmliche Produktionsverfahren arbeiten mit hohen Drücken und Temperaturen. Dies geht mit hohen Störfallrisiken, schlechten Wirkungsgraden und erheblichem Ressourcen- und Senkenverschleiß einher. Bio- und Gentechnik arbeiten ohne hohe Drücke und Temperaturen effektiv und umweltschonend, effizienter ohnedies. Im Vergleich zu heute können sie den Ressourcen-Input und den Emissionen-Output von chemischen Produktionen in vielen Fällen um einen Faktor 10–100 verringern. Solche Leistungen allerdings erbringen weniger die natürlich vorkommenden Enzyme und Mikroorganismen, die ihre erdgeschichtliche „Umweltverträglichkeitsprüfung" lange hinter sich haben, als vielmehr die neuen transgenen Artefakte. Nötige Erfahrungen damit sammeln kann man jedoch nur im Prozess der Anwendung.

In der Landwirtschaft bedeutet die Gentechnik vor allem einen Sprung in der Entwicklung der Pflanzen- und Tierzucht. Sorten mit höheren Absorptions-, Speicher- und Wachstumsfähigkeiten können selektiert werden, oder Sorten mit größeren Resistenzen gegen bestimmte Krankheiten und krasse Umweltbedingungen wie Salz, Hitze, Trockenheit, Kälte, Frost. Eine eventuelle Verwilderung von transgenen Sorten, oder unkontrollierte Auskreuzungen etwa durch Vermischung von transgenen und natürlichen Sorten im Umkreis von Feldern, und daraus möglicherweise resultierende Besiedlungs-Wettbewerbe, verdienen Aufmerksamkeit. Sie sind andererseits auch Teil der natürlichen Sukzession. Solche Prozesse brauchen mit der Gentechnik nicht virulenter zu werden als sie es schon immer gewesen sind. Der Tourismus und der Welthandel verursachen heute sehr viel mehr invasive Übertragungen von Arten sozusagen auf natürlichem Weg. Was die Bekömmlichkeit von gentechnisch modifizierten Lebensmitteln angeht, so unterscheiden sie sich im Prinzip nicht von herkömmlichen Lebensmitteln.

Was mit der Gentechnik bewerkstelligt wird, ist weniger eine wissenschaftlich-technische Frage als viel mehr eine politische Führungsfrage in der Verantwortung von Regierungen und Konzernleitungen, somit auch, über das Bewusstsein und die Wertorientierung der Akteure hinaus, eine Frage ordinativer und ökonomischer Steuerung. Zum Beispiel Baumwolle, Reis, Mais und Getreidesorten, die Herbizide besser vertragen, liegen zwar im Interesse der agrochemischen Industrie, nicht aber der Ökologie, auch dann nicht, wenn sie zu einem geringeren Einsatz von Herbiziden führen. Verringerte aber fortgesetzte Umweltvergiftung ist kein Beitrag zu nachhaltiger Entwicklung. Transgene Saaten sollten den Ausstieg aus den Agrargiften, nicht ihre Beibehaltung ermöglichen. Ebenso mögen Kühe mit Turbo-Euter im Interesse der Milchwirtschaft liegen, oder Schafe mit Turbo-Leber im Interesse der pharmazeutischen Industrie. Dem Geist von Tierschutz und Artgerechtigkeit laufen sie ab gewissen Grenzen zuwider. Indem Tiere nunmehr auch gentechnisch genutzt werden, müssen dementsprechende Regelungen fortentwickelt werden.

Man kann sagen, dass die Gentechnik eine ökologische Frage höherer Ordnung konstituiert. Statt grober Makro-Eingriffe in die Geo- und Biosphärendynamik erhöht sich die Eingriffstiefe in der biosphärischen Mikrostruktur. Dies birgt neben den Chancen sicherlich auch Risiken. Zudem wird die Agrobioindustrie, so lange sie zugleich Agrarchemikalienindustrie bleibt, der Entwicklung nicht von sich aus die erwünschte Stoßrichtung geben. Auch müssen auf diesem Gebiet gewisse Eigentums- und Vertragsrechte erst noch gegen Beherrschungsabsichten der Konzerne gesichert werden. Es besteht hier in den USA ein weitgehendes Regulierungsdefizit, und in Europa ein bestimmtes Regulierungsdefizit in dem Sinne, dass bisherige Regulierungen, teils disfunktional, vor allem auf eine prozedurale bürokratische Behinderung der Gentechnik abzielen anstatt erwünschte Formen ihrer Nutzung promotorisch zu regulieren und unerwünschte zu verbieten. Gerade die Gentechnik kann wesentliche Beiträge zur Umwelt- und Entwicklungspolitik im Sinne der UNCED-Agenda 21 leisten.

Andere Konsistenz-Pfade im Agrarbereich sind der ökologische Landbau und die ökologische Tierhaltung, zum anderen eine ökologische Modernisierung der herkömmlichen Landwirtschaft als sog. Präzisionslandwirtschaft. Diese ist erheblich weniger umweltintensiv, besonders auch in geschlossenen Systemen wie Treibhäusern oder „Agrarfabriken" – eine Bezeichnung, die von Kritikern als Schmähwort gemeint ist. Es würde der Sache jedoch gerechter, sich einen neutralen Begriff von Agrarfabrik zu machen, denn die mehrstöckig integrierte Pflanzen- und Tierwirtschaft mit Auslauf stellt lediglich eine räumliche Rekombination längst üblicher Praktiken dar, mit dem Unterschied einer erheblich verbesserten Umweltperformance infolge geschlossener Stoffkreisläufe. Nicht nur lassen sich in Agrarfabriken der Gebrauch von Wasser und Agrarchemikalien oder die Verwertung von Abwasser, Abfällen und Exkrementen transparenter und effektiver kontrollieren, sondern auch die vollwertige Konsistenz der Böden oder Nährsubstrate und die Praktiken einer artgerechten Tierhaltung. Was eine Agrarfabrik faktisch leistet, ist kaum eine Frage der Technologie, die diesbezüglich alles Nötige zu leisten vermag, sondern eine Frage der rechtlichen Regulierung, der Ökonomie sowie der gesellschaftlichen Einstellungen und Praktiken.

Der ökologische Landbau wird sich mit Präzisionslandwirtschaft und transgenen Saaten sicherlich nicht anfreunden, schon im Interesse seiner lukrativen Nischenmärkte, die gehobene Kaufkraft abschöpfen. Umgekehrt jedoch können und werden wahrscheinlich im Verlauf von ein oder zwei Generationen wichtige Elemente des ökologischen Landbaus in die herkömmliche Landwirtschaft Eingang finden – wenn nicht freiwillig, dann auf gesetzlicher Grundlage, insbesondere im Hinblick auf Besatzdichte und Tiermedikation – und sich verbinden mit Präzisionslandwirtschaft und biotechnischer Agroindustrie.

Die Liste von Beispielen für technologische Umweltinnovationen, die darauf abstellen, die ökologische Konsistenz des industriellen Metabolismus zu verbessern und dabei außerdem auch bisherige Effizienzen steigern, wäre noch recht lang. Eine von mir erstellte Taxonomie technologischer Umweltinnovationen der Konsistenz (ohne bloße Effizienzsteigerung) enthält inzwischen rund 350 Datensätze, vom Energiebereich und dem Agro-Bio-Chemo-Komplex über sonstige Rohstoffgewinnung und -verarbeitung, zu Maschinen, Materialien und Gebrauchsgütern, bis zur Abfallwirtschaft als „Grundstoffindustrie rückwärts" sowie Technologien des Umweltmonitoring und der umweltrelevanten Mess- und Regeltechnik in der Produktion.

Der Zielhorizont ökologischer Konsistenz geht dahin, den industriegesellschaftlichen Metabolismus wieder besser einzubetten in den Gesamtmetabolismus der Geo- und Biosphäre, und zwar weniger durch bloße Mengenänderungen, als vielmehr durch Änderung der Stoffstrom-Qualitäten. Es geht nicht darum, eine Mengenanpassung auf dem gegenwärtigen Entwicklungsniveau der technologischen Strukturen herbeizuführen, sondern diese Strukturen so fortzuentwickeln, dass damit eine naturkreislauf-integrierte industrielle Ökologie geschaffen wird.

Dies impliziert in gewissem Ausmaß die absichtliche Gestaltung von Mensch-Natur-Systemen. Ein Konzept wie Earth Systems Engineering geht in diese Richtung (Allenby 1999). Der Ausdruck klingt allerdings recht utopisch, denn worum es zunächst einmal geht, ist ein Management der Schnittstellen, an denen anthropogene Stoffströme in Form von Ressourcen-Entnahmen und Senken-Emissionen in geogenen Stoffströmen intervenieren. In eine gleiche Richtung gehen von Schellnhuber (2000, 1998) diskutierte Denkansätze wie ein Globales Umwelt- und Entwicklungsmanagement, Geo-Engineering oder geokybernetisches Management. Darin kommt nicht neuerliche Hybris zum Ausdruck. Es wäre im Gegenteil unverantwortlich, sich dieser unausweichlich gewordenen Herausforderung nicht zu stellen und dem bisherigen „spontan"-unintendierten Katastrophenkurs weiter seinen Lauf zu lassen.

Man hat den Ansatz der ökologischen Konsistenz durch technologische Umweltinnovationen gelegentlich als „technokratisch" missdeutet. Solcherart Missdeutung kann sich nur auflösen bei Einsicht in den Sachverhalt, dass jede nachhaltige Lösung ökologischer Probleme letztes Endes in der Tat auf technologischem Weg erfolgt. Auch der Suffizienz-Ansatz kommt mit bestimmten technologischen Implikationen, nämlich denen der entspezialisierenden und entdifferenzierenden Produktions-Entflechtung und Entschleunigung, des industriellen Kapazitäts-Abbaus und der technologischen Regression in vormoderne Verhältnisse. Ökologische Probleme sind Störungen des Metabolismus von Populationen oder von Biozönosen in ihrem Lebensraum; Umweltprobleme der Industriegesellschaft sind Störungen des industriellen Metabolismus. Der industrielle Metabolismus wird kaum mehr durch traditionale körperliche Arbeit, umso mehr und fast vollständig durch technisch überformte und maschinelle Arbeit sowie Energietechnik bewerkstelligt, wobei dies zunehmend auf wissenschaftlicher Grundlage geschieht. Ökologische Anpassung der Industriegesellschaft kann somit überhaupt nichts anderes bedeuten als Strukturwandel durch wissenschaftlich-technische Innovation.

Technologie, allerdings, als instrumentelles Medium, gehört zum *operativen System* von Produktion und Konsum als einem von drei effektuativen Subsystemen der Gesellschaft; die beiden anderen sind das *ökonomische System* von preisregulierten Märkten und Geld- und Finanzwesen, sowie das *ordinative System* von rechtsbasierter öffentlicher Verwaltung und privatem Management. Im Hinblick auf das operative System kann man sagen, dass es, außer durch seine endogenen Bedingungen, durch die preisvermittelten Impulse des ökonomischen Systems und die rechtsvermittelten Impulse des ordinativen Systems gesteuert wird. Alle drei effektuativen Systeme werden außerdem unmittelbar kontrolliert durch formative

Einflüsse aus kulturellen und politischen Subsystemen, insbesondere von der Wissensbasis (Kognition), der Wertebasis (Evaluation), und Prozessen der Willensbildung und Entscheidungsfindung (Konation). Technik ist damit per se ein *gesellschaftlicher* Sachverhalt, etwas menschlich und gesellschaftlich Eingebettetes. Technologische Innovationsprozesse können überhaupt nur stattfinden in Verbindung mit kodirektionalen Entwicklungen in anderen gesellschaftlichen Subsystemen. Für neue Technologien muss es Wissens- und Einstellungsvoraussetzungen geben, Promotoren, institutionelle Träger, Rechtsvoraussetzungen und adäquate Regulierung, Investoren und Märkte mit kaufkräftiger Nachfrage. Technik kann ohne ihre soziale Einbettung, ihre gesellschaftlichen Funktionsbestimmungen nicht verstanden werden; und es kann auch die moderne Technik nicht verstanden werden, ohne nicht ihre Bedeutung für Mensch und Gesellschaft zu verstehen.

4 Der Stellenwert von Suffizienz, Effizienz und Konsistenz im Rahmen einer nachhaltigen industriellen Ökologie

Die drei Nachhaltigkeits-Strategien der Suffizienz, Effizienz und Konsistenz schließen einander nicht unbedingt aus, sondern sie können in gewissem Ausmaß pragmatisch miteinander verbunden werden. Konsistenz und Effizienz sind im Verlauf eines technologischen Lebenszyklus ohnedies aneinander gekoppelt, wobei in dessen frühen Stadien die metabolische Konsistenz einer Technologie oder eines Produktes bleibend konzipiert und konstituiert wird, während sukzessive Effizienzsteigerungen mehr im weiteren Verlauf der Lernkurve zum Tragen kommen. Demgegenüber besteht zwischen Suffizienz und Konsistenz in der Sache zwar ein Gegensatz (es handelt sich um den „Zwei-Kulturen"-Gegensatz zwischen pro- und anamodalen Ausrichtungen der Gesellschaft), aber alltagspraktisch gibt es, neben auftretenden Unverträglichkeiten, auch mannigfaltige Möglichkeiten, Elemente beider Ansätze zu verbinden. So vertragen sich zum Beispiel eine traditionsverbundene Belebung regionalen Landbaus und Gewerbes mit dem globalen Fortschritt durch Multinationale und Welthandel in den meisten Fällen durchaus. Freilich ergibt sich schon alleine durch das Ausmaß des möglichen Beitrages der drei Nachhaltigkeits-Strategien zur Lösung von Umweltproblemen eine klare Rangfolge: Konsistenz vor Effizienz vor Suffizienz.

Es gibt neuerdings verwirrende „Fortentwicklungen" des Nachhaltigkeitsdiskurses. Bei diesen wird der Ansatz der Suffizienz umgedeutet in etwas, das vielfach einer innovativen Konsistenz-Strategie, teilweise auch der Effizienz-Strategie entspricht (z.B. EU-Commission Community Research 2001). Der Hintergrund dafür mag auch darin liegen, dass frühere Verfechter des Suffizienz-Standpunktes ihre Felle allmählich haben davonschwimmen sehen, während das Thema der Umweltinnovationen in den letzten Jahren zunehmend Aufwind bekommen hat (zu Letzterem Klemmer et al. 1999; Klemmer 1999; Hemmelskamp 1999; Hemmelskamp u. Rennings u.a. 2000). So werden in dem zitierten EU-Papier nun kurzerhand etwa auch Solarwasserstoff oder andere neue Technologien als Elemente

einer „Suffizienz"-Strategie ausgegeben, ebenso Marketing- und Verbrauchsprak-
tiken wie zum Beispiel Car-Sharing, Textil-Leasing etc., die, genau genommen,
der Effizienz-Strategie zugehören, da sie die Auslastung betreffender Nutzungs-
kapazitäten und die Umlauf-Effizienz steigern. Ein solcher Diskurs kann nur noch
Konfusion stiften. „Suffizienz" wird dabei ein Synonym für begriffsschludrig
entdifferenzierte „Nachhaltigkeit" an und für sich. Man sollte deshalb unbedingt
an dem ursprünglichen Verständnis festhalten, wonach Suffizienz sich auf die
Begrenzung der Verbrauchs-Ansprüche, die Genügsamkeit und konsumtive Begrenzung der Lebensweise bezieht, während technische Effizienz auf den quantita-
tiven Aspekt von Input-Output-Relationen abstellt, und Konsistenz auf die metabolische Qualität und Naturkreislauf-Integrität betreffender Technologien und
Stoffumsätze.

Die Vorrangigkeit des Konsistenz-Ansatzes beruht nicht auf einer ideellen Prä-
ferenz, sondern sie ergibt sich aus der Realität von Technologie- und Produkt-
Lebenszyklen selbst. Umweltwirkungen von Technologien werden überwiegend
und dauerhaft bereits in den frühen Stadien der Labor-, Technikums- und Indus-
trie-Entwicklung festgelegt, bis etwa zum Erreichen der seriellen Produktionsreife.
Je mehr etwas der Konzeption nachfolgend bereits auf seinen industriellen Entfal-
tungs- und Verbreitungspfad gebracht ist, desto strukturell begrenzter und quanti-
tativ geringer werden die Möglichkeiten, durch Entfaltungsinnovationen und
schließlich Statusmodifikationen an den Umweltwirkungen des betreffenden
Technologie- oder Produktpfades noch viel zu ändern.

Dies gilt, davon abgeleitet, in gleicher Weise für den ökobilanziellen Lebensweg eines Produktes entlang der vertikalen Produktionskette von der Rohstoffgewinnung bis zum Recycling und zur Entsorgung. Auch hier ist durch die Konzeption und Konstitution einer Technologie oder eines Produktes alles Wesentliche
bereits vorfestgelegt. Im laufenden Prozess der Produktion und des Gebrauchs
bleiben weniger Freiheitsgrade, die Umweltwirkungen zu kontrollieren. Produktbezogene Öko-Bilanzen haben ein Wissen geschaffen, auf welchen Stufen der
vertikalen Produktionskette welche Umweltwirkungen in welchem Ausmaß entstehen oder induziert werden. Zwar wird man konkreten Messzahlen mit der gebo-
tenen Zurückhaltung begegnen, zumal hoch aggregierten Kennziffern, hinter denen Äpfel wie Birnen verschwinden. Dennoch hat sich eine Expertenmeinung
dahingehend herausgebildet, dass etwa 60–80 % der Umweltwirkungen einer Sache durch ihre basale Konstitution festgelegt werden, evtl. auch mit späteren
strukturelle Neukonzeptionen (re-inventing, re-engineering, next generation product). Im Produktionsprozess selbst lassen sich eventuell 10–30 %, im End-
verbrauch gegebenenfalls weitere 10–20 % kontrollieren.

Zum Beispiel kann man beim Heizen mit einer Variation von 1°C im Bereich
von um 20°C Raumtemperatur 3–6 % Energieverbrauch beeinflussen, oder beim
Autofahren durch ruppiges oder sanftes Fahren 10–15 % des Spritverbrauchs kontrollieren. Dies sind jedoch seltene Beispiele für einen erheblichen *direkten* Um-
weltwirkungs-Einfluss der Nutzer. Die Möglichkeiten der Produzenten, Umweltwirkungen entlang der Produktlinie zu kontrollieren, gehen zwar meist weiter als
die der Endnutzer, sollten aber auch nicht überschätzt werden. Der Vorteil in der
Produktion im Vergleich zu privaten Haushalten pflegt zu sein, dass Rationalisie-

rungspotenziale systematischer und vollständiger ausgeschöpft werden. Aber wenn im günstigen Fall die betreffenden 10–30 Prozent erreicht sein sollten, dann hilft nur eine Strukturveränderung weiter, das heißt, von Grund auf veränderte oder gar völlig neue Produktionsverfahren, Produkte, Bauweisen o.ä. müssen eingeführt werden, und eben darin liegt der Ansatzpunkt der Konsistenz-Strategie.

Die Strategiewahl zwischen Effizienz und Konsistenz ist nicht beliebig. Entweder wir arbeiten effizienzsteigernd an verbleibenden Freiheitsgraden von alten Technologie- und Produktpfaden bei abnehmendem Grenznutzen, oder aber wir arbeiten konsistenzverändernd an den Freiheitsgraden bei der innovativen Konzeption und Entwicklung von neuen Technologien und technologischen Pfadwechseln. Sofern man hypothetisch ohne Einschränkung beides tun könnte, würde sich beides gut ergänzen. In Wirklichkeit besteht hier vielfach eine Interessens- und Mittelkonkurrenz. Was in die nachrangige Effizienzsteigerung fließt, dient kurz- und mittelfristig der Perpetuierung des Status quo und verhindert insoweit das Aufkommen der vorrangigen Neukonzeption und Neukonstitution von Technologiepfaden. Was umgekehrt der Konsistenz-Strategie zufließt, verkürzt das Fortbestehen der industrietraditionalen Strukturen indem es ihre Ablösung beschleunigt.

Inkrementale Effizienzsteigerung kann relativ rasch umgesetzt werden, führt aber nicht sehr weit. Demgegenüber erfolgen innovative Systemwechsel, grundlegender Strukturwandel, naturgemäß längerfristig (Grübler 1994, 1996) – wegen des erforderlichen wissenschaftlich-technologischen Vorlaufes, wegen der nur langfristig erfolgenden Erneuerung oder Abschreibung von Kapitalstöcken, der Trägheit von Paradigmenwechseln ebenso wie Personalstrukturen, den Interessenkonflikten zwischen Platzhaltern und Innovatoren, den Notwendigkeiten gesellschaftlicher Bewertung und alltagspraktischer Assimilation, auch den Notwendigkeiten rechtlicher Regelungen u.a.m. Dafür handelt es sich um den Ansatz, der eine breite gesellschaftliche Trägerschaft impliziert, und der das höchste Maß an nachhaltiger Problemlösung bringen kann.

Literatur

Allenby B (1999) Earth Systems Engineering. The Role of Industrial Ecology in an Engineered World, Journal of Industrial Ecology, Vol 2, No 3: 73–93

Ayres RU, Ayres LW (1996) Industrial Ecology. Towards Closing the Materials Cycle. Edward Elgar, Cheltenham

Ayres RU (1993) Industrial Metabolism. Closing the Materials Cycle. In: Jackson T (ed) Clean Production Strategies. Developing Preventive Environmental Management in the Industrial Economy. Lewis Publishers, pp 165–188

Ayres RU, Simonis UE (eds) (1994) Industrial Metabolism. Restructuring for Sustainable Development, Tokyo: United Nations University Press

Braungart M, McDonough WA (1999) Von der Öko-Effizienz zur Öko-Effektivität. Die nächste industrielle Revolution, Politische Ökologie, 17.Jg., Heft 62: 18–22.

Bringezu S (1997) Umweltpolitik. Grundlagen, Strategien und Ansätze ökologisch zukunftsfähigen Wirtschaftens. Oldenbourg., München

Enquete-Kommission „Schutz des Menschen und der Umwelt" des Deutschen Bundestages 1994. Die Industriegesellschaft gestalten.Perspektiven für einen nachhaltigen Umgang mit Stoff- und Materialströmen. Economica, Bonn

EU-Commission Community Research 2001. Sustainable Production. Challenges & Objectives for EU Research Policy, publ. by the European Commission

Frei M (1999) Öko-effektive Produktentwicklung. Grundlagen – Innovationsprozess – Umsetzung. Gabler, Wiesbaden

Friege H, Engelhardt C, Henseling KO (Hrsg) (1998) Das Management von Stoffströmen. Springer, Berlin

Fussler CR (1994) The Sustainability Revolution and the Eco-Efficiency Imperative, Dow Europe. Geneva

Graedel T (1994) Industrial Ecology. Definition and Implementation. In: Socolow et al. (eds) Industrial Ecology and Global Change. University Press, Cambridge. pp 23–42

Grübler A (1994) Industrialization as a Historical Phenomenon. In: Socolow et al. (1994) Industrial Ecology and Global Change. University Press, Cambridge pp 43–68

Grübler A (1996) Time for a Change. On the Patterns of Diffusion of Innovation, Daedalus, Vol 125, No 3. The Liberation of the Environment: 19–42

Hemmelskamp J (1999) Umweltpolitik und technischer Fortschritt. Eine theoretische und empirische Untersuchung der Determinanten von Umweltinnovationen. Physica, Heidelberg

Hemmelskamp J, Rennings K, Leone F (eds) (2000) Innovation-Oriented Environmental Regulation. Physica Verlag, Heidelberg

Hofmeister S (1998) Von der Abfallwirtschaft zur ökologischen Stoffwirtschaft. Wege zu einer Ökonomie der Reproduktion. Westdeutscher Verlag, Opladen

Huber J (1994) Nachhaltige Entwicklung durch Suffizienz, Effizienz und Konsistenz. In: Fritz P, Huber J, Levi HW (Hrsg) Nachhaltigkeit in naturwissenschaftlicher und sozialwissenschaftlicher Perspektive. Hirzel Wissenschaftliche Verlagsgesellschaft, Stuttgart, S 31–46

Huber J (1995) Nachhaltige Entwicklung. Edition Sigma, Berlin

Huber J (2000) Towards Industrial Ecology. Sustainable Development as a Concept of Ecological Modernization, Journal of Environmental Policy and Planning, Vol 2, No 4: 269–285

Huber J (2001) Allgemeine Umweltsoziologie. Westdeutscher Verlag, Opladen

Jackson T (ed) (1993): Clean Production Strategies. Developing Preventive Environmental Management in the Industrial Economy. Lewis Publishers

Kemp R (1993) An Economic Analysis of Cleaner Technology. Theory and Evidence. In: Fischer K, Schot J (eds) (1993) Environmental Strategies for Industry. International Perspectives. Island Press, Washington/Covelo, pp 79–116

Kemp R, Soete L (1992) The Greening of Technological Progress. Futures

Klemmer P, Lehr U, Löbbe K (1999) Umweltinnovationen. Anreize und Hemmnisse. Analytica, Berlin

Klemmer P (Hrsg) (1999) Innovationen und Umwelt. Analytica; Berlin

Kreibich R, Rogall H, Boes H (Hrsg) (1991) Ökologisch produzieren. Beltz, Weinheim

Linz M (1998) Spannungsbogen. „Zukunftsfähiges Deutschland" in der Kritik. Birkhäuser, Berlin

Meadows D and D, Randers J (1992) Die neuen Grenzen des Wachstums. rowohlt, Reinbek

Milieudefensie (Friends of the Earth Netherlands) (1992) Action Plan Sustainable Netherlands – A perspective for changing northern lifestyles, publ. by FoEN, Amsterdam

Mol APJ (1995) The Refinement of Production. Ecological Modernization Theory and the Chemical Industry. van Arkel, Utrecht

Nachtigall W (1998) Bionik. Grundlagen und Beispiele für Ingenieure und Naturwissenschaftler. Springer, Berlin

Nakićenović N (1996) Freeing Energy from Carbon, Daedalus, Vol 125, No 3, The Liberation of the Environment: 95–112

Paton B (1994) Design for Environment. A Management Perspective. In: Socolow et al. (Eds) Industrial Ecology and Global Change. Cambridge University Press, pp 349–358

Rechenberg I (1973) Evolutionsstrategie. Optimierung technischer Systeme nach Prinzipien der biologischen Evolution. Frommann, Sturrgart

Rees WE, Wackernagel M (1994) Ecological Footprints and Appropriated Carrying Capacity. Measuring the Natural Capital Requirements of the Human Economy. In: Jansson A, Hammer M, Folke C, Costanza R (eds.) (1994) Investing in Natural Capital. The Ecological Economics Approach to Sustainability. Island Press, Washington/Covelo 362–391. Dt. als Monographie (1997). Unser ökologischer Fußabdruck. Birkhäuser, Basel

Rip A, Misa TJ, Schot J (eds) (1995) Managing Technology in Society. The Approach of Constructive Technology Assessment. Pinter, London New-York

Schellnhuber H-J (2000) Globales Umweltmanagement. In: Kreibich R, Simonis (Hrsg), Global Change. Nomos, Baden-Baden. Während Drucklegung dieses Artikels im Erscheinen

Schellnhuber H-J, Wenzel V (Hrsg) (1998) Earth System Analysis. Springer, Berlin

Scherhorn G (1997) Revision des Gebrauchs. In: Schmidt-Bleek F et al (Hrsg) Öko-intelligentes Produzieren und Konsumieren. Birkhäuser, Basel , S 25–55

Scherhorn G (1997b) Das Ganze der Güter. In Meyer-Abich KM. (Hrsg) (1997) Vom Baum der Erkenntnis zum Baum des Lebens. Ganzheitliches Denken der Natur in Wissenschaft und Wirtschaft. Beck, München, S 162–253

Schmidheiny S (1992a) Changing Course. A Global Business Perspective an Development and the Environment. MIT Press, Cambridge/Mass

Schmidheiny S (1992b) The Business Logic of Sustainable Development, The Columbia Journal of World Business. Vol 27, No 314:18–24

Schmidt-Bleek F (1994) Wieviel Umwelt braucht der Mensch? MIPS, das Maß für ökologisches Wirtschaften. Birkhäuser, Berlin

Socolow R, Andrews C, Berkhout F, Thomas V (eds) (1994) Industrial Ecology and Global Change. Cambridge University Press.

Spaargaren G (1997) The Ecological Modernization of Production and Consumption. Essays in environmental sociology, Thesis Landbouw Universiteit Wageningen

Von Gleich A (Hrsg) (1998) Bionik. Ökologische Technik nach dem Vorbild der Natur? Teubner, Stuttgart

Weizsäcker EU von, Lovins A u. H (1995) Faktor Vier. Doppelter Wohlstand, halbierter Naturverbrauch. Droemer Knaur, München

Wernick I , Herman R, Govind S, Ausubel J (1996) Materialization and Dematerialization. Measures and Trends, Daedalus, Vol 125, No 3. The Liberation of the Environment, pp 171–197

Wuppertal Institut (Hrsg) (1996) Zukunftsfähiges Deutschland. Ein Beitrag zu einer global nachhaltigen Entwicklung, Studie im Auftrag von BUND und Misereor. Birkhäuser, Basel

Technikgestaltung für nachhaltige Entwicklung – Anforderungen und Orientierungen

Armin Grunwald

Der Technik kommt in wohl allen Konzeptionen zur nachhaltigen Entwicklung eine Schlüsselrolle zu. Zentrale Nachhaltigkeitsprobleme stehen mit Technik bzw. ihrer Nutzung in Zusammenhang, vor allem im Hinblick auf einen nicht langfristig durchhaltbaren Rohstoffbedarf und umweltschädliche Emissionen. Daraus werden allerdings teils konträre Schlussfolgerungen gezogen. Nachhaltige Entwicklung durch weniger Technik oder durch andere, „nachhaltigere" Technik? In diesem Beitrag werden einige notwendige Bedingungen angesprochen, die für eine Technikgestaltung unter Nachhaltigkeitsaspekten erfüllt sein müssten.[1] Hierfür ist es zunächst erforderlich, das Verhältnis von Nachhaltigkeitsverständnis und Technik kurz darzustellen, um dann auf die Anforderungen der Systemperspektive, der Lebenszyklusbetrachtung, der Reversibilität, der Lernfähigkeit und der Vermeidung technikbedingter Risiken einzugehen.

1 Technik und das integrative Nachhaltigkeitskonzept

Nachhaltige Entwicklung lässt sich sowohl aus (gerechtigkeits-)theoretischen Gründen als auch aus Gründen vieler systemischer Vernetzungen nicht auf die Umweltdimension beschränken, sondern weist auch soziale, ökonomische und politische Aspekte auf. Aus diesem Grund wurde im Verbundprojekt der Helmholtz-Gemeinschaft „Global zukunftsfähige Entwicklung – Perspektiven für Deutschland" (Grunwald et al. 2001) ein integratives Konzept nachhaltiger Entwicklung erarbeitet, das die Grundlage der weiteren Ausführungen bildet (ausführlich dazu Kopfmüller et al. 2001).

Die bekannte Definition der Brundtland-Kommission, nach der die Entwicklung dann nachhaltig ist, wenn sie ‚die Bedürfnisse der heutigen Generation befriedigt, ohne zu riskieren, dass künftige Generationen ihre eigenen Bedürfnisse nicht befriedigen können' (Hauff 1987, S 46), die erläuternden Texte der Kommission und weitere zentrale Dokumente der Nachhaltigkeitsdiskussion wie die Rio-Deklaration erlauben es, folgende konstitutive Elemente für Nachhaltigkeit zu bestimmen:

- *Gerechtigkeit*: Nachhaltigkeit und Gerechtigkeit stehen in einem untrennbaren Verhältnis. Insbesondere sind inter- und intragenerative Gerechtigkeit gleichermaßen konstitutiv für Nachhaltigkeit.

---

[1] Die folgende Darstellung stellt in Teilen eine Kurzfassung des Beitrages von Fleischer u. Grunwald 2002 dar und bezieht sich darüber hinaus auf Ergebnisse des Projektes „Global zukunftsfähige Entwicklung – Perspektiven für Deutschland" (Grunwald et al. 2001).

- *Globalität*: Die globale Perspektive und globale Problemlagen sind Ausgangspunkt für die Gewinnung von Kriterien für Nachhaltigkeit.
- *Anthropozentrik*: Anthropozentrische Prämissen sind der Nachhaltigkeitsdiskussion von Anfang an inhärent, da es um *menschliche Bedürfnisse* geht.

Diese Ziele werden durch Mindestanforderungen, die in Form von Regeln formuliert sind, näher konkretisiert (Tab.1, vgl. nächste Seite). Die ‚Was-Regeln‘ stellen inhaltliche Mindestanforderungen für eine Erreichung dieser generellen Ziele dar. Die ökologische, die ökonomische, die soziale und die politisch-institutionelle Dimension der Nachhaltigkeit werden *gleichrangig und integriert* behandelt. Die Regeln sollen sowohl als Leitorientierung für die weitere Operatinalisierung des Konzepts dienen als auch die Funktion von Prüfkriterien haben, mit deren Hilfe Zustände oder Entwicklungen auf Nachhaltigkeit bewertet werden können.

Darüber hinaus betreffen die instrumentellen ‚Wie-Regeln‘ den Weg zur Erfüllung dieser Mindestanforderungen betreffen. Bei den letzteren geht es um die Frage, welche institutionellen, politischen und ökonomischen Rahmenbedingungen gegeben sein müssten, um eine nachhaltige Entwicklung in die Praxis umzusetzen bzw. ihre Umsetzung zu fördern. Sie umfassen die Stichworte Internalisierung der ökologischen und sozialen Folgekosten, angemessene Diskontierung, Begrenzung der Verschuldung, faire weltwirtschaftliche Rahmenbedingungen, Förderung der internationalen Zusammenarbeit, Resonanzfähigkeit der Gesellschaft, Reflexivität, Steuerungsfähigkeit, Selbstorganisation und Machtausgleich.

Was diese Nachhaltigkeitsregeln für Technikgestaltung heißen, ist nicht so ohne weiteres zu beantworten. Auf keinen Fall lassen sich die Nachhaltigkeitsregeln direkt in Vorgaben für Technikgestaltung oder gar in Leistungsmerkmale für Technik übersetzen. Nachhaltigkeitsregeln beziehen sich nicht auf technische Anforderungen, sondern auf Aspekte der gesellschaftlichen Wirtschaftsweise, in der die Technik nur eine Rolle neben anderen Aspekten spielt. Wenn es um Konsequenzen für Technik geht, ist jeweils *kontextspezifisch* vorzugehen: Welche sind die nachhaltigkeitsrelevanten Probleme in dem betreffenden Bereich, welche technischen und welche sozialen Bedingungen liegen vor, wie hängen sie zusammen, und wie verhält sich dieses gesamte (zumeist recht komplexe) Gefüge zu dem Anspruch des Systems der substanziellen Nachhaltigkeitsregeln? Zur weiteren Klärung sei zwischen zwei nachhaltigkeitsförderlichen Entwicklungsrichtungen für Technik unterschieden, (1) der *funktionsäquivalenten Ersetzung* vorhandener durch innovative Technik einerseits und (2) der *Ermöglichung* von Nachhaltigkeitsforderungen durch Technik andererseits.

(1) Die funktionsäquivalente Ersetzung vorhandener Technik durch innovative Technik (‚Substitution‘) erlaubt eine direkte Übersetzung der Nachhaltigkeitsforderungen in technische Leistungsmerkmale wenigstens zum Teil. Als Beispiel: ein funktionsäquivalenter Ottomotor, der mit höherem Wirkungsgrad und weniger schädlichen Emissionen arbeitet, ist – ceteris paribus bei der Funktionsäquivalenz – nachhaltiger als das Vorgängermodell. Dass eine so eindeutige Aussage möglich ist, ist jedoch hauptsächlich dem Kunstgriff der Forderung nach Funktionsäquivalenz zu verdanken – in der Regel aufgrund der steigenden Ansprüche der Konsu-

menten und des technischen Fortschritts keine sehr realistische Annahme. Und selbst in diesem methodisch günstigsten aller Fälle muss es keineswegs so einfach sein, wie das Beispiel suggeriert. Vielleicht ist die Produktion des neuen Motors mit ökonomischen oder sozialen Belastungen verbunden, die die ökologischen Gewinne unter einer Gesamt-Nachhaltigkeitsbilanzierung in Frage stellen würden.

Tabelle 1. : Die drei generellen Ziele und die ihnen zugeordneten substanziellen Mindestanforderungen im integrativen Nachhaltigkeitskonzept (Kopfmüller et al. 2001, S 172)

Ziele / Regeln	1. Sicherung der menschlichen Existenz	2. Erhaltung des gesellschaftlichen Produktiv-potenzials	3. Bewahrung der Entwicklungs- und Handlungsmög-lichkeiten
	1.1 Schutz der menschlichen Gesundheit	2.1 Nachhaltige Nutzung erneuerbarer Ressourcen	3.1 Chancengleichheit im Hinblick auf Bildung, Beruf, Information
	1.2 Gewährleistung der Grundversorgung	2.2 Nachhaltige Nutzung nicht-erneuerbarer Ressourcen	3.2 Partizipation an gesellschaftlichen Entscheidungsprozessen
	1.3 Selbständige Existenzsicherung	2.3 Nachhaltige Nutzung der Umwelt als Senke	3.3 Erhaltung des kulturellen Erbes und der kulturellen Vielfalt
	1.4 Gerechte Verteilung der Umweltnutzungsmöglichkeiten	2.4 Vermeidung unvertretbarer technischer Risiken	3.4 Erhaltung der kulturellen Funktion der Natur
	1.5 Ausgleich extremer Einkommens- und Vermögensunterschiede	2.5 Nachhaltige Entwicklung des Sach-, Human- und Wissenskapitals	3.5 Erhaltung der sozialen Ressourcen

Vielleicht führen sparsamere Motoren zu verändertem Nutzerverhalten: Es wird mehr gefahren, weil es spezifisch billiger ist. Vielleicht bleiben die Effizienzsteigerungen in der Praxis nicht im Rahmen einer Funktionsäquivalenz, sondern führen zu neuen Funktionsanforderungen, welche die angestrebten Vorteile in Bezug auf Nachhaltigkeit zunichte machen können („rebound"-Effekt). Technische Leistungsmerkmale können nur *Potenziale* für Nachhaltigkeitsziele bereitstellen, über deren Realisierung erst in der gesellschaftlichen Nutzung entschieden wird.

(2) In der Ermöglichung von Nachhaltigkeitsforderungen durch Technik geht es darum, bislang nicht vorhandene technische Möglichkeiten im Sinne der Nachhaltigkeit zu nutzen. Ein Beispiel, das einerseits die Möglichkeiten, andererseits aber auch die Bewertungsschwierigkeiten zeigt, ist der Einsatz elektronischer Technologien zur Realisierung der Nachhaltigkeitsforderungen nach Partizipation und Chancengleichheit Betroffener, Interessierter und der Gesamtbevölkerung (e-governance). Sicher wird die kostengünstige, rasche und problemlose Bereitstellung (und Verfügbarkeit) von Informationen erheblich durch elektronische Technologien erleichtert. Ob aber das sich darin zeigende Potenzial zur Realisierung der genannten Nachhaltigkeitsforderungen wirklich realisiert wird, kann an den Leistungsmerkmalen der Technik nicht abgelesen und durch die direkte Technikgestaltung wohl auch nur teilweise beeinflusst werden. Dies wird vielmehr an gesellschaftlichen, insbesondere institutionellen Rahmenbedingungen liegen, durch welche z.B. der allgemeine Zugang zu den digitalen Technologien und Netzwerken gesichert werden kann. Technik eröffnet auch hier Potenziale zur Realisierung von Nachhaltigkeitszielen, entscheidet aber nicht allein über ihre Realisierung. Innovative Technik ist notwendige, aber keine hinreichende Bedingung für Nachhaltigkeit.

Die Nachhaltigkeitsregeln haben also keineswegs rezepthaften Charakter für die Technikgestaltung. Es sind eine Reihe von Übersetzungs- und Vermittlungsschritten auf dem Weg von der normativen Orientierung bis hin zur konkreten Technikgestaltung zu leisten. Diese Übersetzungsarbeit ist selbst nicht wertneutral; gesellschaftliche Prioritätensetzungen und Relevanzentscheidungen gehen ein. Dabei kann es nicht allein Aufgabe der an der Technikentwicklung Beteiligten sein, diese Arbeit zu leisten. Hier sind im Einzelfall auch gesellschaftliche Dialoge und ggf. politische ‚Weichenstellungen' erforderlich. Aber genau diese Situation, dass das System der Nachhaltigkeitsregeln Orientierung bietet, ohne im Detail die Technik zu determinieren, stärkt die These der Eignung des Nachhaltigkeitspostulates als Leitbild für Technikgestaltung. Denn auch Leitbilder determinieren nicht die Technik, sondern lassen Freiräume für die konkrete Ausgestaltung.

2   Invention und Innovation – die Notwendigkeit der Systembetrachtung

Die Gesellschaft wird *nicht direkt* durch Technik verändert, sondern durch Innovationen, welche auf Technik aufbauen. Damit Innovationen zustande kommen, bedarf es mindestens zweier Anteile. Erstens müssen wissenschaftlich-technische Inventionen, der Gesellschaft „angeboten" werden, basierend auf

Inventionen, der Gesellschaft „angeboten" werden, basierend auf neuem technischem Wissen, das durch technische Produkte oder Systeme verfügbar gemacht wird. Dies ist jedoch nicht hinreichend, denn zweitens bedürfen gesellschaftsverändernde Innovationen einer erfolgreichen Einbettung von technischen Neuerungen in die Gesellschaft, die in der Regel auf einer Berücksichtigung entsprechender sozialer und ökonomischer Verhältnisse beruht. Das technische „Angebot" muss auf eine „Nachfrage" stoßen oder sie selbst erzeugen.

Technik kann *direkt innovativ* sein, wenn etwa durch das Angebot der mobilen Telefone und eine entsprechende Nachfrage sich gesellschaftliche Kommunikationsgewohnheiten verändern. Technik kann auch *indirekt innovativ* sein, indem sie z.B. als Anlass für neue Dienstleistungen dient (etwa im Internet-Bereich). In diesem Fall wäre eher von einer sozialen Innovation, die auf neuer Technik aufbaut, als von einer technischen Innovation zu sprechen.

Die Unterscheidung von *Inventionen* als neuem verfügbarem Wissen und *Innovationen* als neuen Elementen des Wirtschaftsprozesses reflektiert den Unterschied zwischen Wissenschaft und Wirtschaft: zwischen Invention und Innovation steht die ‚Einbettung' von Technik in die Gesellschaft (Majer 2002). In der Frage, wie denn neues Wissen bzw. Können in neue marktfähige Produkte überführt werden kann, liegt ein Kern der gegenwärtigen Innovationsdebatte.

In Nachhaltigkeitsbewertungen von Technik ist die Ebene der Inventionen von der Ebene der Innovationen zunächst analytisch zu trennen, weil sich Fragen nach Nachhaltigkeitseffekten jeweils anders stellen. Für eine umfassende Nachhaltigkeitsbewertung ist die Ebene der Innovation entscheidend. Erst durch die *Anwendung einer Technik* wird über ihre faktische Nachhaltigkeitswirkung entschieden. Ob z.B. technische Effizienzgewinne in der Antriebstechnik für Automobile dazu genutzt werden, den Verbrauch an fossilen Energieträgern und die CO_2-Emissionen zu senken, oder ob sie bei gleich bleibendem Verbrauch an fossilen Energieträgern und gleich bleibenden CO_2-Emissionen zu einer Leistungssteigerung genutzt werden, ist den *Inventionen* nicht anzusehen – hier kommt es auf die *Innovationen* an.

Allerdings sind in den Innovationen die technischen Leistungsmerkmale bereits fixiert, die schließlich über den Beitrag zu Nachhaltigkeit wesentlich mitbestimmen (Huber 1995). Genau diese Situation ist es, die die Frage nach einer Implementation von positiven Nachhaltigkeitswirkungen bereits auf der Ebene der Inventionen aufwirft. Die Frage ist dann, wie viel an positiver Nachhaltigkeitswirkung bereits im wissenschaftlich-technischen Wissen und Können implementiert werden kann. Nachhaltigkeitsbewertungen von Technik *allein* auf der Ebene der Inventionen sind aber nicht möglich, weil dafür die Nutzungsphase mit berücksichtigt werden muss.

Es lassen sich verschiedene Techniken (Inventionen) unter Nachhaltigkeitsaspekten durchaus vergleichen, indem z.B. gezielt bestimmte technische Leistungsmerkmale in den Blick genommen werden (Emissionsverhalten, Ressourcenproduktivität etc.). Unter bestimmten ceteris paribus-Annahmen können dann konditionale und komparative Nachhaltigkeitsbewertungen angeschlossen werden. Als Beispiel: Ein technisches Verfahren, das energieeffizienter arbeitet als funktional vergleichbare, ist immer in dieser Hinsicht ‚nachhaltiger' – ceteris paribus zu den Anforderungen aus anderen Nachhaltigkeitsdimensionen. Daraus ist aber nicht zu schließen, dass die erhofften Nachhaltigkeitspotenziale auch Realität werden – denn hierzu muss auf der Ebene der Innovationen analysiert und z.B. der Nutzungskontext betrachtet werden. Die Sprachregelung könnte dementsprechend so lauten: Inventionen haben Nachhaltigkeits*potenziale*, über deren *Realisierung* in Innovationsprozessen entschieden wird. Zwischen Inventionen und Innovationen steht, so sei noch einmal hervorgehoben, die Art und Weise der gesellschaftlichen Einbettung von Technik.

Besondere Bedeutung in diesem Zusammenhang haben die so genannten Bumerang-Effekte (Rebound-Effekte). Gemeint ist, dass technische Effizienzgewinne auf der Ebene der Inventionen nicht automatisch zu Nachhaltigkeitsgewinnen auf der Ebene der Innovationen führen, sondern dass Veränderungen der Konsumgewohnheiten und der Kundenansprüche die Effizienzgewinne kompensieren oder sogar überkompensieren können (wie dies im Bereich der automobilen Mobilität sogar die Regel zu sein scheint, vgl. Halbritter u. Fleischer 2002. Effizienzgewinne ermöglichen dann mehr Komfort und höhere Leistung statt den Ressourcenverbrauch zu senken. Der Faktor 4 (Weizsäcker et al. 1995) stellt dann keine Reduktion des Ressourcenverbrauchs um den Faktor 4 bei gleich bleibendem Wohlstand dar, auch keine Reduktion des Ressourcenverbrauchs um den Faktor 2 bei verdoppeltem Wohlstand, wie es die amerikanische Übersetzung verspricht, sondern eine Vervierfachung des Wohlstands bei gleich bleibendem Ressourcenverbrauch dar. Das ist sicher erheblich besser als eine Vervierfachung des Ressourcenverbrauchs für eine Vervierfachung des Wohlstands – für die Ziele nachhaltiger Entwicklung ist dann aber noch nichts gewonnen.

Es folgt also daraus, dass man, um Nachhaltigkeitseffekte von technischen Neuerungen (vor allem im Hinblick auf Substitutionen herkömmlicher Technik) zu erfassen und zu bewerten, die Veränderungen auf der Seite der Inventionen verbinden muss mit (antizipierten) Veränderungen auf der Seite der Innovationen. Es sind Systembetrachtungen erforderlich, welche die technischen Elemente mit den gesellschaftlichen Konsummustern verbinden. Kurz gesagt: nachhaltige Entwicklung bedarf der Betrachtung von Innovationssystemen, welche gleichermaßen die technischen Leistungsmerkmale der Inventionen wie auch die gesellschaftlichen Aspekte der Nutzung berücksichtigen. Nachhaltigkeit ist kein technisches Leistungsmerkmal, das gleichsam „ontologisch" an technischen Produkten oder Systemen wie ein Etikett zu befestigen wäre,[2] sondern über Nachhaltigkeit technischer Inventionen wird erst in der gesellschaftlichen Innovationsphase entschieden.

---

[2] Dies hat auch Folgen für die Sprachregelung: man sollte nicht von „nachhaltiger Technik" sprechen, sondern von Beiträgen der Technik zur nachhaltigen Entwicklung (Fleischer u. Grunwald 2002).

3 Die Notwendigkeit der Lebenszyklusbetrachtung

Während die obige Betrachtung davor warnte, eine Nachhaltigkeitsbewertung von Technik auf die Leistungsmerkmale von Produkten zu beschränken, steht nun die Gefahr einer umgekehrten Einseitigkeit im Blickpunkt. Denn für eine Nachhaltigkeitsbewertung von Technik kommt es nicht nur auf die Nutzungsphase, sondern auch auf die „Biographie" der Produkte und Systeme an, nämlich auf ihre Vorleistungsketten.

In Bezug auf das Verhältnis von Technik und Gesellschaft stellen sich – auf einer sehr allgemeinen Ebene – folgende Fragen: (a) Wie kommt der Mensch zu den technischen Artefakten, (b) wie verhält er sich zu ihnen und (c) wie wird er sie wieder los. Diese Dreiteilung gibt Anlass für eine verbreitete Definition von Technik über die mit ihr zusammenhängenden gesellschaftlichen Praktiken (Grunwald 1998): Technik als Oberbegriff für

- Praktiken der Technikentwicklung und -herstellung,
- Praktiken, in denen Technik genutzt/verwendet wird, und für
- Praktiken, in denen Technik aus dem Verwendungszusammenhang entfernt wird (z.B. Entsorgung, Rezyklierung, Deponierung).

Aus dieser Definition heraus führt ein direkter Weg hin zu der Notwendigkeit von Lebenszyklusbetrachtungen in Nachhaltigkeitsbewertungen von Technik. Es darf nicht nur das fertige technische Produkt mit seinen Auswirkungen betrachtet werden, vielmehr sind auch seine Geschichte und seine Entwicklung mit einzubeziehen. In vielen Fällen ist eine ausschließliche Berücksichtigung der Nutzungsphase bei der Beurteilung von technischen Produkten im Hinblick auf Nachhaltigkeit nicht hinreichend oder sogar irreführend. Denn wenn ein Produkt, z.B. ein Autoreifen, verwendet werden soll, muss er zuvor hergestellt worden sein. Dafür ist ein entsprechender Energie- sowie Materialaufwand erforderlich, genauso wie es einer entsprechenden Produktionsanlage und der Menschen bedarf, die sie bedienen können. Weiter in der Kette rückwärts gefragt, muss die benötigte Energie bereitgestellt und zum Produktionsort der Autoreifen transportiert worden sein, was wiederum den Einsatz von Technik (z.B. in Form von Kraftwerken und Überlandleitungen) und menschlichem Know-how erfordert. Die Bereitstellung der Rohstoffe muss ebenfalls durch Technik geleistet werden, z.B. durch Gewinnung, Transport und Behandlung von Erdöl. Es zeigt sich also, dass für eine belastbare Bewertung auch die gesamte Kette aller Vorgänge von den Lagerstätten der Erstrohstoffe und der Bereitstellung der Energie bis hin zur Nutzung berücksichtigt werden muss. Jedes technische Produkt führt die positiven und negativen Nachhaltigkeitsbeiträge („Rucksäcke") mit sich, die auf dem gesamten Weg seiner Herstellung und Verarbeitung angefallen sind.

Auch in der „anderen Richtung" muss eine entsprechende Bilanz gezogen werden: *Nach* der Nutzung fallen wichtige nachhaltigkeitsrelevante Entscheidungen (Entsorgung in Form von Stoffrückgewinnung, Deponierung etc.). Nur durch eine Lebenszyklusanalyse können die vollständigen nachhaltigkeitsrelevanten Wirkungen eines technischen Produkts erfasst werden. In Bezug auf Ökobilanzen ist dieses Prinzip längst etabliert. Es betrifft aber auch soziale Aspekte einer Technikbewertung, wenn sich z.B. auf dem Lebensweg eines technischen Produkts und seiner Vorprodukte in sozialer Hinsicht nicht hinnehmbare Prozesse wie Kinderarbeit, unzumutbare Zustände im Rohstoffabbau oder nicht sachgerechte Entsorgung aufweisen lassen. Technische Produkte tragen nicht nur ökologische ‚Rucksäcke', sondern auch ökonomische und soziale, insofern im Prozess der Herstellung entsprechende Nachhaltigkeitsregeln (vgl. Tab. 1) verletzt worden sind.

4 Reversibilität und Robustheit

Technikgestaltung erfolgt für zukünftige Märkte und für zukünftige Nutzungen und ist daher mit den Bedingungen des Wissens unter *Unvollständigkeit* und *Ungewissheit* konfrontiert (Funtowicz u. Ravetz 1993). Die ökologischen, ökonomischen und sozialen „Rucksäcke" müssten für eine Nachhaltigkeitsbewertung in der Phase der Technikgestaltung antizipiert werden (z.B. durch Technikfolgenabschätzung, vgl. Grunwald 2002b). Eine ‚Vollständigkeit' in der Erfassung von Technikfolgen ist dabei – trotz aller Lebenszyklusanalysen und Technikfolgenabschätzung – genauso uneinlösbar wie eine Bereitstellung garantiert sicheren Wissens:

- Es können in der Technikfolgenanalyse Effekte (z.B. gegenläufige, rückkoppelnde, synergetische ...) übersehen werden mit der Folge, dass die Konsequenzen für Nachhaltigkeit falsch eingeschätzt werden.
- Es können bei der – faktisch immer notwendigen – Abgrenzung des untersuchten Systems wesentliche Aspekte ausgeschlossen werden, so dass bestimmte Nachhaltigkeitsaspekte gar nicht mehr erfasst werden können (so müssen z.B. in jeder Ökobilanz Relevanzentscheidungen getroffen und Prozesskettenbetrachtungen an bestimmten Stellen „abgeschnitten" werden).
- Das Abschneiden oder Vernachlässigen von Ursache/Wirkungs-Ketten aus Relevanzgründen birgt die Gefahr, dass statt des Bezuges auf die „wirklichen" Ursachen eine ‚end-of-pipe'-Philosophie nahe gelegt wird.

Die Notwendigkeit der Nachhaltigkeitsbewertung von technischen Optionen, Technikfolgen oder Innovationspotenzialen führt auf weitere Probleme, die sich in der Nachhaltigkeitsdiskussion und der entsprechenden Forschung an verschiedenen Stellen zeigen. Insbesondere erfolgen auch Bewertungen *unter Unsicherheit.* Dies betrifft zum einen die Bewertungskriterien, die selbst einem zeitlichen Wandel unterworfen sein können (man denke z.B. an das Aufkommen des Umweltbewusstseins in den siebziger Jahren und seine Folgen für Bewertungsprozesse). Auch erfolgen Bewertungen relativ zum *Stand des Wissens* und sind damit von der Ungewissheit, Unvollständigkeit und Vorläufigkeit dieses Wissens abhängig. Die Wissensproblematik (s.o.) hat daher unmittelbare Auswirkungen auf die Bewertungsfrage. Die Bewertung von Asbest z.B. änderte sich schlagartig, als die kanzerogene Wirkung erkannt wurde; analog änderte sich die Bewertung der Fluorchlorkohlenwasserstoffe mit der Entdeckung des zum Ozonloch führenden

Mechanismus. Daraus ergibt sich eine weitere Verkomplizierung zeitübergreifender Analysen und Bewertungen.

Als Essenz aus den genannten Relativierungen der Erkenntnismöglichkeiten von Technikfolgen und der Möglichkeiten ihrer Bewertung folgt, dass *Gestaltung* unter Hilfestellung von Technikfolgenabschätzung nicht als ein Planen auf ein festgelegtes Ziel hin, sondern nur als ein ständiger *Prozess* unter Einsatz von gesellschaftlichen Dialogen und Lernprozessen verstanden werden kann (Grin u. Grunwald 2000). Die *Wissensfrage* und die *Bewertungsfrage* machen *abschließende* Nachhaltigkeitsbewertungen von Technik unmöglich. Diese sind stattdessen kontextabhängig, vorläufig und der Weiterentwicklung durch gesellschaftliche Lernprozesse gegenüber offen: Schritte in einer Koevolution von Gesellschaft und Technik auf dem „nachhaltigen" Weg in die Zukunft.

Auf der anderen Seite müssen in der Technikgestaltung und -entwicklung ständig Entscheidungen getroffen werden. Entscheidungen über die angestrebten Leistungsmerkmale, über den Entwurf und die Ausführung, über das Aussehen eines Prototyps oder Demonstrators oder über das fertige Produkt sind zu treffen. Diese Entscheidungen bilden jeweils die Basis für darauf aufbauende Prozesse der weiteren Entwicklung und sind daher in einem gewissen Rahmen „einzufrieren". Hierbei entsteht das Problem, dass die Fixierung von Entscheidungen häufig in späteren Entwicklungsstadien kaum noch oder gar nicht zu revidieren ist, auf jeden Fall aber hohe Kosten bedeutet. An dieser Stelle kollidieren also das unvermeidliche Maß an Nichtwissen und die Vorläufigkeit von Bewertungen mit der Notwendigkeit, Entscheidungen zu treffen, die nur begrenzt an neues Wissen oder veränderte Bewertungsmaßstäbe angepasst werden könnten.

Aus dieser Konfliktsituation heraus resultieren Anforderungen an den Prozess der Technikentwicklung im Sinne einer weitestgehenden Ermöglichung von *Adaptabilität* von Technik (Anpassungsfähigkeit) an neue Erkenntnisse und Probleme und der *Reversibilität* einmal getroffener Entscheidungen, wenn neues Wissen dies erfordert. Das Leitbild einer „reversiblen Technik" kollidiert zwar unversöhnlich mit der Realität der Technikentwicklung; die Hoffnung ist aber, dass es dennoch Annäherungen im Einzelnen geben kann. Angesichts der Forderung nach einer stark adaptiven und möglichst reversiblen Technik, um in der Entwicklung, Produktion und Nutzung von Technik auf das jeweils beste Folgenwissen und entsprechende Nachhaltigkeitsbewertungen reagieren zu können, stellt sich auch das bekannte Kontroll- oder Steuerungsdilemma (Collingridge 1980). Besonders deutlich wird dies z.B. beim Gedanken an große Infrastrukturprojekte wie Autobahnen oder Flughäfen, die eben nicht oder kaum adaptiv und schon gar nicht reversibel sind. Zwar kann theoretisch eine Autobahn zurückgebaut werden; praktisch und ökonomisch ist dies allerdings meist eine Illusion. Dieses Problem verweist darauf, dass die Herausforderungen an eine nachhaltige Technikgestaltung nicht nur an Ingenieure gerichtet werden dürfen, sondern dass auch andere gesellschaftliche Bereiche betroffen sind, bis hin zu den institutionellen Bedingungen für Nachhaltigkeit. Ist schon die „klassische" Technikfolgenabschätzung keine primär technische Aufgabe, so bedürfen Nachhaltigkeitsbewertungen einer noch weitergehenderen Einbeziehung gesellschaftlicher Rahmenbedingungen und Entwicklungen.

In wirtschaftlicher Hinsicht wäre diese utopisch anmutende Forderung nach einem „reversiblen" Prozess der Technikentwicklung möglicherweise in einer anderen Lesart reizvoll. Statt die Technik möglichst anpassungsfähig zu gestalten, wäre die komplementäre Herangehensweise, Technik für nachhaltige Entwicklung so zu gestalten, dass eine Anpassung *gar nicht erforderlich würde*. Eine gegenüber neuem Wissen und veränderten Bewertungen „robuste" Technik würde den Zielen der Nachhaltigkeit entsprechen invariant relativ zu neuem Wissen – jedenfalls innerhalb bestimmter Grenzen neuen Wissens.

Robustheit gegenüber neu eintretenden Entwicklungen und unvorhergesehenen Anforderungen als Alternative zur Reversibilität ist mit anderen technischen Anforderungen und mit einem höheren Maß an antizipativer Leistung im Hinblick auf mögliche neue Anforderungen konfrontiert. Dass eine abstrakte Robustheit nicht möglich ist, folgt aus dem obigen Ergebnis, dass nämlich das Attribut „nachhaltig" nicht einer Technik als solcher zukommen kann, sondern immer ihren Nutzungskontext berücksichtigen muss. Wenn es „nachhaltige Technik" gäbe, wäre sie per definitionem robust gegenüber Änderungen in Wissen und Bewertungen. Und obwohl Robustheit streng genommen nicht erreichbar ist, lohnt sich das weitere Nachdenken darüber, wie Technik *möglichst robust* gestaltet werden kann.

5 Reflexivität

Mit Technik verfolgte Ziele und die späteren realen Folgen ihres Einsatzes sind nicht immer identisch (Grunwald 2002b). Technik ist auf Zukunft angelegt. Sie wird relativ zu Zielen und Zwecken entwickelt und soll bestimmte technische Funktionen und Leistungsmerkmale realisieren, die gegenwärtig noch nicht erreichbar sind. Ein weit verbreitetes Instrumentarium innerhalb der Technikentwicklung ist das Lastenheft. Dieses beschreibt – in der Regel aus Anwendersicht, in frühen Phasen der Technikentwicklung aber auch aus Entwicklersicht, die dann einer Art antizipierter Anwendersicht gleichkommt – die zentralen Anforderungen an eine technische Entwicklung und enthält die Summe aller Leistungsmerkmale, die die zu entwickelnde Technik aufweisen soll. Dieses Lastenheft bezieht sich nicht auf die *Gegenwart* der Technikentwicklung, sondern zielt auf einen zukünftigen Techniknutzer, dessen Intentionen und Bedarfe antizipiert werden, um Akzeptanz für die in Entwicklung befindliche Technik zu finden. Auch Erforschung und Bewertung von Technikfolgen sind auf die Folgen von Entwicklung, Produktion, Verwendung oder Entsorgung von Technik bezogen und erstrecken sich damit immer auf *zukünftige* Zeithorizonte. Technikentwicklung beinhaltet damit immer auch *antizipative* Momente.

Wenn die Technikentwicklung abgeschlossen ist und die betreffende Technik eingesetzt oder genutzt wird, ändert sich das Verhältnis zur Zukunft. Dann hat Technik nicht mehr nur antizipierte, sondern auch *reale* Folgen. Die Technik – wenn sie denn gesellschaftlich „eingebettet" wird – kann Gewohnheiten, Lebensstile, ökonomische Verhältnisse, soziale Zusammenhänge bis hin zu konstitutiven kulturellen Elementen verändern. Diese realen Folgen sind in der Regel nicht identisch mit den im Vorhinein angenommenen Folgen. Mit Technik verfolgte Ziele werden vielleicht nur teilweise erreicht, es werden möglicherweise auch Ziele übererfüllt. Es erweisen sich wirtschaftliche Hoffnungsträger als kommerziell erfolglos und eher als ‚Beiprodukt' entwickelte Funktionalitäten als große Gewinner (erinnert sei hier nur an den Markterfolg der mobilen Kommunikation über SMS). Befürchtete – oder erhoffte – Folgen der Nutzung von bestimmten Techniken treten nicht oder nicht im erwarteten Umfang ein, andererseits gibt es Nebenfolgen, an die vorher niemand gedacht hat.

Wenn es um Technikgestaltung für Nachhaltigkeit geht, ist diese Befürchtung natürlich ernsthaft zu prüfen, um nicht naiv Gestaltungsoptionen nachzulaufen, die vielleicht gar nicht existieren. Angesichts der weitgehenden gesellschaftlichen Folgen von Technik fordern die instrumentellen Nachhaltigkeitsregeln zur *Reflexivität* und *Resonanzfähigkeit* dazu auf, das Folgenbewusstsein zu stärken und die gesellschaftlichen Teilsysteme (insbesondere Politik, Wirtschaft und Wissenschaft) hierfür zu sensibilisieren (vgl. Armin Grunwald im Teil 1 dieses Bandes). Transparente Technikfolgenabschätzung als begleitender Prozess der Technikentwicklung kann dazu dienen, dies zu erreichen.

6 Vermeidung katastrophaler Technikrisiken

Unfälle in technischen Anlagen stellen Störungen des Normalbetriebs dar. Sie sind damit grundsätzlich unerwünschte Nebenfolgen von Technisierung. Vor allem die Störfälle in Kernkraftwerken (Three Miles Island 1979 und, viel stärker noch, Tschernobyl 1986) erschütterten nachhaltig das Vertrauen in diese Form der Energiegewinnung, aber auch grundsätzlich das Vertrauen in Technik und die damit befassten Experten und Politiker. Die Giftgasunglücke von Seveso und Bhopal wiesen auf das außerordentlich hohe Gefahrenpotential bestimmter chemischer Anlagen hin. Für bio- und gentechnische Anlagen wird ein solches Risiko zwar immer wieder befürchtet, es ist aber bislang kein Schadensfall eingetreten. In großtechnischen Anlagen besteht trotz aller Sicherheitsmaßnahmen ein gewisses Risiko (häufig als „Restrisiko" bezeichnet). Perrow (1987) zeigte anhand der empirischen Untersuchung von Unfällen in großtechnischen Systemen, dass es umso häufiger zu unvorhergesehenen Störungen kommt, je komplexer ein System aufgebaut ist. Wenn darüber hinaus noch die technischen und organisatorischen Abläufe (Bedienung, Wartung, Kontrolle) starr miteinander verknüpft sind, können sich leicht kleine lokale Störungen zu umfassenden Katastrophen ausweiten. Eine Gesellschaft, die auf Technik setzt, macht sich dadurch auch verwundbar und wird anfällig gegenüber Störfällen.

Vor diesem Hintergrund wurde im integrativen Nachhaltigkeitskonzept (s.o.) eine eigene Risikoregel formuliert: *Technische Risiken mit möglicherweise katastrophalen Auswirkungen für Mensch und Umwelt sind zu vermeiden.* Diese Regel betrifft den Umgang mit dem Risikopotential von Technologien. Sie ist erforderlich, weil der Umgang mit katastrophalen technischen Risiken der genannten Art in den drei „ökologischen Managementregeln" nur unzureichend erfasst ist. Denn diese Regeln orientieren sich an einem „störungsfreien Normalbetrieb" und lassen die Möglichkeit von Störfällen und Unfällen sowie unbeabsichtigten „spontanen Nebenwirkungen weitgehend außer Betracht. Sie sind vielmehr auf längerfristige und „schleichende" Prozesse ausgelegt wie etwa die allmähliche Erschöpfung natürlicher Ressourcen oder die allmähliche „Vergiftung" von Umweltkompartimenten. Die Risikoregel bezieht sich auf drei verschiedene Kategorien technischer Risiken (Kopfmüller et al. 2001, Kap. 5.2.4): (1) Risiken mit verhältnismäßig hoher Eintrittswahrscheinlichkeit, bei den jedoch das Ausmaß der potentiellen Schäden lokal oder regional begrenzt ist (2) Risiken mit geringer Eintrittswahrscheinlichkeit, aber hohem Schadenspotential für Mensch und Umwelt, (3) Risiken, die mit großer Ungewissheit behaftet sind, da weder Eintrittswahrscheinlichkeit noch Schadensausmaß derzeit hinreichend genau abgeschätzt werden können.

7 Fazit

Die Diskussion um eine Gestaltung von Technik unter Nachhaltigkeitsaspekten knüpft an das „social shaping of technology" an (Yutaka Yoshinaka et al. in diesem Band): können wir Technik so gestalten, dass sie Beiträge zur Nachhaltigkeit liefern kann, und wie können wir das erreichen?

Technikfolgenabschätzung als Beitrag zu einer gesellschaftlichen Technikgestaltung hat zwei Seiten: Wissensbereitstellung durch Forschung über Technik und Technikfolgen einerseits und gesellschaftliche Kommunikation über Bewertungsfragen und Prioritätensetzungen andererseits. Für die Gestaltung von Technik unter Nachhaltigkeitsaspekten sind beide Aspekte unverzichtbar: es gilt sowohl das beste verfügbare Wissen zu berücksichtigen, das die verschiedenen wissenschaftlichen Disziplinen bereitstellen können, als auch über die Ziele der Gestaltung, über Visionen einer zukünftigen Gesellschaft, über Wünschbarkeit, Akzeptabilität und Zumutbarkeit technischer Entwicklungen einen breiten gesellschaftlichen Dialog zu führen.

Zu berücksichtigen sind hierbei, dass Technik und Gesellschaft sich nicht isoliert voneinander entwickeln, sondern in vielfältiger Weise miteinander verbunden sind. Es gibt keine nachhaltige Technik für sich genommen, sondern über Nachhaltigkeit wird entschieden in der Art und Weise, wie Technik in Gesellschaft eingesetzt wird: in einer Kombination aus Technik, Lebensstil und Konsum (s.o.). Weiterhin gibt es keinen Grund zu einer Planungseuphorie: auch Technikgestaltung unter Nachhaltigkeitsaspekten hat, wie jede Technisierung, trotz aller Technikfolgenüberlegungen ex ante immer experimentelle Züge, die den unabdingbaren Anteilen des Nichtwissens und des Wissens unter Unsicherheit geschuldet sind (s.o.).

- Daraus folgt, dass die Gestaltung von Technik unter Nachhaltigkeitsaspekten nicht als ein Planen auf ein festgelegtes Ziel hin und mit Erfolgsgarantie erfolgen kann. Es ist nicht möglich, das Zielkriterium „Nachhaltigkeit" in das Lastenheft für eine Technikentwicklung wie ein anderes technisches oder ökonomisches Leistungsmerkmal aufzunehmen. So würde eine Zertifizierung von technischen Produkten in Form eines Prüfsiegels für Nachhaltigkeit an dieser Problematik scheitern und uneinlösbare Erwartungen wecken. Technische Produkte oder Systeme sind nicht entweder nachhaltig oder nicht nachhaltig. Die Entscheidung, ob Nachhaltigkeit erreicht wird, stellt sich erst im Zusammenhang mit der Nutzung und der Einbettung der Technik in die Gesellschaft heraus. Technik kann mehr oder weniger große Beiträge zu einer nachhaltigen Entwicklung leisten, nicht aber allein über Nachhaltigkeit entscheiden.

– Es gibt aber vielfältige Möglichkeiten, die Gestaltung von Technik unter Nachhaltigkeitsaspekten als einen ständigen *Lernprozess* zu verstehen: als einen durch das normative Leitbild der Nachhaltigkeit orientierten gesellschaftlichen Prozess,[3] in dem über Gestaltungsziele und Realisierungsoptionen diskutiert wird, in den wissenschaftliches Wissen und ethische Orientierungen eingehen, und in dem sich das Bild einer „nachhaltigen" Technik allmählich, Schritt für Schritt, herausbildet. Die Gestaltung von Technik unter Nachhaltigkeitsaspekten im Sinne eines dauernden Lernprozesses erlaubt, auch aus praktischen Erfahrungen zu lernen und diese Erfahrungen dann für Modifikationen der Praxis zu nutzen.

Literatur

Collingridge D (1980) The Social Control of Technology. New York

Fleischer T, Grunwald A (2002) Technikgestaltung für mehr Nachhaltigkeit – Anforderungen an die Technikfolgenabschätzung. In: Grunwald A (Hrsg) Technikgestaltung für eine nachhaltige Entwicklung. Von der Konzeption zur Umsetzung. Edition Sigma, Berlin, S 95–146

Funtowicz S, Ravetz J (1993) The Emergence of Post-Normal Science. In: R. von Schomberg (Hrsg) Science, Politics and Morality. London

Grin J, Grunwald A (2000) (Hrsg) Vision assessment. Shaping technology in 21st century society. Towards a repertoire for technology assessment. Heidelberg et al.

Grunwald A (1998) Technisches Handeln und seine Resultate. Prolegomena zu einer kulturalistischen Technikphilosophie. In: Hartmann D, Janich P (Hrsg) Die kulturalistische Wende. Frankfurt, S 178–224

Grunwald A (2000) Technik für die Gesellschaft von morgen. Möglichkeiten und Grenzen gesellschaftlicher Technikgestaltung. Frankfurt

Grunwald A (2002a) (Hrsg) Technikgestaltung für eine nachhaltige Entwicklung. Von der Konzeption zur Umsetzung. Edition Sigma, Berlin

Grunwald A (2002b) Technikfolgenabschätzung – eine Einführung. Berlin

Grunwald A, Coenen R, Nitsch J, Sydow A, Wiedemann P (2001) (Hrsg) Forschungswerkstatt Nachhaltigkeit. Auf dem Weg von der Diagnose zur Therapie. Berlin

---

[3] Planungstheoretisch entspricht dieser Vorstellung das Modell des „zielorientierten Inkrementalismus" (Grunwald 2000, Kap. 2.4).

Grunwald A, Langenbach C (1999) Die Prognose von Technikfolgen. Methodische Grundlagen und Verfahren. In: Grunwald A (Hrsg) Rationale Technikfolgenbeurteilung. Konzeption und methodische Grundlagen. Berlin, S 93–131

Halbritter G, Fleischer T (2002) Nachhaltige Entwicklung im Verkehr. In: Grunwald A (2002a) (Hrsg) Technikgestaltung für eine nachhaltige Entwicklung. Von der Konzeption zur Umsetzung. Edition Sigma, Berlin, S 179–208

Hauff V (1987) (Hrsg) Unsere gemeinsame Zukunft. Greven

Huber J (1995) Nachhaltige Entwicklung. Strategien für eine ökologische und soziale Erdpolitik. Berlin

Kopfmüller J, Brandl V, Jörissen J, Paetau M, Banse G, Coenen R, Grunwald A (2001) Nachhaltige Entwicklung integrativ betrachtet. Konstitutive Elemente, Regeln, Indikatoren. Berlin

Majer H (2002) Eingebettete Technik – die Perspektive der ökologischen Ökonomik. In: Grunwald A (2002) (Hrsg) Technikgestaltung für eine nachhaltige Entwicklung. Von der Konzeption zur Umsetzung. Edition Sigma, Berlin, S 37–64

Perrow C (1987) Normale Katastrophen. Die unvermeidbaren Risiken der Großtechnik. Campus, Frankfurt/M

Von Weizsäcker EU, Lovins AB, Lovins LH (1995) Faktor vier. Doppelter Wohlstand – halbierter Naturverbrauch. München

Autorenverzeichnis

Clausen, Christian, Associate professor, M.Sci. (Eng.) with a specialisation in production management. Consultant and contract researcher at the Danish Technological Institute, Dep. for Industrial Psychology (1978-86), associate professor at the Technical University of Denmark (DTU), Unit of Technology Assessment (1987-94), Department of Technology and Social Sciences (1995-2000). Since 2001 associate professor at the Department of Manufacturing Engineering and Management (2001), head of section for Innovation and Sustainability (since 2002). Current teaching and research include social shaping of technology, technology management and socio-technical dimensions of design and innovation.

Banse, Gerhard, Prof. Dr.,Studium der Chemie, Biologie und Pädagogik; 1974 Promotion, 1981 Habilitation, 1988 Ernennung zum Professor für Philosophie; Tätigkeit an der Akademie der Wissenschaften der DDR, der Brandenburgischen Technischen Universität Cottbus (BTUC) und der Universität Potsdam. Seit 1999 Wissenschaftlicher Mitarbeiter am Institut für Technikfolgenabschätzung und Systemanalyse (ITAS) des Forschungszentrums Karlsruhe (FZK). Honorarprofessor an der BTUC, Gastprofessor der Humanwissenschaftlichen Fakultät der Mathias Belius-Universität Banska Bystrica (Slowakische Republik).

Hansen, Annegrethe, Assisstant professor, M.Sc. (econ) from Copenhagen Business School (1986), on regional economics. Ph.D. (1996) in economics of innovation, from the Department of Social Sciences, Technical University of Denmark (DTU). Since 1987, research within technology assessment of biotechnology, economics of innovation and the role of 'new' actors and environmental issues in technology development and technology policy. Department of Manufacturing Engineering and Management at DTU.

Fürstenwerth, Hauke, Dr.,Studium der Chemie in Kiel und Heidelberg, post-doc Tätigkeit in Honolullu, Hawaii, langjährige Tätigkeit im Bayer Konzern in verschiedenen Managementfunktionen, seit 2002 selbständiger Unternehmensberater mit Schwerpunkt junge Technologieunternehmen.

Grunwald, Armin, Prof. Dr., Studium von Physik, Mathematik und Philosophie. Berufstätigkeiten in der Industrie (1987–1991), im Deutschen Zentrum für Luft- und Raumfahrt (1991–1995) und als stellvertretender Direktor der Europäischen Akademie Bad Neuenahr-Ahrweiler (1996–1999). Seit 1999 Leiter des Instituts für Technikfolgenabschätzung und Systemanalyse des Forschungszentrums Karlsruhe (ITAS) und Professor an der Universität Freiburg. Seit 2002 auch Leiter des Büros für Technikfolgen-Abschätzung beim Deutschen Bundestag (TAB). 2002 SEL-Stiftungsprofessor an der TU Darmstadt.

Gutmann, Matthias, Dr. Dr., Studium der Philosophie, Geschichte, Zoologie, Biophysik und Botanik an den Universitäten Frankfurt und Marburg. Promotion 1995 in Philosophie sowie 1998 in Biologie. Mitarbeiter der Arbeitsgruppe Kritische Evolutionstheorie seit 1987, der Arbeitsgruppe Methodischer Kulturalismus in Marburg 1993. Wissenschaftlicher Mitarbeiter der Senckenbergischen Naturforschenden Gesellschaft 1996. Wissenschaftlicher Mitarbeiter der Europäischen Akademie Bad Neuenahr 1996 – 1999. Hochschulassistent am Institut für Philosophie der Philipps-Universität Marburg 1999 – 2002. Seit 2002 Juniorprofessur für Anthropologie zwischen Biowissenschaften und Kulturforschung. Hauptarbeitsgebiete: Wissenschaftstheorie der Biologie, Genetik und Evolutionstheorie, Kulturphilosophie, Anthropologie.

Hård, Mikael, Prof. Dr., Studium der Mathematik und Physik sowie Ideen- und Wissenschaftsgeschichte. Master of Arts (Princeton, NJ, USA) und Dr. phil. (Göteborg, Schweden). Forschungsaufenthalte am Swedish Collegium for Advanced Studies of the Social Science (1989/1990) und Wissenschaftszentrum Berlin für Sozialforschung (1991/92). Professor für Technikgeschichte seit 1994 – erst an der Norwegischen Technisch- Naturwissenschaftlichen Universität in Trondheim und anschließend an der Technischen Universität Darmstadt.

Huber, Joseph, Prof. Dr., Inhaber des Lehrstuhls fürWirtschafts- und Umweltsoziologie an der Martin-Luther-Universität Halle. Forschungsschwerpunkt Industrielle Ökologie und Umweltinnovationen. Letzte Publikationen u.a. Allgemeine Umweltsoziologie, Opladen: Westdeutscher Verlag 2001; Towards Industrial Ecology, Journal of Environmental Policy & Planning, 4 (2000).

Janich, Peter, Prof. Dr., Studium von Physik, Philosophie und Psychologie. Promotion in Philosophie in 1969. 1969/70 Gastdozent an der Universität von Texas in Austin; 1971-73 Wissenschaftlicher Rat; 1973-80 Professor für Wissenschaftstheorie der exakten Wissenschaften an der Universität Konstanz; seit 1980 Professor für Philosophie an der Philipps-Universität Marburg; Gastprofessuren oder Forschungsaufenthalte in USA, Norwegen, Österreich, Italien. Arbeitsgebiete: Philosophie der Naturwissenschaften und der Psychologie, Technik- und Sprachphilosophie, Handlungstheorie, Erkenntnistheorie. Ordentliches Mitglied der Wissenschaftlichen Gesellschaft an der Universität Frankfurt; Wissenschaftlicher Beirat der Stiftung „Chemie und Geisteswissenschaften", der „Hugo-Dingler-Stiftung".

Jischa, Michael, F. Prof. (em.) Dr.-Ing., Forschte und lehrte an den Universitäten Karlsruhe, Berlin (TU), Bochum, Essen und Clausthal (TU) in den Bereichen Strömungsmechanik, Thermodynamik, Technische Mechanik, Systemtheorie sowie Technikbewertung. Gastprofessuren an Universitäten in Haifa (Technion), Marseille und Shanghai; Präsident der Deutschen Gesellschaft Club of Rome.

Kloepfer, Michael, Professor Dr., Studium der Rechtswissenschaften. Professor an der Freien Universität Berlin 1974-1976, Universität Trier 1976-1992. Seit 1992 Professor an der Humboldt-Universität zu Berlin, dort Leiter des Forschungszentrums Umweltrecht und des Forschungszentrums Technikrecht. Gastprofessuren in Sendai (1982), Lausanne (bis 1992), Kobe (1996) und Stanford (1999). Direktor des Walter Hallstein Instituts für Europäisches Verfassungsrecht (seit 1997), Geschäftsführender Direktor am Europäischen Zentrum für Staatswissenschaft und Staatspraxis (seit 2001). Vorsitzender und stellvertretender Vorsitzender verschiedener Kommissionen zum Umweltgesetzbuch. Mitglied einer Arbeitsgruppe zur Vorbereitung eines Informationsgesetzbuches.

Knie, Andreas, Prof. Dr., Studium der Politischen Wissenschaften in Marburg und Berlin; Wissenschaftlicher Mitarbeiter an der FU Berlin (1986–1987); Wissenschaftlicher Angestellter am Wissenschaftszentrum Berlin für Sozialforschung (WZB) (seit 1987); Geschäftsführerer der choice GmbH (1996–2001); Bereichsleiter für Intermodale Angebote der DB Rent GmbH (seit 2001), seit 1996 apl. Professur an der TU Berlin

Nordmann, Alfred, Prof. Dr., ist Professor für Philosophie an der Technischen Universität Darmstadt und Adjunct Professor of Philosophy an der University of South Carolina. Seine Arbeitsschwerpunkte sind Wissenschaftsgeschichte und – philosophie mit besonderem Gewicht auf die Entstehung und den Erhalt disziplinärer, „normalwissenschaftlicher" Zusammenhänge. Die Beschäftigung mit der Nanoforschung steht am Anfang eines größeren Forschungsprojekts zu Erkenntnisbedingungen und Wissensbegriff der sogenannten Technosciences.

Yoshinaka, Yutaka, Assisstant professor, A.B. from Cornell University (1988), physics major; M.Sci. (Eng.) from Technical University of Denmark (DTU) with specialisation in planning and technology management (1998). Work-experience in the health services sector in Japan (1988-1993), both in industry and academic research (instructor, Nippon Medical School, Tokyo). Research assistant (1998) and Ph.D. scholar (1999-2002) at DTU's Department of Manufacturing Engineering and Management. Ph.D. topic: A social shaping study of interdisciplinary knowledge-practices in clinical Magnetic Resonance Imaging (dissertation underway). Current teaching and research at DTU include socio-technical dimensions of innovation and product design.

2.3 Incertezze casuali: misure ripetute

Abbiamo visto come riportare una misura, nel caso in cui, nelle stesse condizioni ambientali o sperimentali, non si osservi alcuna variazione del valore misurato.

Abbiamo osservato il termometro digitale, che registrava un solo valore.

Supponiamo invece che, sempre in condizioni ambientali o sperimentali invariate, i valori sul visualizzatore del termometro digitale varino senza alcuna evidente motivazione.

Possiamo fare una serie di ipotesi: correnti d'aria, non sufficiente isolamento della stanza, che permetta una regolazione costante della temperature, ecc., l'operatore che alita sulla parte sensibile del termometro.

Dopo aver cercato di eliminare qualsiasi perturbazione, vediamo, che ancora non siamo in grado di "evitare" delle variazioni, sebbene magari ridotte.

Dobbiamo fornire la misura della temperatura della stanza e quindi dobbiamo trovare un modo per presentare la nostra misurazione.

Si potrebbero presentare due casi, oltre a quanto già discusso per il caso di una lettura sempre costante:

- *1° caso*: le letture oscillano solo tra due valori per esempio tra $25.7\,°C$ e $25.6\,°C$.
- *2° caso*: rileviamo le misure ogni intervallo di tempo prefissato e registriamo la seguente serie di valori: 25.7, 25.6, 25.7, 25.8, 25.5, 25.9, 25.7, 25.8, 25.6 espressi sempre in $°C$.

In entrambi i casi si osserva una maggiore incertezza sulla misura, e ci poniamo il problema di quale migliore stima possiamo fornire del valore misurato.

In questa prima parte daremo indicazioni di come si procede, le motivazioni saranno chiare nel corso del libro (Cap. 8).

Nel caso di osservazioni diverse nella misura della stessa grandezza, si considera come *migliore stima della misura* (x_{ms}) la *media aritmetica* di tutte le misure x_i. La media aritmetica di una serie di misure x_i viene indicata con un trattino sopra $\bar{x}$. Nel caso di n valori misurati $x_1\, x_2\, \cdots\, x_n$ si ha:

$$\bar{x} = \frac{x_1 + x_2 + \cdots + x_n}{n}\ .$$

Risulta di più chiara lettura, e migliore utilizzo per le dimostrazioni teoriche, se scritta nel modo seguente:

$$\bar{x} = \sum_{i=1}^{n} x_i \Big/ n\ ,$$

dove x_i è ogni singola misura registrata, n il numero totale di dati, il simbolo $\sum_{i=1}^{n}$ indica la sommatoria di indice i da uno ad n.

Si considera come *migliore stima dell'incertezza* la cosiddetta *deviazione standard del campione* σ_x, definita nel seguente modo:

$$\sigma_x = \sqrt{\sum_{i=1}^{n} (x_i - \bar{x})^2 \Big/ (n-1)}\ .$$

Il perché di queste scelte sarà presentato in modo intuitivo in questa prima parte del libro e giustificato in modo rigoroso nella seconda parte.

Applichiamo già queste formule al secondo caso, in cui si ha che la media risulta:

$$\overline{T} = \frac{(25.7 + 25.6 + 25.7 + 25.8 + 25.5 + 25.9 + 25.7 + 25.8 + 25.6)\ °C}{9} = 25.7\ °C,$$

quindi forniremo come migliore stima della temperatura T_{ms} = la media $\overline{T}$, e come incertezza la deviazione standard del campione:

$$\sigma_T = \sqrt{\sum_{i=1}^{9}(T_i - \overline{T})^2/(9-1)} =$$
$$= \sqrt{\left[(25.7 - 25.7)^2 + (25.6 - 25.7)^2 + \cdots + (25.6 - 25.7)^2\right]/(9-1)}\,,$$

da cui si ricava $\sigma_T = 0.12\ °C$ (il risultato è stato arrotondato a due cifre significative, argomento che verrà affrontato a breve). Quindi forniremo come migliore stima di T 25.70 °C e come incertezza casuale $\sigma_T = 0.12\ °C$.

L'utilizzo della *sommatoria* non è finalizzato al solo calcolo delle medie e delle deviazioni standard. Si consiglia allo studente di *prendere dimestichezza con questo operatore* già da adesso, perché sarà ricorrente nella seconda parte per chiarimenti e dimostrazioni nella teoria delle incertezze.

La *deviazione standard del campione* è una buona stima dell'*incertezza casuale*.

Ma quanto buona è questa stima e sulla base di cosa la definiamo tale e quanti dati servono?

Osserveremo che la deviazione standard del campione, per variabili casuali e campioni superiori a trenta, permette di affermare che $\approx$ il 68 % delle misure si trovino nell'intervallo $x_{ms} - \sigma_x \leq x \leq x_{ms} + \sigma_x$, questa affermazione riguarda anche la previsione sulla probabilità di ottenere un determinato valore in misure successive.

Combinazione delle varie incertezze

Abbiamo introdotto già diversi tipi di incertezze, rimane da chiarire ancora come combinarle tra loro, facendo attenzione a cosa descrive ogni incertezza e cosa si vuole rappresentare con numeri, che indicano la misura e la sua incertezza.

Partiamo dall'incertezza dovuta alla risoluzione dello strumento, che abbiamo definito di lettura o di risoluzione, ed introduciamo il simbolo ε, per etichettare questa incertezza.

Nel presentare una misura con questa incertezza, dichiariamo, che ci aspettiamo, invece, che il 100 % delle misure cadono nell'intervallo $x_{ms} - \varepsilon_x \leq x \leq x_{ms} + \varepsilon_x$. Per l'esempio della misura con i termometri è evidente che il valore può essere uno qualsiasi tra 25.65 e 25.74, percui tutti i possibili valori sono compresi nell'intervallo $T = 25.7 \pm 0.05\ °C$, il 100 % . Sia dei dati osservati che delle previsioni di misure, successive, nelle stesse condizioni e con la stessa strumentazione.

Affrontiamo il problema di come combinare incertezze diverse in modo intuitivo, ritornando al *1° caso*, in cui la misura oscilla continuamente tra due soli valori con la differenza di una unità fondamentale dello strumento.

Per lo strumento che abbiamo utilizzato, l'unità fondamentale è $0.1\ °C$ e i due valori osservati sono $25.7\ °C$ e $25.6\ °C$.

Possiamo fornire come miglior stima della misura la media $T_{ms} = \overline{T} = 25.65\ °C$.

Nel calcolo della deviazione standard del campione si osserva che all'aumentare del numero di misure questa tende a $0.05\ °C$ (provate con la vostra calcolatrice a calcolare nel caso di n misure, σ_x con $n/2$ valori pari $25.6\ °C$ ed $n/2$ valori pari a $25.7\ °C$ ed osservate l'andamento all'aumentare di n).

Potremmo quindi fornire la misura con un'incertezza casuale :

$$T = 25.65 \pm 0.05_{cas}\ °C,$$

dove con il pedice $_{cas}$ abbiamo evidenziato proprio l'incertezza casuale.

Per la risoluzione dello strumento in uso, la lettura $25.6\ °C$ potrebbe cadere nell'intervallo $25.55 - 25.64\ °C$, mentre la misura $25.7\ °C$ potrebbe essere compresa tra $25.65 - 25.74\ °C$.

Se forniamo la misura $25.65 \pm 0.05\ °C$, non abbiamo incluso tali intervalli, percui dovremmo aggiungere anche l'errore di lettura, ovvero avremo come risultato:

$$T = 25.65 \pm 0.05_{cas} \pm 0.05_{lett}\ °C.$$

Questo modo di combinare le incertezze viene detto *somma lineare* tra le incertezze casuali (etichettati con $_{cas}$) e quelle sistematiche di lettura $_{lett}$, si ha pertanto che:

$$\text{incertezza totale}\ \delta T\ =\ 0.05 + 0.05\ °C\ =\ 0.1\ °C,$$

che ribadiamo abbiamo ottenuto dalla *somma lineare* delle incertezze casuale e di lettura. La statistica sulla base dell'indipendenza tra l'incertezza casuale e quella strumentale ci permette di fornire come miglior stima dell'incertezza la cosiddetta *somma in quadratura*:

$$\text{incertezza totale}\ \delta T\ =\ \sqrt{0.05^2 + 0.05^2}\ °C = 0.07\ °C.$$

Possiamo intuire quanto sopra: se abbiamo che si osservano solo due valori, ci aspettiamo che ci sia una probabilità maggiore che il valore vero sia centrato proprio fra le due letture, percui sarà meno probabile, che il valore arrivi agli estremi $25.55\ °C$ o $25.74\ °C$, inclusi nella somma lineare.

È necessario anticipare ora quanto osserveremo alla fine di questo percorso, utilizzando termini, che saranno chiariti in seguito.

In statistica l'incertezza su una misura viene interpretata come dispersione dei risultati della misura da un valore atteso. Tale dispersione viene descritta dalla varianza.

La varianza nel caso delle incertezze di tipo casuale risulta pari al quadrato della deviazione standard.

Osserveremo che nel caso di una variabile, che abbia una probabilità uniforme, che vuol dire che qualsiasi valore nell'intervallo ha la stessa probabilità (quindi 100 %), come il caso dell'incertezza di lettura, si può fornire la varianza, che risulterà $\varepsilon^2/3$.

In un corso di laboratorio del primo anno, con la scusa di semplificare la vita agli studenti, spesso si incorre in imprecise affermazioni.

Rimane una regola o scusa di base, che può essere tollerata per un corso introduttivo, ma che purtroppo poi si trascina anche negli studi futuri.

La *somma lineare* viene "accettata" in quanto è un *limite superiore*, percui l'incertezza non può essere maggiore.

La considerazione suddetta sulla somma tra incertezze casuali e incertezze dovute alla risoluzione vale anche per più misure come espresso nel secondo caso.

Infatti per il *2° caso* l'incertezza totale sarà data da:

$$\text{incertezza totale}\quad \delta T = 0.12 + 0.05 = 0.17\,^{\circ}\text{C}$$

$$\text{oppure}$$

$$\text{somma in quadratura} = \delta T = \sqrt{0.12^2 + 0.05^2}\,^{\circ}\text{C} = 0.13\,^{\circ}\text{C}.$$

Iniziano a comparire una serie di incertezze e forse è opportuno etichettarle in modo definitivo. Useremo per l'*incertezza casuale* di una grandezza x il simbolo σ_x, che non è altro che la deviazione standard del campione, etichetteremo invece l'incertezza di lettura con il simbolo ε_x. Si osservi che per la somma in quadratura:

$$\delta x = \sqrt{\sigma_x^2 + \varepsilon_x^2}$$

se l'*incertezza* dovuta alla *risoluzione* dello strumento, è maggiore dell'incertezza casuale

$$\varepsilon_x >> \sigma_x,$$

ci aspettiamo di non osservare le fluttuazioni statistiche, quindi è dominante ε_x e l'errore totale $\delta x \approx \varepsilon_x$.

Nel caso in cui invece osserviamo per ogni misura ripetuta dei valori diversi, siamo nelle condizioni

$$\varepsilon_x << \sigma_x.$$

osserviamo le fluttuazioni statistiche, quindi è dominante σ_x e l'incertezza totale $\delta x \approx \sigma_x$.

Nel caso di misure dirette è immediato osservare, che al diminuire dell'incertezza dovuta alla risoluzione, si iniziano ad osservare le incertezze casuali, oggetto della statistica, che permetterà sotto alcune considerazioni di ridurle. Ma attenzione, anche se trascurabili, le incertezze sistematiche sono sempre in ballo.

Dopo una presentazione discorsiva delle varie incertezze, facciamo il punto della situazione con un'opportuna catalogazione delle rispettive definizioni o convenzioni, per fornire alla fine il modo corretto per combinarle.

2.4 Catalogazione delle incertezze

Iniziamo quindi a distinguere i vari tipi di incertezza, per i quali utilizzeremo dei simboli, che serviranno per tutte le discussioni successive.

Le incertezze su una misura si possono catalogare come segue :

- *Incertezze (errori) casuali* σ_x:
  incertezze che hanno *pari probabilità di verificarsi sia in eccesso che in difetto sulla misura*. Sono dovute a piccole variazioni (casuali) delle condizioni ambientali, ad azioni (casuali) dell'operatore, fluttuazioni (casuali) di indici di scale. Non sono facili da eliminare, ma possono essere messe in evidenza mediante le misure ripetute e sono trattabili statisticamente. Sono l'argomento di maggiore approfondimento per un corso di laboratorio e della teoria delle incertezze.

- *Incertezze (o errori) sistematiche* che suddivideremo in due sotto gruppi:

  - *Incertezze (errori) a priori o di lettura (o misura)* ε_x:
    sono dovute alla sensibilità di lettura (o di misura) del dispositivo utilizzato. Dipendono dalla
    * minima quantità che si può apprezzare sulla scala nel caso di incertezza di *sensibilità di lettura*, o
    * la minima quantità rilevabile dallo strumento nel caso di incertezza di *sensibilità di misura*.

  - *Incertezze (o errori) sistematiche di accuratezza* η_x:
    sono le incertezze la cui *probabilità di verificarsi con un segno sia maggiore di quella di verificarsi con il segno opposto*. Nell'esempio del termometro tutte le misure saranno spostate di 2 °C. L'origine è varia: uso non corretto di leggi o metodi, strumenti non tarati bene, o usurati, caratteristiche limitate, errori di definizione, errore di lettura e quindi anche l'operatore e le condizioni ambientali, la cui influenza sia sempre nelle stesso verso

La distinzione più chiara tra le incertezze è data dagli effetti, che inducono sulla misura, piuttosto che dal soggetto, che le causa, in quanto lo stesso soggetto potrebbe indurre incertezze di vari tipi.

Si pensi per esempio alle incertezze indotte da un operatore. Nella lettura di una scala graduata spesso si può dare un'incertezza di *parallasse*, se si legge dal basso o dall'alto, nel caso del termometro, oppure da sinistra o da destra nel caso di regoli, di misuratori analogici ad ago ...

Se l'operatore si posiziona un po' da un lato un po' dall'altro, questa incertezza risulta casuale (σ_x). Se si posiziona sempre dallo stesso lato allora diventa sistematica (η_x) di accuratezza.

L'operatore può anche interferire con la misura: si immagini la lettura della temperatura della stanza con il termometro, se lo studente per leggere sta sempre troppo vicino al bulbo e vi alita continuamente sopra, la lettura sarà sempre maggiore. Se prende fra le dita la parte sensibile, anche in questo caso la misura sarà falsata, con un'incertezza del tipo η_x.

La premessa è che ogni esperienza venga condotta in condizioni controllate, con strumenti calibrati e con attenzione, in modo da poter ritenere trascurabili le incertezze sistematiche del tipo η_x.

Ci si può concentrare così nell'individuare il comportamento casuale delle grandezze, grazie all'utilizzo di strumenti con una sufficiente risoluzione, per rilevarne le fluttuazioni, in modo da poter quindi utilizzare la statistica.

In un laboratorio del primo anno si assume, che non si abbiamo incertezze del tipo η_x, e vengono considerate come sistematiche soprattutto le incertezze di sensibilità di lettura.

Questo per evitare, che lo studente debba approfondire le problematiche tecniche degli strumenti utilizzati e quindi non focalizzarsi sul senso generale dell'approccio scientifico allo studio dei fenomeni fisici.

Ma la presenza di incertezze di tipo η_x, a volte indotti dall'operatore stesso, spesso crea qualche problema, a chi si accinge a studiare una scienza esatta, e, pur impegnandosi al meglio, per condurre la misurazione in modo preciso, alla fine non ottiene il risultato atteso.

Chiariamo subito che l'*obiettivo di un corso introduttivo al laboratorio* è imparare a *trattare le incertezze*, per formulare un'ipotesi statistica e verificare con quale *probabilità* possiamo accettare o rifiutare *l'ipotesi*.

Tale discussione si può fare in presenza di incertezze del tipo casuale, anche se "sporcate" da incertezze di accuratezza.

Percui alla fine rigetteremo l'ipotesi, il che nel caso di un'indagine scientifica, significa o formularne un'altra o ripetere in modo appropriato l'esperienza, cercando di individuare gli errori sistematici di tipo η_x.

Ma tutto questo richiede tempo ed un processo di modellizzazione e prove ripetute, cosa certo non possibile in un corso preliminare, per il quale si cerca di far confrontare lo studente con più esperienze, per avere una visione più ampia delle problematiche, piuttosto che concentrarsi su un solo caso sperimentale.

Ci saranno, comunque, alcuni problemi, per i quali si affronteranno alcune tecniche di calibrazione.

Gli studi delle incertezze sistematiche, risultano meglio compresi se affrontati direttamente sulle esperienze in laboratorio in sede operativa e valutati sulla base degli strumenti in uso.

2.5 Precisione ed accuratezza

Spesso si utilizzano, anche su testi universitari molto diffusi, impropriamente i termini precisione ed accuratezza. Cerchiamo di fare luce, per chiarirne meglio il loro significato diffusamente usato nel caso della misura di una grandezza fisica e della incertezza su essa. Osserviamo lo schema presentato in Fig. 2.3 per il gioco delle bocce.

Tale gioco consiste nell'avvicinarsi con le bilie il più possibile al boccino (il valore vero della grandezza). Nel caso che i tiratori facciano lanci molto vicini tra

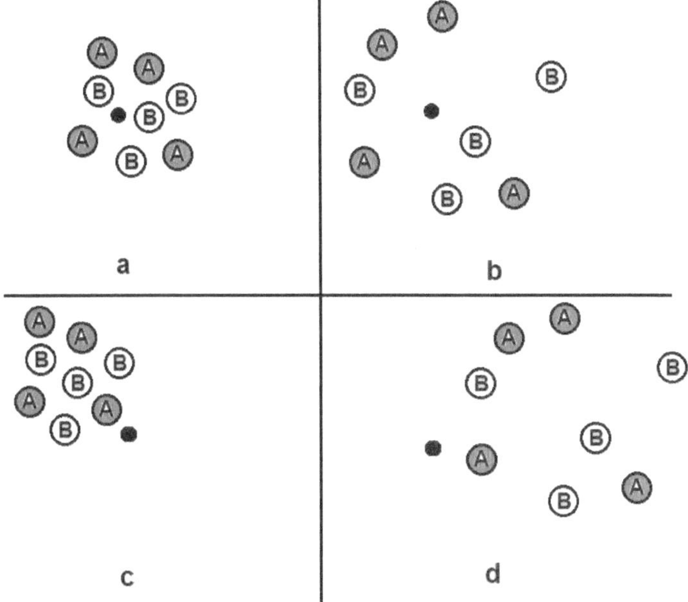

Figura 2.3 Esempio per spiegare la differenza tra precisione e accuratezza: il gioco delle bocce (il boccino è la bilia più piccola nera): **a)** tiri (misura) precisi ed accurati, **b)** tiri accurati ma non precisi, **c)** tiri precisi ma non accurati e **d)** tiri né precisi, né accurati.

loro, diremo che i lanci sono *precisi*, e diremo che sono anche *accurati*, se il centro di massa[6] è in prossimità del boccino in Fig. 2.3**a**).

Le bocce in Fig. 2.3**b**) più distanti tra loro, quindi i tiri sono meno precisi, ma il centro di massa è comunque vicino al boccino, quindi comunque accurati.

Per il caso in Fig. 2.3**c**) si osserva che i tiri fra di loro sono vicini, percui sono precisi, ma il loro centro di massa rispetto al caso in Fig. 2.3**a**) è più distante dal boccino, si parlerebbe in questo caso di misura precisa, ma poco accurata. Infine per il caso in Fig. 2.3**d**) si osserva che le bilie sono più distanti tra loro ed il loro centro di massa è più distante del caso in Fig. 2.3**a**), la misura risulta meno precisa ed anche meno accurata.

L'esempio del gioco delle bocce calza molto a pennello, con una considerazione aggiuntiva. Nella deduzione del valore vero dalle misure di una grandezza, noi non sappiamo quale sia, quindi è come giocare a bocce senza vedere il boccino. Cerchiamo di individuare la sua posizione (valore vero) dai "tiri" medi delle altre squadre, ovvero gli esperimenti dei nostri colleghi magari in laboratori diversi, indicati con le lettere *A* e *B* in Fig. 2.3, che devono fornirci indicazioni chiare ed universalmente

---

[6] Il centro di massa è dato dalla somma dei prodotti tra i vettori posizione di ogni bilia per le rispettive masse (qui tutte uguali) divisa per la massa totale, in questo caso sul piano dà la posizione "media" delle bilie.

riconosciute, per poterci permettere di riprodurre l'esperienza, o utilizzare le loro misure, per verificare altre ipotesi e sviluppi.

Quindi è fondamentale in questa ricerca cercare di essere al meglio possibile *onesti* e *precisi*, nel fornire tutti i dettagli utili ai colleghi, interessati ad usare i nostri dati o verificarli.

Forniamo ulteriori chiarimenti sulla terminologia utilizzata, anche perché spesso nel linguaggio comune si crea un po' di confusione, e cerchiamo di uniformarla ai simboli usati per le incertezze:

- **Accuratezza** = $\frac{1}{|\eta_x|}$,
- **precisione** = $\frac{1}{\varepsilon_x}$,
- **grado di precisione** = $\frac{1}{\sqrt{\sigma_x^2+\varepsilon_x^2}}$,

da tali relazioni speriamo sia chiaro la confusione linguistica nel dire più preciso, più accurato, che equivale a dire avere una corrispondente incertezza minore.

Si faccia attenzione alla differenza tra grado di precisione, riferito al valore della misura, utile per il confronto tra misure diverse, rispetto alla precisione che invece riguarda il metodo di misura e la strumentazione usata. Spesso non viene riportata una distinzione tra questi, in quanto si evince da quanto riportato nel testo.

È opportuno chiarire e ribadire che si parla di *incertezza (errore) assoluta totale*, quando si riporta il valore assoluto dell'incertezza espressa ovviamente con l'unità di misura concorde.

Si parla di *incertezza (errore) relativa*, quando si riporta il rapporto tra l'incertezza assoluta totale e la migliore stima della misura, per questo tale incertezza risulta adimensionale:

$$incertezza\ \ assoluta\ totale : \ \delta x \text{ dimensioni di } x_{ms}$$

$$incertezza\ \ relativa : \qquad \delta x/|x_{ms}| \text{ adimensionale.}$$

L'incertezza relativa permette di individuare nel caso di più grandezze, quale sia la più precisa, quindi con minore incertezza (relativa).

In alcuni casi risulta di più facile lettura presentare l'*incertezza relativa* in forma percentuale:

$$incertezza\ \ percentuale\ (\delta x/|x_{ms}| \times 100))\ \% \ .$$

riconoscibile dal simbolo %.

Abbiamo usato il simbolo δ per il caso generale, si potrebbe parlare separatamente di incertezza assoluta totale, che abbiamo visto comprende tutti i contributi, o separatamente di incertezza casuale, di lettura e di accuratezza, equivalentemente per l'incertezza relativa, possiamo presentarla separatamente.

L'incertezza assoluta totale indicata con la delta greca (δ) include tutti i tipi, che essendo indipendenti tra loro si sommano in quadratura (vedi Cap. 10):

$$\delta_x = \sqrt{\sigma_x^2 + \eta_x^2 + \varepsilon_x^2},$$

percui la misura sarà riportata come:

$$x = x_{ms} \pm \delta x.$$

In alcuni casi è preferibile evidenziare i singoli contributi in modo separato:

$$x = x_{ms} \pm \sigma_x \pm \varepsilon_x + (o) - \eta_x$$

dove con $+ (o) -$ nel caso si sia individuato il segno dell'incertezza di accuratezza, altrimenti si presenta come $\pm \eta_x$.

Nel caso di una misura diretta la discussione suddetta è lineare e chiara, come riportato nell'esempio iniziale.

Spesso nel corso di laboratorio del primo anno ci si limita a quanto sopra, ma se, come vedremo,

con incertezza indichiamo la dispersione delle misure per una data misura, in grado di fornire una previsione "probabilistica" di ottenere un risultato in intervalli tipici del 68 %, per questo dobbiamo utilizzare per le incertezze, quanto dedotto dalle varianze (Cap. 8):

$$\delta x = \sqrt{\sigma_x^2 + \varepsilon_x^2/3 + \eta_x^2/3} \,. \tag{2.1}$$

Se il segno di η è distinguibile, tale incertezza agisce sulla stima della misura e l'intervallo di incertezza viene descritto semplicemente da $\sqrt{\sigma_x^2 + \varepsilon_x^2/3}$

$$x = x_{ms} + (o) - \eta_x \pm \sqrt{\sigma_x^2 + \varepsilon_x^2/3}.$$

Questa è sicuramente la forma di somma delle incertezze, nel caso si voglia intepretare l'incertezza come previsione statistica e quindi sicuramente nel caso di verifiche di leggi fisiche. È anche una convenzione consolidata a livello internazionale per uso scientifico, tecnico e commerciale secondo le normative e direttive [10] del "Joint Committee for Guide in Metrology", facente capo sempre al "Bureau International de Poids et Mesures" [1].

Chiariamo subito che δx, in quanto dedotta dalle varianze, assume peculiarità statistiche. Le derivazioni della teoria delle incertezze si basano su variabili statistiche ed utilizzano come simbolo per le varianze σ^2, pertanto σ si può confondere con le sole incertezze casuali σ_x. Tali deduzioni si allargano a tutte le incertezze, in quanto dedotte dalle varianze, percui sorge spesso l'equivoco di considerare le sole incertezze casuali, mentre vanno considerate le incertezze totali δx secondo la (2.1).

Cercheremo di ricordarlo periodicamente nel corso del testo, perché dal punto di vista formale e visivamente mnemonico risulterà necessario operare con il simbolo σ, ma bisognerà nell'atto pratico e di utilizzo delle formula ricondursi a quanto espresso come δ, per la combinazione appropriata delle varie varianze.

Nel combinare le incertezze, che si propagano in modo articolato in caso di diverse variabili in gioco, le considerazioni da fare sono più complesse e affronteremo questo argomento in parte nella propagazione delle incertezze (Cap. 4), e nel corso di tutto il testo. Potremo dare le regole appropriate solo dopo la trattazione statistica delle incertezze casuali e l'introduzione delle densità di probabilità, corrispondenti anche agli altri tipi di incertezza.

Risulta in ogni caso evidente, che quanto fornito come misura va chiarito e giustificato nel testo della relazione, rapporto o articolo.

La statistica ci permetterà di abbattere l'incertezza di tipo casuale, e sarà argomento principale della seconda parte, sebbene nella prima parte forniremo indicazioni di come procedere, necessarie anche ad affrontare in modo più preparato la parte teorica.

Bisogna tenere bene a mente che le incertezze sistematiche rimangono sempre in gioco.

Concludiamo questo capitolo proprio presentando una sintesi delle proprietà generali degli strumenti di misura.

2.6 Strumenti di misura e loro proprietà

L'utilizzo di strumenti di misura fa parte della pratica di laboratorio. A strumenti elementari, quali il regolo, il cronometro, si affiancano strumenti più complicati e sofisticati. È indispensabile prima di iniziare una misura essere a conoscenza dei limiti, delle prestazioni e delle specifiche degli strumenti, che ci si appresta ad utilizzare. Spesso si richiede uno studio dello strumento stesso, che non può prescindere dalla lettura del manuale e dai controlli, che lo strumento sia calibrato, cosa che in un corso di laboratorio del primo anno di solito viene tralasciata.

Ciò premesso cerchiamo di tracciare delle linee guida soprattutto per la comprensione della terminologia e la stima delle *incertezze a priori*, chiamate così, perché si possono (e si dovrebbero) stimare prima di effettuare la misura, per verificare se la risoluzione è sufficiente per quanto ci si propone di stimare.

Negli strumenti di misura si possono individuare tre parti costitutive principali: l'elemento rivelatore, il trasduttore e il dispositivo di visualizzazione.

1. L'*elemento rivelatore* è il dispositivo sensibile alla grandezza da misurare.
2. Il *trasduttore* trasforma l'informazione fornita dal rivelatore in una grandezza più facilmente accessibile.
3. Il *dispositivo di visualizzazione* è un indicatore, che fornisce il risultato della misura in modo visivo, con varie possibilità, scala graduata, visualizzatore digitale, registratori grafici o digitali.

Per esempio nel termometro a bulbo, il mercurio (dilatazione volumica) è l'elemento rivelatore, il sistema capillare-bulbo è il trasduttore e la scala graduata è il dispositivo di visualizzazione.

Nella pratica di laboratorio si elimina l'inconveniente delle misurazioni per confronto diretto con i campioni standard, utilizzando apparecchi tarati: sia nel caso di strumenti a confronto diretto: metri, calibri, micrometri ..., che nel caso di strumenti a lettura diretta: cronometri, termometri, amperometri, densimetri, ...

Le caratteristiche di qualsiasi strumento si possono elencare in:

- *portata* o *fondo scala*: limite superiore del campo di misura dello strumento, in alcuni strumenti la portata può essere impostata tra una serie di valori;
- *soglia*: limite inferiore del campo di misura, anche questo potrebbe variare a seconda dell'impostazione della portata;
- *sensibilità di lettura*: minimo spostamento dell'indice stimabile con la scala dello strumento, nel caso di uno strumento a lettura digitale coincide con la più piccola unità di lettura dello strumento detta unità fondamentale (u.f).
- *sensibilità di misura* detta anche errore assoluto massimo a priori o anche *risoluzione di misura* : la minima quantità, che comporta uno spostamento dell'indice dello strumento, in genere è indicato dal costruttore, per un buon strumento deve essere inferiore o al massimo coincidente con l'errore di sensibilità di lettura. Spesso non avendo a disposizione il manuale, ci si affida alla sensibilità di lettura che coinciderà in pratica alla metà della più piccola sensibilità di lettura. Per il metro avente la più piccola graduazione di un millimetro si ha $\varepsilon_x = 0.5$ mm, per un sistema digitale si utilizza $\varepsilon_x = 1/2$ u.f.
- *sensibilità dello strumento*: rapporto fra lo spostamento dell'indice di misura ed il valore della grandezza misurata:

$$\alpha = d\theta/dx \approx \Delta\theta/\Delta x,$$

tale relazione può essere lineare, nel qual caso la sensibilità di misura è costante, diversamente dipenderà dal valore misurato;
- *prontezza* o anche *tempo caratteristico*: rapidità con la quale risponde lo strumento alla variazione della grandezza da misurare;
- *classe di precisione (c.p.)*: il costruttore fornisce la classe di precisione, che esprime, in valore percentuale, l'errore assoluto massimo a priori rispetto alla portata massima c.p. $= (\varepsilon_x/X_{max}) \times 100$. Nota la classe di precisione, si può risalire all'errore massimo a priori. Si assuma il caso di una casa costruttrice, che abbia indicato per un voltmetro la classe 1. Si ha che con un fondo scala di 5 V (Volt) si ha un errore massimo a priori sulla misura pari a 1% di 5 V ovvero il valore sarà V $\pm$ 0.05 V. Ma con un altro fondoscala per esempio di 1000 V si avrà una misura affetta da errore massimo a priori V $\pm$ 10 V.

Un suggerimento per un buon sperimentale o tecnologo è leggere i manuali degli strumenti utilizzati. Cosa che richiede tempo e che per questo spesso in un laboratorio del primo anno viene tralasciata, ma non possiamo esimerci da invitare a considerare, quale debba essere l'approccio corretto allo studio dei fenomeni fisici.

Problemi

2.1. In un multimetro al variare del fondo scala varia la risoluzione. In Tabella 2.1 nella seconda colonna viene riportata la lettura del visualizzatore digitale, completare la tabella fornendo l'incertezza assoluta sulla misura e quella relativa.

Tabella 2.1 misure di tensione al variare del fondo scala

Fondoscala [V]	*Tensione V* [V]	δV [V]	$\delta V / |V|$
1000	2		
100	2.0		
10	2.00		

2.2. Misurate una distanza con una rollina metrica con risoluzione 1 cm ed ottenete la misura di 750 cm. Misurate il lato di una calcolatrice pari a 70 mm con una riga avente risoluzione 1 mm. Riportate l'incertezza relativa delle due misure. Quale è la più precisa?

2.3. Misurate con un multimetro la temperatura di una stanza, le misurazioni hanno oscillazioni casuali, per le quali si osserva un errore causale pari a 0.45 °C su una media aritmetica di 25.72 °C. Con quale risoluzione è possibile trascurare l'incertezza della lettura di scala? (Assumete trascurabile ε_x, quando non si osserverà un effetto sull'incertezza totale espressa con due cifre significative, sommando in quadratura errore casuale e di lettura.)

2.4. Per le nove misurazione di temperatura fornite in questo capitolo, provate ad esercitarvi nel calcolare $\overline{T}$ e σ_T: prima su un foglio di carta senza calcolatrice, poi prendete dimestichezza con la vostra calcolatrice e verificate di essere in grado di utilizzarne le funzioni statistiche. Per chi ha a disposizione un PC, si eserciti con il foglio di calcolo disponibile (p.e. Excel [8]).

2.5. Osservate un misuratore digitale, che oscilla continuamente tra due valori x_1, x_2 con la differenza di una sola unità fondamentale (u.f.). Assumete $n/2$ misure di x_1 ed $n/2$ misure di x_2. Dimostrate per il caso generale di n qualsiasi, che il valore medio è pari a $(x_1 + x_2)/2$ e la deviazione standard del campione tende a 1/2 della risoluzione (o u.f.).

2.6. Se avete difficoltà a formalizzare il Probl. 2.5, provate con la calcolatrice o con un foglio elettronico al calcolatore con la formula, aumentando di volta in volta n, oppure semplicemente aumentando il numero dei due dati.

2.7. Una misura viene effettuata con un termometro digitale, avente risoluzione 1 °C, dalle misure ripetute si ottiene $\overline{T}$ = 25.4 °C e σ_T = 1.5 °C, qual è la misura di temperatura? Leggendo il manuale della strumentazione si ha che nell'intervallo 0-50 °C si ha un incertezza di accuratezza di 0.5 °C. Fornire la misura di T, cercando di utilizzare la (2.1) degli intervalli previsionali con le varianze.

3

Presentazione e confronto di misure

Abbiamo visto l'importanza di fornire l'incertezza nella misura di una grandezza fisica. In questo capitolo ci poniamo il problema di fornire un modo uniforme di presentarne il risultato e confrontare una misura con un valore atteso, o con altre misure. Questo significa confrontare dei valori numerici. È opportuno pertanto discutere alcune problematiche relative alle cifre significative di un numero ed il modo di presentare quindi i valori numerici, che per la fisica significa la misura di una grandezza, in modo chiaro e comprensibile.

3.1 Misura: stima migliore $\pm$ incertezza

Il risultato di una misura di una grandezza è fornito come la migliore stima e l'incertezza assoluta totale[1], presentate come:

$$(\text{misura di } X) \; x = x_{ms} \pm \delta x \,.$$

Questo modo di presentare il risultato indica, che l'intervallo, entro il quale riteniamo ricada il valore della grandezza, è il seguente:

$$x_{ms} - \delta x \leq \; x \; \leq x_{ms} + \delta x \,.$$

Nel caso di incertezze ε_x, dovute alla scala di lettura, ci aspettiamo, che il valore della grandezza ricada in modo uniforme nell'intervallo suddetto: il 100 % dei valori sono inclusi nell'intervallo.

Diversamente per le incertezze di tipo casuale (σ_x) ci si aspetta, che circa il 68 % delle misure cadano nell'intervallo individuato dai due estremi $x_{ms} \pm \sigma_x$.

La statistica ci fornirà gli strumenti, per poter verificare, se le variabili sono di tipo casuale (Cap. 8), e come risultato osserveremo, che potremmo abbattere ulteriormente tale incertezza.

---

[1] Le incertezze sono per convenzione fornite in valore assoluto, percui di seguito diremo semplicemente incertezza totale.

G. Ciullo, *Introduzione al Laboratorio di Fisica*, UNITEXT for Physics,
DOI: 10.1007/978-88-470-5656-5_3, © Springer-Verlag Italia 2014

Un teorema fondamentale ci fornirà i mezzi per discutere anche le variabili affette da incertezze sistematiche secondo le regole della statistica ed uniformare così in intervalli confrontabili le previsioni per le misure successive, per l'utilizzo di quanto misurato in applicazioni e leggi.

È opportuno ribadire qui che, quanto presentato come misura e sua incertezza, sebbene espressa con due numeri, esprime il risultato dell'elaborazione e dell'analisi delle incertezze dal punto di vista statistico.

È opportuno già stabilire dei criteri operativi chiari, su come presentare i valori numerici delle misure e delle incertezze, senza per ora inpelagarsi in problematiche statistiche.

Dato che parliamo di numeri è fondamentale stabilire, quali e quante cifre siano opportune per il numero, che indica la nostra migliore stima della misura, e per quello, che indica l'incertezza su tale stima.

3.2 Misura, incertezza e cifre significative

Se la misura di una grandezza fisica risulta fornita dalla migliore stima e dall'incertezza, può risultare poco chiaro e dispersivo fornire un numero di cifre non utili ai fini della comprensione immediata di quanto sia precisa la misura ed anche immediata e chiara visualizzazione.

Forniremo delle regole convenzionali, per orientare nell'immediato gli studenti. Con l'esperienza, tali regole si apprezzeranno e si riterranno opportune.

Uniformità tra cifre significative

Supponiamo di avere fatto delle misure ripetute e di ottenere 25.756 458 come media e 1.245 787 come deviazione standard del campione (in questo paragrafo per licenza didattica non riportiamo le unità di misura, per dare più risalto ai valori numerici).

Si dice cifra *più significativa* di un numero quella più a sinistra, *meno significativa*, invece, quella più a destra.

Consideriamo l'incertezza totale e osserviamo l'incertezza relativa (percentuale), arrotondiamo di volta in volta la cifra meno significativa dell'incertezza, ed uniformormiamo a questa la migliore stima, avremo quindi in sequenza per l'incertezza 1.245 79, poi 1.245 8 ecc. fino a raggiungere una sola cifra significativa quindi 1.

Per ogni arrotondamento calcoliamo l'incertezza relativa, si osserva che l'incertezza percentuale risulta sempre pari a circa il 5 %, tranne per l'ultimo arrotondamento $(26 \pm 1) \approx 4\,\%$.

Se consideriamo, che esprimiamo l'incertezza relativa in punti percentuali, per essere conservativi e non sottostimare l'incertezza è *opportuno in questo caso riportare*, per l'incertezza almeno *due cifre significative*, ricordiamo che stiamo parlando di stime statistiche, quindi attraverso calcoli.

Questo si ha soprattutto, quando la cifra più significativa, quella più a sinistra, nel numero, che esprime l'incertezza, è un numero basso: 1 o 2.

Provate a verificare cosa avreste ottenuto, se la cifra più significativa dell'incertezza totale fosse stata 5 (p.e. 5.245 787) e, per uniformità con l'incertezza percentuale, considerate una misura pari a 108.455 391. Si osserva che l'incertezza percentuale sarebbe sempre pari al 5 %, anche nel caso di arrotodamento ad una cifra significativa per l'incertezza, quindi per 109 ± 5.

Per queste considerazioni, nel caso di un numero, che esprime l'*incertezza*, con la *cifra più significativa minore o uguale a tre*, è opportuno utilizzare *due cifre significative*. Se la cifra più significativa è *maggiore di tre*, si può fornire l'incertezza con *una cifra significativa*. Prendere più di due cifre significative per le incertezze è inutile ai fini della stima, percui risulta solo un fardello visivo e di calcolo inutile.

Stabilito il numero di cifre significative per l'incertezza, si uniforma il numero della misura, in modo che le sue cifre meno significative coincidano con le posizioni delle cifre significative dell'incertezza.

Nel caso sopra riportato si avrebbe pertanto, una volta stabilito che per l'incertezza servono due cifre significative, quanto segue:

$$25.8 \pm 1.3 \ .$$

E per il caso di una sola cifra significativa:

$$109 \pm 5 \ ,$$

dove si sono uniformate le cifre meno significative delle stime con le cifre significative delle incertezze.

Chiariamo anche quale modo useremo per arrotondare. Per non sottostimare l'incertezza, arrotonderemo sempre per eccesso, partendo dalla cifra meno significativa, quindi da destra, e procedendo ad arrotondare cifra per cifra: quindi il numero 1.245787, passo passo lo arrotonderemo in 1.24579, poi 1.2458, ancora 1.246, poi 1.25 ed infine 1.3.

Uniformità delle unità di misura e notazione in base dieci

Oltre all'uniformità delle posizioni delle cifre significative è opportuno rispettare l'uniformità delle unità di misura. Non ha alcun senso riportare una misura per esempio del tipo 7.506 m $\pm$ 0.5 cm, anzi può solo creare confusione, nel caso del calcolo dell'incertezza percentuale o della propagazione delle incertezze (Cap. 4).

Si deve riportare una misura in uniformità di cifre e di unità di misura nel seguente modo:

$$7\,506 \pm 5 \text{ mm, oppure } 750.6 \pm 0.5 \text{ cm.}$$

Spesso risulta pratico e necessario riportare i valori delle grandezze come esponenti in base 10, ed anche in questo caso è opportuno uniformare l'esponente, sia per la misura, che per l'incertezza. Per esempio per la misura della carica dell'elettrone (misura in coulomb C nel sistema internazionale) è di più chiara lettura

$$(1.60 \pm 0.05)\,10^{-19} \text{ C,}$$

piuttosto che $1.60\,10^{-19}$ C $\pm 5\,10^{-21}$ C. *La notazione con esponenti in base dieci, ci permette di segnalare anche la significatività dello zero.*

Per esempio nel numero 3 700 mm non è chiaro se i due zeri sono significativi, in quanto sono necessari per esprimere le decine e le unità di mm. Diversamente se esprimiamo 3.700 m, dato che riportiamo i due zeri, che non sarebbero necessari, lo facciamo proprio per esprimerne la significatività degli zeri.

Percui invece di scrivere 3 700 W, risulta opportuno riportare $3.7\,10^3$ W, se abbiamo solo 2 cifre significative, o $3.70\,10^3$, se le cifre significative sono 3 e via di seguito.

La notazione con esponente in base dieci risulta non solo utile per segnalare la significatività degli zeri, ma anche per dare immediata visione dell'*ordine di grandezza* di un numero. Un numero secondo questa notazione è espresso come $g = m\,10^n$, dove m è la mantissa ed n l'esponente.

Nel confronto tra due grandezze si parla di differenza di ordini di grandezza in rapporto agli esponenti, per ordine di grandezza si intende l'esponente, percui dovremmo esprimere anche la mantissa in base dieci, e, dato che $10^{0.5} \approx 3.16$ si avrà per un numero $m\,10^n$

$$\text{se la mantissa } m < 3.16 \rightarrow \quad n \text{ ordini di grandezza,}$$
$$\text{se la mantissa } m \geq 3.16 \rightarrow n+1 \text{ ordini di grandezza.}$$

Spesso nei manuali o nelle tabelle si esprime un numero con mantissa ed esponente $g = m\,10^n$, per comodità editoriali, nella cosiddetta *notazione scientifica* (come in alcune calcolatrici) $g = mE + n$. Nel caso di esponente negativo si ha per $g = m\,10^{-n}$ la notazione $g = mE - n$. Per esempio la carica dell'elettrone sarà riportata come e = 1.60 E-19 C.

Cifre significative per la presentazione e per i calcoli

Nel corso di laboratorio, spesso abbiamo risultati frutto di calcolo e la scelta delle cifre significative può, se prese in modo ridotto, portare ad una sovrastima dell'incertezza o ad un errore di calcolo nella stima dei parametri. Bisogna distinguere tra la *presentazione del dato finale*, di cui abbiamo parlato finora, e i *calcoli per fornire un risultato o la stima di un parametro.*

Si consiglia di fare i calcoli, una volta stimata l'incertezza e definito il numero di cifre significative, con almeno un'altra cifra meno significativa in più, soprattutto nei casi in cui si deve moltiplicare per l'incertezza, come vedremo nella propagazione delle incertezze.

Nelle moltiplicazioni o divisioni domina la significatività del numero con meno cifre significative e purtroppo bisogna prestare maggiore attenzione nel caso di *differenze tra numeri*, in cui *il numero di cifre significative si può ridurre*. Diamo evidenza a queste problematiche.

Si richiede *nella presentazione dei risultati* di *arrotondare* opportunamente le *incertezze* e uniformare a queste la *migliore stima*.
Nelle moltiplicazioni o divisioni tra due numeri, il numero risultante avrà come numero di cifre significative, il minimo di cifre significative tra i numeri utilizzati.

Segnaleremo ancora questo problema, quando si presenterà, in quanto molto diffuso per esempio nel calcolo dei parametri della regressione lineare (Cap. 9).

Spesso gli studenti in un corso di laboratorio, si troveranno a dover decidere quante cifre significative scegliere, e questo dipende anche dalla situazione sperimentale.

Il problema della significativà delle cifre ed il suo utilizzo nei calcoli si affronta anche nei corsi teorici, con la differenza che nei problemi di fisica le cifre significative sono fornite e si richiede solo di preservarne la significatività nel corso dello svolgimento dei problemi.

In laboratorio, gli studenti, avranno modo di osservare, come anche il calcolo di un valore atteso, dedotto da una formula teorica, può essere frutto di errori sistematici dovuti al numero di cifre significative utilizzate. Questo errore spesso sfugge, in quanto gli studenti, concentrati nella difficoltà dell'esperienza o nell'utilizzo degli strumenti statistici, attribuiscono un'eventuale non verifica del valore atteso alla parte sperimentale.

Ritorneremo su questo, riproponendolo in alcuni problemi, ma molte situazioni nascono nella fase di analisi dei dati ed in laboratorio. Lo scambio con il docente sui propri dati è il momento più fruttuoso per capire e cogliere le questioni concrete.

Torniamo al modo di presentare una misura affetta solo da incertezze di sensibilità di lettura. Per esempio per la misura di temperatura avremo

$$T = 25.7 \pm 0.05\ °\mathrm{C} \text{ con scala o strumento analogico,}$$

sulla base delle convenzioni non sarebbe necessario, affermare che tale incertezza è di lettura, in quanto osserviamo che l'incertezza risulta la metà della cifra meno significativa della misura.

Per l'incertezza fornita su una serie di misure, affette da incertezze casuali, abbiamo la deviazione standard del campione ed esprimeremo il risultato come:

$$T = 25.70 \pm 0.12\ °\mathrm{C},$$

in cui si fa notare che lo zero nel numero 25.70 è significativo, e pertanto è necessario presentarlo.

Ci manca ora da chiarire, come ci comportiamo nel caso, che il valore atteso sia preso da un manuale, o preso da una tabella, in cui non sia fornita l'incertezza.

Supponete di trovare su un libro il valore dell'accelerazione di gravità pari a 9.807 m s^{-2}, quale incertezza dovreste supporre?

Se non avete a disposizione informazioni dettagliate, è convenzione ritenere la cifra meno significativa affetta da un errore unitario ovvero (9.807 ± 0.001) m s^{-2}.

In ogni caso è sempre opportuno leggere con attenzione, quanto riportato e controllare, che sia fornita l'incertezza, come deve essere, nella descrizione della misura.

In alcune tabelle di più valori riportati, si può osservare la minima differenza tra i valori e quindi assumere tale differenza come risoluzione dello strumento.

In laboratorio si usano spesso costanti fisiche fondamentali, delle quali alcune sono fornite come esatte, per esempio la velocità della luce nel vuoto è assunta esatta senza alcun errore e la si trova espressa:

$$c = 299\,792\,458 \text{ m s}^{-1} \text{ (esatta)}.$$

trovate che anche la costante magnetica nel vuoto μ_0 e la constante elettrica nel vuoto ε_0 sono espresse senza incertezza, per definizione sono esatte [7].

Le costanti fisiche sono tabulate e fornite con incertezze su due cifre per esempio trovate per la carica elementare:

$$e = 1.602176462(63) \times 10^{-19} \text{ C} \quad \text{incertezza relativa } 3.9 \times 10^{-8}.$$

In un laboratorio del primo anno per le costanti fisiche, o valori tabulati, sono sufficienti tre cifre significative, che significa arrivare ad una precisione di qualche per mille. Per un corso di laboratorio pertanto i valori attesi, forniti da manuali per esempio nel Rif. [7] o libri di testo, possono, in prima approssimazione, essere considerate esatte.

3.3 Confronto tra misura e valore atteso, e tra misure

In alcune misurazioni l'obiettivo è ottenere un risultato sperimentale, che permetta di dare una risposta ad una determinata ipotesi. Si immagini, per esempio, che si voglia verificare, misurandone la densità, se un dato oggetto sia tungsteno o platino, le cui densità sono rispettivamente 19.3 g cm^{-3} e 21.5 g cm^{-3} [7]. Supponiamo di aver misurato per l'oggetto una densità pari a 20.4 g cm^{-3} con un'incertezza relativa percentuale pari al $10\,\%$. Riportiamo in Fig. 3.1 il valore misurato 20.4 ± 2.0 g cm^{-3} con il simbolo $\triangle$ e le barre di incertezza, nonché i valori attesi con il simbolo $\diamond$, con i quali dobbiamo confrontarci.

Si deve prendere una *decisione*, se accettare una delle ipotesi, che l'oggetto sia tungsteno, o platino.

Figura 3.1
Confronto tra densità:
$\triangle$ 20.4 g cm^{-3} (10 %),
$\circ$ 20.8 g cm^{-3} (5 %).
$\diamond$ valori attesi per platino
e tungsteno.

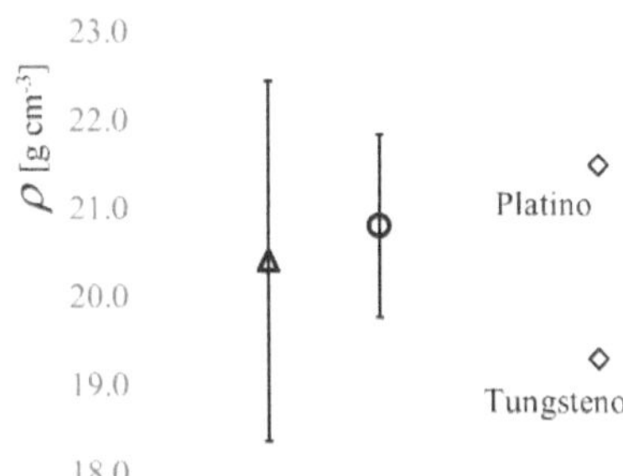

Il criterio per decidere è *non rischiare di rigettare un'ipotesi*, che potrebbe invece essere *corretta*. Quindi si osservi che l'operazione risolutiva sarà rigettare una delle due ipotesi.

Per decidere questo, facciamo il confronto della nostra misura con un valore atteso per volta. Riteniamo di accettare l'ipotesi, per ora come un'indicazione grossolana, se il valore atteso cade nell'intervallo delle nostre misure, ovvero in Fig. 3.1, tirando una riga orizzontale dal rispettivo valore atteso, se intersechiamo l'intervallo individuato dal valore misurato $\pm$ l'incertezza.

Espresso in altro modo accettiamo il rischio di rigettare un'ipotesi, se il valore atteso è fuori dal nostro intervallo di misura, quest'ultimo è il modo che la statistica segue, per ora descritto in modo grossolano, ma per il quale la statistica ci permetterà di quantificare tale probabilità di rischio (Cap. 8).

Si osservi che nel caso della misura con incertezza del 10 % ($\triangle$ in Fig. 3.1), non si riesce a rigettare nessuna delle due ipotesi, perché entrambi i valori cascano nell'intervallo delle nostre misure. Non possiamo decidere quale ipotesi rigettare, senza rischiare che sia corretta. Diremo che tale verifica non è significativa.

Ripetiamo la misura con una maggiore precisione, dalla quale si supponga di ottenere 20.8 $\pm$ 1.0 g cm^{-3} quindi con una precisione del 5 %, riportata in Fig. 3.1 con il simbolo $\circ$ e le rispettive barre di incertezza. L'ipotesi, che sia tungsteno, può essere rigettata, in quanto non rientra nell'intervallo della nostra misura, con un rischio basso di aver rigettato un'ipotesi, eventualmente corretta.

Questo confronto per ora grossolano, sarà utilizzato, per decidere se un'ipotesi, di solito l'ipotesi, che si formula, è che non ci sia differenza tra i materiali, può essere rigettata oppure no, ma in modo quantitativo.

La differenza tra il valore misurato $-$ x_{ms} $-$ e quello atteso $-$ x_{att} $-$ è detta *discrepanza*.

Iniziamo a quantificare qualcosa, almeno quanto è in gioco per il confronto: il rapporto tra discrepanza $-$ in valore assoluto $-$ ed incertezza ci permette di decidere, se il valore atteso ricade nel nostro intervallo e quindi possiamo accettare l'ipotesi, che il materiale sia (o non sia) quello atteso.

Si osservi che, finché tale rapporto risulta minore di uno, siamo all'interno dell'intervallo individuato dalla nostra migliore stima $\pm$ l'incertezza.

Una stima numerica di questo rapporto tra la discrepanza e l'incertezza assoluta totale della misura $-$ in questo caso riportiamo che è assoluta, ma basterebbe dire incertezza totale – è data da:

$$\frac{|\text{discrepanza}|}{\text{incertezza assoluta totale}} = \frac{|x_{ms} - x_{att}|}{\delta x}.$$

Per l'esempio riportato, osserviamo che, nel caso della misura meno precisa, otteniamo un rapporto tra la discrepanza e l'incertezza, sia per il tungsteno, che per il platino, pari a 0.55, quindi non possiamo concludere nulla, in quanto non possiamo rigettare nessuna delle due ipotesi.

Rispetto invece al caso della misura più precisa, si osserva che per il confronto con il platino il rapporto tra discrepanza ed incertezza è 0.7, mentre per il tungsteno risulta 1.5, pertanto, dato che il rapporto per quest'ultimo è maggiore di uno,

decidiamo di accettare il *rischio* di rigettare l'ipotesi, che non ci sia differenza tra il nostro materiale ed il tungsteno.

Si dice in questo caso che la *discrepanza è significativa*.

Sebbene questo confronto grafico è grossolano, è utile allo studente, in quanto lo indirizza al modo di affrontare le problematiche relative ad ipotesi e decisioni, che saranno formalizzate nella seconda parte relativa alla statistica.

Prima di tutto la verifica sperimentale è risolutiva dal punto di vista statistico se riusciamo a rigettare un'ipotesi.

La statistica permetterà di fornire la probabilità di ottenere un valore fuori dal nostro intervallo e quindi di definire un certo livello critico di probabilità di rischio, che siamo disposti ad accettare, di rigettare un'eventuale ipotesi corretta.

Per ora *grossolanamente* possiamo dire che siamo fiduciosi, che il materiale sia platino piuttosto che tungsteno, ma non possiamo ancora quantificare questa nostra fiducia, né tantomeno la probabilità di rischio di aver rigettato l'ipotesi, che il nostro materiale possa anche essere tungsteno.

Vedremo (Cap. 8) come quantificare in modo preciso tali probabilità e prendere, sulla base della probabilità di rischio ritenuta accettabile, una decisione appropriata.

Confronto tra due misure

Per il confronto tra due misure potremmo partire dall'osservazione grafica in Fig. 3.1, considerando la misura con il simbolo $\triangle$ e quella con $\circ$, come due misure differenti della stessa grandezza, come in questo caso infatti sono.

La domanda o ipotesi che formuliamo è, se ci sia o no differenza tra le due misure. In questo caso sappiamo che sono relative alla stessa grandezza, ma comunque dovremmo verificare, se possono essere ritenute tali.

In generale tale confronto può anche essere fatto su due misure attribute alla stessa grandezza, fatte da operatori, in sedi e tempi o anche modi diversi.

Graficamente, quindi grossolanamente, accettiamo l'ipotesi, che non ci sia differenza, se tra le due misure c'è sovrapposizione tra le barre di incertezza.

Analiticamente, l'impostazione ci servirà anche per l'approccio statistico, per comodità etichettiamo la misura $x_\triangle$ con A, e la misura $x_\circ$ con B per generalizzare.

In generale parleremo quindi di due misure $x_A \pm \delta A$ e $x_B \pm \delta B$.

Se fossero misure della stessa grandezza, la loro *differenza dovrebbe tendere a zero*.

Etichettiamo $\Delta(A - B) = x_A - x_B$ la loro differenza, che ci aspettiamo tenda a zero, il valore atteso per $\Delta(A - B)_{att} \to 0$. Quindi la discrepanza tra la differenza ed il valore atteso sarà $|\Delta(A - B) - 0|$.

Dobbiamo anticipare quanto già introdotto, che riprenderemo in dettaglio nel Cap. 4 e giustificheremo nel Cap. 10: nel caso di misure indipendenti, le incertezze si sommano al quadrato (detta pertanto somma in quadratura). Quindi l'incertezza sulla differenza sarà data dalla radice quadrata della somma delle incertezza al quadrato: $\delta[\Delta(A - B)] = \sqrt{(\delta A)^2 + (\delta B)^2}$. Pertanto riterremo che le due misure sono confrontabili se il rapporto:

$$\frac{\Delta(A - B) - \Delta(A - B)_{att}}{\delta[\Delta(A - B)]} , \tag{3.1}$$

tra discrepanza ed incertezza risulterà minore di uno.

Quanto espresso nella (3.1) si riduce a $|(x_A - x_B) - 0|/[\sqrt{(\delta A)^2 + (\delta B)^2}]$. Otteniamo $0.4/2.3 \approx = 0.17$, che è minore di uno e quindi possiamo accettare l'ipotesi che non ci sia differenza nella grandezza misurata.

Per completezza abbiamo presentato il confronto tra misure, nonostante sia stato necessario anticipare argomenti, che affronteremo nei prossimi capitoli.

Problemi

3.1. Il numero di impulsi registrati da un contatore, utilizzato per misurare il tempo di caduta di un corpo da una data altezza, sono in media 56 450.27 con una deviazione standard del campione di 340.59 impulsi. Decidere, osservando l'andamento dell'incertezza relativa, quante cifre utilizzare per l'incertezza ed armonizzare di conseguenza il valore medio (partite da 340.59, poi arrotondate la cifra meno significativa ed ottenete 340.6, e via di seguito).

3.2. Scrivere in modo corretto le seguenti misure:

$t = 3\,625\ \text{s} \pm\ 1'\,25.03''\ ,$ $l = 1.050\,1\ \text{m} \pm 257\ \text{mm},$

$e = 1.603\,456\,7\ 10^{-19}\ \text{C} \pm 3.5\ 10^{-21}\ \text{C},$ $g = 9.807\ \text{m s}^{-2} \pm 5.3\ \text{cm s}^{-2},$

$m = 0.005\,234\,5\ \text{kg} \pm 1.3\ 10^{-2}\text{g},$ $L = 10^4\ \text{N m} \pm 10^5\ \text{g m}^2\ \text{s}^{-2}.$

3.3. Il valore atteso per l'accelerazione di gravità terrestre a Ferrara è fornito sulla base di alcuni modelli teorici ed è pari a 9.807 m s^{-2}, vengono effettuate alcune misure riportate di seguito

$$
\begin{aligned}
&a \quad 9.7 \pm 0.8 \quad \text{m s}^{-2}, \\
&b \quad 9.74 \pm 0.09 \quad \text{m s}^{-2}, \\
&c \quad 9.749 \pm 0.005 \text{ m s}^{-2}.
\end{aligned}
$$

Chiarire per quali risultati possiamo correre il rischio di rigettare l'ipotesi, che il valore atteso – quindi il modello teorico utilizzato per la deduzione – sia corretto, e per quali esprimiamo la fiducia, che invece lo sia.

3.4. Il raggio medio dell'atomo è 5.29 E-11 m, quello del nucleo 1.2 E-15 m. Qual è la differenza in ordini di grandezza. Convertire prima le mantisse in ordini di grandezza, eppoi vedere il rapporto tra i due valori espressi come 10^n rispetto agli esponenti.

3.5. Supponete di voler confrontare la vostra misura di densità di un materiale pari a 20.4 g cm^{-3} con un'incertezza percentuale del 4 % con quella di un vostro collega pari a 19.3 g cm^{-3} con un errore del 2 %. Riportate su un grafico i dati e le incertezze e dite, se la discrepanza è significativa oppure no e se potete (oppure no) rischiare di rigettare l'ipotesi, che i due materiali siano uguali. Ricontrollate, calcolando il rapporto tra discrepanze ed incertezze totali.

4

Propagazione delle incertezze

In questo capitolo affronteremo le problematiche relative alla propagazione delle incertezze ad una grandezza, dedotta attraverso relazioni funzionali con altre. Inizieremo con le regole per operazioni semplici, che useremo come punto di riferimento per affrontare ed accettare situazioni più generali, trattabili mediante l'utilizzo delle derivate di funzioni.

Per un corso di laboratorio è necessaria la conoscenza della derivazione di funzioni, ma dal punto di vista del loro significato grafico–geometrico, finalizzato alla comprensione della propagazione delle incertezze nel caso di relazioni funzionali.

Per guidare lo studente in modo semplice, in questa prima parte, partiremo proprio dalla descrizione grafica del significato di derivata di una funzione, e la accetteremo grazie alla conferma delle regole di propagazione per operazioni semplici. Con un espediente grafico, sarà anche introdotta la derivazione parziale di una funzione dipendente da più variabili, sempre nel suo aspetto operativo e di utilizzo ai fini della propagazione delle incertezze.

Tale argomento sarà infine "presentato" nel suo aspetto formale, perché necessario alle descrizioni e giustificazioni teoriche delle regole in uso per le misure e la teoria delle incertezze su basi statistico-matematiche.

4.1 Operazioni tra grandezze

Una grandezza fisica si può misurare grazie alla sua dipendenza, mediante relazioni funzionali, da altre grandezze. In questo caso la grandezza risulta determinata indirettamente; le grandezze da cui dipende possono essere misurate direttamente, o a loro volta dedotte da altre relazioni funzionali, quindi indirettamente.

Per esempio, per ottenere la velocità del suono v_s, si può misurare la lunghezza d'onda, etichettata con la lettera greca lambda (λ), attraverso la differenza tra due massimi di interferenza [5], e la frequenza, etichettata con la lettera greca ni (v), dell'onda di pressione. La velocità del suono v_s è funzione delle grandezze suddette

G. Ciullo, *Introduzione al Laboratorio di Fisica*, UNITEXT for Physics,
DOI: 10.1007/978-88-470-5656-5_4, © Springer-Verlag Italia 2014

secondo la relazione $v_s = \lambda v$, dove v_s è espressa in m s^{-1}, se λ è espressa in metri (m) e v in hertz (Hz $\equiv$ s^{-1}).

La lunghezza d'onda, λ, è dedotta dalla differenza di due posizioni di massimi successivi, quindi in modo indiretto. Se etichettiamo il primo massimo x_1 ed il secondo massimo x_2, la relazione per ottenere la lunghezza d'onda è $\lambda = 2(x_2 - x_1)$, dove x_1 ed x_2 sono misurati direttamente su un regolo, con incertezza di lettura. Per una descrizione generale le grandezze indipendenti, le riteniamo affette da incertezze δx_1 e δx_2, totali di varia origine.

Osserviamo che, per la misura della velocità del suono, dobbiamo propagare le incertezze delle grandezze, in questo caso misurate direttamente, (δx_1, δx_2 e δv), tenendo conto che tra esse intercorre la seguente relazione:

$$v_s = 2(x_2 - x_1)v \; .$$

Se consideriamo la relazione funzionale si dice che v_s è una variabile dipendente, mentre x_2, x_1 e v sono variabili indipendenti.

La velocità del suono espressa invece rispetto a λ e v risulta:

$$v_s = \lambda v \; ,$$

dove v_s è misurata indirettamente da λ, misurata anch'essa indirettamente, e da v, misurata invece direttamente.

La propagazione delle incertezze riguarda lo studio della propagazione di piccole variazioni di variabili indipendenti su una variabile dipendente.

Le variabili indipendenti possono essere a loro volta determinate in modo indiretto, quindi in modo dipendente, da altre variabili.

Per semplicità matematica e per un'introduzione didattica, si può procedere passo passo. Prima si considera la misura di λ dalla relazione $\lambda = 2(x_2 - x_1)$, esprimibile quindi come $\lambda_{ms} \pm \delta\lambda$, sulla quale si dovranno propagare le incertezze delle misure dirette di x_1 e x_2.

Eppoi la si combina alla frequenza $v_{s(ms)} \pm \delta v_s$, misurata invece direttamente, per ottenere la misura di $v_s = v_{s(ms)} \pm \delta v_s$.

Abbiamo presentato questo esempio per chiarire, che la propagazione delle incertezze sottostà a relazioni matematiche, che si applicano a piccole variazioni.

Queste piccole variazioni nel nostro caso sono le incertezze sulle misure. Nel caso generale comprendono tutte le incertezze, anche se all'atto pratico ci possono essere casi in cui dominano quelle casuali, o casi in cui dominano quelle sistematiche. Ci capiterà di procedere con il propagare le incertezze secondo i metodi dedotti in questo capitolo, eppoi sulla base delle considerazioni statistiche, riconsiderare il contributo delle varie incertezze e ripercorrere la propagazione nuovamente.

Percui è opportuno che la propagazione delle incertezza venga esplicitata con i simboli, sia per ripercorrere i calcoli, che per un controllo maggiore dell'analisi dei dati.

Affrontiamo ora la propagazione delle incertezze. Osserviamo che le relazioni fra grandezze, come in questo caso, spesso sono descritte da operazioni semplici, quali somme e sottrazioni, moltiplicazioni e frazioni, nonché combinazioni di tali operazioni, come infatti $v_s = 2(x_1 - x_2)v$.

Partiremo da considerazioni sulle operazioni semplici per poi estenderle a situazioni più generali.

Intenderemo per *propagazione passo passo*, utilizzare quanto dedotto per le operazioni semplici, eppoi combinarle nel passo successivo, nell'eventuale combinazione di operazioni.

Nell'esempio utilizzato come primo passo ricaviamo λ dall'operazione di sottrazione, eppoi nel passo successivo la utilizziamo nella moltiplicazione con v per ottenere la migliore stima di $v_s = \lambda v$ e la sua incertezza.

Ricaveremo che per somme e sottrazioni, si avranno le stesse regole, diverse da quelle che si applicano invece per prodotti e frazioni.

Affrontiamo di seguito prima le operazioni di somme e sottrazioni, eppoi quelle di prodotti e frazioni.

Propagazione di incertezze per misure da somme o sottrazioni

Supponiamo di aver misurato due grandezze qualsiasi X ed Y con le migliori stime per le loro misure, x ed y, etichettate x_{ms} e y_{ms}. Consideriamo l'incertezza totale δ, che assumiamo essere piccola. Utilizziamo δ, ma quanto deriveremo vale per qualsiasi tipo di incertezza, la propagazione, ribadiamo è uno strumento matematico, che ci permette di osservare come si propagano piccole variazioni. Se abbiamo solo incertezze di lettura quanto discusso per δ, è trascrivibile per ε (σ, η) sostituendo il simbolo. Il consiglio è dedurre la formula di propagazione per il caso generale dell'incertezza δ eppoi nella fase conclusiva utilizzare simbolo o valore dell'incertezza corrispondente.

Nel caso di presenza di vari tipi di incertezze sta a noi dare al simbolo δ la perculiarità appropriata, e chiarire anche, se è frutto di somma lineare, o somma delle varianze, quindi nel suo aspetto di rappresentare l'intervallo previsionale del 68 %, preferibile per considerazioni statistiche, o del 100 %. Ma questo non riguarda la propagazione in sé.

Puntualizziamo che per la propagazione delle incertezza il simbolo "δ" sta a "indicare", quanto si ha nel calcolo differenziale espresso con il simbolo "d", come variazione infinitesimale.

Da cosa si sia ottenuta tale δ è in parte argomento già affrontato, in parte da approfondire, ma questo non implica nulla, in quanto, lo ripetiamo ancora, la propagazione non è altro che lo studio di come si propagano piccole variazioni da variabili indipendenti ad una variabile dipendente.

Consideriamo una grandezza qualsiasi, che etichettiamo per l'appunto G, la cui misura sarà indicata con g. Supponiamo che g sia dedotta dalla relazione $g = x + y$, dove le misure x e y sono rispettivamente date da $x_{ms} \pm \delta x$ e $y_{ms} \pm \delta y$.

La migliore stima di g, etichettata g_{ms}, è data (Cap. 10) dalla somma delle migliori stime di x e y:

$$g_{ms} = x_{ms} + y_{ms} \,.$$

Ora affrontiamo come si propagano su g le incertezze sulle grandezze x e y, tenendo conto, che vogliamo ricondurre la misura di g all'espressione $g_{ms} \pm \delta g$, che significa che i valori di g ricadono in un intervallo $g_{ms} - \delta g \leq g \leq g_{ms} + \delta g$.

Il massimo valore di g si otterrà dalla somma dei valori massimi di x e y. Il minimo valore di g invece si otterrà dalla somma dei rispettivi minimi x e y:

$$g_{max} = (x_{ms} + \delta x) + (y_{ms} + \delta y), \, g_{min} = (x_{ms} - \delta x) + (y_{ms} - \delta y) \,.$$

Raggruppando opportunamente $x_{ms} + y_{ms}$ e $\delta x + \delta y$, forniamo massimo e minimo di g:

$$g_{max} = (x_{ms} + y_{ms}) + (\delta x + \delta y) \,, \quad g_{min} = (x_{ms} + y_{ms}) - (\delta x + \delta y) \,,$$

percui otteniamo per l'intervallo, entro il quale ci aspettiamo di trovare g:

$$g_{ms} - (\delta x + \delta y) \leq g \leq g_{ms} + (\delta x + \delta y) \,. \tag{4.1}$$

Per esprimere la misura di G come:

$$g = g_{ms} \pm \delta g,$$

o, se vogliamo rappresentare l'intervallo, nel quale ci aspettiamo sia inclusa la nostra misura:

$$g_{ms} - \delta g \leq g \leq g_{ms} + \delta g \,, \tag{4.2}$$

è immediato osservare che, perché la (4.1) sia equivalente alla (4.2), δg deve soddisfare:

$$\delta g = \delta x + \delta y \,.$$

Lo studente dimostri (Probl. 4.1) per il caso della misura g, ottenuta dalla relazione di sottrazione $g = x - y$, che si ottiene lo stesso risultato per l'incertezza: $\delta g = \delta x + \delta y$. Possiamo per ora affermare quanto segue.

Nel caso di una grandezza g, dedotta da *somme e sottrazioni* di due grandezze x e y, si ha che *l'incertezza assoluta* su g è data dalla *somma delle incertezze assolute* su

x e su y:

$$\text{per } g = x \pm y$$
$$\delta g = \delta x + \delta y \qquad (4.3)$$

le incertezze (assolute[1]) sono *sommate linearmente*, vedremo in seguito, quando possono essere sommate in quadratura.

Possiamo *estendere la formula* alla misura g ottenuta dalla somma di tre grandezze x, y e z : $g = x + y + z$.

Se etichettiamo con ζ (lettera greca zeta) la somma di x e y, $\zeta = x + y$, g è data da $g = \zeta + z$.

Applichiamo la regola della propagazione per somme su g, $\delta g = \delta \zeta + \delta z$. Ma dato che a sua volta ζ è somma di x e y, allora $\delta \zeta = \delta x + \delta y$. Percui osserviamo che l'incertezza su $g = x + y + z$ è data dalla somma delle incertezze: $\delta g = \delta x + \delta y + \delta z$.

Si può iterare ed ogni volta aggiungere un'altra grandezza, fino ad un numero qualsiasi di grandezze, sulle quali agiscano operazioni di somme e differenze, osservando che si ottiene sempre la stessa regola.

Pertanto in conclusione nel caso in cui la grandezza g sia dedotta da più grandezze $(x, y, \cdots, z)$ mediante operazioni di somma o differenza, si ha che l'incertezza sulla grandezza g è data dalla somma delle incertezze di tutte le grandezze x, y, $\cdots$ e z, secondo al formula:

$$\delta g = \delta x + \delta y + \cdots + \delta z.$$

Esempio α .... α .... $\aleph$ .... $\aleph$

Si deve misurare la massa di acqua da inserire in un calorimetro come differenza tra peso lordo del contenitore e tara. Dato che siamo limitati dalla portata della bilancia si devono fare due misure. Nella prima misura otteniamo per il peso lordo 176.5 g mentre la tara risulta 79.7 g, nella seconda misura abbiamo rispettivamente 156.7 g e 79.6 g.

La misura di massa totale d'acqua inserita nel calorimetro è data da (176.5-79.7 + 156.7-79.6) g = 173.9 g . Per propagare l'incertezza, è già il momento di invitare gli studenti ad usare i simboli piuttosto che i numeri, pertanto etichettiamo la massa lorda m_L e la tara m_T per la prima misura, e m'_L e m'_T per la seconda.

La massa totale dell'acqua (m_a) sarà data dalla relazione $m_a = m_L - m_T + m'_L - m'_T$. Applichiamo la regola di propagazione delle incertezze per somme e sottrazioni. Dato che abbiamo misure singole, abbiamo solo incertezza sulla lettura. Dai valori riportati si deduce che l'unità fondamentale o la risoluzione è di 0.1 g, pertanto l'incertezza di lettura (ε) risulta $\varepsilon_m = 1/2$ della risoluzione $= 0.05$ g, uguale per tutte le misure di massa effettuate con la stessa bilancia.

Si ottiene quindi $\varepsilon_{m_a} = \varepsilon_{m_L} + \varepsilon_{m_T} + \varepsilon_{m'_L} + \varepsilon_{m'_T}$, ovvero $\varepsilon_{m_a} = (0.05 + 0.05 + 0.05 + 0.05)$ g $= 0.2$ g. La misura di m_a sarà pari a 173.9 g $\pm$ 0.2 g. Facciamo notare

---

[1] Le incertezze sono fornite in valore assoluto, quindi basta indicarle come incertezze totali o percentuali.

come nella regola della propagazione degli errori usiamo in generale il simbolo δ, nell'esempio si è utilizzato il simbolo ε, in quanto abbiamo solo l'incertezza dovuta alla sensibilità di lettura, come premesso le regole di propagazione valgono per qualsiasi tipo di incertezza, l'importante che siano quantità piccole. Se interpretata come espressione della varianza avremo $\varepsilon_{m_a}/\sqrt{3}= 0.12$ g.

$$\sqsupset \ldots\ldots\ldots \sqsupset \ldots\ldots\ldots \ldots\ldots\ldots \omega \ldots\ldots\ldots \omega$$

Si faccia attenzione perché in tale esempio, introdotto qui, dato che le misure sono indipendenti si potrà applicare la somma in quadratura.

Continuiamo con le regole semplici, per poi dare il quadro generale.

Propagazione di incertezze per misure da prodotti e rapporti

Affrontiamo ora il caso, in cui la grandezza G sia dedotta dal prodotto di due grandezze X e Y, secondo la relazione $g = xy$, le cui misure sono rispettivamente $x = x_{ms} \pm \delta x$ e $y = y_{ms} \pm \delta y$. Per maggiore comodità di scrittura e rappresentazione grafica, etichettiamo con $\tilde{x} = x_{ms}$, $\tilde{y} = y_{ms}$ e $\tilde{g} = g_{ms}$.

Per discutere con chiarezza ed introdurre il simbolismo usato, consideriamo il caso in cui i valori di x e y siano positivi.

Ribadiamo ancora che le incertezze δ, σ, ε si intendono in valore assoluto (quindi positivo), inoltre ricordiamo che l'incertezza relativa è espressa come $\delta x/|\tilde{x}|$, si osservi come si conserva il segno positivo anche per quest'ultima.

Il valore assoluto di $\tilde{x}$ ed $\tilde{y}$ per il caso, in cui sono entrambi positivi, ovviamente non sarebbe necessario, ma lo espliciteremo, perché, si osserverà, le regole dedotte per questo caso, utilizzando i valori assoluti, valgono anche per i casi, in cui $\tilde{x}$ o $\tilde{y}$ sono entrambe negative, o di segno opposto.

Questo vale, se si usa il valore assoluto, quando $\tilde{x}$ o $\tilde{y}$ entrano nel calcolo delle incertezze, cosa che risulterà comprensibile da grafico in Fig. 4.2, su cui torneremo, dopo aver ricavato le formule per il caso in discussione.

Ciò che dobbiamo trovare è l'espressione δg in funzione di δx e di δy. Consideriamo il massimo valore di g, che si ottiene dal prodotto di $x_{max} y_{max}$:

$$
\begin{aligned}
g_{max} &= x_{max} y_{max} = (\tilde{x} + \delta x)(\tilde{y} + \delta y) \equiv \\
&\equiv g_{max} = \tilde{x}\tilde{y}\left(1 + \tfrac{\delta x}{|\tilde{x}|}\right)\left(1 + \tfrac{\delta y}{|\tilde{y}|}\right) \equiv \\
&\equiv g_{max} = \tilde{x}\tilde{y}\left(1 + \tfrac{\delta x}{|\tilde{x}|} + \tfrac{\delta y}{|\tilde{y}|} + \tfrac{\delta x}{|\tilde{x}|}\tfrac{\delta y}{|\tilde{y}|}\right) .
\end{aligned}
$$

Facciamo notare che conserviamo il valore positivo per le incertezze relative, esplicitando nella loro espressione i valori assoluti $|\tilde{x}|$ e $|\tilde{y}|$.

Dato che le incertezze ci si aspetta che siano piccole rispetto al valore misurato, possiamo trascurare il prodotto di due piccole quantità, ovvero il quarto termine nel-

Figura 4.1 Prodotto di xy su un piano cartesiano (x, y): quanto si deriva per il *I* quadrante (x ed y positivi) risulta valido anche per gli altri quadranti, se si considerano i valori assoluti delle variazioni e del prodotto xy. Le aree $\tilde{y}\delta x$ e $\tilde{x}\delta y$, sommate a $\tilde{g}$, area di bordo più spesso, forniscono g_{max}, a meno di $\delta x\delta y$, sottratte all'area $\tilde{g}$ forniscono g_{min}, a meno di $\delta x\delta y$.

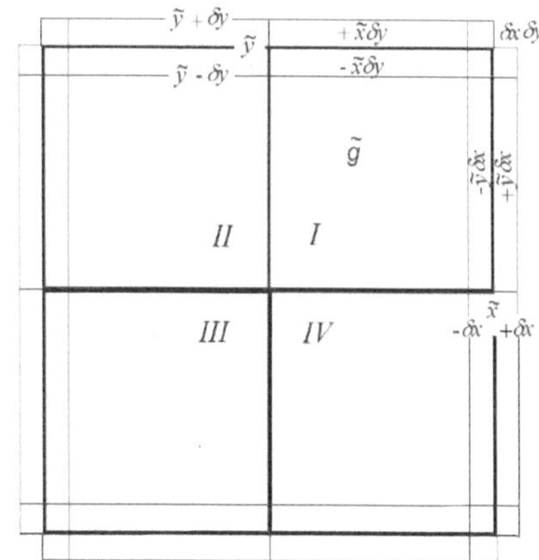

la parentesi a secondo membro rispetto ad uno, e dato che g_{max} vogliamo esprimerlo come $\tilde{g} + \delta g$:

$$\tilde{g} + \delta g \approx \tilde{x}\tilde{y} + |\tilde{x}||\tilde{y}| \left(\frac{\delta x}{|\tilde{x}|} + \frac{\delta y}{|\tilde{y}|} \right) ,$$

per mantenere il segno positivo, per quanto moltiplica la parentesi, che contiene le incertezze relative, abbiamo utilizzato i valori assoluti di $\tilde{x}$ e $\tilde{y}$.

Anche per il valore minimo di g si può osservare (Probl. 4.2):

$$g_{min} = \tilde{g} - \delta g \approx \tilde{x}\tilde{y} - |\tilde{x}||\tilde{y}| \left(\frac{\delta x}{|\tilde{x}|} + \frac{\delta y}{|\tilde{y}|} \right) .$$

Possiamo esprimere l'intervallo della misura come $\tilde{g} - \delta g \lesssim g \lesssim \tilde{g} + \delta g$, che, confrontandolo con quanto dedotto per g_{max} e g_{min}, ci permette di descrivere l'incertezza su g:

$$\delta g \approx |\tilde{x}||\tilde{y}| \left(\frac{\delta x}{|\tilde{x}|} + \frac{\delta y}{|\tilde{y}|} \right) .$$

Dato che $|\tilde{x}||\tilde{y}| = |\tilde{g}|$, risulta più pratico, sia nell'utilizzo, che mnemonicamente, presentarne l'incertezza relativa e fornire la seguente regola.

Nel caso di una grandezza g, dedotta dal prodotto di due grandezze x ed y, si ha che l'*incertezza relativa* sulla misura g è data dalla *somma delle incertezze relative* di x e di y.

$$\frac{\delta g}{|\tilde{g}|} \approx \left(\frac{\delta x}{|\tilde{x}|} + \frac{\delta y}{|\tilde{y}|} \right) .$$

Anche in questo caso abbiamo la *somma lineare*, in seguito presenteremo la situazione generale con i casi, in cui si utilizza la somma in quadratura.

Abbiamo derivato la formula di propagazione per il caso particolare in cui $\tilde{x}$ e $\tilde{y}$ fossero entrambi positivi, quindi nel I quadrante in Fig. 4.1. Quanto discusso per il I quadrante, si può estendere al II quadrante, in cui il prodotto $\tilde{x}\tilde{y}$ risulta negativo. Osservate che l'area è sempre la stessa e le quantità mantenute con il loro valore assoluto, permettono di descrivere la situazione anche per questo quadrante, dato che si ha una simmetria rispetto all'asse y.

Basta solo menzionare che il valore $\tilde{g}$ nel II quadrante sarà $\tilde{x}\tilde{y}$, dato da $-|\tilde{x}||\tilde{y}|$, quindi si riconduce tutto alle considerazioni fatte per il I quadrante, a meno del valore negativo di $\tilde{g}$, mentre per il resto tutto resta invariato, visto che esprimiamo le incertezze in valore assoluto.

Stesse considerazioni a meno di differenze sul segno della migliore stima di g, che abbiamo etichettato $\tilde{g}$, valgono per gli altri quadranti, dato che le variazioni δx e δy sono positive e per quanto riportato nel grafico del I quadrante.

Invitiamo lo studente a verificare la formula sopra, con il seguente esempio che tenga conto delle varie possibilità dei segni di x e y.

Esempio: α ········· α ····················· א ········· א

Supponiamo di avere una grandezza $g = xy$, dove per rendere più immediata la comprensione utilizziamo il piano cartesiano. Abbiamo un punto ($\tilde{x}$) sull'asse delle ascisse ed un altro sull'asse delle ordinate ($\tilde{y}$), per i quali vogliamo stimare il prodotto tra questi valori confrontandoci con il piano cartesiano, ricordiamo che nel piano (x,y) tale prodotto risulta positivo nel primo e terzo quadrante e negativo nel secondo e quarto quadrante.

Facciamo i calcoli per $\tilde{x} = 3$ e $\tilde{y} = 4$, affetti entrambi da un'incertezza relativa del 10 % (0.1)

Quindi riportiamo le misure: $x = 3.0 \pm 0.3$ e $y = 4.0 \pm 0.4$. Si osserva come il valore massimo, ottenuto dal prodotto dei rispettivi massimi, risulta 14.52, la miglior stima 12 ed il valore minimo 9.72. Abbiamo individuato l'intervallo della nostra misura dal semplice prodotto dei due valori massimi e dei due valori minimi rispettivi.

Usiamo ora le regole di propagazione per i prodotti. La migliore stima risulta la stessa $\tilde{g} = \tilde{x}\tilde{y} = 12$ e per l'incertezza applichiamo la formula $\delta g/|\tilde{g}| \approx \delta x/|\tilde{x}| + \delta y/|\tilde{y}|$, $\delta g/|\tilde{g}| \approx 0.1 + 0.1 = 0.2$, ed otteniamo $\delta g \approx 0.2 \times 12 = 2.4$. Quindi si ha $g_{max} \approx 14.4$ e $g_{min} \approx 9.6$. Facciamo notare come nelle formula della propagazione delle incertezze, abbiamo utilizzato il simbolo circa ($\approx$). Osserviamo una lieve differenza, ma teniamo conto che l'incertezza su entrambi le variabili x ed y è del 10 %.

Tale differenza risulterà minore al diminuire dell'incertezza delle variabili di partenza.

Infatti se si suppone di avere un'incertezza sia per $\tilde{x}$ che per $\tilde{y}$ dell'1 %, si osserva, dal prodotto diretto $g_{max} = 12.2412 \approx 12.24$, $g_{min} = 11.7612 \approx 11.76$ e corrispondentemente dalla regola di propagazione si ottiene $g_{max} = 12.24$ e $g_{min} = 11.76$. Per il calcolo abbiamo utilizzato l'uguaglianza, ma dato che sono dedotti dalla propagazione e quindi l'incertezza è un'approssimazione, dovremmo scrivere sempre $g_{max} \approx 12.24$ e $g_{min} \approx 11.76$, che risulta consistente con quanto ottenuto del prodotto tra i rispettivi massimi e minimi.

Nella propagazione degli errori si deve sempre tener conto che effettuiamo approssimazioni, che risultano accettabili.

Sulla base dello schema sul piano cartesiano, possiamo direttamente accettare tale risultato, per valori positivi o negativi di $\tilde{x}$ e $\tilde{y}$.

Lasciamo allo studente la verifica per i casi $x = -3$ e $y = -4$, $x = 3$ e $y = -4$ ed infine $x = -3$ ed $y = 4$, con le incertezze per entrambi dell'1 %.

Si consiglia di fare il disegno sui quadranti, per chiarirsi le idee su cosa si intende per i valori massimi o minimi di g, ed arrivare quindi alla conclusione, che la formula con i valori assoluti è di più immediata fruizione in tutti i casi.

$$\mathrm{\exists} \,\cdots\cdots\cdots\, \mathrm{\exists} \,\cdots\cdots\cdots\cdots\cdots\cdots\, \omega \,\cdots\cdots\cdots\, \omega$$

Con un pizzico di matematica in più, si può dimostrare che, anche nel caso di una grandezza g dedotta dal rapporto fra due grandezze $g = x/y$ (Probl. 4.4), l'incertezza relativa su g è data dalla somma delle rispettive incertezze relative di x e y.

In conclusione:

$$\text{per } g = xy \ e \text{ per } g = x/y \,.$$

si ha:

$$\frac{\delta g}{|\tilde{g}|} \approx \frac{\delta x}{|\tilde{x}|} + \frac{\delta y}{|\tilde{y}|} \,. \tag{4.4}$$

Potremmo estendere anche per queste operazioni lo studio della propagazione, considerando un'ulteriore grandezza z, percui la grandezza $g = xyz$.

Etichettiamo $\zeta = xy$, applicando la regola per i prodotti a $g = \zeta z$, avremmo $\delta g/|\tilde{g}| = \delta \zeta/|\tilde{\zeta}| + \delta z/|\tilde{z}|$. Ma dato che $\zeta = xy$ avremo che $\delta \zeta/|\tilde{\zeta}| = \delta x/|\tilde{x}| + \delta y/|\tilde{y}|$.

Pertanto risulterà $\delta g/|\tilde{g}| = \delta x/|\tilde{x}| + \delta y/|\tilde{y}| + \delta z/|\tilde{z}|$.

Possiamo iterare il procedimento, aggiungendo ogni volta una grandezza, ed otterremo sempre, che l'incertezza relativa su g è data dalla somma degli errori relativi delle grandezze, da cui dipende g, pertanto possiamo concludere.

Nel caso di una misura g di una grandezza, ottenuta da *prodotti e/o rapporti* delle grandezze x, y, $\cdots$, z, si ha che l'*incertezza relativa* della grandezza g è data dalla *somma delle incertezze relative* secondo la relazione:

$$\frac{\delta g}{|\tilde{g}|} \approx \frac{\delta x}{|\tilde{x}|} + \frac{\delta y}{|\tilde{y}|} + \cdots + \frac{\delta z}{|\tilde{z}|} \,,$$

puntualizzando che questo è per ora solo il caso, in cui si utilizza la *somma lineare*. Di seguito includeremo anche i casi in cui si utilizza la *somma in quadratura*.

4.2 Incertezze indipendenti e (casuali): somma in quadratura

Abbiamo osservato che nel caso di grandezze dedotte da somme o sottrazioni, si sommano le incertezze assolute, mentre nel caso di grandezze dedotte da prodotti o rapporti si sommano le incertezze relative.

Nel caso di misure ripetute avremmo una serie di misure di x e y, che forniscono una serie di misure di g, per ogni coppia di misure di x ed y.

Nella derivazione precedente abbiamo attribuito simultaneamente l'incertezza massima per x, coincidente con l'incertezza massima per y, nel calcolo del loro contributo all'incertezza g. Questo è un caso particolare.

Ma come possiamo essere sicuri che succeda veramente questo ed in ogni misura siano sempre combinate in questo modo, oppure, quale sarebbe la probabilità, che ciò avvenga?

Per chiarire rigorosamente tale argomento, dovremmo affrontare una serie di argomenti, anche nell'ambito della statistica.

Anticipiamo per ora il risultato, che giustificheremo in modo formale nel Cap. 10, in quanto utile per utilizzare già le regole appropriate.

Se una grandezza g è ottenuta dalla somma o sottrazione di *grandezze indipendenti tra loro x*, y l'incertezza assoluta è data dalla *somma in quadratura* delle incerte assolute:

$$\delta g = \sqrt{(\delta x)^2 + (\delta y)^2} \ .$$

Questo valore è sempre minore o al massimo uguale alla *somma lineare* delle incertezze $\delta x + \delta y$. Questo si ha per qualsiasi numero reale, potete dimostrarlo, considerando x e y come i due cateti di un triangolo rettangolo, o, come vedremo (Cap. 10), grazie al calcolo vettoriale mediante la cosiddetta disuguaglianza di Schwartz [11].

Come risultato si ottiene da questa disuguaglianza, che l'incertezza della nostra misura è minore, o al massimo uguale, a quanto dedotto dalla somma lineare:

$$\sqrt{(\delta x)^2 + (\delta y)^2} \leq \delta x + \delta y \ ,$$

pertanto la valutazione dell'incertezza con la somma lineare risulterà un limite superiore.

Nei casi in cui non abbiamo modo di verificare tale dipendenza tra le due variabili x e y, o abbiamo dubbi, meglio essere conservativi e utilizzare la somma lineare.

Queste considerazioni si estendono anche a grandezze dedotte da frazioni e prodotti, si avrà che se una grandezza g è ottenuta da due variabili x, y, *indipendenti tra loro*, mediante un'operazione di prodotto o rapporto:

$$\sqrt{\left(\frac{\delta x}{\tilde{x}}\right)^2 + \left(\frac{\delta y}{\tilde{y}}\right)^2} \le \frac{\delta x}{|\tilde{x}|} + \frac{\delta y}{|\tilde{y}|} \, .$$

Le formule suddette per la somma in quadratura si estendono ad un numero qualsiasi delle grandezze $x, y, \cdots, z$.

Per una grandezza, g dedotta da grandezze $x, y, \cdots, z$ con operazioni di somme e/o sottrazioni si ha che l'incertezza risulta:

$$\delta g = \delta x + \delta y + \cdots + \delta z, \quad variabili\ tra\ loro\ dipendenti,$$

$$\delta g = \sqrt{(\delta x)^2 + (\delta y)^2 + \cdots + (\delta z)^2} \ variabili\ tra\ loro\ indipendenti.$$

Per una grandezza g dedotta da grandezze $x, y, \cdots, z$ con operazioni di moltiplicazioni e/o divisioni si ha che l'incertezza relativa risulta:

$$\frac{\delta g}{g} = \frac{\delta x}{x} + \frac{\delta y}{y} + \cdots + \frac{\delta z}{z} \, , \quad per\ variabili\ tra\ loro\ dipendenti,$$

$$\frac{\delta g}{g} = \sqrt{\left(\frac{\delta x}{x}\right)^2 + \left(\frac{\delta y}{y}\right)^2 + \cdots + \left(\frac{\delta z}{z}\right)^2} \ per\ variabili\ tra\ loro\ indipendenti.$$

Le formule qui riportate saranno giustificate nel Cap.10 per *grandezze indipendenti tra loro*. Per potere verificare se due grandezze siano o no indipendenti, dovremo affrontare la regressione lineare (Cap. 9), per fare una verificata sperimentalmente.

A priori si potrebbe intuitivamente presumere o intuire dal modello (legge), se due grandezze sono, o non sono, indipendenti, ma questo è un "abuso" ideologico. Da sperimentali dobbiamo verificare, se le grandezze sono in relazione tra loro dall'osservazione e la misura di entrambi.

Per esempio nel caso di un moto rettilineo uniforme, sappiamo che la velocità $v = s/t$ è costante.

Supponiamo di avere delle misure di posizione s per vari tempi t e a priori presumiamo, che la grandezza s (spazio percorso) e la grandezza t (tempo necessario per percorrerlo) sono dipendenti.

All'aumentare dello spazio aumenterà in modo lineare il tempo ($v =$costante). Quindi s e t dovrebbero essere dipendenti tra loro, ma attenzione, stiamo presupponendo che il moto sia rettilineo uniforme. Potremmo avere altri tipi di moto e come ci dovremmo comportare?

L'approccio di un fisico non è ideologico a priori, ma deve essere confermato a posteriori, mediante osservazioni quantitative: misurazioni. Quindi si verificherà se s e t sono dipendenti tra loro, eppoi si applicherà opportunamente la somma in quadratura o la somma lineare delle incertezze sulla grandezza v dipendente da esse secondo la relazione $v = s/t$.

Anche questa osservazione e decisione sottostà alla verifica di ipotesi secondo la statistica, come sarà discusso nel Cap. 10.

In ogni caso si dovrà verificare, sperimentalmente, se sussiste una relazione di dipendenza tra le due grandezze, e quantificarla opportunamente.

4.3 Misura da una relazione funzionale

Alcune grandezze fisiche dipendono da altre, misurate direttamente o anche indirettamente, non attraverso semplici operazioni, quali somma, differenza, prodotto o frazione, ma attraverso relazioni funzionali semplici o complesse.

Per esempio nel caso dei massimi di interferenza per un esperimento a due fenditure del tipo alla Young, si osserva che la relazione tra lunghezza d'onda (λ) e l'angolo (θ) (lettera greca theta) per il massimo di ordine n risulta $\lambda = d\operatorname{sen}\theta/n$, dove d è la distanza tra le due fenditure e θ l'angolo rispetto alla normale al piano, dove si trovano le due fenditure [5].

Consideriamo quindi una grandezza G, che sia misurabile indirettamente secondo una relazione $g(x)$, funzione di x, da tale modo di presentarla si osserva, quanto espresso nell'analisi di funzioni.

Per tale funzione g della grandezza x (misurabile direttamente o sua volta indirettamente), ci chiediamo quale incertezza sia da attribuirle, se la misura di X risulta $\tilde{x} \pm \delta x$, dove, come già fatto, usiamo $\tilde{x} \equiv x_{ms}$, per semplificare la lettura nel corso del testo.

Dalla descrizione grafica della derivata, giungeremo ad una descrizione operativa, analitica, che ci servirà per dare un quadro più rigoroso sulla propagazione delle incertezze.

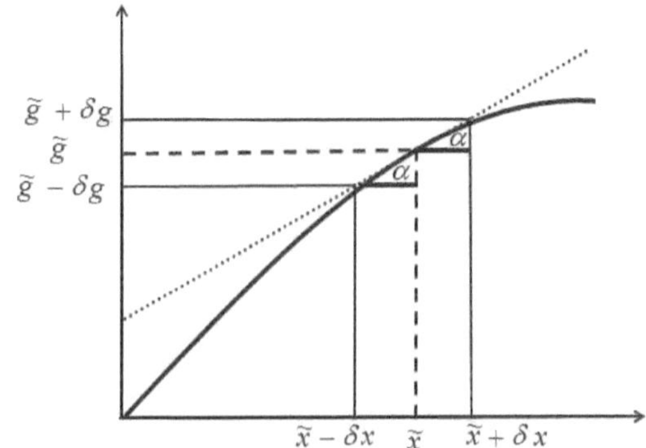

Figura 4.2 Curva $g(x)$ con la tangente nel punto $\tilde{x}$ (retta punteggiata) e stima dell'incertezza su g dovuta a δx, mediante la pendenza della retta tangente ($\tan\alpha$) alla curva nel punto $\tilde{x}$. δg risulta il cateto opposto all'angolo α, e δx il cateto adiacente, pertanto $\delta g = \tan\alpha \,\delta x$, sia per δx, che per $-\delta x$ ($-\delta g$).

La curva continua in Fig. 4.2 nell'analisi matematica si esprime come $g = g(x)$, che significa g è funzione della variabile x. Per noi g risulta la misura di una grandezza, che segue la relazione funzionale $g = g(x)$.

Se tracciamo la retta tangente (linea punteggiata in Fig. 4.2) alla curva nel punto $\tilde{x}$, possiamo ottenere un'approssimazione dell'incertezza su g, dedotta proprio dalla retta punteggiata.

Osserviamo in Fig. 4.2, che la differenza nella posizione $\tilde{x} + \delta x$ tra il punto corrispondente sulla retta e quello sulla curva $g = g(\tilde{x} + \delta x)$ è piccola, leggermente distinguibile dal grafico.

Possiamo stimare l'incertezza δg come la lunghezza del cateto opposto all'angolo α in Fig. 4.2, dove α è l'angolo di inclinazione, rispetto all'asse delle ascisse, della retta tangente alla curva nel punto $\tilde{x}$, punto individuato sul grafico dalla linea verticale tratteggiata.

Si osserva che anche per il minimo x_{min} dato da $\tilde{x} - \delta x$, sottraendo a $\tilde{g}$ la stessa lunghezza del cateto opposto all'angolo α si ha un'approssimazione del valore minimo di $g_{min} = g(\tilde{x} - \delta x)$.

Quindi si ha che $\delta g \approx \tan \alpha \, \delta x$ e $-\delta g \approx \tan \alpha \, (-\delta x)$.

Il simbolo $\approx$ (circa, approssimativamente) indica che g_{max} (g_{min}), che esprime il valore massimo (minimo) della funzione calcolata in $g(\tilde{x} + \delta x)$ ($g(\tilde{x} - \delta x)$), è leggermente diverso da $\tilde{g} + \tan \alpha \delta x$ ($\tilde{g} - \tan \alpha \delta x$).

Questa differenza decresce al diminuire di δx, quanto più ci avviciniamo al punto $\tilde{x}$, tanto più si riduce la differenza tra $g(\tilde{x} \pm \delta x)$ sulla curva e $g = \tilde{g} \pm \tan \alpha \delta x$, ottenuta dalla lunghezza del cateto opposto all'angolo di inclinazione della retta tangente alla curva nel punto $\tilde{x}$.

Dall'analisi matematica si ha che:
la *tangente ad una curva in un punto* $\tilde{x}$ non è altro che la *derivata della funzione*, calcolata proprio *nel punto* $\tilde{x}$.

La *derivata di una funzione* rispetto alla variabile x si indicata con il simbolo d/dx (il simbolo d, che sta per differenziale, è espresso in testo piano).

Lo studente deve soprattutto comprendere il significato geometrico della derivata per il suo utilizzo nella approssimazione di una funzione. Per il calcolo delle derivate può fare riferimento alla Tabella D.1 presentata in App. D.

Si può osservare, facendo un grafico con una curva avente pendenza negativa, che grazie al valore assoluto di δx, possiamo anche per questo caso appellarci al calcolo delle derivate, per ottenere una buona approssimazione dell'incertezza su $g = g(x)$. Nel caso di una curva con pendenza negativa, si avrebbe δg positivo nel caso in cui $\delta g = \tan \alpha (-\delta x)$, dato che la pendenza della curva è negativa. Mentre si avrebbe δg minore di zero nel caso $\tan \alpha \delta x$.

Per tirarsi fuori da ogni problema sul segno, visto che l'incertezza è riportata in valore assoluto, potremmo scrivere $\delta g = |\tan \alpha| \delta x$ per qualsiasi curva e riportare l'intervallo della misura indiretta di g come:

$$\tilde{g} - \delta g \lesssim \tilde{g} \lesssim \tilde{g} + \delta g \ .$$

È opportuno chiarire, che ci sono diversi modi, in cui si esprime la derivazione di una funzione $g(x)$ rispetto alla variabile x, calcolata poi in un punto (p.e. $\tilde{x}$):

$$\left[\frac{\mathrm{d}}{\mathrm{d}x} (g(x)) \right]_{\tilde{x}} \equiv \frac{\mathrm{d}}{\mathrm{d}x} (g(\tilde{x})) \equiv g'(\tilde{x}) \ .$$

La prima forma esplicita tutto e significa, che prima si calcola la derivata della funzione rispetto alla variabile x, poi si sostituisce ad x il valore $\tilde{x}$.

La derivata di una funzione calcolata in un punto $\tilde{x}$, graficamente rappresenta la pendenza $\tan \alpha$ della retta tangente alla curva nel punto $\tilde{x}$.

Nei casi in cui risulti chiaro, si sottintende tutto il simbolismo e si scrive semplicemente:

$$\frac{\mathrm{d}g}{\mathrm{d}x} \text{ o semplicemente } g' \ ,$$

sottintendendo che g è funzione di x ($g(x)$), che per "d/dx' o "'" si intende l'operazione di derivata, e ancora che questa derivata va calcolata nel punto di interesse. Nel caso della teoria delle incertezze il punto di interesse è la migliore stima della misura della grandezza X, ovvero x_{ms}, che per maggiore chiarezza e presentazione abbiamo etichettato $\tilde{x}$. Quindi otteniamo che:

l'incertezza su g, misura di una grandezza G, funzione di x, misura di una grandezza X, è data da:

$$\delta g \approx \left| \frac{\mathrm{d}g}{\mathrm{d}x} \right| \delta x \ . \tag{4.5}$$

Si deriva rispetto a x la funzione $g(x)$, si calcola tale derivata in $x = \tilde{x}$ ($\equiv x_{ms}$), se ne prende il valore assoluto e lo si moltiplica per l'incertezza δx.

Tale modo è detto *propagazione per derivazione o per differenziazione*.

La possibilità di avere un formalismo generale per dedurre l'incertezza, non dovrebbe farci preoccupare del calcolo delle derivate (App. D). L'importante è capirne il significato grafico–geometrico ed il suo utilizzo per la propagazione delle incertezze. Con l'utilizzo della tabella in App. D, lo studente dovrebbe essere in grado di usare operativamente questo strumento.

Sviluppo in polinomi di Taylor

Altro argomento, che riguarda la derivazione di funzioni e che viene utilizzato in un corso di laboratorio, soprattutto per comprendere la teoria delle incertezze, è il calcolo approssimato di funzioni, grazie ad uno sviluppo, detto sviluppo di una funzione in polinomi di Taylor.

Questo argomento fornisce una cornice formale, per l'approssimazione presentata con l'aiuto del significato geometrico-grafico della derivata.

È opportuno chiarire in modo formale, che nel caso di una funzione f (derivabile n volte) di una variabile x, lo sviluppo nel punto x_0 in polinomi di Taylor risulta:

$$f(x) = f(x_0) + \frac{\mathrm{d}f(x_0)}{\mathrm{d}x}(x-x_0) + \frac{1}{2!}\frac{\mathrm{d}^2 f(x_0)}{\mathrm{d}x^2}(x-x_0)^2 + \cdots + \frac{1}{n!}\frac{\mathrm{d}^n f(x_0)}{\mathrm{d}x^n}(x-x_0)^n,$$

che permette l'approssimazione di ordine n della funzione $f(x)$, intorno al punto x_0.

Se sostituiamo ad x_0 la migliore stima $\tilde{x}$, lo sviluppo di una grandezza g (invece di f), in prossimità di $\tilde{x}$ risulta:

$$g(\tilde{x}+\delta x) = g(\tilde{x}) + \frac{\mathrm{d}g(\tilde{x})}{\mathrm{d}x}\delta x + \frac{1}{2!}\frac{\mathrm{d}^2 g(\tilde{x})}{\mathrm{d}x^2}(\delta x)^2 + \cdots .$$

Se trascuriamo gli ordini superiori al primo grado (potenze di δx maggiori di uno), otteniamo l'approssimazione al primo ordine:

$$g(\tilde{x}+\delta x) \approx g(\tilde{x}) + \frac{\mathrm{d}g(\tilde{x})}{\mathrm{d}x}\delta x .$$

che è sufficiente per l'analisi delle incertezze.

Percui possiamo osservare che ad un'incertezza δx della *variabile indipendente* si ha un'incertezza sulla *variabile dipendente* δg data da:

$$\delta g = g(\tilde{x}+\delta x) - g(\tilde{x}) \approx \frac{\mathrm{d}g(\tilde{x})}{\mathrm{d}x}\delta x.$$

Possiamo fare l'approssimazione per $x = \tilde{x} - \delta x$, osservare che comparirà un segno meno a secondo membro.

Possiamo utilizzare anche funzioni con pendenze negative, e studiare qualsiasi possibile situazione.

Dato che esprimiamo δg in valore assoluto, se le variazioni sulla variabile x e sulla grandezza g sono incertezze assolute, possiamo scrivere:

$$\delta g \approx \left| \frac{\mathrm{d}g(\tilde{x})}{\mathrm{d}x} \right| \delta x . \tag{4.6}$$

Si osservi che l'approssimazione mediante lo sviluppo in polinomi di Taylor, abbia condotto alla (4.6), che è ovviamente identica, a quanto derivato con le considerazioni sul significato geometrico della derivata e riportato nella (4.5).

Dal punto di vista analitico non abbiamo bisogno di dire altro, nel caso di una funzione $g(x)$ un'incertezza δx sulla variabile indipendente induce un'incertezza sulla variabile dipendente δg secondo la (4.6).

Abbiamo usato la terminologia tipica dell'analisi di funzione per la variabile dipendente (g), che compare sull'asse delle ordinate, e per la variabile indipendente

(x), che compare sull'asse delle ascisse.

Esempi: α ·········· α ······················ $\aleph$ ·········· $\aleph$

– Considerare $g = -4x$, come $g = -x - x - x - x$ e ricavare l'incertezza su g, sia
  per derivazione per la prima espressione, che con la formula per le differenze per
  la seconda.
  Calcolo dell'incertezza per derivazione: $\delta g = |dg/dx|\delta x = |-4|\delta x = 4\delta x$.
  Calcolo dell'incertezza per differenza: $\delta g = \delta x + \delta x + \delta x + \delta x = 4\delta x$ (stesso
  risultato per entrambi i modi).

– Ricavare l'errore su $g = -x^3$ dalla formula della derivazione e dalla formula dei
  prodotti, dato che g può essere espressa anche come $(-x)(-x)(-x)$.
  Calcolo per derivazione: $\delta g = |dg/dx|\delta x = |-3x^2|\delta x = 3x^2\delta x$.
  Calcolo per frazioni: $\delta g/|g| = 3\delta x/|x|$, dato che $\delta g/|g| = \delta g/|-x^3|$, si ottiene
  $\delta g = 3x^2\delta x$ (lo stesso risultato per entrambi i modi).

$\beth$ ·········· $\beth$ ······················ ω ·········· ω

I risultati ottenuti per gli esempi, confermano che l'approccio per derivazione fornisce lo stesso risultato delle operazioni semplici. Questo ci auguriamo sia uno stimolo
per lo studente a inoltrarsi nel mondo della propagazione per differenziazione, sia
perché, una volta acquisito il meccanismo, è di più immediata soluzione, che perché
permette un più facile controllo sulle operazioni di calcolo.

Dal punto di vista teorico, dobbiamo spingerci anche oltre, per poter avere in
mano gli strumenti necessari a discutere e approfondire la teoria delle incertezze.

4.4 Misura da una relazione funzionale di più grandezze

Molte grandezze fisiche sono dedotte da una relazione funzionale di misure di più
grandezze, attraverso la combinazione di varie funzioni, per esempio $\lambda = d\,\mathrm{sen}\,\theta/n$.
Si possono avere operazioni di vario tipo su più variabili e/o combinazioni di
funzioni varie.

Osserveremo che si può tutto ricondurre al calcolo delle derivate, finora considerate, per una sola variabile, con una piccola accortezza: tenere costante tutto quello,
che non dipende dalla variabile, per la quale stiamo studiando le variazione (per la
quale stiamo derivando).

Per digerire questo passaggio, partiamo dalla grandezza $g = xy$, che abbiamo già
dedotto come prodotto tra grandezze, per la quale si è ottenuto:

$$\delta g = |\tilde{x}|\delta y + |\tilde{y}|\delta x,$$

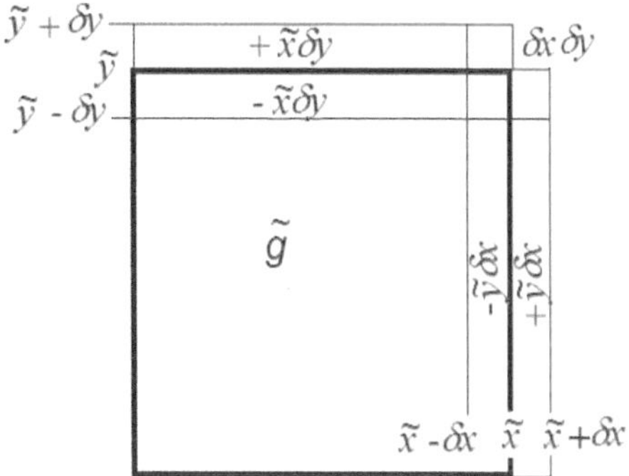

Figura 4.3 Rappresentazione grafica del calcolo delle incertezze per il caso di una grandezza $g = \tilde{x}\tilde{y}$, utilizzato per introdurre le derivate parziali.

e riportiamo in Fig. 4.3 i rettangolini di area $\tilde{x}\delta y$ e $\tilde{y}\delta x$, e l'area $\tilde{g}$ (linea più spessa).

Per stimare l'incertezza su g ovvero la variazione δg nel prodotto xy, esplicitiamo quanto fatto:

- teniamo costante x al valore $\tilde{x}$ e lo moltiplichiamo per la variazione di y ovvero δy, ottenendo $\tilde{x}\delta y$, in Fig. 4.3 abbiamo riportato tali rettangoli in alto, sottratti e sommati all'area $\tilde{g}$,
- teniamo costante y al valore $\tilde{y}$ e lo moltiplichiamo per la variazione di x, ovvero δx, ottenendo $\tilde{y}\delta x$, rettangoli presenti anche in Fig. 4.3 al lato destro, sommati e sottratti all'area $\tilde{g}$,

Se sommiamo entrambi i rettangolini a $\tilde{g}$ ($\tilde{g} + \tilde{x}\delta y + \tilde{y}\delta x$), otteniamo il massimo di g, se sottraiamo tali rettangolini a $\tilde{g}$ otteniamo il minimo di g.

A meno della quantità $\delta x \delta y$, che possiamo trascurare, se entrambe le quantità sono piccole.

4.4.1 Derivazione parziale per prodotti e frazioni

Nel caso della teoria delle incertezze parliamo di δx, che è una quantità piccola, nell'analisi di funzioni si parla di *differenziale* dx, che invece è una quantità infinitesimale ($dx \to 0$). In analisi matematica si ha che la variazione infinitesimale di g è data da $dg = xdy + ydx$, ovvero in altre parole sulla grandezza g, considero x costante nel prodotto e moltiplico per la variazione infinitesimale di y (dy), poi considero costante y e moltiplico per la variazione infinitesimale dx, e sommo questi due termini per avere la variazione dg, quanto mostrato graficamente in Fig. 4.3.

Questa operazione, di calcolare solo la variazione rispetto ad una variabile, tenendo "costante" il resto, è indicata con il segno di $\partial/\partial x$, che significa derivare xy solo rispetto alla variabile indicata a denominatore del simbolo $\partial/\partial x$ in questo caso la x; questo tipo di *derivazione* è detta *derivata parziale* di g rispetto ad x. Equivalentemente con il simbolo $\partial/\partial y$ si intende derivare solo rispetto alla y, ritenendo costanti tutti gli altri elementi. Nel caso della derivazione parziale, la derivata agisce solo sulla variabile, della funzione, riportata a denominatore del simbolo di derivata parziale, e si considerano tutte le altre variabili costanti, che nel caso di prodotti o frazioni possono essere portate a sinistra del segno di derivazione.

Possiamo quindi ottenere la variazione infinitesimale (differenziale) della grandezza g come:

$$dg = \frac{\partial g(x,y)}{\partial x}dx + \frac{\partial g(x,y)}{\partial y}dy \,,$$

dove dato che $\partial g/\partial x$ significa derivare solo rispetto alla x, si deve considerare che tale operatore agisce solo su quanto dipende da x, riconduncendosi quindi all'operazione di derivata totale, e ritenere quanto dipende dalla y come costante. La situazione si inverte per il caso $\partial g/\partial y$.

Possiamo utilizzare questo strumento, per i casi già noti ed accettarlo, se riproduciamo le formule già ottenute.

Derivazione parziale nel caso di prodotti o frazioni

Applichiamo questa regola al caso semplice $g = xy$:

$$dg = \frac{\partial(xy)}{\partial x}dx + \frac{\partial(xy)}{\partial y}dy = y\frac{\partial(x)}{\partial x}dx + x\frac{\partial(y)}{\partial y}dy,$$

una volta portato fuori dal segno di derivazione parziale ciò che non varia, la derivata si calcola normalmente ovvero in questo caso $\partial x/\partial x \equiv dx/dx = 1$ e $\partial y/\partial y \equiv dy/dy = 1$, percui si ottiene quanto già riportato dalla formula per prodotti e frazioni:

$$dg = ydx + xdy \,.$$

Con le dovute accortezze per le incertezze si ottiene lo stesso risultato.

Queste considerazioni valgono ovviamente per qualsiasi funzione di x, y e/o altra variabile. Rimane sempre la considerazione che rispetto al differenziale, come per il caso di una variabile, l'incertezza non è proprio tendente a zero, percui dobbiamo segnalare che è una approssimazione e che inoltre consideriamo i valori assoluti delle variazioni pertanto:

$$\delta g \approx \left|\frac{\partial g}{\partial x}\right|\delta x + \left|\frac{\partial g}{\partial y}\right|\delta y \,,$$

che applicata alla grandezza $g = xy$, significa fare la derivazione parziale, poi calcolare quanto ottenuto nei valori $\tilde{x}$ e $\tilde{y}$:

$$\delta g \approx |\tilde{y}|\delta x + |\tilde{x}|\delta y \,.$$

E abbiamo ottenuto quanto dedotto per la regola della propagazione per prodotti e/o frazioni.

Derivazione parziale nel caso di somme e sottrazioni

Applichiamo la derivazione parziale al caso di funzioni di più variabili, ottenute da somme o sottrazioni. Consideriamo il caso delle somme e verifichiamo, se otteniamo lo stesso risultato fornito per la grandezza $g = x + y$, dove dobbiamo applicare la proprietà distributiva della derivata, e quindi non possiamo portare fuori dal segno di derivazione le variabili, che non sono da derivare:

$$\delta g = \delta g \approx \left| \frac{\partial (x+y)}{\partial x} \right| \delta x + \left| \frac{\partial (x+y)}{\partial y} \right| \delta y.$$

Percui dobbiamo distribuire la derivata parziale ed otteniamo:

$$\delta g \approx \left| \frac{\partial x}{\partial x} + \frac{\partial y}{\partial x} \right| \delta x + \left| \frac{\partial x}{\partial y} + \frac{\partial y}{\partial y} \right| \delta y.$$

Ora possiamo considerare quindi le derivate come fossero totali, e osservare che la derivata di x rispetto ad x è uno, mentre la derivata di y rispetto ad x, dato che la y è da considerarsi costante rispetto ad x, è zero. Viceversa si ha per le derivazioni rispetto a y, la derivata di x è zero, e la derivata di y è uno. Poi si calcolano le derivate nei valori $\tilde{x}$ e $\tilde{y}$, in questo caso le derivate risultano delle costanti, pertanto si ha:

$$\delta g \approx |1 + 0|\, \delta x + |0 + 1|\, \delta y = \delta x + \delta y \,.$$

Si ottiene così la regola, che nel caso di una grandezza g, ottenuta dalla somma di due grandezze, l'incertezza assoluta di g è data dalla somma delle incertezze assolute di x ed y

Ci auguriamo che questo approccio grafico e con la riconferma del risultato ottenuto per i casi semplici, sia convincente per gli studenti, che al primo anno non hanno ancora affrontato l'argomento della derivazione parziale.

Tale argomento risulta utile e necessario per comprendere alcuni risultati ottenuti dalla statistica nella teoria delle incertezze, e dobbiamo quindi spingerci un po' oltre, per formalizzare meglio le approssimazioni di funzioni di più variabili. Come dalla derivata totale siamo passati allo sviluppo in polinomi di Taylor, per una funzione dipendente da una sola variabile, così, dalla derivazione parziale dobbiamo spingerci verso lo sviluppo in polinomi di Taylor per una funzione di più variabili.

Sviluppo in polinomi di Taylor per una funzione di più variabili

La formulazione corretta dell'approssimazione di una funzione g, dipendente da più variabili $(x, y, \cdots, z)$, si basa, anche, sullo sviluppo secondo polinomi di Taylor, di cui, nel campo della teoria delle incertezze risulta sufficiente fermarsi al primo ordine. Esplicitiamo quindi solo il primo ordine:

$$g(x,y,z,\cdots) = g(x_0,y_0,\cdots,z_0) + \left(\frac{\partial g}{\partial x}\right)_{x_0,y_0,\cdots,z_0} (x-x_0) +$$

$$+ \left(\frac{\partial g}{\partial y}\right)_{x_0,y_0,\cdots,z_0} (y-y_0) +$$

$$+\cdots+$$

$$+ \left(\frac{\partial g}{\partial z}\right)_{x_0,y_0,\cdots,z_0} (z-z_0) +$$

$$+\cdots \text{termini di ordine superiore.}$$

La funzione g calcolata in $(x,y,\cdots,z)$ si ottiene dallo sviluppo intorno ai punti $(x_0,y_0,\cdots,z_0)$, dove $dx = x-x_0$, $dy = y-y_0$, $\cdots$, $dz = z-z_0$, di cui abbiamo esplicitato solo il primo ordine. Quindi la variazione della funzione, $dg = g - g_0$, nel caso della propagazione delle incertezze si traduce in δg, per la quale è sufficiente fermarsi al primo ordine, dato che l'incertezza è presa in valore assoluto, dobbiamo prendere i termini dello sviluppo in valore assoluto:

$$\delta g \approx \left|\frac{\partial g}{\partial x}_{(\tilde{x},\tilde{y},\cdots,\tilde{z})}\right| \delta x + \left|\frac{\partial g}{\partial y}_{(\tilde{x},\tilde{y},\cdots,\tilde{z})}\right| \delta y + \cdots + \left|\frac{\partial g}{\partial z}_{(\tilde{x},\tilde{y},\cdots,\tilde{z})}\right| \delta z \,.$$

Per semplicità di scrittura si riporta semplicemente:

$$\delta g = \left|\frac{\partial g}{\partial x}\right| \delta x + \left|\frac{\partial g}{\partial y}\right| \delta y + \cdots + \left|\frac{\partial g}{\partial z}\right| \delta z,$$

sottintendendo, che vanno effettuate prima le derivate parziali, poi calcolate nelle migliori stime di tutte le variabili, ed infine si prende il loro valore assoluto, ed ogni derivata parziale si moltiplica per l'incertezza corrispondente alla variabile di derivazione parziale.

Si osservi che, quanto ottenuto è solo la formalizzazione matematica di quanto ricavato dalla descrizione grafica, partendo dal prodotto xy per presentare l'estensione dalla derivazione totale alla derivazione parziale.

Possiamo anticipare, quanto si ricaverà nel Cap. 10, grazie proprio a questo tipo di sviluppo e la combinazione con una serie di valori misurati, per *variabili che siano tra loro indipendenti* e quindi fornire per la propagazione per derivazione parziale le seguenti formule:

Nel caso di una grandezza g funzione delle variabili $x, y \cdots z$ si ha
   per variabili tra loro dipendenti:

$$\delta g = \left|\frac{\partial g}{\partial x}\right| \delta x + \left|\frac{\partial g}{\partial y}\right| \delta y + \cdots + \left|\frac{\partial g}{\partial z}\right| \delta z,$$

per variabili fra loro indipendenti

$$\delta g \approx \sqrt{\left(\frac{\partial g}{\partial x}\right)^2 (\delta x)^2 + \left(\frac{\partial g}{\partial y}\right)^2 (\delta y)^2 + \cdots + \left(\frac{\partial g}{\partial z}\right)^2 (\delta z)^2},$$

dove si effettua la derivazione parziale, si calcola per i valori $(\tilde{x}, \tilde{y}, \cdots, \tilde{z})$ delle variabili, e nel caso lineare se ne prende il valore assoluto. Ogni derivata parziale va poi moltiplicata, in modo lineare o quadratico, per l'incertezza corrispondente.

Problemi

4.1. Ricavare nel caso di una grandezza $g = x - y$, che l'incertezza su g è data dalla somma delle incertezze (Si ricavi considerando il massimo di g ed il minimo di g ottenuti dalla relazione).

4.2. Dimostrare nel caso di una grandezza $g = xy$, che il minimo di g risulta $g \approx \tilde{x}\tilde{y}(1 - \delta x/|\tilde{x}| - \delta y/|\tilde{y}|)$.

4.3. Per la relazione $g = 2h/t^2$ trovare l'incertezza su g con la regola dei prodotti e frazioni. Verificate con la regola delle derivate parziali, che si ottenga lo stesso risultato. Controllate che l'equazione sia corretta dimensionalmente, e verificate, che anche l'equazione ottenuta per δg sia corretta mediante l'analisi dimensionale. Calcolate l'incertezza su g nel caso in cui $h = 1.00 \pm 0.01$ m e $t = 452 \pm 5$ ms. Confrontate il vostro risultato con il valore atteso 9.807 m s^{-2} e verificate, se la discrepanza è significativa.

4.4. Dimostrare che nel caso di una grandezza $g = x/y$ si ha che l'incertezza su g si ricava dalla relazione $\delta g/g \approx \delta x/x + \delta y/y$. (Suggerimenti: nel caso x e y positivi $g_{max} = (x + \delta x)/(y - \delta y)$, si deve approssimare $1/(1 - \delta y/y)$ mediante lo sviluppo in polinomi di Taylor al primo ordine.)

4.5. Nel caso della calibrazione di un calorimetro si osserva che la massa equivalente del sistema calorimetrico risulta pari a $m_{equ} = m'_a(T'_1 - T'_{equ})/(T'_{equ} - T'_0) - m_a$. Si stimi l'incertezza sulla massa equivalente.

4.6. La misura dell'attrito statico di un corpo con una superficie è determinata dall'angolo di inclinazione di tale superificie, non appena il corpo scivola sul piano inclinato, ovvero $\mu_s = \tan\alpha$. Si supponga che l'angolo misurato risulti $12.46° \pm 0.46°$. Ricavare la misura di μ_s e la sua incertezza.

4.7. La misura della lunghezza d'onda si deriva dalle posizioni dei massimi e dei minimi rispetto alla normale al piano, in cui si trovano le due fenditure secondo le relazioni $\lambda = d\,\text{sen}\,\theta/n$ e $\lambda = d\,\text{sen}\,\theta/(n + 1/2)$. Supponete che i massimi di ordine

1 ($n=1$) si trovino a 6 $°$ e i minimi di ordine 0 ($n=0$) invece a 4 $°$. Sapendo che la risoluzione del goniometro è pari a $1°$ fornire l'errore sulla misura di λ, ritenendo trascurabile l'errore su d.

4.8. Nell'esperienza di Millikan si possono determinare il raggio di una gocciolina d'olio r' e la carica q' dalla misura dei tempi di discesa $t_\downarrow$ e di salita $t_\uparrow$ secondo le relazioni: $r' = cost_r/\sqrt{t_\downarrow}$ e $q' = cost_q r' \left(1/t_\downarrow + 1/t_\uparrow\right)$. Trovate con il calcolo differenziale l'errore su r' e l'errore su q'. E fate l'analisi dimensionale per essere sicuri di non aver fatto errori.

4.9. Dalla regola per differenziazione si ottiene per la grandezza $g = x^2$ l'incertezza relativa $\delta g/|g| = 2\delta x/|x|$. Consideriamo $g = xx$ e utilizzando la somma in quadratura per il prodotto tra due variabili otteniamo $\delta g/|g| = \sqrt{2}\delta x/|x|$. Ovviamente una delle due affermazione è errata, chiarire quale e perché.

4.10. Dalla legge della caduta in grave si può estrarre la misura dell'accelerazione di gravità g dalla relazione $g = 2h/(t + t_0)^2$, dove $h = 1\ 334 \pm 1$ mm, $t = 529 \pm 4$ ms e $t_0 = -10.9 \pm 0.8$ ms. Riportare l'accelerazione di gravità e verificare, se la discrepanza con il valore atteso 9.807 m s^{-2} è significativa.

4.11. Si verifichi che l'equazione $\delta g \approx (\partial g/\partial x)\delta x + (\partial g/\partial y)\delta y + (\partial g/\partial z)\delta z$ sia dimensionalmente corretta, per semplicità si utilizzi il caso particolare $v = v(v_0, a, t)$, dove $v = v_o + at$ e le rispettive dimensioni siano per v e v_0 m s^{-1}, per a m s^{-2} ed infine per t s. Si ricavi l'errore su v dalla formula della propagazione con le derivate parziali e si verifichi che l'errore su v abbia le stesse dimensioni di v.

5

Media e deviazione standard

In questo capitolo daremo indicazioni su come trattare le misure di grandezze affette da incertezze casuali.

Utilizzeremo degli stimatori, che avranno la giustificazione teorica nell'approfondimento della statistica, ma che è opportuno iniziare a capire ed utilizzare, prima di affrontare questioni formali.

Si procederà passo passo, introducendo una semplicissima esperienza, che si può condurre in classe, o a casa, e che sarà utilizzata nel corso del testo per affrontare, partendo da una situazione reale, diversi argomenti.

I dati riportati nel testo sono frutto di questa esperienza, condotta in classe.

Nelle lezioni dirette si possono utilizzare altri dati, rilevati insieme agli studenti, con l'obiettivo di affrontare al momento le situazioni pragmatiche tipiche di un approccio sperimentale, sebbene su un esempio semplice.

Si introdurrano le deviazioni standard, che sono buoni stimatori delle incertezze casuali, e si inizierà ad utilizzare l'operatore sommatoria, strumento necessario, non solo per il calcolo, ma anche per varie dimostrazioni teoriche.

5.1 Misure ripetute e stimatori

Ci proponiamo di misurare una grandezza, supponiamo per esempio il periodo T di oscillazione di un pendolo, con l'assunzione di avere ridotto al minimo le incertezze di tipo sistematico.

Questo esperimento si può condurre in classe, prendendo un cordino (considerato inestensibile), un cronometro (ne sono dotati i cellulari) e un corpo da appendere all'estremità del filo.

Effettuiamo alcune misure per una data lunghezza l del cordino e per ridurre l'incertezza, dovuta al nostro tempo di reazione, misuriamo il tempo di tre o più oscillazioni. Di seguito ne scegliamo tre ed etichettiamo la variabile x misurata direttamente x ($x = 3T$, si concentri l'attenzione su quanto misurato direttamente x).

G. Ciullo, *Introduzione al Laboratorio di Fisica*, UNITEXT for Physics, 67
DOI: 10.1007/978-88-470-5656-5_5, © Springer-Verlag Italia 2014

Per comodità e generalità, ripetiamo la misura delle tre oscillazioni (x) per sei volte. Supponiamo che i risultati espressi in secondi siano 6.00, 5.78, 5.78, 5.90, 5.94 ed ancora 6.00. Con il cronometro utilizzato per i dati riportati, avente una risoluzione di 1/100 di secondo (cosa che si evince da come sono presentati i dati), si osservano delle fluttuazioni.

Il problema è decidere in questa situazione, quale sia la migliore stima x_{ms}.

Ribadiamo che la variabile, che studiamo, è il tempo impiegato dalle tre oscillazioni, che abbiamo etichettato x e che misuriamo direttamente. Quindi focalizziamo la nostra attenzione su x.

Riportiamo alcuni stimatori statistici, partendo dal *valore più probabile* (detto *moda*), vediamo da subito, che in questo caso ne dovremmo fornire due di valori 6.00 s e 5.78 s, tra l'altro il minimo ed il massimo dei valori registrati.

Abbiamo anche la *mediana*, che è quel valore x, tale che si abbia lo stesso numero di dati sia per valori minori che per valori maggiori di x, che in questo caso risulterebbe 5.92 s, e come si osserva può anche non essere tra i dati registrati. Entrambi i modi non sono soddisfacenti per la nostra situazione.

Per il caso di misure ripetute e affette da incertezze casuali, risulterà (Cap. 8) che la migliore stima è la *media aritmetica*, indicata con $\bar{x}$ e data da :

$$\bar{x} = \frac{(6.00 + 5.78 + 5.78 + 5.90 + 5.94 + 6.00)\ \text{s}}{6} = 5.90\ \text{s}.$$

In caso di n misure di x, $x_1, x_2, \cdots, x_n$, si ha che $x_{ms} = \bar{x}$:

$$\bar{x} = \frac{x_1 + x_2 + \cdots + x_{n-1} + x_n}{n} = \sum_{i=1}^{n} x_i \big/ n = \sum_{i=1}^{n} \frac{x_i}{n}\,, \tag{5.1}$$

dove il simbolo $\sum_{i=1}^{n} x_i$ indica la *sommatoria di indice i da* uno *ad n di x_i*. Per semplificare la scrittura, nel caso in cui non ci sia rischio di confusione, si utilizza $\sum x$, sottintendendo che si opera la sommatoria di i da uno ad n delle x_i.

Gli elementi che *non* sono *indicizzati* (i) nella (5.1) possono essere portati *fuori dal segno di sommatoria*, infatti abbiamo scritto $(\sum x)/n$ ed equivalentemente $\sum(x/n)$, utilizzando qui le parentesi (non necessarie) per rendere più esplicito il significato. Si consiglia agli studenti di familiarizzare con tale simbolo e le operazioni, svolgendo gli esercizi proposti; molte formule, che saranno discusse nel seguito del corso, si basano proprio su sommatorie e operazioni su di esse.

Per motivare meglio quanto riportato, per ora intuitivamente, presentiamo un altro modo di esprimere delle misure, che utilizzeremo in alcune situazioni, per esempio in caso di pochi dati, o nel caso di voler comprendere tutto l'intervallo delle misure.

Si consideri per questo il cosiddetto *valore centrale* dato dalla relazione:

$$\text{valore centrale} \ \equiv x_{centr} = \frac{x_{max} + x_{min}}{2}, \tag{5.2}$$

nonché come incertezza (intervallo del 100 %) sulla misura di x, la *semidispersione* dedotta dalla cosiddetta *dispersione* $(x_{max} - x_{min})$:

$$\text{semidispersione} \equiv \frac{x_{max} - x_{min}}{2}, \tag{5.3}$$

Indicheremo la *dispersione* con Δ_x, facciamo notare che la x è al pedice. Questa notazione risulta utile per non confonderla con il simbolo Δx utilizzato per una differenza generica (come per esempio $x_2 - x_1$).

Nel seguito compariranno soprattutto differenze tra le misure x_i e la miglior stima x_{ms}, tali differenze prendono il nome di *scarti*. Dato che gli scarti sono diversi al variare di i, li etichetteremo anche con il pedice i, ovvero Δx_i, dove necessario.

Riprendiamo il discorso sulla dispersione, da cui per la *semidispersione* si ha $\Delta_x/2$.

L'intervallo fornito dal valore centrale più o meno la semidispersione comprende tutti i valori osservati. Quindi permette di fornire:

$$x = x_{centr} \pm \Delta_x/2, \text{ in cui si trova il } 100\,\% \text{ dei dati.} \tag{5.4}$$

Otteniamo per le sei misure $x = 5.89_{centr} \pm 0.22_{semidisp}$ s.

Dato che abbiamo osservato delle fluttuazioni, vogliamo assicurarci di avere un buon numero di dati, che ci permetta di individuare l'intervallo, entro il quale cadano le nostre misure. Immaginate di fare altre misure ed ottenere 6.00, 5.78, 5.92, 5.78, 5.88, 5.91, 5.94, 5.89, e 6.00 s, rispetto alla precedente serie la distingueremo per il numero di dati, che ora sono nove invece di sei. Si ottiene lo stesso valore centrale e la stessa dispersione. Se guardiamo il valore medio è sempre 5.90 s, solo le misure sembrano più frequenti vicino al valore medio.

La semidispersione risulta la stessa, quindi la presentazione della misura con il valore centrale e la semidispersione non permette di distinguere tra quest'ultima misura di nove dati e la precedente di soli sei.

Siamo ancora a pochi dati ed è già opportuno trovare un modo, che dia evidenza di come sono distribuiti i nostri dati, per esprimere, se una misura risulta più o meno precisa di un'altra.

Consideriamo lo *scarto* tra ogni valore ed il valore medio $\bar{x}$, che, abbiamo visto, indicheremo con $\Delta x_i = x_i - \bar{x}$.

Calcoliamo il valore medio (media aritmetica) degli scarti $\sum \Delta x_i/n$, che ordiniamo in Tabella 5.1. La media degli scarti rispetto al valore medio $\bar{x}$, che possiamo anche indicare con $\overline{\Delta x}$, è sempre pari a zero, in generale, non solo in questo caso.

Tabella 5.1 Operazioni sugli scarti: nella 1^a colonna si riporta il numero della misura, nella 2^a il valore e nella 3^a gli scarti $\Delta x_i = x_i - x$. L'ultima riga riporta in ordine: il numero totale dei dati, il valore medio e la media degli scarti

misura i	valore x_i	scarto Δx_i
1	6.00	0.10
2	5.78	- 0.12
3	5.78	-0.12
4	5.90	0.00
5	5.94	0.04
6	6.00	0.10
$n = 6$	$\bar{x} = 5.90$	$\overline{\Delta x} = \left(\sum_{i=1}^{n} \Delta x_i\right)/n = 0$

Possiamo dimostrarlo come segue, anche come esercizio per prendere confidenza con l'operatore $\sum$:

$$\overline{\Delta x} = \sum_{i=1}^{n} \Delta x_i/n = \sum_{i=1}^{n} (x_i - \bar{x})/n = \frac{1}{n}\left(\sum_{i=1}^{n} x_i - \sum_{i=1}^{n} \bar{x}\right) ,$$

sappiamo che la definizione di media ci permette di scrivere il primo termine in parentesi dell'ultimo membro come:

$$\sum_{i=1}^{n} x_i = n\bar{x} ,$$

mentre il secondo termine in parentesi dell'ultimo membro è:

$$\sum_{i=1}^{n} \bar{x} = \overbrace{\bar{x} + \cdots + \bar{x}}^{n \text{ volte}} ,$$

cioè $\bar{x}$ sommato n volte, quindi pari a $n\bar{x}$. In conclusione, dato che:

$$\sum \Delta x_i = n\bar{x} - n\bar{x} = 0 , \tag{5.5}$$

$$\text{risulta } \overline{\Delta x} = 0 . \tag{5.6}$$

La media degli scarti è sempre pari a zero.

Per avere indicazioni di come siano distribuiti i dati rispetto al valore medio, ovvero quanto siano distanti in media da questo, risulterà opportuno prendere gli scarti al quadrato $(\Delta x_i)^2$, farne la media ed estrarne la radice:

$$s_x = \sqrt{\sum_{i=1}^{n} (\Delta x_i)^2/n} = \sqrt{\sum_{i=1}^{n} (x_i - \bar{x})^2/n} , \tag{5.7}$$

questa formula non è altro che la distanza media dei punti degli x_i da $\bar{x}$, se consideriamo le x le posizioni su un asse di coordinate. La relazione riportata nella (5.7) in statistica prende il nome di *deviazione standard della popolazione*. Dalla Tabella 5.1 la somma dei quadrati degli scarti risulta: $(0.010 + 0.0144 + 0.0144 + 0.00 + 0.0016 + 0.010)$ s^2 = 0.0504 s^2. La media degli scarti quadratici è 0.0504 s^2, estraendo la radice si ha 0.0917 s, che arrotondiamo a 0.09 s. Se calcoliamo la deviazione standard della popolazione per i nove dati della misura successiva otteniamo invece 0.0756 s, che possiamo arrotondare a 0.08 s.

Questi ultimi dati risultano meno dispersi rispetto alle cinque misure precedenti. Per semplificazione didattica abbiamo considerato un numero limitato di dati, ma già si osserva che la deviazione standard fornisce un'informazione utile per descrivere come essi sono distribuiti.

La statistica indica che la stima migliore, di come siano distribuiti i dati intorno al valore medio, nel caso di dati che siano affetti da incertezze casuali, la si ottiene sostituendo a denominatore n con $n-1$, in quanto s_x in (5.7) è opportuna nel caso, in cui si avesse tutta la popolazione dell'insieme statistico, da ciò il nome *deviazione standard della popolazione*. Nel caso di misure fisiche la popolazione è infinita.

Limitandoci ad un *campione* sufficiente per la stima della incertezza si deve utilizzare:

$$\sigma_x = \sqrt{\sum_{i=1}^{n}(\Delta x_i)^2/(n-1)} = \sqrt{\sum_{i=1}^{n}(x_i-\bar{x})^2/(n-1)} \ , \qquad (5.8)$$

detta *deviazione standard del campione*. Per avere una stima appropriata del valore medio, servono almeno dieci dati, per avere una stima appropriata della deviazione standard, ne servono almeno trenta [16]. Osserveremo che per verificare se veramente la nostra variabile sotto osservazione sia casuale, bisogna invece avere almeno sessanta dati (Cap. 11).

Per ora forniamo giustificazioni intuitive della necessità di utilizzare la deviazione standard del campione, piuttosto che quella della popolazione.

Se effettuassimo una sola misura x_1, il valore medio sarebbe x_1 e la deviazione standard della popolazione:

$$s_x = \sqrt{(x_1-\bar{x})^2/n} = \sqrt{(x_1-x_1)^2/1} = \sqrt{0/1} = 0 \ ,$$

risulterebbe che la misura non ha alcuna incertezza. Se prendessimo altre misure si potrebbe osservare un altro valore.

Se usiamo la deviazione standard del campione, nel caso di un solo dato:

$$\sigma_x = \sqrt{(x_1-x_1)^2/(n-1)} \ \text{si avrebbe} : 0/0 \ ,$$

l'incertezza risulta indeterminata. È impossibile determinare l'incertezza casuale con un solo dato. Non possiamo verificare se il valore varia oppure no.

Questa considerazione intuitiva, per ora, è sufficiente per accettare come migliore stima di misure, che abbiano delle fluttuazioni ritenute casuali, la media aritmetica espressa dalla (5.1) e per la sua incertezza deviazione standard del campione espressa dalla (5.8).

Per i sei dati abbiamo $x = 5.90 \pm 0.10$ s, per i nove dati abbiamo $x = 5.90 \pm 0.08$ s. Per questioni didattiche abbiamo limitato la discussione a pochi dati, ma sufficienti per comprendere la questione.

Se, come vedremo, verifichiamo che la variabile è veramente casuale (Capp. 8, 11), possiamo ridurre l'incertezza statistica, utilizzando la deviazione standard della media.

5.2 Deviazione standard della media

Nel caso in cui la variabile misurata risulti casuale, ovvero una determinata incertezza ha la stessa probabilità di comparire con il segno positivo e con il segno negativo, allora si può stimare come incertezza sulla misura del *valore vero* la *deviazione standard della media* che si ottiene come

$$\sigma_{\bar{x}} = \sigma_x / \sqrt{n} \,. \tag{5.9}$$

La *deviazione standard della media* descriverebbe la dispersione delle misure medie di sperimentatori diversi rispetto al valore medio stimato, quindi descrive l'incertezza statistica dei valori medi da un *valore vero*.

Nel caso del singolo sperimentatore, che conduce l'esperienza, la stima del valore vero è il suo valore medio e la stima dell'incertezza sui valori medi la deviazione standard della media, ottenuta dai suoi dati sperimentali secondo la (5.9)

Quindi in conclusione abbiamo diverse deviazioni standard:

$$s_x = \sqrt{\sum_{i=1}^{n} (x_i - \bar{x})^2 / n} \; : \quad \text{deviazione standard della popolazione,}$$

$$\sigma_x = \sqrt{\sum_{i=1}^{n} (x_i - \bar{x})^2 / (n-1)} \; : \quad \text{deviazione standard del campione e}$$

$$\sigma_{\bar{x}} = \sigma_x / \sqrt{n} \; : \quad \text{deviazione standard della media.}$$

Nel caso di dati sperimentali sono usate la deviazione standard del campione e quella della media. Nelle deduzioni teoriche (la divisione per n o $n-1$ è facilmente manovrabile) compare quella della popolazione.

Facciamo una sintesi del loro significato in campo sperimentale, in combinazione con la semidispersione:

* La *semidispersione* fornisce l'intervallo, entro il quale ci aspettiamo di trovare il 100 % delle misure.
* La *deviazione standard del campione* fornisce un'indicazione della probabilità pari al 68.26 % di ottenere un *dato-risultato x* nell'intervallo $\bar{x} \pm \sigma_x$, al 95.44 % nell'intervallo $\bar{x} \pm 2\sigma_x$ ed infine al 99.74 % nell'intervallo $\bar{x} \pm 3\sigma_x$.

* La *deviazione standard della media* indica la probabilità pari al 68.26 % di ottenere una *misura* $\bar{x}$ entro l'intervallo $\bar{\bar{x}} \pm \sigma_{\bar{x}}$, pari al 95.44 % nell'intervallo $\bar{\bar{x}} \pm 2\sigma_{\bar{x}}$ ed infine al 99.74 % nell'intervallo di $3\sigma_{\bar{x}}$.

Nelle deduzioni teoriche, si usano tali deviazioni al quadrato dette *varianze*, rispettivamente:

$$s_x^2 \text{ per la popolazione, } \sigma_x^2 \text{ per il campione e } \sigma_{\bar{x}}^2 \text{ per la media.}$$

Nel caso si dimostri, che i dati rilevati di una grandezza x seguono una distribuzione gaussiana, è convenzione presentare il risultato di una misura come valore medio e l'incertezza casuale sulle previsioni dei valori medi, quindi con la deviazione standard della media. Si ha quindi che l'incertezza totale nella (2.1) si esprime come

incertezza totale espressa per le varianze nel caso in cui x si verifichi che sia casuale:

$$\delta x = \sqrt{\sigma_x^2/n + \varepsilon_x^2/3 + \eta_x^2/3}. \tag{5.10}$$

Forniamo alcune indicazioni sull'operatore sommatoria utilizzato in questo capitolo. Nelle formule la sommatoria degli scarti, fornisce una visualizzazione immediata del suo significato, ma in caso di calcolo può risultare utile esplicitare il quadrato del binomio:

$$\sum (x_i - \bar{x})^2 = \sum x_i^2 - n\bar{x}^2, \tag{5.11}$$

dove il primo termine è la sommatoria dei quadrati, mentre il secondo è n volte il quadrato della media. Mediante questa formula il calcolo può risultare più facile, si possono controllare i singoli quadrati x_i^2 delle x_i, e fare il quadrato del valore medio, piuttosto che fare la differenza tra loro eppoi farne i quadrati.

5.3 Media pesata

Nel caso di misure della stessa grandezza, accade che le stime e le incertezze risultino diverse. Se si può ritenere – quindi verificare – che *le grandezze appartengano alla stessa popolazione*, la statistica fornirà in questo caso come migliore stima del valore atteso la cosiddetta *media pesata*.

Supponiamo che uno studente A abbia misurato la grandezza X come x_A ed incertezza σ_A, mentre un altro studente B misuri la stessa grandezza come x_B ed incertezza σ_B. Questo argomento si riaggancia a quanto, discusso nel Par. 3.3 per il confronto tra misure. Non è una svista riportare qui le incertezze con il simbolo σ rispetto al simbolo δ. È un modo ricorrente: se affrontiamo le tematiche dal punto di vista statistico, formalmente parliamo di varianze, per le quali di utilizza il simbolo σ. Se parliamo di incertezze dal punto di vista pratico, si usa più comunemente il simbolo δ.

Ricordiamo, che δ dovrebbe essere dedotta dalle varianze, proprio per avere strumenti previsionali nell'ambito della statistica. E comunque anche se si confondono intervalli previsionali diversi, vale sempre la considerazione di utilizzare l'incertezza totale e non la sola casuale.

Nel seguito del testo, nella cornice formale della statistica useremo, non solo per questioni formali, ma anche mnemoniche, il simbolo σ delle varianze. Ma tornando ai casi concreti, e per non indurre nell'errore gli studenti a considerare σ come la sola parte casuale σ_x dell'incertezza, spesso metteremo in guardia sul significato del simbolo, e presenteremo risultati o formule finali, riportandoli con il simbolo più generale δ. Percui iniziamo già ad introdurre lo studente a questo modo elastico di proseguire.

Per ora supponiamo di accettare mediante la verifica grossolana, già affrontata, che A e B appartengono alla stessa popolazione, se $|x_A - x_B| \leq (\sigma_A^2 + \sigma_B^2)^{1/2}$ (vedi Par. 3.3), che significa che la differenza tra le due misure (che dovrebbe essere nulla) sia minore dell'incertezza su $x_A - x_B$. Dato che A e B sono misurate indipendentemente, l'incertezza sulla differenza è dedotta dalla somma in quadratura delle incertezze delle singole misure.

Si dimostrerà (Cap. 8), che *se A e B appartengono alla stessa popolazione*, definiti pesi p_A e p_B le rispettive $1/\sigma_A^2$ e $1/\sigma_B^2$, si avrà come miglior stima del valore atteso:

$$x_{pes} = \frac{p_A x_A + p_B x_B}{p_A + p_B} \, .$$

Si osservi come la formula corrisponda al baricentro tra due corpi di peso (mg) p_A e p_B e posizioni x_A e x_B.

La migliore stima per la deviazione standard è data da:

$$1/\sigma_{pes}^2 = 1/\sigma_A^2 + 1/\sigma_B^2 \quad \text{espressa con deviazioni standard,}$$
$$p_{pes} = p_A + p_B \qquad \text{espressa con i pesi.}$$

Possiamo generalizzare da due studenti (misure) alle misure di n studenti (misure), che indicizzeremo con il pedice j, dove ogni studente ottiene come miglior stima $\bar{x}_j$ e la rispettiva varianza σ_j^2 – ribadiamo equivalente all'atto pratico a $(\delta x_j)^2$, dato che parliamo di varianza in generale non solo della varianza casuale. Se scriviamo quindi i rispettivi $p_j = 1/\sigma_j^2$ si ha che la migliore stima è:

$$x_{pes} = \sum p_j \bar{x}_j / \sum p_j$$

e la deviazione standard sarà data da:

$$\sigma_{pes} = 1/\sqrt{\sum p_j}$$

Facciamo notare che nelle precedenti formule, abbiamo ritenuto necessario esplicitare il pedice j in quanto riferito ai vari studenti o sperimentatori.

Si può osservare, che l'utilizzo di questa formula su un campione di dati, per il quale si organizzino sottocampioni, per i quali si calcolano medie e incertezze, la migliore stima tenderà al valore vero e la deviazione standard media pesata tenderà alla deviazione standard della media (Probl. 5.8). Questi argomenti per ora forniti per l'utilizzo pratico saranno discussi e giustificati, quando affronteremo gli argomenti relativi alla distribuzione per variabili casuali nel Cap. 8.

Abbiamo considerato le formule espresse per la media pesata, presentandole nel quadro statistico quindi esprimendo le incertezze deducibili dalle varianze etichettate con il simbolo σ^2. Tali formule vanno tradotte all'atto pratico con le incertezze etichettate con il simbolo δ^2 (dedotte sempre dalle varianze), nella loro caratteristica di stimatori di intervalli previsionali.

Quindi si può applicare la media pesata, se si verifica, che le due misure possono essere considerate appartenti alla stessa popolazione. Appositamente all'atto pratico nelle formule da usare siamo ritornati all'incertezza, espressa con il simbolo δ, cosa che va anche fatta nelle formule della media pesata, fornendo per i pesi $p_j = 1/(\delta x_j)^2$. Se non si verifica che appartengono alla stessa popolazione, si dovrà procedere con la semplice media aritmetica e propagare l'incertezza sulla base della relazione $x_{ms} = (x_A + x_B)/2$, che per misure indipendenti si ha $\delta x = 1/2[(\delta A)^2 + (\delta B)^2]^{1/2}$.

In alcune misure si osserva che l'incertezza di lettura varia al variare di x, si potrebbe utilizzare quindi per la stima del valore medio e dell'incertezza, la media pesata. Ma si faccia però attenzione perché la deviazione standard, che si ottiene tende a quella della media. Per ricondursi alla deviazione standard del campione sarà necessario moltiplicare, per $\sqrt{n}$, che ci riconduce solo alla deviazione standard della popolazione ed ancora per riportarsi alla deviazione standard del campione $\sqrt{n/n-1}$.

Sono stati introdotti termini e simboli, che è opportuno iniziare a riconoscere e a manipolare, per poterne comprendere in seguito le dimostrazioni relative.

Problemi

5.1. Per i seguenti tempi misurati 75, 76, 79, 76, 75, 80, 76, 79 espressi in secondi:

- trovare il valore centrale t_{centr} e la dispersione Δ_t ,
- trovare il valore medio $\bar{t}$ e la deviazione standard del campione σ_t,
- verificare che il valore centrale e il valore medio sono diversi dalla moda.

Riportare le due stime della misura e dell'incertezza. Per questo problema si richiede allo studente di fare i calcoli direttamente, utilizzando le formule riportate nel testo.

5.2. Verificare con la propria calcolatrice o foglio elettronico, quale funzione fornisce la deviazione standard della popolazione s_t e quale quella del campione a σ_t con i dati del Probl. 5.1.

5.3. Verificare per i seguenti dati che la sommatoria degli scarti sia zero, utilizzare il primo membro di $\sum x_i - n\bar{x}=0$, e verificare l'equazione.

$$
\begin{array}{cccccccccccc}
75 & 76 & 77 & 78 & 79 & 80 & 74 & 73 & 77 & 75 & 79 & 75 \\
75 & 76 & 77 & 74 & 77 & 78 & 76 & 76 & 75 & 79 & 77 & 78
\end{array}
$$

5.4. Verificare per il Probl. 5.3 con i calcoli, che $\sum(x_i - \bar{x})^2$ dia lo stesso risultato di $\sum x_i^2 - n\bar{x}^2$ e quindi calcolare la deviazione standard del campione. Trovate il modo più pratico e sicuro di fare i calcoli con gli strumenti a vostra disposizione: su carta, con calcolatrici, con fogli elettronici ...

5.5. Utilizzare la (5.11) e verificare che la media degli scarti quadratici $\overline{(x-\bar{x})^2}$ è uguale alla media dei quadrati meno il quadrato della media $\overline{x^2} - \bar{x}^2$. (Suggerimenti: si ricordi che con il simbolo $\overline{[\quad]}$ si indica la media di quanto riportato sotto il segno espresso qui con le parentesi quadre). Nel caso di n dati risulta espressa da $\sum_{i=1}^{n}[\quad]/n$. In parentesi quadre per la media degli scarti quadratici si ha $[\quad] = (x_i - \bar{x})^2$, per la media dei quadrati $[\quad] = x_i^2$ e per la media semplicemente $[\quad] = x_i$.

5.6. In laboratorio vengono misurati con l'esperimento a due fenditure, grazie ai massimi ed ai minimi di interferenza delle onde di pressione, i seguenti valori di lunghezza d'onda espressi in mm:

$i\backslash j$	1	2	3	4	5	6	7	8	9	10
1	6.9	6.4	8.1	8.6	7.7	8.1	8.3	9.0	7.5	7.6
2	8.4	6.8	7.9	9.7	7.2	8.9	8.9	8.5	7.3	8.1
3	8.2	7.5	8.0	7.5	7.4	7.7	8.8	8.8	7.9	7.9
4	9.5	7.2	8.7	8.4	6.6	7.7	7.2	7.6	8.0	8.5
5	7.9	8.7	7.2	7.3	7.7	8.1	9.2	8.4	8.8	7.6

- Si colcoli la media di tutti i dati $\bar{\lambda}$ e la deviazione standard del campione σ_λ.
- Si consideri ogni colonna come la misura di uno studente j, si trovi la media di ogni colonna $\bar{x_j}$, e la deviazione standard per ogni colonna σ_j.
- Utilizzando le dieci medie e relative deviazioni standard di ogni studente, si calcoli la media pesata e la deviazione standard media pesata e si confronti il risultato con quanto ottenuto da tutti i dati.

5.7. Verificare che le equazioni x_{pes} e σ_{pes}, riportate nel testo, siano dimensionalmente corrette.

5.8. Utilizzando la definizione di media pesata per il valore medio x_{pes} e per la deviazione standard σ_{pes}, assumete che, se le misure sono casuali, il valore medio tenderebbe al valore vero X, e la deviazione standard tenderebbe ad un valore ideale che indichiamo con σ. Verificate che la media delle medie è sempre X e che $\sigma = \sigma_x/\sqrt{n}$. Ovviamente per ottenere questo dovremmo confrontare n misure con n tendente ad infinito, di m studenti con m tendente ad infinito. Per il calcolo si assuma che il numero di misure n sia lo stesso numero degli studenti m, per n e m tendenti ad infinito la differenza sarebbe irrilevante.

6

Organizzazione e presentazione dei dati

Il risultato della misura di una grandezza X viene espressa con due numeri ed un'unità di misura, dei due numeri il primo indica il rapporto di questa grandezza con il campione di riferimento, ed il secondo ne indica l'incertezza sulla misura. Se per la lunghezza di una fune l misuriamo 6 m con un'incertezza di 0.01 m, si devono uniformare le cifre significative di entrambi e quindi riportare

$$l = 6.00 \pm 0.01 \text{ m},$$

secondo le indicazioni del sistema internazionale si riporta il simbolo della grandezza fisica in corsivo, i numeri e l'unità di misura in testo piano, separati da uno spazio.

Nel presentare il risultato non abbiamo dato informazioni, se è frutto di misure ripetute, o se è frutto di una singola misura, né quali considerazioni sono state fatte per l'incertezza.

La misura è frutto di indagini sperimentali più articolate, e non è sufficiente solo l'espressione di un numero, che ne esprima la migliore stima, ed un'incertezza, senza indicazioni ulteriori. Pertanto, comunque, bisogna seguire direttive e convenzioni consolidate, come già introdotto, presentando l'incertezza dedotta dalle varianze con la peculiarità previsionale in un intervallo del 68 %,

È necessario spesso fornire informazioni dettagliate, che sono la sintesi di processi di elaborazione e analisi più complesse, e che, spesso, chiariscano quali tipi di incertezze si sono riscontrare, sistematiche di lettura, sistematiche di accuratezza, casuali, ecc.

Per seguire le direttive e le indicazioni consolidate, bisogna comprenderne il significato.

In questo capitolo partiremo dall'organizzazione dei dati sperimentali, per questo potremmo anche intitolarlo *rappresentazione dei dati sperimentali*, che portino poi ad una loro chiara analisi ed alla possibilità di ricontrollarli.

Organizzare e presentare in modo chiaro i dati é fondamentale, sia nella conduzione ed organizzazione dell'esperimento, che nell'analisi a posteriori, per fornire le

G. Ciullo, *Introduzione al Laboratorio di Fisica*, UNITEXT for Physics,
DOI: 10.1007/978-88-470-5656-5_6, © Springer-Verlag Italia 2014

migliori stime delle misure e delle incertezze. Tali modi aiuteranno poi a sintetizzare le conclusioni.

Lo studente o il ricercatore potrà ritenere utile presentare in parte il processo di organizzazione ed analisi dei dati nella relazione del proprio lavoro, per rendere più comprensibile l'argomento, evitando comunque di appesantire la presentazione con informazion su procedure note dell'analisi.

Per la comprensione di una misura e la distribuzione e fruizione di informazioni correlate, non basta solo fornire il risultato, ma bisogna fornire il modello teorico assunto, il modo in cui si sia condatta la misura, gli strumenti utilizzati, le decisioni statistiche e le conclusioni. Affrontiamo qui il punto di partenza, che è comunque di riferimento per l'analisi, e che uno studente alle prime armi deve imparare a non sottovalutare, né trascurare.

6.1 Presentazione dei dati

I dati sperimentali nella loro prima organizzazione sono riportati in tabelle, per le quali si possono distinguere tre categorie:

- *tabella qualitativa* – dal punto di vista fisico poco significativa, in quanto le grandezze vengono presentate in modo qualitativo, p.e. la forza del vento espressa come:

  - "il vento si percepisce sulla pelle",

  - " il vento scompiglia i capelli"

  - ...

  - "Il vento sradica gli alberi.".

- *tabella statistica* – alcune grandezze sono espresse in modo quantitativo altre solo indicate, p.e. pubblicazioni di censimenti, risultati elettori, lista delle nascite, la tavola periodica degli elementi.
  Una tabella statistica di interesse fisico è quella che riporta il numero di volte che si è ottenuto un determinato dato, dato che ha valore anche quantitativo.
- *tabella funzionale* – che riveste interesse sperimentale e riporta in ordine una variabile g che dipenda da altre; si indica $g = g(x,y,z)$ e si afferma che la grandezza g è dipendente dalle grandezze indipendenti x, y e z.

6.1.1 Tabelle statistiche e istogrammi

Iniziamo a considerare un tipo di tabella, utile nel laboratorio, soprattutto per organizzare i dati di misure ripetute.

Proviamo a discutere la situazione di tre serie di misure di lunghezza d'onda di pressione[1], riportate nella Tabella 6.1, indicata come variabile x per una descrizione del tutto generale, ma per la quale ne riportiamo le dimensioni per segnalare allo studente, che vanno fornite in questa situazione, utili anche ai fini didattici. Nella

Tabella 6.1 Misure della lunghezza d'onda λ di pressione, per la quale si utilizza il simbolo x per generalizzare, e si riportano per correttezza le unità di misura

num. progressivo i	1^a serie x [mm]	2^a serie x [mm]		3^a serie x [mm]		
1	8.6	8.2	8.0	8.6	8.2	8.6
2	8.2	8.4	9.0	8.2	8.6	8.4
3	8.2	8.4	7.8	8.4	8.2	8.2
4	8.4	8.2	8.4	8.4	9.0	8.6
5	8.2	8.6	8.8	8.2	7.8	8.4
6	8.6	8.0	8.4	8.6	8.4	8.0
7	9.0	8.8	8.0	8.0	8.6	8.2
8	8.0	8.6	8.8	8.8	8.4	8.4
9	8.4	8.2	8.4	8.6	8.4	8.o
10	7.8	8.6	8.6	8.8	8.8	8.2

prima colonna è indicato con i il numero progressivo delle misure. Per compattare meglio, abbiamo organizzato i dati in multipli di dieci, quindi la prima serie è di dieci dati, la seconda di venti e la terza di trenta. L'informazione del numero di dati è fondamentale per gli studi di statistica. Nella Tabella 6.1 si osservano alcuni dati, che si ripetono più volte, quindi potremmo osservare quante volte un dato compare più di un altro rispetto al numero totale, ovvero studiarne la *frequenza*.

Se il numero di dati è sostanzioso, risulta più pratico, dopo la registrazione, raggrupparli per valori uguali come in Tabella 6.2, in cui riportiamo nella prima colonna il numero d'ordine dei raggruppamenti (o *classi*), indicati con k, ed individuati dal valore x_k (riportato nella seconda colonna).

Nella terza colonna si riporta il numero di volte n_k (*occorrenze*), che abbiamo ottenuto il valore x_k, e nella quarta colonna si riporta la frequenza (F_k), ovvero il

---

[1] Parliamo di ultrasuoni a frequenze dell'ordine di 40 kHz, che hanno le stesse proprietà di propagazione del suono.

Tabella 6.2 Misure ripetute della lunghezza d'onda ordinate per valore x_k, che ne individua la classe k. n_k è il numero di occorrenze di x_k della rispettiva classe, F_k è la frequenza di tale valore

classe	valore	1^a serie		2^a serie		3^a serie	
k	x_k [mm]	n_k	F_k	n_k	F_k	n_k	F_k
1	7.8	1	0.1	1	0.05	1	0.033
2	8.0	1	0.1	3	0.15	3	0.100
3	8.2	3	0.3	3	0.15	7	0.233
4	8.4	2	0.2	5	0.25	8	0.267
5	8.6	2	0.2	4	0.2	7	0.233
6	8.8	0	0.0	3	0.15	3	0.100
7	9.0	1	0.1	1	0.05	1	0.033
		10	1.0	20	1.00	30	1.000

numero di volte n_k che si è rilevato il valore x_k diviso il numero totale di dati n:

$$F_k = \frac{n_k}{n} \qquad \textit{frequenza} \text{ del valore } x_k \ .$$

I valori riportati nella Tabella 6.2 mostrano come sono distribuiti i dati, si osserva che:

$$\sum_{k=1}^{n} F_k = 1 \ . \tag{6.1}$$

Questa proprietà viene detta *normalizzazione* ed esprime la certezza, che ogni valore osservato appartiene all'insieme dei nostri valori.

Inoltre possiamo scrivere la media in un'altra forma, partendo dalla definizione:

$$\bar{x} = \sum_{i=1}^{n} x_i/n \equiv \tag{6.2}$$

$$\equiv \bar{x} = \sum_{k=1}^{n_{classi}} n_k x_k/n = \sum_{k=1}^{n_{classi}} (n_k/n)x_k = \sum_{k=1}^{n_{classi}} F_k x_k \ . \tag{6.3}$$

Si faccia attenzione che nella (6.2) la sommatoria è su tutti i valori x_i e quindi il pedice i, che va da uno a n. Mentre nella (6.3) la sommatoria agisce sul prodotto del numero di dati osservati per classe (n_k) ed il valore corrispondente della classe (x_k), dove k indica la classe e quindi la sommatoria va da $k = 1$ a $k = n_{classi}$ (numero di classi).

Nei casi in discussione in Tabella 6.2 n_{classi} è sette per tutte e tre le serie, mentre n è diverso.

La disposizione in Tabella 6.2 risulta utile per organizzare i dati, ma non permette di vedere chiaramente come essi siano distribuiti, per questo è opportuna una rappresentazione grafica mediante un *istogramma*.

Istogrammi

L'istogramma delle occorrenze (n_k) si costruisce, riportando sull'asse delle ascisse i valori misurati e sull'asse delle ordinate il numero di volte (n_k), che tali valori sono stati rilevati. Se i dati sono molti, risulta appropriato organizzarli per classi come in Tabella 6.2, e riportare la classe sulle ascisse e il numero di occorrenze sulle ordinate.

Nell'istogramma si può riportare l'intervallo della classe (x minimo e x massimo di ogni classe), o il suo valore centrale (questa seconda soluzione sarà adottata nel testo, per compattare le etichette) e la larghezza dell'intervallo risulta dal grafico stesso, o equivalentemente dal passo tra ogni valore centrale.

Per i nostri dati prendiamo come valore centrale di ogni classe ogni valore osservato e come larghezza dell'intervallo $x_k - 0.1$ mm e $x_k + 0.1$ mm. Tale scelta è stata fatta, in quanto i dati sono riportati con salti di 0.2 mm, e quindi, non avendo altre informazioni, potremmo pensare che questa sia l'unità fondamentale della scala di lettura [2].

Tale informazione, che estrapoliamo dalla tabella, espressa come errore di lettura della scala è $\varepsilon_x = 0.1$ mm.

La frequenza è proporzionale alle occorrenze dei dati in quell'intervallo, percui è possibile costruire un *istogramma delle occorrenze* o equivalentemente un *istogramma delle frequenze*.

Per ora limitiamoci alle considerazioni sull'istogramma delle frequenze, ma anticipiamo che, per poter verificare in seguito (Capp. 8 e 11), se i dati sono affetti da incertezze casuali introdurremo le *densità di frequenza*, che accenneremo in questo capitolo.

Sull'*istogramma delle frequenze* l'*altezza* di ogni barra indicherà la *frequenza* relativa alla classe, mentre la *larghezza* della barre individuerà la *larghezza dell'intervallo* della classe. Per una maggiore chiarezza, ma anche per maggiore congruità, abbiamo scelto una larghezza uguale per tutte le classi.

Riportiamo in Fig. 6.1 gli istogrammi delle frequenze F_k delle tre serie riorganizzate in Tabella 6.2. Si osservi che le barre, che indicano le frequenze per ogni classe, sono contigue, in quanto il valore osservato per ogni classe può cadere proprio nell'intervallo individuato dalla larghezza stessa della classe. Prendiamo la prima classe a sinistra con valore registrato 7.8 mm, preso come centrale per la classe, si otterrebbe per qualsiasi valore compreso tra 7.7 e 7.9, e via di seguito.

Si osserva che, all'aumentare del numero di rilevazioni, se le incertezze sono di tipo casuale, i dati risulteranno distribuiti in modo sempre più simmetrico in prossimità di un valore, che è più frequente. All'aumentare del numero di rilevazioni (e aumentando la risoluzione, quindi riducendo l'incertezza di lettura) si osserva che i dati sembrano poter essere descritti da una curva simmetrica quasi continua.

Tale curva che descrive l'*andamento al limite*, ovvero per un numero infinito di dati, ci aspettiamo sia un'idealizzazione, che ci permetterebbe di stimare il *valore vero* della grandezza, dal *valore di aspettazione* della curva ideale. Chiariremo nella

---

[2] La misura di λ, introdotta nel Cap. 4, si ottiene da $2(x_i - x_{i+1})$, dove ogni x_i e x_{i+1} viene misurato con risoluzione 0.1 mm, pertanto ogni misura risulterà con un passo di 0.2 mm.

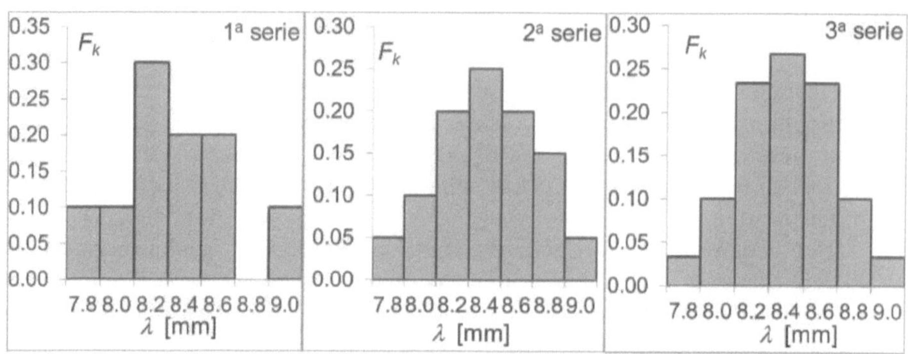

Figura 6.1 Istogrammi delle frequenze F_k per le tre serie di dati, riorganizzati secondo la Tabella 6.2 .

seconda parte (Cap. 8) questo appunto e questi termini. L'andamento al limite di un numero infinito di misure potrebbe essere descritto da una *curva continua*, ma le nostre *misure* sono *discrete*, dobbiamo trovare il modo di mettere questi due mondi in comunicazione e trasferire, quanto finora descritto per *variabili discrete* alle *variabili continue*.

Dal discreto al continuo

Si osservi che, se indichiamo con Δx_k la larghezza di ogni rettangolo e con F_k la sua altezza, l'area del rettangolo risulta $F_k \Delta x_k$, che è sempre proporzionale a n_k. Scegliamo la larghezza degli intervalli uguale, per semplificare la matematica e si osserva che:

$$\sum_{k=1}^{n_{classi}} F_k \Delta x_k = \Delta x \sum_{k=1}^{n_{classi}} F_k = \Delta x \ .$$

Ribadiamo per maggiore sicurezza che n_{classi} indica il numero delle classi (numero di intervalli sull'istogramma), nei casi della tabella 6.2 n_{classi} è pari a sette per tutte e tre le serie.

Si osservi che, per *normalizzare* il prodotto delle frequenze per la larghezza delle classi, ovvero avere l'area totale data dalla somma di tutti i rettangoli, ottenuti dalle F_k, pari ad uno, si deve dividere per la larghezza dell'area Δx_k infatti otterremo:

$$\sum_{k=1}^{n_{classi}} (F_k/(\Delta x_k))\Delta x_k = 1 \ .$$

Possiamo etichettare la $F_k/\Delta x_k$ con f_k, detta *densità di frequenza*, dato che per ottenere la frequenza dobbiamo moltiplicare per Δx_k. Tale definizione può essere compresa, pensando al caso della densità lineare λ di un filo di massa m e lunghezza l, data dalla relazione $\lambda = m/l$. Per ottenere la massa di un tratto di filo Δl si deve moltiplicare λ per Δl, si ha $\Delta m = \lambda \Delta l$

Nello stesso modo per ottenere la frequenza F_k si deve moltiplicare la densità di frequenza f_k per la larghezza dell'intervallo Δx_k :

$$F_k = f_k \Delta x_k \ .$$

Se si è orientati a trovare una funzione continua, che descriva la distribuzione dei nostri dati sperimentali, si deve portare la rappresentazione mediante istogrammi, finora espressa per variabili discrete, ad una rappresentazione per variabili continue, che possono assumere un valore qualsiasi nell'intervallo $[a, b]$ del campo dei numeri reali.

Siano x i valori compresi in $[a, b]$, dividiamo questo intervallo[3] in

$$[x_1, x_2), [x_2, x_3), \cdots, [x_{m-1}, x_m] \ ,$$

intervalli più piccoli di ampiezza Δx. Per ognuno di questi intervalli avremo un certo numero di occorrenze indicato con n_k, che indica il numero di eventi, che hanno il valore compreso nell'intervallo. La frequenza è ottenuta dalla relazione:

$$F_k = \frac{n_k}{n} \ .$$

dove si ricorda n sono il numero di tutti gli eventi $n = \sum_1^{n_{classi}} n_k$. Attenzione si è appositamente esplicitato n_{classi} per indicare il numero di intervalli, la relazione tra n_{classi} ed il pedice degli estremi dell'intervallo è $m - 1 = n_{classi}$.

Se aumentiamo all'infinito il numero di intervalli, quindi per $n_{classi} \to \infty$ (o equivalentemente per $m \to \infty$), avremo la riduzione della larghezza dell'intervallo, fino ad arrivare a un elemento di larghezza infinitesimale ($\Delta x \to \mathrm{d}x$) e la sommatoria di queste quantità tenderà all'area sottesa dalla curva ideale (questo limite in analisi matematica è l'integrale di una funzione). Quindi si ha

$$\lim_{n_{classi} \to \infty} \sum \frac{F_{x_k}}{\Delta x_k} \Delta x_k = \lim_{n_{classi} \to \infty} \sum f_k \Delta x_k = \int\limits_{a=-\infty}^{b=+\infty} f(x)\mathrm{d}x. \tag{6.4}$$

All'aumentare del numero di misure e della risoluzione si ha che la f_k sembra tendere ad una curva continua $f(x)$. Visto che abbiamo chiamato la f_k *densità di frequenza*, chiameremo la $f(x)$ *densità di probabilità*. Tale terminologia sarà giustificata da quanto affronteremo nel Cap. 7, sui cenni di probabilità, nel quale osserveremo che *all'aumentare del numero di prove (misure) la frequenza tende alla probabilità.*

---

[3] Abbiamo usato la notazione di [per intervallo chiuso e) per intervallo aperto, vedremo che questo problema solo formale, per uniformarci all'analisi di funzioni, in realtà verrà superato, utilizzando per gli istogrammi intervalli chiusi, ed attribuendo nel caso di valore uguale al valore che delimita due intervalli contigui, 1/2 a destra ed 1/2 a sinistra.

Inoltre si osservi la corrispondenza anche visiva tra variabili discrete e variabili continue nella (6.4):

- a $\sum$ (sommatoria) discreta corrisponde $\int$ (una s stilizzata, che sta per somma),
- alla densità di frequenza f_k corrisponde la densità di probabilità $f(x)$ e
- alla larghezza della classe Δx_k corrisponde il differenziale dx.

Questa corrispondenza ci permetterà di passare da formule, dedotte per le variabili discrete, di più facile comprensione, a formule per il caso continuo, ovvero per la nostra curva ideale descrittiva di variabili casuali.

Si osservi che nel caso di un intervallo $[a, b]$ l'integrale ha come estremi i valori dati, diversamente la funzione di densità di probabilità è calcolata su tutto il campo reale, dato che l'area sottesa dalla curva risulta nulla nelle zone in cui la funzione è nulla, per questo abbiamo esteso l'integrale nella (6.4) da $-\infty$ a $+\infty$.

Tale argomento verrà ripreso, una volta affrontato l'approccio probabilistico ai dati affetti da incertezze casuali, per quantificare quanto bene una distribuzione di tipo casuale si avvicini ai dati di una grandezza misurata, permettendo di passare dalla frequenza sperimentale alla probabilità teorica, che meglio si adatta ai dati, e quindi potere fornire il *valore vero*, che risulterà una stima del *valore di aspettazione*. Distingueremo in questo testo il *valore di aspettazione*, che è *quanto si ricava da una curva o modello ideale*, e *valore vero* che è quanto possiamo fornire come *stima di una misura sulla base dell'analisi dei dati osservati*. Richiamiamo qui un altro termine, il *valore atteso*, al quale si attribuisce il significato di un valore, con il quale si vuole confrontare una misura, che abbiamo già considerato nel Cap. 3.

6.1.2 Tabelle funzionali e loro presentazione grafica

In fisica non possiamo limitarci alla sola osservazione di una grandezza ed alla misura ripetuta di essa, ma spesso cerchiamo le relazioni tra le grandezze, per questo risulta utile l'organizzazione dei dati in *tabelle funzionali*. Una tabella funzionale viene organizzata in base alla *variabile indipendente*, che di solito indichiamo nel caso generale x, rispetto alla quale si registra la *variabile dipendente*, che di solito indichiamo con y.

Questa organizzazione richiama già la sua rappresentazione grafica delle funzioni, percui avremo che la *variabile indipendente* x si troverà sull'asse delle ascisse e la *variabile dipendente* y su quello delle ordinate.

In Tabella 6.3 se ne riporta l'organizzazione di una tipica, dove nella prima colonna si ha il numero sequenziale di coppie (x_i, y_i) con i, che va da uno ad N. Nell'analisi dei dati, rispetto all'analisi di funzioni, fissata una variabile indipendente x, si osserva come cambiano le altre grandezze osservabili ed assunte come variabili dipendenti. Questo è visibile dall'inversione dell'ordine nella tabella, si fissa un valore per la x_i e si osserva il corrispondente valore y_i.

Tabella 6.3 Esempio di tabella funzionale per la variabile indipendente x e quella dipendente y

| num. | variabile indipendente | | variabile dipendente | |
| coppia | [unità di misura] | | [unità di misura] | |
i	x	δx	y	δy
1	val. num.	val. num.	val. num.	val. num.
2	val. num.	val. num.	val. num.	val. num.
...	val. num.	val. num.	val. num.	val. num.
N-1	val. num.	val. num.	val. num.	val. num.
N	val. num.	val. num.	val. num.	val. num.

Per semplicità non sono riportate eventuali altre colonne relative ad ulteriori variabile indipendenti.

Nell'organizzare le tabelle di tipo funzionale è utile un'organizzazione del tipo:

1. Per la scelta dei valori da assegnare alla variabile indipendente:
   è utile scegliere una variazione costante della mantissa (p.c. 1, 2, 3 ... oppure 2, 4, 6 ...) moltiplicato per 10^n ,
2. individuare correttamente le cifre significative,
3. arrotondare sulla base delle cifre significative i valori numerici.

Sicuramente il primo punto è da osservarsi prima ancora di effettuare la misura, per avere una organizzazione ordinata. I punti secondo e terzo riguardano soprattutto la presentazione di tabelle nelle relazioni o pubblicazioni, cosa che genera spesso equivoci a chi si avvicina al laboratorio di fisica, perché per i calcoli è meglio portarsi dietro più cifre significative e questo dipende dalla situazione. Segnaliamo qui anche un problema ricorrente nella regressione lineare, che affronteremo nel Cap. 9. I parametri della retta sono dedotti da formule, che contengono frazioni fra differenze di stime ottenute dai dati. In questo caso nelle sottrazioni, le cifre significative si possono ridurre, percui bisogna controllare, che non si perda significatività nella stima, e quindi cercare di avere per i numeri in gioco sufficienti cifre significative.

La rappresentazione mediante grafici risulta utile soprattutto per avere una prima idea visiva dell'andamento e nel caso per inoltrarsi a trovare le relazioni funzionali, delle quali la più facile, e che affronteremo in questo testo, è quella lineare (una retta). Anche per questo è opportuno organizzare la raccolta dati con passi costanti della mantissa della variabile indipendente x.

Per introdurre questo argomento, prendiamo l'esperienza semplice già introdotta (Cap. 5) relativa al pendolo, e che utilizzeremo ancora, per presentare dati veri agli studenti. Esperienza che si può proporre in classe nel corso delle lezioni, o farla a casa per conto proprio.

Cerchiamo la *relazione funzionale* tra il periodo di oscillazione T di un pendolo e la lunghezza del filo l. Supponiamo che alcuni teorici propongano due tipi di relazioni:

$$1^{a} \text{ ipotesi teorica } \quad T = 2\pi\sqrt{l/g}\,,$$

$$2^{a} \text{ ipotesi teorica } \quad T = \frac{1}{2\pi}\sqrt{l/g}\,.$$

Molti studenti sono in grado di ricordare o verificare, quale sia la relazione corretta, ma cerchiamo di affrontare l'argomento dal punto di vista sperimentale, cioè dimostrare con un esperimento, quale delle due ipotesi può essere accettata.

La condizione necessaria, ma non sufficiente, che le dimensioni siano omogenee, viene rispettata da entrambe le formule.

Invece di prendere un singolo periodo, scegliamo di cronometrare tre periodi, questo per evitare, influenze sistematiche, dovute alla nostra reazione per tempi molto brevi. Prendiamo un numero basso di oscillazioni per una trattazione più facile didatticamente.

Iniziamo a prendere le nostre misure a diverse lunghezze del cordino – basta fare dei nodi a distanze uguali [4] – e riportiamo i dati come in Tabella 6.4.

Tabella 6.4 Misure del tempo di tre oscillazioni di un pendolo con cordino e peso per verificare la relazione funzionale tra periodo di oscillazione T di un pendolo e lunghezza l del cordino. La variabile indipendente $x \equiv l$, la variabile dipendente $y \equiv T$

	$l = 88.5$ cm		$l = 64.5$ cm		$l = 44.0$ cm		$l = 24.5$ cm	
	i	$3T$ [s]	i	$3T$	i	$3T$ [s]	i	$3T$ [s]
	1	6.00	1	4.91	1	4.22	1	3.00
	2	5.78	2	5.13	2	4.32	2	2.97
	3	5.78	3	5.03	3	4.28	3	3.28
	4	5.94	4	5.22	4	4.32	4	2.91
	5	5.87	5	5.25	5	4.16	5	3.03
	6	6.00	6	5.00	6	4.22	6	3.03
$\overline{3T}$	5.895		5.090		4.253		3.037	
σ_{3T}	0.1011		0.1328		0.06408		0.1274	
$\sigma_{3T}/\overline{3T}$	0.01716		0.02609		0.01507		0.0419	

ricaviamo T e l'errore su T propagato dalla misura di $3T$

	calc.	*arrot.*	calc.	*arrot.*	calc.	*arrot.*	calc.	*arrot.*
$\overline{T}$	1.965	1.97	1.697	1.70	1.418	1.42	1.012	1.01
σ_T	0.0337	0.03	0.0443	0.04	0.0214	0.02	0.0425	0.04
σ_T/T	0.0172	1.5 %	0.0261	2.4 %	0.0151	1.4 %	0.042	4.0 %

---

[4] Questo infatti ha avuto come risultato, che in Tabella 6.4, non ci sia un passo preciso per la lunghezza.

Nella Tabella 6.4 abbiamo evidenziato in corsivo *arrot.* per ricordare, che questo è il modo corretto di presentare nelle relazioni i risultati. Invece nell'organizzarci i dati per analizzarli, come stiamo procedendo per motivi didattici, teniamo più cifre significative. Quindi per licenza didattica abbiamo riportato più cifre significative, cosa necessaria ed utile nell'analisi dei dati, ma non accettabile nella loro presentazione.

Per motivi didattici nel calcolo dell'incertezza per $y = 3T$, si sta considerando solo quella statistica, non abbiamo fatto menzione alcuna sull'incertezza di lettura, questa si potrebbe dedurre da come sono presentati i dati. y viene misurata con un cronometro che fornisce *n.nn* s ovvero con la risoluzione di $1/100$ di secondo, percui avremmo un'incertezza sulla misura dei tre periodi di oscillazione di $1/2(1/100)$ secondi, per ora la consideriamo trascurabile rispetto all'incertezza casuale, sommare in quadratura 0.005 alle incertezze in tabella non cambia il valore numerico delle incertezze, nell'orrotondamento di solito utilizzato.

Per l'incertezza abbiamo tenuto una cifra significativa, nonostante si osservi un'influenza apprezzabile sull'incertezza (relativa) percentuale. Ma ciò ci permette di focalizzarci sul metodo piuttosto che sulla precisione, e vogliamo ora dare più evidenza a ciò.

Riordiniamo i dati in modo opportuno, ovvero per coppie di variabili indipendenti e dipendenti (x_i, y_i), come riportato in Tabella 6.5.

Tabella 6.5 Tabella funzionale per la variabile indipendente $\sqrt{l}$ in 3ª colonna, dove l è la lunghezza del cordino del pendolo in 2ª colonna, e per la variabili dipendente T in 4^a colonna

coppia i	l	var. indip. $\sqrt{l}$	var. dip. T	
	[m]	$[\mathrm{m}^{1/2}]$	[s]	
i	1	$\sqrt{l}$	T	δT
1	2.45E-01	$4.95\ 10^{-1}$	1.01	0.04
2	4.40E-01	$6.63\ 10^{-1}$	1.42	0.02
3	6.45E-01	$8.03\ 10^{-1}$	1.70	0.04
4	8.85E-01	$9.41\ 10^{-1}$	1.97	0.03

Ci abbiamo messo un po' ad organizzare i dati, e questo è quanto spesso accade in laboratorio, o nello studio di una relazione fra grandezze, per questo siamo partiti dal caso reale, senza invece presentare numeri, che potrebbero non sembrare legati alle situazioni reali.

Una *relazione funzionale* facile da studiare, è quella *lineare* del tipo $y = A + Bx$, che nel nostro caso particolare si ha, se $y \equiv T$ ed $x \equiv \sqrt{l}$, la relazione risulta quindi:

$$T = \mathrm{cost}\sqrt{\frac{l}{g}} = \mathrm{cost}\frac{1}{\sqrt{g}}\sqrt{l} \equiv y = A + Bx,$$

dove la costante B è la pendenza della retta e ci permette di verificare dal confronto con il caso particolare $\text{cost}/\sqrt{g} \equiv B$, quale costante e quindi quale ipotesi sia da rigettare.

A questo punto si riduce tutto allo studio della relazione tra la variabile dipendente y (nel nostro caso T), sulla quale si ha un'incertezza δy (nel nostro caso particolare δT) e la variabile indipendente x, nel nostro caso $\sqrt{l}$, trascurando l'incertezza sulla variabile x, dato che l'incertezza relativa sulla x al massimo è dell'ordine del due per mille, mentre l'incertezza sulla y è dell'ordine del percento. Questo argomento è opportuno evidenziarlo.

Lo studio di una relazione *funzionale* si effettua, in prima approssimazione, scegliendo come *variabile dipendente* quella con la *maggiore incertezza relativa* e trascurando l'incertezza sulla *variabile indipendente*, che dovrebbe quindi avere l'*incertezza relativa minore*.

Sulla carta millimetrata[5] cerchiamo di trovare una relazione lineare (una retta), che comprenda le misure effettuate e le incertezze sulle misure. Prima di tutto riportiamo i dati come punti, individuati dalle coppie (x, y) dei dati registrati, eventualmente con dei simboli, in Fig. 6.2 sono stati utilizzati dei rombi ($\diamond$), e riportiamo su ogni coppia di dati anche le incertezze con le corrispondenti barre.

Di seguito affronteremo un metodo grossolano, ma che dà l'idea di come in seguito useremo la matematica, per affrontare in modo rigoroso l'argomento, inoltre avvicina gli studenti ad un approccio descrittivo e grafico di organizzare i dati osservati.

Per trovare la relazione lineare, cerchiamo di comprendere l'intervallo di relazioni lineari, quindi rette, che includano i due estremi, ovvero la retta di massima pendenza, che passa dal primo dato meno l'incertezza nel punto $y_1 - \delta y_1$ e l'ultimo dato più l'incertezza nel punto $y_4 + \delta y_4$, che in Fig. 6.2 è riportata con segmento punteggiato, e la retta con minima pendenza che passa rispettivamente per $y_1 + \delta y_1$ e $y_4 - \delta y_4$.

Visto che in questo caso siamo interessati alla stima del parametro B, ci limiteremo soprattutto a questo.

La pendenza di una retta è facile da ricavare anche con nozioni geometriche elementari, osservando che le rette non sono altro che le ipotenuse di triangoli rettangoli, delimitati proprio dai punti scelti.

Si otterrebbe per la curva di massima pendenza $y_{max\ pend} = A' + B_{max}x$, ovvero la retta con linea punteggiata ed una curva di minima pendenza ($y_{min\ pend} = A'' + B_{min}x$) indicata dalla retta tratteggiata.

---

[5]Gli studenti hanno in mano strumenti tecnologici e fogli elettronici, per l'analisi dei dati, ma in un approccio pragmatico, e di prima analisi, consigliamo di utilizzare sistemi, che non distraggano dalla misura, spesso in laboratorio gli studenti si perdono dietro problemi informatici e non prendono in modo corretto e chiaro le misure.

Figura 6.2 Grafico del periodo di oscillazione di un pendolo in funzione di $\sqrt{l}$. I dati vanno riportati sui grafici come singoli punti con, eventualmente, dei simboli (qui $\diamond$) e le incertezze vanno indicate con le barre sui corrispondenti punti. Le relazione funzionali, o modelli, si indicano con linee continue, tratteggiate, punteggiate. Qui con la linea punteggiata ($\cdots$) si indica la curva di massima pendenza, con linea tratteggiata (- - -) quella di minima pendenza.

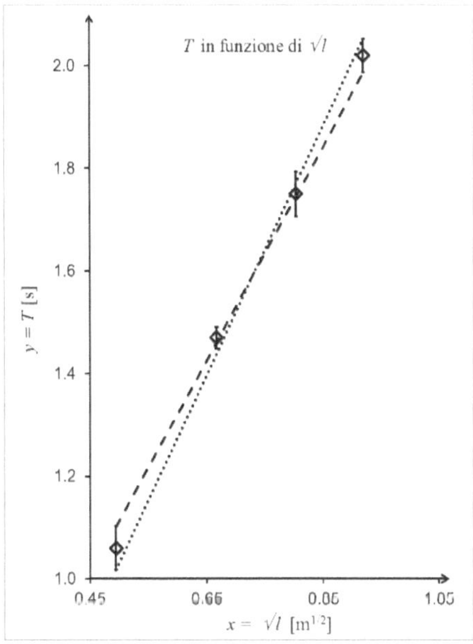

Per un approccio "grossolano" preliminare possiamo ricavare le rette graficamente sulla carta millimetrata o mediante calcoli, ed utilizzare come migliore stima della curva la relazione $y = A_{ms} + B_{ms}x$, dedotta dalle due rette.

Possiamo fornire come migliore stima della pendenza il valore centrale delle pendenze delle due rette, calcolate o ricavate graficamente, $B_{ms} = (B_{max} + B_{min})/2$, mentre come incertezza sulla pendenza utilizziamo la semidispersione: $\delta B = \Delta_B/2$, dove il Δ_B è la dispersione $(B_{max} - B_{min})$.

È interessante mostrare come per il caso riportato si ottiene $B_{min}=1.997$ s m$^{-1/2}$ e $B_{max}=2.311$ s m$^{-1/2}$, da cui $B_{ms} = 2.152$ s m$^{-1/2}$ e $\delta B = \Delta B/2 = 0.157$ s m$^{-1/2}$. Pertanto $B = 2.15 \pm 0.16$ s m$^{-1/2}$. Si ottiene che cost = 6.74 ± 0.49.

Nel calcolo qualsiasi valore è stato arrotondato ad almeno tre cifre significative, provate a calcolare B con x a due cifre significative ed otterrete $B = 2.182 \pm 1.59$ da presentare come misura nel seguente modo $B = 2.18 \pm 0.16$,

Facciamo ora la verifica di significativà con la costante attesa, per il caso del calcolo con arrotondamenti a tre cifre significative almeno. Si osserva per la cost= 2π che il rapporto tra discrepanza ed incertezza risulta $|6.74 - 6.28|/0.49$ =0.94, mentre per cost= $1/2\pi$, si ottiene 14. Possiamo rigettare l'ipotesi che la costante sia $1/2\pi$ e accettare quella in cui la costante è 2π.

Facciamo notare, che, se la verifica venisse fatta con le misure, in cui abbiamo arrotondato a due cifre significative le sole x, avremmo ottenuto $|B_{ms} - B_{att}|/\delta B = 1.1$, percui maggiore di uno e avremmo rigettato anche l'ipotesi con costante 2π.

Questo esempio, già nel caso di un confronto grossolano, permette di vedere come sia importante tenere conto delle cifre significative.

Come per il parametro B anche per il parametro A si possono ottenere $A_{ms} = (A' + A'')/2$ e l'incertezza $\delta A = \Delta_A/2 = (A' - A'')/2$. Questo può essere il caso in cui si vuole ricavare, invece che la pendenza, l'intercetta con l'asse y.

Infine possiamo anche fare previsioni, se impostiamo una data x, su quale sarà il risultato delle y, da $y = A + Bx$, si ottiene che $\delta y = \delta A + x \delta B$, dato che abbiamo considerato trascurabile l'incertezza sulla x.

Tale approccio grafico, risulta utile per una prima osservazione dei dati e per verificare, già durante la misura, se qualcuno di essi sia troppo diverso dagli altri e ricontrollare, quindi ripetendo eventualmente la misura.

Questo approccio risulta anche perseguibile per esempio nelle scuole superiori, o nei casi in cui le basi matematiche risultano ancora insufficienti per affrontare l'argomento dal punto di vista formale nel Cap. 9, dove si forniscono le formule per ricavare A e B, rispettivamente la (9.7) e la (9.8) e le incertezze, rispettivamente la (9.12) e la (9.13)), sulla base di un metodo detto dei minimi quadrati, che estende il procedimento qui riportato su tutte le coppie di dati disponibili.

Si troverà un metodo analitico, per ricavare la curva teorica, che meglio approssima i dati sperimentali, ed un metodo statistico di verifica della fiducia, che la legge teorica, scelta per i dati, sia appropriata.

Ulteriore argomento, che si affronterà, sarà la cosiddetta tecnica di linearizzazione, osserveremo che, nel caso in cui si possa ricondurre una relazione funzionale ad una di tipo lineare ($y = A + Bx$), lo studio risulterà facile da affrontare anche analiticamente.

La linearizzazione è stata già fatta proprio nell'esempio sotto studio, per indicare subito quale direzione prendere nel caso di esperimenti, nei quali si cerca una relazione funzionale.

Infatti abbiamo ricondotto la relazione $T = (\text{cost}/\sqrt{g})\sqrt{l}$ a quella lineare $y = A + Bx$, avendo considerato per la variabile indipendente x la $\sqrt{l}$.

Problemi

6.1. Rifare come esercizio l'organizzazione della Tabella 6.1 nella Tabella 6.2 e riportare su grafico gli istogrammi come in Fig. 6.1.

6.2. Per i dati del Probl. 5.6, utilizzando la media e la deviazione standard del campione,

a) si costruisca una tabella con una larghezza degli intervalli pari a metà della deviazione standard del campione.
b) Si faccia l'istogramma delle "densità di frequenza".
c) Si calcolino le medie di ogni colonna e si riportino sullo stesso grafico tali valori, costruendo un'altra tabella con le stesse classi.
d) Si osservi come cambiano le distribuzioni di tutti dati e dei valori medi di ogni colonna.

6.3. In classe o a casa si possono registrare dati con un semplice pendolo, un cordino sospeso a qualche morsetto con in fondo un pesetto.

Si riporta, quanto osservato in aula il 7 ottobre 2012, con un cordino di nylon, ed un pesetto (piombino da pesca a forma di pera pescato presso l'ex cava di Bauxite ad Otranto). Nella Tabella 6.3 si consideri una variabile generica x. In 2^a riga, le iniziali dei nomi, ma si inizi a ragionare sul pedice j in 1^a riga, che indica il j-esimo studente, e sul pedice i della l'i-esima misura, che indica le righe.

Tabella 6.6 Dati registrati in classe per un certo numero di oscillazioni di un pendolo, che etichettiamo per ora x

j	1	2	3	4	5	6	7	8	9	10	11
i	Mi.	Lo.	Ma.	N.	Mar.	A.	Le.	Si.	E.	F.	So
1	2.23	2.15	2.16	2.22	2.27	2.18	2.24	2.20	2.09	2.20	2.49
2	2.18	2.18	2.19	2.17	2.23	2.12	2.21	2.19	2.21	2.22	2.03
3	2.04	2.18	2.28	2.19	2.09	2.22	2.12	2.29	2.18	2.23	2.15
4	2.24	2.16	2.29	2.29	2.23	2.19	2.20	2.28	2.19	2.19	2.15
5	2.34	2.18	2.22	2.20	2.22	2.17	2.22	2.21	2.26	2.26	2.17
6	2.17	2.13	2.20	2.17	2.13	2.21	2.17	2.22	2.12	2.22	2.08
7	2.19	2.18	2.11	2.17	2.23	2.09	2.17	2.26	2.20	2.27	2.06
8	2.15	2.19	2.21	2.26	2.29	2.13	2.21	2.15	2.20	2.29	2.29
9	2.17	2.16	2.17	2.27	2.20	2.13	2.25	2.23	2.17	2.27	2.20
10	2.09	2.01	2.19	2.16	2.24	2.17	2.26	2.23	2.23	2.20	2.15

a) Si ricavi la media e la deviazione standard, di tutti i dati e si costruisca l'istogramma delle occorrenze. Uno studente ha commesso un errore in una misurazione, provate ad individuare il dato sull'istogramma. Si costruisca poi l'istogramma delle frequenze e delle densità di frequenza.

b) Si considerino poi i dati di ogni studente, quindi dalla colonna $j=1$ alla $j=11$, le medie di ogni studente $\overline{x_j}$, e anche le corrispondenti deviazioni standard del campione σ_j.

c) Si riportino sullo stesso istogramma delle densità di frequenza dei dati, le densità di frequenza dei valori medi.

d) Si consideri poi la deviazione standard dei valori medi. Si facciano considerazioni e ... si confronti la stima, che ogni studente potrebbe fare della deviazione standard della media dai suoi dati.

6.4. Ricavare i coefficiente B_{max} e B_{min}, per i dati della Tabella 6.5, riportata nel testo, con gli strumenti matematici a propria disposizione. Per chi non avesse tali strumenti, si consideri il modo semplice, utilizzabile immediatamente, del considerare le rette come ipotenuse di triangoli rettangoli, rispetto agli assi delle ascisse e delle ordinate.

Provare poi, ottenuti i coefficienti con le coppie di dati estremi disponibili, a ricavare anche le intercette con l'asse y, ovvero i coefficienti A' ed A''.

6.5. Ottenuta la retta dal Probl. 6.4, fare la verifica per le due leggi riportate per il pendolo, mediante la discrepanza ed il rapporto con l'incertezza, ottenuta dalla propagazione della semidispersione sul coefficiente B. Rigettare l'ipotesi che mostra una discrepanza significativa.

6.6. Nel caso di una molla si osserva che, applicandole all'estremità inferiore delle masse m, si registrano degli allungamenti Δl dove l e la lunghezza della molla. Si

m (g)	100	200	300	400	500	600	700	800
δm (g)	2	2	2	2	2	2	2	2
Δl (mm)	1.0	1.9	3.0	4.1	4.9	6.3	7.6	8.5
$\delta(\Delta l)$ (mm)	0.2	0.2	0.2	0.2	0.2	0.2	0.2	0.2

verifichi la legge di Hooke $|F| = k\Delta l$, dove la forza applicata alla molla è pari a mg ($g = 9.81$ m s^{-2}), e k è la cosiddetta costante elastica.

Si fornisca con il metodo grafico il coefficiente B della regressione lineare $y = A + Bx$ e l'incertezza espressa come semidispersione, confrontato con la legge di Hooke tale coefficiente permette di ottenere la costante elastica della molla k.

Verificare se il valore atteso pari a 920 N m^{-1}, rientra nell'intervallo di fiducia $\pm\,\delta k$ e quindi risulta appropriato per i dati rilevati.

Premesse sulla probabilità

Nel caso di dati sperimentali affetti da incertezze casuali si osserva che, all'aumentare del numero di rilevazioni, i dati tendono a distribuirsi intorno ad un valore centrale, con una determinata dispersione. Al limite di n (prove-misure) tendente ad infinito ci aspettiamo di ottenere una distribuzione ideale. Tale distribuzione si può derivare matematicamente proprio dall'assunzione, che ogni incertezza sulla grandezza x sia casuale, ovvero abbia la stessa probabilità di comparire con segno negativo o positivo. Nella discussione compare sempre il termine probabilità e i nomi stessi di tali incertezze, dette per l'appunto casuali, aleatorie, stocastiche, rimandano alla teoria delle probabilità.

Di seguito forniremo solo dei cenni e alcuni chiarimenti sulla terminologia e sulle proprietà, che riguardano la teoria delle probabilità, finalizzati all'utilizzo che ne faremo nel corso del testo.

7.1 Definizioni di probabilità

Il calcolo delle probabilità si interessa dello studio di fenomeni casuali, detti anche aleatori, stocastici, ed è sorto per risolvere problemi posti dal gioco d'azzardo (Ars conjectandi di J. Bernoulli, pubblicazione postuma fatta dal nipote Niklaus nel 1713).

La prima pubblicazione sistematica si deve a P.S. Laplace (1812), la definizione *classica* di probabilità data dallo stesso è:
"la probabilità $P(E)$, che si verifichi un evento E, è il rapporto fra il numero di *casi favorevoli* N_E al verificarsi di E, ed il numero di *casi possibili* N, giudicati *egualmente probabili*":

$$P(E) = \frac{N_E}{N} \; .$$

La probabilità risulta quindi un numero compreso tra zero e uno, in particolare per il valore zero si avrà l'*evento impossibile*, per il valore uno invece l'*evento certo*.

G. Ciullo, *Introduzione al Laboratorio di Fisica*, UNITEXT for Physics,
DOI: 10.1007/978-88-470-5656-5_7, © Springer-Verlag Italia 2014

Questa definizione presuppone, che tutti gli eventi siano equiprobabili, quindi risulta alquanto tautologica.

Fu già Bernoulli a introdurre il concetto del *principio della ragione non sufficiente*, detto successivamente *principio di indifferenza*, che asserisce che in mancanza di ragioni, che impongano di assegnare probabilità diverse, tutti gli eventi devono essere considerati equiprobabili.

L'*approccio sperimentale* ai fenomeni casuali è *diverso*, ovvero si osserva il numero di volte (n_E), in cui si è verificato un evento, e si divide per il numero di prove effettuate (n). Tale rapporto fornisce la *frequenza* dell'evento E. Questo approccio fornisce una definizione della probabilità detta *frequentista*, in quanto si presenta la frequenza degli *eventi verificatisi* rispetto agli *eventi osservati*:

$$F(E) = \frac{n_E}{n}.$$

Anche la *frequenza*, come la probabilità, è un *numero reale*, compreso *tra zero ed uno*.

Con l'approccio frequentista si rischia di incorrere in qualche abbaglio, nel caso di poche prove.

Per la probabilità frequentista si ha zero per l'evento, che non si è mai verificato, ma non necessariamente risulta impossibile. Discorso analogo se $F(E) = 1$, l'evento si è sempre presentato, ma non necessariamente è certo.

Si consideri la situazione del lancio di un dado una sola volta, in cui si ottenga, per esempio, il *"due"*. Con la definizione frequentista ed una sola prova avremmo il paradosso di definire certo tale evento e invece impossibile il complementare, ovvero l'uscita di qualsiasi numero diverso dal *"due"*.

L'esperienza mostra, che all'aumentare del numero di prove n, la frequenza tende alla probabilità classica, a condizione che il sistema (moneta, dado, mazzo di carte...) non sia truccato, ovvero tutti i modi siano equiprobabili.

Tale comportamento prende il nome di *legge empirica del caso*: ed afferma che in una serie di n prove, eseguite tutte nelle stesse condizioni, la frequenza di un evento in generale tende ad assumere valori prossimi alla probabilità, e che l'approssimazione è tanto migliore, quanto maggiore è il numero di prove n:

$$\lim_{n \to \infty} \frac{F(E)}{P(E)} = 1,$$

ovvero la frequenza $F(E)$ tende alla probabilità per $n \to \infty$.

La *probabilità* calcolata con l'impostazione

- *classica* è anche detta *probabilità a priori*,
  mentre quella dedotta dall'impostazione
- *frequentista* è anche detta *probabilità a posteriori*.

Ci sono altri casi in cui la valutazione delle probabilità è del tutto "soggettiva". Per esempio qual è la probabilità che oggi piova, o che un atleta vinca una gara?

Anche in questi casi la probabilità viene espressa mediante un numero da zero ad uno, percui si assume zero per l'evento ritenuto impossibile ed uno per l'evento invece ritenuto certo. Il valore, che si fornisce, dipende dalla fiducia, che il soggetto ripone nell'evento.

Qual è la probabilità, che un vostro amico ricordi l'appuntamento? Dipende dall'esperienza acquisita con tale amico o dalla vostra personale fiducia.

Tale *probabilità* viene detta *soggettiva*.

Sulla base di tutto ciò è risultato necessario formulare una definizione della probabilità matematicamente rigorosa detta *assiomatica o di Kolmogorov*. Le definizioni assiomatiche hanno basi formali, che non sono necessarie ai fini del corso di esperienze di laboratorio, ma possono risultare immediate per dedurre alcune proprietà delle funzioni di distribuzione e per una descrizione chiara e rigorosa.

L'approccio che ci si propone è la presentazione di alcune proprietà della probabilità frequentista di più facile accesso e, grazie alla linearità del limite, la loro estensione alla probabilità classica e di conseguenza assiomatica.

In alcuni casi risulterà pratico ed immediato fare uso anche dei concetti base dell'insiemistica.

Per il seguente corso non ci si formalizzerà nel seguire sempre un profilo rigoroso, ma solo quello più pratico, per accedere alle informazioni necessarie all'utilizzo dei concetti per la studio della teoria delle incertezze.

7.1.1 Frequenza e probabilità

Si supponga di aver definito un determinato evento E e di ottenere dal numero di volte, che si è verificato (n_E), rispetto al numero di prove effettuate (n), la frequenza $F(E) = n_E/n$.

Si può osservare che la frequenza $F(\overline{E})$ del complementare di E (o anche evento contrario), che indicheremo come $\overline{E}$, ovvero tutti gli eventi che non sono E, risulta $F(E)=1- F(\overline{E})$:

$$F(\overline{E}) = \frac{n - n_E}{n} = 1 - \frac{n_E}{n} = 1 - F(E) \,, \qquad (7.1)$$

da cui infatti $F(E) = 1 - F(\overline{E})$.

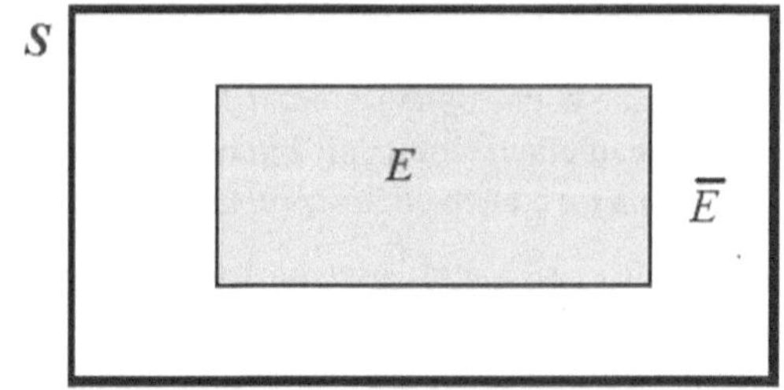

Figura 7.1 Diagramma di Eulero-Venn dell'evento E il suo complementare $\overline{E}$ e tutto lo spazio degli eventi S.

Tale relazione possiamo estenderla alla probabilità classica, grazie all'andamento al limite delle prove ad infinito:

$$\lim_{n\to\infty} F(\overline{E}) = 1 - \lim_{n\to\infty} F(E) \, ,$$

$$P(\overline{E}) = 1 - P(E) \, .$$

Se si definisce S lo spazio degli eventi, si può introdurre la rappresentazione insiemistica, mediante i diagrammi di Eulero-Venn (Fig. 7.1). Tale rappresentazione è utile, per chiarire intuitivamente come calcolare la probabilità.

Per esempio si osserva in Fig. 7.2 che, nel caso di eventi mutuamente esclusivi (nessun elemento appartiene ai due insiemi), tali da coprire tutto lo spazio degli eventi S, si ottiene che la somma delle probabilità dei singoli eventi A_i è pari all'evento certo.

La probabilità che si avveri uno qualsiasi degli eventi di qualsiasi sottinsieme è data da:

$$P(\bigcup_{i=1}^{6} A_i) = \sum_{i=1}^{6} P(A_i) = P(S) = 1 \, ,$$

relazione detta anche *assioma della certezza*.

Dove il simbolo $\cup$ indica l'unione dei sottoinsiemi A_i .

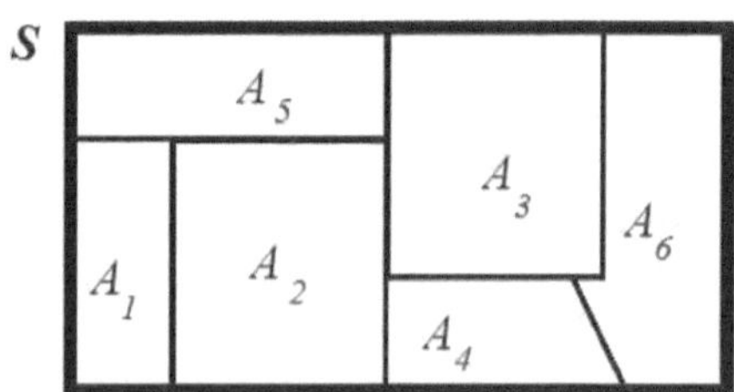

Figura 7.2 Diagramma di Eulero-Venn per uno spazio di eventi (S) ottenuto dall'unione dei sottoinsiemi di eventi A_i mutuamente esclusivi.

Due insiemi mutuamente esclusivi si hanno, quando l'intersezione ($\cap$) tra loro è l'elemento vuoto ($\emptyset$):

$$A_i \cap A_j = \emptyset \, .$$

Si ottiene, che la probabilità dell'evento impossibile (elemento vuoto $\emptyset$) è pari a 0:

$$P(\emptyset) = 0 \, ,$$

infatti dalla relazione

$$P(S + \emptyset) = P(S) + P(\emptyset) = 1 \, ,$$

dato che $P(S) = 1$, $P(\emptyset)$ deve essere zero.

7.1.2 Probabilità assiomatica

Come anticipato, quanto trovato per la probabilità frequentista è direttamente trasferibile, grazie alla proprietà di linearità del limite, alla probabilità classica.

Per chi ama la formalità matematica, forniamo la definizione di probabilità assiomatica. Si parte da una σ-*algebra* [17], detta anche *tribù*, fondamentale nella teoria delle misure in matematica e strettamente collegata all'insiemistica.

Ogni famiglia F di sottoinsiemi di S avente le proprietà:

- l'insieme vuoto appartiene ad F: $\emptyset \in F$;

- se una infinità numerabile di insiemi $A_1, A_2 \dots \in F$; $\bigcup_{i=1}^{\infty} A_i \in F$,

- se $A \in F$ lo stesso vale per il suo complementare $\overline{A}$.

si chiama σ-*algebra*.

L'algebra di cui si parla non è altro che l'*insiemistica*.

C'è una corrispondenza biunivoca tra concetti insiemistici e probabilistici, utile per inquadrare il formalismo. Per l'utilizzo come premesse alla gaussiana ci limitiamo alle considerazioni pratiche di un esempio, riportato in vari testi di probabilità e comprensibile in quanto legato ai giochi di carte.

Per esempio, si utilizzi come insieme S un mazzo di carte francesi e definiamo come evento A l'estrazione di un asso, e come evento B l'estrazione del seme di quadri, si otterrà:

- S: l'insieme delle 52 carte;

Figura 7.3 Diagramma di un mazzo di carte (S) in cui sono indicati l'evento A: estrazione di un asso e l'evento B: estrazione di una carta di quadri.

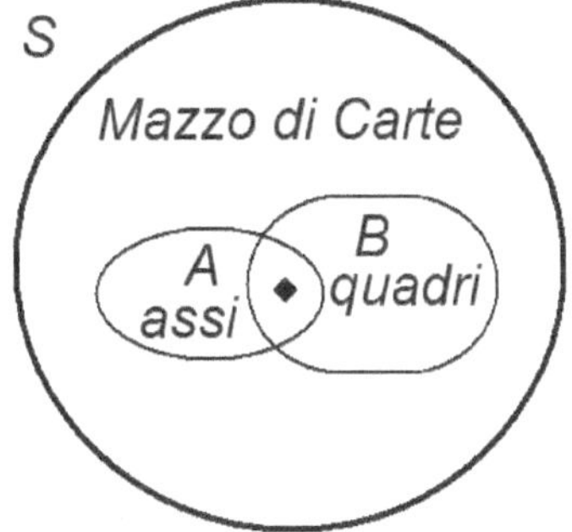

- $A \cup B$: seme di quadri o asso di cuori, fiori, picche;
- $A \cap B$: asso di quadri;
- $A - B$: asso di cuori, fiori o picche;
- $\overline{A}$: tutte le carte tranne gli assi.

Queste definizioni formali, se osservate nel diagramma in Fig. 7.3, sono accettate senza problemi.

Probabilità assiomatica o di Kolmogorov

Data P un'applicazione o funzione, che fa corrispondere ad un generico insieme A appartenente ad una σ-algebra F un numero reale compreso tra $[0, 1]$:

$$P : F \to [0,1],$$

la funzione $P(A)$, che soddisfi a quanto sopra e goda anche delle seguenti proprietà:

$$P(A) \geq 0;$$
$$P(S) = 1;$$

per ogni famiglia finita o numerabile di A_1, A_2, ... di insiemi di F tra loro mutuamente disgiunti:

$$P\left(\bigcup_{i=1}^{\infty} A_i\right) = \sum_{i=1}^{\infty} P(A_i) \text{ se } A_i \cap A_j = \emptyset \ \forall \, i \neq j$$

viene detta probabilità.

Tali assiomi sono verificati sia dalla probabilità classica, che da quella frequentista. Formalmente si definisce *spazio di probabilità* $(\mathscr{E}) \equiv (S, F, P)$ la terna formata da uno spazio campionario S, da una σ-*algebra* e dalla funzione P.

La probabilità assiomatica gode anch'essa delle proprietà:

$$P(\overline{A}) = 1 - P(A),$$
$$P(\emptyset) = 0,$$
$$P(A) \leq P(B) \text{ se } A \subseteq B.$$

Teorema dell'additività

La probabilità dell'evento dato dal verificarsi di A o B in generale con $A \cap B \neq \emptyset$ è data da:

$$P(A \cup B) = P(A) + P(B) - P(A \cap B).$$

Possiamo dedurre tale teorema da considerazioni insiemistiche o, più semplicemente osservando, che se i due insiemi non sono disgiunti (Fig. 7.3), l'insieme $A \cap B$, viene contato due volte.

Nel caso delle carte, etichettando con A l'evento di ottenere un asso dall'estrazione di una carta dal mazzo, e con B l'evento di ottenere il seme di quadri, la probabilità, che si abbia o l'evento A o l'evento B ovvero o un asso o una carta di quadri è pari a 16/52.

Verifichiamo il risultato ottenuto intuitivamente con la formula suddetta:

$$\frac{16}{52} = P(A \cup B) = P(A) + P(B) - P(A \cap B) = \frac{4}{52} + \frac{13}{52} - \frac{1}{52} = \frac{16}{52}.$$

È immediato osservare che, se gli eventi sono disgiunti ($A \cap B = \emptyset$), quindi incompatibili, si ha la definizione assiomatica già data come proprietà:

$$P(A \cup B) = P(A) + P(B).$$

Si pensi per esempio alla probabilità di ottere una carta figurata di picchie o una carta di quadri, in tal caso si ha:

$$\frac{16}{52} = P(A \cup B) = P(A) + P(B) = \frac{3}{52} + \frac{13}{52}.$$

Probabilità composta: eventi dipendenti e <u>indipendenti</u>

Si definisce probabilità di un evento A condizionata (o subordinata) ad un altro evento B e si indica con $P(A/B)$ la probabilità del verificarsi di A nell'ipotesi, che si sia verificato B. Se B non si verifica l'evento A/B non è definito.

Secondo l'impostazione classica, se si indica con b il numero di casi favorevoli al verificarsi di B e con c (inteso come A con B, si verificano A e B) il numero di casi favorevoli al verificarsi di $A \cap B$, la probabilità di A subordinata a B risulta:

$$P(A/B) = \frac{c}{b} = \frac{(c/n)}{(b/n)} = \frac{P(A \cap B)}{P(B)} \tag{7.2}$$

$P(A/B)$ può essere $<, >$ o $=$ a $P(A)$.

Si considerino come esempio i numeri da 1 a 90 (si pensi alla tombola o al lotto). Si definisca come evento A = "numero divisibile per 5" si avrà $P(A)$ = 18/90 = 1/5.

- Sia B = "numero pari" si ha $P(A/B)$=9/45=1/5 = $P(A)$
- Sia B = "numero uscito $\leq$ 22" si ha $P(A/B)$ = 4/22=2/11 $< P(A)$
- Sia B = "numero uscito $>$ 22" si ha $P(A/B)$ =14/68 = 7/34 $> P(A)$

Si ottiene per la (7.2) il principio delle probabilità composte

$$P(A \cap B) = P(B)P(A/B) = P(A)P(B/A)$$

ovvero la probabilità che si verifichi l'evento $A \cap B$ (A e B) è data dal prodotto della probabilità, che si verifichi uno di essi (A o B) per la probabilità dell'altro, condizionata al verificarsi del primo.

Un caso importante, che interessa in seguito, si ha quando $P(A) = P(A/B)$, ovvero quando i due eventi sono indipendenti dal punto di vista del calcolo delle probabilità (ovvero non sono condizionati).

In questo caso per il principio della probabilità composta, che si verifichino A e B:

$$P(A \cap B) = P(A)P(B) \tag{7.3}$$

Questa può essere considerata una condizione necessaria e sufficiente, affinché i due eventi siano *stocasticamente indipendenti*.

Un esempio sarà più chiaro. Si provi a rispondere alla seguente domanda: *qual è la probabilità, che lanciando due volte un dado esca sempre il sei?*

Si contano i casi possibili, per ogni risultato del primo lancio (che ha sei possibilità), si avrebbero poi sei possibili casi ulteriori per il secondo lancio. Abbiamo quindi un caso favorevole sui 36 possibili .

Poiché il verificarsi del primo lancio è del tutto indipendente dal verificarsi del secondo lancio, siamo nel caso di eventi indipendenti e compatibili. Quindi per due eventi A e B indipendenti e compatibili si avrà:

$$P(A \cap B) = P(A)P(B) \tag{7.4}$$

Ovvero per il caso di ottenere sei nel primo lancio e sei nel secondo lancio si avrebbe $1/6 \times 1/6 = 1/36$. Come ottenuto contando i casi favorevoli (1) su tutti quelli possibili (36).

Come esempio provate a calcolare la probabilità di ottenere con tre estrazioni successive sempre l'asso di quadri da 52 carte. Perché gli eventi siano indipendenti e compatibili, non condizionati, ovviamente il mazzo di carte deve essere sempre completo ad ogni estrazione.

E così dovremmo avere esaurito il necessario del calcolo delle probabilità, che utilizzeremo soprattutto per la distribuzione di Gauss (Cap. 8).

Nel caso di una *misura ripetuta* assumiamo di potere *indipendentemente* misurarla *senza essere influenzati dalla misura precedente* o condizionare la successiva. Le *misure ripetute* saranno da considerarsi *eventi compatibili e stocasticamente indipendenti*.

Data una curva ideale, che descrive la distribuzione dei nostri dati casuali, alla quale possiamo associare una probabilità di ottenere un determinato risultato, grazie a quanto osservato, per gli eventi compatibili e stocasticamente indipendenti, potremo valutare la probabilità di ottenere tutti i risultati osservati dal prodotto delle probabilità di ottenere ogni singolo.

Statistica e Teoria delle Incertezze

8
La distribuzione gaussiana

Abbiamo osservato (Cap. 6), nel caso di misure ripetute, che risulta più chiaro organizzarle in istogrammi.

È utile sistemare i dati in classi e riportarne quindi le frequenze. Dall'osservazione di misure ripetute, nel caso di grandezze affette da incertezze casuali, l'andamento al limite (infinito) dei dati sperimentali risulta una distribuzione simmetrica rispetto ad un valore centrale.

La distribuzione limite (ideale), in questo caso, è una curva continua, che prende il nome da C. F. Gauss. Tale curva viene detta in suo onore *distribuzione gaussiana* o *densità di probabilità gaussiana*, ed è nota anche come *distribuzione normale*.

Oltre a questa distribuzione di importanza capitale per la misura di grandezze, considereremo altri tipi di densità di probabilità, che per un teorema fondamentale della statistica, avremo modo di ricondurre, già nel caso di solo due variabili a densità di probabilità uniforme, sempre ad una distribuzione gaussiana. In questo modo le analisi dei dati e le verifiche di ipotesi si basano principalmente quindi sulla distribuzione normale.

Per questo la distribuzione gaussiana è un argomento di importanza capitale nello studio delle leggi naturali e degli strumenti tecnologici sviluppati.

8.1 Dall'osservazione all'idealizzazione: la distribuzione limite

Abbiamo visto (Cap. 7), che, all'aumentare del numero di prove, *la frequenza tende alla probabilità* (legge empirica del caso).

- La teoria delle probabilità sulla base delle *probabilità note a priori* permette di *calcolare* la probabilità di ottenere un determinato risultato;
- la statistica sulla base dei dati disponibili, quindi delle frequenze, *probabilità a posteriori*, si pone l'obiettivo di *stimare* la probabilità di ottenere un risultato.

Il punto di partenza della fisica sperimentale si basa sull'approccio frequentista con l'obiettivo, di stimare l'andamento al limite (infinito) delle osservazioni, per fornire il *valore vero*, come migliore stima del *valore di aspettazione* di una *densità di probabilità*.

G. Ciullo, *Introduzione al Laboratorio di Fisica*, UNITEXT for Physics, 105
DOI: 10.1007/978-88-470-5656-5_8, © Springer-Verlag Italia 2014

Nel caso di misure ripetute le frequenze F_k godono della proprietà detta *normalizzazione*: $\sum_{k=1}^{n_{classi}} F_k = 1$.

Nell'organizzazione dei dati su istogrammi con classi di larghezza Δx_k, e altezza F_k, si ha che il prodotto $F_k \Delta x_k$ non risulta normalizzato (Cap. 6).

Si sono introdotte le *densità di frequenza* $f_k = F_k / \Delta x_k$, tali da fornire le frequenze F_k come area individuata dal prodotto $f_k \Delta x_k$ e godere della proprietà di normalizzazione.

L'andamento delle distribuzioni (istogrammi) delle occorrenze n_k, delle frequenze F_k e delle densità di frequenza f_k, risultano simili, ma queste ultime permettono di ottenere dal prodotto $f_k \Delta x_k$ le frequenze, giustificando il fatto, che un dato in una classe può assumere qualsiasi valore nell'intervallo corrispondente e la somma dei loro prodotti è normalizzata, importante per la sua corrispondenza con la probabilità. Infatti l'assioma della certezza richiede che l'area della curva della densità di probabilità sia pari ad uno. È necessario, pertanto, prendere in considerazione l'istogramma delle densità di frequenza f_k, in quanto $\sum_{k=1}^{n_{classi}} f_k \Delta x_k = 1$ è normalizzata, che equivale a dire che qualsiasi evento osservato è incluso nel campione, quindi siamo certi che tutti gli eventi appartengano al nostro spazio degli eventi (vedi assioma della certezza in Cap. 7).

Figura 8.1 Istogrammi delle densità di frequenza f_k all'aumentare del numero di dati. Sulle ascisse la coordinata x, sebbene utilizzata per il caso generale, espressa con le dimensioni in mm, per fare notare che le densità di frequenza e la curva ideale sono da esprimersi con l'inverso delle dimensioni di x. L'integrale, l'area sottessa, è frutto del prodotto tra la due, e, come deve essere, quindi adimensionale, in quanto esprime la probabilità. Per chiarezza grafica i valori centrali delle classi sono riportati per una classe sì e una no. Viene solo riportata una curva (tratteggiate) ideale, che per dati affetti da incertezze casuali sarà la gaussiana.

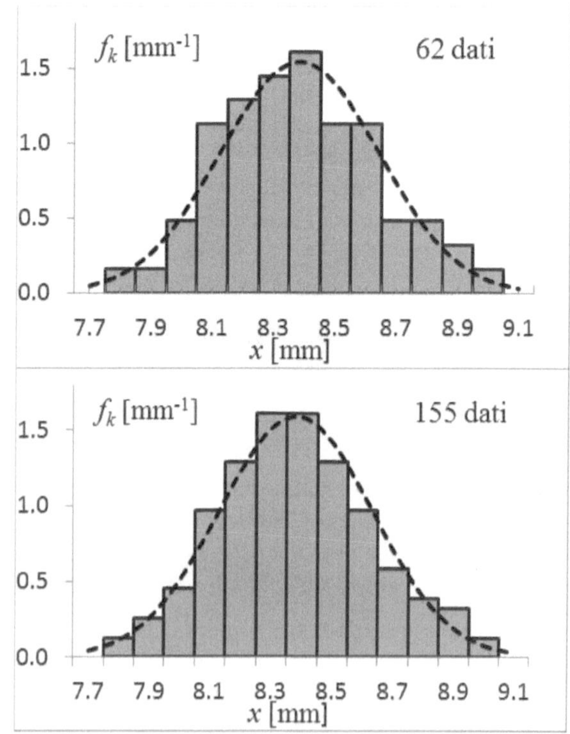

All'aumentare del numero delle misure, l'istogramma tende ad una curva sempre più simmetrica rispetto ad un valore massimo centrale, intorno al quale si accumulano i dati (Fig. 8.1). Si osservi che, sebbene stiamo considerando una variabile qualsiasi x, per evidenziare, che la densità di frequenza ha le dimensioni dell'inverso della variabile x, abbiamo utilizzato come dimensioni mm per x, che fa sì che f_k e le dimensioni della curva ideale siano l'inverso mm^{-1}. Per una maggiore chiarezza grafica in Fig. 8.1, sulle ascisse si trovano le etichette di una classe sì e la successiva no.

Possiamo aumentare il numero di misure n e, se i dati sono affetti da incertezze casuali, ci aspettiamo una distribuzione sempre più vicina a quanto riportato in Fig. 8.2[1]. A destra e a sinistra di un valore più frequente abbiamo le stesse densità di frequenza (stesso numero di dati osservati). La sovrapposizione della curva ideale risulta sempre più in accordo con la distribuzione delle densità di frequenza reali.

Dati reali, se casuali, avranno la tendenza alla curva ideale (155 dati in Fig. 8.1) all'aumentare del numero di misure. Supponiamo di avere risultati in un intervallo $[a, b]$, p.e. in Fig. 8.2 risulta l'intervallo compreso tra 7.6 mm e 9.2 mm.

Possiamo anche aumentare la risoluzione, ovvero restringere la larghezza delle classi ed aumentare il numero di dati, per averne a sufficienza in ogni classe. Si può esprimere l'aumento del numero di classi, quindi la riduzione della larghezza degli intervalli, con la seguente relazione:

$$\lim_{n_{classi} \to \infty} \sum_{k=1}^{n_{classi}} f_k \Delta x. \tag{8.1}$$

In questo modo l'approssimazione dei rettangoli relativi ad ogni classe con l'area sottesa dalla curva $f(x)$, corrisponderà sempre più a $f(x_k)\Delta x$, e ci sarà l'equivalenza tra $f(x_k) \equiv f_k$

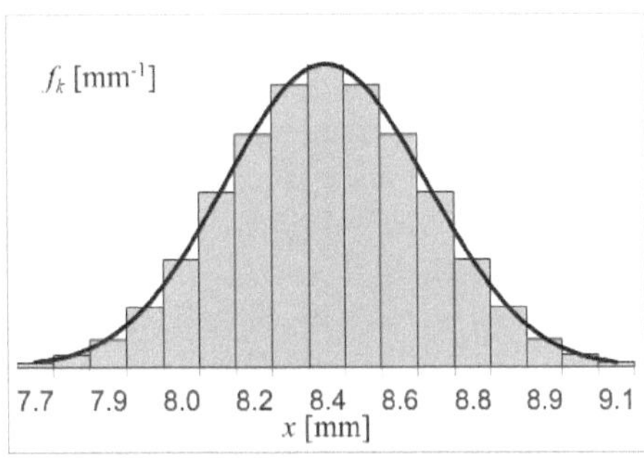

Figura 8.2 Istogramma delle densità di frequenza, f_k, di una variabile casuale rispetto alle classi di larghezza $\Delta x_k = \Delta x$, per ogni k da uno a n_{classi}. I valori x_k centrali delle classi sono riportati uno sì ed uno no. Con la linea continua viene riportata la curva ideale $f(x)$, che si dovrà sovrappore al meglio ai valori centrali di ogni classe dell'istogramma.

---

[1] Nel caso ideale di avere strumenti con incertezza di risoluzione trascurabile.

Possiamo approssimare la sommatoria suddetta nel modo seguente:

$$\lim_{n_{classi}\to\infty} \sum_{k=1}^{n_{classi}} f_k \Delta x \approx \lim_{n_{classi}\to\infty} \sum_{k=1}^{n_{classi}} f(x_k)\Delta x. \tag{8.2}$$

Il limite per $n_{classi} \to \infty$, della somma delle aree ottenute non è altro che l'integrale definito di una funzione $f(x)$ calcolato nell'intervallo $[a, b]$.

$$\lim_{n_{classi}\to\infty} \sum_{k=1}^{n_{classi}} f(x_k)\Delta x = \int_a^b f(x)\mathrm{d}x$$

Il simbolo $\int$ ricorda per l'appunto una "s" stilizzata, proprio per indicare tale aspetto dell'integrale.

Grazie all'integrale si può calcolare l'area sottesa dalla curva ideale per ogni intervallo $[x_1, x_2]$, anche in $x_k - \Delta x_k/2$ e $x_k + \Delta x_k/2$ della classe k.

Non ci inoltreremo oltre, avendo come obiettivo quello di fornire agli studenti del primo anno gli strumenti utili per un laboratorio di fisica, ci basta comprendere che il calcolo dell'*integrale* per un dato intervallo (integrale definito) non è altro che *l'area sottesa* da una determinata curva, delimitata dall'intervallo considerato.

Grazie alla corrispondenza tra le curva limite per una variabile continua, e le variabili discrete, si possono trasferire altre proprietà o calcoli da una variabile discreta x_k ad una variabile continua x.

Nel capitolo dedicato alla teoria delle probabilità si è osservato che all'aumentare del numero di prove le frequenze tendono alle probabilità (*legge empirica del caso*).

Quindi chiameremo la *curva* continua, che descrive l'andamento al *limite* per il numero di dati tendente ad infinito delle densità di frequenza, *densità di probabilità*: in Fig. 8.2 l'altezza del rettangolo f_k con sfondo grigio indica la densità di frequenza, il valore $f(x)$ calcolato in x_k della curva continua indica la densità di probabilità.

Per ottenere le frequenze bisogna moltiplicare le densità di frequenza per la larghezza dell'intervallo corrispondente $F_k = f_k \Delta x_k$.

Equivalentemente per ottenere la *probabilità* si calcola l'*area sottesa dalla curva* $f(x)$ nel corrispondente intervallo.

Tale area fornisce quindi la probabilità di ottenere un determinato risultato nell'intervallo $[x_k - \Delta x_k/2, x_k + \Delta x_k/2]$.

Quindi è possibile, per un determinato intervallo Δx_k, confrontare la frequenza del risultato ottenuto x_k, data da $F_k = f_k \Delta x_k$, con la probabilità "ideale" di ottenere tale risultato nell'intervallo suddetto mediante il calcolo di $\int_{x_k-\Delta x_k/2}^{x_k+\Delta x_k/2} f(x)\mathrm{d}x$.

Come si può osservare in Fig. 8.3, la probabilità di un elementino di area $\mathrm{d}x$ è data dal prodotto $f(x)\mathrm{d}x$ e, visto che parliamo di infinitesimi, la si indica $\mathrm{d}P$. Possiamo quindi scrivere nel caso generale, in cui sia nota la $f(x)$:

$$\mathrm{d}P = f(x)\mathrm{d}x \quad \text{da cui si ha}$$

$$\forall [x_1, x_2] \quad P(x_1 \leq x \leq x_2) = \int_{x_1}^{x_2} \mathrm{d}P = \int_{x_1}^{x_2} f(x)\mathrm{d}x \, .$$

La relazione $dP = f(x)dx$ possiamo scriverla[2] anche come $f(x) = dP/dx$.

La funzione $P(x)$ è detta integrale indefinito e $dP/dx = f(x)$ è la sua derivata. Equivale a dire $d\left(\int (fx)dx\right)/dx = f(x)$. La derivata dell'integrale è appunto l'integrando $(f(x))$.

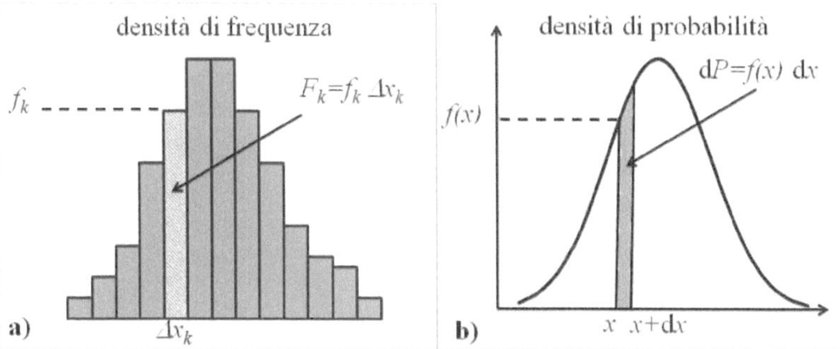

Figura 8.3 Similitudine tra variabili discrete **a)** e variabili continue **b)**. Dalla densità di frequenza alla densità di probabilità.

8.2 Variabili discrete e continue: frequenza e probabilità

Possiamo *trasferire* quanto definito per *le variabili discrete* e *frequenze* alle *variabili continue* e *probabilità*. Avremo che, se alle variabili discrete $(x_1, x_2, \ldots, x_n)$ associamo le rispettive densità di frequenza $(f_1, f_2, \ldots, f_n)$, alla variabile continua x associamo la densità di probabilità $f(x)$. Rimane un piccolo dettaglio: dal punto di vista sperimentale lo spazio degli eventi è infinito, ovvero potremmo avere qualsiasi risultato, anche se all'atto dell'osservazione i dati si accumulano intorno ad un valore centrale dispersi in un certo modo. Quindi la variabile continua x, nel caso generale, può assumere un valore qualsiasi nell'intervallo $(-\infty, +\infty)$, osservando che, dove $f(x)$ risulta nulla, l'area sottesa dà contributo nullo.

Elenchiamo le proprietà che è utile trasferire dalla variabile discreta alla variabile continua:

- normalizzazione della densità di probabilità,
- il valore medio della variabile x,
- la varianza, che ci permette di ottenere la deviazione standard.

  Tale passaggio implica anche che:

- le sommatorie $\sum$ siano sostituite dal segno di integrale $\int$,

---

[2] L'integrale è l'operazione inversa della derivata, si conosce la funzione $f(x)$ e si deve trovare una funzione P, la cui derivata dia $f(x)$.

- gli intervalli Δx_k dal differenziale dx,
- le variabile discreta x_k dalla variabile continua x,
- le densità di frequenza f_k dalla densità di probabilità $f(x)$.

Lo specchietto riassuntivo in Tabella 8.1 aiuta a collegare il caso discreto al continuo, formalizzando quanto presentato graficamente in Fig. 8.3. È opportuno di-

Tabella 8.1 Corrispondenza tra proprietà di variabili discrete (x_k) -> e variabili continue x : 2^a riga normalizzazione, 3^a riga media -> valore di aspettazione o speranza matematica, 4^a riga varianza -> valore di aspettazione della varianza

	Variabili discrete	->	Variabili continue
Normalizzazione	$\sum_{k=1}^{n_{classi}} f_k \Delta x_k = 1$	->	$\int_{-\infty}^{+\infty} f(x)\mathrm{d}x = 1$
media - speranza matematica	$\bar{x} = \sum_{k=1}^{n_{classi}} x_k f_k \Delta x_k$	->	$E\{x\} = \int_{-\infty}^{+\infty} x f(x)\mathrm{d}x$
Varianza	$s_x^2 = \sum_{k=1}^{n_{classi}} (x_k - \bar{x})^2 f_k \Delta x_k$	->	$Var\{x\} = \int_{-\infty}^{+\infty} (x - E\{x\})^2 f(x)\mathrm{d}x$

stinguere tra valore medio, o media ($\bar{x}$, ottenuto dai dati sperimentali), rispetto al valore medio, ottenuto da una distribuzione di densità o da una densità di probabilità. Per questo per indicare il valore medio di una densità di probabilità useremo il simbolo $E\{x\}$, detto *speranza matematica* o *valore di aspettazione* della variabile x (E sta per "*Expectation*" aspettazione in inglese). Per la varianza useremo nel caso di dati sperimentali il simbolo s_x^2 (varianza della popolazione, il caso ideale si riferisce all'andamento al limite e quindi a tutta la popolazione), per la speranza matematica della varianza di una densità di probabilità indicheremo il valore di aspettazione della varianza $E\{(x - E\{x\})^2\}$ il simbolismo intende $E\{\}$, sempre il valore si aspettazione di quanto contenuto dentro la parentesi graffe. Nel corso del testo, per semplificare la scrittura, useremo $Var\{x\}$ per la varianza, di una densità di probabilità, quindi per il valore di aspettazione della varianza, e la chiameremo semplicemente varianza.

Evidenziamo che è necessario indicare in modo diverso la media e la varianza di una variabile, che segue una densità di probabilità, per mettere bene in chiaro che sono "speranze matematiche" o "valori di aspettazione", dedotti dalla densità "ideale" presa in considerazione.

8.3 La distribuzione di Gauss e la variabile standardizzata

Abbiamo parlato di densità di probalità per variabili aleatorie, partendo dalle incertezze casuali. In Tabella 8.1 sono riportate le relazioni generali, utilizzabili per qualsiasi densità di probabilità o funzione di distribuzione. Con la corrispondenza con le variabili discrete pensiamo sia immediato accettare l'equivalente delle variabili continue.

La gaussiana è una curva ideale, ottenuta dall'aver assunto, che le incertezze sulla variabile x siano casuali, ovvero data un'incertezza si ha la stessa probabilità, che essa compaia con il segno positivo e con il segno negativo (deduzioni differenti si possono trovare in [16], e [9]). Le Figure 8.2 e 8.3 mostrano come le densità di frequenza (proporzionali alle occorrenze) siano le stesse a sinistra e a destra della centralità. La funzione $f(x)$ (la curva limite) densità di probabilità, che soddisfi a tale requisito per le incertezze casuali può essere esclusivamente del tipo [9]:

$$f(x) = Ce^{-(x-X)^2/(2\sigma^2)} \ .$$

Approfondiamo tale densità di probabilità $f(x)$ e osserviamo che essa gode delle seguenti proprietà:

- $f(x)$ è continua per x definita nell'intervallo $-\infty$ e $+\infty$,
- è simmetrica con una forma a campana, centrata sul parametro X, detto per questo anche *centralità*,
- il parametro σ descrive quanto sia allargata la campana,
- il parametro σ risulta una distanza rintracciabile sulla curva, in quanto per tale valore si ha una variazione della concavità, e viene usato come distanza standard, da cui il nome *deviazione standard*.

Si riportano nel grafico superiore di Fig. 8.4 alcune curve di Gauss per centralità (X) e larghezze (σ) differenti. Dato che la funzione $f(x)$ è caratterizzata dai

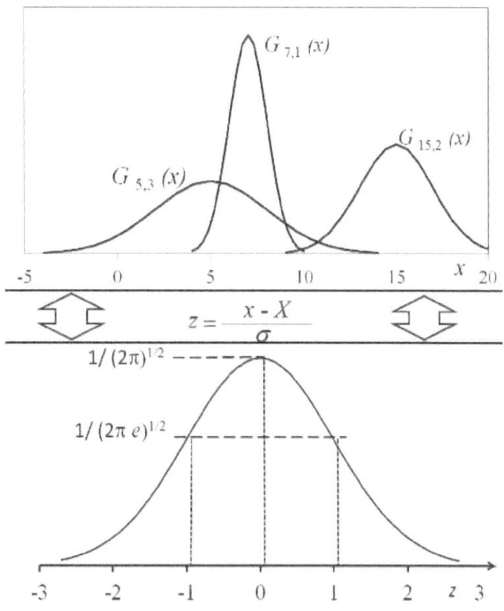

Figura 8.4 Nella figura superiore sono riportate varie gaussiane $G_{X,\sigma}(x)$ con centralità X e larghezza σ differenti. Grazie alla trasformazione delle gaussiane mediante la variabile standardizzata $z = (x - X)/\sigma$, tutte si riconducono a $G_{0,1}(z)$, gaussiana di centralià $Z=0$ e deviazione standard $\sigma=1$.

due parametri X, σ e viene detta appunto curva di Gauss, si è soliti scriverla come $G_{X,\sigma}(x)$.

Per studiare il comportamento di questa funzione in modo generale, risulta conveniente introdurre:

la *variabile standardizzata* z:

$$z = \frac{x - X}{\sigma} \quad (adimensionale).$$

Tale cambiamento di variabile permette di generalizzare le proprietà di qualsiasi $G_{X,\sigma}(x)$ con diverse X e σ, riconducendole allo studio di una funzione $G(z)$, avente centralità in $z = 0$ e deviazione standard pari ad 1. Tale funzione risulta molto più facile da trattare.

Poi si può ricondurre la discussione al caso particolare, ritornando alla variabile di partenza $x = X + z\sigma$.

Si osservi in Fig. 8.4, come tutte le situazioni particolari si riconducano ad una gaussiana standardizzata $G(z)$:

$$G(z) = Ce^{-z^2/2} \, ,$$

percui, quanto discusso per la gaussiana standardizzata z, si può "trasferire" ad ogni caso particolare rispetto alla variabile x.

8.3.1 Valore massimo (più probabile) e deviazione standard

Vogliamo trovare nel caso della funzione $G(z)$ il valore massimo e i punti di flesso, questo significa fare uno studio di funzione. Per ottenere i valori z, in cui si ha un massimo o minimo relativi (detti in generale estremi relativi), si calcola la derivata prima e si cercano le soluzioni in z, percui risulti nulla.

Deriviamo rispetto a z la funzione $G(z)$, applicando la regola della derivazione di funzioni composte, dove per $G(z) = Ce^{-z^2/2} \equiv Cg(f(z))$:

$$\frac{dG}{dz} = C\frac{d}{dz}\left(e^{-z^2/2}\right); \quad \text{da } \tfrac{d}{dz}[g(f)] = \tfrac{dg}{df}\tfrac{df}{dz} \quad \text{si ha } \frac{de^{-f}}{df}\frac{df}{dz} = -\,e^{-f}\frac{df}{dz} \; ;$$

$$\text{visto che } f = \frac{z^2}{2}, \qquad\qquad \text{si ha } \frac{df}{dz} = \frac{2z}{2} \; ;$$

$$\text{quindi } \tfrac{dG}{dz} = -zCe^{-z^2/2} \; .$$

Se imponiamo, che si annulli la derivata prima, troviamo gli estremi relativi. Vista la forma della funzione, possiamo affermare che si tratta di un massimo, ma lo confermeremo, per esercizio didattico, osservando il segno della derivata seconda della funzione nel punto, in cui si annulla la derivata prima.

Il valore in z, che annulla dG/dz è lo zero, percui

$$\text{per } z = 0 \ : \ dG(z)/dz = 0 \ ;$$
$$\text{da } z = (x - X)/\sigma = 0 \ ,$$
$$\text{si ha } dG(x)/dx = 0 \text{ per } x = X \ .$$

Il parametro X individua il valore di x, percui $G_{X,\sigma}(x)$ è massima. Dato che $G_{X,\sigma}(x)$ è una densità di probabilità, X è il valore *più probabile* della variabile x.

Calcoliamo ora, come esercizio didattico, la derivata seconda:

$$\frac{d^2 G}{dz^2} = \frac{d}{dz}\left(\frac{dG}{dz}\right) \ , \quad \text{quindi} -C\frac{d}{dz}\left(ze^{-z^2/2}\right) = -C\left(e^{-z^2/2} + z(-z)e^{-z^2/2}\right)$$
$$\frac{d^2 G}{dz^2} = -C(1 - z^2)e^{-z^2/2} \ .$$

Per il valore in cui si azzera la derivata prima ($z = 0$), otteniamo che la derivata seconda risulta minore di zero (C è maggiore di zero), condizione perché $z = 0$ risulti un massimo relativo, come già si è evinto intuitivamente.

L'analisi della derivata seconda permette anche di individuare altri due punti sulla curva, detti *punti di flesso*, soluzioni in cui si annulla la derivata seconda. Pertanto dall'imporre pari a zero la derivata seconda si ottengono le soluzioni in z:

$$z^2 = 1 \quad \text{ovvero} \quad z = \pm 1.$$

Quindi abbiamo due punti di flesso, che, espressi nella variabile standardizzata, si hanno quando z è pari a ± 1.

Se si esplicita la variabile standardizzata in funzione della variabile x, si ottengono i due punti di flesso espressi secondo la variabile x:

$$z = \frac{x - X}{\sigma} = \pm 1 \text{ si hanno due soluzioni} : \begin{cases} x_+ = X + \sigma \\ x_- = X - \sigma \end{cases}$$

I punti di flesso sono equidistanti da X uno a destra (x_+) e l'altro a sinistra x_-. Insieme alla centralità X sono gli unici altri punti, individuabili sulla curva dal suo cambiamento di concavità, per questo vengono utilizzati come distanza (*deviazione*) *standard*, da cui il nome.

Figura 8.5 Curva della densità di probabilità per variabili casuali, detta curva di Gauss o distribuzione normale. È riportato il parametro X, detto centralità, e i due punti a distanza σ da X, individuabili, in quanto in tali punti si ha la variazione di concavità della curva.

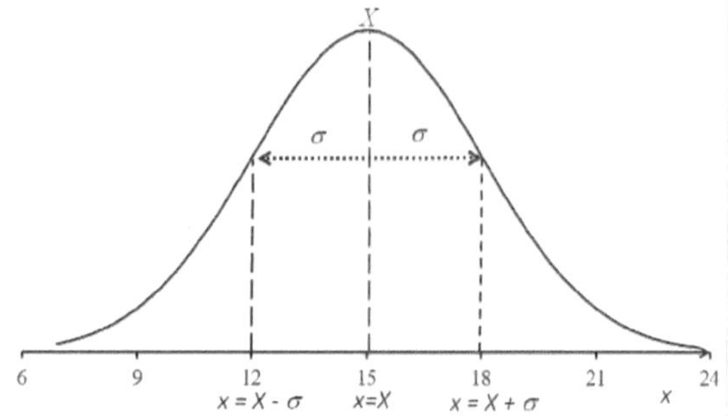

8.3.2 *Valore di aspettazione e varianza di una gaussiana*

L'integrale di Gauss (area sottesa dalla curva) permette di valutare la probabilità, che un particolare valore cada in un dato intervallo.

Nel caso di una misura fisica sono possibili tutti i valori compresi tra $-\infty$ e $+\infty$. La probabilità di ottenere uno qualsiasi dei valori, è la probabilità dello spazio degli eventi e, come per le frequenze, deve essere pari ad uno: *assioma della certezza*, che implica che l'area della curva deve essere pari ad uno (*normalizzazione*).

Questa operazione (normalizzazione) permette di ottenere la constante C della densità di probabilità:

$$\int_{-\infty}^{+\infty} G_{X,\sigma}(x)\mathrm{d}x = \int_{-\infty}^{+\infty} Ce^{-(x-X)^2/(2\sigma^2)}\mathrm{d}x = 1 \ .$$

Per semplificare e generalizzare il calcolo, operiamo ancora il cambio della variabile x con la variabile standardizzata z, quindi invece della funzione $G_{X,\sigma}(x)$ avremo $G(z) = Ce^{-z^2/2}$, mentre per il differenziale $\mathrm{d}x$ otterremo, differenziando z, $\mathrm{d}z = \mathrm{d}x/\sigma$, percui, se si sostituiscono i vari termini sotto il segno di integrale:

$$\int_{-\infty}^{+\infty} G_{X,\sigma}(x)\mathrm{d}x = \int_{-\infty}^{+\infty} Ce^{-z^2/2}\sigma\mathrm{d}z = C\sigma \int_{-\infty}^{+\infty} e^{-z^2/2}\mathrm{d}z = 1 \ , \qquad (8.3)$$

dove

$$\int_{-\infty}^{+\infty} e^{-z^2/2}\mathrm{d}z = \sqrt{2\pi} \ . \qquad (8.4)$$

L'integrale in (8.4) è un integrale noto [7], quindi la normalizzazione di $G_{X,\sigma}(x)$ impone, che la costante C soddisfi la seguente relazione:

$$C\sigma\sqrt{2\pi} = 1 \equiv C = \frac{1}{\sigma\sqrt{2\pi}} \ .$$

La distribuzione di Gauss, o normale, risulta nomalizzata[3], se espressa come:

$$G_{X,\sigma}(x) = \frac{1}{\sqrt{2\pi}\,\sigma}\,\mathrm{e}^{-(x-X)^2/(2\sigma^2)}\,.$$

Ottenuto C calcoliamo la speranza matematica (valore medio) $E\{x\}$, di una variabile x, che segue la densità di probabilità di Gauss. Tale variabile è detta per questo anche gaussiana.

La *speranza matematica* è, secondo quanto riportato in Tabella 8.1, data da:

$$E\{x\} = \int_{-\infty}^{+\infty} x G_{X,\sigma}(x)\mathrm{d}x = \frac{1}{\sqrt{2\pi}\,\sigma}\int_{-\infty}^{+\infty} x\mathrm{e}^{-(x-X)^2/(2\sigma^2)}\mathrm{d}x\,.$$

Per semplificare il calcolo usiamo la variabile standardizzata $z = (x-X)/\sigma$, percui dovremo sostituire sotto il segno di integrale $x = X + \sigma z$, $G(z)$ e di conseguenza $\mathrm{d}x = \sigma\mathrm{d}z$. Otteniamo allora:

$$E\{x\} = \int_{-\infty}^{+\infty} x G_{X,\sigma}(x)\mathrm{d}x \equiv \frac{1}{\sqrt{2\pi}\,\sigma}\int_{-\infty}^{+\infty}(X + \sigma z)\mathrm{e}^{-z^2/2}\sigma\mathrm{d}z =$$

$$= \frac{1}{\sqrt{2\pi}\,\sigma}\left[\sigma X \int_{-\infty}^{+\infty}\mathrm{e}^{-z^2/2}\mathrm{d}z + \sigma^2\int_{-\infty}^{+\infty} z\mathrm{e}^{-z^2/2}\mathrm{d}z\right]\,.$$

$$(8.5)$$

Il primo integrale in parentesi quadre è l'integrale noto della (8.4). Il secondo integrale risulta pari a zero, in quanto per ogni z, che moltiplica l'esponenziale, si ha lo stesso valore ma di segno opposto $-z$, percui i due contributi si annullano.

Si ha pertanto:

$$E\{x\} = \frac{1}{\sqrt{2\pi}\,\sigma}\left[\sigma X(\sqrt{2\pi}) + (0)\right] = X\,,\qquad(8.6)$$

la *speranza matematica* della variabile x gaussiana risulta essere proprio il parametro X, detto nell'analisi della funzione centralità, che abbiamo detto anche valore più probabile, in quanto la gaussiana è una densità di probabilità.

Questa coincidenza tra speranza matematica e valore più probabile è un caso particolare, in quanto la curva è simmetrica rispetto a X, cosa che non si ha in tutte le distribuzioni [4].

Passiamo alla *speranza matematica della varianza* $Var\{x\} = E\{(x - E\{x\})^2\}$, che risulterà:

$$Var\{x\} = \int_{-\infty}^{+\infty}(x-X)^2 G_{X,\sigma}(x)\mathrm{d}x,$$

dove abbiamo utilizzato all'interno delle parentesi tonde $E\{x\} = X$, ricavato prima.

---

[3] Si intende che l'area totale è pari ad uno.

[4] Per la distribuzione delle velocità di Maxwell, per esempio, si osserva invece che il valore medio risulta maggiore $\bar{v} = 1.128 v_p$ del valore più probabile v_p [3].

Tale calcolo fornisce come risultato:

$$Var\{x\} = \sigma^2 .$$

La varianza di una variabile x che segue una densità di probabilità gaussiana è il quadrato del parametro σ.

Lo studente cerchi di "focalizzare" la sua attenzione sul fatto, che X e σ, risultano dei parametri di una curva ideale, che è la gaussiana, che presenta come sue caratteristiche:

- la *centralità*, che è sia il *valore più probabile* che il *valore medio*, che a rigore dovremmo chiamare *speranza matematica*,
- *la varianza*, che descrive la media degli scarti di x rispetto a X, la cui radice quadrata fornisce il parametro σ, ovvero la distanza, alla quale si trovano "simmetricamente" rispetto alla centralità X i due punti di flesso.

Ribadiamo che la coincidenza dei parametri della funzione, quali valore più probabile e deviazione standard, vista quest'ultima come valore, percui si hanno i due punti di flesso, con la *speranza matematica* e la *varianza* è un caso particolare, che si ottiene per la curva gaussiana. E cerchiamo di distinguere tra quanto dedotto dall'analisi della funzione: centralità e punti di flesso, e quanto calcolato per le proprietà della densità di probabilità: speranza matematica e varianza.

8.3.3 Probabilità di ottenere un risultato

Se $G_{X,\sigma}(x)$ è la densità di probabilità, l'area sottesa da essa tra due valori x_1 e x_2 (l'integrale della curva tra i suddetti valori), fornisce la probabilità di ottenere un valore x, compreso $x_1 \leq x \leq x_2$:

$$P(x_1 \leq x \leq x_2) = \int_{x_1}^{x_2} G_{X,\sigma}(x)\mathrm{d}x .$$

Tale integrale non è calcolabile analiticamente, ma si ottiene con tecniche numeriche. Nella Tabella A.1 in App. A, si riporta il risultato di tale integrale in funzione della variabile standardizzata z, riconducibile a qualsiasi $G_{X,\sigma}(x)$ mediante la sostituzione $x = X + z\sigma$ (Fig. 8.5).

In questo modo la Tabella A.1 espressa per la variabile z, si può utilizzare per qualsiasi gaussiana di parametri X e σ.

Si parte dalla variabile x, grazie alla variabile standardizzata $z = (x - X)/\sigma$, e si ricavano le variabili z_1 e z_2, corrispondenti ai rispettivi valori x_1 e x_2.

Nella Tabella A.1 dell'App. A sono riportati gli integrali di $G(z)$ per valori compresi tra $z = 0$ ed una data z, quest'ultima espressa come numero $n.nn$, dove si hanno unità e decimi $(n.n)$ nella prima colonna, ed i centesimi $(0.0n)$ si trovano nella prima riga.

Iniziamo a prendere confidenza con tale tabella per calcolare per ora semplici situazioni. Per esempio calcoliamo la probabilità di ottenere un risultato x compreso nell'intervallo $[X - \sigma \leq x \leq X + \sigma]$, la tabella riporta l'integrale da $[0 \leq z \leq n.nn]$. Convertiamo quindi l'intervallo in x rispetto alla variabile standardizzata, che risulta $[-1 \leq z \leq +1]$. Dato che la curva è simmetrica, l'area per z nell'intervallo $[0, 1]$ è uguale all'area per z nell'intervallo $[-1, 0]$.

Quindi l'area sottesa dalla curva gaussiana nell'intervallo $[-1, 1]$ si ottiene come il doppio dell'area sottesa tra $z = 0$ a $z = 1$, quindi il doppio valore riportato in tabella nella posizione $z = 1.00$:

$$P(\text{entro } \pm 1\sigma) = \int_{-1}^{+1} e^{-z^2/2} dz = 2 \int_{0}^{+1} e^{-z^2/2} dz = 2 * 0.3413 = 0.6826 \,,$$

che espressa in percentuale risulta 68.26 %.

Equivalentemente per la probabilità di ottenere x nell'intervallo $[X - 2\sigma, X + 2\sigma]$, che tradotto per la variabile z risulta $[-2, 2]$:

$$P(\text{entro } \pm 2\sigma) = \int_{-2}^{+2} e^{-z^2/2} dz = 2 \int_{0}^{+2} E^{-z^2/2} dz = 2 * 0.4772 = 0.9544 \,.$$

Ed infine nell'intervallo $\pm 3\sigma$:

$$P(\text{entro } \pm 3\sigma) = \int_{-3}^{+3} E^{-z^2/2} dz = 2 \int_{0}^{+3} E^{-z^2/2} dz = 2 * 0.4987 = 0.9974 \,.$$

La probabilità si può presentare in forma percentuale, e, se ci colleghiamo ai dati sperimentali, potremmo affermare che:

se i nostri dati seguissero tale tipo di *curva ideale gaussiana* $G_{X,\sigma}(x)$, *ci aspetteremmo* che le nostre misure cadano

- nell'intervallo $\pm 1\sigma$ per il 68.26 % dei casi,
- nell'intervallo $\pm 2\sigma$ per il 95.74 % dei casi,
- nell'intervallo $\pm 3\sigma$ per il 99.74 % dei casi.

Si faccia attenzione finora abbiamo ricavato *parametri e peculiarità di una curva ideale*.

Il problema che ci poniamo ora è trovare il *collegamento* tra la curva ideale gaussiana e i nostri *dati sperimentalmente osservati*, e come possiamo stimare dai dati i parametri descrittivi di una gaussiana, che *potrebbe forse descriverli* in modo appropriato.

Se riusciamo a fare questo, potremmo usare le caratteristiche predittive della curva, secondo gli intervalli riportati e fornire la probabilità di ottenere risultati in misure successive, o per il loro utilizzo in altre leggi.

8.4 Principio di massima verosimiglianza: $\bar{x}$ migliore stima di X

La distribuzione limite è un'idealizzazione, di quanto ci aspetteremmo per il valore vero di una misura per una popolazione infinita. Diversamente abbiamo a disposizione una serie di misure (campione).

Nel caso di più valori osservati nella misura di una grandezza abbiamo affermato (Cap. 5), che la *migliore stima* della misura, indicata come x_{ms}, è la *media aritmetica* indicata con $\bar{x}$. Possiamo ora giustificare tale affermazione, sulla base della densità di probabilità, dedotta per il caso di incertezze casuali, che risulta essere la gaussiana.

Se le nostre misure seguissero una gaussiana, la *probabilità di ottenere un determinato valore* x_1 sarebbe data da:

$$\mathrm{d}P(x_1) = G_{X,\sigma}(x_1)\mathrm{d}x \ .$$

$\mathrm{d}P(x)$ è una probabilità infinitesimale, in un intervallo $\mathrm{d}x$, che permette di fornire la proporzionalità della probabilità di ottenere x_1 nel seguente modo:

$$P(x_1) \sim G_{X,\sigma}(x_1) \ .$$

Dato che siamo interessati a trovare il massimo della probabilità, tale studio non risulta influenzato da eventuali costanti moltiplicative, percui ci basta ancora solo la proporzionalità e possiamo anche omettere $1/\sqrt{2\pi}$ in $G_{X,\sigma}(x_1)$.

Supponiamo di avere una *serie di osservazioni* $x_1, \ x_2, \ \cdots \ , \ x_n$, quale sarà la probabilità di ottenerle tutte?

Se *ogni osservazione* x_i è *stocasticamente indipendente* da qualsiasi altra, la probabilità di ottenerle tutte, espressa come $P(x_1, \ x_2, \ \cdots , \ x_{n-1}, \ x_n)$, sarà data dal *prodotto delle probabilità di ottenere ogni singola osservazione* $P(x_i)$:

$$P(x_1, \ x_2, \ \cdots , \ x_{n-1}, \ x_n) = P(x_1)P(x_2)\cdots P(x_{n-1})P(x_n) \ .$$

Il problema, che ci poniamo, è trovare i valori per X e σ, che siano più "verosimili" per i dati sperimentali. I valori X e σ non sono noti. Ci si aspetta che i valori *più verosimili* forniscano *la probabilità massima* di ottenere i risultati sperimentali, questa assunzione prende il nome di *principio di massima verosimiglianza*.

Per trovare la massima probabilità rispetto al parametro X, proviamo vari valori di X, finché non troviamo che $P(x_1,x_2,...,x_{n-1},x_n)$ raggiunge il valore massimo. Variare la X per trovare il massimo della probabilità totale equivale ad uno studio, orientato a massimizzare la probabilità, in funzione di X (possiamo considerare $P = P(X)$). Riscriviamo in modo esplicito la probabilità di seguito:

$$P(X) \equiv P(x_1,x_2,...,x_{n-1},x_n) \sim$$
$$\sim \frac{1}{\sigma}\mathrm{e}^{-(x_1-X)^2/(2\sigma^2)}\frac{1}{\sigma}\mathrm{e}^{-(x_2-X)^2/(2\sigma^2)}\cdots\frac{1}{\sigma}\mathrm{e}^{-(x_{n-1}-X)^2/(2\sigma^2)}\frac{1}{\sigma}\mathrm{e}^{-(x_n-X)^2/(2\sigma^2)}, \quad (8.7)$$

che in modo più compatto e chiaro diventa:

$$P(X) \equiv P(x_1, x_2, ..., x_{n-1}, x_n) \sim \frac{1}{\sigma^n} e^{-\sum_{i=1}^{n}(x_i - X)^2/(2\sigma^2)} . \tag{8.8}$$

Dobbiamo prendere in considerazione il parametro X, che abbiamo appositamente reso evidente anche nello scrivere la probabilità P come funzione di X, $P(X)$. Dovremmo variare X, mentre i nostri dati $(x_1, x_2, ..., x_{n-1}, x_n)$ rimangono fissati, fino a trovare un valore, per il quale otteniamo il massimo della probabilità, espressa dalla (8.8). Questo non è altro che lo studio degli estremi relativi di una funzione.

La (8.8) risulta massima, quando l'argomento dell'esponenziale negativo è minimo, quindi trovare il massimo della probabilità è equivalente a trovare il minimo di:

$$\sum_{i=1}^{n} \frac{(x_i - X)^2}{\sigma^2} \tag{8.9}$$

dove è stato omesso il fattore 1/2, in quanto è influente nello studio degli estremi relativi.

Per trovare il minimo differenziamo rispetto ad X la (8.9), dato che il resto dobbiamo considerarlo costante, meglio per chiarezza formale utilizzare il simbolo della derivata parziale:

$$\frac{\partial}{\partial X} \sum_{i=1}^{n} \frac{(x_i - X)^2}{\sigma^2} = \frac{1}{\sigma^2} \sum_{i=1}^{n} 2(x_i - X)(-1) = 0 .$$

La derivata rispetto ad X si annulla, quando è nullo il numeratore. Si ottiene quindi che la *migliore stima* di X, per il principio di massima verosimiglianza, nel caso di variabili affette da incertezze casuali è:

$$X_{ms} = \frac{\sum_{i=1}^{n} x_i}{n} \qquad \text{ovvero} \qquad \bar{x} .$$

Si noti il pedice *ms* (migliore stima) per il parametro X, per rendere evidente, che *non* siamo in grado di ottenere il *vero valore* X, *ma soltanto* di fornire *una stima* di questo valore, mediante la media aritmetica dei dati del campione. X abbiamo visto essere il valore di "*aspettazione*" della gaussiana, che è una curva ideale ed è anche detto per questo *valore aspettato*.

Da ciò ne consegue che nel caso di *grandezze affette da incertezze casuali*, e quindi che seguono la distribuzione (*gaussiana*), la *migliore stima del valore aspettato - vero X è la media aritmetica $\bar{x}$.*

Per questo attribuiamo a $\bar{x}$ la migliore stima della misura x_{ms}, nel caso di misure affette da incertezze casuali. Possiamo stimare anche la dispersione delle misure?

Migliore stima della varianza

Stessa considerazione si fa per la varianza, ovvero la distanza media dei valori rispetto al valore vero X, che risulta per la gaussiana σ^2. Ma anche in questo caso possiamo fornire la migliore stima di tale parametro, in base ai dati osservati.

Bisogna trovare sempre il massimo della probabilità, questa volta rispetto a σ, il calcolo è leggermente più complicato, in quanto la probabilità totale di ottenere tutti i dati osservati, espressa sempre dalla (8.8), in funzione di σ risulta meno semplice rispetto alla sua dipendenza da X. Per trovare i valori di σ, percui la probabilità risulti massima, si deriva l'espressione della probabilità rispetto al parametro σ , osservando che si può considerare lo studio degli estremi relativi di P, intesa in funzione σ, $P(\sigma)$:

$$\frac{\partial}{\partial \sigma} \left(\frac{1}{\sigma^n} \, e^{-\Sigma(x_i - X)^2/(2\sigma^2)} \right) = 0,$$

dove compare $1/\sigma^n$, che moltiplica l'esponenziale con un esponente a sua volta funzione di σ.

Si ottiene derivando rispetto a σ:

$$-n\frac{1}{\sigma^{n+1}} e^{-\Sigma(x_i - X)^2/(2\sigma^2)} + \frac{1}{\sigma^n} \left(2\frac{\Sigma(x_i - X)^2}{2\sigma^3} \, e^{-\Sigma(x_i - X)^2/(2\sigma^2)} \right) = 0.$$

La soluzione rispetto a σ, che annulla la derivata prima di P, risulta:

$$\sigma_{ms} \text{ (ideale)} = \sqrt{\frac{1}{n} \sum_{i=1}^{n} (x_i - X)^2} \, , \tag{8.10}$$

dove abbiamo evidenziato, che stiamo facendo una stima del parametro σ.

Risultato del calcolo è che la migliore stima per il parametro σ è la sommatoria degli scarti al quadrato divisa per il numero totale di dati n, che risulta essere la *deviazione standard della popolazione*, etichettata a suo tempo s_x.

Questo risultato è consistente con quanto descritto finora. Si ha s_x, perché la densità di probabilità gaussiana descrive il caso ideale quindi al limite di $n \to \infty$, quindi tutta la popolazione.

Sono state già introdotte argomentazioni, per le quali la statistica richiede l'utilizzo della deviazione standard del campione σ_x, come migliore stima sulla base delle osservazioni a nostra disposizione.

È il momento di fornire un'altra argomentazione statistica a favore di tale scelta. Questa argomentazione, introdotta qui, ritornerà in modo ricorrente e sarà generalizzata ed usata in altre stime statistiche.

Il parametro X nella (8.10) non lo conosciamo, possiamo fornire solo una sua stima $X_{ms} = \bar{x}$, dedotta dai dati osservati.

Per fornire la stima del parametro σ, dobbiamo utilizzare una stima del parametro

X, percui otterremo la *deviazione standard del campione*:

$$\sigma_{ms}(\text{statistica}) = \sqrt{\frac{1}{n-1} \sum_{i=1}^{n} (x_i - \bar{x})^2} = \sigma_x \ ,$$

dove *si è sostituito* nella sommatoria X (speranza matematica) con la *migliore stima* di tale parametro data da $\bar{x}$ e per questo la statistica impone che σ_{ms}^2(ideale) il quadrato della (8.10) venga moltiplicato $n/n-1$.

Elenchiamo le varie argomentazione, che giustificano l'utilizzo della deviazione standard del campione, come migliore stima del parametro σ della distribuzione gaussiana, di cui alcune già anticipate nella prima parte del corso:

1. $\sum_{i=1}^{n} (x_i - \bar{x})^2 \leq \sum_{i=1}^{n} (x_i - X)^2$, percui, se nella (8.10) si sostituisce ad X la sua migliore stima $\bar{x}$, si ha che il parametro σ è sottostimato e quindi è appropriato moltiplicare per una costante maggiore $n/(n-1)$.
2. Se utilizzassimo s_x, si ha $s_x{=}0/1 = 0$ nel caso di una singola misura. Ovvero nessuna incertezza. Utilizzando invece σ_x si ha che otterremo $\sigma_x = 0/0$, incertezza indeterminata, infatti con una sola misura non si può determinare l'incertezza statistica.
3. In statistica nel calcolare uno stimatore, ottenuto come valore medio, si deve dividere per i *gradi di libertà statistici d* (da "*degrees of freedom*"), che risultano dal *numero dei dati n*, utilizzati nella stima, meno il *numero di vincoli statistici c* ("*constrains*"). I *vincoli statistici* sono *parametri, ottenuti utilizzando i dati*.
   Per esempio nella (8.10) per calcolare σ serve il parametro X, per il quale si utilizza una stima $\bar{x}$, che si ottiene dai dati ed è quindi un vincolo statistico.

$$(gradi\ di\ libertà)\ d = n\ (num.\ di\ dati) - c\ (\ vincoli)$$

Si faccia attenzione, che, per ottenere il numero di dati usati si deve osservare la formula dello stimatore. Quindi in questo caso dalla (8.10) il numero di dati disponibili per la stima del parametro, come valore medio, è l'estremo della sommatoria, che è n.

Nel caso quindi del parametro σ, dove utilizziamo $\bar{x}$ (un vincolo statico), si ottiene per i gradi di libertà $d = n - c = n - 1$.

Questo argomento ricomparirà ancora, quando affronteremo altri parametri statistici, ottenuti come valore medio, ma richiamiamo l'attenzione già adesso nell'osservare le formule, utilizzate per dedurre il numero di dati disponibili.

8.5 Densità di probabilità: costante e triangolare

Una volta definito in modo generale, riportato nello specchietto di Tabella 8.1, le proprietà delle densità di probabilità, possiamo introdurne altre, che sono di interesse nella fisica sperimentale o comunque in campo tecnologico per la misura di grandezze fisiche. Il calcolo delle densità proposte di seguito, si può fare in modo grafico, permettendo allo studente di accettare con maggiore confidenza, quanto discusso per la gaussiana, e nel caso di capacità e conoscenza sufficienti dello studente, provare a ricontrollare il risultato con il calcolo integrale.

Tali densità vedremo che risultano opportune, per descrivere le incertezze di lettura (densità costante) e la combinazione di due grandezze di densità costante (densità triangolare).

Grazie ad un teorema fondamentale della statistica, sarà possibile giustificare rigorosamente, come combinare insieme vari tipi di incertezza e riportare le situazioni più frequenti sempre alla distribuzione gaussiana.

Densità di probabilità costante: incertezze di tipo ε

La densità di probabilità costante riguarda una variabile, per la quale ci si aspetta, che la probabilità, di ottenere un determinato valore, sia sempre la stessa in un determinato intervallo e invece sia nulla fuori (Fig. 8.6 a).

Tale densità può essere descritta da:

$$f(x) = \begin{cases} C \ \text{per} & -a \leq x \leq a\,, \\ 0 \ \text{per} & |x| > a\,. \end{cases}$$

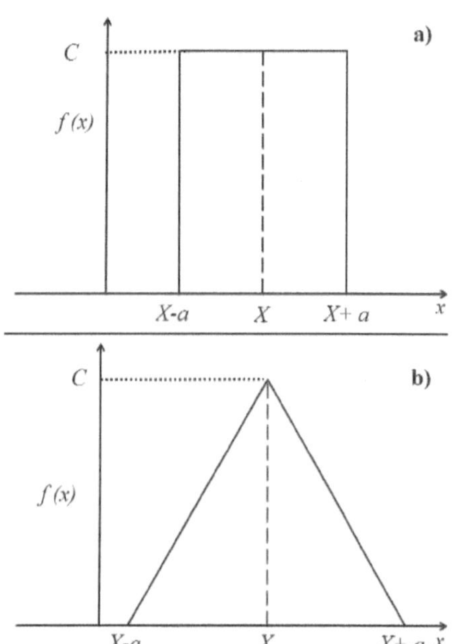

Figura 8.6 Altre densità di probabilità di interesse per le misure fisiche: **a**) densità di probabilità uniforme costante, intervalli di incertezza al 100 %. **b**) densità di probabilità triangolare, ottenuta dalla combinazione di due variabili a densità di probabilità costante. L'area sottesa negli intervalli $\pm\sigma$, $\pm 2\sigma$ e $\pm 3\sigma$, è molto simile a quanto dedotto per una gaussiana.

Tale tipo di densità descrive l'incertezza di lettura o sensibilità di misura, dove ad a si sostituisca il simbolo ε, usato per le incertezze strumentali di lettura (anche accuratezza, se presentata come intervallo $\pm\eta$). Anche per questa densità di probabilità per semplificare i calcoli, si può attuare uno spostamento lungo l'asse x, in modo da centrarsi sullo zero, con $z = x - X$ (Probl. 8.2).

Le proprietà di una variabile, che segua tale distribuzione sono riportati nella Tabella 8.2. Si osservi che il valore medio risulta pari al valore centrale e la varianza

Tabella 8.2 Normalizzazione, speranza matematica e varianza di una densità di probabilità costante.

normalizzazione	$\displaystyle\int_{-\infty}^{+\infty} f(z)\mathrm{d}z = 1$	$C = 1/2a$
valore di aspettazione	$E\{z\} = \displaystyle\int_{-\infty}^{+\infty} z f(z)\mathrm{d}z$	$E\{z\} = 0 \equiv x = X$
varianza	$Var\{z\} = \displaystyle\int_{-\infty}^{+\infty} (z - E\{z\})^2 f(z)\mathrm{d}z$	$Var\{z\} = a^2/3$

risulta pari a $a^2/3$, se traduciamo questa costante a utilizzata per semplificare il calcolo alla nostra ε_x risulta che la varianza è

$$Var\{x\} = \frac{\varepsilon_x^2}{3} = \frac{\Delta_x^2}{12},$$

dove abbiamo riportato anche il modo di presentare la varianza rispetto alla dispersione, dato che la dispersione $\Delta_x = 2\varepsilon_x$.

Si osservi come la probabilità di trovare un valore tra $\pm\,\sigma_x$ (per $\sigma_x = \sqrt{Var\{x\}}$) risulti pari al 57.7 %, e già per $\pm\,2\sigma_x$ risulti il 100 %, in quanto $2a/\sqrt{3} > a$.

Per questo nell'interpretazione probabilistica dell'incertezza di un variabile x, dedotta dalla varianza della densità costante, abbiamo utilizzato ed utilizzeremo per le incertezze di lettura $\varepsilon_x/\sqrt{3}$ e di accuratezza $\eta_x/\sqrt{3}$, queste ultime se fornite come intervallo, ovvero nel caso non si sia identificato il segno.

Densità triangolare

Si può dimostrare che in presenza di due densità di probabilità costanti, si ottiene come risultato una densità triangolare come in Fig 8.6 **a**) [16]. Anche per questo caso è possibile calcolare graficamente il valore medio e la varianza, spostando il valore centrale sullo zero, mediante il cambiamento di variabile $z = x - X$. Per questo tipo di densità di probabilità (Probl. 8.3) si ottengono le proprietà presentate nella Tabella 8.3.

La cosa interessante di questa densità di probabilità è che la probabilità di ottenere un risultato compreso

Tabella 8.3 Normalizzazione, speranza matematica e varianza per una densità di probabilità triangolare

normalizzazione	$\displaystyle\int_{-\infty}^{+\infty} f(z)\mathrm{d}z = 1$	$C = 1/a$
speranza matematica	$E\{z\} = \displaystyle\int_{-\infty}^{+\infty} zf(z)\mathrm{d}z$	$E\{z\} = 0 \equiv x = X$
varianza	$Var\{z\} = \displaystyle\int_{-\infty}^{+\infty} (z - E\{z\})^2 f(z)\mathrm{d}z$	$Var\{z\} = a^2/6$

- tra $\pm\,1\ \sigma_f$ risulta pari a 0.650 ,
- tra $\pm\,2\ \sigma_f$ risulta pari a 0.966,

- tra $\pm\,3\ \sigma_f$ risulta pari a 1.00.

$3\sigma_f$ risulta maggiore di a, ma la funzione per $|z| > a$ è nulla, percui il calcolo si limita tra $-a$ e $+a$ e l'area sottessa è proprio pari ad uno, in quanto $f(z)$ è normalizzata per $C = 1/a$.

Le probabilità per una densità triangolare, sono molto simili alle probabilità, dedotte per una gaussiana, negli stessi intervalli individuati dalle rispettive σ.

Questo argomento sarà di notevole importanza, una volta introdotto il teorema del limite centrale nel prossimo paragrafo.

Una grandezza f data $f(x,y)$, misurata dalla relazione con due grandezze x e y (indipendenti tra loro), che seguono densità di probabilità costanti e hanno semidispersioni $\Delta_x/2$ e $\Delta_y/2$, segue una distribuzione di densità triangolare con varianza σ [16]:

$$\sigma_f^2 = \left(\frac{\partial f}{\partial x}\right)^2 \frac{\Delta_x^2}{12} + \left(\frac{\partial f}{\partial y}\right)^2 \frac{\Delta_y^2}{12} \ .$$

Quindi la $Var\{z\}$ calcolata nel caso generale di una funzione triangolare nell'intervallo $[-a,\ a]$ (Tabella 8.3), è espressa nel caso di una grandezza f da σ_f^2.

La varianza risulta equivalente, a quanto si deduce dalla legge di propagazione delle incertezze con la somma in quadratura delle varianze delle rispettive densità di probabilità costante, delle variabili x e y.

8.6 Il teorema del limite centrale

Enunceremo un teorema della statica senza dimostrarlo, la sua dimostrazione è presente in vari testi di statistica (p.e. [16]).

Questo teorema è di fondamentale importanza, per capire come comportarsi per la combinazione delle incertezze, che seguono densità di probabilità varie, e per la conclusione, che ne consegue, ovvero che la grandezza derivata da tale combinazione risulta gaussiana.

Per questo possiamo ricondurre l'analisi delle incertezza anche nel caso di variabili con densità di probabilità uniforme, quindi per misure con incertezze del tipo di lettura e di accuratezza, sempre alla tendenza ad una densità di probabilità gaussiana.

Teorema del limite centrale : una combinazione lineare di $g = a_x x + a_y y + a_z z + \cdots$, di *variabili aleatorie indipendenti* $x, y, z, \cdots$, ciascuna avente *legge di distribuzione qualsiasi*, ma con valori aspettati comparabili e varianze finite dello stesso ordine di grandezza, *all'aumentare del numero di variabili* aleatorie (casuali), tende alla distribuzione normale con valore aspettato G e varianza σ_g^2, dati rispettivamente da

$$G = a_x X + a_y Y + a_z Z + \cdots \quad \text{e}$$

$$\sigma_g^2 = a_x^2 \sigma_x^2 + a_y^2 \sigma_y^2 + a_z^2 \sigma_z^2 + \cdots ,$$

dove X, Y, Z, $\cdots$ sono i valori di aspettazione delle rispettive variabili e σ_x^2, σ_y^2, σ_z^2, $\cdots$ le rispettive varianze.

Questo teorema sarà utilizzato per varie situazioni ricorrenti nelle misure fisiche e giustificherà alcuni modi di presentare e combinare le incertezze.

Teorema del limite centrale: deviazione standard della media

Questo teorema è di una potenza notevole per noi fisici. Lo usiamo in questo paragrafo, per giustificare la deviazione standard della media, il cui andamento si è osservato per ora a livello pratico (Probl. 6.3), per il quale avevamo già organizzato i dati.

Siete n_s studenti a condurre un'esperienza della misura di una determinata grandezza x con un numero di misure n_m. Indichiamo con x_{ij} la i-esima misura del j-esimo studente e quindi con $\bar{x}_j$ la media ottenuta dalla j-esimo studente.

Il teorema afferma che, se i campioni di misure dei vari studenti seguissero distribuzioni qualsiasi, le medie $\bar{x}_j$ delle n_s serie di misure della stessa grandezza x sono distribuite normalmente intorno alla media $\bar{\bar{x}}$ dei valori medi $\bar{x}_j$, che fornisce una stima migliore del valore vero.

Dato che la variabile aleatoria è la stessa, lo studente, potrebbe riprodurre nel suo laboratorio, o organizzare i dati dei colleghi, in modo da avere sulla prima riga la prima misura di ognuno, nella seconda riga la seconda misura di ognuno e via di seguito, fino alla n_m-esima riga per le ultime misure di tutti gli studenti.

Possiamo considerare le misure lungo le colonne, per esempio la media di ogni singolo studente j, si ottiene lungo le singole colonne e la possiamo esprimere come:

$$\bar{x}_j = \frac{1}{n_m} \sum_{i=1}^{n_m} x_{ji} = \frac{1}{n_m} x_{j1} + \frac{1}{n_m} x_{j2} + \dots + \frac{1}{n_m} x_{jn_{m-1}} + \frac{1}{n_m} x_{jn_m}, \qquad (8.11)$$

che può essere considerata una combinazione lineare di variabili aleatorie con coefficienti identici $a_x = a_y = a_z \dots$ tutti uguali a $1/n_m$.

Questa media è stata effettuata nel Probl. 6.3, e può servire da appiglio per non perdersi sui vari pedici, l'organizzazione riportata è tale, che le colonne indicano gli studenti e le righe l'ordine sequenziale delle misure.

Consideriamo la media delle prime misure di tutti gli studenti, significa fare la somma lungo ogni riga i fissata, al variare di j, che va dal primo studente all'ultimo etichettato n_s, si otterrà $\bar{x}_i = \sum_{j=1}^{n_s} x_{ji}$.

Possiamo calcolare la media di ogni valore medio, ottenuto lungo le righe, come media di tutte le $\bar{x}_i$, per i che va da uno a n_m come:

$$\bar{\bar{x}} = \frac{1}{n_m} \bar{x}_1 + \frac{1}{n_m} \bar{x}_2 + \dots + \frac{1}{n_m} \bar{x}_{n_m-1} + \frac{1}{n_m} \bar{x}_{n_m}, \qquad (8.12)$$

Osserviamo che $\bar{\bar{x}}$ è l'espressione della media della variabile $\bar{x}_j$ della (8.11) di una grandezza g espressa come combinazione lineare di n_m grandezze $\bar{x}_i$, che richiama quanto richiesto dal teorema del limite centrale.

Se tutti i campioni ordinati per sequenza di misurazione *appartengono* alla *stessa popolazione*, di una *variabile, che assumiamo segua la distribuzione gaussiana,* allora per ogni campione i relativo alla $i - esima$ misura di tutti gli studenti, si avrà che $\bar{x}_i$ tenderà a X per ogni i da 1 a n_m.

Quindi sostituendo nella (8.12) per ogni $\bar{x}_i$ lo stesso valore di aspettazione X si avrà:

$$\bar{\bar{x}} = \sum_{i=1}^{n_m} X \bigg/ n_m = X.$$

Osserviamo quanto ci aspetteremmo, che il valore medio delle medie dia il valore di aspettazione.

Vediamo invece cosa otteniamo per la varianza di tutti i valori medi.

Per quanto riguarda la varianza possiamo calcolare anche per ogni riga la varianza della prima misura σ_1^2 di ogni studente e via di seguito, abbiamo osservato che la grandezza $\bar{\bar{x}}$ espressa secondo la (8.12) ricorda proprio una grandezza g secondo i requisiti del teorema del limite centrale, pertanto per il suddetto teorema la varianza si esprimerà come:

$$\sigma_{\bar{x}}^2 = \frac{1}{n_m^2} \sigma_1^2 + \frac{1}{n_m^2} \sigma_2^2 + \dots + \frac{1}{n_m^2} \sigma_{n_m-1}^2 + \frac{1}{n_m^2} \sigma_{n_m}^2,$$

ma anche per le varianze dei campioni ordinati per sequenza di misurazione, etichettate σ_i, dato che il campione appartiene alla stessa popolazione, tenderanno tutte alla stessa deviazione standard σ, percui si osserva per la varianza dei valori medi:

$$\sigma_{\bar{x}}^2 = \frac{1}{n_m^2} \sum_{i=1}^{n_m} \sigma^2 = \frac{n_m \sigma^2}{n_m^2} = \frac{\sigma^2}{n_m} \ . \tag{8.13}$$

Ovvero si dimostra che la varianza dei valori medi è proprio la deviazione standard della media al quadrato, espressa nella (8.13).

Nel caso di una misura effettuata da un solo studente (sperimentatore) si ha a disposizione un campione di dati, ottenuti da misure ripetute n, dai quali possiamo fornire le seguenti stime.

- La migliore stima che possiamo fornire del valore di aspettazione X è la media aritmetica, $\bar{x}$,
- la migliore stima che possiamo fornire per la larghezza vera σ è la deviazione standard σ_x del campione, dedotta dalla varianza del campione σ_x^2,
- Se la *variabile risulta gaussiana* si può fornire la stima della larghezza della gaussiana dei valori medi mediante la relazione:

$$\sigma_{\bar{x}} = \sigma_x / \sqrt{n} \ .$$

Dato che il confronto tra misure risulta di solito sui valori medi è una convenzione consolidata riportare l'incertezza statistica, *nel caso di grandezze "riconosciute" gaussiane*, come deviazione standard della media.

Vedremo come "riconoscere" una grandezza gaussiana e fare verifiche (Cap. 11) per valutare la probabilità, che un campione di dati possa essere funzionale a definirla tale.

Teorema del limite centrale: tendenza ad una gaussiana

Il teorema del limite centrale fornisce anche gli argomenti, per giustificare l'utilizzo della distribuzione gaussiana per grandezze, o combinazioni di grandezze, che non siano necessariamente gaussiane.

Riportiamo in Tabella 8.4 le rispettive probabilità di ottenere un valore compreso tra gli intervalli individuati da una, due e tre σ per le densità di probabilità gaussiana e triangolare.

Tabella 8.4 Confronto tra le probabilità di una densità triangolare ed una densità gaussiana

distribuzione	$P(|z| \leq \sigma)$	$P(|z| \leq 2\sigma)$	$P(|z| \leq a < 3\sigma)$
triangolare	0.650	0.996	1.00
gaussiana	0.6826	0.9544	0.9974

Il teorema del limite centrale afferma, che per variabili con *"legge di distribuzione qualsiasi," "... all'aumentare del numero di variabili"* .. g tende *ad una distribuzione normale* (gaussiana). Il problema è:

qual è il *numero minimo di grandezze* per poter considerare g *gaussiana*?

E qui rientra in gioco la densità triangolare: dalla Tabella 8.4 si osserva che sono *sufficienti due variabili*, per considerare la grandezza g gaussiana, perchè si ha corrispondenza tra le probabilità nei rispettivi intervalli definiti da deviazioni standard dedotte dalle varianze.

Questo teorema permette di considerare una grandezza g gaussiana, anche nel caso fosse derivata da almeno due variabili con incertezze sistematiche di lettura e quindi fare verifiche di ipotesi statistiche, in riferimento della grandezza così ottenuta, riferendosi sempre ad una distribuzione normale.

È intuitivo inoltre che tale tendenza sarà più forte se la g derivata è funzione di una variabile gaussiana (incertezza σ) e di un altra che segue una densità costante (p.e. $\varepsilon/\sqrt{3}$, o $\eta/\sqrt{3}$) (si sono riportati solo i simboli delle incertezze, ma si intende il contributo dovuto a due rispettive grandezze, quindi comprendendo i termini della propagazione ovvero $\partial g/\partial(\text{variabile})$) si osserva che nella somma

$$\sigma_g^2 = \sigma^2 + \varepsilon^2/3$$

per $\sigma \geq \varepsilon/\sqrt{3}$ la probabilità è simile a quanto atteso per una gaussiana, e solo per valori di $\sigma \ll \varepsilon/\sqrt{3}$ di due ordini di grandezza inferiore domina la densità di probabilità uniforme [16].

Incertezze di accuratezza combinate con incertezze casuali

L'incertezza di accuratezza abbiamo visto che si presenta sempre con lo stesso segno, un caso particolare e semplice è quello, in cui l'incertezza non varia per tutti i valori di x. Questo caso è di facile trattazione didattica, in quanto si applica a tutti i valori misurati.

Supponiamo di effettuare delle misure ripetute ed avere ottenuto una stima di X e della deviazione standard σ, per semplicità di scrittura di seguito utilizziamo per la gaussiana X e σ, pertanto abbiamo $G_{X,\sigma}(x) \propto e^{-(x-X)^2/2\sigma^2}$.

A posteriori ci accorgiamo che ogni valore è spostato di $+ |\eta_x|$, quindi per ogni valore x, dovremmo correggerlo con il valore accurato $x_{acc} = x - \eta_x$. La gaussiana accurata $G_{X_{acc},\sigma}(x_{acc})(X) \propto e^{-(x_{acc}-X_{acc})^2/2\sigma^2}$, sarà riconducibile alla curva ricavata per x se l'argomento dell'esponenziale è lo stesso, quindi $x_{acc} - X_{acc} = x - X$.

Dato che $x_{acc} = x - \eta_x$ si ha $x - \eta_x - X_{acc} = x - X$, per cui $\eta_x + X_{acc} = X$, si ottiene per $X_{acc} = X - \eta_x$.

Se conosciamo il segno dell'incertezza di accuratezza ed esso non varia per ogni misura, possiamo sottrarre tale incertezza a posteriori dalla stima effettuata.

In caso di incertezze di accuratezza del tipo η_x, si può affrontare lo studio statistico dei dati registrati e dedurre le stime per una distribuzione gaussiana, eppoi calibrare successivamente la misura, o con strumenti accurati, o con tecniche di calibrazione.

Se non siamo in grado in individuarne il segno, ed abbiamo indicazioni di intervalli del tipo uniforme come per l'incertezze di lettura, dobbiamo considerarle come descrittive di un intervallo del 100 % dei dati ed eventualmente considerare la varianza $\eta_x^2/3$, come descrittiva delle probabilità previsionali tipiche di una gaussiana, soprattutto nella combinazione con altre incertezze sia di tipo di lettura che di tipo casuale.

Si consideri il Probl. 8.10, in cui particolari relazioni tra grandezze affette da incertezze di accuratezza (sottrazione tra due misure effettuate con lo stesso strumento, affetto da incertezza di accuratezza) danno come risultato l'elisione di tali inccrtczzc.

Nel caso di incertezze di accuratezza, che variano a seconda del valore della misura, si dovrebbe applicare la correzione ad ogni dato o intervallo, eppoi fare l'analisi statistica sui dati corretti.

8.7 Presentazione del risultato di una misura e intervalli di fiducia

Possiamo ora giustificare il modo di presentare una misura come *migliore stima* ed *incertezza* con annesso il *livello di fiducia*, che riponiamo nella misura stessa.

L'integrale di Gauss per una singola misura permette di stimare la probabilità, che un particolare valore della misura cada in un determinato intervallo $[a, b]$:

$$P(a \leq x \leq b) = \frac{1}{\sqrt{2\pi}\,\sigma} \int_a^b e^{-(x-X)^2/(2\sigma^2)} dx \, .$$

È pratico calcolare tale probabilità grazie alla variabile standardizzata $z = (x-X)/\sigma$

$$P(a \leq x \leq b) \equiv P(z_a \leq z \leq z_b) = \frac{1}{\sqrt{2\pi}} \int_{z_a}^{z_b} e^{-z^2/2} dz \, .$$

Segnaliamo che la distribuzione gaussiana è utilizzabile nel caso, che i dati siano maggiori di 30 (*grandi campioni*), altrimenti si dovrebbe utilizzare (per piccoli campioni $n < 30$) la cosiddetta "distribuzione t di Student", proposta da Gosset [15, 16]. Per questo corso introduttivo ci limiteremo a distribuzioni gaussiane, in diversi esperimenti possiamo ripetere le misure per un numero desiderato e sufficiente di prove.

Se i dati seguono una gaussiana, avremo che:

- la migliore stima del valore vero è la media aritmetica,
- la miglior stima dell'incertezza della misura è la deviazione standard della media.

Nel caso di un campione di misure affette da incertezze casuali, che seguano la distribuzione di Gauss, si ha che nell'intervallo

$$x = \left(\bar{x} \pm \frac{3\sigma_x}{\sqrt{n}} \right)$$

ci aspettiamo cadano il 100 % di altre misure ottenute come valori medi.

La probabilità che un valore atteso cada entro un determinato intervallo individuato dal nostro campionte si dice *fiducia* e il corrispondente intervallo prende il nome di *intervallo di fiducia*.

Le procedure statistiche che permettono di decidere, se accettare, o rigettare un'ipotesi prendono il nome di *verifiche di significatività*.

Per valutare l'intervallo di fiducia o la significatività, si utilizza il rapporto tra la discrepanza e la migliore stima della deviazione standard.

Mediante il campione disponibile e l'ipotesi di una densità di probabilità, per esempio la gaussiana, si controlla che un valore proposto come atteso x_{att} appartenga alla stessa popolazione individuata dal campione.

Possiamo calcolare la variabile standardizzata attesa:

$$z_{att} = \frac{|x_{ms} - x_{att}|}{\sigma_{\bar{x}}} .$$

Si osservi che stiamo confrontando i valori rispetto alla deviazione standard della media.

Nel caso di una gaussiana, se chiamiamo z_c *valore critico* della variabile standardizzata quel valore, oltre il quale riteniamo che la differenza tra la misura ed il valore di confronto sia significativa, possiamo fornire una tabella del *livello di fiducia* $P(-z_c \leq z \leq z_c)$ per la z compresa nell'intervallo di fiducia e il *livello di significatività* $P(|z| \geq z_c)$, dove $P(|z| \leq z_c) = 1 - P(|z| \geq z_c)$.

Se la z_{att} cade nell'intervallo di fiducia, si accetterà l'ipotesi, che tale valore appartenga alla popolazione, individuata dal nostro campione, fornendone quantitativamente il livello di fiducia.

Ci sono alcuni livelli convenzionali di fiducia, che presentiamo in Tabella 8.5. Se la distribuzione attesa è una gaussiana, forniamo anche i valori di z detti critici

z_c, oltre i quali si ha un livello di significatività del confronto, di cui sono riportati quelli convenzionalmente riconosciuti del 5 % e dell 1'%.

Tabella 8.5 Livelli di Fiducia (LF) con i corrispondenti intervalli, il valore critico z_c per una gaussiana, livello di significatività: riportati i più usati.

Livello di fiducia	Intervallo di fiducia	zeta critico (z_c)	Livello di significatività
68.27 %	$\bar{x} - \sigma_{\bar{x}}, \bar{x} + \sigma_{\bar{x}}$	1.00	
95.00 %	$\bar{x} - 1.96\sigma_{\bar{x}}, \bar{x} + 1.96\sigma_{\bar{x}}$	1.96	5 %
95.45 %	$\bar{x} - 2\sigma_{\bar{x}}, \bar{x} + 2\sigma_{\bar{x}}$	2.00	
99.00 %	$\bar{x} - 2.58\sigma_{\bar{x}}, \bar{x} + 2.58\sigma_{\bar{x}}$	2.58	1 %
99.73 %	$\bar{x} - 3\sigma_{\bar{x}}, \bar{x} + 3\sigma_{\bar{x}}$	3.00	

Ricondurre ogni misura ad una gaussiana

Per il teorema del limite centrale si può considerare gaussiana una grandezza ottenuta da almeno due variabili con densità costante uniforme, a condizione che si consideri come incertezza la deviazione standard, dedotta dalla varianza della variabile, che si assume segua la densità uniforme ($\Delta_g^2/12$, o $\varepsilon_g^2/12$, etichettiamo così il contributo all'incertezza su g, dovuto ad incertezze di tipo di lettura di variabili da cui dipende g).

Quindi presenteremo come risultato in questo caso la misura

$$g = \bar{g} \pm \delta g \,,$$

con un livello di fiducia del 68 %, dove

$$\delta g = \sqrt{\sigma_{\bar{g}}^2 + \Delta_g^2/12} \,,$$

per il teorema del limite centrale, la grandezza g segue la distribuzione gaussiana.

Possiamo calcolare la variabile standardizzata attesa:

$$z_{att} = \frac{|g_{ms} - g_{att}|}{\delta g}.$$

Si osservi che stiamo confrontando i valori rispetto all'incertezza totale, dove per la *parte statistica si sia verificato, che la grandezza è gaussiana* e quindi abbiamo usato la *deviazione standard della media*, per la *parte sistematica* abbiamo utilizzato la corrispondente *varianza della densità uniforme*.

In presenza di incertezze di accuratezza, nel caso in cui conosciamo il segno, possiamo separare questa dalle altre e quindi scrivere la misura come

$$g_{ms} = \overline{g} \pm \delta g + (segno)|\eta_g|.$$

Quindi si sposta il valore della stima della quantità η_g, positiva o negativa a seconda del caso, e si discute quanto il valore atteso sia vicino al nostro accurato $g_{acc} = \overline{g} + (segno)\eta_g$, assumendo ancora come deviazione standard la somma in quadratura delle incertezze casuali e quelle di sensibilità di lettura.

Nel caso in cui non si riuscisse ad isolare il segno dell'incertezza di accuratezza, allora il confronto tra discrepanza ed incertezza va fatto con tutte le incertezze sommate in quadratura:

$$\delta g = \sqrt{\sigma_{\overline{g}}^2 + \varepsilon_g^2/3 + \eta_g^2/3}$$

Anche nel caso in cui le incertezze non siano sommabili in quadratura, in quanto dipendenti tra di loro (come vedremo in Cap. 10), l'approccio delle verifiche è con l'utilizzo del contributo alle incertezze sommate linearmente, assumendo che la grandezza segua la distribuzione di Gauss.

8.8 Verifica di ipotesi e di significatività

Risulta utile fissare i termini statistici della verifica di ipotesi. La statistica si propone di prendere delle decisioni relative ad una popolazione sulle base delle informazioni ricavate dall'analisi di un campione.

Si vuole verificare sulla base del campione e della relativa distribuzione di probabilità attribuita, che permette di stimare il valore vero della popolazione, se un dato valore atteso può appartenere alla popolazione sulla base della precisione della nostra misura.

La decisione dipende ovviamente dall'ipotesi formulata e le considerazioni successive dipendono da tale ipotesi.

La prima ipotesi che si formula è che non ci sia differenza tra valore vero stimato dal campione e valore atteso, che quindi appartengano alla stessa popolazione, descritta dalla densità di probabilità.

Questa ipotesi viene di solito detta *ipotesi nulla* ed indicata con H_0. Qualsiasi altra ipotesi è detta *ipotesi alternativa*.

Per esempio nel caso di moto per rotolamento di una sfera sul piano inclinato, potremmo assumere come ipotesi, che l'accelerazione sia di tipo punto materiale, cilindro ed infine sfera e di volta in volta rigettare l'ipotesi non accettabile.

Si effettuano esperimenti *significativi per il rigetto di ipotesi*.

Quindi se supponiamo, che l'ipotesi nulla sia vera ed invece troviamo, che i risultati osservati in un campione differiscono in maniera notevole da quelli, che ci saremmo aspettati, allora diremo che le differenze (discrepanze) sono *significative* e quindi non accettiamo l'ipotesi.

Non si potrà mai avere la certezza di non aver scartato un'ipotesi, che invece potrebbe essere giusta per i dati rilevati.

La statistica fornisce anche criteri o convenzioni, perché non si corra il rischio di rigettare un'ipotesi vera e tutto il meccanismo dello studio decisionale si basa proprio sul limitare tale rischio. Tali procedure sono dette *verifiche di ipotesi* o *di significatività*. Dato che c'è sempre il rischio di rigettare un'ipotesi valida si stabilisce il massimo di probabilità di rischio accettabile di rigettarne una vera, detto *livello di significatività*.

Questa probabilità di rischio viene denotata con α e la decisione, su quale sia questo limite si deve prendere prima di analizzare i dati.

Forniamo alcune convenzioni statistiche, che stabiliscono i livelli di significatività al 5 % o all'1 % [10]. Nel caso in cui si sia posto il limite del livello di significatività al 5 % possiamo trovarci nelle due seguenti situazioni:

- se verifichiamo che l'ipotesi è corretta possiamo affermare di essere fiduciosi al 95 % di avere preso la decisione giusta nell'accettarla.
- Se decidiamo di rigettare l'ipotesi prendiamo la decisione di rischiare con una probabilità del 5 % di aver rigettato un'ipotesi, che poteva essere accettata: potremmo aver sbagliato con una probabilità del 5 %.

Questi due intervalli sono ovviamente complementari (Fig. 8.7). Considerazioni statistiche inducono a catalogare nel modo seguente gli intervalli di significatività:

- Se un campione è significativo per rigettare l'ipotesi al *livello* del 5 %, si dice che il campione è *probabilmente significativo*.
- Se un campione è significativo per rigettare un'ipotesi al *livello* dell'1 %, si dice che il campione è *altamente significativo*.

Nel caso del livello del 5 % si consiglia di approfondire ulteriormente le indagini sperimentali. Diversamente per il livello dell'1 % si rigetta un'ipotesi con un probabilità molto bassa di avere preso una decisione sbagliata.

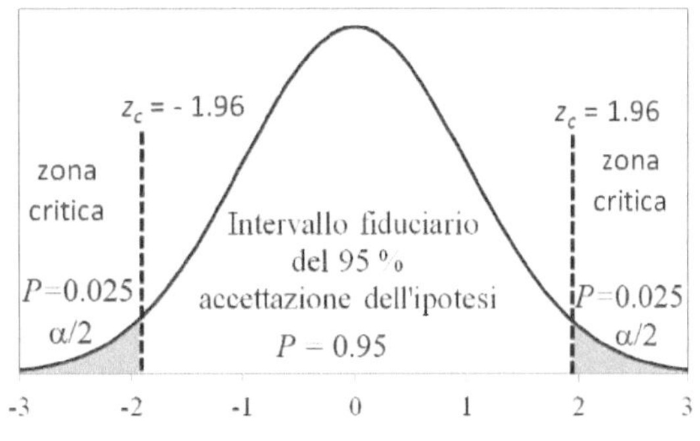

Figura 8.7 Intervalli fiduciari al 95 % e di significatività al 5 % per una distribuzione di probabilità normale. Sono indicate le variabili standardizzate critiche, oltre le quali siamo nel caso di un campione probabilmente significativo. Si osservi come l'intervallo di significatività prenda le due code (verifica di significatività a due code).

Ai fini del rigetto delle ipotesi livelli superiori al 5 % non sono considerati significativi.

Si osservi inoltre come gli intervalli di significatività sono complementari degli intervalli di fiducia presentati in Tabella 8.5, percui la z_c individua proprio il valore della variabile standardizzata, oltre il quale si supera il livello di significatività corrispondente.

Come può evincersi in Fig. 8.7, la verifica di cui sopra riguarda una verifica a due code, questo di solito si ha quando l'ipotesi alternativa non impone alcun vincolo. Questo nel caso della gaussiana, se siamo interessati alla verifica, che un determinato valore atteso appartiene alla popolazione.

Diversamente se siamo interessati a vedere, se il dato risulta maggiore o minore di un preciso valore, allora si deve effettuare una verifica ad una coda, per la quale non cambiano i livelli di significatività (al 5 % ed all' 1 %), ma ovviamente cambia la variabile standardizzata critica z_c corrispondente, in quanto sarà l'area di una singola coda a dover soddisfare le condizioni, richieste per le verifiche

In questo corso introduttivo ci limiteremo a verifiche a due code.

Verifica di significatività su grandezze gaussiane

Se è verificato che i dati seguono la distribuzione di Gauss come *incertezza casuale* sulla misura si utilizza $\sigma_{ms} = \sigma_x/\sqrt{n}$.

Esempio α .... α .... א .... א

Supponiamo di aver misurato una costante di accelerazione gravitazionale con 50 dati ed aver ottenuto $g = 9.75 \pm 0.55$ m s^{-2}. Vogliamo verificare che non ci sia differenza con il valore atteso $g = 9.807$ m s^{-2}. L'incertezza sistematica sia trascurabile anche rispetto a $\sigma_{\bar{x}}$. Il confronto si basa sulla differenza con il valore atteso in rapporto alla deviazione standard della media quindi $\sigma_{\bar{x}} = 0.078$ m s^{-2}. La discrepanza tra il valore medio ed il valore atteso è ≈ 0.06 m s^{-2}, da cui $z_{att} = 0.73$.

Abbiamo osservato che la z critica (z_c) per il livello di significatività al 5 % è $|z_c| = 1.96$. Siamo all'interno dell'intervallo di fiducia del 95 %.

Dato che, per effettuare una verifica di significatività, ci serve calcolare la probabilità, che un valore sia maggiore del valore atteso, dobbiamo mediante la tabella dell'intergrale normale in App. A, valutare questa probabilità. Se abbiamo ottenuto z_c si ha che

$$P(|z| \geq z_{att}) = 1 - P(|z| \leq z_{att}) .$$

Quindi dalla tabella in appendice riusciamo a calcolare la probabilità di ottenere z entro l'intervallo $\pm z_{att}$ e, sottraendo tale quantità ad uno, otteniamo la probabilità dell'evento complementare, quello che a noi serve, ovvero la probabilità di ottenere z fuori dall'intervallo $\pm z_{att}$.

Dalla Tabella A.1, che riporta solo $P(0 \leq z \leq z_{att})$ otteniamo $P(|z| \geq z_{att}) = 2 \times (0.5 - 0.2673) = 0.4654$, quasi il 47 % ben superiore al limite del 5 %. Quindi il campione non è significativo, per rigettare l'ipotesi.

Consideriamo una situazione differente. Se dalla misura si ottiene invece $\bar{x} = 9.60$ m s^{-2}, con la stessa deviazione standard. Per la z_{att} si osserva invece che la probabilità $P(|z| \geq 2.65)$ risulta pari a 0.8 % sotto la soglia critica dell'1 %, percui il campione è altamente significativo, per rigettare l'ipotesi, che il valore atteso appartenga alla popolazione stimata con il campione dei dati.

$$\beth \ldots\ldots\ldots \beth \ldots\ldots\ldots \ldots\ldots\ldots \omega \ldots\ldots\ldots \omega$$

Si faccia attenzione che per *"grandi campioni"*, che seguono una densità di probabilità gaussiana, lo studio del livello di significatività viene fatto sulla gaussiana dei valori medi, parlando spesso di popolazione. Il valore atteso si aspetta che faccia parte della popolazione, dedotta dai dati sperimentali.

Di seguito vedremo l'utilizzo della gaussiana relativa ai dati osservati, nel caso un dato rilevato sembri non appartenere al campione. Quindi tale misura potrebbe non fare parte del campione stesso.

Affronteremo come verificare se una grandezza possa considerarsi gaussiana nel Cap. 11 e come comportarsi nel caso in cui una grandezza non risulti gaussiana, ovviamente per le conseguenze sulla stima delle incertezze.

Rigetto di dati: criterio di Chauvenet

Rigettare i dati non è una pratica, che uno sperimentale dovrebbe utilizzare, piuttosto si dovrebbe cercare di evitare di commettere errori, che inducono ad ottenere risultati, che vistosamente sono fuori dalla distribuzione attesa. In ogni caso questo può essere fatto solo a posteriori.

Dopo aver ottenuto la stima del *valore vero* (stima di X per una gaussiana ad esempio) e la deviazione standard del campione. Si osserva la misura sospetta x_{sosp} e, se tale misura avesse una probabilità di essere osservata fuori dall'intervallo 3σ, allora si potrebbe rigettare:

$$1 - P(|\bar{x} - x_{sosp.}| \leq 3\sigma_x) = 0.0013.$$

La verifica è fatta sulla gaussiana dei propri dati, in quanto vogliamo verificare se una rilevazione possa appartenere al campione dei nostri dati, per il quale si assume una distribuzione gaussiana. Stiamo osservando se possiamo accettare, che un singolo valore x sospetto possa essere ritenuto non appartenente al nostro campione. Se verifichiamo che possiamo escluderlo, si deve ricalcolare la $\bar{x}$ e la σ_x, senza tale dato sospetto.

Un altro criterio attribuito a Chauvenet [18] afferma che nel caso di n misure, se per il valore sospetto otteniamo z_{sosp} ed il numero di misure sospette n_{sosp} atteso, ottenuto dalla distribuzione di Gauss, è minore di 1/2, allora è improbabile che tale valore appartenga al campione e possiamo rigettarlo:

$$n_{sosp} = nP(z \text{ fuori } z_{sosp}) < \frac{1}{2}.$$

Diamo poco peso a tale criterio in quanto, molti fisici lo ritengono un arbitrio.

Nel caso fosse possibile ripetere le misure, si consiglia di farlo.

Diversamente nel caso non fosse possibile si accetta l'applicazione, ma *solo su un singolo dato sospetto*, altrimenti ovviamente, reiterando tale procedimento, si restringerebbe sempre più la stima della larghezza della gaussiana, escludendo i valori sempre più esterni, con una manipolazione arbitraria dei dati osservati.

Molte scoperte in fisica sono state fatte proprio dall'analisi più dettagliata di misure, che deviavano dalla distribuzione o legge attesa. È buona attitudine, per chi si avvicina all'approccio sperimentale, non "cancellare" dati, piuttosto segnalare il problema e riverificare le misure intorno al valore sospetto con più dati.

8.9 Massima verosimiglianza: media pesata

Il principio di massima verosimiglianza applicato ad una variabile aleatoria, che segua la distribuzione gaussiana, ci permette di giustificare la media pesata tra più misure di una stessa grandezza, già fornita nel Cap. 5 .

Supponiamo di avere due misure, che etichettiamo $x_A \pm \delta A$, ed $x_B \pm \delta B$, le cui incertezze siano ottenute secondo le regole dell'analisi delle incertezze.

Per uniformità formale, sebbene le misure siano espresse con la valutazione delle rispettive incertezze totali δ, useremo il simbolo σ per la deduzione teorica. Abbiamo visto che per una grandezza dedotta da due variabili possiamo assumere, che tenda ad una gaussiana. Tale considerazione è sicuramente rafforzata da quanto detto sopra, tali misure saranno già frutto di analisi statistiche e propagazione di incertezze, percui molto probabilmente a loro volta gaussiane.

Supponiamo quindi che le due misure x_A e x_B seguano la stessa gaussiana di $G_{X,\sigma}(x)$ di centralità X e deviazione standard σ.

La probabilità di ottenere la misura x_A sarà proporzionale a:

$$P(x_A) \propto \frac{1}{\sigma_A} e^{-(x_A - X)^2/(2\sigma_A^2)},$$

ed equivalentemente la probabilità di ottenere la misura x_B:

$$P(x_B) \propto \frac{1}{\sigma_B} e^{-(x_B - X)^2/(2\sigma_B^2)} .$$

Dato che le due misure sono stocasticamente indipendenti, la probabilità di ottenerle entrambe sarà data dal prodotto delle singole probabilità:

$$P(x_A, x_B) = P(x_A)P(x_B) \propto \frac{1}{\sigma_A} \frac{1}{\sigma_B} e^{-1/2\left[(x_A-X)^2/\sigma_A^2 + (x_B-X)^2/\sigma_B^2\right]} \ .$$

Grazie al principio di massima verosimiglianza, cerchiamo il valore di X tale da rendere massima la probabilità. Questo significa rendere minimo l'argomento dell'esponente:

$$\chi^2 = \left(\frac{x_A - X}{\sigma_A}\right)^2 + \left(\frac{x_B - X}{\sigma_B}\right)^2 \ .$$

Abbiamo etichettato χ^2, la somma dei rapporti tra gli scarti e la deviazione standard al quadrato, è già comparsa e comparirà ancora, iniziamo a darle un nome.

Chiamiamo questi rapporti χ, (lettera greca che si pronuncia *chi*), in questo caso particolare χ_A e χ_B, e chiamiamo χ^2 (*chi–quadro*) la somma dei χ_i^2 ($\chi^2 = \sum \chi_i^2$), per questo caso: $\chi^2 = \chi_A^2 + \chi_B^2$.

Per trovare il valore X, per il quale sia minimo il χ^2, si deve derivare rispetto ad X e trovare le soluzioni in X, che annullano la derivata prima:

$$2\left(\frac{x_A - X}{\sigma_A}\right)\left(-\frac{1}{\sigma_A}\right) + 2\left(\frac{x_B - X}{\sigma_B}\right)\left(-\frac{1}{\sigma_B}\right) = 0 \ .$$

La soluzione, percui si annulla la derivata, permette di ottenere la miglior stima del valore vero X:

$$X_{ms} = \frac{x_A/\sigma_A^2 + x_B/\sigma_B^2}{1/\sigma_A^2 + 1/\sigma_B^2} \ .$$

Si osservi che definiti *pesi* $p_A = 1/\sigma_A^2$ e $p_B = 1/\sigma_B^2$, si ottiene una formula più compatta e di più pratico utilizzo:

$$X_{ms} = \frac{x_A p_A + x_B p_B}{p_A + p_B} \equiv x_{pes} \ .$$

Questa formula ricorda quella del baricentro di due corpi aventi i pesi suddetti e le rispettive posizioni lungo la coordinata x. Inoltre la misura con minore incertezza peserà maggiormente nella stima. Etichettiamo questa *migliore stima* con x_{pes}, detta *media pesata*.

Dobbiamo ora cercare la migliore stima dell'incertezza, che dedurremo dalla varianza.

Per ottenerla applichiamo la propagazione delle incertezze alla migliore stima di X, considerando come variabili x_A e x_B:

$$\sigma_{ms}^2 = \left(\frac{\partial x_{pes}}{\partial x_A}\right)^2 \sigma_A^2 + \left(\frac{\partial x_{pes}}{\partial x_B}\right)^2 \sigma_B^2 \ . \tag{8.14}$$

Dato che $\partial x_{pes}/\partial x_A = p_A/(p_A + p_B)$ e $\partial x_{pes}/\partial x_B = p_B/(p_A + p_B)$, sostituendo nella (8.14) e tenendo conto che $p = 1/\sigma^2$ si ha come risultato:

$$\sigma^2_{pes} = \frac{1}{p_A + p_B},$$

che risulta più facilmente comprensibile se chiamiamo peso totale $p_{pes} = 1/\sigma^2_{pes}$:

$$p_{pes} = p_A + p_B \, .$$

Si potrebbe estendere quanto riportato per due misure a più misure $\bar{x}_j \pm \sigma_j$ di sperimentatori diversi j da 1 ad n, per le quali definiamo i corrispondenti pesi $p_j = 1/\sigma^2_j$.

Verificato che tutte le misure seguono una gaussiana, potremmo fornire come migliore stima del valore vero x_{pes}, data da:

$$x_{pes} = \left(\sum p_j x_j \right) / \sum p_j \, , \tag{8.15}$$

e per il peso totale avremo:

$$p_{pes} = \sum p_j,$$

da cui si ricava la deviazione standard della media pesata:

$$\sigma_{pes} = 1/\sqrt{\sum p_j} \, . \tag{8.16}$$

La media pesata x_{pes} e σ_{pes} sono state dedotte dall'avere assunto, che *tutte le misure appartengono alla stessa popolazione*, percui si può applicare, se e solo se si verifica, che le misure appartengono alla stessa popolazione.

Ricordiamo inoltre che sebbene dal punto di vista formale abbiamo usato il simbolo σ per le incertezze in quanto in linea con la descrizione di una gaussiana, è stato utilizzato nell'accezione di varianza $Var\{x\} = \sigma^2$, non della sola incertezza casuale, percui comprensivo di tutte le incertezze stimate nella misura A e nella misura B, visto che secondo il teorema del limite centrale si ha una tendenza di vari tipi di variabili alla gaussiana.

Verifica di significatività per l'uso della media pesata

Si deve fare la verifica di significatività, per osservare se due misure possono appartenere alla stessa popolazione.

Questo significa osservare la differenza tra le due misure che etichetteremo $\Delta(A-B) = x_A - x_B$. Osserviamo che l'incertezza su $\Delta(A-B)$ dato che x_A ed x_B, sono misure indipendenti risulta $(\delta\Delta(A-B))^2 = (\delta A)^2 + (\delta B)^2$, dove come ribadito varie volte, nella formule di utilizzo pratico, ci riportiamo al simbolo δ, espressione dell'incertezza totale di ogni misura.

Ci chiediamo quale sia il valore aspettato della differenza: se appartenessero alla stessa popolazione, dovrebbe essere $\Delta(A - B)_{att} = 0$.

Pertanto se facciamo la verifica di significatività sulla probabilità di ottenere una $|z| \geq z_{att}$, dove in questo caso $z_{att} = |\Delta(AB) - 0|/(\delta\Delta(A - B))$, possiamo accettare o rigettare l'ipotesi, che le due grandezze siano uguali.

Se la verifica non risulta significativa e le misure appartengono alla stessa popolazione, allora si può usare per la migliore stima del valore vero la x_{pes} e per la deviazione standard, quanto dedotto da p_{pes}.

Problemi

8.1. Dimostrare che $\sum_{i=1}^{n}(x_i - \bar{x})^2 \leq \sum_{i=1}^{n}(x_i - x)^2$, per qualsiasi x, pertanto vale anche per $x = X$.

8.2. La densità di probabilità di una misura affetta solo da incertezze dovute alla risoluzione strumentale ($x = X \pm \varepsilon_x$), può essere descritta dalla seguente funzione $f(x)$ (Fig. 8.6 **a**):

$$f(x) = \begin{cases} C & X - \varepsilon_x \leq x \leq X + \varepsilon_x \,, \\ 0 & |x \quad X| > \varepsilon_\lambda \,. \end{cases}$$

Calcolare il valore medio e la varianza di una grandezza x, che segua tale densità di probabilità.

8.3. $-\heartsuit$ Per patiti di matematica – Nel caso di due densità uniformi del tipo di sensibilità di lettura, si ottiene una densità di probabilità triangolare (Fig. 8.6 **b**), di cui riportiamo l'andamento per la variabile $z = x - X$, centrata quindi su $z = 0$

$$f(z) = \begin{cases} \frac{C}{a}(z + a) & -a \leq z \leq 0, \\ -\frac{C}{a}(z - a) & 0 \leq z \leq a, \\ 0 & |z| > a. \end{cases}$$

Ricavare, una volta ottenuta la varianza, l'area sottesa in $|z| \leq \sigma$, $|z| \leq 2\sigma$ e $|z| \leq 3\,\sigma$, si osservi che la funzione per $|z| > a$ è nulla e che 3σ è maggiore di a.

8.4. Trovare, nel caso di una variabile x che segua una distribuzione gaussiana $G_{X,\sigma}(x)$, che il suo valore di aspettazione è X ($-\heartsuit$ per patiti di matematica – ricavare anche che la varianza è data da σ^2).

8.5. Trovare nel caso di una variabile x, che segua la distribuzione di Gauss, la probabilità di ottenere un valore x tale che $1.00\,\sigma \leq |x - X| \leq 1.25\,\sigma$.

8.6. Per i dati del Probl. 5.6 calcolare la $G_{\bar{x},\sigma_x}(x)$ per ogni valore centrale delle classi e sovrapporre la curva ottenuta all'istogramma delle densità di frequenza dei dati.

Fare lo stesso per i valori medi di ogni colonna, e sovrapporre i dati sul grafico precedente. Calcolare $G_{\bar{x}, \sigma_{\bar{x}}}(X)$ e sovrapporla alle densità di frequenza delle medie in ogni singola colonna.

8.7. Per i dati del Probl. 6.3 – eventualmente per dati presi in classe o effettuati a casa – osservare sull'istogramma dei dati che uno risulta fuori dalla distribuzione. Considerare per comodità solo le prime 10 colonne, 100 dati in tutto, e fare quanto richiesto nel Probl. 8.6. Si ritorni sulla considerazione della previsione di ogni singolo studente, per la deviazione standard dei valori medi.

8.8. Per misurare l'accelerazione di gravità avete $h = 100 \pm 1$ cm e $t = 452 \pm 5$ ms, fornire la misura di g dalla relazione $g = 2h/t^2$. Fare la verifica di significatività per il valore atteso $g_{att} = 9.807$ m s^{-2}. (Supponete che le misure siano già fornite con le incertezze dedotte dalle varianze).

8.9. Nella misura dell'accelerazione g mediante la caduta di un grave (Probl. 4.10) la misura di t viene effettuata mediante un sistema elettronico, che conta il numero di impulsi n durante la caduta. Il tempo corrispondente, si ottiene dal numero di impulsi per unità di tempo n_{un}, con la misura del numero di impulsi n_p in un tempo prefissato t_p: $n_{un} = n_p/t_p$, da cui per il tempo di caduta si ottiene

$$t = \frac{n}{n_{un}} \, .$$

Si supponga $\bar{n} = 47\,610$ e la deviazione standard del campione $\sigma_n = 360$, ottenuto dalla registrazione di 100 dati di n.

n_{un} viene misurato prima di rilevare le misure, a metà ed alla fine delle 100 misure, si utilizzi il valore centrale $n_{un\,centr.} = 90\,000$ impulsi s^{-1} come, migliore stima e la semidispersione $\Delta_{n_{un}}/2 = 20$ impulsi s^{-1}.

Su n e n_{un} si verifica, che sono tra loro dipendenti, percui l'incertezza su t si propaga in modo lineare. Per δn si assuma che n segua una distribuzione gaussiana, pertanto si usi per $\delta n = \sigma_{\bar{n}}$. Per la la δn_{un} si userà invece la corrispondente $\Delta_{n_{un}}/\sqrt{12}$. Dedotta l'incertezza sul tempo, dobbiamo dopo tenere conto dell'incertezza su h, dove $h = 1\,322 \pm 1$ mm. In questo caso anche h e t non sono fra loro indipendenti, quindi da $g = 2h/(t+t_0)^2$ si ha:

$$\delta g = \left| \frac{2}{(t+t_0)^2} \right| \frac{\Delta_h}{\sqrt{12}} + \left| \frac{4h}{(t+t_0)^3} \right| \delta t + \left| \frac{4h}{(t+t_0)^3} \right| \delta t_0 \, .$$

t_0 è un incertezza di accuratezza dovuta al ritardo dell'elettronica, (Cap. 9): $t_0 = -10.7 \pm 0.7$ ms. Fornire la misura di g e fare le verifica di significatività per il valore atteso 9.807 m s^{-2}.

8.10. Si consideri il Probl. 4.5 e si assuma che le temperature T_1', T_{equ}' e T_0' siano misurate con termocoppie e la loro elettronica, per le quali si fornisce un'incertezza di accuratezza dell'ordine del 2 % nell'intervallo di utilizzo. Si dimostri che in questo caso l'incertezza di accuratezza non si somma, ma si elide.

La regressione lineare: il metodo
dei minimi quadrati

In questo capitolo affronteremo il problema relativo alla regressione lineare di dati
sperimentali, che significa trovare la retta, che si adatti alle misure di due grandezze
fisiche in relazione di tipo lineare tra loro.

La regressione lineare è di più facile trattazione analitica, e ad essa si possono
ricondurre relazioni funzionali più complesse, percui conoscere nel dettaglio come affrontare tale procedimento risulta fondamentale, per poi estenderlo a casi più
complessi.

9.1 Adattamento ad una relazione lineare

Lo studio di relazioni funzionali, la lineare ne è la più semplice, risulta di interesse per la fisica, per la comprensione delle leggi, che governano alcuni fenomeni
(p.e. la legge $v = v_0 + at$, se verificata, permette l'estensione delle leggi del moto
uniformemente accelerato), perché alcune grandezze possono essere misurate dalle
relazioni funzionali (p.e. la misura della accelerazione di gravità g dalla relazione
$T = 2\pi\sqrt{l/g}$, in cui misuriamo direttamente T ed l), perché può essere utilizzata
per calibrare alcuni sistemi (si veda il Probl. 9.5).

Iniziamo pertanto lo studio delle relazioni funzionali proprio dalla più semplice,
quella lineare (una retta), che permette una trattazione della teoria chiara ed una
facile comprensione delle procedure.

Ci proponiamo di studiare la relazione tra una variabile indipendente x ed una
dipendente y del tipo $y = A + Bx$, dove A e B sono delle costanti, da determinare.

Le misure di N coppie di valori – la misura del periodo del pendolo T (variabile
y) al cambiare della lunghezza del cordino l ($x = \sqrt{l}$) – (x_1, y_1), (x_2, y_2), ..., (x_N, y_N),
se i dati non fossero affetti da incertezze e le variabili x e y seguissero la relazione
lineare, riportate su un piano cartesiano (x, y), si troverebbero esattamente su una
retta.

Da una serie di misure otteniamo coppie di *dati*, indicati con dei *simboli*
(• in Fig. 9.1), che *potrebbero* approssimativamente essere descritti da una *rela-*

G. Ciullo, *Introduzione al Laboratorio di Fisica*, UNITEXT for Physics,
DOI: 10.1007/978-88-470-5656-5_9, © Springer-Verlag Italia 2014

zione funzionale di tipo lineare, come si osserva dalla *linea continua* riportata in Fig. 9.1.

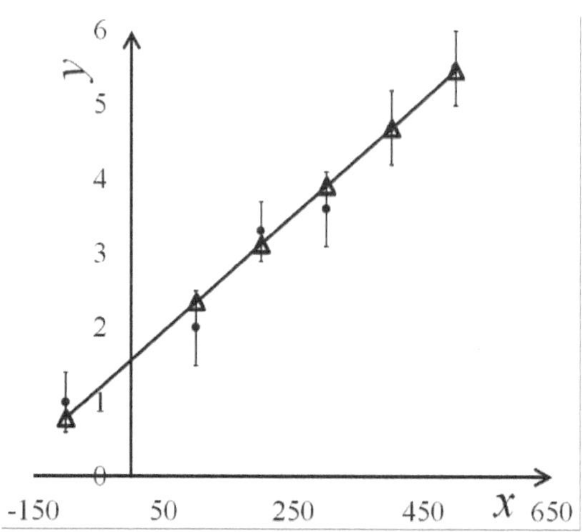

Figura 9.1 Coppie di dati sperimentali (x_i, y_i) indicati su grafico x, y come punti o con simboli (qui con •) e corredati delle rispettive barre (⊥) di incertezza. La retta che meglio approssima tali dati si indica con una linea, in questo caso continua. Nel grafico sono etichettati, solo per motivi didattici, anche i valori Y_i, (△), dedotti dalla retta.

L'obiettivo che ci proponiamo è di trovare la retta, che meglio si adatta ai dati sperimentali. Inizieremo con un *approccio intuitivo*, estensione di quanto già accennato nella prima parte del libro (Cap. 6), detto *metodo dei minimi quadrati* per una retta. Poi mediante *il principio di massima verosimiglianza*, in una cornice formale più solida, ripercorremo lo stesso studio.

Quest'ultimo approccio permette di capire il significato delle varie stime ottenute, e soprattutto trarre considerazioni statistiche.

9.2 Il principio di massima verosimiglianza: la regressione lineare

Per l'approccio intuitivo, sulla linea di quanto si era abbozzato per la soluzione grafica (Cap. 6), dove avevamo scelto solo i due punti più estremi di tutti i dati. Ora cerchiamo la *migliore retta*, che si adatti a tutti i dati, quindi che passi il più vicino possibile a tutti i punti sperimentali (x_i, y_i), indicati con • in Fig. 9.1. Graficamente potremmo visualizzare la situazione con una retta, che passi in media vicino ai punti riportati, *entro le barre di incertezza*, quindi nell'intervallo individuato dalla migliore stima di ogni punto $\pm$ l'incertezza corrispondente. Nel grafico abbiamo riportato solo le incertezze lungo le ordinate (δy_i) per i dati y_i della variabile dipendente.

La regressione lineare si applica utilizzando come variabile indipendente (x), la grandezza con minore incertezza relativa, al punto da trascurarla, e come variabile dipendente y la variabile con le incertezze relative $\delta y_i / |y_i|$ maggiori.

Si consideri ogni singolo dato y_i (● in Fig. 9.1) misurato in corrispondenza di x_i, per il quale si cerca una *relazione lineare* del tipo $Y = A + Bx$, percui per x_i si avrà $Y_i = A + Bx_i$ (△ in Fig. 9.1). I punti sulla retta non si indicato sui grafici, qui per questioni didattiche li abbiamo resi evidenti.

Per convenzione per leggi o modelli (funzioni) si utilizzano solo le linee.

Usiamo Y in maiuscolo per distinguere tra i valori dedotti dall'equazione della retta (o in generale per una legge teorica) ed i dati espressi in minuscolo y.

Sui dati osservati dobbiamo cercare di trovare la soluzione, per la quale la differenza con la retta sia minima possibile.

Con cosa possiamo confrontarci, per ritenere sufficientemente minima questa differenza?

Come al solito confrontiamo la differenza $y_i - Y_i$ con l'incertezza δy_i, sotto la considerazione che ogni y_i tenda ad una gaussiana e che quindi l'incertezza sia espressa come somma delle varie varianze. In vari testi si usa il simbolo σ tipico delle varianze – ogni grandezza tende ad una gaussiana – che esprime le incertezze totali δy_i di ogni y_i, dedotte dalle varianze, quindi assimilabili ad una gaussiana.

Nello studio approssimativo del Cap. 6, ci eravamo limitati alla prima ed all'ultima coppia di dati, ora vogliamo che la retta passi "in prossimità" di tutte le y_i.

Per comprendere il caso in cui la differenza $y_i - Y_i$ sia negativa e positiva, prendiamo il quadrato $(y_i - Y_i)^2$, e lo confrontiamo quindi con $(\delta y_i)^2$.

Percui cerchiamo Y_i, tale che la relazione:

$$\left(\frac{y_i - Y_i}{\delta y_i} \right)^2 \quad \text{sia minima per tutte le } i.$$

Se vogliamo che la condizione sia verificata per tutti i dati y_i, le $Y_i = A + Bx_i$ e le incertezze δy_i delle variabili dipendenti delle N coppie di dati, si deve studiare il minimo dei seguenti quadrati:

$$min \left\{ \sum_{i=1}^{N} \left(\frac{y_i - Y_i}{\delta y_i} \right)^2 \right\}, \tag{9.1}$$

da cui il nome *metodo dei minimi quadrati*[1].

Nell'approccio intuitivo cerchiamo quindi di trovare una retta $Y = A + Bx$, tale che per ogni valore $Y_i = A + Bx_i$ lo scarto quadratico tra valore sperimentale e valore stimato con la retta sia minimo. Dove per il minimo i termini di paragone sono le incertezze di ogni misura δy_i.

---

[1] Il metodo dei minimi quadrati è stato introdotto da Gauss per calcolare, dove avrebbero trovato Cerere, dopo il passaggio dietro al sole. Piazzi trova Cerere nel 1801 con il telescopio dell'osservatorio di Palermo, ne misura alcune posizioni e poi Cerere sparisce dietro al sole. Con i dati di Piazzi nessuno trova più Cerere. Gauss inventa il metodo dei minimi quadrati, prevede dove si troverà e così gli astronomi ritrovarono immediatamente Cerere (prof. P. Dalpiaz).

Questo approccio intuitivo permette di "accettare" facilmente, quanto richiesto dalla (9.1). Per comprendere a pieno tale argomento, bisogna procedere con un *approccio formale*.

Assumiamo che ogni singola misura y_i segua una distribuzione gaussiana, per questo si presenta tale discussione *per incertezze del tipo σ, da intendersi, dedotte dalla varianza totale* e non solo come incertezze casuali.

Dal punto di vista formale la discussione seguente riguarda incertezze espresse come varianze, dato che le grandezze tendono ad una gaussiana e l'incertezza individua un intervallo previsionale di un valore atteso.

Dobbiamo quindi trovare i parametri A e B ideali, che ci permettano di ottenere per un dato x_i il valore vero $Y_i = A + Bx_i$, con la maiuscola si indica il parametro di centralità della curva di Gauss $G_{Y_i,\sigma_i}(y)$. Abbiamo usato il semplice simbolo σ_i, dato che si considera solo l'incertezza sulla variabile dipendente y e quindi non risulta necessario riportarlo. Inoltre utilizzeremo tale distinzione per σ_i^2 indichiamo la *varianza totale*, se necessaria per questioni di visualizzazione e per questioni mnemoniche, che non è altro che $(\delta y_i)^2$, e quindi terremo il simbolo σ_{y_i} per la sola incertezza casuale.

Se y_i segue la distribuzione gaussiana suddetta, la probabilità di ottenere il valore y_i sarà proporzionale a:

$$P_{Y_i,\sigma_i}(y_i) \propto \frac{1}{\sigma_i} e^{-(y_i-Y_i)^2/2\sigma_i^2} \,,$$

dove il valore centrale della gaussiana sarà espresso da una relazione funzionale, nel caso particolare della regressione lineare $Y_i = A + Bx_i$.

Dai dati y_i e x_i si devono determinare dei parametri per descrive la legge, per il caso della regressioni lineare i due parametri A e B.

Esplicitiamo questo al pedice di P, che quindi risulta funzione dei parametri A e B:

$$P_{A,B}(y_i) \propto \frac{1}{\sigma_i} e^{-(y_i-A-Bx_i)^2/2\sigma_i^2} \,. \tag{9.2}$$

Le y_i sono stocasticamente indipendenti, percui la probabilità di ottenere tutte le misure y_i sarà data dal prodotto delle singole probabilità espresse dalla (9.2):

$$P_{A,B}(y_1,\,\dots,y_N) = P_{A,B}(y_1)\cdots P_{A,B}(y_N) \propto$$

$$\propto \left(\prod_{i=1}^{N}\frac{1}{\sigma_i}\right) e^{-\chi^2/2} \,,$$

dove il simbolo $\prod_{i=1}^{N}$, indica il prodotto dei termini con pedice i, con i che va da uno ad N, che non ha influenza nella stima dei parametri che massimizzano, la probabilità rispetto ad A ed a B, e l'esponente χ^2 (detto *chi–quadro*) risulta essere:

$$\chi^2 = \sum_{i=1}^{N} \left(\frac{y_i - A - Bx_i}{\sigma_i} \right)^2 . \tag{9.3}$$

Per il principio di massima verosimiglianza si ha che i parametri A e B, ottimali, sono quelli, per i quali sarà massima la probabilità $P_{A,B}(y_1, ..., y_N)$, ovvero quando è minimo l'argomento dell'esponenziale negativo: χ^2.

Bisogna, quindi, trovare le soluzioni per A e B, che rendano minimo il χ^2, la somma dei χ_i^2 espressi in parentesi tonde nella (9.3):

$$min\{\chi^2\} \equiv min\left\{ \sum_{i=1}^{N} \chi_i^2 \right\} . \tag{9.4}$$

Si osservi come, sia con l'approccio "intuitivo", che con quello "formale", si giunge alla stessa conclusione che la *migliore retta* – ovvero i migliori parametri A e B – è quella che *rende minimo* il χ^2.

Lo studente prenda coscienza dell'uguaglianza tra la (9.4) e la (9.1), attraverso l'espressione del χ^2 secondo la (9.3), per il fatto che seppure espressi in modo diverso per questioni formali, δy_i e σ_i sono le radici quadrate delle varianze, o meglio le incertezze totali dedotte dalle varianze, quindi non solo le incertezze casuali (che qui distinguiamo con il simbolo σ_{y_i}).

È opportuno ricordarlo ed evidenziarlo ancora una volta:

Le formule del χ^2 e la sua minimizzazione secondo la (9.3) e la (9.4), si applicano alle incertezze totali δy_i. Dato che qualsiasi grandezza tende a risultare di tipo gaussiano, l'incertezza totale è spesso confusa con quella solo casuale in quanto si utilizza il simbolo σ_i per necessità visiva o formale nell'ambito della statistica.

Le considerazioni sopra possono estendersi anche a incertezze di intervalli del 100 %. Come si vogliono riportare tali incertezze dipende dal tipo di considerazione e dalla situazione reale, sulla base di quanto discusso si stimola lo studente ad orientarsi verso le varianze: $\delta y_i = \sqrt{\sigma_{y_i}^2 + \varepsilon_{y_i}^2/3 + \eta_{y_i}^2/3}$, dove $\sigma_{y_i}^2$ sono le sole incertezze casuali. In questo capitolo useremo l'equivalenza tra $\sigma_i \equiv \delta y_i$, per questioni formali o visive nelle formule.

Spesso nei corsi introduttivi si usa $\delta y_i = \sqrt{\sigma_{y_i}^2 + \varepsilon_{y_i}^2 + \eta_{y_i}^2}$, che però dal punto di vista statistico confonde incertezze con previsioni al 68 % con quelle al 100 %. In quest'ultimo caso si avrebbe una stima superiore dell'incertezza, ma non si incorrerebbe nell'errore di rigettare un'ipotesi, che dovrebbe essere accettata, per questo è tollerabile.

L'importante è ricordare che nella formula del χ^2 si deve considerare l'incertezza totale δy_i. Errore ricorrente e grave è al contrario utilizzare nella formula del χ^2 le incertezze solo casuali, a causa della confuzione del simbolo σ, utilizzato per le varianze in genere e non solo per quelle casuali.

Dopo aver chiarito i termini e con la speranza di aver distinto opportunamente il loro significato, vediamo come minimizzare il χ^2.

Ormai è un procedimento noto: lo studio degli estremi di una funzione, vista come dipendente dai parametri che si vogliono ottimizzare.

Bisogna calcolare la derivata rispetto al parametro sotto indagine, ma dato che la funzione dipende da più variabili, usiamo formalmente la derivata parziale del χ^2, rispetto al parametro, che interessa trovare.

La soluzione, che annulla tale derivata, è la migliore stima del parametro per il quale si sta studiando la minimizzazione.

Di seguito, se non inquadrati nella discussione formale della densità di probabilità gaussiana. useremo per le incertezze δy_i. Quando dovremo esprimere la funzione densità e/o collegarci a teoremi, che usano le varianze, useremo per esprimere le incertezze σ_i. Cercheremo di concludere l'argomento richiamando nella formule finali l'incertezza totale espressa con δy_i, per evitare l'utilizzo improprio, considerando la sola incertezza casuale σ_{y_i}.

Caso semplificato: $\delta y_i = cost = \delta y$ per ogni y_i ($\equiv \sigma_i = \sigma$)

Facciamo una *semplificazione: assumiamo* che tutte le misure y_i abbiano *la stessa incertezza* ovvero $\delta y_i = \delta y$. Grazie a questa semplificazione si può portare δy fuori dalle sommatorie

Riportiamo lo studio di minimizzazione del χ^2 rispetto al parametro A:

$$\frac{\partial \chi^2}{\partial A} = \frac{\partial}{\partial A} \sum \frac{(y_i - A - Bx_i)^2}{(\delta y)^2} =$$

$$= \frac{1}{(\delta y)^2} \sum \frac{\partial}{\partial A} (y_i - A - Bx_i)^2 =$$

$$= \frac{1}{(\delta y)^2} \sum 2(y_i - A - Bx_i) \frac{\partial}{\partial A} (y_i - A - Bx_i) =$$

$$= \frac{1}{(\delta y)^2} \sum 2(y_i - A - Bx_i)(-1) \overset{\text{impongo}}{=} 0 .$$

Perché si annulli la derivata parziale del χ^2 rispetto al parametro A, si deve annullare il numeratore dell'ultimo membro:

$$\sum y_i - \sum A - \sum Bx_i = 0 \equiv \sum y_i - NA - B\sum x_i = 0 \equiv$$

$$\equiv \sum y_i = NA + B\sum x_i . \tag{9.5}$$

Abbiamo un'equazione, la (9.5), e due incognite A e B, per poterle calcolare ci serve un'altra equazione, che otterremo dalla minimizzazione del χ^2 rispetto al parametro B:

$$\frac{\partial \chi^2}{\partial B} = -\frac{2}{(\delta y)^2} \sum x_i (y_i - A - Bx_i) \overset{\text{impongo}}{=} 0 \, ,$$

da cui si ottiene:

$$\sum x_i y_i = A \sum x_i + B \sum x_i^2 \, . \tag{9.6}$$

Abbiamo due equazioni la (9.5) e la (9.6) (dette *equazioni normali*) in due incognite A e B, che ci permettono di ottenere per i parametri della retta:

$$A = \frac{\sum x_i^2 \sum y_i - \sum x_i \sum x_i y_i}{N \sum x_i^2 - \left(\sum x_i\right)^2} \, , \tag{9.7}$$

e

$$B = \frac{N \sum x_i y_i - \sum x_i \sum y_i}{N \sum x_i^2 - \left(\sum x_i\right)^2} \, . \tag{9.8}$$

Ricaviamo le migliori stime dei parametri A e B dalle coppie di dati (x_i, y_i) mediante la (9.7) e la (9.8).

Si osservi che al denominatore delle equazioni compare la stessa quantità, che indicheremo semplicemente con Δ (lettera greca delta maiuscola):

$$\Delta = N \sum x_i^2 - \left(\sum x_i\right)^2 \, ,$$

che, osserviamo, dipende solo dalle x_i.

Nella *stima dei parametri A e B non figurano le incertezze* δy_i sulle y_i. Sono state considerate uguali per ogni i, percui non influenzano la minimizzazione del χ^2.

9.3 Incertezze sui parametri A e B della retta $y = A + Bx$

La relazione lineare può essere utilizza per misurare una grandezza per esempio dalla pendenza della curva (B) o dall'intercetta con l'asse y (A), o vedremo (Par. 9.6) anche un valore y per una data x mediante la legge $Y = A + Bx$.

Parliamo di misure e si devono fornire anche stime sulle incertezze sui parametri A e B – e l'incertezza sul valore y stimato per una data x– sulla base della relazione $Y = A + Bx$.

Limitiamoci per ora ai parametri della retta $Y = A + Bx$, dedotti mediante il metodo dei minimi quadrati.

Per ottenere le incertezze sui parametri, riteniamo opportuno, ai fini della comprensione e per evitare confusione, proporre il calcolo per almeno uno (p.e. A) dei parametri. Sebbene abbastanza artificiosa matematicamente per un corso introduttivo di laboratorio, la derivazione, o almeno le indicazioni per la derivazione, risulta necessaria e utile, per capire da dove si ottengono alcune formule, utilizzate spesso *"sine grano salis"* per la stima delle incertezze.

Soprattutto per distinguere tra ciò, che si stima dai dati, e ciò, che si potrebbe "presumere" dall'ipotesi, che tutti i punti siano descritti bene dalla curva ideale, trovata secondo la relazione $Y = A + Bx$. Questo per evitare soprattutto di applicare alcune relazioni in modo improprio.

Per stimare l'incertezza sui parametri A e B, partiamo da A espresso secondo la (9.7):

$$A = \frac{\sum x_i^2 \sum y_i - \sum x_i \sum x_i y_i}{\Delta}$$

e, poniamo l'attenzione sul fatto, che abbiamo assunto, che le incertezze su x siano trascurabili e quindi sono presenti solo *incertezze* sulla *variabile dipendente y*.

Nel calcolo dell'incertezza su A, nella propagazione degli errori, dobbiamo quindi ricordare che le y_i sono N variabili con le corrispondenti incertezze δy_i, mentre per la *variabile indipendente* x_i le *incertezze* sono *trascurabili*.

Questo ci permette di considerare $\Delta = N \sum x^2 - (\sum x)^2$ costante rispetto alle variazioni (derivate parziali) delle y_i. Dalla regola generale dalla propagazione delle incertezze, se a g sostituiamo A ed alle variabili x, y e z le varie y_i si avrà

$$\sigma_A^2 \approx \left(\frac{\partial A}{\partial y_1}\right)^2 (\sigma_1)^2 + \left(\frac{\partial A}{\partial y_2}\right)^2 (\sigma_2)^2 + \cdots + \left(\frac{\partial A}{\partial y_N}\right)^2 (\sigma_N)^2, \qquad (9.9)$$

dove abbiamo espresso le incertezze come varianze σ_i, perché la (9.9), così espressa ricorda visivamente la combinazione lineare tra varianze riportata a suo tempo per il teorema del limite centrale (Cap. 8).

Come al solito dobbiamo ricordare, che la propagazione riportata in (9.9) vale per incertezze totali δy_i, espresse come varianze σ_i solo per una questione di aggancio mnemonico.

Infatti nella (9.9) si ha che σ_A^2 non è altro che la varianza di una combinazione lineare di variabili aventi varianze σ_i^2.

Si può verificare, che si può esprimere anche A, partendo dalla (9.7), come:

$$A = \frac{\partial A}{\partial y_1} y_1 + \frac{\partial A}{\partial y_2} y_2 + \cdots + \frac{\partial A}{\partial y_N} y_N, \qquad (9.10)$$

percui A è, come richiesto dal teorema del limite centrale, una combinazione lineare di N y_i variabili di varianza σ_i^2.

Quindi il *parametro A tende and una gaussiana*, avente come *valore di aspettazione* A espresso dalla (9.7) e *varianza* σ_A^2 espressa dalla (9.9).

Questo nel caso generale.

Se consideriamo il caso semplice sotto studio, che tutte le varianze siano uguali $\sigma_i^2 = \sigma^2$ per ogni i, la (9.9) diventa

$$\sigma_A^2 \approx \sigma^2 \left[\left(\frac{\partial A}{\partial y_1} \right)^2 + \left(\frac{\partial A}{\partial y_2} \right)^2 + \cdots + \left(\frac{\partial A}{\partial y_N} \right)^2 \right] \qquad (9.11)$$

Il calcolo successivo compreso tra i cuoricini può essere saltato e si può osservare il risultato nella (9.12).

Chi è amante della matematica può addentrarsi anche nella derivazione.

$$\ldots \heartsuit \ldots \heartsuit \ldots \heartsuit \ldots \heartsuit \ldots$$

Questa parte individuata dai cuori è per chi ama il formalismo matematico, si può tranquillamente saltare e continuare dopo la successiva riga di cuoricini.

Calcoliamo la derivata parziale rispetto a ogni y_i:

$$\frac{\partial A}{\partial y_i} = \frac{1}{\Delta} \frac{\partial}{\partial y_i} \left(\sum x_i^2 \sum y_i - \sum x_i \sum x_i y_i \right) \ .$$

Partiamo dalla prima, la derivata parziale rispetto ad y_1 agirà solo sulla y_1, il resto è da considerarsi costante rispetto al segno di derivazione, quindi per ogni termine la derivata parziale rispetto ad y_i agirà solo sulla y_i con lo stesso pedice i, il resto di tutte le x_i e tutte le altre y_j dove $j \neq i$ saranno da considerarsi costanti ai fini della differenziazione rispetto ad una specifica y_i:

$$\frac{1}{\Delta} \frac{\partial}{\partial y_i} \left(\sum x_i^2 \sum y_i - \sum x_i \sum x_i y_i \right) = \frac{1}{\Delta} \left[\sum x_i^2 \sum \frac{\partial y_i}{\partial y_i} - \sum x_i \sum \left(x_i \frac{\partial y_i}{\partial y_i} \right) \right],$$

da cui risulta quindi:

$$\frac{1}{\Delta} \left[\left(\sum x_i^2 \right) (1) - \left(\sum x_i \right) (x_i) \right] \ .$$

Si faccia attenzione che nel termine $(\sum x_i)(x_i)$, abbiamo appositamente isolato la sommatoria $(\sum x_i)$ da (x_i), dedotto dalla derivata, in quanto quest'ultimo è un valore fissato, come sarà chiaro nella formula seguente, in cui compaiono x_1, x_2, ... ed infine x_N.

Se consideriamo che le incertezze sulle y_i sono tutte uguali quindi $\sigma_1^2 = \sigma_2^2 = \cdots \sigma_N^2 = \sigma^2$, possiamo portarle fuori dal segno di sommatoria infatti dalla:

$$\sigma_A^2 \approx \left(\frac{1}{\Delta^2} \right) \left[\left(\sum x_i^2 - \left(\sum x_i \right)(x_1) \right)^2 \sigma_1^2 + \cdots + \left(\sum x_i^2 - \left(\sum x_i \right)(x_N) \right)^2 \sigma_N^2 \right],$$

passiamo a:

$$\sigma_A^2 \propto \frac{1}{\Delta^2} \sigma^2 \sum \left[\left(\sum x_i^2 \right)^2 - 2 \sum x_i^2 \left(\sum x_i \right) x_i + \left(\sum x_i \right)^2 x_i^2 \right] =$$
$$= \frac{1}{\Delta^2} \sigma^2 \left[N \left(\sum x_i^2 \right)^2 - 2 \sum x_i^2 \left(\sum x_i \right) \sum x_i + \left(\sum x_i \right)^2 \sum x_i^2 \right].$$

Possiamo mettere in evidenza $(\sum x_i)^2$ e si ottiene al numeratore $(\sum x_i)^2 [N \sum x^2 - (\sum x)^2]$ ovvero $(\sum x_i)^2 \Delta$.

$$\ldots \heartsuit \ldots \heartsuit \ldots \heartsuit \ldots \heartsuit \ldots$$

Si ottiene quindi dalla varianza σ_A^2 del parametro A, la corrispondente deviazione standard:

$$\sigma_A = \sigma \sqrt{\frac{\sum x_i^2}{\Delta}} \quad \overset{\sigma \equiv \delta y}{\Longrightarrow} \quad \left\{ \delta A = \delta y \sqrt{\frac{\sum x_i^2}{\Delta}} \right. . \tag{9.12}$$

Allo stesso modo si ottiene per l'incertezza sul parametro B:

$$\sigma_B = \sigma \sqrt{\frac{N}{\Delta}} \quad \overset{\sigma \equiv \delta y}{\Longrightarrow} \quad \left\{ \delta B = \delta y \sqrt{\frac{N}{\Delta}} \right. . \tag{9.13}$$

Si osservi che le *incertezze A e B dipendono dalle incertezze totali sulle y*, etichettate σ per agganciarci al teorema del limite centrale, per il quale A e B sono variabili gaussiane con i valori aspettati dati dalle (9.7) e (9.8) e incertezze rispettivamente date dalle (9.12) e (9.13).

Le incertezze totali nelle equazioni e nella loro deduzione (9.12) ed (9.13) sono etichettate tali per generalità ed uniformità con le variabili gaussiane. Onde evitare confusione abbiamo indicato con le frecce come diventano in fase di applicazione, quindi espresse con simbolo δ.

Le incertezze dipendono dalla situazione sperimentale e da quale tipo di intervallo previsionale è stato preso. In ogni caso si devono utilizzare le incertezze totali e non le sole incertezze casuali.

9.4 Andamento al limite per la regressione lineare

Facciamo notare che nel paragrafo precedente, per stimare le incertezze su A e B abbiamo semplicemente utilizzato la propagazione delle incertezze. La statistica ci permette di fare ulteriori previsioni, che ci permetteranno di abbattere le incertezze di tipo casuale.

Si supponga che tutte le misure y_i siano gaussiane tendenti al valore vero Y_i, espresso da una relazione qualsiasi $Y = Y(x)$ rispetto alle x_i, e aventi tutte la stessa dispersione σ_Y ideale (si noti la Y maiuscola al pedice), pertanto possiamo esprimere la probabilità di ottenere una determinata y_i, che segua questa distribuzione ideale, con centralità $Y_i = Y(x_i)$:

$$P_{A,B}(y_i) \propto \frac{1}{\sigma_Y} e^{-(y_i - Y_i)^2/(2\sigma_Y^2)} \, ,$$

si osservi che si presuppone a priori, che tutte le variabili y_i seguano una gaussiana ideale di valore centrale Y_i espressa dalla legge $Y = Y(x)$, percui $Y_i = Y(x_i)$ dedotta da alcuni parametri – nel caso della legge lineare $Y = A + Bx$ si ha $Y_i = A + Bx_i$ – e che tutte le y_i abbiano la stessa deviazione standard σ_Y, cosa che sarà da dimostrare e vedremo come nel Cap. 11.

Supponiamo sia vero e cerchiamo di ottenere la migliore stima di σ_Y, che chiamiamo *deviazione standard della curva teorica* mediante il principio di massima verosimiglianza applicato a:

$$P_{A,B}(y_1,...,y_N) \propto \frac{1}{\sigma_Y^N} e^{-\Sigma(y_i - Y_i)^2/(2\sigma_Y^2)} \, . \tag{9.14}$$

Se applichiamo il principio di massima verosimiglianza a questa ipotesi, rispetto alla migliore stima di σ_Y, (stesso calcolo fatto per la miglior stima del parametro σ_x nel caso della gaussiana con valore centrale X nella (8.10)) si ottiene:

$$\sigma_Y \text{ (ideale)} = \sqrt{\sum (y_i - Y_i)^2 / N}. \tag{9.15}$$

La formula riportata nella (9.15), non è altro che la distanza media dei punti sperimentali y_i dai punti (Y_i) della retta Y, assunta adatta ai dati. Ma nel quadro della statistica uno stimatore dedotto come valore medio, va diviso per i gradi di libertà pertanto, la (9.15) deve essere invece riscritta come:

$$\sigma_Y \text{ (migliore stima)} = \sqrt{\sum (y_i - Y_i)^2 / d} \, . \tag{9.16}$$

dove d sono i gradi di libertà statistici. Quanto espresso nella (9.16) vale per per qualsiasi legge–relazione $Y = Y(x)$, vediamo il caso particolare per la regressione lineare.

Per stimare σ_Y per una regressione lineare nella (9.16), usiamo delle stime dei parametri A e B, dedotte dai dati sperimentali, A dalla (9.7) e B dalla (9.8).

Le stime dei parametri A e B risultano essere due vincoli statistici, percui σ_Y sarà data dalla somma degli scarti quadratici diviso i gradi di libertà $d = N - c$, ovvero $N - 2$, fornendo per σ_Y di una retta:

$$\sigma_Y \overset{Y=A+Bx}{=} \sqrt{\sum_{i=1}^{N} (y_i - A - Bx_i)^2 / (N-2)} \, . \tag{9.17}$$

Il numero di dati disponibili sono da considerare rispetto all'estremo della sommatoria, che compare nella (9.17), che abbiamo espresso appositamente.

Si usa σ_Y in genere espressa nella (9.16) per qualsiasi relazione funzionale, nel caso della regressione lineare sarà espressa dalle (9.17), per la "deviazione standard della curva teorica" (Y individua proprio il valore di aspettazione di tale curva), che si ottiene per il caso particolare della regressione lineare, *assunto che le coppie dei dati tendano ad una curva gaussiana ideale* $Y = A + Bx$.

È possibile fornire una giustificazione di buon senso, utile anche a ricordare la formula.

- Nel caso in cui avessimo solo due coppie di dati, dato che per due punti nel piano (x, y) passa una sola retta, la (9.15) con a denominatore N fornirebbe per la varianza $\sigma_Y^2 = 0/2 = 0$, non si avrebbe alcuna incertezza sulla curva teorica.
- Invece mediante la (9.17), in cui si utilizzano i gradi di libertà a denominatore, si otterebbe $\sigma_Y^2 = 0/0 =$ indeterminato.

Infatti è impossibile osservare eventuali differenze tra la retta teorica ed i nostri dati, se si prendono solo due coppie di dati.

Nel grafico di Fig. 9.2 le σ_{y_i} ($\equiv \delta y_i$) sono le *barre d'incertezza*, e la σ_Y la *distanza media dei punti teorici dai dati sperimentali* (media statistica e quindi, ovviamente, rispetto ai gradi di libertà, per una retta $d = N - 2$).

Di seguito per σ_Y intenderemo la stima, ovvero quanto espresso nella (9.17).

Per la stima delle incertezze sui parametri, una volta che si sia potuto verificare, che la relazione lineare è quella, che si accorda bene ai nostri dati, solo allora si potrebbe utilizzare σ_Y nella stima delle incertezze sui parametri stessi nelle (9.12) e (9.13), *in sostituzione della sola parte casuale* dell'incertezza nelle δy_i sulle misure y_i.

Questa assunzione va provata e si devono stabilire i criteri, che permettano di verificare, se è in accordo con i dati (Cap. 11).

Dalla semplice propagazione delle incertezze, abbiamo ottenuto quanto espresso in (9.12) e (9.13).

Possiamo fare un'equivalenza tra quanto discusso per le misure ripetute e la regressione lineare. Nel primo caso avevamo la distinzione tra deviazione standard del campione e la deviazione standard della media. Come corrispondenza per la regressione lineare avremo σ_{y_i} e σ_Y. Se verifichiamo che la legge è appropriata per i dati potremo sostituire σ_Y ad ogni σ_{y_i}.

Per questo saranno da definire i limiti di fiducia (significatività), che ci permettano di accettare (rigettare) l'ipotesi fatta, e se accettata quindi ci permetterebbe di abbattere l'incertezza casuale, utilizzando la σ_Y. Non dimentichiamo che, come per la misura di una grandezza, per la quale si sia verificato che segue la distribuzione gaussiana, bisogna rimettere in gioco l'incertezza sistematica. Cosa che per la regressione lineare comporta qualche fatica di calcolo in più.

Considerazioni su σ_{y_i} e σ_Y

Prima di inoltrarci in ulteriori approfondimenti e generalizzazioni è opportuno mettere a fuoco meglio la questione relativa a σ_Y deviazione standard della curva ideale e le incertezze δy_i sulle variabili y_i. Nell'assunzione – molto forte e da provare –

che i dati seguano la relazione lineare e che tendano alla distribuzione gaussiana di un valore d'aspettazione $Y = Y(x)$ abbiamo ottenuto una deviazione standard della curva teorica dai punti sperimentali secondo la (9.17), che abbiamo etichettato con la Y maiuscola al pedice, proprio per puntualizzare, che riguarda la retta ideale.

Riportiamo in Fig. 9.2 un dettaglio di Fig. 9.1 per soli tre punti sperimentali con le barre di incertezza, sono indicate anche le distanze (segmenti terminati con frecce) tra punti sperimentali y_i e valori teorici Y_i, corrispondenti allo stesso x_i.

Si osservi che la (9.17) non è altro che la distanza media – statistica – dei valori di aspettazione sulla retta dai punti sperimentali.

Si osserva con chiarezza come tale incertezza in questo caso sia minore delle incertezze di ogni singola misura, espressi sul grafico dalle barre su ogni y_i.

Se possiamo provare che la retta sia la relazione tra y ed x, possiamo usare σ_Y, come *stima delle sole incertezze casuali* nella stima delle incertezze su A (9.12) e su B (9.13), ma questo si può solo dire, dopo avere verificato, che veramente la curva stimata sia opportuna per i nostri dati sperimentali (Cap. 11).

Pertanto dopo l'analisi dei dati e la *conferma che la relazione è appropriata per*

$$\delta y_i = \sqrt{\sigma_{y_i}^2 + \varepsilon_{y_i}^2/3 + \eta_{y_i}^2/3} \,,$$

che vuol dire stimiamo A e B, con i δy_i dei dati, facciamo la verifica che la legge sia appropriata, ancora con le incertezze osservate, eppoi, *se la verifica è positiva*, possiamo sostituire nella stima delle incertezze sui parametri A, B e l'interpolazione, le seguenti incertezze:

$$\delta y_i = \sqrt{\sigma_Y^2 + \varepsilon_{y_i}^2/3 + \eta_{y_i}^2/3} \,,$$

ma solo se la verifica è positiva.

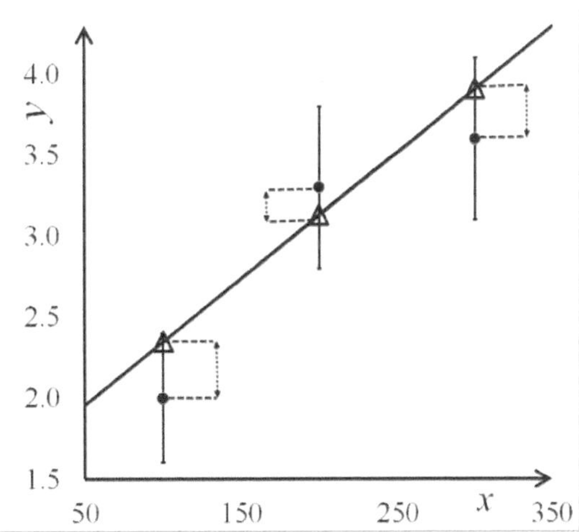

Figura 9.2 Dettaglio di alcuni punti sperimentali della Fig. 9.1, sono evidenziate le distanze tra y_i($\bullet$) ed i valori teorici Y_i ($\triangle$), i cui scarti quadratici medi dànno σ_Y. Si confrontino tali differenze con ogni δy_i indicato con le barre ($\perp$) di incertezza.

Abbiamo qui espresso il caso generale incertezze diverse per ogni y_i, per evidenziare meglio la situazione. Il caso in cui le δy_i sono tutte uguali a δy è facilmente deducibile.

In molti testi l'equivoco tra il simbolo σ, utilizzato per le incertezze casuali (in questo testo σ_{y_i}) e per le varianze in generale (σ_i), genera una certa confusione nell'uso delle formule. Per questo abbiamo dato risalto al problema, riscontrato in vari studenti.

9.5 Metodo dei minimi quadrati pesati: δy_i differenti

Abbiamo discusso il caso semplice, in cui tutte le incertezze sulla variabile dipendente fossero uguali, caso che accade talvolta. Purtroppo quasi sempre, si ha che per ogni y_i le incertezze siano diverse δy_i, per questo caso avremo il cosiddetto *metodo dei minimi quadrati pesati*.

La probabilità di ottenere tutti i valori y_i va riscritta, tenendo conto che le δy_i sono differenti – dal punto di vista formale parliamo di variabili gaussiane – in questa derivazione useremo il simbolo σ_i ($\sigma_i \equiv \delta y_i$): per questioni formali in quanto utilizziamo le gaussiane, per descrivere la probabilità di ottenere una y_i, che segua una distribuzione di Gauss di parametri A e B:

$$P_{A,B}(y_1, y_2, \cdots, y_N) = \left(\prod_{i=1}^{N} \frac{1}{\sigma_i} \right) e^{-\chi^2/2}.$$

Per trovare i parametri A e B, che rendano massima la probabilità $P_{A,B}$, si deve minimizzare il χ^2:

$$min\left\{ \sum \chi_i^2 \right\} \quad \text{ovvero} \quad min\left\{ \sum \left(\frac{y_i - A - B x_i}{\sigma_i} \right)^2 \right\}.$$

Si deriva rispetto ai parametri A e B e si impone, che si annullino le rispettive derivate:

$$\frac{\partial \chi^2}{\partial A} = \sum \frac{2(y_i - A - B x_i)(-1)}{\sigma_i^2} \overset{impongo}{=} 0,$$

$$\frac{\partial \chi^2}{\partial B} = \sum \frac{2(y_i - A - B x_i)(-x_i)}{\sigma_i^2} \overset{impongo}{=} 0.$$

La differenza, rispetto a quanto derivato per il metodo dei minimi quadrati con incertezze uguali per ogni y_i, sta solo nella presenza dei pesi $p_i = 1/\sigma_i^2 (\equiv 1/(\delta y_i)^2$ ricordiamo sempre questa equivalenza), che non si possono portare fuori dal segno di sommatoria, perché variano con il pedice i.

Si ottiene per i coefficienti A e B, utilizzando i pesi p_i:

$$\sum p_i y_i - A \sum p_i - B \sum p_i x_i = 0 ,$$
$$\sum p_i x_i y_i - A \sum p_i x_i - B \sum p_i x_i^2 = 0 .$$

Se si risolve il sistema delle due equazioni per le due incognite A e B si ottiene:

$$\Delta_{pes} = \sum p \sum px^2 - \left(\sum px \right)^2 ,$$

$$A_{pes} = \frac{\sum px^2 \sum py - \sum px \sum pxy}{\Delta_{pes}} , \quad B_{pes} = \frac{\sum p \sum pxy - \sum px \sum py}{\Delta_{pes}} ,$$

$$\sigma_{A_{pes}} = \sqrt{\frac{\sum px^2}{\Delta_{pes}}} , \qquad \sigma_{B_{pes}} = \sqrt{\frac{\sum p}{\Delta_{pes}}} .$$

Si osservi che, nel caso in cui i pesi siano tutti uguali, le precedenti formule daranno, ovviamente, come risultato per A e B rispettivamente (9.7) e (9.8), e per le incertezze (9.12) e (9.13).

9.6 Stima dell'incertezza su un valore y interpolato

Dalle relazione $Y = A + Bx$, dedotta dai dati, si può fornire una stima del valore y, per interpolazione dei dati sperimentali.

Per *interpolazione* si intende fornire una stima di y, che etichetteremo y_{interp}, per un valore x, dove x è contenuto nell'intervallo di misura.

Si parla di *estrapolazione* nel caso si voglia fornire un valore fuori dall'intervallo di misura. Tecnica non affidabile, sia dal punto di vista statistico, che dal punto di vista pratico (si pensi ad una molla, si potrebbe fornire un valore dell'estensione della molla oltre la sua deformazione plastica o la sua rottura).

L'incertezza su y_{interp}, che etichetteremo con il simbolo $\sigma_{y(x)}$, ovvero l'incertezza su un valore y dedotto dalla relazione funzionale $y = y(x)$, la cui migliore stima è $Y = A + Bx$, ottenuta con il metodo dei minimi quadrati (o pesati).

Possiamo in prima approssimazione dedurlo dalla relazione: $y = A + Bx$, mediante la propagazione delle incertezze, ovvero

$$\sigma_{y(x)}^2 = \sigma_A^2 + \sigma_B^2 x^2 ...$$

ma si deve considerare $2x Cov(A, B) = -2x (\sum x / \Delta) \sigma^2$ [12, 16] termine detto *covariante*.

Un approfondimento della stima dimostrerebbe, che le incertezze minori si hanno per il valore medio delle x_i misurate, mentre agli estremi le incertezze tendono ad aumentare. Questo conferma che l'estrapolazione è arbitraria e in ogni caso con errori presunti non nell'intervallo di stima e tendenzialmente elevati.

L'incertezza sulla y interpolata, si basa sempre sulla propagazione delle σ, che ricordiamo è l'incertezza totale δy. Tale incertezza viene detta anche *incertezza standard della stima*, – per la quale si può riscontrare, come per la deviazione standard del campione per un grandezza ottenuta da misure ripetute – che se N (numero di coppie di dati) è sufficientemente grande,

1. nella zona individuata dalle due rette, ad una distanza verticale $\pm\sigma_{y(x)}$ dalla retta $Y = A + Bx$, si troverà il 68 % delle coppie di punti del campione, incluse incertezze;
2. nella zona individuata dalle due rette, ad una distanza verticale $2 \pm \sigma_{y(x)}$ dalla retta $Y = A + Bx$, si troverà il 95 % delle coppie di punti del campione, incluse incertezze;
3. nella zona individuata dalle due rette, ad una distanza verticale $\pm 3\sigma_{y(x)}$ dalla retta $Y = A + Bx$, si troverà il 99.7 % delle coppie di punti del campione, incluse incertezze.

Facciamo notare che stiamo parlano del *campione di punti incluse le incertezze*, vedremo come questo si estenderà, nel caso si possa accettare che la relazione funzionale sia appropriata, alla popolazione (Cap. 11).

Riteniamo opportuno introdurre qui queste considerazioni, sebbene la verifica che una legge sia appropriata sarà affrontata in seguito.

Se si verifica che la legge assunta è appropriata, in questo caso si dovrà considerare la σ_Y, che sostituisca solo la parte di incertezza casuale in ogni δy_i ed ecco la necessità di utilizzare piuttosto il simbolo δ per l'incertezza totale dedotta come somma delle diverse varianze in gioco.

Dal punto di vista pratico riscriveremmo l'incertezza su y_{interp} come:

$$\sigma_{y(x)}^2 = \frac{\sum x^2}{\Delta}(\delta y)^2 + \frac{N}{\Delta}(\delta y)^2 x^2 - 2x\frac{\sum x}{\Delta}(\delta y)^2 \,,$$

dove per semplicità stiamo considerando il caso semplice, che le incertezze δy_i siano tutte uguali. Altrimenti si dovrebbe fare appello alle stime mediante il metodo dei minimi quadrati pesati e utilizzare il pedice per le varianze $\sigma_{y(x)_i}^2$, $(\delta y_i)^2$. Per uno sconto al primo anno, si possono utilizzare i valori medi delle rispettive incertezze.

Se si considera solo l'incertezza casuale e si utilizza brutalmente l'incertezza σ_Y, ottenendo come incertezza per l'interpolazione, che etichetteremo per questo $\sigma_{Y(x)}$:
$\sigma_{Y(x)}^2 = (\sum x^2/\Delta)\sigma_Y^2 + (N/\Delta)(\sigma_Y^2)x^2 - 2x(\sum x/\Delta)\sigma_Y^2$, in questo caso le proprietà elencate prima 1, 2 e 3 per $\sigma_{y(x)}$ si possono riscrivere per la $\sigma_{Y(x)}$, ma le conclusioni previsionali sono solo per i *punti*, non tenendo affatto conto delle incertezze sulle misure.

Cosa che crea un po' di confusione, in quanto riporterebbe un risultato con una precisione elevata, anche nel caso di misurazioni con bassissima precisione. E per questo non vogliamo dare evidenza a questa formula, ma stimolare gli studenti ad seguire la giusta strada, sebbene più articolata ed artificiosa.

Incertezze equivalenti su y dovute a incertezze su x

Non sempre ci si può trovare nella situazione di poter trascurare le incertezze sulle x. Se si ha una relazione funzionale $y = f(x)$ le incertezze sulla variabile x, si possono propagare con la regola della differenziazione:

$$\delta y - equ = \left| \frac{\mathrm{d}f}{\mathrm{d}x} \right| \delta x \,,$$

dove per $\delta y - equ$ si è indicata l'*incertezza equivalente*, che si avrebbe sulla y, nel caso, che segua una relazione funzionale del tipo $y = f(x)$, per effetto di un'incertezza sulla variabile x. Questo non è altro che *la propagazione sulla variabile y dell'incertezza su x*.

Si dovrebbe aggiungere il pedice, in quanto, si devono calcolare le incertezze corrispondenti ad ogni x_i.

$$\delta y \quad equ_i = \left| \frac{\mathrm{d}f(x)}{\mathrm{d}x} \right|_{x=x_i} \delta x_i.$$

Se per ogni y_i si ha un'incertezza δy_i, si aggiungerà a questa anche l'incertezza *equivalente* dovuta alla x_i corrispondente, percui l'incertezza totale sarà data dalla somma in quadratura $\delta y_i^* = \sqrt{(\delta y_i)^2 + (\delta y - equ_i)^2}$. Si può così ricondurre lo studio del caso in cui l'incertezza sulle x_i non sia trascurabile al caso dello studio della regressione con incertezza solo sulle y_i. Si osservi che quanto discusso nei paragrafi predenti, va fatto considerando δy_i^* al posto delle δy_i

Quanto sopra vale per qualsiasi funzione $f(x)$.

Possiamo considerare il caso semplice di $f(x) = A + Bx$, per il quale si ha $\mathrm{d}f/\mathrm{d}x = B$, quindi costante e non dipende dal valore x_i. Si otterrà per la $(\delta y_i^*)^2 = (\delta y_i)^2 + (\delta y - equ_i)^2 = (\delta y_i)^2 + B^2(\delta x_i)^2$.

Tale δy_i^* va utilizzato nella minimizzazione del χ^2, nonchè come incertezza totale nelle varie discussioni.

Si osservi che per la minimizzazione del χ^2:

$$\min\left\{ \chi^2 = \sum_{i=1}^{N} \frac{(y_i - A - Bx)^2}{(\delta y_i)^2 + B^2(\delta x_i)^2} \right\},$$

se ripercorriamo la minimizzazione, la derivata rispetto a B risulterà più complicata.

Un approccio pragmatico per un laboratorio di fisica del primo anno, sarà ottenere una prima stima grossolana dei parametri A e B, utilizzando le incertezze δy_i. Con B così ottenuto si ricavano le incertezze equivalenti $\delta y - equ_i$, ed le δy_i^*.

Le incertezze δy_i^* sono da considerarsi le incertezze delle variabili y_i per le stime delle incertezze sui parametri, e per la verifica che la legge sia appropriata nel prossimo Cap. 11. Dopo la verifica si considera poi la questione delle sole incertezze casuali σ_{y_i} o σ_Y. In tutto questo giro sicuramente per un'analisi appropriata e raffinata, non ci si può esimere dal dover affrontare il metodo dei minimi quadrati pesati, anche se dal punto di vista didattico può risultare opportuno limitarsi all'approccio del metodo scontato per il primo anno, utilizzando i valori medi delle incertezze, facendo attenzione però alla separazione tra i vari contributi, visto che bisogna tenere traccia separatamente tra quelle casuali e quelle sistematiche.

9.7 Estensione ad altre funzioni

Mediante la linearizzazione delle funzioni, è possibile spesso ricondurre la discussione di una relazione funzionale più complessa al semplice metodo dei minimi quadrati, applicato alla regressione lineare.

L'utilità del tipo di linearizzazione può dipendere da vari fattori, e risulterà più comprensibile dagli esperimenti, che si affronteranno

Prendiamo l'esempio, utilizzato nel corso del testo, del pendolo, per il quale $T = 2\pi\sqrt{l/g}$ può essere studiata come una funzione $y = A + Bx$, dove $y \equiv T^2$ e $x \equiv l$ $(T^2 = T^2(l))$.

O, come proposto dall'inizio, come T funzione di $\sqrt{l}$ anch'essa linearizzata, dove però $y \equiv T$ ed $x \equiv \sqrt{l}$ $(T = T(\sqrt{l})$.

Dato che si misura direttamente T le incertezze δT nel primo caso, propagate alla variabile y, ovvero δy risultano date da a $2T\,\delta T$ si è utilizzata la trattazione di $T = T(\sqrt{l})$, in quanto l'incertezza di lettura sulla y risulterebbe la stessa per tutte. Nell' analisi iniziale dei dati abbiamo incertezze sulle y_i diverse in quanto le incertezze casuali variano $\delta T_i = \sqrt{(\sigma_{T_i}^2) + \varepsilon_T^2/3}$, dove ε_T invece è sempre la stessa per ogni i.

Ma se si dimostra che l'incertezza casuale sarà riconducibile alla σ_Y secondo la (9.17), che etichettiamo qui σ_{Y_T}, allora si avrà come incertezza dopo l'analisi $\delta T = \sqrt{\sigma_{Y_T}^2 + \varepsilon_T^2/3}$, da utilizzare in tutte le formule dedotte per le stime dei parametri di una retta, senza avere la necessità di considerare il metodo dei minimi quadrati, in quanto le incertezze risultano di nuovo tutte uguali. Per questo si è proposto sin dall'inizio la linearizzazione suddetta, piuttosto che $T^2 = T^2(l)$.

Ci possono essere altri tipi di funzioni, ne elenchiamo alcune tra le più diffuse.

- leggi iperboliche $y = A + B/z$
- leggi esponenziali del tipo $z = Ce^{Dx}$,
- polinomiali e regressione multipla,
- leggi lineari del tipo $y = Af(x) + Bg(x)$.

Leggi iperboliche

Sono di immediata conversione in $y = A + Bx$, con la semplice sostituzione della variabile $x = 1/z$, e la propagazione dell'incertezza da z a x.

Leggi esponenziali

Per una legge esponenziale del tipo $z = Ce^{Dx}$, applicando il logaritmo naturale ln ad entrambi i membri si ha:

$$\ln z = \ln C + Dx \ .$$

Si osserva che z non è lineare in x, ma $y = \ln z$ lo è. Quindi bisognerà ricavare per ogni z_i la corrispondente $y_i = \ln z_i$ e condurre lo studio della regressione lineare per le coppie (x_i, y_i). Una volta ottenuti i coefficienti A e B si possono dedurre il parametro C da $C = e^A$ ed il parametro D semplicemente da B. Mediante la propagazione degli errori si può ricavare anche l'errore sul parametro C dall'incertezza su A, mentre per D si accede direttamente all'incertezza da B.

Polinomiali e regressione multipla

Per le leggi polinomiali, del tipo $y = c_0 + c_1 x + c_2 x^2 + c_3 x^3 + \cdots + c_n x^n$, bisogna determinare per un polinomio di grado n, un numero di parametri pari ad $n + 1$. Si applica sempre il principio di massima verosimiglianza, che significa minimizzare il χ^2 per tutti i parametri.

Consideriamo il caso di un polinomio di secondo grado, percui ci si aspetta una funzione del tipo $y = c_0 + c_1 x + c_2 x^2$

$$\min \left\{ \chi^2 = \sum_{i=1}^{2} \frac{(y_i - c_0 - c_1 x - c_2 x^2)^2}{\sigma_i^2} \right\} \ .$$

Assumiamo per semplicità che le σ_i^2 siano tutte le stesse ovvero σ, dovremmo derivare il χ^2 rispetto ai tre parametri da determinare.

Ma osserviamo, ritornando sulla regressione lineare, che le equazioni normali si possono ottenere nel modo seguente, partendo da $y = A + Bx$ e facendo le operazioni a destra:

$$y = A + Bx \qquad \text{applico la } \textstyle\sum \text{ e ottengo :}$$
$$\sum y = \sum A + \sum Bx \qquad \text{la 1^{a} equ. normale;}$$
$$xy = Ax + Bx^2 \quad \text{moltiplico per } x \text{ , applico la } \textstyle\sum \text{ e ottengo :}$$
$$\sum xy = A \sum x + B \sum x^2 \qquad \text{la 2^{a} equ. normale.}$$

Il risultato della minimizzazione del χ^2 per regressione polinomiale di grado due porterà, seguendo quanto mostrato per la relazione lineare, ed applicando, quanto riportato tra parentesi:

$$y = c_0 + c_1 x + c_2 x^2$$

$(\sum)$ $\sum y = \sum c_0 + c_1 \sum x + c_2 \sum x^2$ 1ª equ. normale,

$(\sum x \times)$ $\sum xy = c_0 \sum x + c_1 \sum x^2 + c_2 \sum x^3$ 2ª equ. normale,

$(\sum x^2 \times)$ $\sum x^2 y = c_0 \sum x^2 + c_1 \sum x^3 + c_2 \sum x^4$ 3ª equ. normale.

Dalle tre equazioni in tre incognite (c_0, c_1 e c_2) è possibile ottenere i coefficienti del polinomio, per esempio con la tecnica dei determinati, nota come regola di Cramer [11]. Ma si osservi la complicazione nel dedurre le incertezze sui parametri, seguendo quanto fatto per il parametro A della regressione lineare, come propagazione delle incertezze sulle colonne dei determinati dipendenti dalle sole y_i, effettuarne i quadrati eppoi le sommatorie. Riteniamo non perseguibile tale complicazione in un corso introduttivo e segnaliamo eventualmente alcuni riferimenti [15,16], dove sono fornite indicazioni, facendo uso delle tecniche di calcolo matriciale.

Vogliamo però indirizzare opportunamente gli studenti, che utilizzano, o utilizzeranno, programmi di calcolo per analisi delle incertezze [13] [4], a verificare, sulla base della regressione lineare e le formule fornite, quale incertezza e quale propagazione i programmi utilizzati processano.

Si potrebbe utilizzare tale software per stimare i parametri e le incertezze, i programmi dovrebbero fornire la semplice propagazione delle incertezze, come dedotta per A e B per derivazione.

Verificare se la legge assunta è appropriata (Cap. 11), ed in caso affermativo, sostituire, nelle incertezze δy_i, le incertezze casuali σ_{y_i} con la stima statistica σ_Y. Ricalcolare quindi le incertezze sui parametri sulla base delle considerazioni statistiche.

Per l'approccio del primo anno l'utilizzo del foglio elettronico tipo Excel [8] è funzionale sia agli studi sulle distribuzioni, gaussiane e le successive, che alla regressione polinomiale, con il limite di ottenere i soli coefficiente del polinomio, senza la propazione delle incertezze.

Il procedimento riportato per la regressione polinomiale, si può estendere alla regressione multipla, ovvero per funzioni di più variabili del tipo

$$z = A + Bx + Cy$$

$$z = A + Bx + Cy \qquad \text{equazione}$$

$(\sum)$ $\sum z = \sum A + B \sum x + C \sum y$ 1ª equ. normale,

$(\sum x \times)$ $\sum zx = A \sum x + B \sum x^2 + C \sum xy$ 2ª equ. normale,

$(\sum y \times)$ $\sum yz = A \sum y + B \sum xy + C \sum y^2$ 3ª equ. normale.

Funzioni tipo $y = Af(x) + Bg(x)$

Applicando il principio di massima verosimiglianza per la funzione del tipo $y = Af(x) + Bg(x)$ si dimostra che si otterrebbe, quanto ricaviamo qui iterando le operazioni suddette:

$$y = Af(x) + Bg(x) \qquad \text{equazione}$$

$$\left(\sum f(x_i) \times \ \right) \ \sum y_i f(x_i) = A \sum f(x_i)^2 + B \sum f(x_i)g(x_i) \quad \text{1}^a \text{ equ. normale,}$$

$$\left(\sum g(x_i) \times \ \right) \ \sum y_i g(x_i) = A \sum f(x_i)g(x_i) + B \sum [g(x_i)^2] \quad \text{2}^a \text{ equ. normale,}$$

nelle quali sono stati esplicitati i pedici i per maggiore chiarezza.

Problemi

9.1. Per il Probl. 6.6 sugli allungamenti di una molla, trovare la relazione lineare con il metodo dei minimi quadrati. Verificare, se il valore atteso per la costante elastica $k_{att} = 920$ N m^{-1}, rientra nell'intervallo di fiducia del 95 %, o si può rigettare l'ipotesi, che non ci sia differenza tra il valore stimato con il campione ed il valore atteso ad un livello di significatività del 5 %.

9.2. Uno studente osserva il moto di un corpo e misura la velocità in m s^{-1}, nei corrispondenti tempi, come riportato in Tabella 9.1. Si assumano le incertezze sui

Tabella 9.1 Misure della velocità v per corrispondenti istanti di tempo t.

i	1	2	3	4
t [s]	-3	-1	1	3
v [m s^{-1}]	4.0	7.5	10.3	12.0

tempi trascurabili e si discutano i seguenti casi:

1. Errore di misura $\varepsilon_v = 1$ m s^{-1}.
2. Errore di misura $\varepsilon_v = 0.1$ m s^{-1} .

Mediante il confronto dei risultati (la retta), con δy e σ_Y chiarire, in quale caso si potrebbe rigettare l'ipotesi, che l'andamento sia lineare. Quali misure dell'accelerazione potrebbe fornire lo studente, per entrambi i casi?

9.3. Per i dati del periodo del pendolo in Tabella 9.2 (si potrebbe anche fare con dati rilevati in classe o a casa), trovare la misura di g dalla linearizzazione $T = 2\pi\sqrt{l/g}$. Confrontare il risultato con $g = 9.81$ m s^{-2}.

Tabella 9.2 Misure di tre oscillazioni di un pendolo, al variare di l. Risoluzione del regolo 1 mm

l	29.5 [cm]	51.0 [cm]	73.0 [cm]	97.5 [cm]
i	$3T$ [s]	$3T$ [s]	$3T$ [s]	$3T$ [s]
1	3.2	4.2	5.0	5.8
2	3.2	4.3	5.1	5.9
3	3.1	4.3	5.1	5.8
4	3.2	4.2	5.0	5.9
5	3.1	4.1	5.2	5.8
6	3.0	4.4	5.1	5.7

9.4. Uno studente misura su un piano orizzontale la compressione e l'allungamento di una molla. Rispetto alla posizione a riposo, $x = 0.0$ mm, osserva, che applicando una determinata forza, le posizioni dell'estremo della molla si trovano come indicato in Tabella 9.3:

Tabella 9.3 Misure della posizione x, applicando una forza F

i	1	2	3	4
F [N]	-4	-2	2	4
x [mm]	-5.4	-3.5	2.8	5.9

La risoluzione del dinamometro è di 0.5 N, la risoluzione del calibro è 1/10 di mm. Verificare la legge di Hooke: $F = -kx$. Fare la verifica di significatività per il valore k, fornito dalla ditta produttrice della molla di 0.7 N mm^{-1}.

9.5. Nella misura di g mediante la tecnica della caduta di un grave, si osserva che il grave viene sganciato, rispetto all'attivazione del sistema cronometrico, con un certo ritardo. Per correggere tale errore di accuratezza si rilevano i tempi di caduta del grave da varie altezze. Calibrare il sistema significa ricavare da $h = 1/2g(t+t_0)^2$

h [mm]	1 437	1 382	1 326	1 208	1 137	1 054
t [s]	0.5520	0.5411	0.5287	0.5057	0.4920	0.4739
σ_t [s]	0.0007	0.0007	0.0035	0.0007	0.0005	0.0006

la misura di t_0. Linearizzare come $t = -t_0 + \sqrt{2h/g}$ e ricavare t_0 con la regressione lineare da $y = A + Bx$, dove $y \equiv t$ e $x \equiv \sqrt{h}$. Si consideri l'incertezza di lettura sul tempo $\varepsilon_t = 0.12$ ms.

9.6. Verificare che le formule del metodo dei minimi quadrati pesati, sia per i parametri che per le rispettive incertezze, nel caso di pesi uguali ($p_i = 1/(\delta y_i)^2$ per ogni i) diano come risultano le equazioni del metodo dei minimi quadrati non pesati.

9.7. Ricavare la seconda equazione normale dalla $\partial \chi^2 / \partial B = 0$.

9.8. Risolvere il sistema delle due equazioni normali per trovare i coefficienti A e B.

Dalla correlazione alla covarianza

In questo capitolo mediante il metodo dei minimi quadrati (MMQ) si ricaverà uno stimatore, coefficiente di correlazione lineare r, utile per stabilire, se due grandezze sono correlate linearmente tra di loro. Tale coefficiente per una serie di misure (x_i, y_i) risulta connesso alla loro covarianza.

Questa connessione permette di giustificare in modo rigoroso la somma in quadratura e chiarire il limite per la somma lineare come errore massimo nella propagazione degli errori.

10.1 Coefficiente di correlazione lineare

Per introdurre il coefficiente di correlazione partiamo da un esempio semplice: supponiamo di aver registrato dei valori di posizione di un oggetto in moto in funzione del tempo: le coppie di dati (x_i, y_i) sono (1, 6), (3, 5) e (5, 1). Le dimensioni sono rispettivamente per x tempo, espresse in secondi, per y lunghezza, in centimetri.

Caso a: adattamento di una retta $y = A + Bx$ a coppie (x_i, y_i).

Si trovi il miglior adattamento di una retta mediante il metodo dei minimi quadrati (MMQ) alle coppie di dati (x_i, y_i): (1, 6), (3, 5) e (5, 1).

L'analisi dimensionale sulle formule, che seguiranno, permetterà di tenere sotto controllo i cambiamenti di variabile.

Riportiamo in ordine i dati nella Tabella 10.1. Il metodo dei minimi quadrati fornisce, per la retta $y = A + Bx$, che meglio si adatta ai punti, i seguenti coefficienti: A=7.75 $\pm$ 1.48 cm e B=-1.25 $\pm$ 0.43 cm s^{-1}.

G. Ciullo, *Introduzione al Laboratorio di Fisica*, UNITEXT for Physics,
DOI: 10.1007/978-88-470-5656-5_10, © Springer-Verlag Italia 2014

Tabella 10.1 coppie di dati (x, y), con x tempo, variabile indipendente ed y posizione, variabile dipendente

Variabile indipendente x [s]	1	3	5
Variabile dipendente y [cm]	6	5	1

Tale retta si deduce dall'aver minimizzato il χ^2:

$$\chi^2 = \sum_{i=1}^{N} \frac{[y_i - (A + Bx_i)]^2}{(\delta y_i)^2}, \tag{10.1}$$

ovvero trovando il minimo degli scarti al quadrato dei dati sperimentali y_i dai valori teorici attesi corrispondenti $Y_i = A + Bx_i$.

L'argomento, cui siamo interessati, è trovare l'andamento della retta rispetto alle coppie di dati, percui non consideriamo le incertezze, ovvero le abbiamo ritenute costanti e quindi ininfluenti alla minimizzazione.

Le incertezze sui parametri A e B si possono ottenere da σ_Y:

$$\sigma_Y = \sqrt{\sum_{i=1}^{N} (y_i - A - Bx_i)^2 \Big/ (N-2)}$$

la deviazione standard della curva teorica, da utilizzarsi nelle equazioni delle incertezze sui parametri. Sappiamo che fornirà l'incertezza solo tra retta teorica e punti, senza comprendere le incertezze di ogni singola coppia, non considerate.

Adattamento di una retta $y' = A' + B'x$ alle coppie $(x_i' \equiv y_i \,, y_i' \equiv x_i)$.

Il MMQ si potrebbe applicare invertendo le variabili. Ovvero utilizzando la precedente variabile dipendente (y), come indipendente (x'), nonché la precedente variabile indipendente (x) come dipendente (y').

Per utilizzare le formule dei minimi quadrati, che minimizzano il χ^2 per la variabile dipendente, dovremmo cercare, mediante tale metodo, una relazione del tipo $y' = A' + B'x'$ per i dati precedenti, con l'inversione delle variabili, sicché x' è la precedente y ed y' è la precedente x.

Riordiniamo i dati in Tabella 10.2, dove valori numerici ed unità di misura rendono evidente l'inversione tra le variabili dipendente ed indipendente della Tabella 10.1 iniziale. La retta che meglio si adatta a (x_i', y_i'), ottenuta con il MMQ, è data

Tabella 10.2 Coppie di dati (x', y') con le variabili invertite rispetto alla Tabella 10.1

Variabile indipendente x' [cm]	6	5	1
Variabile dipendente y' [s]	1	3	5

adesso dal minimizzare le differenze al quadrato delle y_i' rispetto a $y' = A' + B'x'$:

$$\chi'^2 = \frac{\sum_{i=1}^{N} [y_i' - (A' + B'x_i')]^2}{(\delta y_i')^2}.$$ (10.2)

Riportiamo il $\chi - quadro$ in modo completo, anche se non consideriamo le incertezze sulle y_i', o meglio trattiamo il caso $\delta y_i' = \delta y'$ e non ci interessa il loro valore. Il MMQ in questo caso miminizza il χ'^2 rispetto ai parametri A' e B'. Si ottiene rispettivamente da (9.7) e da (9.8), $A' = 5.86 \pm 1.12$ s e $B' = -0.71 \pm 0.25$ s cm^{-1}, dove nelle formule dei parametri abbiamo utilizzato le variabili x' e y' per calcolare A' e B'. Le incertezze sui parametri sono state dedotte, utilizzando σ_Y' al posto di δy in (9.12) e (9.13).

Le variabili di partenza erano x ed y, quindi riconduciamo quanto dedotto come $y' = A' + B'x'$ alle variabili iniziali x ed y:

$$y' = A' + B'x' \equiv x = A' + B'y ,$$

che riscritta come y in funzione di x diventa:

$$y = -\frac{A'}{B'} + \frac{1}{B'}x .$$ (10.3)

Verifichiamo se l'equazione di y in funzione di x, ottenuta con il MMQ, invertendo le variabili, $x' \equiv y$ e $y' \equiv x$, risulta la stessa, che nel caso si applichi il metodo direttamente.

Etichettiamo i coefficienti ottenuti dall'inversione delle variabili $A^* = -A'/B'$ e $B^* = A/B'$, in modo da riscrivere la (10.3) come:

$$y = A^* + B^*x .$$

Si ottiene $A^* = 8.2$ cm e $B^* = -1.4$ cm s^{-1}, diversi numericamente da A e B, ma consistenti dimensionalmente.

Le rette di regressione $y = A + Bx$ e $y = A^* + B^*x$ sono riportate in Fig. 10.1 insieme ai dati ($\triangle$), dove si osserva la differenza. La retta $y = A + Bx$ è stata ottenuta

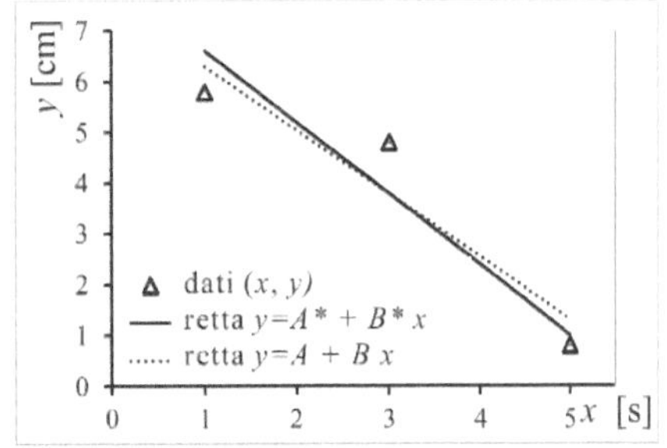

Figura 10.1 Retta di regressione lineare per $y = A + Bx$ (linea tratteggiata) e $y = A^* + B^*x$ (linea continua). I dati sono riportati con il simbolo $\triangle$.

applicando il MMQ alle coppie (x, y), la retta $y = A^* + B^*x$ invece applicando il MMQ alle coppie (x', y') e ricavando A^* e B^* da A' e B'.

Possiamo ricavare le incertezze su A^* e B^*, propogandole da A' e B'. Si ottiene $A^* = 8.2 \pm 3.6$ cm, $B^* = 1.4 \pm 0.5$ cm s^{-1}. Si possono confrontare con A e B e fare considerazioni sulla consistenza dei risultati, considerando le incertezze. Questo può essere un esercizio utile per lo studente, ma non è l'obiettivo di questo argomento.

Caso b: coppie di punti (x, y) disposti su una retta

Quale sarebbe l'andamento della migliore retta, che si adatti ai dati per i due modi diversi, se i tre punti si trovassero precisamente su una retta?

Prendiamo come y_i relativo ad x_i quanto si ottiene da $y = 7.75$ cm - 1.25 cm s^{-1} x per i dati di partenza, e riportiamo le nuove coppie in Tabella 10.3. Se si applica

Tabella 10.3 coppie di dati (x, y) sulla retta dedotta per i dati di partenza

Variabile indipendente x [s]	1	3	5
Variabile dipendente y [cm]	6.5	4	1.5

il MMQ a tali coppie otteniamo, ovviamente, $A = 7.75$ cm, $B = -1.25$ cm s^{-1} (le incertezze sono nulle: $\sigma_Y = 0$, dato che i dati si trovano sulla retta).

Invertiamo le variabili e per $y' = A' + B'x'$, si ottiene $A' = 6.2$ s e $B' = -0.8$ s cm^{-1} (incertezze nulle). Ritorniamo alle variabili iniziali: $B^* = 1/B' = -1.25$ cm s^{-1} e $A^* = -A'/B' = 7.75$ cm .

Nel caso in cui le coppie (x_i, y_i) si trovino su una retta: $B = 1/B' = B^*$, ovvero:

$$BB' = 1 .$$

Calcoliamo questo prodotto BB' per il *caso a*, otteniamo invece $BB' = 0.892$.

Caso c: coppie di dati (x_i, y_i) non correlati

A questo punto ci rimane da considerare il caso, in cui i punti non sono correlati tra loro, prendiamo per esempio i dati in Tabella 10.4. Per la retta $y = A + Bx$, che

Tabella 10.4 Coppie di dati (x, y) non correlati.

Variabile indipendente x [s]	1	3	5
Variabile dipendente y [cm]	2	15	3

Figura 10.2 Retta di regressione lineare per $y = A + Bx$, dedotta per i dati non correlati della Tabella 10.4.

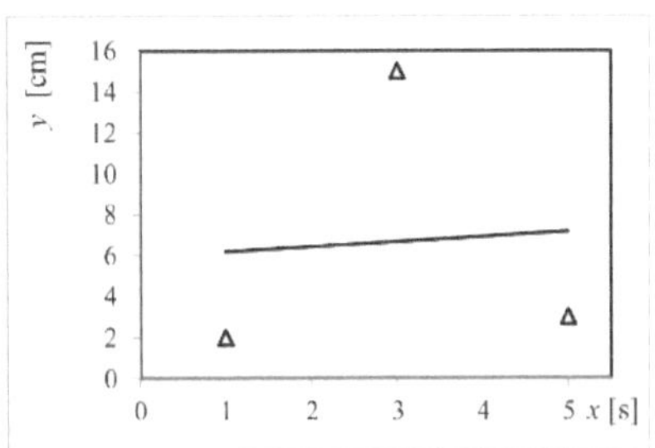

si adatti meglio a questi dati, ottenuta cone MMQ, si trovano delle costanti con incertezze notevoli $A=5.91 \pm 12.3$ cm e $B = 0.25 \pm 3.61$ cm s^{-1}. Inoltre, dato che il MMQ tende a minimizzare la distanza tra retta e punti sperimentali rispetto alla variabile dipendente, si osserva come la retta tende a orientarsi orizzontalmente lungo l'asse x (Fig. 10.2).

Applichiamo poi il MMQ invertendo le variabili x e y ovvero per $y' = A' + B'x'$, con le stesse considerazioni di cui ai casi a e b, si ottiene $A' = 2.87 \pm 2.91$ s, $B' = 0.019 \pm 0.85$ s cm^{-1}.

Si osservi come anche nell'inversione delle variabili siano elevate le incertezze sui coefficienti. E anche per questa retta il coefficiente angolare tende a zero.

Se si confrontano i coefficienti delle due equazioni $y = A + Bx$ e $y = A^* + B^*x$, ricordando che A^* e B^* sono dedotti dai coefficienti A' e B', invertendo le variabili per l'applicazione del MMQ, si osserva che sono molto diversi, come è evidente in Fig. 10.3. Si osservi come la retta $y = A + Bx$ tende ad allinearsi con l'asse x, mentre la retta $y = A^* + B^*x$ tende ad allinearsi con l'asse y (il MMQ applicato ad y' minimizza le differenze rispetto alla variabile y', quindi fornendo una retta che tende ad allinearsi con x', che risulta nell'inversione di variabili l'asse y).

In Fig. 10.3. sono riportati i punti non correlati (caso c), la retta $y = A + Bx$, ottenuta applicando il MMQ alle coppie (x_i, y_i), la retta $y = A^* + B^*x$, dedotta applicando il MMQ alle coppie (x'_i, y'_i) e ricavando A^* e B^* da A' e B'.

Si osservi che in questo caso sia B che B' tendono a zero, quindi quanto più le coppie di punti *non seguono un andamento lineare*, tanto più il prodotto BB' *tenderà a zero*.

Figura 10.3 Retta di regressione lineare per $y = A + Bx$ e $y = A^* + B^*x$, dedotta da A' e B' nel caso di dati non correlati, indicati con $\triangle$.

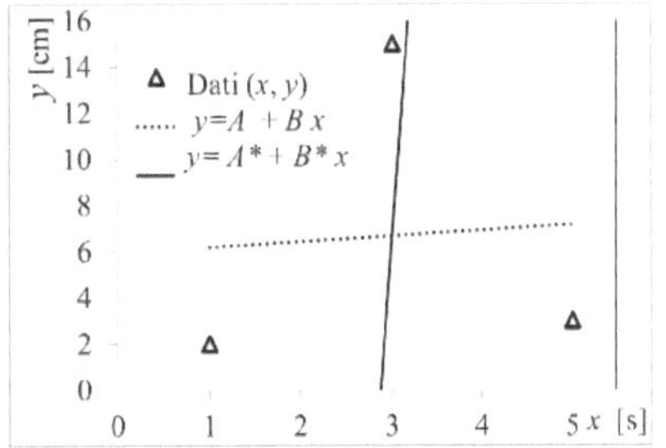

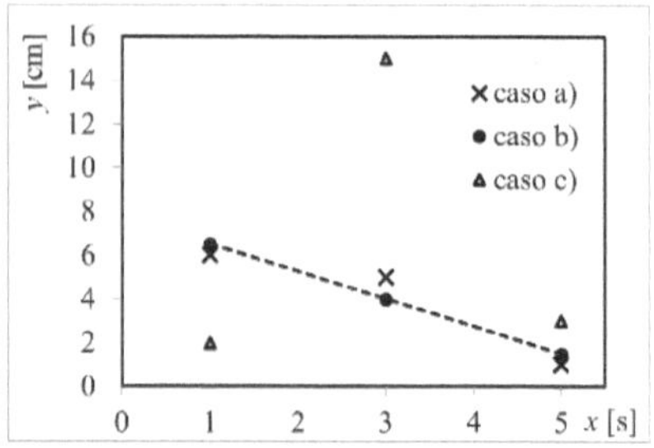

Figura 10.4 Sono riportati i dati per il caso a)($\times$), il caso b)($\bullet$) dati su una retta con la retta tratteggiata, caso c) $\triangle$ dati non correlati.

Questo conferma che il prodotto BB' risulta uno stimatore, di quanto siano bene o male correlate linearmente le coppie di punti (x_i, y_i). Quanto più BB' *tende ad uno*, tanto più *le variabili x e y seguono una relazione lineare*; quanto più *tende allo zero tanto meno seguono una relazione lineare*.

Possiamo generalizzare e formalizzare, quanto osservato, e quindi utilizzare poi tale prodotto per verificare, se alcune variabili sono correlate linearmente fra loro.

Riportiamo una sintesi di tutte le situazioni in Fig. 10.4, dove si osserva che:

- coppie di punti su una retta, si ha $BB' = 1$;
- coppie di punti che tendono ad essere *correlati linearmente*, si ha $BB' \to 1$;
- coppie di punti che tendono a *non* essere *correlati*, si ha $BB' \to 0$.

10.1.1 Derivazione del coefficiente di correlazione lineare

Quindi il prodotto BB' è un ottimo stimatore della correlazione tra due grandezze. Cerchiamo di generalizzare tale prodotto. Perciò esplicitiamo BB' rispetto alle coppie (x_i, y_i). Il coefficiente B è legato a tali coppie dall'equazione dedotta con il MMQ:

$$B = \frac{N\sum xy - \sum x \sum y}{N\sum x^2 - (\sum x)^2} \, , \tag{10.4}$$

che è la formula generale per trovare il coefficiente B di una serie di coppie di punti (x_i, y_i). Dobbiamo ricavare una descrizione del prodotto BB' rispetto alle coppie distinte anche con l'apostrofo.

Scriveremo la formula sia per B, che per B', ma poi terremo conto che $x' \equiv y$ ed $y' \equiv x$. Nel seguente pannello sono presentati con chiarezza i passaggi ed i cambi di variabile, abbiamo anche utilizzato il simbolo $\times$ per segnalare più esplicitamente il prodotto tra B e B'.

B per $y = A + Bx$	B' per $y' = A' + B'x'$
$B = \frac{N\sum xy - \sum x \sum y}{N\sum x^2 - (\sum x)^2}$ $\times$	$B' = \frac{N\sum x'y' - \sum x' \sum y'}{N\sum x'^2 - (\sum x')^2}$
Dato che $x' = y$ e $y' = x$ si sostituisce in B' e si ha	
$\times$	$B' = \frac{N\sum yx - \sum y \sum x}{N\sum y^2 - (\sum y)^2}$
possiamo quindi ricavare il prodotto $B \times B'$	

$$\frac{N\sum xy - \sum x \sum y}{N\sum x^2 - (\sum x)^2} \times \frac{N\sum yx - \sum y \sum x}{N\sum y^2 - (\sum y)^2}$$

Si definisce *coefficiente di correlazione lineare* e viene indicato con $r = \sqrt{BB'}$ (pertanto BB' è indicato con r^2 o R^2). Per il calcolo di tale coefficiente può risultare comoda la relazione:

$$r = \frac{N\sum xy - \sum x \sum y}{\sqrt{N\sum x^2 - (\sum x)^2}\sqrt{N\sum y^2 - (\sum y)^2}}, \tag{10.5}$$

in quanto a meno delle sommatorie delle y^2 si dovrebbe già avere organizzato i dati per sommatorie, per il calcolo dei parametri.

Proviamo a fornire un altro modo di esprimere il coefficiente di correlazione.

Dato che $\sum x = N\bar{x}$ e $\sum y = N\bar{y}$, si ottiene:

$$BB' = \left(\frac{N\sum xy - N\bar{x}N\bar{y}}{N\sum x^2 - (N\bar{x})^2}\right)\left(\frac{N\sum yx - N\bar{y}N\bar{x}}{N\sum y^2 - (N\bar{y})^2}\right) = \frac{(\sum xy - N\bar{x}\,\bar{y})^2}{(\sum x^2 - N\bar{x}^2)(\sum y^2 - N\bar{y}^2)},$$

da cui si ottiene un modo più pratico per il calcolo rispetto alla (10.5):

$$r = \frac{(\sum xy - N\bar{x}\,\bar{y})}{\sqrt{(\sum x^2 - N\bar{x}^2)}\,\sqrt{(\sum y^2 - N\bar{y}^2)}}. \tag{10.6}$$

Si osserva che il coefficiente di correlazione r risulta $0 \leq |r| \leq 1$.

Possiamo presentare la (10.6) in un modo, che permette di spiegare la questione della somma in quadratura nel caso di variabili indipendenti, ovvero variabili che risulteranno non correlate tra loro.

Si osservi che $\sum x^2 - N(\bar{x})^2 = \sum(x - \bar{x})^2$, valido anche per la y, nonché per il prodotto misto: $\sum xy - N\bar{x}\,\bar{y} = \sum(x - \bar{x})(y - \bar{y})$.

Quindi il coefficiente di correlazione può essere espresso equivalentemente nel modo seguente:

$$r = \sqrt{BB'} = \left[\sum_{i=1}^{N}(x_i - \bar{x})(y_i - \bar{y})\right] \Big/ \left(\sqrt{\sum_{i=1}^{N}(x_i - \bar{x})^2} \sqrt{\sum_{i=1}^{N}(y_i - \bar{y})^2}\right). \qquad (10.7)$$

Si osservi che al denominatore abbiamo la sommatoria degli scarti quadratici di x_i rispetto al valore medio $\bar{x}$ e anche gli scarti quadratici di y_i rispetto al valore medio $\bar{y}$. Queste sommatorie sono collegate alle varianze rispettivamente di x e di y.

Al numeratore abbiamo invece la sommatoria dei prodotti misti degli scarti. Il coefficiente r in valore assoluto è compreso tra zero ed uno, questo si può dimostrare per le proprietà del prodotto scalare [11], al numeratore tra parentesi quadre della (10.7) abbiamo infatti il prodotto scalare tra due vettori, mentre al denominatore tra parentesi tonde il prodotto dei rispettivi moduli (Par. 10.3).

Risulterà negativo se la pendenza della retta $y = A + Bx$ è negativa e positivo nel caso che la pendenza sia positiva.

Infatti per il caso a) si calcola $r = -0.945$.

10.2 Probabilità di ottenere $|r| \geq |r_O|$ per variabili non correlate

La statistica permette di calcolare la probabilità di ottenere, per due variabili *non correlate*, un coefficiente di correlazione in valore assoluto $|r|$, maggiore del valore osservato ($|r_O|$) per i dati sperimentali.

Il coefficiente r ricavato dai dati viene etichettato con il pedice "O" (come osservato).

Tale probabilità di ottenere un coefficiente di correlazione r maggiore o uguale di quello osservato per N coppie di dati di due *variabili non correlate* è riportata con $P_N(|r| \geq |r_O|)$ ed è tabulata in valore percentuale nella Tabella B.1 rispetto a N e a r, che va da 0.0 a 1.0 in App. B.

L'*ipotesi* è che le *due variabili non siano correlate*, pertanto se si ottiene che:

- la probabilità di ottenere il risultato osservato (r_O) è inferiore ad un livello di significatività del 5 %, la discrepanza tra i dati e l'ipotesi che le variabili non siano correlate è probabilmente significativa, quindi le variabili sono probabilmente correlate;
- la probabilità di ottenere il risultato osservato r_O è inferiore ad un livello di significatività dell' 1 %, la discrepanza tra i dati e l'ipotesi, che le variabili non siano correlate, è altamente significativa, quindi le variabili sono con alta probabilità correlate.

Questo permette di verificare, se due variabili sono tra loro correlate, per procedere poi nella propagazione delle incertezze su una variabile, dipendente da quelle sotto studio, con la somma in quadratura, nel caso di variabili non correlate, o la somma lineare, nel caso di variabili correlate.

10.3 Covarianza e correlazione: somma lineare o in quadratura?

Il coefficiente di correlazione è collegato alla *covarianza di due grandezze x e y*, che compare nella propagazione delle incertezze.

Una funzione g dipendente da più variabili $(x, y, z, ...)$ può essere approssimata, come abbiamo visto (Cap. 4) secondo lo sviluppo in polinomi di Taylor come:

$$g(x,y,z,\cdots) = g(x_0,y_0,z_0,\cdots)+$$
$$+\frac{\partial g}{\partial x}\bigg|_{x_0,y_0,z_0,\cdots}(x-x_0)+$$
$$+\frac{\partial g}{\partial y}\bigg|_{x_0,y_0,z_0,\cdots}(y-y_0)+$$
$$\frac{\partial g}{\partial z}\bigg|_{x_0,y_0,z_0,\cdots}(z-z_0)+$$
$$+\cdots+ \quad \text{altri termini di ordine superiore,}$$

dove abbiamo esplicitato solo i termini al primo ordine.

Per l'analisi delle incertezze g è una grandezza fisica, ottenuta mediante la misura delle grandezze x, y, z e $\cdots$ secondo la relazione funzionale $g(x,y,z,\cdots)$.

Orientiamo tale sviluppo di g in $(x, y, z, \cdots)$ in prossimità dei punti $(\overline{x}, \overline{y}, \overline{z}, ...\cdots)$.

Per semplicità limitiamoci a due sole variabili x ed y. Lo sviluppo alla Taylor vale per qualsiasi coppia di valori (x,y), quindi anche per (x_i,y_i), percui si avrà

$$g(x_i,y_i) \sim g(\overline{x},\overline{y}) + \frac{\partial g}{\partial x}\bigg|_{\overline{x},\overline{y}}(x_i - \overline{x}) + \frac{\partial g}{\partial y}\bigg|_{\overline{x},\overline{y}}(y_i - \overline{y}) \,,$$

dove si è sviluppata la funzione per (x_i, y_i) in prossimità dei valori medi $(\overline{x},\overline{y})$.

Per semplicità in seguito si ometterà il pedice sotto le derivate parziali, che sta ad indicare che, una volta effettuate le derivate parziali della funzione g, bisogna calcolarle nei valori medi $(\overline{x},\overline{y})$.

Per trovare il valore medio di g, utilizziamo la media aritmetica, quindi:

$$\overline{g} = \frac{1}{N}\sum_{i=1}^{N} g(x_i,y_i) \sim \frac{1}{N}\sum_{i=1}^{N} g(\overline{x},\overline{y}) + \frac{\partial g}{\partial x}\frac{1}{N}\sum_{i=1}^{N}(x_i - \overline{x}) + \frac{\partial g}{\partial y}\frac{1}{N}\sum_{i=1}^{N}(y_i - \overline{y}) \,,$$

dove si osserva che al terzo membro il 2° ed il 3° termine sono nulli, percui si ottiene come risultato $\overline{g} \sim g(\overline{x},\overline{y})$, che giustifica il fatto di aver usato come buona approssimazione del *valore medio della variabile dipendente g* la relazione funzionale, *calcolata nei rispettivi valori medi delle variabili indipendenti*.

Siamo interessati a questo punto anche alla varianza della funzione g, da cui otterremo quindi la deviazione standard, ribadiamo che in statistica si ha la varianza della popolazione e la varianza del campione:

$$\text{varianza della popolazione}: s_x = \frac{1}{N} \sum_{i=1}^{N} (x_i - \bar{x})^2$$

$$\text{varianza del campione}: \sigma_x = \frac{1}{N-1} \sum_{i=1}^{N} (x_i - \bar{x})^2 .$$

Nel caso dell'utilizzo della statistica per la fisica sperimentale, avremo sempre il campione come riferimento.

Nelle considerazioni successive, dividere per N o $N-1$ non cambia i termini della questione, percui svilupperemo i calcoli per la varianza della popolazione e per riportarci alla varianza del campione basterà moltiplicare per $N/(N-1)$.

Per la varianza di g si avrà:

$$s_g^2 = \frac{1}{N} \sum_{i=1}^{N} (g_i - \bar{g})^2 \sim \frac{1}{N} \sum_{i=1}^{N} \left[\frac{\partial g}{\partial x}(x_i - \bar{x}) + \frac{\partial g}{\partial y}(y_i - \bar{y}) \right]^2 .$$

Per comodità esprimiamo gli scarti di ogni valore g_i rispetto al $\bar{g}$ mediante il simbolo Δg_i, (stessa cosa per x ed y) quindi avremo:

$$s_g^2 = \frac{1}{N} \sum_{i=1}^{N} (\Delta g_i)^2 \sim$$

$$\sim \frac{1}{N} \sum_{i=1}^{N} \left[\left(\frac{\partial g}{\partial x} \right)^2 (\Delta x_i)^2 + \left(\frac{\partial g}{\partial y} \right)^2 (\Delta y_i)^2 + 2 \left(\frac{\partial g}{\partial x} \right) \left(\frac{\partial g}{\partial y} \right) (\Delta x_i)(\Delta y_i) \right] ,$$

che utilizzando le definizioni di s_x e s_y diventa:

$$s_g^2 = \left(\frac{\partial g}{\partial x} \right)^2 s_x^2 + \left(\frac{\partial g}{\partial y} \right)^2 s_y^2 + 2 \left(\frac{\partial g}{\partial x} \right) \left(\frac{\partial g}{\partial y} \right) \frac{1}{N} \sum_{i=1}^{N} (\Delta x_i)(\Delta y_i) ,$$

in cui compaiono termini già noti, quali le varianze di x e di y e un termine nuovo, il terzo, dei prodotti misti. Abbiamo ora argomenti più solidi, per affrontare tale prodotto misto, che viene definito *covarianza* ed indicato con il simbolo s_{xy}:

$$\text{covarianza della popolazione}: s_{xy} = \frac{1}{N} \sum_{i=1}^{N} (x_i - \bar{x})(y_i - \bar{y}) ,$$

$$\text{covarianza del campione}: \sigma_{xy} = \frac{1}{N-1} \sum_{i=1}^{N} (x_i - \bar{x})(y_i - \bar{y}) .$$

Si può osservare, che tra il coefficiente di correlazione r tra due grandezze x e y e le rispettive varianze, nonchè la covarianza, si ha una relazione del tipo:

$$r = \left[\sum_{i=1}^{N}(x_i-\bar{x})(y_i-\bar{y})\right] \Bigg/ \left(\sqrt{\sum_{i=1}^{N}(x_i-\bar{x})^2}\sqrt{\sum_{i=1}^{N}(y_i-\bar{y})^2}\right) =$$

$$= \left[\sum_{i=1}^{N}(x_i-\bar{x})(y_i-\bar{y})\right] \Bigg/ \left[(\sqrt{N-1})\sigma_x(\sqrt{N-1})\sigma_y\right] =$$

$$= \frac{\sigma_{xy}}{\sigma_x\sigma_y}.$$

Si osserva immediatamente che, se le due grandezze x ed y *non* sono *correlate* linearmente tra loro, $r \to 0$, la sommatoria dei prodotti misti tende a sua volta zero, che diviso per $N-1$ (o N) risulterà ancora più trascurabile.

In caso di *variabili indipendenti* – ovvero *non correlate*– si ha:

$$\sigma_g^2 = \left(\frac{\partial g}{\partial x}\right)^2 \sigma_x^2 + \left(\frac{\partial g}{\partial y}\right)^2 \sigma_y^2,$$

le incertezze si propagano secondo la *somma in quadratura*.

Diversamente se non si ha correlazione. Nel caso che il coefficiente di correlazione sia positivo, ad una sovrastima di x si avrà sempre una sovrastima di y, ad una sottostima di x si avrà sempre una sottostima di y, pertanto ogni prodotto misto nella sommatoria della covarianza sarà positivo e la loro somma non trascurabile. Nel caso invece di un coefficiente di correlazione negativo ad una sovrastima di x corrisponderà sempre una sottostima di y e viceversa, quindi la covarianza sarà negativa.

Possiamo interessarci al caso generale che ci sia o no correlazione, senza preoccuparci se positiva o negativa, osservando che:

$$|\sigma_{xy}| \leq \sigma_x\sigma_y,$$

disequazione che giustifica proprio che $0 \leq |r| \leq 1$.

Tale relazione è ben nota nell'algebra lineare come disuguaglianza si Schwartz [11]. Abbiamo già anticipato, che potrebbe anche chiarirsi sulla base del prodotto scalare tra due vettori. Si pensi a due vettori $\boldsymbol{a}$ e $\boldsymbol{b}$, nello spazio vettoriale $\mathbf{R}^N$, si dimostra che il valore assoluto del loro prodotto scalare $|\sum_i a_i b_i|$, è sempre minore o uguale al prodotto dei moduli dei due vettori $\sqrt{\sum_i a_i^2}$ e $\sqrt{\sum_i b_i^2}$ (nel nostro caso $a_i = x_i - \bar{x}$ e $b_i = y_i - \bar{y}$).

Con queste premesse abbiamo argomentazioni rigorose, che ci permettono di affermare, che nel caso di grandezze correlate l'incertezza ottenuta dalla somma lineare risulta un limite superiore, in quanto si ha:

$$\sigma_g^2 = \left(\frac{\partial g}{\partial x}\right)^2 \sigma_x^2 + \left(\frac{\partial g}{\partial y}\right)^2 \sigma_y^2 + 2\left(\frac{\partial g}{\partial x}\right)\left(\frac{\partial g}{\partial y}\right)^2 \sigma_{xy} \leq$$
$$\leq \left(\frac{\partial g}{\partial x}\right)^2 \sigma_x^2 + \left(\frac{\partial g}{\partial y}\right)^2 \sigma_y^2 + 2\left(\frac{\partial g}{\partial x}\right)\left(\frac{\partial g}{\partial y}\right) \sigma_x \sigma_y,$$

dove si è utilizzata la disuguaglianza $|\sigma_{xy}| \leq \sigma_x \sigma_y$, pertanto

$$\sigma_g^2 \leq \left(\left|\frac{\partial g}{\partial x}\right| \sigma_x + \left|\frac{\partial g}{\partial x}\right| \sigma_y\right)^2.$$

Nel caso di grandezza dipendenti tra loro – ovvero correlate –si ha che

$$\sigma_g \leq \left|\frac{\partial g}{\partial x}\right| \sigma_x + \left|\frac{\partial g}{\partial x}\right| \sigma_y.$$

ottenuta come *somma lineare* delle incertezze risulta un *limite superiore* per l'incertezza su g.

Lo studio della covarianza, potrebbe permettere di ridurre l'incertezza, nel caso che risulti negativa. Per un corso del primo anno ci limiteremo alla considerazione, che se la verifica sulla probabilità di ottenere $|r| \geq r_O$ risulta significativa, quindi le variabili sono da ritenersi correlate, allora non si può propagare l'incertezza in quadratura.

In un laboratorio didattico spesso non è contemplata la verifica per qualsiasi relazione, e quindi tranne in casi evidenti, in cui si osservi, che si ha o non si ha correlazione, in caso di dubbio e di non aver effettuato la verifica, si propagheranno le incertezze in somma lineare, con la certezza di non averle sovrastimate.

Problemi

10.1. Trovare $y = A + Bx$ ed $y' = A' + Bx'$ e ricondurre quest'ultima alle variabili di partenza secondo la relazione $y = A^* + B^*x$, sia per il caso a) che per il caso c).

10.2. Per il Probl. 6.6, relativo all'estensione di una molla, verificare con r_O –si utilizzi la (10.6) – se la verifica sulla non correlazione è significativa e pertanto m e Δl siano da ritenersi correlate.

10.3. Per i dati del pendolo del Probl. 9.3 verificare, per quale delle due relazioni $T = A + Bl$ o $T = A + B\sqrt{l}$ risulta il coefficiente di correlazione lineare più alto e fare la verifica di significatività per la non correlazione. Si confrontino i risultati con le considerazioni su δy e σ_Y rispettivamente.

10.4. Nella misura della caduta del grave il tempo è dedotto da $t = n/n_{un}$, per verificare se la propagazione delle incertezze su t si può effettuare con la somma in quadratura, osserviamo i conteggi durante la caduta del grave per una data quota variando n_{un}.

n_{un} [kHz]	100	81	61	42
n	53 545	43 421	33 011	22 755

10.5. Per il Probl. 9.5 verificare se h e t sono correlate o no, per giustificare se nella misura di $g = 2h/(t + t_0)^2$ si debbano sommare le incertezze in quadratura.

La verifica del χ^2

In questo capitolo si affronterà la verifica cosiddetta del chi-quadro (χ^2), che permette di fornire il livello di fiducia, che una relazione funzionale, o una data distribuzione di probabilità, siano in accordo con i dati osservati.

Inizieremo a considerare tale verifica per il caso di una relazione funzionale, in quanto di più immediata comprensione e continuità didattica. Osserveremo poi, che anche per le distribuzioni di probabilità si troverà una descrizione, riconducibile al chi-quadro, ed applicheremo, in questo capitolo, tali considerazioni soprattutto alla densità di probabilità gaussiana.

Nei successivi capitoli estenderemo tale verifica ad altre distribuzioni di probabilità, una volta presentate.

11.1 Verifica del χ^2 su una relazione funzionale

Partiamo dalla stima di una relazione funzionale del tipo $y = f(x)$, dedotta mediante il metodo dei minimi quadrati (MMQ) sulla base dei dati sperimentali.

Come esempio riportiamo in Tabella 11.1 sei coppie di dati (x_i, y_i), con i rispettivi errori sulla variabile dipendente y, indicati nel capitolo dedicato alla regressione lineare con σ_i, perché formalmente inquadrati in una discussione statistica, ma equivalenti a δy_i, espressione dell'incertezza totale, comunque dedotta dalle rispettive varianze dei vari tipi di incertezze.

Riportiamoci adesso, secondo quanto premesso nel Cap. 9, alla discussione della *minimizzazione del χ^2*, considerando gli scarti quadratici rispetto all'*incertezza totale* di ogni singola stima y_i, *utilizziamo* δy_i *per le incertezze totali*. Quindi consideriamo, rispetto ad ogni valore aspettato Y_i, lo scarto corrispondente (Δy_i) tra tale valore e la misura y_i ed infine il rapporto tra lo scarto e l'incertezza totale δy_i.

Tale rapporto è stato chiamato χ_i, la minimizzazione della somma dei quadrati per ogni i, detta χ^2, è stata perseguita con il metodo dei minimi quadrati (MMQ)

G. Ciullo, *Introduzione al Laboratorio di Fisica*, UNITEXT for Physics,
DOI: 10.1007/978-88-470-5656-5_11, © Springer-Verlag Italia 2014

Riportiamo dunque il χ^2:

$$\chi^2 = \sum_{i=1}^{N} \chi_i{}^2 = \sum_{i=1}^{N} \left(\frac{y_i - Y_i}{\delta y_i} \right)^2 , \qquad (11.1)$$

dove N è il numero di coppie di dati (x_i, y_i), e Y_i il valore ottenuto da una relazione funzionale $y = f(x)$.

Abbiamo introdotto il χ^2 per la regressione lineare, ma si esprime nello stesso modo per qualsiasi relazione funzionale y, dalla quale si deduca ogni $Y_i = y(x_i)$, come riportato appositamente nella (11.1).

La *verifica del χ^2 è un controllo*, a posteriori, proprio *sulla minimizzazione* del χ^2 nella (11.1) e fornisce una valutazione quantitativa dell'accettabilità dell'ipotesi, che la relazione funzionale $y = f(x)$, trovata dall'analisi dei dati, o assunta tale a priori, sia il modello teorico adatto ai dati sperimentali.

Useremo come esempio didattico, per introdurre tale verifica, la relazione funzionale di tipo lineare e *ribadiamo*, che tale *verifica vale per qualsiasi tipo di relazione, dedotta dai dai sperimentali, o assunta a priori*.

In Tabella 11.1 sono riportate coppie di dati e i calcoli successivi, per ottenere il chi-quadro. Riportiamo in Fig. 11.1 i dati, le barre di incertezza e la retta, dedotta con il metodo dei minimi quadrati non pesati, nonostante, si osservi il grafico, non siamo nella situazione di avere le incertezze sulle y tutte uguali (questa è una semplificazione didattica, o uno sconto per il primo anno, la discussione è equivalente ricavando i coefficienti con il MMQ pesati).

Tabella 11.1 Coppie di dati (x_i, y_i), incertezze totali δy_i del corrispondente valore y_i, valori aspettati Y_i. In questo caso ottenuti dalla relazione $Y_i = A + Bx_i$. Scarti tra valori aspettati e valori sperimentali Δy_i, loro rapporto con le δy_i, etichettato χ_i, ed infine i corrispondenti $\chi_i{}^2$

i	x_i	y_i	δy_i	$Y_i = A + Bx_i$	Δy_i	$\Delta y_i / \delta y_i = \chi_i$	χ_i^2
1	0.5	1.6	0.1	1.56	0.040	0.40	0.16
2	1.0	1.7	0.2	1.93	-0.23	-1.15	1.32
3	1.5	2.6	0.1	2.30	0.30	3.00	9.00
4	2.0	2.5	0.2	2.65	-0.17	-0.85	0.72
5	2.5	3.2	0.1	3.04	0.16	1.60	2.56
6	3.0	3.3	0.2	3.40	-0.10	-0.50	0.25

Possiamo osservare dalla (11.1), che il risultato "ideale" sarebbe zero. Ma ciò significherebbe che i valori sperimentali sono precisamente i valori ottenuti dal modello, cosa "altamente" improbabile. Oppure che le incertezze δy_i siano eccessivamente elevate o sovrastimate (misure altamente imprecise), pertanto poco risolutive per distinguere su modelli (relazioni funzionali) diversi.

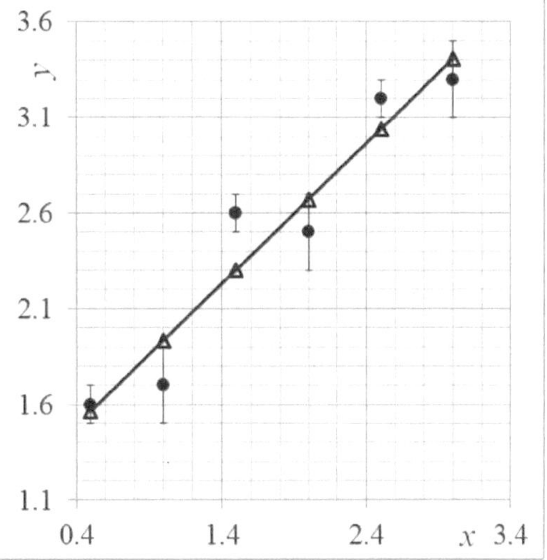

Figura 11.1 Grafico dei dati sperimentali (•) con le rispettive barre di incertezza per le y. Viene riportata la retta ottenuta con il metodo dei minimi quadrati. Per questioni didattiche vengono anche riportati i valori $Y_i = A + Bx_i$ ($\triangle$), di solito tali valori non si riportano sui grafici.

Osserviamo Fig. 11.1 e cerchiamo di rispondere a quanto segue:

– *qual è il limite massimo accettabile per il* χ^2, oltre il quale possiamo rigettare il modello ($y = f(x)$) sotto studio?

Per ogni valore Y_i ($\triangle$ in Fig. 11.1), ottenuto dalla regressione lineare $A + Bx_i$, rispetto alla migliore stima y_i sperimentale (•) in rapporto alla precisione della misura δy_i, in una stima grossolana ci aspetteremmo che gli Y_i si trovino ad una distanza da y_i, minore della rispettiva δy_i:

$$-\delta y_i \leq (y_i - Y_i) \leq \delta y_i \,. \tag{11.2}$$

Il rapporto $(y_i - Y_i)/\delta y_i$ etichettato χ_i, non è altro che la ben nota variabile standardizzata z_i (dove si ricordi che le variabili y_i, sebbene espresse con incertezze totali δy_i, sono da considerarsi gaussiane).

Al meglio ci aspettiamo quindi per la (11.2) $\chi_i^2 \leq 1$ per ogni i. Si osservi nella Tabella 11.1, che alcuni χ_i sono minori di uno, altri maggiori, che corrispondono sul grafico rispettivamente a punti in cui la retta passa entro le barre di incertezza, o fuori dalle barre. Quindi ci aspettiamo per tutti i dati:

$$\chi^2 = \sum_{i=1}^{N} \left(\frac{y_i - Y_i}{\delta y_i} \right)^2 \leq \sum_{1=1}^{N} 1 = N. \tag{11.3}$$

Se per pigrizia matematica (o economia di tempo) nel ricavare $y = A + Bx$ si è fatto uso del metodo dei minimi quadrati non pesati (per ogni $i = 1, \dots, N$ si sono assunte le $\delta y_i = \delta y$), come il caso didattico sotto studio, si faccia attenzione, perché invece *per la verifica del χ^2, si devono utilizzare le incertezze totali δy_i corrispondenti alle rispettive y_i.*

La verifica del χ^2 recupera, in parte, l'approssimazione fatta nella stima dei parametri di $y = f(x)$, e permette di controllare l'attendibilità dell'approssimazione stessa sui dati con le incertezze totali δy_i di ogni singola y_i. Per le δy_i abbiamo sempre premuto per utilizzare per ogni tipo di incertezza in gioco le rispettive varianze, sebbene per un corso del primo anno accettiamo anche la confusione tra intervalli previsionali diversi (Cap. 2).

Se abbiamo vari punti, ci confronteremo con il valore medio dei χ_i^2:

$$\overline{\chi}^2 = \sum_{i=1}^{N} \left(\frac{y_i - Y_i}{\delta y_i} \right)^2 \Big/ N \, . \tag{11.4}$$

Osserviamo che in prima approssimazione il valore medio del χ^2, dovrebbe risultare minore o uguale ad uno, per accettare l'ipotesi, che la relazione funzionale sia appropriata per i nostri dati, sulla base della precisione delle singole misure, avendo utilizzato come confronto proprio l'incertezza corrispondente ad ogni singola misura.

Questa è una stima grossolana. Vediamo come la statistica permetta di quantificare la probabilità, che si ottenga un determinato χ^2.

È necessario fornire quantitativamente la probabilità di ottenere un valore del χ^2 superiore ad un certo valore critico, oltre il quale siamo fiduciosi di rigettare un'ipotesi, con una bassa probabilità di rischio, che fosse invece buona.

La variabile χ^2, in quanto funzione di variabili aleatorie, è a sua volta una variabile aleatoria e segue una sua densità di probabilità, mediante la quale si potrà *quantificare* la fiducia che il χ^2_O (il *pedice O* indica *osservato-ottenuto*) segue tale densità di probabilità e pertanto le nostre assunzioni siano accettabili.

Abbiamo già imparato che si ragionerà al complementare, ovvero dalla densità di probabilità del χ^2, ricaveremo la probabilità di ottenere un valore del χ^2 maggiore del χ^2_O, per rigettare l'ipotesi (verifica di significatività). Bisogna inquadrare tale variabile nella cornice della statistica (cenni sulla deduzione nel Par. 11.2).

Per la statistica abbiamo osservato che, nel dedurre uno stimatore, ottenuto come valore medio, si deve dividere per i gradi di libertà, quindi quanto introdotto nella (11.4) va riscritto sulla base delle regole statistiche.

La media dei χ_i^2 espressa in forma statistica è detta chi-quadro-ridotto, indicato di solito con la sovrapposizione di una tilde $\tilde{\chi}^2$, e si ottiene, dividendo χ^2 per i gradi di libertà $d = (N$ (numero dei dati utilizzati) - c (vincoli statici)).

$$\tilde{\chi}^2 = \frac{\chi^2}{d} = \sum_{i=1}^{N} \left(\frac{y_i - Y_i}{\delta y_i} \right)^2 \bigg/ d \,. \tag{11.5}$$

Questa relazione (11.5) ricorda altri stimatori statistici, che, nel caso di valori medi, si ottengono dividendo per i gradi di libertà: la varianza del campione σ_x^2, la varianza standard della retta teorica (σ_Y^2).

Ritornando al χ^2-ridotto, N è il numero di dati utilizzati per il calcolo di $\tilde{\chi}^2$ secondo la (11.5), ricordiamo per maggiore chiarezza, che bisogna osservare la (11.4) e considerare l'estremo della sommatoria. Nel caso della Tabella 11.1, presa come esempio, N risulta pari a sei, poi bisogna individuare i vincoli da sottrarre.

– *Quanti sono i vincoli?*

Dipende dalla forma della funzione trovata $y = f(x)$, che deve essere esplicitata. Consideriamo il caso sotto studio ed esplicitiamo la relazione $Y_i = A + Bx_i$, si ha:

$$\tilde{\chi}^2 = \chi^2/d = \sum_{i=1}^{N} \left(\frac{y_i - A - Bx_i}{\delta y_i} \right)^2 \bigg/ d. \tag{11.6}$$

Nel caso di una legge teorica $y = f(x)$, descritta dalla relazione $y = A + Bx$, per calcolare $\tilde{\chi}^2$ sono necessari i due parametri A e B, che, se ottenuti utilizzando i dati, risultano essere dei vincoli statistici, pertanto

$\tilde{\chi}^2$ per una legge lineare dedotta dai dati sperimentali:

$$\tilde{\chi}^2 = \chi^2/d = \sum_{i=1}^{N} \left(\frac{y_i - A - Bx_i}{\delta y_i} \right)^2 \bigg/ (N-2).$$

Abbiamo ricavato come calcolare il χ^2-ridotto nel caso di una regressione lineare. Etichettiamo con il pedice O, il χ^2-ridotto ottenuto dai dai osservati, quindi $\tilde{\chi}_O^2$.

– *Qual è la probabilità di ottenere per N coppie di dati un dato $\tilde{\chi}_O^2$?*

Probabilità di ottenere il chi-quadro osservato

Se tutti i dati, gaussiani, seguono veramente la legge assunta, allora il χ_O^2 dovrebbe seguire la densità di probabilità propria della variabile χ^2. Prima presentiamo il modo di procedere, eppoi affronteremo il problema dei cenni sulla deduzione.

La probabilità di ottenere un $\tilde{\chi}^2 \geq \tilde{\chi}_O^2$ la esprimiamo come $P_d(\tilde{\chi}^2 \geq \tilde{\chi}_O^2)$, di solito riportata rispetto ai gradi di libertà d.

Per il caso specifico della Tabella 11.1 risulta $d = N - c = 6 - 2 = 4$, ed otteniamo: $\tilde{\chi}_O^2 = 14.1/(6-2) = 3.50$.

Dobbiamo cercare quindi la $P_4(\tilde{\chi}^2 \geq 3.50)$.

Nella Tabella C.2 in App. C, si riporta la probabilità di ottenere $\tilde{\chi}^2$ maggiore o uguale di un valore critico $\tilde{\chi}^2_{cr}$, da confrontarsi con il $\tilde{\chi}^2_O$. Tale tabella riporta quindi i valori critici per le corrispondenti probabilità di trovare valori $\tilde{\chi}^2$ fuori dalla distribuzione attesa per tale variabile, percui, se si supera un certo valore critico le assunzioni, che i nostri dati fossero gaussiani e seguissero la legge utilizzata per il calcolo del $\tilde{\chi}^2_O$, sono da rigettare.

Percorrendo lungo la riga corrispondente ai gradi di libertà d, si devono trovare valori del $\tilde{\chi}^2_{cr}$, che siano confrontabili con $\tilde{\chi}^2_O$. Si risale lungo la colonna corrispondente a tali valori. Trovarlo proprio uguale è poco probabile, di solito si trovano due valori contigui tra i quali è compreso quello osservato. Si trova, riportata nella seconda riga, la probabilità di ottenere un χ^2-ridotto maggiore o uguale del χ^2-ridotto osservato.

Per il caso in questione osserviamo che lungo la riga relativa a $d = 4$, si ritrovano dei valori critici pari a 3.71 e 3.32, risalendo lungo le colonne corrispondenti, si osserva che le probabilità di ottenere $\tilde{\chi}^2$ maggiore dei valori critici riportati sono rispettivamente 0.005 e 0.010.

Quindi la probabilità di ottenere 3.5 è minore del livello di elevata significatività dell'1 %, possiamo rigettare l'ipotesi, che la legge trovata sia appropriata per i nostri dati sperimentali.

Dato che la verifica risulta significativa, possiamo rigettare l'ipotesi che la relazione lineare sia appropriata per i nostri dati sperimentali, bisogna quindi provare con altre relazioni funzionali.

Verifica del χ^2 per una polinomiale

Nel caso invece di una *relazione polinomiale*, per esempio di secondo grado quale $y = c_0 + c_1 x + c_2 x^2$, i parametri da stimare sono c_0, c_1 e c_2, mediante la regressione polinomiale, quindi tre vincoli, se tali parametri sono stati stimati dai dati sperimentali.

Questo vale anche nel caso che, utilizzando un foglio elettronico per il calcolo, o calcolatrici scientifiche, si calcolino i coefficienti di una relazione funzionale mediante l'utilizzo dei dati sperimentali.

Quindi nel caso di una regressione polinomiale di secondo grado su N coppie di punti (x, y) avremo $\tilde{\chi}^2 = \chi^2/(N - 3)$.

Relazione funzionale a priori

Nel caso in cui la *relazione* funzionale sia *fornita a priori*, quindi non ottenuta mediante la regressione dai dati sperimentali, non si ha alcun vincolo statistico, quindi i gradi di libertà sono il numero di coppie di dati (Probl.11.3).

Abbiamo introdotto pragmaticamente come procedere per la verifica del χ^2 nel caso di relazioni funzionali.

Per comprendere a pieno come comportarsi, accenniamo alla deduzione della variabile χ^2. Ciò renderà evidente come ci si riconduca sempre, partendo dalle assunzioni che le variabili y_i siano gaussiane, ad una variabile a sua volta aleatoria, che segue una sua densità di probabilità, e per la quale possiamo stimare valore medio, deviazione standard, e quindi procedere anche in questo caso con le verifiche di significatività sulle ipotesi.

Poi affronteremo l'estensione della verifica del χ^2 alle distribuzioni o densità di probabilità (per esempio la gaussiana).

11.2 Cenni sulla deduzione formale per il chi-quadro.

Quanto descritto finora ha basi statistiche, che è opportuno accennare, perché il χ^2 è necessario per effettuare la verifiche di significatività per un modello (legge) teorico atteso e si estende anche a distribuzioni di probabilità attese.

Abbiamo visto che, nel caso di una distribuzione gaussiana, possiamo verificare, se un determinato singolo valore può, oppure no, essere accettato, confrontandoci con la densità di probabilità gaussiana. Dalla probabilità che un valore x sia compreso nell'intervallo $[-x_O, x_O]$:

$$P(|x| \le x_O) = 2 \int_0^{x_O} G_{X,\sigma}(x)\mathrm{d}x \,,$$

si può calcolare la probabilità complementare di ottenere un valore $|x| \ge x_O$: $2 \int_{x_O}^{\infty} G_{X,\sigma}(x)\mathrm{d}x$.

Sono stati definiti dei livelli di significatività, per rigettare l'ipotesi, che non ci sia differenza tra il nostro campione ed il valore x_O.

Osserviamo che per l'adattamento di una retta, dovremmo controllare per ogni singolo valore sperimentale y_i, se il valore atteso Y_i, sia accettabile.

Quindi per ogni i, avremmo che la probabilità di ottenere un determinato valore compreso tra zero e y_{iO} secondo la gaussiana è:

$$P(|y_i| \le y_{iO}) = 2 \int_0^{y_{iO}} G_{Y_i,\sigma_i}(y_i)\mathrm{d}y_i = 2 \frac{1}{\sqrt{2\pi}} \int_0^{y_{iO}} e^{-(y_i-Y_i)^2/(2\sigma_i^2)}\mathrm{d}y_i \,.$$

Se le variabili y_i sono stocasticamente indipendenti tra di loro, possiamo ottenere la probabilità totale come prodotto delle probabilità (gli estremi degli integrali non vengono esplicitati per semplicità di scrittura):

$$\left(\frac{1}{\sqrt{2\pi}}\right)^N \int \int \ldots \int e^{-(\Sigma z_i^2/2)}\mathrm{d}z_1 \cdots \mathrm{d}z_N \,, \tag{11.7}$$

dove abbiamo utilizzato le note variabili standardizzate $z_i = (y_i - Y_i)/\sigma_i$, che in questo capitolo abbiamo rietichettato χ_i.

L'integrale multiplo in (11.7) si riduce ad un integrale semplice, che ha come integrando:

$$f(\chi^2) = \frac{1}{2^{d/2}\Gamma(d/2)}(\chi^2)^{d/2-1}e^{-\chi^2/2}. \tag{11.8}$$

L'integrando $f(\chi^2)$ è la densità di probabilità, che segue la variabile χ^2, ottenuta dall'avere assunto, che le variabili y_i siano tutte gaussiane.

La densità di probabilità del χ^2 oltre ad essere funzione di χ^2, dipende dai gradi di libertà statistici d, anche per via della funzione Γ (nota in fisica [7]).

L'integrale $\int_0^{\chi_0^2} f(\chi^2)\mathrm{d}(\chi^2)$ è calcolabile con metodi numerici e ricondotto ad una variabile $x \equiv \chi^2$, riscritto per comodità visiva $\int_0^{\chi_0^2} f(x)\mathrm{d}x$, non è altro che l'area sottesa dalla curva (in grigio in Fig. 11.2), che fornisce la probabilità di ottenere $0 \le \chi^2 \le \chi^2{}_0$.

L'area complementare, in bianco, fornisce la probabilità di ottenere $\chi^2 \ge \chi^2{}_0$.

Quindi, la probabilità che N dati sperimentali y_i con rispettive incertezze $\sigma_i - \sigma_i$ per coerenza formale con l'assunzione delle distribuzioni gaussiane, all'atto pratico vanno considerate come δy_i – seguano l'adattamento o modello teorico proposto, dove per d si intendono i gradi di libertà statistici e χ^2 la sommatoria al quadrato dei χ_i^2 (ovvero le note z_i^2), viene descritta come probabilità di ottenere un χ^2 compreso in un dato intervallo, per d gradi di libertà [7, 16].

Dalla densità di probabilità del χ^2, possiamo calcolare la speranza matematica – valore medio – e la varianza [16]:

$$E\{\chi^2\} = \int_0^\infty \chi^2 f(\chi^2)\mathrm{d}\chi^2 = d$$

$$Var\{\chi^2\} = \int_0^\infty (\chi^2 - d)^2 f(\chi^2)\mathrm{d}\chi^2 = 2d \ .$$

Si consideri χ^2 come variabile x qualsiasi e si osservi che abbiamo semplicemente applicato, quanto definito in Cap. 8 per le densità di probabilità di una variabile continua x.

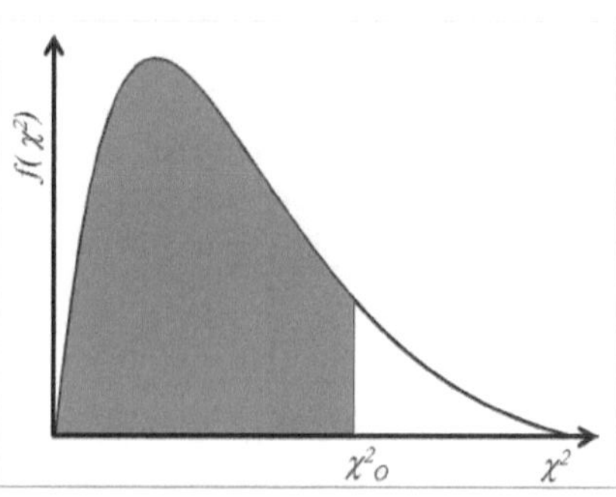

Figura 11.2 Densità di probabilità del χ^2. L'area ombreggiata fornisce l'integrale $\int_0^{\chi_0^2} f(\chi^2)\mathrm{d}(\chi^2)$.

Questo fornisce un risultato da evidenziare, la variabile χ^2 è una variabile statistica, che segue la densità di probabilità espressa nella (11.8) e dovrebbe risultare

in media $E\{\chi^2\} = d$ e avere una dispersione descritta dalla deviazione standard $\sqrt{Var\{\chi^2\}} = \sqrt{2d}$.

Per questo ci si confronta con il χ^2- ridotto:

$$\text{chi quadro ridotto}: \quad \tilde{\chi}^2 = \chi^2/d \ . \tag{11.9}$$

Vediamo che, come per la distribuzione gaussiana, anche per la distribuzione di probabilità del χ^2 possiamo definire criteri di significatività, per accettare, oppure no, che le variabili sotto osservazione siano tutte gaussiane e la legge Y sia appropriata.

Se le assunzioni sono appropriate il calcolo del χ^2 effettuato sui dati (χ^2_O) dovrebbe seguire la distribuzione, percui essere in media d e disperso secondo la $\sqrt{2d}$.

11.3 Probabilità di ottenere un determinato χ^2

Sulla base di tale definizione generale, si riporta in tabelle la probabilità di ottenere un $\tilde{\chi}^2 \geq \tilde{\chi}^2_O$, dove per $\tilde{\chi}^2_O$ si intende il $\tilde{\chi}^2$ osservato.

La probabilità di ottenere un valore del $\tilde{\chi}^2 \geq \tilde{\chi}^2_O$, $(P_d(\tilde{\chi}^2_d \geq \tilde{\chi}^2_O)$, non è altro che l'area complementare di quanto riportato in Fig. 11.2 divisa per i gradi di libertà.

Di solito si guarda soprattutto tale probabilità ovvero la coda a destra della distribuzione del χ^2.

Ma andiamo per gradi e consideriamo prima la coda di sinistra, per la quale si usa l'area sottesa dalla densità di probabilità da zero ad un dato χ^2 e quindi didatticamente più lineare.

Verifica del χ^2 per χ^2_O bassi, coda di sinistra

La densità di probabilità del χ^2 relativa alla coda di sinistra, ovvero la probabilità di ottenere un $\chi^2 \leq \chi^2_O$, si pensi alla distribuzione di Gauss, permette di non accettare valori, che siano troppo distanti dal valore centrale, in proporzione alla deviazione standard.

Il χ^2 è una variabile casuale, che ha un valore medio d'aspettazione d ed una deviazione standard $\sqrt{2d}$, per entrambe le code.

Per la coda di sinistra, valori del $\chi^2 - ridotto$ bassi, nella Tabella C.1 in App. C, sono riportati, rispetto ai gradi di libertà, i valori critici χ^2_{cr}, per i quali si ha la probabilità di ottenere un $\chi^2 \leq \chi^2_{cr}$, grazie alla quale possiamo fornire $P_d(\chi^2 \leq \chi^2_O)$.

I valori troppo bassi del χ^2_O si ottengono di solito, quando si ha una sovrastima delle incertezze. La verifica del χ^2 per la coda di sinistra, permette di rigettare misure fatte con una precisione bassa per verificare la legge sotto studio.

I livelli di significatività sono sempre i soliti, 1 % o 5 %, che riporteremo in evidenza per il caso seguente della verifica sulla coda destra, ovvero per un valore del χ^2 maggiore del valore medio.

Verifica del χ^2 per χ^2_O alti, coda di destra

Dalla Tabella C.1 relativa a $P_d(\chi^2 \leq \chi^2_O)$, rispetto a χ^2, si costruisce la Tabella C.2 complementare relativa a $P_d(\tilde{\chi}^2 \geq \tilde{\chi}^2_O)$, rispetto invece a $\tilde{\chi}^2$.

Per la coda destra, valori del $\chi^2 - ridotto$ alti, abbiamo in mano lo strumento per decidere, se l'ipotesi può essere accettata, confrontando direttamente sulla tabella delle $P_d(\tilde{\chi}^2 \geq \tilde{\chi}^2_O)$ il $\tilde{\chi}^2_O$ osservato con il $\tilde{\chi}^2_{cr}$ riportato nella riga corrispondente ai gradi di libertà d.

La discussione più diffusa riguarda la coda destra, in quanto le misure di solito vengono condotte con incertezze basse, per cui si fa soprattutto la verifica per $\chi^2 \geq \chi^2_O$ e nel caso di un'ipotesi, che i nostri dati sperimentali seguano tutti delle distribuzioni gaussiane e siano descritti dal valore di aspettazione Y, dedotto da un modello teorico, si forniscono i seguenti criteri:

- se $P_d(\tilde{\chi}^2_d \geq \tilde{\chi}^2_O) \geq 5$ % la verifica non è significativa, siamo fiduciosi al 95 % di aver accettato un'ipotesi giusta;
- se $P_d(\tilde{\chi}^2_d \geq \tilde{\chi}^2_O) \leq 1$ %, la verifica è altamente significativa e rigettiamo l'ipotesi con una probabilità di rischio solo dell'1 %, di avere eventualmente rigettato un'ipotesi, che potrebbe essere giusta.
- Se otteniamo 1 % $< P_d(\tilde{\chi}^2_d \geq \tilde{\chi}^2_O) < 5$ %, la verifica è probabilmente significativa, sarebbe opportuno approfondire ulteriomente l'indagine sperimentale.

Riportiamo nuovamente il caso utilizzato come esempio, in questa cornice generale. Abbiamo ottenuto $\tilde{\chi}^2_O = 3.50$. Dalla Tabella $P_d(\tilde{\chi}^2 \geq \tilde{\chi}^2_O)$ si osserva $\tilde{\chi}^2_{cr} = 3.32$, valore di $\tilde{\chi}^2$, oltre il quale si ha una probabilità pari a 0.01. Dato che $\tilde{\chi}^2_O$ osservato supera tale valore critico, l'area (probabilità) sarà ancora minore, quindi possiamo rigettare l'ipotesi ad un livello di significatività inferiore all'1 %. Il modello teorico può essere rigettato.

La verifica del χ^2 si applica anche alle distribuzioni o densità di probabilità, come vedremo nel paragrafo seguente.

11.4 Verifica del χ^2 per le distribuzioni: gaussiana

La verifica del χ^2 si effettua anche per le distribuzioni o densità di probabilità. Siamo interessati a verificare, se la distribuzione gaussiana, assunta per una serie di misure ripetute, sia appropriata per tutti i dati osservati. Si dovrebbe quindi fare una verifica di significatività per ognuno degli n dati, che per grandi campioni sarebbero oltre trenta ($n > 30$), percui risulterebbe piuttosto tediosa e artificiosa.

Consideriamo a livello didattico la distribuzione gaussiana, chiarendo da subito, che la descrizione vale per qualsiasi distribuzione di probabilità, rappresentabile su istogramma, come la discussione del χ^2, fatta per la regressione lineare, vale per qualsiasi relazione funzionale $y = f(x)$.

È improponibile fare la verifica per ogni singolo dato, dobbiamo quindi trovare un modo di raggruppare i dati ed effettuare una verifica per gruppi.

Per questo l'organizzazione iniziale per istogrammi è un punto di partenza appropriato. Partiamo dai 50 dati del Probl. 5.6, dove si era ottenuto $\bar{x} = 8.00$ e $\sigma_x = 0.73$. Per semplicità di seguito omettiamo le unità di misura. Presentiamo i dati già ordinati per classi, dove x_k individua il valore centrale della classe k, $x_{k\,min}$ l'estremo inferiore ed $x_{k\,max}$ l'estremo superiore della stessa classe.

Con O_k (i noti n_k del Cap. 5) si indicano le occorrenze (il numero di eventi osservati nell'intervallo $[x_{k\,min}, x_{k\,max}]$) della corrispondente classe k.

Abbiamo assunto che i dati seguissero una densità di probabilità gaussiana: alle densità di frequenza f_k, riportate in Fig 11.3, abbiamo sovrapposto la densità di probabilità gaussiana $G_{X,\sigma}(x)$, ottenuta dalle migliori stime dei parametri $X = \bar{x}$ e $\sigma = \sigma_x$. *Questo è però solo un confronto qualitativo.*

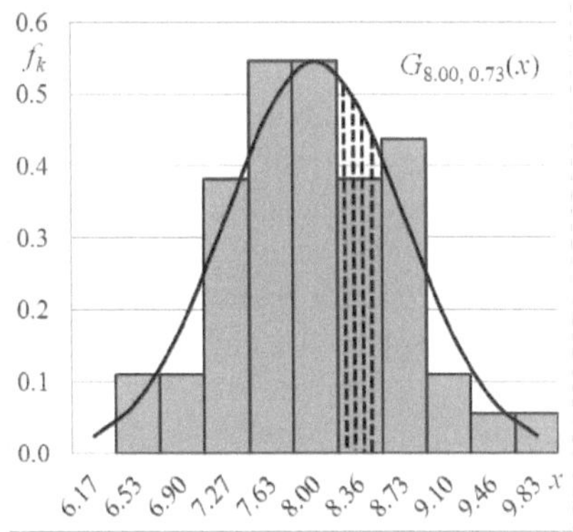

Figura 11.3 Istogramma dei dati del problema 5.6 e sovrapposizione della gaussiana $G_{8.00,\,0.73}(x)$, ottenuta da $X = \bar{x} = 8.00$ mm e $\sigma = \sigma_x = 0.73$ mm.

Vogliamo *confrontare quantitativamente* per gruppi (classi) il *numero di eventi osservati* (O_k) con gli *eventi, che ci aspettiamo* nel caso della distribuzione scelta. In questo caso abbiamo scelto la *gaussiana* suddetta.

Dalla densità di probabilità gaussiana possiamo ottenere il *numero di eventi aspettati*, che indichiamo E_k, per ogni classe k. Gli E_k si calcolano dal prodotto

Tabella 11.2 Dati del Probl. 5.6, ordinati per classi, per fornire un istogramma centrato sulla centralità stimata con $\bar{x}=8.00$: in 1^a colonna – numero sequenziale delle classi k, in 2^a – valore centrale di ogni classe x_k, in 3^a e 4^a rispettivamente – estremo inferiore della classe e corrispondente (z), in 5^a e 6^a rispettivamente – estremo superiore della classe e corrispondente (z), in 7^a – occorrenze O_k

classe k	x_k	$x_{k\,min}$ ($z_{k\,min}$)	$x_{k\,max}$ ($z_{k\,max}$)	O_k
1	6.53	$-\infty$ ($-\infty$)	6.72 (-1.75)	2
2	6.90	6.72 (-1.75)	7.08 (-1.25)	2
3	7.27	7.08 (-1.25)	7.45 (-0.75)	7
4	7.63	7.45 (-0.75)	7.81 (-0.25)	10
5	8.00	7.81 (-0.25)	8.18 (+0.25)	10
6	8.36	8.18 (+0.25)	8.55 (+0.75)	7
7	8.73	8.55 (+0.75)	8.91 (+1.25)	8
8	9.10	8.91 (+1.25)	9.28 (+1.75)	2
9	9.46	9.28 (+1.75)	$+\infty$ ($+\infty$)	2

nP_k. La probabilità P_k (p.e. in Fig. 11.3 l'area indicata con linee tratteggiate per la sesta classe in Tabella 11.4) si ottiene dalla tabella dell'integrale normale in App. A. Per la classe $k = 6$ si ha $E_6 = nP(x_{6\,min} \leq x \leq x_{6\,max})$, dove dalle corrispondenti variabili standardizzate $P(0.25 \leq z \leq 0.75) = P(0 \leq z \leq 0.75) - P(0 \leq z \leq 0.25) = 0.2734 - 0.0987 = 0.1747$, per la classe 6 si ha che $E_6 = nP_6 = 50 \times 0.1747 = 8.735$.

Quindi dalla Tabella 11.4 dobbiamo così calcolare gli E_k per ogni classe. Facciamo il calcolo per le classi dalla sesta alla nona, in quanto immediatamente deducibile dalla tabella dell'integrale normale e, dato che la gaussiana è una curva simmetrica, si ha che i risultati delle P_k, e quindi gli E_k, sono gli stessi per le classi che vanno simmetricamente dalla quarta alla prima.

Per la classe centrale ($k = 5$) si calcola P_5 come il doppio dell'integrale per z da 0 a 0.25.

In Tabella 11.3 riordiniamo tali calcoli. Il numero totale degli eventi osservati O_k deve essere n, mentre il numero di eventi aspettati E_k, frutto di un calcolo, saranno circa n, a seconda dell'approssimazione applicata. La verifica degli O_k permette di controllare che siano stati contati tutti i dati. Ci aspettiamo, nel caso che la distribuzione scelta sia appropriata ai nostri dati, che la differenza ($O_k - E_k$) sia minima, rispetto sempre all'incertezza sul numero di E_k aspettati.

Dato che l'operazione è contare il numero di eventi, anticipiamo che in *caso di conteggi* la *distribuzione* di probabilità per tali variabili è la *poissoniana*. Tale distribuzione permette di fornire l'*incertezza sui conteggi* attesi pari a $\sqrt{E_k}$.

Tabella 11.3 Calcolo degli E_k: le classi dalla sesta alla nona, sono simmetriche con quelle dalla quarta alla prima, la classe centrale è calcolata come il doppio da $z = 0$ a $z = 0.25$ (Per problemi di spazio abbiamo scritto $P(0 \leq z_{k...})$ intendendo $P(0 \leq z \leq z_{k...})$), nei casi in cui sono negativi abbiamo usato $|z_{k...}|$

k	O_k	$z_{k\ min}$	$z_{k\ max}$	$P(0 \leq |z_{k\ min}|)$	$P(0 \leq |z_{k\ max}|)$	P_k	E_k
$1 \equiv 9$	2	$-\infty$	-1.75	0.5	0.4599	0.0401	2.01
$2 \equiv 8$	2	-1.75	-1.25	0.4599	0.3944	0.0655	3.28
$3 \equiv 7$	7	-1.25	-0.75	0.3944	0.2734	0.121	6.05
$4 \equiv 6$	10	-0.75	-0.25	0.2734	0.0987	0.1747	8.74
				$P(0 \leq |z_{k\ min}|)$	$P(0 \leq z_{k\ max})$		
5	10	-0.25	0.25	0.0987	0.0987	0.1974	9.87
				$P(0 \leq z_{k\ min})$	$P(0 \leq z_{k\ max})$		
6	7	0.25	0.75	0.0987	0.2734	0.1747	8.74
7	8	0.75	1.25	0.2734	0.3944	0.121	6.05
8	2	1.25	1.75	0.3944	0.4599	0.0655	3.28
9	2	1.75	∞	0.4599	0.5	0.0401	2.01

Quindi per ogni classe k ci si aspetterebbe che $\chi_k = (O_k - E_k)/\sqrt{E_k}$ "grossolanamente" :

$$\forall k : \quad \left(\frac{O_k - E_k}{\sqrt{E_k}} \right)^2 \leq 1.$$

Chiameremo χ^2 nel caso delle distribuzioni di probabilità quanto segue:

$$\chi^2 = \sum_{i=1}^{n_{classi}} \chi_k^2 = \sum_{i=1}^{n_{classi}} \frac{(O_k - E_k)^2}{E_k}. \tag{11.10}$$

Si osservi come l'*estremo superiore della sommatoria è* n_{classi}. Assunta una densità di probabilità, si può calcolare la probabilità corrispondente ad una determinata classe, ed ottenere il numero di eventi aspettati $E_k = nP_k$.

Un *teorema fondamentale* della statistica [16], afferma che la quantità nella (11.10) segue la densità di probabilità del χ^2 della (11.8), se sono soddisfatte le seguenti condizioni.

Teorema della somma di Pearson:

In un istogramma di un numero n_{classi} di classi, costruito da un campione casuale di n dati e avente probabilità vera P_k in ogni classe, la quantità:

$$Q = \sum_{k=1}^{n_{classi}} \left(\frac{O_k - nP_k}{\sqrt{nP_k}} \right)^2,$$

dove la $\sum_{k=1}^{n_{classi}} O_k = n$ e O_k sono il numero di eventi osservati per la classe corrispondente k, tende ad avere, per $n \to \infty$, la densità di probabilità χ^2 espressa nella (11.8) con "$n_{classi} - 1$" gradi di libertà.

Questo teorema è la chiave di volta per la verifica del χ^2 per le distribuzioni di probabilità e può essere applicato con *ottima approssimazione* a *partire da un numero* di $E_k = nP_k > 10$, per ogni classe.

Per un corso del primo anno, possiamo applicare *uno sconto*, per discutere comunque il χ^2 anche nel caso in cui non sia possibile ottenere troppi dati, o per economia di tempo (per esempio per la prova d'esame pratico), o come nel caso riportato qui ai fini didattici, per non essere troppo dispersivi.

In tale caso si può applicare tale verifica per un numero minimo di E_k pari a 5.

Tale limite è l'estremo inferiore, e si può giustificare empiricamente, imponendo che ci siano almeno due O_k osservati (vogliamo essere sicuri di contare qualcosa, uno sarebbe riduttivo).

Dato che ci aspettiamo, per le operazioni di conteggi, che al peggio si avrebbe come minimo $O_k = E_k - \sqrt{E_k}$, richiedendo che $E_k - \sqrt{E_k} > 2$, si osserva che la soluzione è $E_k > 4$ e visto che parliamo di conteggi (numeri interi) quindi $E_k \geq 5$.

Il teorema della somma di Pearson va adattato al tipo di densità di probabilità "stimata" con i dati disponibili, mentre il teorema parla di probabilità " vera" (ideale).

Noi facciamo una stima di tale probabilità e quindi abbiamo ulteriori vincoli statisti da considerare.

Nel caso in cui P_k sia stimata mediante l'utilizzo dei dati, i gradi di libertà risulteranno ridotti del numero di vincoli.

Il modo migliore per affrontare la questione è partire dalla formula del χ^2 espressa nella (11.10) per le distribuzioni e considerarne il suo valore medio:

$$\overline{\chi}^2 = \sum_{i=1}^{n_{classi}} \chi_k^2 \Bigg/ n_{classi} = \sum_{i=1}^{n_{classi}} \frac{(O_k - E_k)^2}{E_k} \Bigg/ n_{classi} \tag{11.11}$$

Si osservi cosa è presente nella formula e cosa serve per calcolare il χ^2.

Si ha che l'estremo della sommatoria è n_{classi}, per la media in statistica dobbiamo dividere non per n_{classi}, ma per i gradi di libertà.

Esplicitiamo $E_k = nP_k$, per calcolare E_k, abbiamo già bisogno di qualcosa: di n, che non compare nell'equazione (11.11).

Il valore n da usare si ricava dagli O_k, quindi dai dati, $n = \sum_k O_k$, un *primo vincolo statistico*.

Questo spiega, perché nel teorema si afferma che la quantità Q tende al χ^2 con "$n_{classi} - 1$" gradi di libertà.

Il teorema parla di probabilità "vera", intesa come curva ideale alla quale tenderebbe Q all'aumentare di n.

Noi stimiamo tale curva partendo dai dati sperimentali, quindi avremo altri vincoli, a seconda del numero di parametri, stimati grazie ai dati disponibili, che ci servono per definirla. Finora la trattazione quindi comprende qualsiasi tipo di distribuzione, ora andiamo nel dettaglio di quella gaussiana.

Per la gaussiana i parametri necessari sono due X vero e σ vera e sono stimati da $X_{ms} = \bar{x}$ e $\sigma_{ms} = \sigma_x$, utilizzando i dati sperimentali, il primo dalla media degli x_i, il secondo dagli scarti quadratici medi. Quindi nel caso di una gaussiana si hanno *altri due vincoli statistici*. Possiamo così fornire il valore medio (statistico) dei χ^2_k, che chiamiamo ancora chi–quadro–ridotto ed usiamo il simbolo $\tilde{\chi}^2$:

Per una distribuzione gaussiana il *chi–quadro–ridotto – $\tilde{\chi}^2$ –* risulta:

$$\tilde{\chi}^2 = \frac{\chi^2}{d} = \sum_{k=1}^{n_{classi}} \left(\frac{O_k - nP_k(\overline{x}, \sigma_x)}{\sqrt{nP_k(\overline{x}, \sigma_x)}} \right)^2 \bigg/ (n_{classi} - 3) \ ,$$

dove si è esplicitato, che P_k è ottenuta dai parametri $\overline{x}$ e σ_x.

Questo approccio è utile per arrivare a spiegare il χ^2, ma stabilite le condizioni, dobbiamo partire da queste per il calcolo pratico.

La verifica del χ^2 per la gaussiana in pratica

Siamo partiti, per spiegare la verifica del χ^2, dai dati rilevati e, per avere una visione grafica, mediante un istogramma.

L'approccio didattico per la costruzione dell'istogramma è stato partire dal valore centrale, ed usare la deviazione standard, o sottomultipli di essa, per costruire le classi. Sui valori centrali delle classi abbiamo calcolato la gaussiana da sovrapporre all'istogramma delle densità di frequenza.

Per la verifica del χ^2 si può operare a posteriori, partendo da quanto imposto dal teorema della somma di Pearson, e procedere nel modo seguente.

Ci proponiamo di misurare una grandezza, che presenta per ogni misura valori diversi. Vogliamo verificare se la variabile misurata è gaussiana, per poter abbattere l'incertezza casuale. Sappiamo che per poter verificare, che sia gaussiana, per il teorema della somma si Pearson, dovremmo avere almeno dieci *valori aspettati* per classe $E_k > 10$, e dato che il $\tilde{\chi}^2 = \chi^2/d$, $d = n_{classi} - c$, con $c = 3$ per una gaussiana. Limitarsi al minimo di classi (più di tre) è riduttivo. Per una maggiore risoluzione sulla distribuzione dei dati sarebbe utile *considerare almeno sei classi per una gaussiana*. Per il teorema di Pearson allora dovremmo avere più di 60 dati, per fare la verifica, che veramente la nostra variabile sia gaussiana.

Dato che gli eventi risultano meno probabili sulle code, conviene quindi partire dallo stabilire l'intervallo in z, partendo proprio da qui, da ∞, fino ad una opportuna z per avere sulla coda $nP > 10$, eppoi spostarsi verso il valore centrale.

Tale procedimento è indicato in Fig. 11.4. Fissata tale z (z_{min} 1^a operazione), a scalare si trova la z (z_{min} 2^a operazione) successiva verso la centralità, sempre nei limiti del teorema della somma di Pearson come 2^a operazione), e via di seguito.

Le classi nell'intervallo $(-\infty, 0]$ sono simmetriche, rispetto a $z = 0$, a quelle ottenute per l'intervallo $[0, \infty)$.

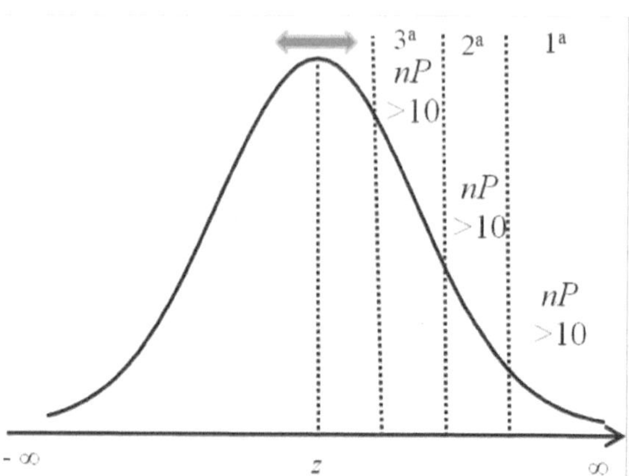

Figura 11.4 Sequenze dell'organizzazione delle classi per la verifica del χ^2. La prima linea tratteggia a destra delimita la 1^a operazione da effettuare sulla coda, partendo da $+\infty$, per trovare z_{min} per avere almeno dieci E_k, poi a scalare trovare le variabili z, che soddisfino sempre le condizione del teorema della somma di Pearson. La doppia freccia indica, che per simmetria, quanto calcolato da $z = 0$ a ∞, vale da $z = 0$ a $-\infty$.

Dalla variabili standardizzate così ottenute si calcolano i corrispondenti valori x degli intervalli delle classi e si conta il numero di eventi all'interno dell'intervallo di ogni classe.

Può succedere, che qualche dato sia proprio uguale ad un valore x di delimitazione di una classe, in tal caso si conta mezzo valore per le due classi adiacenti. Individuate le classi sulla base delle condizioni di E_k e contati gli O_k corrispondenti, si calcolano i rispettivi χ_k^2, la cui sommatoria fornisce il χ_O^2.

Nel caso che i dati siano meno di 60, è opportuno scegliere in modo appropriato le classi, per avere gli E_k sufficienti per ogni classe.

Abbiamo visto che per numeri inferiori, possiamo tollerare la verifica limitandoci ad almeno cinque dati per classe, ma solo per licenza didattica.

Per esempio se si avessero 45 dati si potrebbero costruire almeno 6 classi con numero di dati attesi per classe 7.5. Oppure costruire le due classi relative alle due code con almeno 5 valori attesi, eppoi distribuire i rimanenti alle altre quattro, con 8.75 valori attesi.

Per aiutare gli studenti a organizzare operativamente i dati, forniamo come costruire la Tabella 11.4 per l'esempio utilizzato, ribadendo che stiamo utilizzando una *procedura scontata per licenza didattica*, infatti *solo due classi soddisfano le condizione del teorema della somma di Pearson*.

Nella 2^a colonna sono riportati gli E_k richiesti, sulla base dei quali in 3^a colonna si riportano le probabilità richieste, da trovare operativamente nella tabella dell'integrale normale (App. A) per individuare i corrispondenti z_{min} 4^a colonna e z_{max} 5^a colonna. Trovati z_{min} e z_{max} si riportano P_k ottenute dalla tabella dell'integrale normale e le E_k calcolate da queste, rispettivamente 6^a e 7ª colonna. Per le classi simmetriche non è stato riportato nulla nelle colonne 2, 3, 4 e 5, in quanto deducibili dalla simmetria della gaussiana. Invece si riportano E_k calcolati e le z_{min} e z_{max} in quanto necessarie per calcolare x_{min} e x_{max} e contare così gli O_k negli intervalli individuati. Dagli E_k calcolati in 7ª colonna e gli O_k contati in 12ª colonna possiamo calcolare i χ_k^2,

Tabella 11.4 Procedimento per il calcolo del χ^2, si parte dalla coda più a destra della gaussiana e si arriva fino a $z = 0$ (rispetto a $z = 0$ la curva di Gauss è simmetrica, percui si ottengono immediatamente le classi per le $z < 0$), si ricavano poi gli intervalli in x corrispondenti e si contano gli O_k

| | Richiesti | | $P\,(z=0$ | | Calcolati | | Conteggio degli O_k | | | | | |
k	E_k	P_k	$z_{min})$	$z_{max})$	P_k	E_k	z_{min}	z_{max}	x_{min}	x_{max}	O_k	χ_k^2
1	5	0.1	0.4015	0.500	0.0985	4.93	1.29	∞	8.94	∞	4	0.18
2	10	0.2	0.2019	0.4015	0.1996	9.98	0.53	1.29	8.39	8.9	13	0.92
3	10	0.2	0	0.2019	0.2019	10.10	0	0.53	8.00	8.39	7	0.95
Classi simmetriche rispetto alla centralità												
$4 \equiv 3$						10.10	-0.53	0	7.61	8.00	9	0.12
$5 \equiv 2$						9.98	-1.29	-0.53	7.05	7.61	13	0.92
$6 \equiv 1$						4.93	-1.29	$-\infty$	7.05	$-\infty$	4	0.18

Si ottiene per il χ_O^2 dei dati in tabella 3.27 e per χ_O^2-ridotto:

$$\tilde{\chi}_O^2 = \frac{3.27}{6-3} = 1.09.$$

Sulla tabella di $P(\tilde{\chi}^2 \geq \tilde{\chi}_O^2)$ in App. C si osserva che il $\tilde{\chi}_O^2 = 1.09$ osservato, sulla riga corrispondente a $d = 3$ si colloca tra i due valori 1.37 e 0.79, e risalendo lungo le colonne si hanno le probabilità 0.25 e 0.50 di ottenere un $\tilde{\chi}^2$ maggiore della $\tilde{\chi}_O^2$. La probabilità è maggiore del 25 % > del livello di significatività del 5 %. Pertanto la verifica non risulta significativa e non possiamo rigettare l'ipotesi.

La distribuzione gaussiana è appropriata per i dati osservati.

11.5 Verifica χ^2: conseguenze sulla stima dell'incertezza

Consideriamo le conseguenze delle verifiche del χ^2 sulle incertezze. Per affrontare questo argomento, continuiamo con le misure ripetute di una grandezza, per la quale abbiamo assunto una distribuzione di Gauss, e consideriamo che la variabile x ovviamente abbia anche un'incertezza di lettura ε_x.

In seguito affronteremo anche il caso delle relazioni funzionali.

Conseguenze delle verifica nel caso di una gaussiana

Se si osservano delle variazioni statistiche, acquisiamo una serie di dati, per applicare la verifica sarebbero necessari almeno 60 dati, tali da permettere di avere almeno sei classi con dieci E_k.

L'approccio statistico, permette di ottenere $X_{ms} = \bar{x}$ e $\sigma_{ms} = \sigma_x$. La verifica del χ^2_d permetterà di rigettare (o accettare) l'ipotesi, che la distribuzione gaussiana, assunta, sia appropriata per la serie di dati ottenuti.

1. Se il livello di significatività della verifica è minore dell' 1 %, il campione è *altamente significativo*, possiamo rigettare l'ipotesi, che la distribuzione gaussiana sia appropriata per il campione.
2. Se il livello di significatività risulta maggiore del 5 %, possiamo avere fiducia di aver accettato un'ipotesi giusta in un intervallo di fiducia del 95 %, la gaussiana è appropriata per il campione di dati.
3. Se il livello di significatività risulta compreso tra 1 % 5 % il campione è solo probabilmente significativo e si consiglia di approfondire l'indagine sperimentale.

Dal punto di vista statistico sappiamo che la zona intermedia, del livello di significatività del 5 % richiederebbe ulteriori approfondimenti. Per un'economia di studio del laboratorio del primo anno, accetteremo, anche, con una certa riserva, l'ipotesi a partire da un livello di significatività maggiore dell'1 %.

Le conseguenze per la propagazione delle incertezze, se si verifica il caso 1 (*rigetto dell'ipotesi*), sono che *non possiamo utilizzare* come *incertezza casuale* la *deviazione standard della media*. Risulta comunque una *buona stima dell'incertezza casuale* la *deviazione standard del campione σ_x*.

Se invece è verificato il caso 2 (scontato per il primo anno a partire da una valore maggiore dell'1 %), utilizzeremo come *incertezza casuale* la *deviazione standard della media $\sigma_x/\sqrt{n}$*

Sia nel primo caso che nel secondo caso l'incertezza totale della misura diretta sarà data dalla somma in quadratura delle incertezze sistematiche e quella casuale.

Consideriamo di non avere incertezze di accuratezza, o anche se ci fossero, come visto, sappiamo di poterle riconsiderare a posteriori, ed usiamo solo le incertezze sistematiche di lettura ε_x:

$$1° \text{ caso} : x \text{ non gaussiana} \quad \delta x = \sqrt{\sigma_x^2 + \varepsilon_x^2/3},$$
$$2° \text{ caso} : x \quad\;\; \text{gaussiana} \quad \delta x = \sqrt{\sigma_x^2/n + \varepsilon_x^2/3}.$$

Ovviamente nel caso che l'obiettivo sia fornire semplicemente la misura diretta, potremmo anche fornire le due incertezze separatamente.

L'incertezza δx utilizzata per verifiche di significatività (anche se espresso sopra come incertezza totale, per evitare confusione nell'utilizzo di un'altro simbolo σ), è da considerarsi statistica.

L'incertezza δx, se da utilizzarsi in una successiva propagazione delle incertezze, per il teorema del limite centrale, va sommata con le varianze delle altre grandezze in gioco, se indipendenti in quadratura, se correlate, invece linearmente, e infine la grandezza derivata va considerata gaussiana, per l'eventuale verifica di significatività o per la presentazione di una misura finale.

Conseguenze delle verifica nel caso di una relazione funzionale

Nel caso delle relazioni funzionali, il percorso da seguire risulta più tortuoso, in quanto le misure si ottengono indirettamente dalle coppie dei dati, per cui sono già un risultato della propagazione delle incertezze, la distinzione tra incertezza casuale ed incertezza di lettura può essere diretta sulle variabili indipendenti, ma poi va "propagata" sulla variabile dipendente.

L'analisi, che ha condotto alle regole da utilizzare, aveva come premessa, che le variabili fossero casuali, quindi il risultato della verifica è per la parte casuale dell'incertezza, alla fine si dovrà recuperare come si propaga l'errore sistematico, espresso comunque in forma di varianza per uniformità con l'intervallo previsionale.

In ogni caso le conclusioni della verifica del χ^2 permetto di dire che:

1. se il livello di significatività della verifica è minore dell' 1 %, possiamo rigettare l'ipotesi, che la relazione funzionale sia in accordo con i dati sperimentali.
2. Se il livello di significatività risulta maggiore del 5 %, possiamo avere fiducia, che la relazione funzionale sia in accordo con i dati.
3. Se il livello di significatività è compreso tra 1 % e 5 %, il campione è probabilmente significativo, va approfondita l'indagine sperimentale o l'analisi.

Anche per questo caso vale la questione della zona intermedia (terzo punto), per un corso preliminare accetteremo l'ipotesi.

Le conseguenze per la propagazione delle incertezze, se si verifica il caso 1, *rigetto dell'ipotesi*, sono che *non possiamo utilizzare la relazione funzionale* come appropriata per i nostri dati, quindi si *dovrebbe cercare un'altra relazione*, o approfondire l'indagine sperimentale e/o l'analisi.

Se invece si è verificato il caso 2 *accettiamo l'ipotesi* e possiamo utilizzare come incertezza statistica la deviazione standard della retta teorica (in generale legge teorica) σ_Y:

$$\text{la legge è appropriata } \delta Y = \sqrt{\sigma_Y^2 + \varepsilon_y^2/3}$$

Abbiamo indicato, come nel Cap. 9 con δY l'incertezza, che si deduce alla fine di tutta l'analisi, dopo la verifica del χ^2 (per il quale si devono invece usare δy_i), da usare nelle formule di stima delle incertezze sui parametri o su un valore y di interpolazione. Per gli ε_y dovremmo chiarire ancora che, se le incertezze di lettura fossero tutte uguali, non avremmo problemi, se invece sono diverse si dovrebbe applicare il metodo dei minimi quadrati pesati per dedurre le incertezze, se non trascurabili rispetto a σ_Y. Potremmo ai fini di facilitare i calcoli agli studenti, concedere uno sconto per chi è al primo approccio, utilizzando il valore medio $\varepsilon_y = \overline{\varepsilon_y}$, ovviamente è una scorciatoia, ma sicuramente più corretta del considerare le sole incertezze dedotte dall'analisi sulla retta dei minimi quadrati.

Ovviamente rimane la condizione conservativa della semplice propagazione delle incertezze, espressa nel Par. 9.3, o per il caso pesato nel Par. 9.5, e la considerazione della verifica del χ^2, che la legge è appropriata per i dati osservati.

In ogni caso se assegniamo a δY la caratteristica di essere quanto meglio stimabile dopo l'accettazione della legge, avremmo

$$\delta A = \delta Y \sqrt{\frac{\sum x^2}{\Delta}},$$

$$\delta B = \delta Y \sqrt{\frac{N}{\Delta}}.$$

Dove δ assume sempre l'aspetto di un'incertezza, che individua una variabile di tipo gaussiano.

Scappatoie operative per apprendisti e per necessità

In un laboratorio del primo anno, per inesperienza e/o poco tempo per prendere confidenza con gli apparati, può capitare di dover rigettare la legge fisica attesa, ma bisogna comunque fornire un risultato.

Cosa che può capitare anche nell'esperienza di laboratorio di ricerca, nei casi in cui non si abbia la possibilità di approfondire ulteriormente l'indagine, ma serve una curva per esempio di calibrazione.

Si immagini di avere pochi dati come in Fig. 11.1, e per la verifica, effettuata di dovere rigettare l'ipotesi. In questo caso si osserva che la σ_Y risulta maggiore in media dei δy_i. Semplifichiamo per questioni di calcolo, prendendo il valore medio $\overline{\delta y}$ delle incertezze.

Si può verificare anche graficamente, che possiamo utilizzare:

$$\text{la legge è inappropriata:}$$
$$\delta Y = \sqrt{\sigma_Y^2 + (\overline{\delta y})^2} \text{ per le stime,}$$

In questo caso, visto che è una stima grossolana, non mi preoccuperei più di tanto, ed userei per δy la media degli eventuali δy_i.

Ovviamente l'incertezza δY risulterà superiore, che nel caso in cui si verifichi che la legge è appropriata, ma permette allo studente alle prime armi di confrontarsi con la teoria delle incertezze e con l'obiettivo principale di un corso di introduzione al laboratorio che è *fornire una misura*.

L'importante è capire che se consideriamo le due rette, individuate da $Y + \delta Y$ e $Y - \delta Y$, possiamo fornire la probabilità di ottenere un risultato y, all'interno della regione individuata da queste, pari al 68 %, dei punti e delle incertezze sui punti in entrambi i casi.

Quindi in conformità con quanto esprimiamo con la misura in fisica.

Nel caso si sia limitato lo studio alla verifica di una legge attesa, quindi non si vada alla ricerca della legge adeguata, e si debba fornire una stima della misura di qualche grandezza, si devono osservare con attenzione le incertezze σ_Y, deviazione standard della curva teorica, e $\overline{\delta y}$, il valore medio delle incertezza totali sulle singole y_i ovvero la media delle δy_i.

Ovviamente nel primo caso si dovrebbe trovare la relazione funzionale, che meglio descriva i dati sperimentali, e quindi abbattere l'errore casuale.

In caso di necessità, pigrizia, sconti al primo anno, o in cui si deve comunque fornire una stima, possiamo percorrere questa scorciatoia, ma con l'obiettivo di fornire comunque un risultato appropriato per i dati osservati.

Problemi

11.1. Per i dati riportati nel Probl. 9.3, relativi al periodo del pendolo T e la lunghezza della corda l, effettuare la verifica del χ^2 per il caso $T = T(l)$ e per il caso $T = T(\sqrt{l})$), con i coefficienti dedotti mediante il metodo dei minimi quadrati.

Fare la verifica di significatività del χ^2 per le due leggi e fornire la fiducia per la relazione, che si accorda ai dati sperimentali. Trovata la legge appropriata, fornire la misura di g e fare la verifica di significatività con il valore atteso $g = 9.81$ m s^{-2}.

11.2. Per i dati relativi alla legge di Hooke (Probl. 6.6), si faccia la verifica del χ^2 per la legge attesa e si fornisca la misura di k, si faccia successivamente la verifica di significatività per il valore atteso $k_{att} = 920$ N m^{-1}.

11.3. Per calibrare una termocoppia, si misura la forza elettromotrice *fem* ai capi di due giunzioni, una immersa in un bagno d'acqua (termostatato), di cui si misura la temperatura T, e l'altra immersa nel ghiaccio fondente (0 °C). La forza elettromotrice è funzione della differenza di temperatura tra giunzione calda ($T_c = T$) e giunzione fredda ($T_f = 0$), percui in questo caso $T_c - T_f = T_c = T$.

T [°C]	33.5	42.1	51.5	61.0	73.0	81.4	91.4
fem [mV]	1.30	1.70	2.10	2.50	2.90	3.40	3.80

Trovare la relazione funzionale del tipo $y = A + Bx$ di $fem = fem(T)$, con il MMQ, fornire il coefficiente di correlazione r, e fate la verifica del χ^2. Verificare con il foglio di calcolo elettronico o con la calcolatrice, se ottenete gli stessi risultati per A e B e per r.

Trovare, con l'aiuto di un foglio elettronico o calcolatrice, la regressione polinomiale di grado 2 del tipo $y = c_0 + c_1 x + c_2 x^2$ con relativo coefficiente di correlazione. Effettuare la verifica del χ^2 per la relazione funzionale ottenuta.

Nel riferimento [7] sono disponibili le calibrazioni (con polinomi di ordine 10) per le termocoppie. Limitiamoci ai soli primi tre coefficienti per $T=0-1372\ °C$: $c_0 = -1.760\,041\,368\,6\ 10^{-2}\ mV$, $c_1= 3.892\,120\,497\,5\ 10^{-2}\ mV\ °C^{-1}$ e $c_2= 1.855\,877\,003\,2\ 10^{-5}\ mV\ °C^{-2}$.

11.4. Nel caso della caduta di un grave si registrano i risultati riportati in Tabella 11.5, fare la verifica del χ^2 per una densità di probabilità gaussiana. Assumete

Tabella 11.5 Numero di impulsi rilevati durante la caduta di un grave

56 560	56 825	56 548	56 456	56 556	56 189	56 388
56 391	56 471	56 246	56 356	56 175	56 180	56 294
56 664	56 348	56 666	56 263	56 418	56 702	56 405
56 459	56 540	56 404	56 384	56 332	56 301	56 295
56 361	56 469	56 571	56 246	56 165	56 157	56 993
56 415	56 581	56 331	56 175	56 505	56 298	56 605
56 239	56 205	56 365	56 465	56 410	56 225	56 314
56 011	56 367	56 397	56 315	56 525	56 170	56 223
56 506	56 225	56 431	56 472	56 160	56 370	56 407
56 478	56 648	56 450	56 215	56 179	56 170	56 308

che il numero di impulsi al secondo siano $n_{un-centr}=100\,400$ impulsi s^{-1}, ottenuto come valore centrale su cinque misure, per le quali si abbia una dispersione $\Delta_{n_{un}}=$ 520 impulsi s^{-1}. L'altezza da cui cade il grave è 1 495 $\pm$ 2 mm, stimate l'accelerazione g dalla relazione $g = 2h/t^2$ (ipotesi rigettata ... si guardi il Probl. 11.6).

11.5. I dati discussi per la verifica sulla gaussiana nella parte teorica, le cui conclusioni sono nella Tabella 11.4 e $\lambda = 8.00 \pm 0.73$ mm, dove λ è la lunghezza d'onda per onde di pressione, sono ottenuti dalla differenza tra due massimi d'interferenza, $x_i - x_{i+1}$, misurati spostando un microfono, installato su un sistema, tipo nonio, che permette una risoluzione per la lettura di 1/10 mm [5].

Se tale differenza è $d = |x_i - x_{i+1}|$ (presa in valore assoluto) si ha $\lambda = 2d$. Sulla base della verifica del χ^2 per una gaussiana si fornisca l'incertezza totale su λ. Obiettivo dell'esperienza è la misura della velocità del suono in aria, $v_s = \lambda v$, dove v è la frequenza dell'onda acustica. Per evitare disturbi ai presenti in laboratorio, l'esperienza si effettua a frequenze ultrasoniche, alla frequenza misurata $v =$ 43.5 kHz. Da [7] si ha: $U.R. = 60\,\%$: $v_s = 344.238$ m s^{-1}. Verificare se questo valore è appropriato per i dati rilevati.

11.6. Nella misura di g mediante la tecnica della caduta di un grave, si osserva che il grave viene sganciato, rispetto all'attivazione del sistema cronometrico, con un certo ritardo. Per correggere tale errore di accuratezza, si rilevano i tempi di caduta del grave da varie altezze. Dai dati riportati nel Probl. 9.5, calibrare il sistema, deducendo t_0 dalla relazione $h = (1/2)g(t+t_0)^2$ (si linearizzi così $t = -t_0 + \sqrt{2/g}\sqrt{h}$), con il MMQ trovare la $y = A + Bx$, dove $y \equiv t$ e $x \equiv \sqrt{h}$. Fare la verifica del χ^2 per la legge e fornire t_0 e l'incertezza. Riconsiderare il Probl. 11.4, includendo l'errore di accuratezza, e rifare la verifica di significatività per g attesa.

12

Distribuzione binomiale

La distribuzione binomiale risulta interessante in quanto riguarda lo schema successo–insuccesso e può essere utilizzata per verifiche su attività produttive [16].

Dal punto di vista dell'analisi delle incertezze è importante, perché è alla base della teoria delle distribuzioni di probabilità. Si deduce da essa con semplicità la distribuzione di probabilità di Poisson, di notevole interesse per la fisica, ed in modo più articolato anche la densità di probabilità di Gauss [12].

Nell'ambito di questo capitolo si ricaveranno semplicemente alcune sue proprietà, che saranno poi necessarie per dedurre la poissoniana. Sarà utile per ribadire la distinzione tra probabilità classica e probabilità frequentista. Ed infine per applicare la verifica del χ^2.

Tale distribuzione richiede alcune premesse di calcolo combinatorio.

12.1 Probabilità nel gioco dei dadi

Lo schema *successo–insuccesso* ha diverse applicazioni pratiche concrete, per esempio sulla produzione di petardi si potrebbe studiare la probabilità, che i petardi esplodano (successo), oppure no (insuccesso). Si può anche studiare la probabilità, che un mozzo regga (successo) alla fatica, oppure no (insuccesso), o che un tipo di propaganda, o attività politica, abbia prodotto maggiori consensi (successo), oppure no (insuccesso), che un tipo di farmaco sia più efficace di un altro.

Lo spettro delle applicazioni è vario, nonostante lo schema sia semplice ed immediato, in quanto si collega direttamente al calcolo delle probabilità per i giochi, percui si possono fare delle verifiche sperimentali anche a casa per conto proprio.

Lo schema di base è che l'evento si avveri oppure no, e qui si esaurisce lo spazio degli eventi.

Un evento di questo tipo è detto bernoulliano (o binario) e viene definito tale, se ad ogni tentativo o prova può essere ottenuto solo uno dei due risultati successo o insuccesso. Un'altra condizione è che *le probabilità* di successo e insuccesso *non cambino* nel corso delle prove.

G. Ciullo, *Introduzione al Laboratorio di Fisica*, UNITEXT for Physics,
DOI: 10.1007/978-88-470-5656-5_12, © Springer-Verlag Italia 2014

Se indichiamo con E un evento qualsiasi e con p la probabilità, che si avveri, si ha $p = P(E)$. Dato che lo spazio degli eventi è composto da E ed il complementare di E, se etichettiamo con q la probabilità di insuccesso $q = P(\overline{E})$, si ha:

$$p + q = 1 \ .$$

Tale tipo di schema è riproducibile con facilità in molti giochi, la teoria delle probabilità prende il via proprio da tali variabili bernoulliane.

Prendiamo il caso di un dado, se per successo intendiamo ottenere il *sei*, etichettato s, l'insuccesso sarà *non–sei*, etichettato $\overline{s}$. Chiamato $\mathscr{S}$ lo spazio degli eventi, si ha:

$$P(\mathscr{S}) = P(s) + P(\overline{s}) = 1 \ .$$

Infatti nel caso del dado si ha $p = P(s) = 1/6$ e $q = P(\overline{s}) = 5/6$, che risulta pertanto una variabile bernoulliana, visto che $p + q = 1$.

Altra possibilità a portata di tutti, il lancio di una moneta. La probabilità di ottenere *testa* $P(T)$=1/2 e non testa $P(\overline{T}) = 1/2$, anche in questo caso $p + q = 1$ e la variabile *testa* (T) risulta una variabile bernoulliana.

La domanda che ci si pone è: nel caso di n prove qual è la probabilità di ottenere un numero v di successi (di *sei* o di *teste*)?

La probabilità di n lanci, consecutivi dello stesso oggetto, può essere vista anche come la probabilità di ottenere in un solo lancio di n oggetti un determinato numero di successi v e di conseguenza un numero di insuccessi, che risulterà $n - v$. Lo schema è praticamente lo stesso.

Partiamo da un esempio limitato di variabili bernoulliane per esempio lanci di tre dadi insieme.

Vogliamo contare il numero di *sei*, indichiamo con il carattere corsivo l'evento di ottenere *sei*. Il gioco può essere lanciare tre dadi insieme, o equivalentemente, se si ha un solo dado, lanciarlo consecutivamente tre volte, visto che ci si può confondere, di seguito per *prova* intenderemo in questo caso o il lancio di tre dadi, o ogni sequenza dei tre lanci dello stesso dado, per evitare l'equivoco tra lanci e prove.

Il numero di eventi favorevoli, il numero di *sei*, che potrebbero verificarsi per la prova (lancio di tre dadi insieme o tre lanci di uno stesso dado) sono rispettivamente nessuno, uno, due o tre *sei*.

Se *ripetiamo le prove* un numero di volte infinito e osserviamo le frequenze (approccio frequentista o a posteriori), per la legge dei grandi numeri le frequenze di nessuno, uno, due o tre *sei*, tendono alle probabilità (classica o a priori).

Questo è un esperimento semplice, che ci permette di calcolare la probabilità a priori e confrontare tale probabilità con il risultato a posteriori, nonché verificare se i dadi sono truccati.

Per ogni singolo dado, non truccato, la probabilità a priori di ottenere *sei* è il numero di eventi favorevoli diviso il numero di eventi possibili: $P(s) = 1/6$. Questo vale per il lancio simultaneo dei tre dadi, dato che rotolano indipendentemente, o per i tre lanci successivi dello stesso dado.

La probabilità di ottenere in una prova per i tre dadi tre *sei*, dato che gli eventi sono compatibili e stocasticamente indipendenti, sarà data dal prodotto delle probabilità delle tre variabili bernoulliane:

$$P(3 \; sei \; \text{su 3 dadi}) = \frac{1}{6}\frac{1}{6}\frac{1}{6} = \left(\frac{1}{6}\right)^3 \approx 0.00463 \; .$$

Supponiamo ora di voler calcolare la probabilità di ottenere due *sei*, senza preoccuparci dell'ordine con cui compaiono.

La *probabilità* di qualsiasi *configurazione* di due s e un $\bar{s}$ è $(1/6)^2(5/6)$, *indipendentemente dall'ordine di comparsa* dei *sei*.

Per calcolare la probabilità di ottenere due successi (due *sei*), bisogna tener conto, che tale risultato si può ottenere in vari *modi (o configurazioni)*. Quindi dovremmo *contare il numero di modi*, in cui potrebbero comparire due *sei*: $(s, \; s, \; \bar{s})$, $(\bar{s}, \; s, \; s)$ e $(s, \; \bar{s}, \; s)$. Quindi sono tre i modi possibili, pertanto la probabilità sarà data da:

$$P(2 \; sei \; \text{su 3 dadi}) = 3\left(\frac{1}{6}\right)^2 \frac{5}{6} = 0.0694 \; .$$

Per il caso di ottenere un *sei* in una prova del lancio di tre dadi (o equivalentemente di tre lanci dello stesso dado), la probabilità di qualsiasi configurazione 1 s e 2 $\bar{s}$ è $(1/6)(5/6)^2$. I modi possibili, in cui può comparire un *sei* in tre lanci, sono: $(\bar{s}, \; s, \; \bar{s})$, $(\bar{s}, \bar{s}, s)$ e $(s, \bar{s}, \bar{s})$, percui si ottiene:

$$P(1 \; sei \; \text{su 3 dadi}) = 3\frac{1}{6}\left(\frac{5}{6}\right)^2 = 0.347 \; .$$

Per la probabilità di ottenere nessun *sei*, abbiamo un solo modo $(\bar{s}, \bar{s}, \bar{s})$. Pertanto

$$P(\text{nessun} \; sei \; \text{su 3 dadi}) = \left(\frac{5}{6}\right)^3 = 0.579 \; .$$

Possiamo riportare su un istogramma la probabilità di ottenere $v = 0$, 1, 2 e 3 *sei* nel caso di prove con tre dadi, come in Fig. 12.1.

L'istogramma è a linee (rese un po' più spesse, perché siano visibili sul grafico), che coincidono con il singolo valore v, che è infatti una variabile discreta. Diversamente negli istogrammi delle densità di frequenza dei dati sperimentali, le variabili, che risultavano comprese in intervalli larghi, quanto la larghezza della classe, perché il valore corrispondente ad una data classe risulta compreso nell'intervallo individuato dal minimo e dal massimo della classe stessa, venivano riportate con barre contigue.

Sulle ordinate in Fig. 12.1 si ha la probabilità di ottenere v successi, probabilità a priori, quindi calcolata.

Siamo nel caso di *distribuzioni di probabilità* discrete. Per le gaussiane si parlava di densità di probabilità. Se organizziamo gli eventi delle prove sul lancio dei tre dadi, in gruppi a seconda del numero di v di successi ed etichettiamo A_o il sottospazio degli eventi, che ha come risultato zero (nessun) *sei* (contiene un elemento), A_1 il sottospazio degli eventi, che ha come risultato un *sei* (contiene tre elementi), A_2

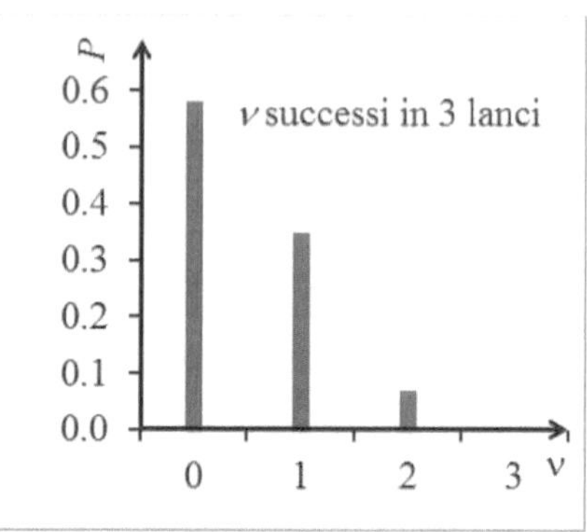

Figura 12.1 Distribuzione di probabilità per ν successi per prove con lancio di tre dadi o tre lanci di un dado.

il sottospazio degli eventi, che ha come risultato due *sei* (contiene tre elementi) ed infine il sottospazio A_3 il sottospazio degli eventi, che ha come risultato tre *sei* (che contiene un elemento), si può verificare l'assioma della certezza:

$$P(\bigcup_{i=0}^{3} A_i) = \sum_{i=0}^{3} P(A_i) = P(S) = 1 \ .$$

Infatti sommando le probabilità calcolate si ottiene uno.

Il calcolo della probabilità per prove con più variabili bernoulliane, relative allo schema successo–insuccesso, risulta percorribile, contando i modi come sopra, per un numero piccolo di elementi, dadi, o un numero piccolo di lanci consecutivi.

Per configurazioni con più elementi, risulta più complesso. Provate a calcolare in tale modo la probabilità di ottenere nel lancio di dieci dadi, $\nu = 5$ successi, cinque *sei* per esempio.

Oppurre in 200 lanci consecutivi di un dado, o il lancio di 200 dadi, la probabilità di ottenere trenta *sei*.

Dal punto di vista delle applicazioni, provate a verificare per un campione di 40 petardi, la probabilità di successo (esplosione). Prendete vari campioni di 40 petardi nel corso della produzione, per verificare se si ha un miglioramento o peggioramento, in caso di una modifica nel processo di fabbricazione.

Il problema è soprattutto *contare il numero di modi*, che è *argomento del calcolo combinatorio.*

12.2 Cenni sul calcolo combinatorio

Lo schema successo–insuccesso $(s, \bar{s})$ permette di studiare la probabilità dell'avverarsi (o no) di un evento, percui si abbia $p + q = 1$.

Conderiamo una sequenza di successi s per il dado di probabilità $p = 1/6$ (abbiamo usato il numero *sei*, perché ha l'iniziale di successo) ed insuccessi $\bar{s}$ di probabilità $q = 5/6$ del tipo:

$$\overbrace{\underbrace{s\,\bar{s}\,s\,\bar{s}\,s\,s\,\bar{s}\,s\,s\,\bar{s}\,s\,s}_{v\ \text{successi}}}^{n-v\ \text{insuccessi}}.$$

La probabilità per *ogni modo possibile* con v numero di successi di probabilità p, nel caso di n numero di variabili, quindi con $n - v$ numero di insuccessi di probabilità q, è data dalla relazione:

$$\text{per ogni configurazione}\quad p^v q^{n-v},$$

dato che tutte le singole variabili bernoulliane sono stocasticamente indipendenti.

Rimane da contare il numero di *modi*, con lo stesso numero di successi, *senza interessarsi all'ordine con cui compaiono*, quindi la seguente configurazione

$$s\,s\,\bar{s}\,s\,s\,\bar{s}\,s\,\bar{s}\,s\,\bar{s}\,s\,s$$

è da considerarsi equivalente a $s\ \bar{s}\ s\ \bar{s}\ s\ s\ \bar{s}\ s\ s\ \bar{s}\ s\ s$, dato che non distinguiamo l'ordine. Percui è da contare tra i modi di ottenere $v = 8\ s$ successi e $n - v = 4\ \bar{s}$ insuccessi.

Per contare tutti i modi serve il calcolo combinatorio.

Utilizziamo il seguente schema abbastanza pratico: quanti modi abbiamo di collocare v bilie (in fisica statistica o nella teoria cinetica dei gas sono particelle, atomi o molecole) in n buche (sono volumi) e supponiamo di voler mettere v bilie numerate, quindi *distinguibili* (*per ora*), in n buche, con $n > v$ (Fig. 12.2).

Ogni buca può contenere una sola bilia, riterremo successo s la buca occupata, insuccesso $\bar{s}$ la buca vuota.

Contiamo le varie possibilità di mettere le v bilie nelle n buche, per ora considerando anche l'ordine in cui compaiono: la prima bilia posso collocarla in una qualsiasi delle n buche quindi ho n possibilità.

Una volta collocata la prima, per la seconda bilia mi rimangono $n - 1$ possibilità, da moltiplicare con le precedenti n nel caso dei modi possibili di collocare due delle bilie disponibili, in n buche.

I modi, che rimangono per la terza bilia, sono $(n - 2)$, quindi avrò, se considero

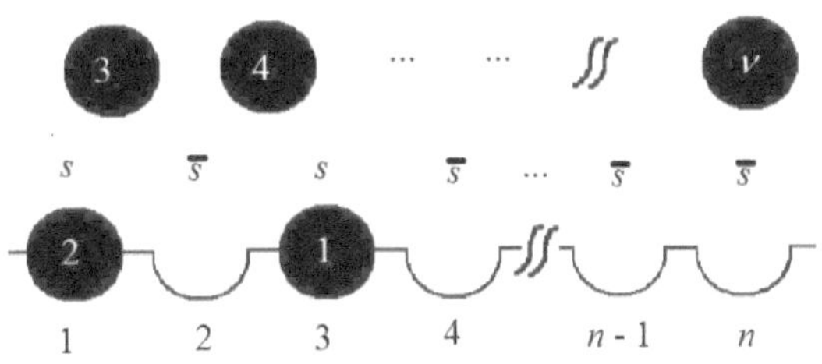

Figura 12.2 Modi di ordinare v distinguibili bilie in n buche ordinate.

i modi di ordinare tre bilie in n buche, $n(n-1)(n-2)$ modi. Per l'r-esima bilia moltiplicherò i modi ottenuti prima per $n-r+1$, fino alla v-esima bilia percui, moltiplicherò tutti modi precedenti per $n-v+1$, si ha:

$$n(n-1)(n-2) \cdots (n-v+1) \, . \tag{12.1}$$

Il numero di modi di collocare v oggetti in n postazioni è dato dalla (12.1), tenendo conto dell'ordine in cui compaiono, per questo sono state numerate anche le buche da uno ad n, a partire da sinistra, in cui si vengono a trovare le corrispondenti bilie distinguibili dal numero impresso sopra.

Tale relazione prende il nome di *Disposizioni di v oggetti in n collocazioni*.

Ovvero le disposizioni, indicate con $_n\mathscr{D}_v$, o anche come $\mathscr{D}_{n,v}$, di classe v di un insieme di n elementi.

Le disposizioni secondo la (12.1) possono intendersi anche i raggruppamenti di v elementi, tali che ogni raggruppamento differisca dagli altri per la natura (numero impresso sulla bilia) e per l'ordine degli elementi (posizione individuata dal numero della buca).

In questo ultimo caso da un gruppo di n elementi si formano gruppi di v oggetti, si pensi ai gruppi di v studenti in una classe di n, nei quali si distinguano le persone, che costituiscono il gruppo da v, e come sono ordinati, chi è il primo, il secondo e via di seguito.

Il numero di possibili ordinamenti, o nel secondo caso raggruppamenti, sono dati dalla (12.1).

Continuiamo con il modellino delle buche e delle bilie.

Se si avessero a disposizione n bilie, quale sarebbe il numero possibile di *disposizioni*?

In questo caso useremo lo stesso procedimento fino all'ultima bilia.

$$n(n-1)(n-2) \cdots (2)(1) = n!$$

Il numero di disposizioni di n oggetti ad n ad n, prende il nome di *permutazioni* di n oggetti, e si indica con il simbolo $\mathscr{P}_n$.

E se non siamo interessati all'ordine in cui compaiono le bilie? Che significherebbe che le bilie sono *indistinguibili*, non hanno numero impresso sopra e non distinguiamo l'ordine di occupazione delle buche.

Quale sarebbe il numero di configurazioni possibili?

Partiamo dal caso di n bilie in n buche, avremmo una sola possibilità, che si otterrebbe dividendo le disposizioni per il numero di permutazioni degli oggetti:

$$\text{modi per } n \text{ bilie indistinguibili in } n \text{ buche} : \frac{\mathscr{D}_{n,n}}{n!} \, .$$

Questa considerazione ci permette di arrivare alle disposizioni $\mathscr{D}_{n,v}$, dalla considerazione, che contiamo prima tutti i modi, come se avessimo n bilie, ma poi teniamo conto che abbiamo solo v bilie e quindi $n-v$ buche. Se consideriamo le buche indistinguibili, nelle disposizioni delle nostre v bilie, abbiamo contato le permutazioni di $n - v$ bilie in più.

Le buche rimaste vuote sarebbero $n - v$, sono quindi state considerate in $\mathscr{P}_n$, come ulteriori disposizioni delle bilie.

Si potrebbe riscrivere la (12.1), ovvero le disposizioni di n a v a v, come numero di tutte le permutazioni di n bilie, diviso il numero delle permutazioni delle buche, che rimarrebbero vuote $(n - v)!$, la (12.1) conferma formalmente quanto suddetto:

$$\mathscr{D}_{n,v} = n(n - 1)\,(n - 2)\cdots(n - v + 1) = \frac{\mathscr{P}_n}{\mathscr{P}_{n-v}} = \frac{n!}{(n - v)!} \, . \tag{12.2}$$

A questo punto possiamo fare un'altra considerazione. Si osservi che in (12.2) per le disposizioni $\mathscr{D}_{n,v}$ si ottiene sostituendo a $v = n$ la relazione $\mathscr{D}_{n,n} = \mathscr{P}_n = n!$.

Le formule devono essere valide per qualsiasi v, percui anche per $v = n$, quindi $n!/(n - v)!$ diventa $n!/(n - n)!$ ovvero $n!/0!$. Ma la (12.2) per $v = 0$ deve dare le permutazioni $n!$, pertanto si deve avere che $n!/0! = n!$. Ciò è possibile se e solo se $0! = 1$.

Se non importa l'ordine in cui si trovano le bilie nelle buche, quindi anche le bilie *siano indistinguibili*, allora posso ottenere il numero di possibili modi, per i quali non mi interessa l'ordine in cui le bilie occupano le buche (successi) e l'ordine delle buche vuote (insuccessi), dividendo ancora le disposizioni per le permutazioni delle v bilie (successi):

$$\frac{n!}{v!(n - v)!} \, . \tag{12.3}$$

Il numero dei modi espresso dalla (12.3) è detto *combinazioni* ed indicano il *numero di modi di disporre v di oggetti in n collocazioni*, per le quali *non è importante l'ordine* di collocazione, si indicano con ${}_n\mathscr{C}_v$, o anche $\mathscr{C}_{n,v}$, o $\binom{n}{v}$ detto anche *coefficiente binomiale*. Prende tale nome in quanto compare nello sviluppo di una potenza di un binomio:

$$(a + b)^n = \sum_{v=0}^{n} \binom{n}{v} a^v b^{n-v}. \tag{12.4}$$

Le combinazioni, date dalla (12.3), sono anche il numero di raggruppamenti di n oggetti a v a v, per i quali non è importante l'ordine in cui si presentano gli oggetti stessi.

Quindi abbiamo ottenuto una formula generale, che ci permette immediatamente di calcolare il numero di modi con uguale numero di successi, per i quali non siamo interessati all'ordine di comparizione.

Moltiplicando le combinazioni per la probabilità di una qualsiasi delle configurazioni, si ha quindi la *probabilità di ottenere v successi per n variabili bernoulliane*:

$$\mathscr{B}_{n,p}(v) = \frac{n!}{v!(n - v)!} p^v q^{n-v} \, , \tag{12.5}$$

detta per l'appunto *distribuzione binomiale*, in quanto compare il coefficiente binomiale presente nelle potenze di un binomio espresse secondo la (12.4).

Si verifichi che la distribuzione binomiale come presentata nella (12.5) fornisca i risultati, che si sono ottenuti per il caso del lancio di 3 dadi, ovvero si calcoli $\mathscr{B}_{3,1/6}(v)$ per $v = 0, 1, 2, 3$.

L'istogramma di questa distribuzione di probabilità è per l'appunto quanto riportato in Fig. 12.1.

12.3 Proprietà della distribuzione binomiale

La distribuzione binomiale è una distribuzione di probabilità ed, in quanto tale, deve soddisfare la legge di normalizzazione (assioma della certezza):

$$\sum_{v=0}^{n} \mathscr{B}_{n,p}(v) = 1.$$

Tale risultato si ottiene, dall'osservare, che la sommatoria non è altro che lo sviluppo del binomio $(p+q)^n$, dove per lo schema successo-insuccesso $p+q = 1$, pertanto per la (12.4) si ha che la distribuzione binomiale è normalizzata.

Si può calcolare il valore di aspettazione $E\{v\}$, ovvero il valore medio di successi atteso.

Intuitivamente per una variabile bernoulliana di probabilità p, nel caso di n variabili (si pensi al lancio consecutivo di n dadi e all'evento successo *sei*), ci si aspetta che il numero di successi sia in media np.

Tale risultato si ottiene, rigorosamente, dall'applicazione della speranza matematica di v nel caso della distribuzione binomiale:

$$E\{v\} = \sum_{v=0}^{n} v\,\mathscr{B}_{n,p}(v) \, .$$

Il primo termine della sommatoria si annulla in quanto $v = 0$. Percui la sommatoria parte da $v = 1$. Ritorniamo ad un indice della sommatoria, che riparta da zero, perciò cambiamo variabile, sostituendo a v una nuova variabile $r = v - 1$. L'estremo della sommatoria risulterà $n - 1$, sostituiamo $v = r + 1$ nei termini sotto sommatoria, portiamo fuori dal segno di sommatoria n e p , che non dipendono dall'indice di sommatoria r, ed otteniamo:

$$np \left[\sum_{r=0}^{n-1} \frac{(n-1)!}{r![(n-1)-r]!} \, p^r q^{(n-1)-r} \right] \, ,$$

che non è altro che $np[(p+q)^{n-1}]$ e dato che $[1]^{n-1} = 1$ si ha $\overline{v} = np$.

Per il calcolo della varianza (Probl. 12.5) si ottiene:

$$Var\{v\} = \sum_{v=0}^{n} (v - \overline{v})^2 \mathscr{B}_{n,p}(v) = np(1 - p) = npq \, ,$$

da cui deduciamo la deviazione standard:

$$\sigma_v = \sqrt{Var\{v\}} = \sqrt{npq} \ .$$

La distribuzione binomiale risulta asimmetrica, tranne nel caso in cui la probabilità $p = q$, ma dato che $p+q = 1$, quindi per $p = q = 1/2$, in caso per esempio delle facce di una moneta.

Si osserva inoltre che all'aumentare del numero di prove n la binomiale tende a diventare simmetrica e tendere ad una gaussiana.

Tendenza di una binomiale ad una gaussiana

La tendenza ad una gaussiana la facciamo notare empiricamente, solo riportando in via grafica, quanto si ottiene all'aumentare del numero di prove n. Si osserva che si ha già una buona approssimazione a partire da $n > 20$. Questa tendenza ha un'applicazione pratica, in quanto all'aumentare di n il calcolo della binomiale risulterebbe tedioso e pertanto è più facile utilizzare una gaussiana, secondo le seguenti corrispondenze: $X = \overline{v} = np$ e $\sigma = \sqrt{Var\{v\}} = \sqrt{npq}$ e la variabile $x \equiv v$.

- n grande (> 20) si ha $\mathscr{B}_{n,p}(v) \approx G_{\overline{v},\sigma_v}(v)$,
  dove i parametri della gaussiana risultano:
- $X \equiv \overline{v} = np$, $\sigma \equiv \sigma_v = \sqrt{npq}$
- e la variabile bernoulliana v diventa la variabile gaussiana $(x \equiv v)$.

Si osservi come nel caso della binomiale la variabile sia discreta, mentre nella gaussiana è continua.

Questo si può osservare in Fig. 12.3, dove la probabilità binomiale è riportata con delle linee (larghe per essere visibili) in corrispondenza del valore v, mentre per la densità di probabilità gaussiana si ha la curva.

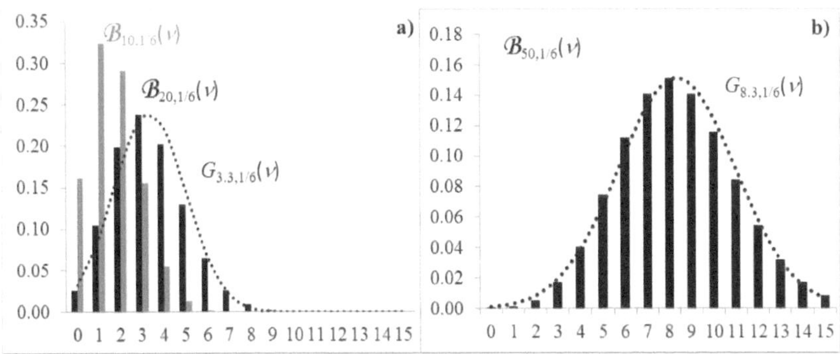

Figura 12.3 Distribuzione di probabilità binomiale all'aumentare del numero di prove n.

12.4 La verifica del χ^2 per una binomiale

Nel caso di una distribuzione binomiale, si può voler verificare, se un dado è truccato oppure no. Quindi si assume che il dado segua la distribuzione binomiale e, dato che parliamo di distribuzioni rappresentabili in istogrammi, ci riconduciamo a quanto discusso nel Par. 11.4.

Per questo si devono confrontare le occorrenze con i valori aspettati sulla base delle probabilità P_k, che in questo caso sono da dedurre dalla distribuzione binomiale.

Si supponga per esempio di avere effettuato N prove del lancio simultaneo di cinque dadi. Il numero di aspettative di una determinata configurazione di v successi, sarà dato da $E_v = NP_v$, dove la probabilità vera è dedotta dalla distribuzione binomiale: $P_v = B_{n,p}(v)$.

Partiamo dalle classi individuate all'inizio dal numero v di successi, per effettuare il calcolo delle aspettative E_v, poi applichiamo il teorema della somma di Pearson e riorganizziamo le classi, cambiando il pedice k per evitare confusione.

Supponiamo di ripetere $N = 400$ (prove) volte il lancio di cinque dadi – $n = 5$ da usare nella (12.5)– e di osservare, il numero v di successi (per esempio riteniamo successo ottenere *due*), si osservano le seguenti occorrenze: Si vuole verificare

Tabella 12.1 Osservazione delle occorrenze O_v in 2^a riga, ovvero il numero di volte, che si sono osservati i corrispondenti v successi, riportati in 1^a riga. Per esempio si sono osservati nessun *due* per 149, un *due* per 172 volte, ecc.

v di *due* sul lancio di cinque dadi	0	1	2	3	4	5
Occorrenze O_v	149	172	62	13	3	1

l'ipotesi, che i dadi seguano la distribuzione binomiale, pertanto si calcolano E_v, il numero di successi aspettati sulla base della distribuzione considerata.

Tabella 12.2 Probabilità P_v di ottenere v successi, dedotta dalla binomiale, nel caso del lancio di cinque dadi. Valori di aspettazione E_v nel caso di $N = 400$ prove

v	0	1	2	3	4	5
$B_{5,1/6}(v) = P_v$	4.02E-01	4.02E-01	1.61E-01	3.22E-02	3.22E-03	1.29E-04
$E_v = NP(v)$	160.75	160.75	64.30	12.86	1.29	0.05

Il calcolo del χ^2 va organizzato sulla base del teorema della somma di Pearson, ovvero per ogni classe il numero delle aspettative E_k deve essere superiore a dieci.

Percui raccogliamo le ultime tre colonne della Tabella 12.2 in una sola classe, riportiamo la riorganizzazione dei dati nella Tabella 12.3, in modo da avere, più di dieci valori aspettati per classe e, per maggiore chiarezza, riportiamo anche l'indice k delle classi. Il calcolo del $\tilde\chi^2$ si applica alle classi, indicizzate per l'appunto k:

Tabella 12.3 Riorganizzazione delle classi per soddisfare il teorema della somma di Pearson

successi v	0	1	2	3	4	5
$E_v = NP(v)$	160.75	160.75	64.30	$\leftarrow$ 14.2 $\rightarrow$		
riorganizzazione delle classi per soddisfare Pearson						
classe k	1	2	3	$\leftarrow$ 4 $\rightarrow$		
riorganizzazione degli E_k e degli O_k						
E_k	160.75	160.75	64.30	$\leftarrow$ 14.2 $\rightarrow$		
Occorrenze O_k	149	172	62	$\leftarrow$ 17 $\rightarrow$		

$$\tilde\chi^2 = \frac{\chi^2}{d} = \sum_{k=1}^{n_{classi}} \frac{(O_k - E_k)^2}{E_k} \Big/ d \ . \tag{12.6}$$

Osserviamo la (12.6) e per il calcolo del $\tilde\chi^2$ ogni parametro ottenuto, utilizzando i dati, risulterà un vincolo statistico. Nella formula dobbiamo calcolare E_k secondo la relazione NP_k, ci serve N, un parametro, che possiamo calcolare dagli O_k, infatti $N = \sum_k O_k$, quindi si ha un vincolo c.

Per la distribuzione binomiale la probabilità P_k viene calcolata a priori, non si è stimato nessun altro parametro dai dati osservati.

Quindi per i gradi di libertà $d = n_{classi} - c$ nel caso in Tabella 12.3, $n_{classi} = 4$, si ha dunque $d = 4 - 1 = 3$, percui $\tilde\chi^2_O = 2.28/3$.

La probabilità di ottenere per $d = 3$ gradi di libertà $\tilde\chi^2$ maggiore o uguale del $\tilde\chi^2_O$ – $P_3(\tilde\chi^2 \geq 0.76)$ – si ricava dalla $P_d(\tilde\chi^2 \geq \tilde\chi^2_O)$, riportata nella Tabella C.2 sulla base del confronto con il valori critici $\tilde\chi^2_{cr}$ riportati.

Troviamo lungo la riga di $d = 3$ un valore $\tilde\chi^2_{cr} = 0.79$ per il quale la probabilità di ottenere un valore maggiore risulta pari a 0.500; dato che il valore osservato è minore, la probabilità di ottenere un valore maggiore o uguale al $\tilde\chi^2_O$ risulta quindi maggiore del 50 %.

Possiamo accettare l'ipotesi, che per tutti e cinque i dadi la binomiale sia la distribuzione di probabilità appropriata. Quindi i cinque dadi non sono truccati.

Problemi

12.1. Calcolare le probabilità di ottenere $v = 0, 1, 2, 3, 4, 5$ *sei* nel caso di cinque lanci dello stesso dado, si riporti su un istogramma la distribuzione delle probabilità.

12.2. Un giocatore decide di provare un dado 120 volte. Ciascun tiro ha sei possibili risultati, che etichettiamo $k = 1, 2, \cdots 6$, dove con k si indica la faccia, che si presenta. Le occorrenze sono riportate di seguito. Se il dado non fosse truccato,

Faccia k osservata	1	2	3	4	5	6
Occorrenze O_k	8	23	18	22	21	28

quale sarebbe il numero E_k di volte, che si dovrebbero presentare le corrispondenti facce k? Fare la verifica del χ^2 per controllare se il dado è truccato.

12.3. Si lanciano insieme tre dadi per 400 volte e si registrano le occorrenze, riportate di seguito, di nessun *sei*, un solo *sei* e due o tre *sei*. Si supponga che i dadi non

risultati $\to$	nessun *sei*	un *sei*	due o tre *sei*
classe $k \to$	1	2	3
Occorrenze $O_k \to$	217	148	35

siano truccati e si faccia la verifica del χ^2.

12.4. Ricavare

$$E\{v\} = \overline{v} = \sum_{v=0}^{n} v \mathscr{B}_{n,p}(v) = np.$$

12.5. ♡ Per i patiti di matematica.

Ricavare la varianza per la binomiale $\sigma_v^2 = \overline{(v - \overline{v^2})^2}$. Abbiamo già osservato (Probl. 5.5), che la media degli scarti al quadrato risulta $\overline{v^2} - (\overline{v})^2$. Sappiamo che $\overline{v}$ è pari a np, pertanto $(\overline{v})^2 = n^2 p^2$. Si deve calcolare il valore medio di v^2 ovvero:

$$E\{v^2\} = \sum_{v=0}^{n} v^2 \mathscr{B}_{n,p}(v).$$

(La soluzione si ottiene con reiterazioni di quanto fatto nel testo per calcolare $E\{v\}$ e risulta $E\{v^2\} = np(np - p + 1)$, percui si ottiene $\sigma_v^2 = np(np - p + 1) - n^2 p^2 = np(1 - p) = npq$).

12.6. Calcolate la probabilità di ottenere 20 o più teste in 32 lanci di una moneta. Usate l'approssimazione gaussiana per trovare la stessa probabilità e confrontatela con quanto calcolato per la binomiale. (Suggerimento: si faccia il calcolo con la binomiale per $v \geq 20$, si confronti poi il calcolo per $x \geq 20$ per una densità di probabilità $G_{\overline{v}, \sigma_v}(x)$.)

12.7. Mediante l'utilizzo di un foglio elettronico, calcolate la distribuzione binomiale per $n = 40$ e $p = 1/6$, riportate su un istogramma i risultati, ottenuti per $v = 1, \cdots 40$. calcolate la gaussiana equivalente e sovrapponetela all'istogramma della binomiale.

12.8. Nel caso di un lancio di una coppia di dadi viene registrato il punteggio ottenuto somma dei due dadi ad ogni lancio.

Punteggio	2	3	4	5	6	7	8	9	10	11	12
occorrenze	6	14	23	35	57	50	44	49	39	27	16

Mediante la verifica del χ^2 fornire la fiducia, che i dadi non siano truccati. (Suggerimento: si devono considerare i modi di ottenere un punteggio, eppoi calcolare mediante la binomiale la probabilità corrispondente. Si tenga conto che il punteggio 3 si può ottenere da 2 e 1, ma anche da 1 e 2; il punteggio 4 da 1 e 3, 2 e 2, nonché 3 e 1 e via di seguito.)

La distribuzione di Poisson

Nel seguente capitolo si deriva la distribuzione di Poisson dalla distribuzione binomiale e la si utilizza, per giustificare l'incertezza nel caso di procedure di conteggio, come già utilizzato per il calcolo del chi–quadro nel caso di distribuzioni.

Nell'atto pratico la applichiamo a misure di conteggi mediante un contatore Geiger e sulle quali si fanno anche verifiche di ipotesi mediante l'analisi del χ^2.

13.1 La distribuzione di Poisson

La distribuzione di Poisson descrive fenomeni (fisici, naturali e demografici), per i quali, sulla base dello schema successo–insuccesso, come per la binomiale, ci si trovi nel caso in cui:

- n - il numero di eventi possibili è elevato ($n \to \infty$),
- p - la probabilità di successo è molto bassa ($p \to 0$),
- μ - il numero medio di eventi attesi risulta significativamente minore di $\sqrt{n}$ ($\mu \ll \sqrt{n}$).

Il numero medio di eventi (il ben noto $\overline{v}$, indicato qui per la poissoniana con il simbolo μ) si può esprimere secondo la distribuzione binomiale $\mu = np$, e si assume costante, a parità di eventi possibili e per p costante.

Alcuni esempi di fenomeni, che soddisfino tali ipotesi, sono:

1. i decadimenti dei nuclei radioattivi, dove il numero n di atomi per mole è $6.0225 \, 10^{23} \sim 10^{24}$, mentre l'ordine di grandezza dei decadimenti al secondo sono nell'intervallo 10^{-4} - 10^4.
2. Il numero di reazioni nucleari (conteggi bassi) in un acceleratore, rispetto al numero di particelle circolanti e/o del bersaglio. Per esempio nel caso dello studio delle forze nucleari nel deutone sull'anello COSY (FZJ-Jülich in Germania) si ha un'intensità del fascio circolante $I = 10^{10}$ protoni s^{-1} (proiettili) ed uno spessore t del bersaglio di 10^{15} deutoni cm^{-2} . Rispetto al numero possibile di eventi, dato dal prodotto It (luminosità nella fisica degli acceleratori), ci si aspetta di rivelare,

G. Ciullo, *Introduzione al Laboratorio di Fisica*, UNITEXT for Physics, DOI: 10.1007/978-88-470-5656-5_13, © Springer-Verlag Italia 2014

in media un conteggio al secondo di coincidenze protone-deutone (urto elastico) e due conteggi al secondo di coincidenze protone-protone (urto anelastico con frammentazione del deutone).

3. Il numero di nascite in un ospedale, rispetto al numero di abitanti. Nel 2010 a Ferrara in media si sono avute circa 20 nascite per settimana su 10^5 residenti.
4. Qualsiasi esperimento di conteggi o nel tempo o per classi.
5. Dalla 4 si ha quindi la stima dell'incertezza sul numero di conteggi attesi per classe per la formula del χ^2 nel caso di distribuzioni organizzate in istogrammi.

13.2 Dalla binomiale alla poissoniana

Partiamo, per dedurre la poissoniana, dalla binomiale. La probabilità di ottenere v successi in n eventi possibili è:

$$\mathscr{B}_{n,p}(v) = \frac{n!}{v!(n-v)!} p^v q^{n-v} \, .$$

Calcolare tale probabilità con n elevato è improponibile, si studia quindi l'andamento al limite della binomiale $\mathscr{B}_{n,p}(v)$ per $n \to \infty$, e si tiene anche conto del fatto che $p \to 0$.

Si può esprimere la distribuzione binomiale in funzione del parametro $\mu = np$, percui si ha $p = \mu/n$ e, dato che $q = 1 - p$, si ottiene:

$$\mathscr{B}_{n,p}(v) = \frac{n(n-1)\cdots(n-v+1)(n-v)\cdots(1)}{v!(n-v)!} \left(\frac{\mu}{n}\right)^v \left(1 - \frac{\mu}{n}\right)^{n-v} \, . \qquad (13.1)$$

Si osservi che nella (13.1) possiamo semplificare come segue:

- $(n-v)!$ si trova a numeratore e a denominatore, percui si elidono i due termini.
- $n(n-1)\cdots(n-v+1)$ si può esprimere come:

$$n^v \left(1 - \frac{1}{n}\right) \cdots \left(1 - \frac{v-1}{n}\right) \, . \qquad (13.2)$$

- Il termine $(\mu/n)^v$ nella (13.1) contiene a denominatore n^v, che si semplifica con n^v al numeratore della (13.2).
- $(1 - \mu/n)^{n-v}$ si può esprimere come segue $(1 - \mu/n)^n / (1 - \mu/n)^v$.

La (13.1) diventa quindi:

$$\mathscr{B}_{n,p}(v) = (1) \left(1 - \frac{1}{n}\right) \cdots \left(1 - \frac{v-1}{n}\right) \frac{\mu^v}{v!} \frac{(1 - \mu/n)^n}{(1 - \mu/n)^v}$$

Si osserva che al limite per $n \to \infty$ si ha

$$- \lim_{n \to \infty} (1) \left(1 - \frac{1}{n}\right) \cdots \left(1 - \frac{v-1}{n}\right) = 1 \, ,$$

$$- \lim_{n \to \infty} \left(1 - \frac{\mu}{n}\right)^{\nu} = 1,$$

$$- \lim_{n \to \infty} \left(1 - \frac{\mu}{n}\right)^{n} = e^{-\mu}.$$

Si deduce così la distribuzione di probabilità di Poisson, che indicheremo come $\mathscr{P}_{\mu}(\nu)$, che fornisce la probabilità di ottenere ν successi (conteggi, decadimenti, nascite) per un fenomeno, per il quale il numero medio di eventi attesi sia μ.

Dalle considerazioni fatte sopra si ottiene quindi per la *distribuzione di probabilità di Poisson*:

$$\mathscr{P}_{\mu}(\nu) = \frac{\mu^{\nu}}{\nu!} e^{-\mu}. \tag{13.3}$$

Sulla base della deduzione della distribuzione di Poisson, espressa nella (13.3), dalla distribuzione binomiale, si può immediatamente affermare che:

- il *valore medio* dei conteggi risulta μ ($\overline{\nu} = np = \mu$),
- la *deviazione standard*, dedotta dalla binomiale, risulta pertanto

$$\sigma_{\nu} = \sqrt{np(1-p)} \ \overset{p \to 0}{=} \ \sqrt{np} = \sqrt{\mu}.$$

Si osserva che la *distribuzione di Poisson dipende dal solo parametro* μ. Il numero medio atteso di eventi è μ, con un'incertezza pari a $\sqrt{\mu}$.

Tale informazione, utilizzata per il calcolo del χ^2 nel caso del conteggio di eventi, permette di affermare che l'incertezza sul numero di aspettative E_k in una classe, è pari $\sqrt{E_k}$. Tale estensione dell'incertezza $\sqrt{\nu}$ al caso di conteggi ν qualsiasi, per i quali si assuma la distribuzione poissoniana e per i quali non si conosca il valore medio, si ottiene dal principio di massima verosimiglianza, applicato al caso particolare della stima del parametro μ avendo osservato un solo ν (Probl.13.4 per patiti di matematica).

La distribuzione di probabilità di Poisson $\mathscr{P}_{\mu}(\nu)$, detta anche poissoniana, espressa secondo la (13.3), permette di calcolare la probabilità di ottenere ν successi, nel caso di μ conteggi medi attesi.

Proprietà della poissoniana

Una volta derivata la distribuzione di Poisson, si possono calcolare le proprietà che la caratterizzano, applicando le formule generali per le distribuzioni di probabilità:

1. la distribuzione di Poisson è normalizzata,
2. la speranza matematica – numero medio di conteggi atteso – è μ,
3. la varianza dei conteggi risulta $\sigma_{\nu}^2 = \mu$,

dove per varianza, scritta così in breve, si intende la speranza matematica della varianza.

Tali proprietà si ottengono dall'applicazione delle definizioni applicate alla $\mathscr{P}_\mu(v)$:

$$1 \quad \text{normalizzazione}: \quad \sum_{v=0}^{\infty} \frac{\mu^v}{v!} e^{-\mu} = 1 \ ;$$

$$2 \ \text{speranza matematica}: \quad E\{v\} = \sum_{v=0}^{\infty} v \frac{\mu^v}{v!} e^{-\mu} = \mu \ ;$$

$$3 \quad \text{varianza}: \quad Var\{v\} = \sigma_v^2 = \sum_{v=0}^{\infty} (v - \overline{v})^2 \frac{\mu^v}{v!} e^{-\mu} = \mu \ .$$

Fondamentale per i calcoli suddetti è lo sviluppo in polinomi di Taylor di e^μ:

$$e^\mu = 1 + \mu + \frac{\mu^2}{2!} + \frac{\mu^3}{3!} + \cdots = \sum_{v=0}^{\infty} \frac{\mu^v}{v!} \ , \tag{13.4}$$

dove lo sviluppo di ordine $n \to \infty$ del polinomio di Taylor fornisce proprio e^μ. Si osservi, che termini del tipo $\sum \mu^v / v!$ compaiono in tutte e tre le proprietà della distribuzione di Poisson.

La verifica, che la poissoniana è normalizzata, è immediata:

$$\sum_{v=0}^{\infty} \frac{\mu^v}{v!} e^{-\mu} =$$

$$= e^{-\mu} \sum_{v=0}^{\infty} \frac{\mu^v}{v!} =$$

$$\left(\sum_{v=0}^{\infty} \frac{\mu^v}{v!} \overset{Taylor}{=} e^\mu \right)$$

$$= e^{-\mu} e^\mu = 1$$

Lasciamo agli studenti la verifica della speranza matematica (Probl. 13.1), nonché ai patiti di matematica la verifica della varianza, seguendo le stesse indicazioni, fornite per la binomiale (Probl.12.5).

Approssimazione della poissoniana con una gaussiana

Anche per la poissoniana si può osservare, che, all'aumentare di μ, la distribuzione tende ad una gaussiana, avente parametri $X \equiv \mu$ e $\sigma \equiv \sqrt{\mu}$. Si osserva che l'approssimazione migliora all'aumentare del valore medio μ.

Tale approssimazione risulta inoltre uno strumento più pratico per il calcolo, dato che con la distribuzione di Poisson può risultare tedioso o impraticabile. Si confronti per esempio la probabilità di ottenere 78 conteggi nel caso di μ pari a 68. Si ottiene per la poissoniana:

$$\mathscr{P}_{68}(78) = 2.2\,\%$$

e per la gaussiana:

$$G_{(68,\ \sqrt{68})}(78) = 2.3\,\%$$

Tale calcolo risulta ancora più confortevole nel caso si voglia calcolare la probabilità di ottenere un numero di conteggi $v \geq 78$.

Mediante la gaussiana si ottiene immediatamente $P(v \geq 78) = 11.5\,\%$. Diversamante con la poissoniana dovremmo calcolare tutte le probabilità a partire da $v = 78$ fino ad un punto, in cui osserviamo, che la probabilità per una determinata v risulti trascurabile, eppoi sommare tutti i termini ottenuti a partire da $v = 78$. Tale approssimazione risulta già abbastanza buona anche a partire da μ dell'ordine delle decine, come può osservarsi in Fig. 13.1, dove è riportata con la linea tratteggiata la gaussiana $G_{10.1,\ \sqrt{10.1}}(v)$, che approssima la poissoniana $\mathscr{P}_{10.1}(v)$ di valore medio $\mu = 10.1$), riportata con barre in nero. Con le barre in grigio, riportiamo le O_k del Probl. 13.6, per le quali si ha $\mu = 6.8$, per rendere evidente, quanto atteso da una distribuzione poissoniana e quanto si potrebbe invece osservare sperimentalmente in condizioni diverse.

13.3 Verifica del χ^2 per una poissoniana

La verifica del χ^2 per una poissoniana si svolge come per qualsiasi distribuzione di probabilità. Come esempio prendiamo alcuni conteggi rilevati in un laboratorio del 2° piano del Dipartimento di Fisica di Ferrara, mediante un contatore Geiger. Gli impulsi rilevati sono dovuti a particelle ionizzanti, che possiamo attribuire ai raggi cosmici. Sono stati contati gli impulsi rilevati, sempre per lo stesso intervallo di tempo (un minuto), per 120 volte. In Tabella 13.1 sono riportati il numero di volte O_v (occorrenze), che si sono registrati gli stessi conteggi v.

Si può calcolare la media dei conteggi μ come valore medio degli O_v:

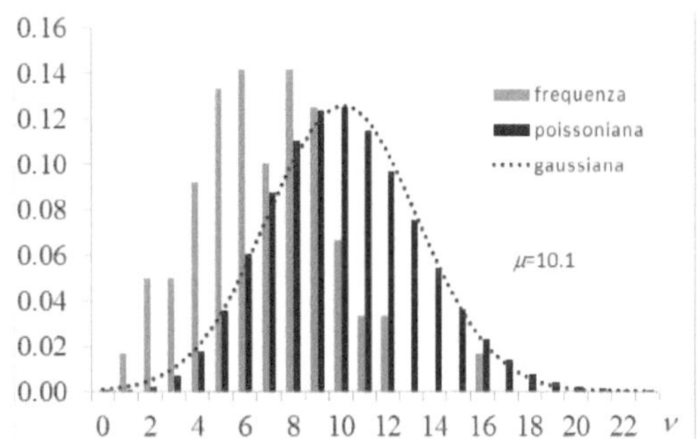

Figura 13.1 Istogramma delle probabilità $\mathscr{P}_{10.1}(v)$ per $\mu = 10.1$. Sulle probabilità $\mathscr{P}_{10.1}(v)$ si riporta l'approssimazione gaussiana $G_{10.1,\ \sqrt{10.1}}(v)$. Con le barre in grigio sono riportate le occorrenze del Probl. 13.4 $\mu = 6.8$, per rendere evidente il confronto tra un'eventuale distribuzione attesa e dati sperimentali osservati, in condizioni diverse.

$$\mu_{ms} = \frac{\sum v O_v}{\sum O_v}\,,$$

Tabella 13.1 Numero di volte O_v (occorrenze), che sono stati registrati v conteggi, per un definito intervallo di tempo (un minuto) con un contatore Geiger

v	0	1	2	3	4	5	6	7	8	9	10	11	12	13	14	15	16	17	18	19	20	21	22	23
O_v	0	0	1	2	6	2	5	13	8	18	17	5	12	12	6	5	3	4	1	0	0	0	0	0

dove abbiamo utilizzato il pedice *ms* per la μ, per intenderne la stima del parametro dai dati osservati.

Si ottiene un valore pari a 10.06, che confrontato con l'incertezza $\sqrt{\mu} = 3.2$, arrotondata a due sole cifre significative, può essere uniformato a $\mu = 10.1$. μ è quindi il valore medio di conteggi osservato per i dati in Tabella 13.1.

In caso di conteggi si trova spesso anche riportato il *tasso di conteggi*, dato dalla relazione $R = \mu /$(intervallo di tempo). Si faccia attenzione che la poissoniana è definita per i conteggi, per un dato intervallo di tempo, ma non contiene informazioni sul tempo. Infatti $-\mu$ è l'argomento dell'esponenziale, percui deve essere adimensionale. Limitiamoci a considerare i conteggi, dai quali si può comunque dedurre il tasso e l'incertezza sul tasso.

Quindi faremo la verifica, che per i conteggi osservati la distribuzione di Poisson sia appropriata.

Possiamo riportare su un istogramma le frequenze $F_v = O_v / \sum O_v$ dei valori osservati e le aspettative E_v, dedotte dalla distribuzione di probabilità di Poisson $\mathscr{P}_\mu(v)$ secondo la (13.3). Per fare la verifica del χ^2, si deve soddisfare il teorema

Tabella 13.2 Aspettative E_v dei conteggi, dedotte dalla probabilità di Poisson, per il caso di 120 osservazioni N, $E_v = N\mathscr{P}_\mu(v)$, con una cifra decimale($E_v = 0.0$ riportati come 0)

v	0	1	2	3	4	5	6	7	8	9	10	11	12	13	14	15	16	17	18	19	20	21	22	23
E_v	0	0	0.3	0.8	2.1	4.3	7.3	10.5	13.2	14.9	15	13.8	11.6	9	4.4	2.6	1.6	0.9	0.5	0.2	0.1	0.1	0	0

della somma di Pearson, quindi quanto riportato in Tabella 13.2 lo riorganizziamo in nuove classi, che etichetteremo con k, in modo da avere almeno dieci E_k, come riassunto in Tabella 13.3. Possiamo calcolare il χ^2, usando gli E_k ed O_k della Tabella 13.3, ed otteniamo come risultato $\chi^2_O = 10.2$. Per il calcolo del $\tilde{\chi}^2_O$ bisogna stabilire quanti sono i vincoli, per calcolare i gradi di libertà. Partiamo proprio dalla

Tabella 13.3 Tabella dei dati e delle aspettative, riordinata rispetto al numero di classi k per avere almeno dieci E_k per classe, da cui ne consegue il riordino anche degli O_k secondo le nuove classi

v	0-6	7	8	9	10	11	12	13-14	15-23
k	1	2	3	4	5	6	7	8	9
E_k	14.9	10.5	13.2	14.9	15.0	13.8	11.6	15.5	10.6
O_k	16	13	8	18	17	5	12	18	13

formula del $\tilde{\chi}^2$:

$$\tilde{\chi}^2 = \sum_{k=1}^{n_{classi}} \frac{(O_k - E_k)^2}{E_k} \Big/ d \;. \tag{13.5}$$

Nel calcolo del χ^2 in (13.5) gli E_k si ottengono da $E_k = N \mathscr{P}_k$, ma N si deve calcolare dai dati O_k ovvero $N = \sum_{k=1}^{n_{classi}} O_k$, quindi abbiamo per ora un vincolo. Ogni E_k viene calcolato dalla probabilità poissoniana. Per $\mathscr{P}_\mu(v)$ serve il parametro μ, ottenuto dalla media degli O_v occorrenze di v successi, quindi un altro vincolo. Si osserva quindi che i gradi di libertà risultano $n_{classi} - 2$, $\tilde{\chi}_O^2$ risulta pari a $10.2/(9-2) = 1.46$.

— *Verifica che i dati seguano una poissoniana: μ misurato*

Nella Tabella C.2 relativa a $P_d(\tilde{\chi}^2 \geq \tilde{\chi}_O^2)$, lungo la riga $d = 7$ si individua un valore critico 1.72, che è superiore a quello osservato, per il quale si ha una probabilità di ottenere una $\tilde{\chi}^2$ maggiore pari a 0.100. Dato che $\tilde{\chi}_O^2$ è minore del valore critico, possiamo dire che la probabilità di ottenere un χ^2 ridotto, maggiore o uguale a quello osservato, è maggiore di 0.100 (10 %).

In conclusione la verifica non è significativa, percui non possiamo rigettare l'ipotesi, che la distribuzione poissoniana sia appropriata per i dati osservati. La distribuzione di Poisson è appropriata per i dati osservati.

L'ipotesi, che i conteggi osservati seguano la distribuzione di Poisson,è accettata in un intervallo di fiducia del 90 %.

— *Verifica che i dati seguano una poissoniana: μ fornito.*

In alcuni casi si potrebbe fare la verifica di significatività per un valore medio dei conteggi a priori, si pensi per esempio di voler verificare, se in un altra zona ci sia differenza di raggi cosmici, per esempio nel capannone dei laboratori pesanti, dove si ha una sola copertura, rispetto al secondo piano del dipartimento, che essendo costituito da quattro piani, ha tre soffitti, quindi tre coperture.

Si acquisiscono nel capannone un numero sufficiente di dati, – ovviamente dipende dal numero di classi e dati per classe per le condizioni del teorema della somma di Pearson – per poter fare la verifica del χ^2 nella nuova condizione. Si confrontano i dati registrati con la distribuzione di Poisson attesa, avente come parametro μ, quello misurato in precedenza, ovvero $\mu = 10.0$ (Probl. 13.2).

In questa verifica si faccia attenzione, perché il parametro μ è fornito a priori, non stimato dai dati osservati. Pertanto si ha solo il vincolo della stima di $N = \sum O_v$, osservati in questa condizione.

Problemi

13.1. Calcolare il valore medio dei conteggi attesi, partendo dalla distribuzione di Poisson ed utilizzando lo sviluppo in polinomi di Taylor di e^μ (come per il caso di $\overline{v}$ per la binomiale, il primo termine della sommatoria per $v = 0$ risulta nullo).

13.2. Al 2° piano del dipartimento di Fisica si acquisiscono gli impulsi in un contatore Geiger per minuto riportati in Tabella 13.4. Riportare su un istogramma

Tabella 13.4 Conteggi registrati per intervalli di tempo di un minuto

```
 9 10  9 13 16  4  7 13 12 15  8 14 13 10  9 15 12  6  9 13  9 12 18 11
12  3  4 15  9 11 17  4 10 10  9  7 13 16 12 10  8  9 13  7 16  8  7 17
10  5 13 14 10  9 12  2 12 13 12  4 11  8  9  7 12  6 13 12  8  4  9 14
 9  9  8 10  7  7  8  9  7 17 10 17 13  9 14  7 11 10  9 12  8  6 15  9
 9 12 10 13  4  7 14 10  7 13 10 11  3  5 10 10  7 10 14 15 10  7  6  6
```

le frequenze dei dati misurati e sovrapporre la probabilità della poissoniana con parametro $\mu = 10$ misurato nel capannone.

13.3. Per il Probl. 13.2 ricavare μ dai dati e fare la verifica del χ^2, per vedere, se i dati seguono una distribuzione poissoniana.

13.4. Per verificare se i conteggi sono dovuti ai raggi cosmici, si è utilizzato un mattone di piombo spesso tre cm, collocato sopra il contatore Geiger. Si sono contati gli impulsi per un intervallo di tempo sempre pari ad un minuto. I dati sono riportati nella Tabella 13.5. Assumete che non ci sia differenza tra quanto acquisito con il

Tabella 13.5 Conteggi in un minuto, con il contatore Geiger sotto un mattone di piombo

```
1  6  6  6  8  4  6  8  7 10  8  6  7  5  8  9  9  2  9 11  8  9  2  5
7  5  8  9  9  2  9 11  8  9  2  5  1 12  5  6  5 12 10  6  4  5  6  9
8  6  7  3  5 10  9  7  8  2  7  2  5  7  6  5  3  9  9  8  7  8  9  2
8  4  7  1  3  4  7  3  2  8  4  5 10 11  6  6 16  4  4  7  6 11  7  9
9  6  5  5 10  9  6  3 11  7  9  8  4  6  5 13  6  8  4  4  4  8  8 10
```

mattone e quanto invece osservato nel Probl. 13.2 come valore medio. Quindi utilizzando una poissoniana con il valore medio ottenuto senza mattone, fate la verifica del χ^2 per le occorrenze della Tabella 13.5. Se potete rigettare ipotesi, si può ipotizzare che, osservando una diminuzione di conteggi, questi siano dovuti ai raggi cosmici.

13.5. ($\heartsuit$ per patiti di matematica)
Considerate un esperimento di conteggio, che segue la distribuzione di Poisson e per il quale non conoscete μ. Per tale esperimento avete una sola misura di conteggi dal valore v. Scrivete la $\mathscr{P}_\mu(v)$ di ottenere tale valore e mediante il principio di massima verosimiglianza ricavate la miglior stima di μ, che etichettiamo μ_{ms}. Dimostrate che la miglior stima μ_{ms} è proprio il valore dei conteggi v osservato .

Ne consegue che l'incertezza su un qualsiasi numero di conteggi v è proprio $\sqrt{v}$ (Se si parla di *conteggi E_k di una classe* ecco dedotto che *l'incertezza sul numero di conteggi E_k nella classe è proprio* $\sqrt{E_k}$).

13.6. Supponete che il conteggio medio atteso di un esperimento sia 350 e calcolate la probabilità di ottenere un valore $325 \leq v \leq 375$. Confrontate il risultato che ottereste con l'approssimazione gaussiana a quanto ottenuto dalla distribuzione di Poisson. Chiarite con gli strumenti a vostra disposizione, quale strada risulti più facilmente percorribile.

Appendice A

Integrale normale

L'integrale normale delle incertezze di tipo casuale, che seguono la densità di probabilità di Gauss, è tabulato in funzione di z da $z_1 = 0$ a $z_2 = z$, cui corrisponderebbero $x_1 = X$ e $x_2 = X + z\sigma$.

La Tabella A.1 riporta il valore dell'integrale normale da zero a z.

Lungo la 1^a colonna si riporta z espressa in unità e decimali $n.n$, mentre lungo la 1^a riga si riportano i centesimi $0.0n$.

Per ottenere, per esempio, l'integrale da $z_1 = 0$ a $z_2 = 1.37$, si cerca, lungo la 1^a colonna, la riga corrispondente ad $z = 1.3$, eppoi per i sette centesimi si cerca sulla 1^a riga, la colonna corrispondente a 0.07. All'intersezione della riga 1.3 con la colonna 0.07 si trova $0.4147 - P(0 \le z \le 1.37)$— la probabilità di ottenere z compreso tra 0 e 1.37.

Possiamo scrivere la probabilità di ottenere un valore x in $[X, X + z\sigma]$:

$$
\begin{aligned}
P(X \le x \le X + z\,\sigma) &= \\
&= \int_X^{X+z\sigma} G_{X,\sigma}(x)\mathrm{d}x = \\
&= \frac{1}{\sqrt{2\pi}} \int_0^z e^{-z^2/2}\mathrm{d}z
\end{aligned}
$$

$$(A.1)$$

Per ottenere la probabilità, che una misura ricada nell'intervallo $a \le x \le b$, in cui a

Figura A.1 Rappresentazione grafica dell'integrale di Gauss da zero a z, che equivale all'area in grigio e fornisce la probabilità di ottenere un valore della variabile standardizzata da zero a z.

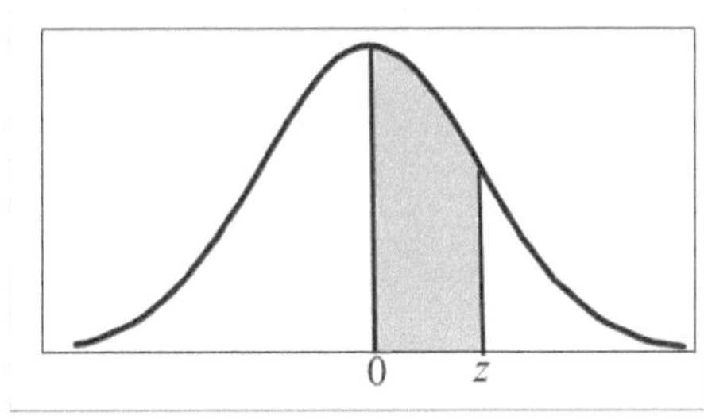

G. Ciullo, *Introduzione al Laboratorio di Fisica*, UNITEXT for Physics,
DOI: 10.1007/978-88-470-5656-5, © Springer-Verlag Italia 2014

Figura A.2 Rappresentazione grafica del calcolo dell'area per un intervallo compreso tra z_1 e z_2 con l'ausilio della Tabella A.1. L'integrale tra z_1 e z_2, riportato nella parte superiore si ottiene sottraendo all'integrale tra zero e z_2 grafico nella parte centrale, l'integrale tra zero e z_1, grafico nella parte inferiore.

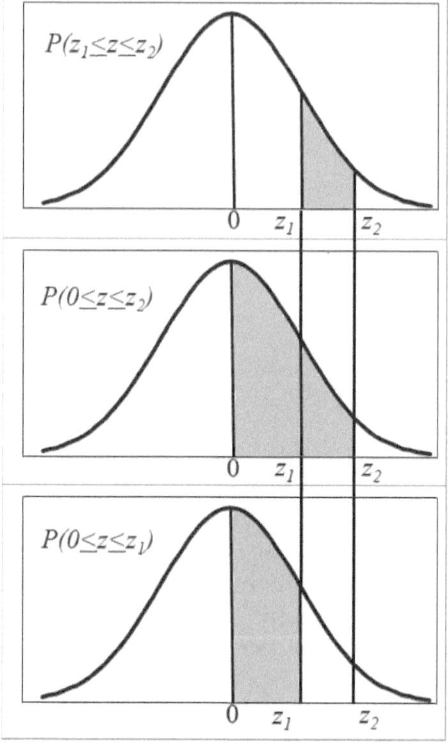

non sia necessariamente X, $P(a \leq x \leq b)$ si sfrutta la proprietà di additività dell'integrale. La probabilità di ottenere una misura tra $a = X + 1.2\ \sigma$ ed $b = X + 1.8\ \sigma$ si ottiene dalla sottrazione dell'integrale da X a $X + 1.2\sigma$ all'integrale da X a $X + 1.8\sigma$, che per le le variabili standardizzate significa $P(1.2 \leq z \leq 1.8)$.

$$P(X + 1.2\sigma \leq x \leq X + 1.8\sigma) = P(1.20 \leq z \leq 1.80) =$$
$$= P(0 \leq z \leq 1.80) - P(0 \leq z \leq 1.20) = 0.4641 - 0.3849 = 0.0792.$$

Tale sottrazione è rappresentata graficamente in Fig. A.2, dove l'area del grafico superiore è ottenuta dalla sottrazione dell'area nel grafico inferiore all'area nel grafico centrale.

Tabella A.1 Integrale normale da $z=0$ a $z = n.nn$, dato dall'intersezione della riga $n.n$ (prima colonna) con la colonna $0.0n$ (prima riga)

z	0.00	0.01	0.02	0.03	0.04	0.05	0.06	0.07	0.08	0.09
0.0	.0000	.0040	.0080	.0120	.0160	.0199	.0239	.0279	.0319	.0359
0.1	.0398	.0438	.0478	.0517	.0557	.0596	.0636	.0675	.0714	.0754
0.2	.0793	.0832	.0871	.0910	.0948	.0987	.1026	.1064	.1103	.1141
0.3	.1179	.1217	.1255	.1293	.1331	.1368	.1406	.1443	.1480	.1517
0.4	.1554	.1591	.1628	.1664	.1700	.1736	.1772	.1808	.1844	.1879
0.5	.1915	.1950	.1985	.2019	.2054	.2088	.2123	.2157	.2190	.2224
0.6	.2258	.2291	.2324	.2357	.2389	.2422	.2454	.2486	.2518	.2549
0.7	.2580	.2612	.2652	.2673	.2704	.2734	.2764	.2794	.2823	.2852
0.8	.2881	.2910	.2939	.2967	.2996	.3023	.3051	.3078	.3106	.3133
0.9	.3159	.3186	.3212	.3238	.3264	.3289	.3315	.3340	.3365	.3389
1.0	.3413	.3438	.3461	.3485	.3508	.3531	.3554	.3577	.3599	.3621
1.1	.3643	.3665	.3686	.3708	.3729	.3749	.3770	.3790	.3810	.3830
1.2	.3849	.3869	.3888	.3907	.3925	.3944	.3962	.3980	.3997	.4015
1.3	.4032	.4049	.4066	.4082	.4099	.4115	.4131	.4147	.4162	.4177
1.4	.4192	.4207	.4222	.4236	.4251	.4265	.4279	.4292	.4306	.4319
1.5	.4332	.4345	.4357	.4370	.4382	.4394	.4406	.4418	.4429	.4441
1.6	.4452	.4463	.4474	.4484	.4495	.4505	.4515	.4525	.4535	.4545
1.7	.4554	.4564	.4573	.4582	.4591	.4599	.4608	.4616	.4625	.4633
1.8	.4641	.4649	.4656	.4664	.4671	.4678	.4686	.4693	.4699	.4706
1.9	.4713	.4719	.4726	.4732	.4738	.4744	.4750	.4756	.4761	.4767
2.0	.4772	.4778	.4783	.4788	.4793	.4798	.4803	.4808	.4812	.4817
2.1	.4821	.4826	.4830	.4834	.4838	.4842	.4846	.4850	.4854	.4857
2.2	.4861	.4864	.4868	.4871	.4875	.4878	.4881	.4884	.4887	.4890
2.3	.4893	.4896	.4898	.4901	.4904	.4906	.4909	.4911	.4913	.4916
2.4	.4918	.4920	.4922	.4925	.4927	.4929	.4931	.4932	.4934	.4936
2.5	.4938	.4940	.4941	.4943	.4945	.4946	.4948	.4949	.4951	.4952
2.6	.4953	.4955	.4956	.4957	.4959	.4960	.4961	.4962	.4963	.4964
2.7	.4965	.4966	.4967	.4968	.4969	.4970	.4971	.4972	.4973	.4974
2.8	.4974	.4975	.4976	.4977	.4977	.4978	.4979	.4979	.4980	.4981
2.9	.4981	.4982	.4982	.4983	.4984	.4984	.4985	.4985	.4986	.4986
3.0	.4987	.4987	.4987	.4988	.4988	.4989	.4989	.4989	.4990	.4990
3.1	.4990	.4991	.4991	.4991	.4992	.4992	.4992	.4992	.4993	.4993
3.2	.4993	.4993	.4994	.4994	.4994	.4994	.4994	.4995	.4995	.4995
3.3	.4995	.4995	.4995	.4996	.4996	.4996	.4996	.4996	.4996	.4997
3.4	.4997	.4997	.4997	.4997	.4997	.4997	.4997	.4997	.4997	.4998
3.5	.4998	.4998	.4998	.4998	.4998	.4998	.4998	.4998	.4998	.4998
3.6	.4998	.4998	.4999	.4999	.4999	.4999	.4999	.4999	.4999	.4999
3.7	.4999	.4999	.4999	.4999	.4999	.4999	.4999	.4999	.4999	.4999
3.8	.4999	.4999	.4999	.4999	.4999	.4999	.4999	.4999	.4999	.4999
3.9	.5000	.5000	.5000	.5000	.5000	.5000	.5000	.5000	.5000	.5000

Appendice B

Coefficiente di correlazione

Nella Tabella B.1 sono riportate le probabilità $P(|r| \geq |r_O|)$ di trovare un coefficiente di correlazione $|r| \geq |r_O|$, espresse in valore percentuale.

Si tenga conto che tale probabilità è relativa al caso di due variabili x e y *assunte non correlate*, dato che si ottiene da integrale del $\int_0^{|r_O|} f(|r|)\mathrm{d}|r|$, dove $f(|r|)$ è la densità di probabilità del coefficiente di correlazione.

Nella 1^a colonna è riportato il numero N di coppie (x, y) di dati (ovviamente a partire da tre, dato che per due coppie $|r_O| = 1$), nella 2^a riga è riportato il valore di $|r_O|$.

Seguendo la riga lungo N e la colonna lungo $|r_O|$, dall'intersezione si ricava la probabilità di ottenere, nel caso di due variabili non correlate, tale coefficiente osservato.

Tabella B.1 Tabella delle probabilità $P(|r| \geq |r_O|)$, in percentuale, per N coppie di dati

	Probabilità $P(|r| \geq |r_O|)$ percentuale										
$N \backslash ^{|r_O|}$	0.0	0.1	0.2	0.3	0.4	0.5	0.6	0.7	0.8	0.9	1.0
3	100	94	87	81	74	67	59	51	41	29	0
4	100	90	80	70	60	50	40	30	20	10	0
5	100	87	75	62	50	39	28	19	10	3.7	0
6	100	85	70	56	43	31	21	12	5.6	1.4	0
7	100	83	67	51	37	25	15	8.0	3.1	0.6	0
8	100	81	63	47	33	21	12	5.3	1.7	0.2	0
9	100	80	61	43	29	17	8.8	3.6	1.0	0.1	0
10	100	78	58	40	25	14	6.7	2.4	0.5	0	0
11	100	77	56	37	22	12	5.1	1.6	0.3	0	0
12	100	76	53	34	20	9.8	3.9	1.1	0.2	0	0
13	100	75	51	32	18	8.2	3.0	0.8	0.1	0	0
14	100	73	49	30	16	6.9	2.3	0.5	0.1	0	0
15	100	72	47	28	14	5.8	1.8	0.4	0	0	0

G. Ciullo, *Introduzione al Laboratorio di Fisica*, UNITEXT for Physics,
DOI: 10.1007/978-88-470-5656-5, © Springer-Verlag Italia 2014

L'ipotesi che si formula è che le *due variabili non siano correlate*, sulla base delle convenzioni sulle verifiche di significatività possiamo affermare quanto segue:

Verifica non significativa: per due variabili assunte non correlate, se si ottiene come risultato $P(|r| \geq |r_o|) > 5\%$, la verifica non è significativa: percui non si può rigettare l'ipotesi, le variabili *non sono correlate*.

Verifica probabilmente significativa: per due variabili assunte non correlate, se si ottiene come risultato $1\% \leq P(|r| \geq |r_o|) \leq 5\%$, la verifica è probabilmente significativa: sarebbe opportuno approfondire l'indagine sperimentale.

Verifica altamente significativa: per due variabili assunte non correlate, se si ottiene come risultato $P(|r| \geq |r_o|) < 1\%$ la verifica è altamente significativa al livello dell'1 %: le variabili *sono correlate* in modo altamente significativo.

La tabella viene utilizza in questo corso, per verificare se due variabili sono tra loro correlate, oppure no, per utilizzare tale risultato nella propagazione delle incertezze per somma lineare o per somma in quadratura. Nel caso di pochi dati, si arrotondi per eccesso per confrontarsi con il valore $|r_O|$ riportato in tabella.

Appendice C

Tabelle del χ^2

L'integrale della densità di probabilità del χ^2, espresso come:

$$\int_0^{\chi^2} f(\chi^2)\mathrm{d}\chi^2 = \int_0^{\chi^2} \frac{1}{2^{d/2}\Gamma(d/2)}(\chi^2)^{d/2-1}\mathrm{e}^{-\chi^2/2}\mathrm{d}\chi^2$$

è riportato nella Tabella C.1. Tale integrale fornisce la probabilità di ottenere un valore χ^2 compreso tra zero e χ_O^2, detto anche χ_{cr}^2 chi-quadro–critico. Sono riportati i valori χ_O^2, dai quali sulla base dei d gradi di libertà in 1^a colonna, si risale, lungo la colonna del χ_O^2, alle probabilità in 2^a riga. Per esempio la probabilità di ottenere un χ^2 compreso tra zero e $\chi_O^2 = 19.8$ per $d= 13$ risulta 0.900 (90 %). La tabella è funzionale alla verifica di significatività per χ_O^2 bassi.

Per $d \geq 30$ la distribuzione del χ^2 è approssimata da una gaussiana, di variabile $(\sqrt{2\chi^2} - \sqrt{2d-1})$, media zero e varianza uno [7]. Per determinare $P(0 \leq \chi^2 \leq \chi_O^2) = 0.95$. Troviamo z_P percui si ha $P = 0.95$ in Tabella A.1 osserviamo per $z_P = 1.64$ si ha 0.4495, se computiamo da $-\infty$ a $z_P = 1.64$, si ha $0.5+0.4495 \approx 0.05$. χ_O^2 si calcola da $(\sqrt{2\chi_O^2} - \sqrt{2d-1}) = z_P$. Per $d= 30$, si ottiene $\chi_O^2 = 1/2[1.64 + \sqrt{2(30)-1}]^2$=43.4, che approssima bene 43.8, in Tabella C.1 per $d = 30$ e $P = 0.950$.

Per $d > 100$ la densità di probabilità del χ^2 è approssimata da una gaussiana con $X = d$ e $\sigma = \sqrt{2d}$ [16].

Si riporta in Tabella C.2, le probabilità di ottenere un valore $\tilde{\chi}^2$ maggiore o uguale di un valore critico $\tilde{\chi}_{cr}^2$.

Sono stati enfatizzati i valori delle probabilità *0.05* e *0.01* corrispondenti rispettivamente ai livelli di significatività del 5 % e del 1 %.

Nel caso, p.e., di un campione con d=13, se $\tilde{\chi}_O^2$= 2.3, lungo la riga d=13, si trova $\tilde{\chi}_{cr}^2$= 2.13 per il quale si osserva una probabilità di 0.010. La verifica di significatività raggiunge un livello inferiore all'1 %, il campione è altamente significativo per rigettare l'ipotesi. Se invece avessimo ottenuto $\tilde{\chi}_O^2$= 1.4, si trova ora $\tilde{\chi}_{cr}^2$=1.52 e $P = 0.100$. La probabilità è maggiore di 0.10 (10 %), la verifica non è significativa per rigettare l'ipotesi.

G. Ciullo, *Introduzione al Laboratorio di Fisica*, UNITEXT for Physics, DOI: 10.1007/978-88-470-5656-5, © Springer-Verlag Italia 2014

Tabella C.1 Tabella dei χ^2_O: in corrispondenza di d gradi di libertà nella 1^a colonna, si hanno le probabilità $P(\chi^2 \le \chi^2_O)$ nella 2^a riga, per un dato χ^2_O

	Probabilità $P(\chi^2 \le \chi^2_O)$											
d	0.005	0.01	0.05	0.100	0.250	0.500	0.750	0.900	0.950	0.975	0.990	0.995
1	.000039	.00016	.0393	0.0158	0.102	0.455	1.32	2.71	3.84	5.02	6.63	7.88
2	.0100	.0201	.103	0.211	0.575	1.39	2.77	4.61	5.99	7.38	9.21	10.6
3	.0717	.115	.352	0.584	1.21	2.37	4.11	6.25	7.81	9.35	11.3	12.8
4	.207	.297	.711	1.06	1.92	3.36	5.39	7.78	9.49	11.1	13.3	14.9
5	.412	.554	.1.15	1.61	2.67	4.35	6.63	9.24	11.1	12.8	15.1	16.7
6	.676	.872	1.64	2.20	3.45	5.35	7.84	10.6	12.6	14.4	16.8	18.5
7	.989	1.24	2.17	2.83	4.25	6.35	9.04	12.0	14.1	16.0	18.5	20.3
8	1.34	1.65	2.73	3.49	5.07	7.34	10.02	13.4	15.5	17.5	20.1	22.0
9	1.73	2.09	3.33	4.17	5.90	8.34	11.4	14.7	16.9	19.0	21.7	23.6
10	2.16	2.56	3.94	4.87	6.74	9.34	12.5	16.0	18.3	20.5	23.2	25.2
11	2.60	3.05	4.57	5.58	7.58	10.3	13.7	17.3	19.7	21.9	24.7	26.8
12	3.07	3.57	5.23	6.30	8.44	11.3	14.8	18.5	21.0	23.3	26.2	28.3
13	3.57	4.11	5.89	7.04	9.30	12.3	16.0	19.8	22.4	24.7	27.7	29.8
14	4.07	4.66	6.57	6.57	7.79	10.2	13.3	17.1	21.1	23.7	26.1	29.1
15	4.69	5.23	7.26	7.79	10.2	13.3	17.1	21.1	23.7	26.1	29.1	31.3
16	5.14	5.81	7.96	9.31	11.9	15.3	19.4	23.5	26.3	28.8	32.0	34.3
17	5.70	6.41	8.67	10.1	12.8	16.3	20.5	24.8	27.6	30.2	33.4	35.7
18	6.26	7.01	9.39	10.9	13.7	17.3	21.6	26.0	28.9	31.5	34.8	37.2
19	6.84	7.63	10.1	11.7	14.6	18.3	22.7	27.2	30.1	32.9	36.2	38.6
20	7.43	8.26	10.9	12.4	15.5	19.3	23.8	28.4	31.4	34.2	37.6	40.0
21	8.03	8.90	11.6	13.2	16.3	20.3	24.9	29.6	32.7	35.5	38.9	41.4
22	8.64	9.54	12.3	14.0	17.2	21.3	26.0	30.8	33.9	36.8	40.3	42.8
23	9.26	10.2	13.1	14.8	18.1	22.3	27.1	32.0	35.2	38.1	41.6	44.2
24	9.89	10.9	13.8	15.7	19.0	23.3	28.2	33.2	36.4	39.4	43.0	45.6
25	10.5	11.5	14.6	16.5	19.9	23.3	29.3	34.4	37.7	40.6	44.3	46.9
26	11.2	12.2	15.4	17.3	20.8	25.3	30.4	35.6	38.9	41.9	45.6	48.3
27	11.8	12.9	16.2	18.1	21.7	26.3	31.5	36.7	40.1	43.2	47.0	49.6
28	12.5	13.6	16.9	18.9	22.7	27.3	32.6	37.9	41.3	44.5	48.3	51.0
29	13.1	14.3	17.7	19.8	23.6	28.3	33.7	39.1	42.6	45.7	49.6	52.3
30	13.8	15.0	18.5	20.6	24.5	29.3	34.8	40.3	43.8	47.0	50.9	53.7

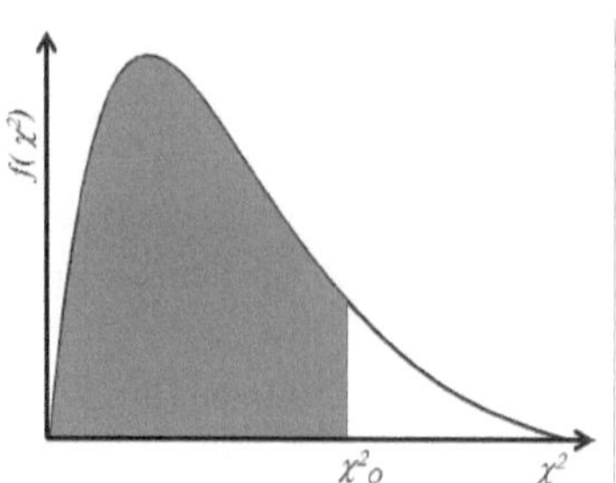

Grafico dell'area corrispondente al valore di probabilità per χ^2 tra zero e χ^2_O:

$$P(\chi^2 \le \chi^2_O) = \int_0^{\chi^2_O} f(\chi^2)\mathrm{d}\chi^2.$$

Tale valore dipende dai gradi di libertà come riportato nella Tabella C.1.

Tabella C.2 Tabella dei valori $\tilde{\chi}^2_{cr}$ per i quali seguendo la riga corrispondente ai gradi di libertà d (1ª colonna) si ottiene la probabilità (2ª riga) di ottenere $\tilde{\chi}^2$ maggiore del $\tilde{\chi}^2_{cr}$ tabulato. Critico in quanto oltre tale valore, se si pone un dato livello di significatività, si può rigettare l'ipotesi. In enfasi le probabilità *0.01* (1 %) e *0.05* (5 %), che individuano i livelli di significatività più in uso.

d	0.005	*0.010*	0.025	*0.050*	0.100	0.250	0.500	0.750	0.900
1	7.88	6.63	5.02	3.84	2.71	1.32	0.455	0.102	0.0158
2	5.30	4.61	3.69	3.00	2.30	1.39	0.69	0.29	0.11
3	4.28	3.78	3.12	2.61	2.08	1.37	0.79	0.40	0.19
4	3.71	3.32	2.79	2.37	1.95	1.35	0.84	0.48	0.27
5	3.35	3.02	2.57	2.21	1.85	1.33	0.87	0.53	0.32
6	3.09	2.80	2.41	2.10	1.77	1.31	0.89	0.58	0.37
7	2.90	2.64	2.29	2.01	1.72	1.29	0.91	0.61	0.40
8	2.74	2.51	2.19	1.94	1.67	1.28	0.92	0.63	0.44
9	2.62	2.41	2.11	1.88	1.63	1.27	0.93	0.66	0.46
10	2.52	2.32	2.05	1.83	1.60	1.25	0.93	0.67	0.49
11	2.43	2.25	1.99	1.79	1.57	1.25	0.94	0.69	0.51
12	2.36	2.18	1.94	1.75	1.55	1.24	0.95	0.70	0.53
13	2.29	2.13	1.90	1.72	1.52	1.23	0.95	0.72	0.54
14	2.24	2.08	1.87	1.69	1.50	1.22	0.95	0.73	0.56
15	2.19	2.04	1.83	1.67	1.49	1.22	0.96	0.74	0.57
16	2.14	2.00	1.80	1.64	1.47	1.21	0.96	0.74	0.58
17	2.10	1.97	1.78	1.62	1.46	1.21	0.96	0.75	0.59
18	2.06	1.93	1.75	1.60	1.44	1.20	0.96	0.76	0.60
19	2.03	1.90	1.73	1.59	1.43	1.20	0.97	0.77	0.61
20	2.00	1.88	1.71	1.57	1.42	1.19	0.97	0.77	0.62
21	1.97	1.85	1.69	1.56	1.41	1.19	0.97	0.78	0.63
22	1.95	1.83	1.67	1.54	1.40	1.18	0.97	0.78	0.64
23	1.92	1.81	1.66	1.53	1.39	1.18	0.97	0.79	0.65
24	1.90	1.79	1.64	1.52	1.38	1.18	0.97	0.79	0.65
25	1.88	1.77	1.63	1.51	1.38	1.17	0.97	0.80	0.66
26	1.86	1.76	1.61	1.50	1.37	1.17	0.97	0.80	0.67
27	1.84	1.74	1.60	1.49	1.36	1.17	0.98	0.81	0.67
28	1.82	1.72	1.59	1.48	1.35	1.17	0.98	0.81	0.68
29	1.82	1.71	1.58	1.47	1.35	1.16	0.98	0.81	0.68
30	1.79	1.70	1.57	1.46	1.34	1.16	0.98	0.82	0.69

Probabilità $P(\tilde{\chi}^2_d \geq \tilde{\chi}^2_O)$

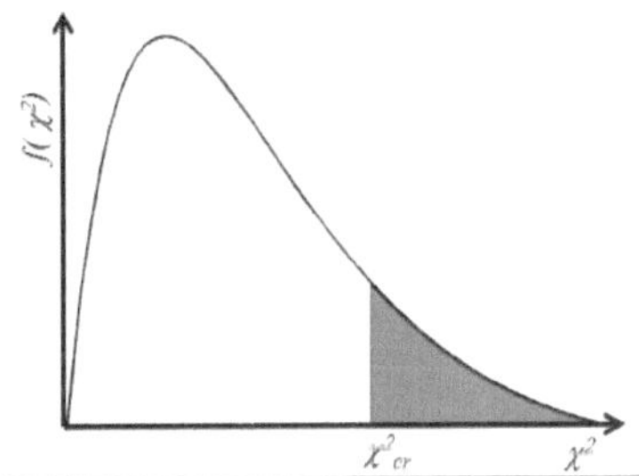

Grafico dell'area corrispondente al valore di probabilità per $\chi^2 \geq \chi^2_{cr}$:
$$P(\chi^2 \geq \chi^2_{cr}) = \int_{\chi^2_{cr}}^{\infty} f(\chi^2)\,d\chi^2.$$
Nella Tabella C.1 sono riportati invece $\tilde{\chi}^2_{cr} = \chi^2_{cr}/d$, per ricordare che la probabilità dipende anche da d.

Appendice D

Derivate più comuni di interesse per la teoria delle incertezze

Tabella D.1 u, v e w sono funzioni della variabile x; a, c ed n e m sono numeri reali costanti. Gli argomenti delle funzioni trigonometriche sono espressi in radianti.

$$\frac{d}{dx}(u+v-w) = \frac{du}{dx} + \frac{dv}{dx} - \frac{dw}{dx}$$

$$\frac{d}{dx}(a) = 0$$

$$\frac{d}{dx}(uvw) = vw\frac{du}{dx} + uw\frac{dv}{dx} + uv\frac{dw}{dx}$$

$$\frac{d}{dx}(ax) = a$$

$$\frac{d}{dx}(au) = a\frac{du}{dx}$$

$$\frac{d}{dx}\left(\frac{1}{x}\right) = -\frac{1}{x^2}$$

$$\frac{d}{dx}\left(\frac{1}{u}\right) = -\frac{1}{u^2}\frac{du}{dx}$$

$$\frac{d}{dx}(x^n) = nx^{n-1}$$

$$\frac{d}{dx}(u^n) = nu^{n-1}\frac{du}{dx}$$

$$\frac{d}{dx}\left(\frac{1}{x^m}\right) = -\frac{m}{x^{m+1}}$$

$$\frac{d}{dx}\left(\frac{1}{u^m}\right) = -m\frac{1}{u^{m+1}}\frac{du}{dx}$$

$$\frac{d}{dx}\left(\sqrt{x}\right) = \frac{1}{2\sqrt{x}}$$

$$\frac{d}{dx}\left(\sqrt{u}\right) = \frac{1}{2\sqrt{u}}\frac{du}{dx}$$

$$\frac{d}{dx}(\ln x) = \frac{1}{|x|}$$

$$\frac{d}{dx}(\ln u) = \frac{1}{|u|}\frac{du}{dx}$$

$$\frac{d}{dx}(e^x) = e^x$$

$$\frac{d}{dx}(e^u) = e^u\frac{du}{dx}$$

$$\frac{d}{dx}(e^{-x}) = -e^{-x}$$

$$\frac{d}{dx}(e^{-u}) = -e^{-u}\frac{du}{dx}$$

$$\frac{d}{dx}(\operatorname{sen} x) = \cos x$$

$$\frac{d}{dx}(\operatorname{sen} u) = \cos u\frac{du}{dx}$$

$$\frac{d}{dx}(\cos x) = -\operatorname{sen} x$$

$$\frac{d}{dx}(\cos u) = -\operatorname{sen} u\frac{du}{dx}$$

$$\frac{d}{dx}(\tan x) = \frac{d}{dx}\left(\frac{\operatorname{sen} x}{\cos x}\right) = \frac{1}{\cos^2 x}$$

$$\frac{d}{dx}(\tan u) = \frac{1}{\cos^2 u}\frac{du}{dx}$$

G. Ciullo, *Introduzione al Laboratorio di Fisica*, UNITEXT for Physics, 233
DOI: 10.1007/978-88-470-5656-5, © Springer-Verlag Italia 2014

Nella Tabella D.1 si è utilizzata la regola per funzioni composte, $g(u(x))$:

$$\frac{\mathrm{d}g}{\mathrm{d}x} = \frac{\mathrm{d}g}{\mathrm{d}u}\frac{\mathrm{d}u}{\mathrm{d}x} \ .$$

Inoltre data una funzione qualsiasi $f(x)$ per la quale si ha la derivata $f'(x) = \mathrm{d}f/\mathrm{d}x$ si ha che il differenziale di tale funzione indicato con df è definito come

$$\mathrm{d}f = f'(x)\mathrm{d}x.$$

Per ogni derivata si può ottenere la forma differenziale, per esempio $\mathrm{d}(ax) = a\mathrm{d}x$, e per le funzioni complesse $\mathrm{d}(au) = a\mathrm{d}u = au'\mathrm{d}x$ o $\mathrm{d}(\cos u) = -\mathrm{sen}\,u\mathrm{d}u = -\mathrm{sen}\,u u'\mathrm{d}x$.

Soluzioni dei problemi o indicazioni

Di seguito sono presentate le soluzioni dei problemi, per questioni di spazio i grafici di alcuni problemi sono disponibiliti sul sito dell'autore [6].

Soluzioni Cap. 1

1.1. Il primo membro ha le dimensioni di una lunghezza. I termini del secondo membro devono essere omogenei : $[x]=[x_0]=$ L; $[v_0 m]=$ LT^{-1}M $\neq$ L errato, $[5/7\, at]$ $=$ LT^{-2}T$=$ LT$^{-1} \neq$ L errato. L'equazione è errata.

1.2. $[1/v']=[1/v]=$ s, $(1 - cos\theta)=$ adimensionale, $[h/m_e c^2] = $ (J s)/(kg m^2 s^{-2}) $=$ kg m^2 s^{-2} s/(kg m^2 s^{-2})$=$ s. L'equazione è corretta.

1.3. Entrambe le equazioni per l'analisi dimensionale sono corrette. La costante è adimensionale, l'analisi dimensionale è necessaria, ma non è sufficiente.

1.4. L'unica combinazione delle dimensioni, che permette l'uguaglianza tra il primo membro e la somma dei vari termini del secondo membro è tale da avere tutti gli esponenti pari a zero: la dimensione nulla. θ deve essere adimensionale.

1.5. Per il primo membro f in N, per il secondo membro $2/\pi R$ in m^{-1}, in parentesi tonde $1/2\, mv^2$ in kg m^2 s^{-2} e mgR in kg m s^{-2} m si possono sommare. Le dimensioni del secondo membro sono kg m s^{-2} ovvero N. Equazione corretta.

1.6. Il primo membro ha le dimensioni LT^{-1}, al secondo membro sotto radice $[v_l^2]$ $=$ L^{2}T^{-2} e $[2\mu_k gD] =$ LT^{-2}L somma corretta, estraendone la radice si ha LT^{-1}. Equazione corretta.

G. Ciullo, *Introduzione al Laboratorio di Fisica*, UNITEXT for Physics,
DOI: 10.1007/978-88-470-5656-5, © Springer-Verlag Italia 2014

Soluzioni Cap. 2

2.1. 1^a riga si ha $\delta V = \varepsilon_V = 0.5$ V, $\delta V/V = 0.5$ V /2 V=0.25. 2^a riga si ha $\delta V = \varepsilon_V$ = 0.05 V, $\delta V/V$= 0.05 V /2 V=0.025. 3^a riga si ha: $\delta V = \varepsilon_V = 0.005$ V, $\delta V/V$= =0.005 V /2 V=0.0025.

2.2. 1^a misura: distanza d, $\varepsilon_d/d = 0.5$ cm/ 750 cm $\approx 7\ 10^{-4}$. 2^a misura: lato l della calcolatrice, ε_l/l= 0.5 mm/70 mm= $\approx 7\ 10^{-3}$, meno precisa.

2.3. L'effetto sull'incertezza si ha se δT risulta pari 0.455 °C ≈ 0.46 °C, quindi per $\sqrt{\sigma_t^2 + \varepsilon_T^2} \geq 0.455$. Per $\varepsilon_T \geq 0.07$ °C.

2.4. Si raggruppino i valori uguali $\overline{T} = (25.5 + 25.6 \times 2 + 25.7 \times 3 + 25.8 \times 2 + 25.9)/9$. Si raggruppino i valori uguali anche per il calcolo σ_T.

2.5. Per n dati $\overline{x} = (n/2 x_1 + n/2 x_2)/n$. Per qualsiasi n, risulta $(x_1 + x_2)/2$. Invece $\sigma_x^2 = [(n/2)(x_1 - \overline{x})^2 + (n/2)(x_2 - \overline{x})^2]/(n-1)$ la differenza tra il valore medio e x_1 o x_2 è 1/2 di u.f., ovvero ε_x, quindi $\sigma_x^2 = [(n/2)(\varepsilon_x)^2 + (n/2)(\varepsilon_x)^2]/(n-1) = [n/(n-1)](\varepsilon_x)^2$, che all'aumentare di n tende a ε_x^2, quindi $\sigma_x \to \varepsilon_x$.

2.7. $(\delta T)^2 = \sigma_T^2 + \varepsilon_T^2/3 + \eta_T^2/3 = 1.5^2 + 0.5^2/3 + 0.5^2/3 \equiv \delta T = 1.555$ °C, quindi $T = 25.4 \pm 1.6$ °C. Intervallo di fiducia del 68 %. Se si usa $(\delta T)^2 = \sigma_T^2 + \varepsilon_T^2 + \eta_T^2 = 1.5^2 + 0.5^2 + 0.5^2 \equiv \delta T = 1.66 \approx 1.7$ °C . Intervalli di fiducia non omogenei per σ_T 68 %, per ε_T e η_T 100 %. Più congruo con le varianze.

Soluzioni Cap. 3

3.1. Incertezza relativa del 0.6 % con arrotodamento a due cifre significative per l'incertezza 349 e la misura armonizzata a 56 450. Riducendo ancora una cifra significativa, 300 e 56 500, si osserva una differenza: 0.5 %.

3.2. $t = 3\ 625 \pm 85$ s, $l = 1\ 050 \pm 260$ mm, $e = 1.604 \pm 0.035\ 10^{-19}$ C, $g = 9.807 \pm 0.053$ m s^{-2}, $m = 5.235 \pm 0.013$ g, $L = (1.00 \pm 0.01)\ 10^4$ N m.

3.3. Si può rischiare di rigettare la misura c) in quanto il rapporto tra la discrepanza e l'incertezza è maggiore di uno.

3.4. Raggio medio dell'atomo con la mantissa maggiore di 3.16, pertanto $\approx$E-10, mentre nucleo con la mantissa minore di 3.16 $\approx$E-15. Differenza di 5 ordini di grandezza.

3.5. Rapporto discrepanza somma delle incertezze: $1.1/1.2 \approx 0.9$. Le misure sono indipendenti tra loro, l'incertezza va sommata in quadratura, percui $1.1 / 0.9 \approx 1.2$, si deve rigettare l'ipotesi. Questo esempio sia da monito, l'utilizzo appropriato della combinazione delle incertezze può cambiare la verifica di una legge.

Soluzioni Cap. 4

4.1. Per $x > y$ entrambi positivi $g_{max} = (x_{ms} + \delta x) - (y_{ms} - \delta y)$ e $g_{min} = (x - \delta x) - (y + \delta y)$, si ottiene $g_{max} = (x_{ms} - y_{ms}) + (\delta x + \delta y)$ e $g_{min} = (x_{ms} - y_{ms}) - (\delta x + \delta y)$. $\delta g = \delta x + \delta y$.

4.2. x ed y entrambi positivi, si ha $g_{min} = (\tilde{x} - \delta x)(\tilde{y} - \delta y)$, si ottiene $g_{min} \approx (\tilde{x}\tilde{y})(1 - \delta x/\tilde{x} - \delta y/\tilde{y})$, trascurando il termine $\delta x\,\delta y$.

4.3. Regola dei prodotti e frazioni: $\delta g/g = \delta h/h + 2\delta t/t$. Per derivazione $\delta g = (2/t^2)\delta h + (4h/t)\delta t$. $g_{ms} = (2 \times 1.00 \text{ m})/(0.452)^2 \text{ s}^2 = 9.789333$, dato che $\delta g/g = \delta h/h + 2\delta t/t = 0.01 \text{ m}/1.00 \text{ m} + 2 \times 5 \text{ ms}/452 \text{ ms} = 0.0321$. Si ottiene infine per l'incertezza δg=0.31 e per $g = 9.789$ m s^{-2}. Verifica di significatività *grossolana* $|9.789 - 9.807|$ m s^{-2} / 0.31 m s^{-2} $\approx 0.06 < 1$. L'ipotesi, che il valore atteso sia in accordo con le nostre misure, è accettabile.

4.4. $g_{max} = (\tilde{x} + \delta x)/(\tilde{y} - \delta y) = (\tilde{x}/\tilde{y})(1 + \delta x/\tilde{x})/(1 - \delta y/\tilde{y}) \cdot 1/(1 - \delta y/\tilde{y}) \overset{Taylor}{\approx} 1 + \delta y/\tilde{y}$. Quindi $(1 + \delta x/\tilde{x})/(1 - \delta y/\tilde{y}) \approx (1 + \delta x/\tilde{x})(1 + \delta y/\tilde{y})$, come per xy.

4.5. Si consideri l'equazione come $m_{equ} = [\cdots] - m_a$. La prima operazione da svolgere è la propagazione per somme o sottrazioni: $\delta m_{equ} = \delta[\cdots] + \delta m_a$. L'incertezza $\delta[\cdots]$ si deduce dalle regole per frazioni o prodotti, pertanto : $\delta[\cdots]/[\cdots] = \delta m'_a/m'a + \delta(T'_1 - T'_{equ})/(T'_1 - T'_{equ}) + \delta(T'_{equ} - T'_0)/(T'_{equ} - T'_0)$. Incertezza tra differenze di temperatura con la regola delle somme o sottrazioni: $\delta(T'_1 - T'_{equ}) = \delta T'_1 + \delta T'_{equ}$ e $\delta(T'_{equ} - T'_0) = \delta T'_{equ} + \delta T'_0$.

4.6. $\delta\mu_k = |d(\tan\alpha)/d\alpha|\delta\alpha = (1/\cos^2\alpha)\delta\alpha$. La derivata di funzioni trigonometriche è definita per angoli in radianti: $\delta\alpha = 0.46° = 0.46° \times (\pi \text{ rad})/180° = 0.46 \times 3.14/180 \approx 0.008$ rad adimensionale. Si ha $\delta\mu_k = 1/\cos^2(12.46°)0.008 = 0.007628 \approx 0.008$. $\mu_k = 0.221 \pm 0.008$.

4.7. $\delta\lambda/\lambda = \delta\text{sen}\theta/|\text{sen}\theta| + \delta d/d \overset{\delta d\approx 0}{=} \delta\text{sen}\theta/|\text{sen}\theta|$. $\delta\text{sen}\theta = |d\text{sen}\theta/d\theta|\delta\theta = |\cos\theta|\delta\theta$. Per il massimo: $\delta\lambda/\lambda = [1/\tan(6°)]0.5° \times \pi \text{ rad}/180°$=0.08, per intervalli al 100 %, $[1/\tan(6°)](0.5°/\sqrt{3}) \times \pi \text{ rad}/180°$ =0.05 per varianze. Per $\tan\theta$ verificate, se l'impostazione della calcolatrice è in gradi, per $\delta\theta$ si devono usare i radianti. Per i minimi, sostituendo $1/\tan(6°)$ con $1/\tan(4°)$, si ottiene 0.13 (%100) e 0.07 (varianze).

4.8. $\delta r' = |dr'/dt_{\downarrow}|\,\delta t_{\downarrow} = cost_r(1/2)(1/t_{\downarrow}^{3/2})\delta t_{\downarrow}$. Invece $\delta q'/q' = \delta r'/r' + \delta(\cdots)/(\cdots)$. Con $\delta(\cdots) = \delta(1/t_{\downarrow} + 1/t_{\uparrow}) = \delta(1/t_{\downarrow}) + \delta(1/t_{\uparrow})$. Sia per $t_{\uparrow}$ che $t_{\downarrow}$ in genere $\delta(1/t)$ è l'incertezza della frazione di $1/t$: dalle regole delle frazioni, o per derivazione: $\delta(1/t) = |-1/t^2|\delta t = (1/t^2)\delta t$.

4.9. La seconda è errata, una grandezza x non è indipendente da se stessa: somma lineare.

4.10.   Da $g = 2h/(t + t_0)^2$: $\delta g/g = \delta h/h + 2\delta(t + t_0)/(t + t_0)$. Al numeratore $\delta(t + t_0)$ diventa $\delta t + \delta t_0$. Si ottiene per g =2 $\times$ 1.334 m / [(0.529 - 0.0109)^2 s^2] = 9.9394 m s^{-2}. Calcoliamo l'incertezza eppoi armonizziamo i dati per la presentazione e per la verifica con il valore atteso. $\delta g/g = 1$ mm/1334 mm + 2(4 ms + 0.8 ms)/(529 ms − 10.9 ms) = 7.5 10^{-4} + 1.85 10^{-2}, domina soprattutto l'incertezza sui tempi. Moltiplicando $\delta g/g$ calcolata per g_{ms} si ottiene per δg=0.19 m s^{-2}. La misura $g = 9.94 \pm 0.19$ m s^{-2}. Nel confrontare $|g_{ms} - g_{att}|/\delta g$ si ha una valore $\approx$ di 0.69, pertanto possiamo accettare l'ipotesi, che g_{att} sia appropriato per i nostri dati. Abbiamo utilizzato la somma lineare, non abbiamo dati per verificare, ma all'aumentare di h ci aspettiamo che aumenti t. Mentre t non è correlato con t_0, δt e δt_0, volendo, si potrebbero anche sommare in quadratura.

4.11. $\delta v = (\partial v/\partial v_0)\delta v_0 + (\partial v/\partial a)\delta a + (\partial v/\partial t)\delta t = \delta v + t\delta a + a\delta t$. Per le dimensioni si ha [δv]= m s^{-1}, [δv_0]= m s^{-1}, [$t\delta a$]= s m s^{-2} = m s^{-1} e [$a\delta t$]= m s^{-2} s = m s^{-1}. Primo, secondo e terzo termine del secondo membro hanno stesse dimensioni e unità di misura si possono sommare (criterio di somma). Primo membro e secondo membro stesse dimensioni e unità di misura (criterio di uguaglianza). È corretta.

Soluzioni Cap. 5

5.1. $t_{centr} = (t_{max} + t_{min})/2 = (80 + 75)$ s $/2 = 77.5$ s, $\Delta_t/2 = (t_{max} - t_{min})/2 = (80 - 75)$ s $/ 2 = 2.5$ s.
$\bar{t} = (2 \times 75 + 3 \times 76 + 2 \times 79 + 80)/8 = 616/8 = 77.0$ s, $\sigma_t = [(\sum t_i^2 - n\bar{t}^2)/(n - 1)]^{1/2} = [(47460 - 8 \times 5929)/(8 - 1)]^{1/2} = (28/7)^{1/2} = 2.0$. Pertanto $t = 77.0 \pm 2.0$ s. Valore più probabile = 76 s, diverso da t_{centr} e $\bar{t}$.

5.2.   Facile, ma si prenda dimestichezza con i propri strumenti su esempi semplici.

5.3. $\sum x_i = 1836$, $n\bar{x} = 1836$.

5.4. $\sum(\Delta t_i)^2 = \sum(t_i - \bar{t})^2 = 76$ s^2. Per i calcoli meglio: $\sum t_i^2 - n\bar{t}^2 = 140\,530$ s^2 - 24 $\times$ 76.5^2 s^2 = 76 s^2.

5.5. $\overline{(x - \bar{x})^2} \equiv \sum_{i=1}^{n}(x_i - \bar{x})^2/n$. Sviluppiamo il quadrato del binomio: $(1/n)\sum_{i=1}^{n}(x_i^2 - 2x_i\bar{x} + \bar{x}^2)$, distribuiamo l'operatore $\sum$ senza riportare gli estremi, lasciando i pedici per distinguere dove sia applica: $1/n(\sum x_i^2 - \sum 2x_i\bar{x} + \sum \bar{x}^2) = 1/n(\sum x_i^2 - 2\bar{x}\sum x_i + n\bar{x}^2) = 1/n(\sum x_i^2 - 2\bar{x}n\bar{x} + n\bar{x}^2) = (1/n)\sum x_i^2 - \bar{x}^2$. Dato che $(1/n)\sum_{i=1}^{n} x_i^2$ è la media degli x_i^2, che possiamo scriverla $\overline{x^2}$. Si ottiene $\overline{x^2} - \bar{x}^2$.

5.6. $\bar{\lambda}$ = 8.0 mm, $\sigma_\lambda = 0.7$ mm. $\lambda_1 = 8.2$ mm $\sigma_1 = 0.9$ mm, $\cdots$ $\lambda_{10} = 7.9$ mm σ_{10} = 0.4 mm. $\lambda_{pes} = 8.0$ mm, $\sigma_{pes} = 0.2$ mm, $\lambda_{50} = 8.0$ mm, $\sigma_{50} = 0.1$ mm.

5.7. $[x_{pes}] = [\sum p_j][\bar{x}_j]/[\sum p_j]$ le dimensioni di p_j sono al numeratore e al denominatore, pertanto il secondo membro ha le dimensioni $[x_j]$. $[\sigma_{pes}] = [1/(\sum p_j)^{1/2}]$, dato che $p_j = 1/\sigma_j^2$ si ha a secondo membro che $[1/(\sum 1/\sigma_j^2)^{1/2}]$ ha le dimensioni di σ.

5.7. $x_{pes} = (p_1x_1 + ... + p_nx_n)/(p_1 + ... + p_n)$, le misure descrivono la stessa popolazione $x_1 = \cdots = x_n = X$ e anche le deviazioni standard $\sigma_1 \cdots \sigma_n = \sigma$ pertanto: $\bar{\bar{x}} = 1/n(\overline{x_1} + ... \overline{x_n}) = 1/n(X, ..., X) = 1/n(nX) = X$. $\sigma_{pes} = [1/\sqrt{\sum p_j}] = [1/\sqrt{np}] = \sigma/\sqrt{n}$. La media pesata può utilizzarsi, se ogni ogni misura appartiene alla stessa popolazione.

Soluzioni Cap. 6

6.1. Soluzioni riportate nella parte teorica del testo.

6.2. Dato che $\overline{\lambda} = 8.0$ mm e $\sigma_\lambda = 0.7$ mm, la larghezza di ogni classe sarà 0.35 mm. La classe centrale, centrata su 8.0 mm è costituita dall'intervallo $[7.825, 8.175]$ mm, la classe a sinistra della centrale $[7.475, 7.825]$ mm, quella a destra $[8.175, 8.525]$ mm. Ci si ferma quando vengono compresi tutti i dati registrati, in tutto 11 classi.

6.3. Per risolvere gli istogrammi, in questo caso è opportuno utilizzare per la larghezza delle classi la risoluzione: 0.01 s. Dall'istogramma si osserva che il primo dato dell'ultimo studente $x_{11,1} = 2.49$ risulta fuori rispetto alla distribuzione. Si ha per tutti i 110 dati: $\bar{x} = 2.196$ s e $\sigma = 0.066$ s, da scrivere $\bar{x} = 2.20 \pm 0.07$ s. Ogni studente deve calcolare media e deviazione standard dei suoi dati, dati per ogni colonna: $\bar{x}_j = \sigma_j$, per j-esimo studente, $\bar{x}_{j=1} = 2.18$ s e $\sigma_{j=1} = 0.08$ s $\cdots \bar{x}_{j=11} = 2.18$ e $\sigma_{j=11} = 0.13$ s. L'istogramma dei valori medi, risulta meno disperso dell'istogramma dei dati. La media degli undici valori medi "media delle medie" $= 2.195$ s, la deviazione standard dei valori medi 0.028 s, da scrivere $x = 2.20 \pm 0.03$ s.

6.4. I risultati sono presentati nel testo, lo studente dovrebbe provare a risolvere il problema a modo suo e trovare quale situazione gli risulti più immediata. Si faccia attenzione alle cifre significative. Per i coefficienti A' (A'') basta usare la corrispondente relazione $y = A' + B_{max}x$ ($y = A' + B_{min}x$) e per sostituzione di una qualsiasi coppia di dati, per esempio la prima $y_1 = A' + B_{max}x_1$ ($y_1 = A' + B_{min}x_1$) si ricava A' (A'') $A' = -0.134$ s, $A'' = 0.022$ s, $A_{centr} = -0.056$ s, $\Delta_A/2 = 0.011$ s.

6.5. $cost/\sqrt{g} = B$, per $g = 9.807$ m s^{-2}, si ha $cost_{ms} = B\sqrt{g}$, $\delta cost = \sqrt{g}\delta B$ g$=6.74 \pm 0.49$ confrontanto con $2\pi = 6.28$, il rapporto tra discrepanza ed incertezza risulta $0.94 \leq 1$, pertanto la discrepanza non è significativa e si accetta l'ipotesi. Diversamente per il caso $1/(2\pi)$, si ottiene un rapporto ≈ 13, sicuramente da rigettare.

6.6. L'incertezza relativa maggiore si ha su Δl, pertanto si utilizza come variabile dipendente: $\Delta l = (g/k)m$. Si ottiene $B_{max} = 0.01129$ mm g^{-1}. $B_{min} = 0.01014$ mm g^{-1}, da cui $B_{ms} = 0.0107 \pm 0.0006$ mm g^{-1}, rispettivamente valore centrale e semidispersione. Per ottenere k si utilizza $B = g/k$ da cui si ottiene $k_{ms} = g/B_{ms}$ e $\delta k/k = \delta B/B$, si ottiene pertanto $k = 920 \pm 50$ N m^{-1}. Per il rapporto tra discrepanza ed incertezza $|917 - 920|/51 = 0.059 < 1$, possiamo accettare l'ipotesi. Per la verifica di significatività usiamo tre cifre significative per la migliore stima — per il valore atteso non è chiaro se lo zero è significativo — ed uniformiamo l'incertezza a 51. Il risultato ha solo due cifre significative, domina la significatività del numero con meno cifre.

Soluzioni Cap. 8

8.1. In $\sum_{i=1}^{n}(x_i-x)^2$, all'interno della parentesi sommiamo e sottraiamo $\bar{x}$, non cambia nulla percui $\sum_{i=1}^{n}(x_i-x)^2 = \sum_{i=1}^{n}(x_i-\bar{x}+\bar{x}-x)^2$. Separiamo con parentesi alcuni termini: $\sum_{i=1}^{n}[(x_i-\bar{x})+(\bar{x}-x)]^2 = \cdots$. Osserviamo che in $[a+b]^2$ a è quanto espresso nella prima parentesi tonda e b quanto espresso nella seconda: $\cdots = \sum_{i=1}^{n}[(x_i-\bar{x})^2 + 2(x_i-\bar{x})(\bar{x}-x) + (\bar{x}-x)^2]$. Distribuiamo la sommatoria e portiamo fuori, quanto non dipende da i $\cdots = \sum_{i=1}^{n}(x_i-\bar{x})^2 + 2(\bar{x}-x)\sum_{i=1}^{n}(x_i-\bar{x}) + \sum_{i=1}^{n}(\bar{x}-x)^2$. Il 1° termine è il 1° membro della disuguaglianza dell'esercizio. Il 2° termine $2(\bar{x}-x)\sum_{i=1}^{n}(x_i-\bar{x}) = 2(\bar{x}-x)(\sum_{i=1}^{n}x_i - \sum_{i=1}^{n}x) = 0$, in quanto $\sum_{i=1}^{n}x_i = n\bar{x}$, e $\sum_{i=1}^{n}\bar{x} = n\bar{x}$. Quindi la $\sum$ di partenza: $\sum_{i=1}^{n}(x_i-x)^2 = \sum_{i=1}^{n}(\bar{x}-x)^2 + \sum_{i=1}^{n}(\bar{x}-x)^2$: Si osservi che la quantità $\sum_{i=1}^{n}(\bar{x}-x)^2 = n(\bar{x}-x)^2 \geq 0$, per qualsiasi x. Pertanto si ha che $\sum_{i=1}^{n}(x_i-x)^2 \geq \sum_{i=1}^{n}(x_i-\bar{x})^2$.

8.2. Calcolo abbastanza facile da fare graficamente, un rettangolo di altezza C e larghezza $2\varepsilon_x$. In modo formale invece, si cambi la variabile con $z = x - X$. Dalla normalizzazione si ottiene $\int_{-\varepsilon_x}^{\varepsilon_x} C dz = 1$, da cui $C2\varepsilon_x = 1$, percui il coefficiente $C = 1/(2\varepsilon_x)$. Il valore medio risulta $\int_{-\varepsilon_x}^{\varepsilon_x} zC dz = 0$. La varianza risulta $\int_{-\varepsilon_x}^{\varepsilon_x} z^2 f(z)dz = (z^3/3)/(2\varepsilon_x)]_{-\varepsilon_x}^{\varepsilon_x} = (\varepsilon_x)^3/6\varepsilon_x - (-\varepsilon_x)^3/6\varepsilon_x = \varepsilon_x^2/3$.

8.3. La normalizzazione si può calcolare come due volte l'area del triangolo a destra dello zero. Questa proprietà di simmetria rispetto allo zero si può usare per tutti gli integrali. Quanto calcolabile graficamente si può utilizzare, per verificare il calcolo integrale. Per la normalizzazione: $2\int_0^a f(z)dz = 1 \equiv Ca = 1$, da cui si ricava $C = 1/a$. Per la media si ottiene $z = 0$, per la varianza: $2\int_0^a z^2(-1/a^2)(z-a)dz = -(2/a^2)(-a^4/12) = a^2/6$.

Il calcolo dell'area in $\pm\sigma$ da $a/\sqrt{6}$: $2\int_0^{a/\sqrt{6}}(-1/a^2)(z-a)dz = -(2/a^2)(a^2/12 - a^2/\sqrt{6}) = -2(\sqrt{6}-12)/(\sqrt{6}\times 12) = 0.650$. L'area fra $\pm 2\sigma$ da $2\int_0^{2a/\sqrt{6}}(-1/a^2)(z-a)dz = 0.966$. L'area tra $\pm 3\sigma$, dato che 3σ è maggiore di a, per la normalizzazione è pari a 1.

8.4. Per la prima parte è stato risolto nel corso della teoria, ma si chiede allo studente di rifare i calcoli. Importante è cogliere, che dalla varianza otteniamo indicazioni su come sono dispersi i dati e dall'area la probabilità di trovare i dati in un certo intervallo. Per chi ama sbizzarrirsi con la matematica forniamo le indicazioni per la varianza. Dall'integrazione per parti: $\int_a^b f(z)(dg(z)/dz)dz = [f(z)g(z)]_a^b - \int_a^b (df(z)/dz)g(z)dz$. Dato che $-ze^{-z^2/2} = d(e^{-z^2/2})/dz$, la varianza espressa rispetto alla variabile standardizzata è $\sigma^2/\sqrt{(2\pi)} \int_{-\infty}^{\infty} z^2 e^{-z^2/2}dz$. Omettiamo di seguito gli estremi di integrazione. $\sigma^2/\sqrt{(2\pi)}(-\int z \mathrm{d}(e^{-z^2/2})/\mathrm{d}z)$, percui applicando l'integrazione per parti si ha $\sigma^2/\sqrt{2\pi}\{[-ze^{-z^2/2}]_{-\infty}^{+\infty} + \int e^{-z^2/2}\mathrm{d}z\}$. Il primo termine tra parentesi quadre è nullo, per ogni z positivo, che moltiplica l'esponenziale, ce ne è uno negativo. Il secondo termine è stato ricavato nel Par. 8.3.2, ed è pari a $\sqrt{2\pi}$: la varianza di una gaussiana risulta σ^2.

8.5. $2P(1.00 \leq z \leq 1.25) = 2[P(0 \leq z \leq 1.25) - P(0 \leq z \leq 1.00)] = 2[0.3944 - 0.3413] = 0.1062$.

8.6. Soluzione grafica non riportabile qui.

8.7. Ogni studente può stimare $\sigma_{\bar{x}}$ sulla base dei suoi 10 dati, si ha a disposizione una stima migliore di σ_x dai 100 dati $\sigma_{x-\ \mathrm{da}\ 100}$. Ogni studente potrebbe dire sulla base dei suo 10 dati, che la distribuzione dei valori medi avrà come $\sigma_{\bar{x}} = \sigma_{x-\ \mathrm{da}\ 100}/\sqrt{n}$, $\sigma_{\bar{x}} = 0.056/\sqrt{10} = 0.018$ s. La stima è abbastanza vicina alla deviazione standard dei 10 valori medi che risulta pari a 0.029 s. Tali stime sono sempre più vicine all'aumentare dei dati, si dovrebbe provare con 100 dati per ogni studente, ma poi .... addio lezione.

8.8. Le grandezze non sono indipendenti $g_{ms} = 9.79 \pm 0.32$ m s^{-2}. $z_{att} = |g_{ms} - g_{att}|/\delta g$, per la quale usiamo per g_{ms} almeno lo stesso numero di cifre significative del valore atteso $|9.789 - 9.807| = 0.018$, percui l'incertezza deve avere almeno due cifre significative: $z = 0.018 / 0 32 = 0 05625$ dato che la Tabella in App. A viene fornita per z_{att} espresse $n.nn$, ci limitiamo quindi a $z = 0.06$. La probabilità di ottenere $P(|z| \geq 0.06) = 1 - 2P(0 \leq z \leq 0.06) = 1 - 2(0.0239) = 0.9522$. Superiore del 5 %. Non possiamo rigettare l'ipotesi: il valore atteso è accettabile.

8.9. $t = n/n_{un} = 47\ 610/(90\ 000\ \mathrm{s}^{-1}) = 0.5290$ s. $\delta t = \delta n/n + \delta n_{un}/n_{un}$, dove $\delta n = (\sigma_{\bar{n}}^2 + \varepsilon_n^2/3)^{1/2} = (36^2 + 0.5^2/3)^{1/2} = 36$, percui $\delta t = \delta n/\bar{n} + \Delta_{n_{un}}/(n_{un}\sqrt{12})$ $= 0.0005$ s. $g = 9.842355176$ e $\delta g = 0.049873652$, quindi $g = 9.84 \pm 0.05$ m s^{-2}. La verifica di significatività $z = |9.842 - 9.807|/0.050 = 0.7$. $P(|z| \geq 0.7) = 1 - 2P(0 \leq z \leq 0.7) = 1 - 2 \times 0.258 = 0.484 \approx$ il 48 % > 5 %, la verifica non è significativa. Il valore atteso è in accordo con il valore vero estratto dal nostro campione.

8.10. Sebbene non si sia individuato il segno nella misura, l'errore di accuratezza comparirà sempre con lo stesso segno pertanto nella differenza di $[T_1' + (-)\eta_T - (T_{equ}' + (-)\eta_T)]$ tali incertezze si elidono. Abbiamo riportato il caso sia che l'incertezza sia positiva, che, tra parentesi che fosse negativa.

Soluzioni Cap. 9

9.1. $B = 0.0109 \pm 0.0003$ mm g^{-1} , $k_{ms} = 900 \pm 26$ N m^{-1}. Per la verifica di significatività si ha $z_{att} = |k_{ms} - k_{att}|/\delta k = |900 - 920|/25.5 = 0.78$. $P(|z| \geq 0.78) = 1 - 2P(0 \leq z \leq 0.78) \approx 0.44$. La verifica non è significativa, si accetta l'ipotesi.

9.2. $\sigma_V = 0.64$ m s^{-1} si osserva che per la misura con $\varepsilon_v = 1$ m s^{-1} è minore, la retta passa in media all'interno delle barre di incertezza $\delta v (\equiv \varepsilon_v$ non abbiamo incertezze casuali). La relazione sarebbe accettabile. Migliorando la precisione della misura si osserva invece che $\sigma_V = 0.64$ m s$^{-1} \geq \delta v = 0.1$ m s^{-1}, la retta passa in media fuori dalle barre di incertezza, la relazione sarebbe non accettabile. Questo approccio è solo qualitativo e grafico, serve la verifica del χ^2 (Cap. 11).

9.3. In questo caso ogni T_i ha un'incertezza, stimata come deviazione standard del campione in ordine: 0.03, 0.04, 0.03 e 0.03 s, e un'incertezza di lettura uguale per tutte a $\varepsilon_T = 0.002$ s. $\delta T_i = (\sigma_{T_i}^2 + \varepsilon_T^2)^{1/2}$ numericamente non cambia. Usiamo δY e σ_Y per comodità. Si ha $\sigma_Y = 0.019 < \delta T_i$ di ogni singola misura: la retta passa per le barre di incertezza. Dato che σ_Y è un'incertezza casuale, va sommata in quadratura con l'incertezza di lettura. Nella somma in quadratura si ha $\delta Y = (\sigma_Y^2 + \varepsilon_T^2)^{1/2} = 0.019$ s. Anche considerando la varianza $\varepsilon_T^2/3$ si otterrebbe come risultato sempre $\delta Y = 0.019$ s, in questo caso dominano le incertezze casuali. Si ha per $\sigma_B = \delta Y (N/\Delta)^{1/2} = 0.06$ s m$^{-1/2}$, $B = 2.01$ s m$^{-1/2}$. Dalla relazione $g = 4\pi^2/B^2$ si ottiene $g = 9.77 \pm 0.06$ m s^{-2}. Verifica: $z_{att} = |9.77 - 9.81|/0.060 = 0.67$ e $P(|z| \geq 0.67) = 0.50$. Verifica non significativa: il valore atteso è accettabile.

9.4. $B = 0.69 \pm 0.03$ N mm^{-1}, applicando la sola propagazione delle incertezze, su ε_F, e $B = 0.688 \pm 0.016$ N mm^{-1}, usando la varianza. Se calcoliamo $\sigma_Y = 0.36$ N, maggiore delle barre di incertezza quindi la relazione non è appropriata. Possiamo comunque fornire l'incertezza sommando le due incertezze $\delta Y = (\sigma_Y^2 + \varepsilon_y^2/3)^{1/2} = 0.35$ N mm^{-1}. La legge non è accettata ma possiamo fornire comunque una misura di $k = 0.69 \pm 0.38$ N mm^{-1}. Si calcola $z_{att} = |0.688 - 0.700|/0.38 = 0.032$, la verifica non è significativa. L'incertezza su k è elevata.

9.5. Ogni incertezza casuale sommata in quadratura con quella di lettura non cambia nel suo valore, se ci limitiamo ad una cifra significativa. Dalla regressione $A = 0.01074$ s e $B = 0.45090$ s m$^{-1/2}$, da cui $\sigma_Y = 0.00076$ s, maggiore di ogni δy_i, tranne uno. Possiamo fornire $\delta Y = (\sigma_Y^2 + \overline{\delta y}^2)^{1/2} = 0.0013$ s. Per $t_0 = -A = -10.74$ ms e l'incertezza dedotta da δA usando δY in sostituzione di δy, si ottiene $\delta A = 1.3$ ms, percui $t_0 = -10.7 \pm 1.3$ ms. Nel Cap. 11 accetteremo la relazione funzionale: $\delta Y = (\sigma_Y^2 + \varepsilon_y^2/3)^{1/2}$ e $\delta A = 0.8$ ms.

9.6. Presentiamo il calcolo per $\Delta_{pes} = \sum p \sum p x^2 - (\sum p x)^2$, dove p sono senza pedici, ma si sottintendono. Se sono uguali (p), possiamo portarli fuori dal segno di sommatoria, si ha pertanto $\Delta_{pes} = p^2 \sum \sum x^2 - p^2 (\sum x)^2$, quindi risulta $\Delta_{pes} = p^2 (N \sum x^2 - (\sum x)^2)$. A numeratore di A_{pes} e B_{pes} anche si può portare fuori p^2, percui si elidono. Stesso modo di procedere per le incertezze.

9.7. Si segua l'impostazione presentata sul libro per il coefficiente A.

9.8. Utilizzare il metodo di soluzione di due equazioni in due incognite per sostituzione o mediante le regole di Cramer [11].

Soluzioni Cap. 10

10.1. Applicare il MMQ per ottenere i risultati presentati nel testo.

10.2. $r_O = 0.9983$, la $P_8(r \geq 0.998)$ per 8 coppie di dati di due variabili non correlate è nella tabella disponibile molto vicina allo zero, quindi le variabili sono correlate.

10.3. Per il caso $T = T(l)$ si ha $r = 0.992 \to 1$ e $P_4(r \geq r_o) \to 0$, pertanto l'ipotesi che non siano correlate è da rigettare. Per il caso $T = T(\sqrt{l})$ si ha $r = 0.999 \to 1$ e $P_4(r \geq r_o) \to 0$. Sono poche quattro coppie di dati per essere risolutivi. Ai fini della propagazione la verifica è in entrambi i casi significativa. Non lo è per decidere, quale relazione è appropriata. Per $T = T(l)$: $\sigma_Y = 0.06$ s $>$ dei δy_i; mentre $T = T(\sqrt{l})$: $\sigma_Y = 0.02$ s $<$ dei δy_i (vedremo meglio nel Probl. 11.1) .

10.4. Si osserva che il coefficiente di correlazione risulta $r_0 = 0.99998 \approx 1.0$, $P_4(r \geq r_o) \to 0$, percui la verifica è altamente significativa e l'ipotesi, che non siano correlate, è da rigettare. Dato che n ed n_{un} sono correlate, le incertezze si sommano linearmente.

10.5. Per $h = h(t)$ si ha $r_0 = 0.9997$, e per $h = h(t^2)$ $r_0 = 0.9998$. Per entrambi $P_6(r \geq r_o) < 1\%$. Verifica altamente significativa: l'ipotesi, che non siano correlate, è da rigettare. In $g = 2h/(t + t_0)^2$ le incertezze su h e t vanno sommate in modo lineare. Per t_0 invece si potrebbe sommare in quadratura.

Soluzioni Cap. 11

11.1. Per $T = T(l)$: $\chi_O^2 = 7.55$ con due gradi di libertà $\tilde{\chi}_O^2 = 3.78$. In Tabella C.2 per $d=2$ si ha $\tilde{\chi}_{cr}^2 = 3.69$ per la probabilità di 0.025, si dovrebbe approfondire l'indagine. Per $T = T(\sqrt{l})$: $\chi_O^2 = 0.87$ con due gradi di libertà $\tilde{\chi}_O^2 = 0.43$. In Tabella C.2 si ha $\tilde{\chi}_{cr}^2 = 0.79$ per la probabilità di 0.500. L'ipotesi è accettabile. $g = 9.7 \pm 0.6$ m s^{-2}, $|9.81 - 9.67|/0.59 = 0.24$ accettabile.

11.2. Per $\Delta l = \Delta l(m)$: $\chi_O^2 = 4.15$ per $d = 6$ otteniamo $\tilde{\chi}_O^2 = 0.69$. In Tabella C.2 $\tilde{\chi}_{cr}^2 = 0.80$ per la probabilità di 0.500, ipotesi è accettabile. $\delta Y = (\sigma_Y^2 + \varepsilon_y^2/3)^{1/2} = 0.20$ mm. $k = 899 \pm 26$ N m^{-1}. $z_{att} = 0.81$. Valore atteso accettabile.

11.3. Per la verifica $E = E(T)$, otteniamo a $\chi_O^2 = 438$, $d=5$, per l'incertezza su E abbiamo utilizzato $\varepsilon_E = 0.005$ mV e sommato in quadratura anche l'incertezza equivalente dovuta alla x. Il coefficiente di correlazione è $r = 0.99868$. Per la verifica del χ^2 l'ipotesi va rigettata, il coefficiente di correlazione dice che le variabili sono correlate. Per la verifica $E = E(T^2)$: $\chi_O^2 = 228$, $d = 4$ $r = 0.99872$. Per la verifica del χ^2 l'ipotesi va rigettata. Per la verifica con coefficienti forniti, si ha $\chi_O^2 = 829$, $d = 7$, da rigettare. Questo è un esempio utile sulla precisione della misura.

Si osservi che con un voltmetro con risoluzione 0.1, si otterrebbe già per la lineare $\chi_O^2 = 5.27$, $\tilde{\chi}_O^2 = 1.03$. In Tabella C.2 alla riga $d=5$ si osserva $\tilde{\chi}_{cr}^2 = 1.33$ con la probabilità pari al 0.250. Il valore da noi osservato è minore, la probabilità di ottenere un valore $\tilde{\chi}^2$ maggiore di quello osservato sarà minore. Questo esercizio rende conto dell'importanza della verifica del χ^2–ridotto rispetto alla precisione della misura.

11.4. $n = 56\,384.83$, σ_n 174.15 da presentare come $n = 56\,390 \pm 170$. Da 70 sei classi (da $\approx 12 E_k$), la nostra scelta per z [0, 0.44], [0.44, 1.00], [1.00, ∞], e le classi simmetriche rispetto allo zero. Gli E_k in ordine dalla prima alla sesta classe (quelle presentate su partono dalla terza classe) 11.11, 11.99, 11.90, 11.90, 11.99, 11.11 — tutte le classi soddisfano la somma di Pearson. Il numero di dati osservati O_k nelle rispettive classi: 12, 12, 12, 13, 11, 10. Il χ^2–ridotto: $\chi^2/3 = 0.12$. $P_3(\tilde{\chi}^2 \geq 0.12)$ risulta superiore al 90 %. La variabile n è da ritenersi gaussiana. Incertezza sul tempo da $t = n/n_u$, abbiamo visto nel Cap. 10, che n e n_{un} sono correlate, risulta: $\delta t = \delta n/n + \delta n_{un}/n_{un}$, dove per $\delta n = (\sigma_n^2/70 + \varepsilon_n^2/3)^{1/2} = (174^2/70 + 0.5^2/3)^{1/2} = 21$. Per $\delta n_{un} = \Delta n_{un}/\sqrt{12}$. Percui $t = 0.561603586 \pm 0.001046848$ s da presentarsi: $t = 0.5616 \pm 0.0011$ s, o $t = 0.562 \pm 0.001$ s. $g = 1.495\,\text{m}/(0.5616\,\text{s})^2 = 9.48\,\text{m s}^{-2}$, $\delta g = (\delta h/h + 2\delta t/t)g$ nel Cap. 10 si è visto h e t correlate. $\delta h = \varepsilon_h/\sqrt{3}$. $g = 9.48 \pm 0.04\,\text{m s}^{-2}$. La verifica per il valore atteso 9.81 m s^{-2} è altamente significativa: si rigetta l'ipotesi. Serve il ritardo dell'elettronica (Probl. 9.5 ripreso nel Probl.11.6). Senza un modello ed una verifica per dedurre il ritardo la misura risulta non accurata.

11.5. Verifica χ^2 non significativa, λ gaussiana. La variabile osservata è Δx, la moltiplicazione per due non cambia la discussione sulla verifica, che Δx sia gaussiana. La variabile, osservata direttamente, è necessaria per la propagazione delle incertezze. λ gaussiana $\sigma_{\bar{\lambda}} = \sigma_\lambda/\sqrt{50}$. Per l'incertezza di lettura da $\lambda = 2\Delta x$, si deve propagare l'incertezza $\Delta x = x_i - x_{i+1}$. Per ogni i $\varepsilon_{\Delta x} = \varepsilon_x + \varepsilon_x$. Dato che la risoluzione è 1/10 di mm: $\varepsilon_x = 1/2(1/10)$ mm. $\varepsilon_{\Delta x} = 2\varepsilon_x$, quindi $\varepsilon_\lambda = 2\varepsilon_{\Delta x} = 4\varepsilon_x = 4/20$ mm = 0.2 mm. L'incertezza totale: $\delta\lambda = (\sigma_\lambda^2/50 + \varepsilon_\lambda^2/3)^{1/2} = 0.16$ mm. Risulta $\lambda = 8.00 \pm 0.16$ mm. Per $v_s = \lambda \nu$, non abbiamo misure per verificare se λ e ν sono fra loro dipendenti, secondo la legge dovrebbero essere correlate. Senza verifica comunque l'incertezza $\delta v_s = (\delta\nu/\nu + \delta\lambda/\lambda)v_s$, dove per $\delta\nu$ utilizziamo la varianza sulla base del valore letto; $0.05/\sqrt{3}$. Si ottiene $v_s = 347.91 \pm 6.98\,\text{m s}^{-1}$, che ripoteremo come $v_s = 348 \pm 7\,\text{m s}^{-1}$. Con un'incertezza relativa del due per cento: Per z_{att} cerchiamo di avere almeno due cifre significative dalla differenza al numeratore: $|347.9 - 344.2|/7.0 = 3.7/7.0 = 0.53$. $P(|z| \geq 0.53) = 1 - 2 \times 0.0.2019 \approx 0.60$. Non possiamo rigettare l'ipotesi il valore atteso è appropriato.

11.6. $\tilde{\chi}^2 = 3.31/(7-2) = 0.66$. $P_5(\tilde{\chi}^2 \geq \tilde{\chi}_O^2)$, si ha $\chi_{cr}^2 = 0.87$ per una probabilità di 0.500. La legge risulta accettabile. Come $t_0 = -10.7 \pm 0.8$ ms. Pertanto ricalcolando $g = 9.85 \pm 0.07\,\text{m s}^{-2}$. La verifica di significatività fornisce con la correzione dell'incertezza di accuratezza $z = |9.85 - 9.81|/0.07 = 0.57$ $P(|z| \geq 0.57) = 1 - 2 \times 0.2157 = 0.57$. La verifica non è significativa pertanto si accetta l'ipotesi.

Soluzioni Cap. 12

12.1. $\mathscr{B}_{5,1/6}(\nu)$, per $\nu = 0 \cdots 5 = 4.02\ 10^{-1} \cdots 1.29\ 10^{-04}$.

12.2. E_k attesi semplicemente $1/6 \times 120 = 20$ per ogni faccia. $\chi_O^2 = 11.30$, $\tilde{\chi}_O^2 = \chi_O^2/d = 11.30/5 = 2.26$. $P_5(\tilde{\chi}^2 \geq 2.26)$. Per $d=5$ $\tilde{\chi}_{cr}^2 = 2.21$ con una probabilità del 5 %. La verifica risulta solo probabilmente significativa, bisognerebbe approfondire con ulteriori misure.

12.3. $\chi_O^2 = 3.38$, $\tilde{\chi}_O^2 = \chi_O^2/d = 3.38/2 = 1.69$. $P_2(\tilde{\chi}^2 \geq 1.69)$. Si trova per $d=2$ $\tilde{\chi}_{cr}^2 = 2.30$ con una probabilità del 10 %. La verifica non è significativa, pertanto i dadi non dovrebbero essere truccati.

12.4. Fare l'esercizio come proposto nella teoria.

12.5. Fare l'esercizio come indicato nel testo, iterando quanto fatto nel Probl. 12.4

12.6. Si sommano tutte le $\mathscr{B}_{32,1/2}(\nu)$, per ν da 20 a 32, il cui risultato è 0.11. Se calcoliamo l'area sottesa per $G_{np,\sqrt{npq}}(\nu)$ per $\nu \geq 20$, quindi $G_{16,\,2.83}(\nu)$, passiamo alla variabile standardizzata $z = (20 - 16)/2.83 = 1.41$. La $P(z \geq 1.41) = 0.5 - P(0 \leq z \leq 1.41) = 0.079$. Si sovrapponga la gaussiana alla binomiale e si osserverà la corrispondenza tra la curva e l'istogramma delle probabilità.

12.7. L'istogramma si costruisce dal calcolo della binomiale per ogni ν da 0 a 40. La gaussiana si costruisce sulla base di $G_{6.67,2.36}(\nu)$ colcolata per gli stessi ν da considerare come variabile continua della gaussiana di $X = np = 40 \times 1/6 = 6.67$, e $\sigma = \sqrt{npq} = \sqrt{40 \times 1/6 \times 5/6} = 2.36$. Si può arrotondare a $X = 6.7$ e $\sigma = 2.4$.

12.8. Si costruiscono undici classi a partire dal punteggio 2 al punteggio 12, si calcolano mediante la binomiale le probabilità, attenzione al numero di modi, p. e. il punteggio 2 si ottiene in un solo modo, il punteggio 3 si ottiene come 1+2 e 2+1, quindi due modi, ecc. Si osserva che ogni classe soddisfa il teorema della somma di Pearson, la prima classe e l'ultima sono quelle con $E_k=10$, per le altre sono maggiori. Il $\chi_O^2 = 19.8$, e quindi per $d = 10$ si ottiene $\tilde{\chi}_O^2 = 1.98$, osserviamo che per $d = 10$ si osservano i seguenti $\tilde{\chi}_{cr}^2 = 2.05$ per $P = 0.025$ e $\tilde{\chi}_{cr}^2 = 1.83$ per $P = 0.050$. Il campione è probabilmente significativo, bisogna approfondire ulteriormente l'indagine.

Soluzioni Cap. 13

13.1. $E\{\nu\} = \sum_{\nu=0}^{\infty} \nu \frac{\mu^\nu}{\nu!} e^{-\mu} = 0 + \sum_{\nu=1}^{\infty} \nu \frac{\mu^\nu}{\nu!} e^{-\mu} = \mu \sum_{\nu=1}^{\infty} \frac{\mu^{\nu-1}}{(\nu-1)!} e^{-\mu} = \cdots$ sostituiamo l'indice ν con $r = \nu - 1 \cdots = \mu e^{-\mu} \sum_{r=0}^{\infty} \frac{\mu^r}{(r)!} = \mu e^{-\mu} e^{+\mu} = \mu$.

13.2. μ dei dati risulta $= 10.06$ la sua incertezza 3.2, riportiamo $\mu = 10.1 \pm 3.2$. Si faccia attenzione nell'utilizzare per il calcolo la μ fornita, sebbene non si osserverà differenza. Per fare la verifica bisogna organizzare le classi in modo, che si soddisfi il teorema della somma di Pearson, la nostra scelta rispetto alle ν risulta 0–6, 7, 8,

9, 10, 11, 12, 13-14, 15–23, sulla base degli E_k dedotti da NP_K, dove P_k è calcolata con la μ fornita 10.0. Quindi 9 classi. Si ottiene $\chi^2_O = 10.6$. Dato che μ è fornito si ha un solo vincolo statistico $N = \sum O_k$, $\tilde{\chi}^2_O = 1.33$. Per $P_8(\tilde{\chi}^2 \geq 1.33)$ si osserva per $d = 8$ $\tilde{\chi}^2_{cr} = 1.67$ per una corrispondente $P = 0.10$, $P_8(\tilde{\chi}^2 \geq 1.33)$ è maggiore del 10 %. L'ipotesi non si può rigettare, i dati seguono la distribuzione di Poisson con μ =10.0, osservata in un altro posto.

13.3. Per il caso della verifica, che i dati seguano una poissoniana si calcola μ = 10.06. Si devono ricontrollare le classi anche se in questo caso, si osserva, che le classi organizzate nel Probl. 3.2 soddisfano ancora il teorema della somma di Pearson, quindi sempre rispetto a v: 0–6, 7, 8, 9, 10, 11, 12, 13-14, 15–23. Si ottiene un $\chi^2_O = 10.2$, questa volta abbiamo anche il vincolo μ stimato mediante i dati, quindi in tutto due vincoli. Si ottiene $\tilde{\chi}^2_O = 10.2/7 = 1.46$. Osserviamo in Tabella C.2 per $d = 7$ $\tilde{\chi}^2_{cr} = 1.72$ per $P = 0.100$, $P_7(\tilde{\chi}^2 \geq 1.46) = $ è maggiore del 10 %. L'ipotesi non si può rigettare, i dati seguono la distribuzione di Poisson.

13.4. μ risulta pari a 6.8 ± 2.6. Il confronto è da fare con la poissoniana dedotta da μ del Probl. 13.3, $\mu = 10.1$, le classi sono le stesse. Si ha $\chi^2_O = 164$, e dato che μ non è calcolato dai dati analizzati, ma fornito da misure precedenti, si hanno 8 gradi di libertà $\tilde{\chi}^2_O = 164/8 = 20.5$. Si osserva che per $d = 8$ si ha $\tilde{\chi}^2_{cr} = 2.74$, per una $P=0.005$, quindi $P_8(\tilde{\chi}^2 \geq 20.5)$ è inferiore a cinque per mille, percui l'ipotesi è da rigettare. I conteggi sono dovuti ai raggi cosmici, dato che, mettendo il contatore sotto i mattoni, si osserva una riduzione di conteggi.

13.5. Impongo $\partial P_\mu(v)/\partial v = 0$, ottengo $(1/v!)[v\mu^{v-1}e^{-\mu} + (-e^{-\mu})\mu^v] = 0$, che si annulla per $(v - \mu) = 0$, quindi la migliore stima di $\mu_{ms} = v$, l'unico dato osservato e l'incertezza $v^{1/2}$.

13.6. Excel 2013, fornisce al massimo 170!, la calcolatrice a mia disposizione 69!. La via più facilmente percorribile è mediate l'approssimazione gaussiana per $X = \mu = 350$ e $\sigma = 350^{1/2} \approx 19$. Percui la probabilità rispetto a z risulta: $P(-1.32 \leq z \leq +1.32) = 2 \times P(0 \leq z \leq 1.32) = 2 \times 0.4066 = 0.81$.

Bibliografia

1. BIPM, *Le Système international d'unitès –SI* 8^a ed. 2006.
   http://www.bipm.org/utils/common/pdf/si_brochure_8_en.pdf .
2. BIPM, *A concise summary of the International System of Units — the SI*:
   http://www.bipm.org/utils/common/pdf/si_summary_en.pdf.
3. M. Born, *Fisica Atomica* (Boringheri, Torino, 1976).
4. R. Brun e F. Rademakers, *ROOT - An Object Oriented Data Analysis Framework*, in *Proceedings AIHENP'96 Workshop*, Lausanne, Sep. 1996, Nucl. Inst. & Meth. in Phys. Res. A **389** (1997) 81-86. See also http://root.cern.ch/.
5. Ciullo G. — Indicazioni su esperienze, presentate e discusse, sono reperibili sul sito: www.fe.infn.it/u/ciullo/Introduzione_al_laboratorio.html.
6. Ciullo G. — Grafici delle soluzioni di alcuni problemi sono reperibili sul sito: www.fe.infn.it/u/ciullo/Introduzione_al_laboratorio.html.
7. CRC *Handbook of Chemistry and Physics*, 83^a ed., ed. D.R. Lide (CRC press LLC, Bota Raton Florida, 2002).
8. Microsoft Excel. Microsoft Corporation. www.microsoft.com .
9. A. Foti e C. Gianino, *Elementi di Analisi dei dati sperimentali* (Liguori editore, Napoli, 1999).
10. BIMP *Evaluation of measurement data – Guide to the expression of uncertainty in measurement* ed. JCGM 2008.
    http::/www.bipm.org/utils/common/documents/jcgm/JCGM_100_2008_E.pdf
11. S. Lang, *Algebra lineare* 5^a ed. (Editore Boringheri, Torino, 1980).
12. M. Loreti, *Teoria degli errori e Fondamenti di Statistica* (Decibel editrice, Padova, 1998).
13. OriginLab. Data Analysis and Graphing Software. http://www.origin.lab.com .
14. T. J. Quinn, in *Proceeding of the Int. School of Physics <<E. Fermi>> – Course CXLVI* edd. T. W. Hänsch, S. Leschiutta, A. J. Wallard, M. L. Rastello, Vol. **166**: Metrology and Fundamental Constants (Società Italiana di Fisica, Bologna, 2007).
15. S. G. Rabinovich, *Evaluating Measurement Accuracy* (Springer, New York, 2010).
16. A. Rotondi, P. Pedroni, A. Pievatolo, *Probabilità, Statistica e simulazione*, 2^a ed. (Springer-Verlag Italia, Milano, 2005).
17. V.V. Sazonov, *Algebra of sets* in SpringerLink Encyclopaedia of Mathematics (2001). Encyclopedia of Mathematics.
    http://www.encyclopediaofmath.org/index.php?title=Algebra_of_sets&oldid=30098
18. J. R. Taylor *Introduzione alll'analisi degli errori* 2^a ed. (Zanichelli, Bologna, 200).

G. Ciullo, *Introduzione al Laboratorio di Fisica*, UNITEXT for Physics,
DOI: 10.1007/978-88-470-5656-5, © Springer-Verlag Italia 2014

Indice analitico

G. Ciullo, *Introduzione al Laboratorio di Fisica*, UNITEXT for Physics,
DOI: 10.1007/978-88-470-5656-5, © Springer-Verlag Italia 2014